I0046383

DICTIONNAIRE

DE

POMOLOGIE

4° S
78

Droit de traduction ou de reproduction formellement réservé.

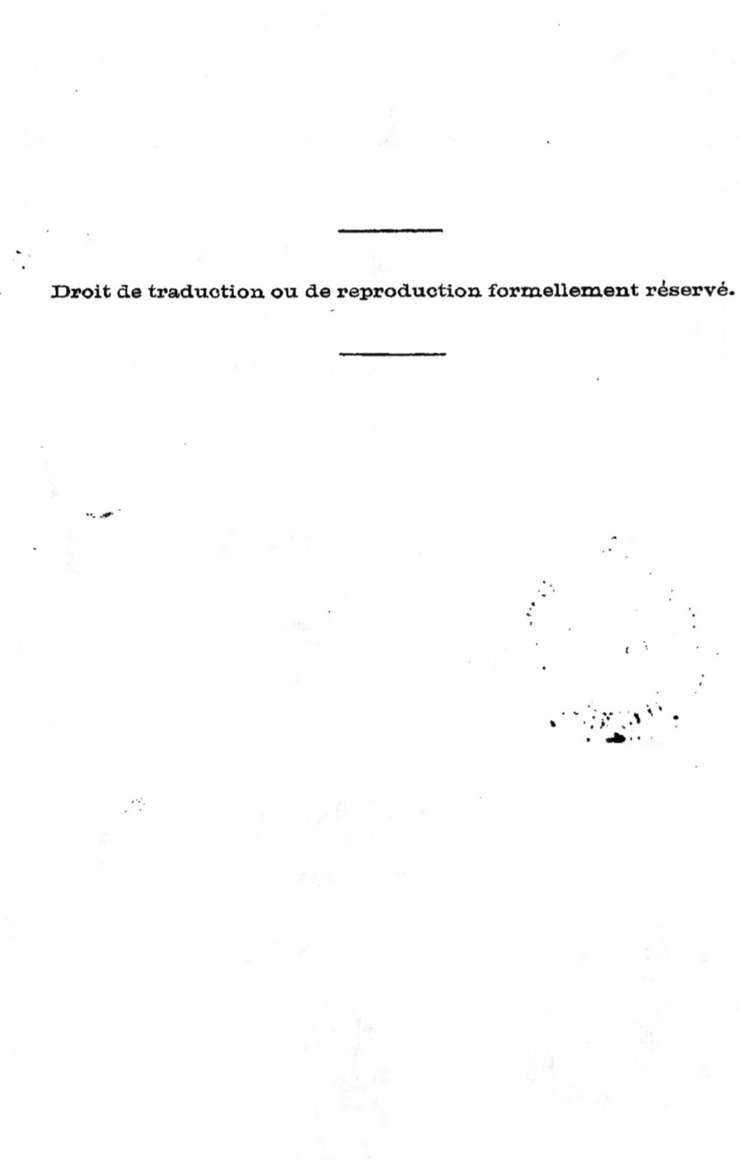

ANGERS, IMPRIMERIE P. LACHÈSE, BELLEUVRE ET DOLBEAU.

DICTIONNAIRE

DE

POMOLOGIE

CONTENANT

l'Histoire, la Description, la Figure

DES

FRUITS ANCIENS ET DES FRUITS MODERNES

LES PLUS GÉNÉRALEMENT CONNUS ET CULTIVÉS

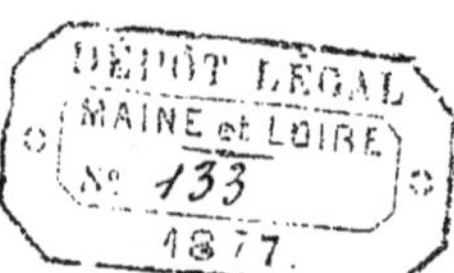
DÉPÔT LÉGAL MAINE et LOIRE N° 133 1877

PAR

ANDRÉ LEROY

PÉPINIÉRISTE

Chevalier de la Légion d'honneur, Administrateur de la Succursale de la Banque de France,
Ancien Président du Comice horticole d'Angers,
Membre des Sociétés d'Horticulture de Paris, de Vienne, de Londres, des États-Unis
Et de plusieurs autres Sociétés agricoles et savantes de la France et de l'Étranger.

BIBLIOTHÈQUE NATIONALE IMPRIMÉS

TOME V — FRUITS A NOYAU

PREMIÈRE PARTIE

ABRICOTS . . . . 43 VARIÉTÉS

CERISES { Bigarreaux... 53, Cerises ...... 34, Griottes ..... 19, Guignes ...... 21 } 127 VARIÉTÉS

PARIS

DANS LES PRINCIPALES LIBRAIRIES AGRICOLES ET HORTICOLES

Angers, chez l'Auteur

1877

DE

L'ABRICOTIER.

Mon histoire de l'Abricotier ne saurait avoir les développements de mes précédentes études sur les genres Poirier et Pommier. Pour ces derniers, remontant aux âges bibliques et cultivés chez nous de toute antiquité, les documents surabondaient; aussi fus-je obligé d'en éliminer beaucoup. Pareil sacrifice ne sera pas nécessaire ici, les notes que j'ai pu recueillir étant loin d'offrir, comme je l'eusse désiré, un ensemble suffisamment complet.

Une telle pénurie de renseignements s'explique, pour la France et la généralité des nations européennes, par l'époque assez récente — vers la fin du XVe siècle — à laquelle l'Abricotier leur fut connu, puis encore par la courte durée de ses produits et l'inconstance de sa fertilité. Toutes causes qui ne permirent guère aux écrivains horticoles de s'en occuper avant le milieu du XVIe siècle, et les encouragèrent faiblement à rechercher ce qu'en avaient dit, antérieurement à l'imprimerie, les naturalistes et les agronomes.

Quoi qu'il en soit, j'ai cru devoir adopter, pour cette notice, le classement suivant :

I. HISTOIRE DU GENRE : § 1er. Patrie de l'Abricotier. — § 2e. Étymologie des mots Abricot, Abricotier. — § 3e. De l'Abricotier en Europe, depuis le Ier siècle jusqu'à la fin du XVIIIe. — § 4e. État actuel de sa Propagation.

II. CULTURE : § 1er. Temps Anciens. — § 2e. Temps Modernes.

III. USAGES ET PROPRIÉTÉS DE L'ABRICOTIER : § 1er. Fruit. — § 2e. Bois.

IV. PRINCIPALES ESPÈCES ET VARIÉTÉS : Leur Description et leur Histoire.

I

HISTOIRE.

---

§ Ier. — Patrie de l'Abricotier.

Vers le milieu du premier siècle de l'ère chrétienne, les agronomes romains Pline et Columelle, puis le médecin grec Dioscoride, signalèrent le *Malum* ou *Prunum armeniacum* — notre Abricot — mais avec une telle brièveté, une telle ambiguïté, même, que parfois certains de leurs commentateurs se sont demandé si l'Avant-Pêche blanche n'était point, plutôt, le fruit dont ces trois écrivains avaient voulu parler?

A cet égard, immédiatement répondons non, car l'origine de l'Avant-Pêche blanche, m'est bien connue : Charles Estienne, en 1540, et le Lectier, en 1628, ont dit effectivement que la variété ainsi appelée provenait de la ville de Troyes (Aube). Du reste, je le démontre plus loin, au chapitre PÊCHER.

Ce fut en traitant des Pêches que Pline, selon l'opinion générale, fit mention des Abricots, les croyant sans doute variété du genre Pêcher :

« Les Duracines — assurait-il — sont les meilleures Pêches, ... on les mange au cours de l'automne; celles dites *Précoces*, que nous possédons depuis trente ans seulement, mûrissent en été; à leur apparition elles coûtaient un denier la pièce. » (*Historia naturalis*, l. XV, c. XII.)

Columelle, lui, dans son poëme sur la culture des jardins, cita simplement l'Abricot, et pour le désigner employa la dénomination qu'alors ce fruit portait à Rome : le nom de la contrée d'où les Romains l'avaient ou le savaient importé :

« Quand — dit-il — la Figue Précoce quitte le Figuier Bifère, vous pouvez remplir de *Pommes d'Arménie,* ..... de Prunes ..... et de Pêches, vos corbeilles. » (*De Cultu hortorum,* vers 403-405.)

Enfin en ce même temps Dioscoride, dans les termes ci-après, constata que déjà la synonymie commençait pour l'Abricot :

« Les *Pommes d'Arménie,* nommées PRÆCOQUA chez les Romains – expliquait-il — sont moins volumineuses que les Pêches, mais plus profitables à l'estomac, que ces dernières. » (*Opera Dioscoridis,* édit. de 1598, l. I, c. CLXV, p. 80.)

De ces trois textes, les plus anciens qui nous soient parvenus sur l'Abricotier, il semble donc résulter que cet arbre provient de l'Arménie et fut importé à Rome vers l'an 50 de Jésus-Christ; ou, si mieux on aime, trente années avant la mort de Pline, arrivée l'an 79. Aussi l'Arménie, pendant de longs siècles, a-t-elle passé pour la patrie des Abricots; et non-seulement les botanistes la maintinrent constamment dans ce privilége, mais les poëtes eux-mêmes :

« L'Abricot parfumé sortit de l'Arménie, »

disait en 1774 Fulcran de Rosset, au troisième chant de son poëme intitulé *l'Agriculture ou les Géorgiques françaises;* et dans celui des *Jardins,* Jacques Delille, plus explicite, écrivait en 1782 :

« . . . . Ainsi le fier Romain
. . . .
Conquit des fruits nouveaux, porta dans l'Ausonie
Le Prunier de Damas, l'Abricot d'Arménie. »
(Chant IIe.)

Mais si l'opinion que l'Arménie, importante région de l'Asie occidentale, vit naître l'Abricotier, régna sans conteste pendant tant de siècles, de nos jours elle est formellement discutée par de savants naturalistes, par de célèbres voyageurs qui déjà me semblent l'avoir infirmée. D'accord, toutefois, pour enlever de l'Arménie le berceau de l'Abricotier, ils ne s'entendent pas encore sur la contrée qui aurait droit de le réclamer. Cet arbre, selon presque tous ces personnages, est bien de provenance asiatique, seulement diverses parties de l'Asie — le Népaul, la Syrie, l'Anatolie, la Perse, la Sibérie — tour à tour sont présentées par eux comme étant, chacune, la terre natale des Abricots.

L'abbé Rozier (1797) fut un des premiers auteurs — sinon le premier — qui disputèrent à l'Arménie l'indigénat du savoureux fruit dont nous présentons l'histoire :

« Les Abricotiers romains — écrivit-il — vinrent d'Arménie, mais quel est le vrai pays natal de cet arbre? On l'ignore. On peut cependant soupçonner qu'il sort des régions septentrionales de l'Asie, puisqu'on a découvert, en SIBÉRIE, une espèce d'Abricotier avec laquelle il a beaucoup de rapport. Malgré cette ressemblance, il répugne à penser que l'Abricotier de Sibérie soit le type de celui d'Arménie. Cet arbre craindroit moins le froid dans nos climats, froid qu'on ne sauroit comparer à celui de ce pays. » (*Dictionnaire universel d'agriculture,* 1797, t. Ier, p. 185.)

En 1809 le professeur d'agriculture du Muséum de Paris, André Thouin, sans être aussi affirmatif, sur cette question, que l'avait été l'abbé Rozier, jugea prudent, néanmoins, de n'émettre qu'une opinion dubitative au sujet de l'Arménie :

« L'Abricotier — dit-il — paroît originaire de la haute Asie; peut-être même, comme l'annonce son nom latin, *Prunus Armeniaca*, de l'Arménie, qui en est voisine. Michaux et Olivier (1) nous ont appris qu'il croît sans culture en PERSE, et que les variétés cultivées y sont en plus grand nombre et y donnent des fruits plus savoureux qu'en France; ce qui indique que le climat lui est bien plus favorable, qu'il se rapproche beaucoup de celui qui lui est naturel. » (*Nouveau cours d'agriculture*, 1809, t. Ier, p. 83.)

Plus tard (1846) le botaniste Poiteau, parlant de l'Abricotier, tint à l'égard de son pays natal un langage tout aussi peu favorable à l'Arménie, que celui tenu par les auteurs déjà cités :

« Tous les naturalistes — déclara-t-il — s'accordent pour placer le type de l'Abricotier en Perse et en Arménie. Tournefort l'ayant trouvé croissant abondamment et sans culture dans ce dernier pays, en a fait un genre sous le nom d'*Armeniaca*, que Linné n'a pas cru devoir conserver, mais que Jussieu a rétabli. Je n'opposerai rien aux naturalistes qui placent le type des Abricotiers en Perse ou en Arménie, mais je dirai qu'il y a une quinzaine d'années que nous avons reçu du NÉPAUL un Abricotier dont les fruits sont moins gros qu'une noisette, et si acerbes qu'on ne peut les manger, et que, selon la manière dont les naturalistes procèdent dans la recherche des origines, celui-ci devrait plutôt passer pour le type des Abricotiers, que tout ce que nous avons reçu de la Perse. Au reste le Népaul produit des espèces sauvages de presque tous nos genres d'arbres fruitiers, ce qui, par la suite, pourra bien déterminer les naturalistes à reporter au Népaul plusieurs origines qu'ils placent dans d'autres régions de l'Asie. » (*Pomologie française*, 1846, t. Ier.)

Enfin en 1855 M. Alphonse de Candolle analysait, dans sa *Géographie botanique raisonnée*, les diverses assertions récemment émises sur ce point litigieux, puis concluait de la sorte :

« Le *Prunus Armeniaca* — exposait-il — croît spontanément en ARMÉNIE (Asie occidentale), et en général autour du CAUCASE (Russie d'Europe et d'Asie), soit au nord, soit surtout au midi de cette chaîne, d'après Pallas (2) et Ledebour (3), qui a vu des échantillons, et cite Güldenstädt (4) et Hohenacker (5). M. W. J. Hamilton (6) dit l'avoir trouvé sauvage près d'Ourgou et d'Outch-Hisar, dans l'ANATOLIE (Turquie d'Asie), mais j'ignore si cette assertion a été vérifiée par un botaniste. Il en est d'elle, peut-être, comme de celle de M. Eusèbe de Salles (7), qui dit avoir trouvé l'Abricotier sauvage

(1) André *Michaux* et Guillaume-Antoine *Olivier*, voyageurs et botanistes français, le premier mort à Madagascar en 1802, le second à Lyon, en 1814. Ayant séjourné plusieurs années en Perse, ils en rapportèrent de précieuses collections sur toutes les branches de l'histoire naturelle.

(2) Pierre-Simon *Pallas*, naturaliste et voyageur allemand, mort en 1811, à Berlin; voir sa *Flora rossica*, p. 16.

(3) Charles-Frédéric *de Ledebour*, botaniste allemand, mort à Munich en 1851. Comme Pallas, il est auteur d'une *Flora rossica*. C'est à la page 3 du tome IIe de cet ouvrage, que se trouve le passage ici visé par M. de Candolle.

(4) Jean-Antoine *Güldenstädt*, médecin et naturaliste russe, mort à Saint-Pétersbourg en 1781.

(5) R. F. *Hohenacker*, botaniste allemand contemporain.

(6) John-William *Hamilton*, archéologue anglais, connu surtout par la relation de son séjour en Asie-Mineure, insérée dans le *Nouvel Annuaire des voyages*, tome de 1839, livraison de février, page 176.

(7) Eusèbe-François comte *de Salles*, médecin et orientaliste, né à Montpellier, en 1796, a parcouru la Turquie, l'Égypte, la Syrie, etc., et publié ses voyages ainsi que de nombreux ouvrages etnographiques.

autour des ruines de Balbeck (SYRIE), mais qui décrit l'arbuste comme ayant un pied et demi de hauteur, les feuilles *linéaires*, et le fruit de la grosseur d'une noisette, avec un goût austère ; d'où il résulte que c'est une autre espèce. Reynier (1), qui était botaniste, a trouvé l'Abricotier « presque sauvage » dans la HAUTE ÉGYPTE (Afrique). M. Munby (2) l'indique, en ALGÉRIE, spontané et cultivé. Ce sont probablement des naturalisations par suite d'une culture très-générale. Il en est de même au midi de l'HIMALAYA (Asie centrale), car l'Abricotier ne s'y trouve sauvage que sur l'emplacement de villages abandonnés (3). Le témoignage des botanistes Pallas, Güldenstädt, Hohenacker et Ledebour *en faveur de la région du Caucase* (Russie d'Europe et d'Asie), est bien plus sûr. » (T. Ier, p. 879-880.)

Ici je puis opposer aux conclusions mêmes de M. Alphonse de Candolle « en faveur de la région du Caucase, » une déclaration trop formelle pour qu'en pareille cause il soit possible de ne pas la produire. Elle émane de mon savant ami le docteur Karl Koch, professeur de botanique à l'Université de Berlin, connu par d'importants ouvrages et qui, précisément, a longtemps exploré le Caucase, l'Arménie, l'Asie-Mineure et la Perse. Or, dans sa *Dendrologie*, parue en 1869, quatorze ans après la *Géographie botanique*, je le vois affirmer ce qui suit, dont M. de Candolle eût évidemment tenu grand compte, s'il l'avait pu lire dès 1854 :

« L'origine de l'*Abricotier* — avoue le consciencieux professeur — m'est inconnue ; du moins n'ai-je rencontré NULLE PART, pendant mon séjour en ARMÉNIE, CET ARBRE FRUITIER A L'ÉTAT SAUVAGE ; j'ajouterai même qu'on l'y trouve fort rarement dans la culture. » (*Dendrologie*, t. Ier, p. 87.)

Une question, maintenant, doit donc être posée :

Quand le docteur Koch, après avoir scientifiquement étudié les principales contrées de l'Asie, assure ne point connaître l'origine de l'Abricotier, n'est-il pas très-raisonnable de chercher quelle autre partie du monde peut avoir vu naître le type de ce genre actuellement si répandu?

Pour ma part, cela me semble assez logique, aussi vais-je, comme conclusion de ce paragraphe, exposer l'opinion d'un naturaliste éminent, Louis Reynier (4), qui prétendit en 1815 que L'AFRIQUE était positivement la patrie de l'Abricotier :

« Le nom de *Prunus Armeniaca* — écrivait-il — que l'Abricotier a porté depuis les temps de Columelle et de Pline, jusqu'à nos jours, a tellement établi l'opinion que cet arbre est originaire de l'Arménie, que chacun l'a répété, et le répète, sans examiner

(1) *Reynier*. Voir plus bas, n° 4, la note que nous donnons sur ce naturaliste.

(2) G. *Munby*, botaniste anglais qui publia en 1714 une *Flore de l'Algérie*.

(3) *Royle*, botaniste anglais.

(4) Louis-Jean-Antoine *Reynier*, naturaliste suisse, né le 25 juillet 1762 à Lausanne, où sa mort eut lieu le 17 décembre 1824. D'origine française, il appartenait à une famille que la révocation de l'édit de Nantes (1685) avait forcée de s'expatrier. En 1798, sur les instances de son frère cadet, le général Reynier, devenu depuis comte de l'Empire, ce savant accompagna Bonaparte en Égypte. Là, pendant trois années il recueillit nombre d'objets : médailles, manuscrits, plantes, graines, arbustes, etc., qui plus tard lui permirent de livrer au public de remarquables ouvrages sur l'agriculture et l'archéologie de ces lointaines contrées.

sur quels fondements elle est appuyée. Cependant l'excessive précocité de sa floraison, qui l'expose aux retours de froid du printemps, m'ayant fait naître des doutes, j'ai voulu examiner avec une plus grande attention les renseignements que nous fournissent les anciens, sur son origine.

« D'après tout ce que je puis connaître sur l'organisation des végétaux, ils sont conformés de manière à trouver dans le climat où ils sont nés les éléments nécessaires à leur multiplication : dès qu'elle serait contrariée par la nature, l'espèce cesserait bientôt de se reproduire, et, par conséquent, d'exister. En admettant ce principe, il me paraît que l'*Arménie*, pays élevé et montagneux, dont le climat ressemble à celui de l'Europe centrale, *ne peut pas être la patrie d'un arbre dont la floraison précède la fin des froids*, qui tous les ans lui portent un plus ou moins grand dommage, malgré les soins de l'homme pour prévenir ces accidents; l'arbre livré à lui-même, aurait fini par disparaître en peu de temps. C'est un fait tellement vrai, que l'Abricotier, malgré sa multiplication depuis bien des siècles dans les cultures, n'a pénétré nulle part dans les forêts de l'Europe, par la dissémination des graines. Il faut encore ajouter à ces considérations, que l'Abricotier *n'a été trouvé sauvage, nulle part, soit en Arménie, soit dans les provinces limitrophes*. L'opinion qui lui attribue cette origine ne repose, par conséquent, que sur le nom de *Prunus Armeniaca*, qui lui a été donné. . . . .

« Ainsi, puisque l'Arménie, à cause de son climat, ne paraît pas avoir pu être la patrie de l'Abricotier, et que les auteurs anciens ne fournissent, d'ailleurs, *aucun fait positif qui lui donne cette origine*, nous pouvons la chercher ailleurs.

« La précocité de sa floraison m'a fait naître la première pensée qu'il devait être originaire de climats plus chauds, d'où il a été introduit en Europe par un lent acclimatement qui l'a habitué au ciel de l'Europe méridionale, dont il ne dépasse les limites qu'au moyen des abris et autres soins artificiels que l'homme lui prodigue dans l'Europe centrale.

« C'est vers L'AFRIQUE que j'ai porté mes recherches; et en effet, avant *d'y avoir retrouvé sa véritable patrie*, j'avais été frappé de sa manière d'être en *Égypte*, où il a été porté, anciennement, des pays méridionaux. Les circonstances de sa végétation s'y unissent parfaitement aux phases de l'année. A peine ses feuilles tombent, qu'une sève nouvelle ouvre ses fleurs, sans qu'il ait à redouter les gelées. Le nom *Berikokka*, que les Grecs lui ont donné, a les plus grands rapports avec le nom *Berkach*, au pluriel *Berikhach*, que les Arabes de l'Égypte lui donnent; il n'en diffère que par l'aspiration.

« En lisant les ouvrages de Théophraste [371 ans avant J. C.] avec l'attention qu'ils méritent, et avec l'intérêt que j'ai mis à connaître toutes les notions qu'il nous a conservées sur la botanique des anciens, j'ai observé qu'il parle d'un fruit des pays qui dépendaient du nôme [de la province] de Thèbes, et ce fruit a fixé mon attention. L'arbre, dit-il, est du genre *Kokkumelea* [*Prunier*] (1), ses fruits sont de la grosseur de l'Azerole, leur noyau est arrondi; les habitants les récoltent et les font sécher. Deux circonstances seules, dans sa description, paraissent, au premier coup d'œil, ne pas convenir à l'Abricotier : l'une, que cet arbre, ajoute-t-il, est toujours vert; l'autre, qu'il fleurit au mois de *puanepsim*, qui correspond à celui de novembre Mais il faut remarquer que Théophraste n'a pas vu lui-même cet arbre, et celui qui lui a fourni les Mémoires dont il s'est servi, peut très-bien n'avoir pas fait attention à l'intervalle, *si court*, d'une végétation à l'autre. Quant à l'époque de la floraison, j'ai vu des Abricotiers en fleurs, dans la haute Égypte, dès la fin de décembre, et leur floraison est naturellement précoce dans les pays situés sous des latitudes plus méridionales.

« D'un autre côté, dans un pays où la nature et la plupart des habitudes qui dépendent du climat, ont si peu changé, le présent aide souvent à expliquer le passé. Or, les habitants des oasis, points fertiles des déserts de l'Égypte méridionale, récoltent une quantité considérable d'Abricots, qui forment pour eux une branche de commerce

(1) « Ce nom est encore donné, en Calabre, à une espèce particulière du Prunier sauvage, dont l'écorce est un fébrifuge très-actif et employé par les habitants; il est décrit sous cette dénomination dans la *Flora napolitana*. »

avec les autres parties de l'Égypte, où ils les apportent desséchés, sous le nom de *Michmich*. Ces Abricots sont petits, leur noyau est fort grand, comparé avec le peu d'épaisseur de la pulpe, caractère commun à tous les fruits des arbres sauvages ou faiblement modifiés par la culture. Quoique petits, ils sont très-savoureux et forment, étant cuits, un mets très-agréable. Si j'avais pu exécuter, dans les oasis, un voyage que j'avais préparé, j'aurais des observations certaines sur ces Abricotiers, mais ce voyage est un de ceux que les fantaisies du général Menou m'ont empêché d'exécuter. A défaut d'observations faites par moi-même, j'ai pris des renseignements exacts des divers habitants des oasis et d'autres personnes Arabes et Berbers, qui y avaient été, et que j'ai eu occasion d'interroger. Il résulte de leurs rapports, que l'Abricotier s'y multiplie à peu près de lui-même, et sans culture; les noyaux sont le principal moyen de multiplication. Je n'hésite nullement à reconnaître cet abricot qu'on importe de nos jours en Égypte, pour être le même fruit qu'on séchait déjà au temps de Théophraste. L'arbre ne lui fut connu que par relation, et n'était pas encore, à cette époque, introduit dans la Grèce. Mais déjà il était particulier à ces régions méridionales, et nous voyons par les relations des voyageurs, qu'il existe en Afrique dans d'autres oasis plus occidentales que celles d'Égypte, savoir dans les oasis du Bornou et du Fezzan, situées à peu près sous les mêmes latitudes. Ainsi LA PATRIE DE L'ABRICOTIER PARAIT ÊTRE DANS LE PARALLÈLE ENTRE LE NIGER ET LES REVERS DU MONT ATLAS, d'où il s'est étendu plus au nord par la culture. . . . . . » (*Magasin encyclopédique, ou Journal des sciences, des lettres et des arts*, publié par A. L. Millin; année 1815, t. VI, livraison de novembre.)

Devant les faits constants exposés par Louis Reynier, et qu'il appuie de raisonnements scientifiques dont on ne peut méconnaître la valeur probante, il me paraît vraiment sage d'abandonner la cause de l'Arménie, à laquelle, d'ailleurs, les déclarations du docteur Karl Koch ont porté un coup mortel. L'Asie, désormais, ne saurait donc se targuer d'avoir gratifié de l'Abricotier les autres parties du monde. Cet arbre, répétons-le, est indigène à l'Afrique, où son *habitat* primitif aurait été le parallèle entre le Niger, grand fleuve de l'Afrique intérieure, et les revers du mont Atlas.

Et j'hésite d'autant moins à regarder cette cause comme bien jugée, que la Société horticole de Londres, quand parut la notice de Louis Reynier, en adopta les conclusions après sérieux examen. J'en trouve la preuve dans les Procès-Verbaux des séances de cette Société, qui le 15 juin 1819 ordonna l'insertion, en ses *Annales*, d'une traduction anglaise de ce document, que lui avait soumis un de ses membres les plus autorisés, l'esquire Richard Salisbury. (Voir *Transactions of the horticultural Society of London*, 1re série, t. III, APPENDIX, pp. 23-27.)

Enfin, ne l'oublions pas, Alphonse de Candolle — je l'ai constaté plus haut — est lui-même obligé d'avouer que le botaniste Munby dit positivement à la page 49 de sa *Flore algérienne* : « En ce pays, l'Abricotier « existe spontané et cultivé. »

§ IIe. — Étymologie des mots Abricot, Abricotier.

Si rien, généralement, n'est plus embrouillé que l'origine des arbres fruitiers, souvent aussi rien n'est moins clair, moins incontesté que l'origine de leurs noms. Cette fâcheuse vérité, qui ressort amplement de mes précédents volumes, ne sera certes pas affaiblie par la lecture de celui-ci; et déjà même on a pu le remarquer.

Les mots *Præcoqua*, *Præcocia* et *Armeniaca* ont été chez les Romains, je l'ai montré, les premiers termes à l'aide desquels furent désignés les Abricots. Mais comment se nommaient-ils en Arménie, quand les Romains, leurs véritables promoteurs sur le continent européen, les y rencontrèrent?

Pline oublia de le dire, ou peut-être ne le sut pas; et, depuis lors, personne n'a pu suppléer à ce silence du célèbre naturaliste. Toujours est-il qu'en recevant d'Italie vers le commencement du IIe siècle, l'Abricot, les Grecs — Dioscoride nous l'a prouvé — l'appelèrent *Praikokia*, lui conservant ainsi la dénomination que sous Pline il portait à Rome. Ces noms primitifs étaient du reste parfaitement choisis, puisqu'ils signifiaient fruit précoce, fruit d'Arménie.

Maintenant, pour connaître les diverses transformations qu'ils eurent à subir avant de figurer en nos Lexiques sous les mots *Abricot* et *Armègne*, interrogeons des étymologistes d'une érudition un peu plus acceptable que la mienne.

Recourons d'abord au docte Gilles Ménage, qui doit, à tous égards, parler ici le premier :

« Les Latins — écrivait-il en 1694 — ont appelé les Abricots, *Mala præcoqua* et *Mala præcocia*, à cause que ce sont fruits hâtifs..... Plusieurs auteurs anciens [Pline (1), Martial (2), Calpurnius (3)] se sont servis de ces mots *Præcoqua* et *Præcocia* dans la signification d'Abricots...... De *Præcocia* les Grecs ont fait premièrement, *Praikokkia*...... Ils ont dit ensuite, *Berikokkon*, *Berikokkia*...... Ils ont dit aussi, *Berekokka*. De Berikokkon les Italiens ont fait *Bericoco* et *Bericocolo*; et les Arabes, avec leur article *al*, *Albercoq*; et les Syriens, *Bercoquia*. De l'arabe *Albercoq* les Espagnols ont fait *Alvarcoque*. De l'espagnol *Alvarcoque*, les François ont fait ABRICOT, que les Anglois ont ensuite emprunté des François. Les Gascons et les Languedociens prononcent encore *Albricot*. Le père Labbe, dans ses *Étymologies des mots françois*, dit que les Abricots ont été ainsi nommés, parce qu'il faut élever les Abricotiers à *l'abri* du mauvais vent, contre quelques murailles exposées au soleil du midi : comme qui diroit *Apricotia*. » (Gilles Ménage, *Dictionnaire étymologique de la langue françaisc*, t. Ier.)

Ménage, on le voit, traite uniquement du mot Abricot, négligeant son

(1) *Pline*, HISTORIA NATURALIS, au passage déjà reproduit.
(2) *Martial*, EPIGRAMMATA, livre XIII, nº 46. Cet auteur fut le contemporain de Pline (Ier siècle).
(3) *Calpurnius*, ECLOGÆ, nº 2. C'était un poëte natif de la Sicile; il vécut au IIIe siècle.

synonyme Armègne, venu d'*Armeniacum;* mais Alphonse de Candolle, qui s'en est occupé, va me permettre de combler cette lacune :

« Si les Grecs modernes — concluait-il en 1855 — appellent l'Abricot, *Berikokkia,* les Italiens le nomment *Armellini,* et plus ordinairement *Albicocca, Albicocco......* En vieux français on disait, Armègne......, en vieux allemand, *Armenellen, Marillen......* Le nom arabe ordinaire de l'Abricot était *Mermex, Mirmix, Mesmes......*; je crois ces noms arabes dérivés d'*Armeniaca,* d'où l'on a tiré, en Europe, Armègnes, *Marillen, Armenellen* et *Armellini......* » (*Géographie botanique raisonnée*, t. II, pp. 880-881.)

Une étymologie toute différente de ces dernières fut, chez nous, présentée en 1843 par Bescherelle, dans son *Dictionnaire national :* il y fit dériver le mot Abricot, du terme celtique *Abred*, signifiant précoce. Seulement, pareille assertion reste inadmissible, l'Abricotier n'ayant pas été connu des Celtes. Aussi Littré, dans le volumineux et si précieux *Dictionnaire* dont il vient d'enrichir notre langue, l'a-t-il repoussée en adoptant l'opinion soutenue à ce sujet par Ménage, puis par Alphonse de Candolle.

L'accord de ces trois érudits, sur ce point, rend donc plus difficile toute nouvelle discussion le concernant. Je le sais, mais jaloux de mettre en lumière tout ce qui peut intéresser l'histoire de la Pomologie, je n'en vais pas moins, en terminant, produire contradictoirement deux autres étymologies.

La première date de 1784 et fut proposée par la Bretonnerie, écrivain-arboriculteur dont l'œuvre principale, *l'École du jardin fruitier*, dénote un praticien très-éclairé :

« On ignore — dit-il en cet ouvrage — d'où vient le nom françois Abricotier, mais les étymologistes, peu embarrassés pour l'ordinaire, pourroient couper ce mot en deux : *abri côtier,* d'où ils le feroient dériver, parce que cet arbre se plaît sur les *côtes,* à l'*abri* des vents du nord. Ils ont souvent rapporté des étymologies moins vraisemblables, qui tiennent plus de l'imagination que de la réalité. » (T. II, pp. 145-146.)

Peut-être l'a-t-on déjà remarqué, cette étymologie se rapproche assez de celle que Ménage nous disait ci-dessus (page 9) avoir été donnée par le père Labbe (1). Quant à la seconde, qui n'en diffère aucunement, elle a été émise en 1817 par le pomologue allemand J. L. Christ :

« L'Abricot, ce beau, cet excellent fruit à noyau — écrivait ce dernier auteur — tire son nom du mot *Aprico,* qui veut dire : exposé au soleil. Et l'Abricotier planté au midi voit véritablement ses fruits devenir meilleurs et plus volumineux qu'ils ne le seraient à toute autre exposition. » (*Handbuch über die Obstbaumzucht und Obstlehre,* p. 605.)

Présentement, concluons :

En fait d'étymologies, ayant toujours pensé que les plus simples étaient souvent les plus acceptables, je suis, alors, très-disposé à croire, avec le père Labbe, que les termes Abricot, Abricotier, proviennent du latin

(1) Le père Philippe *Labbe,* jésuite des plus érudits, mourut en 1667; il a laissé de nombreux ouvrages.

Apricotia, plutôt que du mot espagnol *Alvarcoque*. Non-seulement ils ont presque la forme orthographique d'*Apricotia*, mais encore le sens absolu de cette expression s'applique si bien à l'Abricotier, que, franchement, un pépiniériste ne peut guère repousser une telle étymologie !... *Apricotia, Apricatio, Apricari, Apricus,* tous noms de même acception, ne signifient-ils pas : être placé au soleil, à l'abri du vent?

Tout linguiste, probablement, se fût mis, ici, du côté de Ménage, d'Alphonse de Candolle et de Littré; moi, j'ai choisi d'après la simple raison, laissant aux polyglottes le soin de prononcer entre le père Labbe et ses contradicteurs.

J'ajouterai, cependant, qu'en Allemagne l'Abricot est appelé *Aprikose*, puis *Apricot* en Angleterre; ce qui ne me paraît pas devoir nuire au sentiment que je viens d'exprimer.

§ IIIe. — De l'Abricotier en Europe, depuis le Ier siècle jusqu'à la fin du XVIIIe.

1° Sa Propagation chez les Romains, les Grecs, les Italiens, les Suisses, les Allemands, les Anglais et les Espagnols.

Les *Romains*, nous l'avons dit, furent, au Ier siècle de l'ère chrétienne, les promoteurs de l'Abricotier en Europe. On ignore s'ils en possédaient plusieurs variétés, mais on sait qu'ils l'introduisirent chez les *Grecs* dès le commencement du IIe siècle. Voilà pour les temps qui précédèrent l'invention de l'imprimerie, tout mon butin historique quant à la propagation des Abricots. C'est peu, quoique je n'aie rien négligé pour le rendre plus considérable.

Il faut croire qu'en *Italie* la culture d'un fruit aussi fugace se vit généralement abandonnée lors de l'invasion des Barbares (Ve siècle) et pendant les longs troubles qu'elle y suscita. Toujours est-il qu'en plein moyen âge, au cours du XIe siècle, l'Abricotier était excessivement rare dans ce pays, puisque le fameux recueil composé à cette époque par les médecins de l'école de Salerne, sur l'art de conserver sa santé, mentionna tous les fruits, sauf l'Abricot. C'est seulement en 1550 que, grâce au traité de l'agronome italien Gallo, nous retrouvons, sous différents noms, l'Abricotier chez les descendants des Romains :

« *Armoniaques*, *Alberges* et *Abricots* — lisait-on en 1571 dans une rarissime traduction de ce traité — aprochent fort en goust les uns des autres, et n'y a presque entr'eulx que la diversité du nom..... Les *Armoniaques* ont l'odeur fort soësve et agreable, la couleur plaisante à voir, à cause qu'elle se raporte à l'or, et au goust tres-delicates, si elles sont entées; mais le plus commun ne sont si saines que les Prunes..... J'ay tousjours fort aymé ce gentil fruit pour avoir deux singularitez en produisant deux choses bonnes, à sçavoir l'Armoniaque, qui est son fruit, et le noyau qui est dedans l'oz d'icelle..... Les *Abricots*, quant au fruit, sont presque semblables aux Armoniaques, et en partie se raportent aux Pesches, sauf pour le fueillage..... Les *Alberges* sont encor fort recommandées... . » (*Le Vinti giornate dell' agricoltura, et de' piaceri della villa,* di M. Agostino Gallo; page 115 de la traduction publiée en 1571 par François de Belle-Forest, Commingeois.)

Par ce texte on acquiert la preuve — et le fait vaut la peine d'être noté — qu'avant 1550, évidemment même dès le xve siècle, les *Italiens* cultivaient une espèce d'Abricot, dite Armoniaque, dont l'amande était *douce*, puis l'abricot Commun, puis enfin l'Alberge. Ces détails sont précieux et le fussent devenus bien plus encore, s'il m'eût été possible de rattacher une de nos variétés d'Abricot à amande douce, à celle que signale Gallo, et de dire si son Alberge était notre Alberge de Tours, ou quelqu'un des fruits de ce nom mentionnés en 1600 par Olivier de Serres, et maintenant inconnus. Mais comment formuler la moindre opinion sur ce point, en l'absence d'une description assez précise pour permettre quelque sérieuse étude comparative ?

Toutefois, à partir du xvie siècle il devient facile de suivre la propagation de l'Abricotier, surtout si l'on consulte le médecin Jean Bauhin, notre compatriote, qui vécut de 1533 à 1613 et laissa manuscrite une *Historia plantarum*, imprimée en 1650 et fort appréciée. De cet ouvrage, où se rencontrent de longs chapitres sur les fruits, il ressort que la *Suisse*, l'*Allemagne*, l'*Angleterre* et l'*Espagne*, en 1530 possédaient déjà l'Abricot depuis un certain temps. Voici la traduction de plusieurs passages qui l'attestent :

« Le Petit Abricot — disait Bauhin — est commun à *Bâle*..... ses produits y sont bons dès le mois de juin, et parfois un peu plus tard, au commencement de juillet.....

« La Petite espèce d'Abricot se trouve assez communément en *Allemagne*, mais la Grosse y est beaucoup plus rare. Turner (1) affirme cependant avoir vu chez les Allemands nombre de sujets de cette dernière espèce.....

« Turner rapporte également qu'en son pays (*l'Angleterre*) il existe quelques sujets de la variété appelée Gros-Abricot.....

« Chez les *Espagnols*, selon Lacuna (2), le Gros et le Petit-Abricot mûrissent dans le courant du mois de mai. » (*Historia plantarum universalis*, t. Ier, p. 169.)

Le xvie siècle fut donc l'époque où l'on commença, dans la plupart des régions tempérées de l'Europe, à multiplier l'Abricotier. Son fruit y eut rang parmi les fruits de luxe, au-dessous de la Pêche, qui toujours lui sera préférée. Au temps de Louis XIV, quand vint l'engouement général des souverains et des grands seigneurs pour les arbres fruitiers, les soins particuliers qu'on donna, notamment, à celui-ci, le firent davantage

(1) William *Turner*, botaniste anglais qui mourut en 1568.

(2) André *Laguna* ou *Lacuna*, médecin espagnol né en 1499, mort en 1560.

rechercher ; car la qualité, l'abondance et la diversité de ses produits s'accrurent en raison même des progrès successifs réalisés par l'arboriculture. Aussi les différents pays cités plus haut — sauf l'Espagne, peut-être — possédaient-ils en moyenne, à la fin du XVIIIe siècle, une dizaine de variétés d'Abricot.

Mais voyons, et plus en détail, ce qu'en notre pays il advint de l'Abricotier.

2° Sa Propagation en France.

Avons-nous importé l'Abricot directement de l'Italie, ou nous est-il venu de l'un des États — la Suisse, la Savoie — qui nous séparent de ce pays ?

Nos anciens botanistes étant muets sur ce point, on n'en saurait parler qu'hypothétiquement. Pour moi, certain que dès l'an 1490 — je vais le constater — les Abricots existaient en France, et sachant, de plus, qu'un membre de la maison d'Anjou, le roi René, natif d'Angers, régnait à Naples de 1438 à 1442, je n'hésite nullement à regarder ce prince, qui tant aima les fleurs, les fruits et les jardins, comme l'importateur chez nous de l'Abricotier, ainsi que de l'Albergier, dont les Italiens, Gallo l'a certifié ci-dessus, étaient alors pourvus. Et, cette opinion, je l'émets d'autant mieux, que notre vieux chroniqueur Bourdigné disait en 1529, de René : « Le bon Roy se resjouyssoit à planter et enter arbres..... et pour certain « fut le premier qui d'*estranges pays fist apporter..... singularitez ignorées « en Anjou.* » (IIIe partie, fet c. lxviij, verso.) Puis la Touraine et l'Anjou — on le verra plus loin — furent, avant 1500, le lieu d'où sortirent nos premiers Albergiers, car au XVIe siècle on les y vendait déjà par nombre et provenant de pépinière. Peut-être même ce souverain, qui longtemps vécut au milieu des Angevins, choisit-il, pour acclimater les arbres ainsi rapportés d'Italie, son « plaisant logis d'Espeluchart, » présentement en ma possession et qu'entourent la majeure partie de mes cultures ?... Tout ce qui peut, de la vie champêtre, charmer les loisirs et rompre la monotonie, s'y trouvait rassemblé; aussi Epluchard nécessita de lourdes dépenses. D'où les bourgeois d'Angers, plutôt par plaisanterie que méchanceté, l'appelèrent parfois « Haulte-Folye. » René tellement l'affectionna, qu'après avoir quitté l'Anjou pour la Provence, il s'en préoccupait encore. Les documents suivants, dont je dois la connaissance à mon savant ami Paul Marchegay, de l'École des Chartes, en font foi et ne sont pas, ici, hors de cadre, leur contenu prêtant force à l'opinion que je viens d'exposer :

« Extrait d'une lettre écrite d'Avignon, le 29 juillet 1477, par le roi René a sa Chambre des Comptes d'Angers. — .... Nous avons donné à nostre amé et féal conseillier maistre Jehan Muret, le gouvernement et administracion de nostre maison d'Espeluchart. Et pour ce qu'il y faut aucunes fois faire des réparacions, et que le revenu dudit lieu ne pourroit suffire à l'entretenir, vous mandons que, des deniers venans des ventes et rachatz, vous luy souffrez prandre, chascun an, jusques à xxx ou xl livres pour employer en ce que dit est, tellement que ladicte maison n'aviengne à ruyne et démolicion..... »

Et la Chambre des Comptes fit payer à ce Jean Muret

« Quarante livres, pour icelle somme estre convertie et employée à l'entretenement des maisons, *treilles, jardrins* et *faczons* du lieu d'Espeluchart..... » (Archives nationales, manuscrit coté P. 1343, folio 90, verso.)

Des pomologues français, Charles Estienne est le premier qui se soit occupé de l'Abricot. Il le signale en 1530; mais, contrairement à son habitude, avec un manque si complet de détails, qu'on sent aussitôt que l'auteur traite là d'un fruit peu répandu.

En 1536, dans le *de Natura stirpium* (p. 296), Ruel imita cette significative réserve.

Vint ensuite le médecin lyonnais Jean Champier, dont le recueil intitulé *de Re cibaria* date de 1560 et renferme maintes choses intéressantes sur nos espèces fruitières :

« Les Abricots — y lit-on — devenus moins rares aujourd'hui [1560], précédemment avaient été vendus un denier la pièce. » (Livre XI, c. xxxvii.)

Renseignement fort exact, car dans les Comptes de dépenses de l'antique abbaye Saint-Amand, de Rouen, Comptes publiés par l'archiviste actuel de la Seine-Inférieure, je trouve ce qui suit :

« 26 juillet 1544. — Achat d'*Abricots*, Pommes, Poires et Noix........ 5 sols.
« 12 août 1544. — Un quateron [26 pour 25] de *Briquots*.............. 12 deniers.

Articles que l'archiviste, M. Robillard de Beaurepaire, accompagne de cette judicieuse observation :

« Rien n'empêche — dit-il — d'admettre que ces Abricots n'aient été récoltés aux environs de Rouen, et d'en conclure que la culture de l'Abricotier serait alors plus ancienne qu'on ne le croit généralement. » (*Notes et documents concernant l'état des campagnes de la haute Normandie dans les derniers temps du moyen âge*, p. 67.)

Une autre preuve, et bien convaincante, que l'Abricot fut connu de nos pères dès le xve siècle, et surtout avant 1490, je la trouve dans un Dictionnaire biographique, de récente publication, qui jouit d'une véritable autorité. C'est dans l'article relatif au médecin de Louis XI, le fameux Jacques Cotier, ou Coitier, qu'elle existe, et je l'en extrais littéralement :

« Sept ans après la mort de Louis XI, c'est-à-dire en 1490, Cotier, abandonnant les pompes de la cour, se retira dans une maison qu'il venait de faire bâtir rue Saint-André-des-Arcs, tout près et en deçà de la porte de Buci. Cette maison, qui ne fut démolie qu'en 1739, se faisait surtout remarquer par un ABRICOTIER sculpté sur une porte, devise indiquant sans doute que *Cotier*, son propriétaire, avait voulu se mettre là à l'*abri* du fracas du monde, et jouir paisiblement des richesses qu'il avait acquises. » (Firmin Didot, *Nouvelle biographie générale*, t. XI, pp. 87-88.)

A ceci, il convient d'ajouter que Cotier ayant longtemps habité avec

Louis XI, qui y mourut en 1483, le château du Plessis-lez-Tours, fut alors parfaitement à même de connaître un des premiers les Abricots, dont l'Anjou et la Touraine me paraissent avoir été — pour la France, cela s'entend — le vrai berceau, je le répète.

Toutes ces citations montrent surabondamment, n'est-il pas vrai, que l'Abricotier était déjà trop répandu sur notre sol, au commencement du XVIᵉ siècle, pour ne pas y avoir pris racines depuis une soixantaine d'années au moins? ce qui reporte bien aux environs de 1440, comme je l'avais avancé, l'époque à laquelle le roi René l'y dut introduire. D'ailleurs cet arbre ne put manquer de rester assez longtemps localisé dans l'Anjou, les nouveautés fruitières ne s'étant point, jadis, propagées avec la même célérité qu'aujourd'hui. De pépinières marchandes, il n'en existait; c'était entre seigneurs ou riches bourgeois que réciproquement on se procurait, au grand plaisir et bénéfice des jardiniers de ces personnages, les variétés, les espèces rares. Témoin, quant à l'abricot Alberge, le passage ci-après, extrait du Compte des Recettes et Dépenses faites en la châtellenie de Chenonceaux (Indre-et-Loire) par la trop célèbre Diane de Poitiers :

« Janvier 1557. — Pour vingt sept antes, *demie douzaine d'Albergiers*, trois cens Pommyers de Paradis, huict faiz de Groselliers, ung cens de Rosiers Musquins et Oignons de Liz, a esté paié au jardinier de Monsʳ de Tours la somme de 4 livres 16 sols tournois. » (*Comptes de Diane de Poitiers*, publiés en 1864 par l'abbé C. Chevalier, p. 215.)

Disons-le vite — la chose est assez piquante ! — ce « Monsʳ de Tours » qui peuplait ainsi le verger de la maîtresse d'Henri II, c'était l'archevêque même du lieu, Simon de Maillé, dont la tolérance, pensera-t-on, égala pour le moins les richesses arboricoles.

Mais voici la fin du XVIᵉ siècle, nous allons donc savoir par l'*Historia plantarum* de Jean Bauhin, composée vers 1595 et si remplie de renseignements sur les fruits, quels progrès avait déjà faits dans notre patrie, la propagation des Abricots :

« On cultive — précisait ce botaniste — l'Abricotier dans les jardins de la France.:... Celui dit à *Gros Fruit* se rencontre abondamment à Paris, où même il en existe de grands arbres, ainsi qu'à Strasbourg..... Dans ma contrée, à Montbéliard, l'Abricotier à *Petit Fruit* et celui à *Gros Fruit*, profitent peu, ayant presque toujours à subir, au mois de mai, les atteintes de la gelée, ce qui les rend stériles. L'Alsace possède également ces deux variétés, mais elles ne s'y trouvent que dans les vergers de quelques seigneurs. Enfin j'ai vu dès le mois de mars, à Montpellier, des Abricotiers en fleurs et même des Abricotiers chargés de fruits assez bien développés. » (T. Iᵉʳ, p. 169.)

Bauhin, on a dû le remarquer, mentionne seulement deux abricots, le Gros et le Petit, devenus de nos jours le Commun et le Précoce. Cependant il est positif que de son temps les jardiniers français en possédaient environ sept variétés, dont trois appartenant à l'espèce Alberge. Cela, du moins, me semble résulter de l'article ci-après, écrit en 1608 par Olivier de Serres :

« Des Abricots *Grands, Moiens, Petits,* void-on, differens plustost en telles qualités qu'en espece, provenant ceci, souventes fois, du temps, du terroir, ou de la main du jardinier. Aussi y en a-t-il de *saveurs diverses*, comme de *musquate*. Leurs *noiaux* mesmes *sont divers*, car communément ceux des Gros Abricots sont *amers*, et les Moiens et Petits les ont *doux*, au manger, comme Noisetes.....

« Il y a diverses qualités d'*Auberges*, toutes symbolisans avec les Abricots : les Auberges incarnates d'un costé, jaunes de l'autre, colorées de rouge-brun en la *chair attachée au noiau*, sont fort prisées. Celles aussi de jaune doré, *duracines*, aians la chair ferme. Plus ou moins chargées de couleur sont les unes que les autres, selon le fonds et le soulage. De compagnie avec les Raisins se meurissent les Auberges, excepté une espece qui est plus tost meure que les autres d'environ six sepmaines; et ce qui, en outre, la rend recommandable, est la *saveur muscate* qu'elle a particuliere; au reste, de plus petit corps qu'aucune des autres. » (*Le Théâtre d'agriculture et ménage des champs,* édition de 1608, p. 618.)

Tout compte fait, nous avons là quatre Abricots : le Gros et le Petit, le Muscat, qui probablement est le Blanc, puis un dernier que son amande, douce et bonne comme noisette, permet de rattacher à la variété dite de Hollande. Quant aux trois Alberges caractérisées par ce même auteur, elles s'éloignent tellement de l'espèce aujourd'hui connue, que j'avoue n'en pouvoir rien dire encore. Peut-être serai-je plus heureux lorsqu'au chapitre des Descriptions j'étudierai l'Albergier. J'y renvoie donc le lecteur, qui du moins y trouvera — sera-ce une compensation? — l'étymologie raisonnée du mot Alberge.

Après avoir cité Olivier de Serres, je comptais citer le Lectier, qui fit paraître en 1628 le *Catalogue* de son verger d'Orléans, opuscule dont mes précédents volumes renferment de si précieux extraits (1), mais, à ma grande surprise, aucune variété d'Abricot ne s'y trouve inscrite. En conjecturer que ce pomologue n'a pas connu l'Abricotier, est toutefois impossible, puisqu'il mentionne, précisément, comme étant dans son jardin, une Prune d'Ambre *Abricotine*, puis une Prune *Abricotée*. Je constate donc le fait, sans essayer de l'expliquer.

Le moine Triquel, autre amateur, a laissé des *Instructions pour les arbres fruitiers*, qui, imprimées à Rouen sous le millésime 1653, sont douées d'un certain mérite, et dans lesquelles je lis, au chapitre Abricotier (p. 144) : « On n'en connoist que de *deux* ou *trois sortes*. » Or, Jean Merlet, page 32 de la première édition de son *Abrégé des bons fruits*, reproduisit ce même chiffre en 1667. Mais en 1675 il l'augmenta de moitié, faisant entendre qu'on cultivait chez nous *quatre* ou *cinq* variétés d'Abricot, pour le moins :

« Il y en a — écrivait-il — deux especes bien connues, le *Gros* et le *Petit*, qui viennent plus beaux et rapportent davantage en espaliers qu'en buissons et arbres de

(1) Voir tome Ier, pp. 44-47, et tome III, pp. 24-25.

hautes tiges..... Il y a une autre espece d'Abricot qui est plus rare, estant tout blanc dehors et dedans, qui s'ouvre net et est de bon goust. [C'est le *Blanc*.]..... Nous avons encor un Abricot assez particulier, qui est jaune et plus rouge que les autres, lequel est le masle, ne s'ouvrant pas; son noyau tenant à la chair, dont le goust est exquis, musqué, et dont l'amande est douce comme celle de l'Amandier. [C'est l'Abricot *de Hollande*.] » (*Id. ibid.*, pp. 27-28 de la 2e édition.)

Quinze ans plus tard (1690), dans sa troisième édition, Merlet n'a signalé aucun Abricotier nouveau.

A Versailles, en ce même temps, la Quintinye cultivait le Commun, le Précoce et l'Angoumois, les seuls qu'il estimât, et encore avait-il pour eux un dédain assez marqué!

Enfin les Pères Chartreux, d'arboricole mémoire, publièrent au mois de septembre 1736 leur premier *Catalogue descriptif*, et je vois qu'ils y caractérisaient l'Abricot Hâtif musqué, ou Précoce, l'Angoumois, le Blanc et le Gros, ou Commun; soit, quatre au total; ajoutant (p. 12) : « Il y a « plusieurs autres sortes d'Abricots, qui font presque autant de variétés « qu'on sème de noyaux. » D'où suit qu'alors nous devions déjà posséder une dizaine d'Abricotiers.

Et la preuve, c'est qu'en 1768 Duhamel, dans le *Traité des arbres fruitiers*, décrivit les quatorze espèces et variétés ci-après :

1. *Abricot* Précoce, ou Hâtif musqué.
2. — Blanc, ou Abricot-Pêche.
3. — Commun.
4. — Commun à Feuilles panachées.
5. — Angoumois.
6. — De Hollande, ou Amande Aveline.
7. *Abricot* de Provence.
8. — de Portugal.
9. — Violet.
10. — Noir.
11. — Alberge.
12. — Alberge de Montgamé.
13. — de Nancy, ou Abricot-Pêche.
14. — d'Alexandrie.

Ces quatorze Abricotiers, évidemment, ne constituaient point en 1768 toute la richesse du genre; c'étaient les plus appréciés, les plus répandus; et qui chercherait bien pourrait aisément ajouter à cette liste cinq ou six noms. Mais, pour ma part, je n'en sens pas trop la nécessité. J'ai hâte, d'ailleurs, d'arriver à l'inventaire de nos abricots modernes, et comme réellement le présent paragraphe est assez développé, je le clos par la nomenclature des Abricotiers qu'en 1790 mon grand-père multipliait à Angers, puis par l'indication des variétés qu'André Thoüin, quand vint en 1792 la suppression des couvents, put, à Paris, sauver de la pépinière des Chartreux au profit du Jardin des Plantes. Je m'étais engagé, du reste, à continuer la publication de ces divers renseignements, déjà donnés, pour les Poires et les Pommes, dans le Ier et le IIIe volumes de ce *Dictionnaire* (1).

(1) Voir tome Ier, pp. 52-53, et tome IIIe, pp. 30 et 32.

Extrait du Catalogue du sieur Pierre Leroy, jardinier-fleuriste et pépiniériste à Angers, pour l'année 1790.

1. *Abricot* Printanier, ou Précoce.
2. — Pêche, ou de Nancy.
3. — Violet de Portugal.
4. — Angoumois.
5. — à Feuilles panachées.
6. — Blanc.
7. *Abricot* de Pont-à-Mousson.
8. — de Montgamé.
9. — de Hollande (le Gros).
10. — Noir.
11. — Alberge de Tours (le Gros).
12. — Alberge de Tours (le Petit).

Liste des Arbres qui ont été levés, en octobre et novembre 1792, dans le Jardin des ci-devant Chartreux, pour le Jardin National des Plantes, savoir :

1. *Abricot* Hâtif.
2. — Gros, ou Commun.
3. — Angoumois.
4. — Pêche.
5. *Abricot* de Hollande.
6. — Commun à Feuilles panachées.
7. — Alberge de Montgamé.

Mais de tout cet exposé statistique, que ressort-il?

Il ressort qu'en France aucun zèle ne se manifesta pendant tout le XVIIe siècle, pour la culture de l'Abricotier ; mais qu'à partir de 1730 environ, on la vit soudain prendre un remarquable développement, puisqu'au lieu des quatre ou cinq variétés qu'alors nous possédions, on en comptait pour le moins, en 1768, dix-huit ou vingt chez nos pépiniéristes.

§ IVe. — État actuel de la Propagation de l'Abricotier.

Le XIXe siècle aura été plus favorable encore, que le XVIIIe, à la propagation de l'Abricotier, puisqu'au lieu des *quinze* ou *vingt* variétés d'Abricot qu'on eût pu collectionner en 1799, il en existe actuellement une *cinquantaine;* et d'ici la fin du siècle ce dernier nombre, la fureur des semis aidant, ne saurait manquer de s'accroître, sinon utilement, du moins notablement.

C'est surtout la France qui depuis 1801 a si fort augmenté la famille de l'Abricotier. En ce laps de temps nos horticulteurs l'ont dotée de vingt et un nouveaux membres dont les actes de naissance sont produits plus loin, au cours du chapitre IVe, renfermant les Descriptions et l'Historique des variétés. A ces gains il convient aussi d'ajouter l'introduction de trois Abricots d'origine asiatique, ce qui porte alors à *vingt-quatre* — et peut-être suis-je au-dessous de la vérité — les Abricotiers obtenus ou importés, de 1801 à 1873, par les arboriculteurs français.

Chez les Anglais, en 1826, le Catalogue du Jardin de la Société horticole de Londres mentionna vingt-sept variétés d'Abricot, pour la majeure partie les mêmes que les nôtres, et n'en formant réellement qu'une *quinzaine*, défalcation faite de celles qui s'y trouvaient inscrites sous des pseudonymes. En 1842 une troisième édition de ce Catalogue officiel signalait trente-quatre variétés ainsi réparties : quatorze non étudiées, six fausses ou perdues, et *quatorze* reconnues et décrites. En 1853 parut un Supplément audit Catalogue, où sur six nouveaux noms d'Abricotier y figurant, *deux* seulement étaient de bon aloi. Aujourd'hui, dans le Catalogue de M. John Scott, de Merriott (Somerset), l'un des premiers pépiniéristes de l'Angleterre, quarante-neuf Abricots sont indiqués, mais *trente-sept* de ces noms, *tout au plus*, doivent être portés au rang des variétés.

Chez les *Allemands*, je rencontre également, à peu d'exceptions près, nos principaux Abricotiers. Dittrich, dans le *Systematisches Handbuch der Obstkunde*, de 1840 à 1841 en décrivit trente-six qu'il faut réduire, au profit des synonymes, à *vingt-deux* environ. Et Dochnahl, à son tour, réduirait facilement à *vingt-huit* ou *trente*, les quarante-cinq cités dans l'*Obstkunde* par lui publiée en 1858, s'il éliminait les variétés fausses.

Chez les *Belges*, le climat et le sol n'étant pas propices à ce genre de fruit, on n'y voit guère qu'une *dizaine* d'Abricots choisis parmi les plus méritants.

Chez les *Italiens*, prenant pour base le Catalogue du Jardin de la Société horticole de Florence, je constate qu'en 1862 on y possédait vingt et un Abricotiers, desquels la moitié appartenait à la pomone française et trois avaient été indûment rebaptisés. Les variétés que nous rencontrons là, s'élèvent donc à *dix-neuf*. C'est bien peu, dira-t-on sans doute, que dix-neuf variétés pour le pays même qui dota l'Europe, de l'Abricotier. Oui, mais il faut savoir, afin de moins s'en étonner, qu'à l'exemple des *Espagnols* les Italiens ne se soucient guère, généralement, d'enrichir leur pomone. Le botaniste André Thouin, allant en 1797 explorer scientifiquement les diverses contrées de l'Italie, constata cette regrettable indifférence, qui depuis, on l'a vu, n'a pas beaucoup diminué :

« Que dirai-je des arbres fruitiers de l'Italie? — se demandait Thouin — Loin d'avoir un choix des meilleures espèces, le Milanais, par exemple, n'en cultive que d'une qualité bien inférieure à celles que nous possédons en France, et qui croîtraient merveilleusement dans cette riche partie du pays. Croirait-on que notre délicieuse Prune de Reine-Claude ne se trouvait dans aucun marché, et que sa culture n'a été introduite que depuis peu d'années par les soins du comte de Castiglioni, à qui sa patrie est redevable d'une grande quantité de végétaux étrangers?....... En Italie, les Pêches sont petites; je n'ai rencontré que la Madeleine, la Persique jaune et des Pêches de Vigne. On ne connaît point la taille des arbres qui les produisent : ils viennent à l'aventure. Les Raisins à gros grains ont la peau épaisse, dure. La Poire de Mouille-Bouche est très-commune, mais n'a point de sucre....... Je n'ai vu que deux ou trois espèces de Prunes, sans grande saveur ou fades et fiévreuses... » (*Voyage dans la Belgique, la Hollande et l'Italie*, t. II, pp. 70, 71, 319 et 320.)

Ainsi, de nos jours, la France a répandu presque partout, en Europe, ses variétés d'Abricot, et même aux États-Unis, où Charles Downing, en 1869, décrivit brièvement nombre des anciennes et des nouvelles dans sa volumineuse Pomologie. Ce fût à partir de 1852 que leur accroissement continu devint très-sensible; et comme pour le démontrer rien ne convient mieux que mes Catalogues, je vais les interroger :

CATALOGUE DE	1852.	*Variétés inscrites au genre*	ABRICOTIER........	21
—	1855.	—	—	29
—	1858.	—	—	34
—	1860.	—	—	37
—	1863.	—	—	37
—	1865.	—	—	38
—	1868.	—	—	55
—	1873.	—	—	50

Mais si nos jardiniers et nos pépiniéristes ont beaucoup fait en faveur de l'Abricotier, depuis le commencement du siècle, nos pomologues, au contraire, semblent s'être entendus pour en parler le moins possible et constamment en décrire les mêmes variétés, sans plus se préoccuper de leur synonymie que de leur provenance.

Un tel silence me paraît injuste, c'est pourquoi, dans cette œuvre, j'accorde large place aux Abricots. *Quarante-trois Variétés*, auxquelles je rattache *deux cent soixante-sept Synonymes*, y sont caractérisées. Faire plus, serait facile ; une cinquantaine de variétés existent en mon école, mais de celles laissées de côté la plupart sont trop inconnues, ou trop nouvelles, pour que la prudence ne conseille pas d'ajourner leur description et leur histoire. J'espère donc qu'on me pardonnera de l'avoir écoutée. J'invoque d'ailleurs, pour y aider, le tableau ci-dessous, attestant combien mon chapitre Abricotier l'emporte, en Descriptions et Synonymes, sur ceux publiés depuis 1839 dans les Pomologies françaises les plus renommées :

Auteurs.	Titre de l'Ouvrage et date de l'Édition.	Variétés.	Synonymes.
LOUIS NOISETTE.......	1839. Le Jardin fruitier....................	19	3
POITEAU..............	1846. Pomologie française..................	9	3
ALEXANDRE BIVORT....	1847. Album de pomologie.................. 1860. Annales de pomologie belge et étrangère	4	5
CONGRÈS POMOLOGIQUE	1874. Pomologie de la France..............	12	44
A. MAS....	1874. Le Verger............................	8	4
ANDRÉ LEROY.........	1875. Dictionnaire de pomologie............	43	267

II

CULTURE.

---

§ Ier. — Temps Anciens.

L'agronome *romain* Palladius, qui écrivit au ve siècle et dont le recueil intitulé *de Re rustica* offre un ensemble complet des méthodes horticoles alors préconisées, conseillait de

« Greffer vers les ides de janvier ou février — du 13 au 15 — l'Abricotier sur le Prunier, seul sujet, assurait-il, qui lui convînt. » (L. II, c. xv.)

Puis plus loin il ajoutait :

« Greffez-le ras terre ; et, pour ce, prenez les principaux scions poussés au pied du tronc, car ceux de la tête ne réussiraient pas, ou vivraient peu. » (L. XII, c. vii.)

Ces conseils étaient bons et n'ont même, aujourd'hui, rien perdu de leur utilité. Nous ferons toutefois observer que l'Abricotier peut vivre aussi sur le Pêcher et l'Amandier, mais moins bien que sur le Prunier.

Au xvie siècle les *Italiens* greffaient leurs Abricotiers — Agostino Gallo nous l'apprend — sur différents sujets, et de diverses façons ; ils en semaient aussi les noyaux :

« Ne se gardent guere longuement — disait cet auteur — les arbres des Armoniaques, surtout si on les ente sur des Peschiers..... Se maintient leur arbre plus long temps si on l'ente sur le Prunier ; et plus, si sur l'Amandier ou sur un Coignassier (?)..... Mais d'autant qu'à grand difficulté l'ente prend faite en fente et selon l'usage commun, il vault mieux de prendre les greffes qui ne soyent guere tendres, ny jeunes, ou, pour plus gaigner, les enter à *tuyau*, à cause qu'ils prendront plus facilement. Les Alberges, on peult, à la façon susdite, les enter sur des Peschiers et Pruniers; toutesfois le chemin le plus asseuré c'est de planter les oz et noyaux plustost l'Aautonne qu'attendre jusques au Printemps. » (*Le Vinti giornate dell' agricoltura, et de' piaceri della villa,* page 115 de la traduction publiée en 1571 par François de Belle-Forest.)

Les procédés arboricoles que Gallo recommandait ainsi aux Italiens n'étaient nullement irrationnels, sauf, cependant, celui qui consistait à greffer l'Abricotier sur le Coignassier, sujet des plus impropres pour rendre fructueuse pareille alliance. Quant à la greffe en *tuyau*, préférée à la greffe en fente par ce même agronome, elle n'est autre, chacun le sait, que celle en flûte, dite également en sifflet, chalumeau, canon, anneau, etc.

En *France*, le docteur Jean Champier, déjà cité dans le chapitre précédent (p. 14), et qui vécut de 1510 à 1585 environ, est le premier écrivain chez lequel on trouve quelques détails sur la culture des Abricotiers :

« Lors de leur introduction dans nos jardins — disait-il en 1560 — les Abricots atteignaient à peine le volume d'une Prune de Damas; mais les soins et l'habileté des horticulteurs ont fini par leur procurer grosseur et bonté. » (*De Re cibaria,* l. XI, c. XXXVII.)

Des soins et de l'habileté, certes les jardiniers français en prodiguèrent beaucoup à l'Abricotier, aussitôt qu'il fut en leurs mains. Les résultats obtenus, l'attestent, ils suffiraient même pour prouver le mérite des pratiques alors suivies par ces arboriculteurs, si, très-heureux cette fois, je n'avais découvert dans les *Comptes de Diane de Poitiers* relatifs à sa terre de Chenonceaux, différents articles indiquant les dépenses, les précautions, les moyens auxquels on se livra pour assurer la reprise de ces « Antes et Albergiers » qu'en 1557 nous avons vu ci-dessus (p. 15) l'archevêque de Tours galamment expédier, accompagnées de son jardinier, à la séduisante amie d'Henri II :

	Livres.	Solz.	Deniers.
« *Janvier* 1557. — Au chartier — lit-on dans ces *Comptes* — qui a charroié les vingt-sept antes et demie douzaine d'Albergiers, Pommiers, etc,..... a esté paié....................	»	20	»
« Au jardinier de Monsr de Tours pour sa despence qu'il a esté besongner au jardin de Chenonceau, à raison de 4 solz pour journée par ordre de Madame, a esté paié..............................	17	8	»
« *Febvrier.* — Pour neuf journées emploiées tant à planter des hées que mener du fumier aux piedz des antes du jardin, a esté paié à raison de 2 solz tournois pour la journée................	»	18	»
« *Mars.* — Pour sept journées emploiées à..... et à mener du fumier dedans le jardin, à raison de 2 solz 6 deniers, paié.......	»	17	6
« *Juing.* — Pour sept journées d'hommes emploiés à lever du terrier d'un foussé pour mener au jardin, icelle mectre aux piedz des antes, et mener huict tomberées de fumier.....a esté paié à raison de 2 solz pour journée............................	»	14	»
TOTAL..............	17	77	6

(*Comptes de Diane de Poitiers*, publiés en 1864 par l'abbé C. Chevalier, pp. 215, 217, 219 et 229.)

Les soins fort intelligents ainsi donnés pendant six mois, tant aux arbres qu'on avait greffés, qu'à ceux qu'on avait replantés, durent être couronnés d'un plein succès et plus tard profiter également aux fruits. Seulement peu de pépiniéristes songeraient aujourd'hui à s'imposer de telles dépenses. Mais chez Diane, en 1557, c'était demeure et bourse royales : rien n'y sentait l'économie. Je crois donc que, sauf dans les jardins des grands seigneurs, pareil régal de fumier et de terreau n'arriva pas souvent aux jeunes Abricotiers.

A cette même époque (1560) on fit paraître, d'un moine de l'abbaye Saint-Vincent du Mans, le frère Davy, un opuscule sur l'arboriculture fruitière, ou je lis ce qui suit :

« Les *Gros Abricotz*, on les ente à la teste à escusson en la seve en autres Abricotz menus, et en Peschers, et en Persiguiers, et principalement en Pruniers, et y profitent mieux..... Toutes les autres manieres d'arbres prennent bien facilement entez de greffes et aussi à escusson, excepté les Abricotz, qui à grand difficulté ne prennent que d'escusson en esté..... » (*Traité de la manière de semer et faire pépinières de sauvageaux, enter de toutes sortes d'arbres, et faire vergers*, p. 96.)

Quoique de rédaction assez diffuse, ces lignes méritaient cependant la reproduction, l'auteur s'y montrant bon praticien. Trente ans plus tard Charles Estienne et Jean Liébault, malgré leur titre de docteur — ils étaient médecins — parurent, dans leur *Maison rustique*, beaucoup moins forts en physiologie végétale et science arboricole, que l'humble moine du Mans, puisqu'ils s'exprimèrent de la sorte :

« L'*Abricotier* enté est fort tendre à la gelée — écrivirent-ils en 1589 — et ne dure que la demie vie du Pescher. Il est sujet d'estre gasté du froid, neiges, gelées et brouillarts qui surviennent apres qu'il est fleuri. Ains, pour le preserver de tels assauts, sera bon l'enter sur le Coignier ou sur Amandier. Il produira de gros fruicts si, alors qu'il fleurit, on l'arrose de laict de chevre. » (*L'Agriculture et maison rustique*, édit. de 1589, p. 210 recto.)

Ici l'erreur, en ce qui concerne le manque de vitalité de l'Abricotier, qu'on fait moins rustique que le Pêcher, et pour lequel on recommande comme sujet, le « Coignier, » ici l'erreur s'unit à la superstition, car si le lait de chèvre est dit pectoral et sert à fabriquer d'excellents fromages, nul jardinier sensé n'a jamais pu, lui croyant vertu extensive et fécondante, en inonder ses Abricotiers, lors de la floraison, afin de les forcer à se couvrir de volumineux fruits !!

Mais à ce dernier recueil succéda, dès le commencement du XVIIe siècle, celui d'Olivier de Serres. Il fut le vrai point de départ d'une culture générale beaucoup plus éclairée; aussi les procédés stupéfiants que le manque d'instruction et l'excessive crédulité des populations d'alors maintinrent si longtemps en faveur, y sont-ils déjà bien moins nombreux, bien moins recommandés. Comme preuve du fait, citons littéralement les instructions de cet agronome à l'égard de l'Abricotier :

« Les *Abricotiers* et *Aubergers*, en l'automne ou commencement de l'hyver est la droite saison de les edifier, à ce qu'enracinés à temps, poussent à l'issue des froidures, selon qu'à ce leur naturel les incite. La terre douce et fertile, plus legere que pesante, et humide que seche, est celle qu'ils desirent, pourveu qu'elle soit sous aër temperé, tendant plus à la chaleur, qu'à la froidure. Ils viennent de noiau. S'entent sur eux-mesmes, sur Amandiers, sur Pruniers, *Cerisiers* et *Coigniers* : en fente, en escusson et en canon, ainsi qu'on desire. Plus facilement, toutes fois, par les deux dernieres manieres, qu'en fente. Escheant d'enter ces arbres-ci en fente ou au coin, ce sera tost apres l'hyver, voire et dans l'hyver mesme, en les couvrant exquisement, pour les parer des injures du temps...... Les Abricotiers entés sur Amandiers ne rendent fruit tant gros, que sur Pruniers, Ceriziers et Coigners, à cause que les Amandiers haïssent l'eau et l'abondance de fumier, et les Abricots aiment l'un et l'autre. Donc, pour preserver le pied, convient s'abstenir de l'arrouser et fumer, mais cela vient au detriment du fruict, qui ne sort jamais que laid, petit, et de peu de saveur, de lieu sec et maigre. A l'arrousement en engraissement se delectent les Pruniers, Ceriziers et Coigners; partant, ne se faut esmerveiller de leur voir rapporter Abricots de parfaite bonté et grandeur. Sur tous lesquels arbres le Prunier est recognu le plus facille à recevoir et nourrir l'Abricotier, par une naturelle amitié qui est entre ces deux plantes-ci...... Inseré sur le Cerizier, y demeure long temps, pour le robuste naturel du sujet; toutesfois, pour la difficulté de la reprinse, ce mariage n'est guiere pratiqué; non plus sur le Coigner, pour la diversité notoire qu'il y a des fruits à pepin à ceux à noiau; neantmoins en viendra-t-on à bout, l'entant à escusson et canon, choisissant à propos le temps pour la concordance des seves. Estant une fois reprins l'Abricotier sur le Coigner, ne faut douter de sa longue vie, à cause que ces arbres-ci ne craignent pas trop les froidures..... Les noiaux d'Abricot, semés, ne produisent directement fruit du tout semblable à celui duquel ils sont venus, car ils deschéent tous-jours de corps, s'appetissans. Estans semés en meilleure terre que celle qui les a nourris, se maintiendront en leur estat; mais en semblable, et leur donnant pareille nourriture, sans augmentation de culture, ils se diminueront de corps et de saveur. Les Petits s'entretiennent mieux en leur estat, par le seul semer, que les Gros. Il n'y a que l'enter qui soit à priser, en ce mesnage, pour avoir fruit de requeste et en abondance. Tout Abricot despouille nettement son noiau; au contraire, l'Auberge le tient fermement. » (*Le Théâtre d'agriculture et ménage des champs*, édit. de 1608, pp. 617-618.)

J'ai voulu, pour clore ce que j'avais à résumer sur la culture de l'Abricotier aux temps anciens, transcrire cette page d'Olivier de Serres, car elle renferme tout un traité sur le sujet, puis s'éloigne notablement, je le répète, de l'aveugle routine prêchée par les écrivains horticoles du XVIe siècle. Cet homme célèbre, m'objectera-t-on peut-être, a dit cependant, comme ses devanciers, que l'Abricotier vivait sur le cerisier et le coigner. Oui, mais la réussite d'une telle greffe ne fut pas, à ses yeux, chose démontrée; il eut même grand soin de le faire comprendre : « Ce « mariage, ajoutait-il aussitôt, n'est guiere pratiqué, pour la difficulté de « la reprinse. » Et ceci dut pousser déjà nombre des contemporains d'Olivier de Serres à ne choisir ni le Cerisier ni le Coignassier pour greffer l'Abricotier, à l'alliance duquel ces deux arbres sont essentiellement réfractaires. On verra du reste, dans le paragraphe suivant, si l'opinion contraire a jamais eu cours chez les pépiniéristes modernes.

§ IIe. — Temps Modernes.

Sous Louis XIII et Louis XIV, la méthode de culture suivie pour l'Abricotier fut surtout celle du curé d'Hénouville, près Rouen, de le Gendre, cet habile arboriculteur dont nous avons longuement parlé dans notre troisième volume (pp. 39-41), et qui fit connaître, qui perfectionna les *vrais* espaliers (1). Physiologiste éclairé, il rejeta de la pratique les fantasques accouplements que l'ignorance avait jusqu'alors essayé de rendre féconds par la greffe. Aussi recommanda-t-il uniquement le Prunier comme sujet de l'Abricotier :

« On peut enter en écusson — écrivait-il — les Abricotiers sur toutes sortes de Pruniers ; mais lorsqu'ils sont greffez sur ceux qui rapportent les plus grosses Prunes blanches, ils produisent de plus beau fruit, d'autant qu'ils retiennent quelque chose de leur nature. Et, par cette mesme raison, quand ils sont entez sur le Prunier de Petit Damas noir, leur fruit est plus sec, plus ferme et plus propre à confire. » (*La manière de cultiver les arbres fruitiers*, édition de 1653, p. 210.)

Il voulait également qu'on eût recours aux moyens suivants, lorsque besoin était de nettoyer, de fumer des Abricotiers :

« Si vos plein-vent — disait-il — ont l'écorce vilaine et couverte de mousse, il faut en hyver, apres la pluye ou pendant le broüillars et un temps humide, les frotter avec des bouchons de paille ou de chaume fort rude, et gratter la mousse avec des cousteaux de bois pour la faire tomber. On doit aussi, avec la serpe, oster les vieilles écorces jusqu'au vif, d'autant que les arbres apres avoir esté ainsy nettoyez et déchargez, poussent avec une nouvelle vigueur et rapportent leur fruit plus beau et mieux nourry...... Lorsqu'il est necessaire de fumer les Abricotiers entés sur le Prunier, c'est assez de répandre le fumier sur la terre, de six pieds de large autour de la tige, et le bien labourer avec la besche, car les racines de ces sortes d'arbres courant à fleur de terre, ressentent aisément l'amandement. » (*Ibidem*, pp. 210 et 214.)

C'est, je crois, ce même le Gendre qui pour sauver ses fleurs d'Abricotier des atteintes de la gelée, s'avisa d'un moyen excellent, mais très-coûteux, qu'aussitôt les amateurs s'empressèrent d'adopter : ces fervents arboristes plaçaient devant leurs espaliers, dont le haut du mur avait d'abord été muni d'un toît formant auvent, des rideaux de grosse toile glissant sur des tringles, et les fermaient chaque soir avec le plus grand soin (2).

L'espalier devint au reste, comme toute chose nouvelle, tellement à la mode, à cette époque, que les arboriculteurs disaient en leurs traités : « L'Abricotier réussit seulement placé au mur (3). » Erreur complète, le

(1) Voir aussi notre premier volume, à la page 58.

(2) Consulter le Grand d'Aussy, *Histoire de la vie privée des Français*, édit. de 1815, t. Ier, pp. 217-218.

(3) Triquel, *Instructions pour les arbres fruitiers*, 3e édit., 1659, p. 66.

plein-vent sous diverses formes lui étant très-propice et donnant à ses produits infiniment plus de saveur qu'ils n'en acquerraient sur l'espalier.

Un autre écrivain (1) prétendit que les noyaux d'Abricot produisaient *toujours*, étant semés, des variétés à fruits *moins volumineux*, généralement, et *moins bons*, que ceux du type dont ils sortaient. Ils se trompaient : les semis de noyaux ne donnent pas *constamment* naissance à de *nouvelles* variétés, et de plus les fruits provenus de ces nouveau-nés, varient beaucoup en *grosseur*, ainsi qu'en *qualité*.

En ce même temps eut également cours une absurde croyance, mais qui disparut vite des recueils horticoles, car elle n'est pas mentionnée dans ceux du XVIIIe siècle :

« Si vous voulez — assurait en 1670 le moine Claude Saint-Étienne — donner de la couleur de peinture aux fruits des Abricotiers que vous semerez, mettez le noyau en terre durant quelques jours, comme sept ou huit, puis le levez et ouvrez doucement, et mettez la couleur que voudrez dedans cette coque, et la remettez en la terre. Si vous voulez que le fruit soit écrit, écrivez sur l'amande, ou y gravez, mais non pas trop avant. » (*Nouvelle instruction pour connaître les bons fruits*, p. 25.)

Personne, j'en suis convaincu, n'eut à se féliciter d'avoir pratiqué semblable procédé, qu'en 1722 Saussay, jardinier de la princesse de Condé, remplaçait par le suivant, dont les effets sont un peu plus certains :

« Lorsque vous voulez — recommande-t-il — donner de la couleur à vos Abricots, coupez les feüilles de devant pour les découvrir. Ne les découvrez de la sorte que quinze jours devant leur maturité, autrement le soleil les frappe et les brûle jusqu'au noyau, ce qu'on appelle *couronné;* ce qui les perd entièrement et les rend très-désagréables à manger. » (*Traité des jardins*, p. 63.)

Pour récolter des Abricots très-précoces, les pépiniéristes, en 1712 (2), greffaient des Abricotiers sur l'Amandier doux, plus hâtif, en effet, que le Prunier; seulement ils espéraient bien à tort accroître par ce choix la précocité de leurs arbres : l'Amandier n'y pouvait rien et possède même une rusticité moins grande que celle du Prunier. Le substituer à ce dernier pour servir de sujet à l'Abricotier, était donc une mauvaise opération.

Nous n'en dirons pas autant, par exemple, du moyen qu'alors (3) on employait pour obtenir de gros Abricots : tous les six ou sept ans on recepait en février, au-dessus de la greffe, le tronc des Abricotiers nains réduits en espalier, et ces arbres se paraient au printemps de magnifiques jets qui l'année suivante étaient chargés de volumineux fruits.

(1) Herman Knoop, *Fructologie*, traduction française de 1771, p. 64.

(2) Voir Angran de Rueneuve, *Observations sur l'agriculture et le jardinage*, 1712, t. Ier, p. 133 et p. 134.

(3) *Id. ibid.*, p. 208.

Aujourd'hui, pareil recepage se pratique toujours avantageusement, mais il est préférable de l'accomplir *après la floraison*, et surtout dans une année où les Abricots ont mal noué. Et que la crainte de voir l'arbre ainsi traité, repousser avec lenteur, ne vous arrête pas, il croîtra non moins vite que si son rabattement avait eu lieu dès le mois de février.

Dans tout le cours du XVIIe siècle et pendant les trente premières années du XVIIIe, il se manifesta réellement, on a déjà pu le reconnaître, comme un temps d'arrêt dans la culture et la propagation de l'Abricotier. Qui peut l'expliquer? A mon sens, l'influence que les opinions de la Quintinye, mort en 1688, exercèrent si longtemps sur l'esprit des arboriculteurs en général. J'ai montré, dans mes précédents volumes, à quel point le créateur des jardins fruitiers de Louis XIV avait favorisé la propagation du Poirier, par les continuelles, par les élogieuses recommandations dont il combla les Poires; et comment il nuisit au Pommier, en l'accablant d'un injuste dédain (1). Or, la Quintinye me semble avoir été non moins injuste pour l'Abricotier, que pour le Pommier :

« J'ay peu de choses à dire sur les Abricots..... — écrivait-il — on en fait quelque cas, mais ce n'est que pour les confitures, tant sèches, que liquides; ce n'est pas un fruit assez délicieux à manger crû, pour en manger beaucoup; toutesfois dans les jardins, au temps de leur maturité, on a assez de plaisir d'en détacher quelqu'un pour en goûter sur le champ...... Les meilleurs sont un peu sucrés, mais cependant, d'ordinaire, pâteux... Une certaine aigreur leur est naturelle..... » (*Instructions pour les jardins fruitiers et potagers*, 1690, t. Ier, pp. 429, 430 et 431.)

La Quintinye juge ici de tous les Abricots, par ceux du château de Versailles, venus en espalier, dans un terrain marécageux et par conséquent très-impropre à la culture de l'Abricotier. L'abbé Rozier se montra beaucoup plus juste, envers ce fruit, lorsqu'en 1797 il le déclarait exquis, mais uniquement dans certaines régions de la France :

« L'Abricotier — expliquait-il — aime les pays chauds. Les Abricots de Provence, de Languedoc, de Roussillon, n'ont pas le même parfum ni le goût aussi exquis que ceux de Damas, d'Alep et d'Aintab..... Si l'on tire une ligne transversale de Dijon à Angers, on trouvera que plus on approche du nord du royaume, plus l'Abricot perd de sa qualité, et plus cette qualité augmente en se rapprochant du midi. Il n'y a aucune comparaison à faire, soit pour le goût, soit pour l'odeur, entre les Abricots *des environs de Paris* et ceux de Lyon, de Bordeaux, de Montpellier, d'Aix, etc. » (*Dictionnaire universel d'agriculture*, t. Ier, p. 196.)

Au reste, la Quintinye ne fournit, en ses *Instructions*, que d'insignifiants détails sur les Abricotiers, qu'à tort il destinait constamment à l'espalier, où il les plantait à trois toises (près de six mètres) les uns des autres, vu la grande extension de leurs branches sous la forme palmette, la seule qui fût alors usitée. Il m'eût donc été difficile d'apprécier, par lui, les progrès réalisés quant à cette culture, si je n'avais eu dans

(1) Voir tome Ier, pp. 14, 48; et tome IIIe, pp. 26-29.

ma bibliothèque les ouvrages arboricoles de ses contemporains et de leurs fils. L'examen comparatif que j'en ai fait, avec ceux parus depuis le commencement du XIXe siècle, m'a déjà permis de signaler certaines pratiques vicieuses mises en œuvre vers la fin du XVIIe siècle et pendant tout le XVIIIe. Pousser plus loin cette étude, me semble inutile, la critique que j'ai formulée constituant à peu de chose près les principales différences qui de Louis XIV à 1875 ont existé dans la façon de traiter l'Abricotier. On voit qu'en somme elles ne sont ni très-nombreuses ni d'une importance capitale. Mais mieux encore le verra-t-on par le court résumé, que je vais donner, du mode de culture usité chez la plupart de nos pépiniéristes, pour cet arbre fruitier :

Deux sortes de sujets servent à le greffer : le Prunier, réussissant dans presque tous les terrains, et l'Amandier, s'accommodant seulement d'un sol calcaire, sec et pierreux. En espalier, où ses fruits deviennent très-beaux, mais sont généralement peu savoureux, il lui faut le levant ou le midi. En plein vent, à haute tige, pyramide, vase ou buisson, il se couvre en nos contrées de fruits délicieusement parfumés, si toutefois on a eu soin de l'abriter contre les vents d'ouest, toujours traîtres en mars et avril, et qui, comme les gelées printanières, font le désespoir du jardinier. Mis en plein vent, l'Abricotier n'a nul besoin d'être taillé. Sa végétation s'y montre-t-elle très-irrégulière ou très-luxuriante? on coupe l'extrémité des branches trop écartées, puis on débarrasse le milieu de l'arbre de toute ramification, de toute brindille inutile. La vie semble-t-elle l'abandonner partiellement, ou bien la gomme, en l'envahissant, vient-elle l'atrophier? on rabat la tête sur vieux bois, à la deuxième ou troisième bifurcation, en n'oubliant pas, la chose est essentielle, de laisser à chaque membre plusieurs bourgeons d'appel. Cette opération doit se faire en septembre, après la *cueillette,* moment où la sève et les sucs gommeux n'étant plus assez abondants pour nuire à la cicatrisation de la plaie, elle s'effectuera vite et bien, sous l'influence d'une température fort chaude encore.

Mais puisque j'ai parlé de la cueillette, j'ajouterai que les Abricots veulent être cueillis avec une extrême précaution, et toujours un peu fermes, car ils gagnent beaucoup à rester, avant de figurer dans un dessert, deux ou trois jours au fruitier. On devra toutefois les y surveiller attentivement, l'Abricot, même sur l'arbre, pourrissant dès qu'il est mûr.

III

USAGES ET PROPRIÉTÉS DE L'ABRICOTIER.

§ Ier. — Fruit.

A son apparition en Europe, l'Abricot rencontra un ennemi redoutable : Claude Galien, célèbre médecin grec de la fin du deuxième siècle, qui le déclara « fiévreux, indigeste, » et lui fit une guerre acharnée. Mais fort heureusement Dioscoride, autre médecin grec de la même époque, s'était déjà montré moins impitoyable pour ce fruit, puisqu'il l'avait dit « plus profitable à l'estomac, que la Pêche. » Donc, la perplexité des disciples de Pomone dut être alors assez comique, en présence de deux affirmations doctorales aussi radicalement opposées !

L'Abricot, cependant, eut place très-vite sur les tables somptueuses et ne causa pas, croyons-nous, de graves maladies aux convives qui l'y fêtèrent. La vérité, néanmoins, conduit à reconnaître qu'en certains pays — l'Angleterre et maintes régions de l'Allemagne, par exemple — les médecins eurent jadis raison de le trouver trop froid pour l'estomac. Seulement, à qui devait-il ce manque de principes sucrés ? Au terrain, au climat, et surtout à l'absence d'une culture aussi bien entendue que celle dont les Abricots y sont maintenant l'objet.

Chez nous, en 1683, le docteur Venette, qui s'occupait sans cesse d'arboriculture fruitière dans ses jardins de la Rochelle, ne professa non plus qu'une estime fort modérée pour les qualités de l'Abricot :

« Il n'approche pas — écrivit-il — de la Prune ; il a je ne sçay quoy de fade quand il est meur, et d'aigret quand il ne l'est point. Cependant l'un et l'autre ont à peu près les mêmes qualitez : ils sont tous deux chauds avec moderation et humides au second degré. » (*L'Art de tailler les arbres fruitiers*, 2e partie, intitulée *de l'Usage des fruits*, p. 32.)

En 1712 la parfaite innocuité des Abricots fut enfin attestée par un auteur très-accrédité dans le monde horticole, par Angran de Rueneuve, qui, page 134 du tome Ier de ses *Observations sur l'agriculture et le jardinage*, disait sans réticence aucune : « Ce fruit est ami du cœur et fortifie la « poitrine. » On sera donc étonné d'apprendre qu'en 1774 Fulcran de Rosset, agronome et poëte, ne craignit pas — mais n'eut plus d'imitateurs — de ranger encore l'Abricot parmi les poisons !

« Tous les voyageurs — rapportait-il assez naïvement — assurent que l'Abricot est un poison mortel en Arménie ; et l'on prétend aussi qu'il est dangereux dans le Piémont. » (*L'Agriculture ou les Géorgiques françaises*; 1777, édition in-12, notes, p. 117.)

Aujourd'hui, après savante et minutieuse étude des diverses substances qui le composent, nos médecins, soutenus par nos chimistes, ont entièrement réhabilité l'Abricot. Le docteur Couverchel, entr'autres, en a parlé de façon à rassurer les trembleurs, puis à préserver d'indigestions les ignorants ou les gourmands :

« L'Abricot — a-t-il dit en 1852 — est plus nourrissant et moins laxatif que la Prune ; il a, comme tous les fruits du même genre (fruits acides-sucrés), des propriétés différentes, suivant son degré de maturité. C'est ainsi que, lorsqu'il est VERT, il est astringent, indigeste, et peut même, *chez les enfants surtout*, déterminer un mouvement fébrile. C'est dans ce sens et d'après ses propriétés, qui, comme on le voit, sont toutes relatives, qu'on a attribué, peut-être un peu *légèrement*, à ce fruit la propriété de donner la fièvre. Ce qui le *prouve*, c'est que dans son état de MATURITÉ PARFAITE il est, au contraire, assez nourrissant et forme un aliment très-approprié à la suite des maladies graves. La coction, enfin, en favorisant la réaction des principes qui entrent dans sa composition, y développe une sorte de mannite (1) qui le rend rafraîchissant et, partant, d'une heureuse indication dans l'inflammation des voies digestives. » (*Traité complet des fruits de toute espèce*, p. 395.)

Voici pour la chair de l'Abricot. Quant au noyau de ce fruit, on ne saurait trop se rappeler qu'il renferme, comme celui de la Pêche, une amande dont il est toujours prudent — *sauf lorsqu'elle est douce* — de ne point abuser pour les usages culinaires ou d'économie domestique. Couverchel a même grand soin de le recommander, aussi vais-je le citer de nouveau, ici la parole appartenant au médecin plutôt qu'au pomologue :

« Les amandes d'Abricot — ajoute ce docteur — doivent à la présence de l'acide prussique ou hydrocyanique leur *amertume* et leur *odeur pénétrante* ; l'action délétère de cet acide doit engager à ne les faire entrer que dans de petites proportions dans la composition de certains mets d'office, tels que les macarons, les nougats, les crèmes, etc. Comme il n'est pas sans exemple que des accidents assez graves soient survenus après leur usage, nous croyons utile d'indiquer les moyens d'y remédier : ils consistent à favoriser d'abord le vomissement par des boissons tièdes, et ensuite, soit que les parties ingérées soient expulsées ou non, à administrer une boisson gommeuse et sucrée. » (*Ibidem*, p. 396.)

Mais la preuve la plus convaincante que les Abricots ont aujourd'hui complétement triomphé de leurs anciens calomniateurs, c'est le trafic important qui s'en fait dans plusieurs de nos départements.

Ainsi je vois par une *Statistique* qu'en 1855 M. Husson, chef de division à la Préfecture de la Seine, publia sur les diverses denrées consommées

(1) *Mannite :* nom donné par le chimiste Thénard à un principe sucré contenu dans la manne.

dans la Capitale, que les Parisiens, en 1853, mangèrent 4,185,000 kilogrammes d'Abricots, vendus, au détail, un prix moyen de 25 centimes le kilogramme ; soit, comme recette, 104,625 francs.

Dans la Côte-d'Or, nombre de vignerons et de propriétaires, ceux, notamment, de Marsannay-la-Côte, Morey, Gevray, Chambol, Beaune, Brochamp, Couchey, Fissin et Chenove, cultivent en grand l'Abricotier et vendent, en gros, ses produits 60 à 80 francs les 100 kilogrammes.

Dans le Lot-et-Garonne, à Nicole, petit village admirablement défendu contre les vents du nord, on trouve moyen, annuellement, d'en récolter et d'en écouler pour 100,000 francs au moins.

Dans la Gironde, en 1865, un confiseur de Bordeaux, M. Teyssionneau, achetait à lui seul 25,000 francs d'Abricots provenus de ce département.

Dans Maine-et-Loire, la gare d'Angers en expédie chaque année à Paris des quantités souvent considérables. Je constate le fait sans plus de détails, n'ayant pu me livrer sur ce point à de longues recherches.

A ces chiffres, que m'a fournis la *Revue horticole* (1), j'en pourrais facilement ajouter d'autres, mais qui seraient surabondants, ceux-ci montrant suffisamment de quelle vogue jouit maintenant l'Abricot, et les bénéfices à retirer de sa culture en lieux convenables.

Enfin ce fruit, chacun le sait, peut être utilisé de bien des façons : en compote, pâte et marmelade ; ou desséché au soleil, puis au four ; ou confit, soit dans l'eau-de-vie pour dessert, soit dans le vinaigre pour hors-d'œuvre ; seulement, en ce dernier cas, on le cueille vert et très-petit.

C'est de l'Auvergne, particulièrement, que viennent les meilleurs abricots confits, et ce genre de commerce y fait entrer, chaque année, *plusieurs millions*. Pour qu'on n'en puisse douter, je vais reproduire en son entier la très-intéressante lettre que m'adressait récemment, sur ce sujet, la Société d'Agriculture du Puy-de-Dôme :

« Clermont-Ferrand, le 15 avril 1875.

« MONSIEUR,

« Vous avez eu bien raison de penser que l'Auvergne devait figurer avec avantage parmi les provinces qui s'occupent de la confiserie des fruits, et spécialement de *l'Abricot*.

« Au dernier siècle, les ménagères du pays confectionnaient seules les pâtes d'Abricot pour l'usage de la famille, et ces confitures étaient trouvées tellement savoureuses par les étrangers à qui on en offrait, qu'ils cherchaient tous à s'en procurer à prix d'argent. A cette époque un confiseur de Clermont (un sieur Ricard) eut l'idée d'en fabriquer pour la vente, et y trouva les éléments d'une petite fortune. Plus tard les demandes devinrent tellement nombreuses, qu'elles y constituèrent la principale branche de la confiserie.

« Enfin aujourd'hui il existe à Clermont six grandes usines s'occupant de la préparation des fruits confits, et notamment de la pâte d'Abricot.

« La confiserie d'Auvergne a appelé à son aide toutes les nouvelles machines qui pouvaient perfectionner ou hâter sa fabrication. La vapeur fait mouvoir les appareils les plus ingénieux, et elle est arrivée à expédier des fruits en Angleterre, en Allemagne,

(1) Voir les années 1856, p. 148 ; 1863, p. 233 ; 1864, p. 273 ; et 1865, p. 264.

en Russie, en Amérique et en Turquie. On évalue à près de *trois millions* le chiffre d'affaires qu'elle traite *chaque année*.

« On serait porté à croire que la saveur et le parfum très-prononcés de nos Abricots sont dus spécialement à nos terrains volcaniques. C'est du reste l'opinion la plus accréditée. Toujours est-il que cette réputation n'est pas usurpée, et que nos fabricants ne négligent rien pour la maintenir.

« L'Auvergne ne possède pas, en propre, d'espèces particulières d'Abricotier. On se sert en général des différentes variétés de l'abricot *Blanc* pour la confection des pâtes. Mais, je le répète, le terrain doit jouer un grand rôle dans la saveur de nos fruits.

« Tels sont, Monsieur, les renseignements que j'ai pu recueillir et que je m'empresse de vous transmettre.

« Veuillez agréer, etc.

« *Le Vice-Président de la Société*, L. AUBERGIER. »

Quant à l'amande du noyau de l'Abricot, elle permet de fabriquer un excellent ratafia, plus une poudre adoucissante à l'usage de la toilette, ainsi qu'une huile volatile employée avec succès — du moins l'était-elle en 1589, selon le docteur Liébault (1) — contre les hémorroïdes, les douleurs et tintements d'oreilles, les tumeurs des ulcères, et contre certains maux de langue.

§ IIe. — Bois.

Au XVIIIe siècle on regardait encore le bois de l'Abricotier comme uniquement propre à remplir le bûcher des cuisinières : « Quand le bois « de l'Abricotier est usé — disait en 1784 la Bretonnerie — il n'est bon « qu'au feu. » (*L'École du jardin fruitier*, t. II, p. 164.)

De nos jours, cependant, il prend moins fréquemment le chemin de la cuisine, car les tourneurs, les ébénistes, et même les menuisiers, l'utilisent volontiers, quoique sa beauté soit inférieure à celle du bois de Prunier.

Sa couleur est d'un gris sale nuancé de rouge et de jaune, et son poids atteint, par pied cube, près de 25 kilogrammes.

Les Allemands (2) pensaient, en 1776, qu'on pourrait peut-être faire servir aux mêmes usages que la gomme arabique, la gomme qui découle de l'Abricotier. Nos chimistes l'ont-ils essayé ? Je l'ignore, mais ne serais nullement étonné que la Chimie l'eût entrepris avec succès, elle dont les découvertes ont été si nombreuses, et si fécondes, depuis une soixantaine d'années.

(1) *Maison rustique*, p. 210 verso.
(2) Voir Mayer, *Pomona franconica*, t. Ier, p. 6.

IV

DESCRIPTION ET HISTOIRE

DES

ESPÈCES ET VARIÉTÉS DE L'ABRICOTIER.

ABRICOTS.

NOTA. — **En lisant les descriptions de nos Abricotiers, on devra toujours se rappeler qu'elles sont faites dans la pépinière, et sur des arbres d'un ou deux ans greffés sur Prunier, sujet maintenant généralement employé, par les arboriculteurs, pour ce genre de multiplication.**

A

Abricot ABDELOUIS SAINT-JEAN. — Synonyme d'abricot *d'Alexandrie* (des Italiens). Voir ce nom.

Abricots ABRICOTIN. — Synonymes d'abricots *Esperen* et *Précoce*. Voir ces noms.

ALBERGE. — C'est le nom, dans le genre Abricotier, d'une espèce très-estimée, et pour laquelle se présente d'abord cette importante question : Jadis a-t-il réellement existé des abricots Alberges tout autres que les deux variétés ainsi nommées depuis plus de cent ans ?... Oui, si l'on en croit les anciens agronomes, notamment Olivier de Serres (1600) qui caractérisa trois Alberges à peau vermillonnée, à chair ferme, adhérente au noyau; mais non, si l'on consulte nos auteurs modernes — Duhamel, la Bretonnerie, le Berriays, Mayer, Calvel, Audot, le Congrès pomologique, etc. — puisqu'ils les disent à peau jaune blanchâtre, à chair tendre, fondante même, et laissant, pour lors, le noyau complétement libre.

« Il y a — écrivait Olivier de Serres — diverses qualités d'Auberges, *toutes symbolysans avec les Abricots.* Les Auberges incarnates d'un costé, jaunes de l'autre, colorées de rouge-brun en la chair attachée au noiau, sont fort prisées. Celles aussi de jaune doré, duracines, aians la chair ferme. Plus ou moins chargées de couleur sont les unes que les autres, selon le fonds et le soulage. De compagnie avec les Raisins se meurissent les Auberges, excepté une espece qui est plus tost meure que les autres d'environ six sepmaines; et ce qui, en outre, la rend recommandable, est la saveur muscate qu'elle a particuliere; au reste, de plus petit corps qu'aucune des autres. » (*Le Théâtre d'agriculture et ménage des champs*, édition de 1608, p. 618.)

Au XVIe siècle, voilà donc quel fruit on cultivait sous le nom d'abricot Alberge. Ce n'est, répétons-le, ni l'Alberge de Tours ni l'Alberge de Montgamé, les deux seules espèces qui de nos jours soient appelées Albergier, et diffèrent de l'Abricotier par le feuillage, le bois et le port de leur arbre. Qu'étaient, alors, ces Albergiers, maintenant disparus, d'Olivier de Serres?... Peut-être des Abricotiers sauvages comme maintes fois j'en ai remarqué dans mes pépinières, où, spontanément poussés, ils donnaient des produits rappelant assez bien, par leur chair ferme et adhérente au noyau, puis leur faible volume, les Auberges dont a parlé l'auteur du *Théâtre d'agriculture*. — Le terme Alberge, chacun le sait, appartient aussi à la nomenclature du Pêcher. Qui ne connaît la Pêche Alberge jaune ou Roussanne, la Pêche Alberge ou de Portugal, et le Pavie Alberge ou Persais d'Angoumois?... Mais n'ayant pas, ici, à traiter du Pêcher, nous renvoyons, pour tout détail le concernant, au chapitre qui, plus loin, lui sera consacré. — Saumaise (1650, *Homonymes des plantes*, p. 68) veut que le mot Alberge vienne de l'arabe ALLEBEGI. De sentiment contraire, Ménage (1694, *Dictionn. étymol.*) le dérive, vu, dit-il, la blancheur de la chair des Pêches Alberges, de l'adjectif latin ALBA [blanche], d'où, par corruption, ALBARCA. Enfin Littré (*Dictionn. franç.*), tout en reproduisant récemment (1873) cette dernière opinion, a pensé cependant qu'Alberge pourrait également provenir d'ALBERCHIGO, nom, chez les Espagnols, de la Pêche Mirlicoton ou Pavie jaune. Et semblable supposition ne paraît pas illogique, car les Pêches ayant été répandues en Europe bien avant les Abricots, il ne serait, à mon avis, nullement impossible que nos abricots Alberges eussent tiré leur dénomination spécifique de l'espagnol ALBERCHIGO, en raison même des ressemblances extérieures — forme du fruit, couleur, duvet de la peau — existant entre eux et cette pêche.

---

1. ABRICOT ALBERGE.

Synonymes. — *Abricots* : 1. ALBERGE DE TOURS (Fillassier, *Dictionnaire du jardinier français*, 1791, t. I, p. 8). — 2. ALBERGE ORDINAIRE (Thompson, *Catalogue of fruits cultivated in the garden of the horticultural Society of London*, 1826, p. 6, n° 28). — 3. TOURSERAPRIKOSE (Dittrich, *Systematisches Handbuch der Obstkunde*, 1840, t. II, p. 386). — 4. ALBERGIER COMMUN (André Leroy, *Catalogue de cultures*, 1846, p. 3). — 5. PETITE-ALBERGE (*Id. ibid.*). — 6. ALBERGE FRANC (Poiteau, *Pomologie française*, 1846, t. I, n° 5). — 7. PETITE-ALBERGE ORDINAIRE (Dochnahl, *Obstkunde*, 1858, t. III, p. 173). — 8. PETITE-ALBERGE DE TOURS (*Id. ibid.*, p. 174). — 9. ABRICOT DE TOURS (*Id. ibid.*). — 10. ALBERGE JAUNE (Congrès pomologique, *Pomologie de la France*, 1874, t. VI, n° 6). — 11. PETIT-ABRICOT (*Id. ibid.*).

Description de l'arbre. — *Bois* : Peu fort. — *Rameaux* : nombreux, érigés, légèrement arqués, grêles, très-longs, à peine flexueux, brun foncé à la base, rouge violâtre au sommet, ayant l'épiderme plus ou moins couvert d'étroites exfoliations. — *Lenticelles* : arrondies, petites, abondantes, blanches, squammeuses et proéminentes. — *Coussinets* : faiblement ressortis. — *Yeux* : par groupes de trois à cinq, petits, ovoïdes, obtus, écartés du bois et à large base. — *Feuilles* : abondantes, petites, ovales-arrondies, longuement acuminées, finement dentées et surdentées, coriaces, épaisses, vert terne en dessus, vert rougeâtre en dessous. — *Pétiole :* assez court et assez gros, quoique flexible, largement cannelé, très-glanduleux, cramoisi au point d'attache, sanguin à la naissance de la feuille, où parfois il porte une ou deux courtes oreillettes. — *Fleurs :* tardives, petites, blanc légèrement rosé, à calice d'un rouge foncé.

FERTILITÉ. — Ordinaire.

CULTURE. — En haute-tige il fait toujours, malgré la faiblesse de ses rameaux, des arbres à tête fort convenable et qui prospèrent parfaitement, vu leur floraison tardive. La basse et la demi-tige, ainsi que l'espalier, lui sont formes également avantageuses.

Description du fruit. — *Grosseur :* petite. — *Forme :* globuleuse, comprimée légèrement aux pôles, à sillon étroit et peu profond. — *Cavité caudale :* prononcée. — *Point pistillaire :* placé sur un faible mamelon. — *Peau :* mince, jaune verdâtre du côté de l'ombre, jaune blanchâtre sur l'autre face, où elle offre en outre plusieurs taches verruqueuses saillantes et d'un brun-roux. — *Chair :* jaune, fine, tendre. — *Eau :* abondante, sucrée et parfumée, douée d'une certaine amertume qui la rend fort agréable. — *Noyau :* non adhérent à la chair, assez gros, arrondi, bombé, ayant l'arête dorsale large et coupante. — *Amande :* amère.

Abricot Alberge.

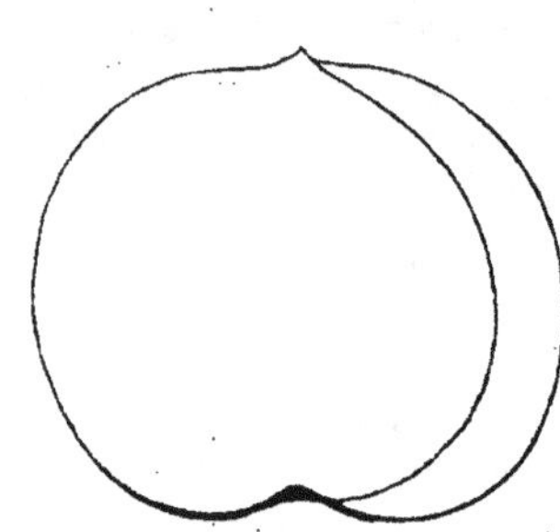

MATURITÉ. — Commencement d'août.

QUALITÉ. — Première.

Historique. — Originaire de la Touraine, l'abricot ici décrit ne fut vraiment connu qu'à partir de 1750. Le pépiniériste Chaillou, de Vitry-sur-Seine, est, croyons-nous, le premier arboriculteur qui l'ait cité. Il le fit en 1755, dans le *Catalogue ou l'Abrégé des bons fruits* (p. 1) par lui publié pour arriver, disait-il, à propager « les arbres fruitiers les plus rares et les plus estimés. » Du reste, cette même année, deux pomologues, les abbés Nolin et Blavet, parlèrent ainsi dudit albergier :

« *L'Abricot Alberge* est fort à la mode depuis quelque temps; son fruit n'est pas plus gros que le Précoce, et mûrit après lui; sa chair est musquée, sucrée, fort délicate........ » (*Essai sur l'agriculture moderne,* 1755, p. 162.)

Duhamel, en 1768, le caractérisa également :

« Cet abricotier — écrivait-il — devient aussi grand que le Commun; il est plus garni de bois et réussit mieux en plein-vent qu'en espalier... Sa peau est d'un vert jaunâtre à l'ombre; le côté du soleil est d'un jaune foncé couleur de bois et se couvre de très-petites taches rougeâtres semblables à de gros points saillants..... Sa chair est fort tendre, presque fondante, d'un jaune rougeâtre très-foncé. Son eau est abondante, d'un goût vineux, relevé, mêlé d'un peu d'amertume qui n'est pas désagréable..... Sa maturité est à la mi-août. » (*Traité des arbres fruitiers,* t. Ier, pp. 142-143.)

En 1784 un nouvel article fut fait, sur cet abricot, par la Bretonnerie, mais qui laissa fort à désirer, sous le rapport d'une juste appréciation, puisqu'on y reléguait l'Alberge au rang des fruits bons uniquement pour l'usage culinaire :

« *L'Alberge* — disait la Bretonnerie — est le premier qui a paru de notre temps parmi les abricots modernes. Dans la nouveauté tout le monde vouloit en avoir, effet de l'enthousiasme ordinaire en ce pays-ci (Paris) pour ce qu'on ne connoît pas. L'Alberge vient des confins de la Touraine, du côté du Poitou... On est beaucoup revenu de l'Alberge, parce qu'il est petit et très-sec, que sa chair devient filandreuse, et qu'il paroît dégénérer d'année en année. Son usage se réduit à la marmelade, parce qu'il a plus de parfum que les autres, étant cuit. Il n'en est pas de même dans les pays méridionaux, ces fruits y deviennent plus gros et plus exquis... » (*L'Ecole du jardin fruitier,* 1784, t. II, pp. 149-150.)

Il n'est pas besoin de longue réflexion pour comprendre que si la Bretonnerie médit de la sorte des Albergiers de Tours, ce fut faute d'en avoir mangé de bons produits, mûris sur des arbres plantés en sol convenable et à belle exposition; autrement, comme Nolin, Blavet et Duhamel, ses contemporains et concitoyens, il eût rendu justice à la parfaite qualité de l'abricot Alberge.

Observations. — Cette variété se reproduit de noyau, sans varier sensiblement. Longtemps on a pensé qu'elle était la souche du genre Abricotier; mais, de nos jours, les pomologues Turpin et Poiteau ont abandonné cette opinion pour la reporter avec aussi peu de succès, j'en suis convaincu, sur l'abricotier *du Népaul.* (Voir l'article abricot *du Népaul*, page 87.)

Abricots ALBERGE COMMUN,
— ALBERGE FRANC,
— ALBERGE JAUNE,
} Synonymes d'abricot *Alberge.* Voir ce nom.

---

2. Abricot ALBERGE DE MONTGAMÉ.

Synonymes. — *Abricots :* 1. Montgamet (la Bretonnerie, *l'École du jardin fruitier,* 1784, t. II, p. 153). — 2. Gros-Alberge de Montgamet (d'Albret, *Cours théorique et pratique de la taille des arbres fruitiers,* 1851, p. 325). — 3. Crotté (Dochnahl, *Obstkunde,* 1858, t. III, p. 174). — 4. Montgameter Alberge (*Id. ibid.*).

Description de l'arbre. — *Bois :* fort. — *Rameaux :* peu nombreux, érigés, gros et très-longs, géniculés, brun olivâtre, portant sur toute leur longueur de fines exfoliations épidermiques. — *Lenticelles :* petites, arrondies, des plus abondantes, grisâtres, rugueuses et saillantes. — *Coussinets :* aplatis. — *Yeux :* gros, coniques-arrondis, noirâtres, écartés du bois et constamment disposés par groupes de trois. — *Feuilles :* peu nombreuses, très-grandes, planes, arrondies, courtement acuminées, vert sombre en dessus, vert clair en dessous, munies généralement de deux petites oreillettes. — *Pétiole :* très-long, bien nourri, flasque, fortement cannelé, glanduleux et rouge sanguin. — *Fleurs :* tardives, grandes, plus ou moins rosées lors du développement et passant ensuite au blanc pur; leur calice est grand et rouge clair.

Fertilité. — Plutôt modérée qu'ordinaire.

Culture. — Sa grande vigueur le recommande pour le plein-vent. L'espalier ne lui convient pas beaucoup, car il en atténue encore la médiocre fertilité.

Description du fruit. — *Grosseur :* assez volumineuse. — *Forme :* irrégulièrement ovoïde, aplatie dans le sens longitudinal, surtout vers le sommet; sillon bien marqué, mais étroit, principalement à son départ. — *Cavité caudale :* de largeur et profondeur moyennes. — *Point pistillaire :* très-apparent et placé au centre d'une notable dépression. — *Peau :* épaisse, duveteuse, jaune foncé à l'insolation, jaune verdâtre à l'ombre. — *Chair :* très-fine, jaune-orange, tendre ou mi-fondante. — *Eau :* suffisante et plus ou moins sucrée, savoureusement acidulée et parfumée. — *Noyau :* gros, légèrement ovoïde, bombé, ayant l'arête dorsale tranchante et prononcée. — *Amande :* complétement douce.

Abricot Alberge de Montgamé.

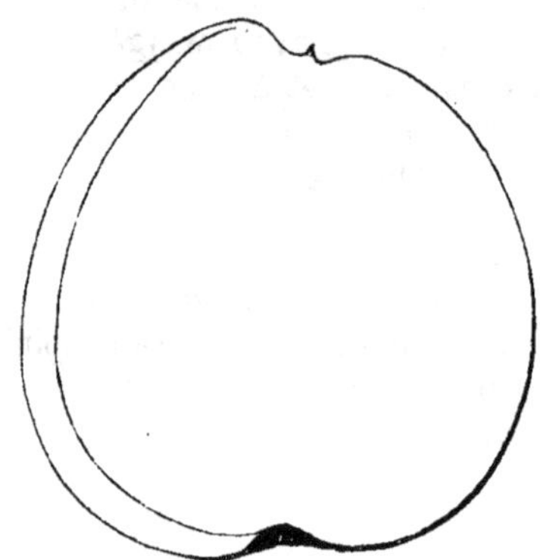

Maturité. — Commencement de juillet.

Qualité. — Première.

Historique. — C'est du village de Montgamé, près Châtellerault (Vienne), que sortit, vers 1765, l'excellent abricot qui nous occupe. Longtemps confiné dans la Touraine et l'Anjou, il fut lent à pénétrer chez les arboriculteurs des alentours de Paris. Duhamel, en 1768, ne le possédant pas, voulut au moins le mentionner :

« Le plus estimé de tous les Albergiers, dit-il, est le Mongamet. On prétend qu'il ne réussit bien que dans ce village et dans les environs de Tours, où les Albergiers sont très-communs. » (T. II, p. 143.)

La Bretonnerie, seize ans plus tard, citait également cette Alberge, dont la réputation continuait de grandir, sans néanmoins que sa culture se généralisât :

« L'abricot *Montgamet* — faisait observer ce pomologue — est très-renommé en Touraine ..... et peu connu en ce pays-ci [Paris]. Que de richesses, ajoutait-il, sont encore inconnues à la Capitale. Paris, cependant, est entouré de sols très-variés qui sont propres sans doute, quoique sous un même climat, à une grande variété de productions. » (*L'École du jardin fruitier*, 1784, t. II, p. 153.)

Enfin ce fut seulement en 1835 que les horticulteurs parisiens multiplièrent l'albergier de Montgamé. L'un d'eux, Louis Noisette, l'avouait en ces termes :

« On en parlait à Paris sans le connaître — écrivait-il en 1839. — Il vient d'être introduit chez nous, et commence à y fructifier. » (*Le Jardin fruitier*, t. I, p. 47, n° 9.)

Observations. — Par erreur ce fruit a quelquefois été gratifié, surtout en Allemagne, du synonyme *Türkische Aprikose* [Abricot de Turquie], appartenant uniquement à la variété de Mouch, ou Musch-Musch. Signaler le fait suffit pour qu'une telle méprise ne se commette plus, ces deux abricots étant bien loin de se ressembler : le Montgamé, très-recherché pour faire des confitures, a l'amande douce; celle du Musch-Musch est amère, et la maturité du premier a lieu près d'un mois avant la maturité de ce dernier.

ABRICOTS : ALBERGE ORDINAIRE, — ALBERGE DE TOURS, } Synonymes d'abricot *Alberge*. Voir ce nom.

ABRICOT D'ALESSANDRIA. — Synonyme d'abricot *d'Alexandrie* (des Italiens). Voir ce nom.

---

3. ABRICOT D'ALEXANDRIE (DES ITALIENS).

Synonymes.— *Abricots :* 1. ALEXANDRIN DES PROVENÇAUX (Fillassier, *Dictionnaire du jardinier français*, 1791, t. I, p. 11). — 2. AUBERGE (*Id. ibid.*). — 3. AUBERGEON (*Id. ibid.*). — 4. DIE GROSSE FRÜHE (Sickler, *Teutscher Obstgärtner*, 1799, t. XII, p. 139, nº 5 ; — et Thompson, *Transactions of the horticultural Society of London*, 1831, 2e série, t. I, p. 60, nº 3). — 5. GROS-PRÉCOCE (Thompson, *ibid.*). — 6. LARGE EARLY (*Id. ibid.*). — 7. DE SAINT-JEAN (*Id. ibid.*). — 8. DE SAINT-JEAN ROUGE (*Id. ibid.*). — 9. GROS ABRICOT D'ALEXANDRIE (*Id. ibid.* ; — et Georges Lindley, *Guide to the orchard and kitchen garden*, 1831, p. 131, nº 6). — 10. ALEXANDRISCHE GELBE FRÜHZEITIGE (Dittrich, *Systematisches Handbuch der Obstkunde*, 1841, t. III, p. 321, nº 1). — 11. GLÄNZENDE (*Id. ibid.*). — 12. LUCENTE (*Id. ibid.*). — 13. GROS ABRICOT DE SAINT-JEAN (Victor Paquet, *Almanach horticole*, 1844, p. 132). — 14. ABDELOUIS SAINT-JEAN (d'Albret, *Cours théorique et pratique de la taille des arbres fruitiers*, 1851, p. 325). — 15. GROS HATIF DE LA SAINT-JEAN (Laurent de Bavay, *Annales de pomologie belge et étrangère*, 1854, t. II, p. 75). — 16. ORANGE PRÉCOCE (*Id. ibid.*). — 17. ROUGE DE LA SAINT-JEAN (*Id. ibid.*). — 18. DE LA SAINT-JEAN (*Id. ibid.*). — 19. D'ALEXANDRIE HATIF (Dochnahl, *Obstkunde*, 1858, t. III, p. 180, nº 29). — 20. ALLESSANDRINO GIALLO PRÉCOCE (*Id. ibid.*). — 21. HATIF DE LA SAINT-JEAN (*Id. ibid.*, p. 177, nº 19). — 22. D'ALESSANDRIA (*Catalogo speciale della collezione di alberi fruttiferi esistenti nell' orto e giardino sperimentale della R. Societa Toscana d'orticultura nel suburbio di Firenze*, 1862, p. 11). — 23. GROS-ROUGE PRÉCOCE (Gressent, *l'Arboriculture fruitière*, 1865, p. 469). — 24. EARLY MOORPARK (Simon-Louis, pépiniériste à Metz, *Catalogue général descriptif*, 1866, p. 1).

Description de l'arbre. — *Bois :* fort. — *Rameaux :* assez nombreux, gros et longs, érigés au sommet, étalés à la base, peu coudés, ayant l'épiderme légèrement exfolié et d'un beau rouge-brun. — *Lenticelles :* arrondies, jaunâtres, très-petites et clair-semées. — *Coussinets :* bien accusés. — *Yeux :* brunâtres et gros, ovoïdes-obtus, sensiblement écartés du bois et par groupes de trois à huit. — *Feuilles :* nombreuses, de grandeur moyenne, cordiformes-arrondies, courtement acuminées, épaisses, vert brillant en dessus, vert terne en dessous, à bords régulièrement crénelés. — *Pétiole :* gros, court et rigide, faiblement cannelé, rouge sanguin, assez glanduleux et généralement accompagné d'une ou de deux oreillettes. — *Fleurs :* excessivement hâtives, très-grandes, blanches, gaufrées, à calice rouge.

FERTILITÉ. — Satisfaisante.

CULTURE. — Cette variété, vu sa floraison des plus hâtives, ne s'accommode pas du plein-vent à haute tige; le buisson et la demi-tige lui conviennent mieux;

mais pour augmenter, surtout, sa fertilité, c'est en espalier qu'il sera toujours préférable de la placer.

Description du fruit. — *Grosseur :* au-dessus ou au-dessous de la moyenne. — *Forme :* elle varie entre l'ovoïde-arrondie et la globuleuse plus ou moins régulière; les joues, peu convexes, sont très-souvent de volume inégal; le sillon qui les divise, large et profond à ses extrémités, devient fort étroit à son milieu. — *Cavité caudale :* très-vaste. — *Point pistillaire :* saillant ou légèrement enfoncé. — *Peau :* duveteuse, jaune-orange nuancé de gris et tacheté assez abondamment de carmin foncé. — *Chair :* jaune pâle, ferme, non adhérente au noyau. — *Eau :* abondante, sucrée, très-parfumée, puis agréablement acidulée. — *Noyau :* petit, ovoïde-arrondi, bien bombé, ayant l'arête dorsale coupante et peu développée. — *Amande :* amère.

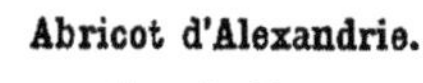
Abricot d'Alexandrie.

Premier Type.

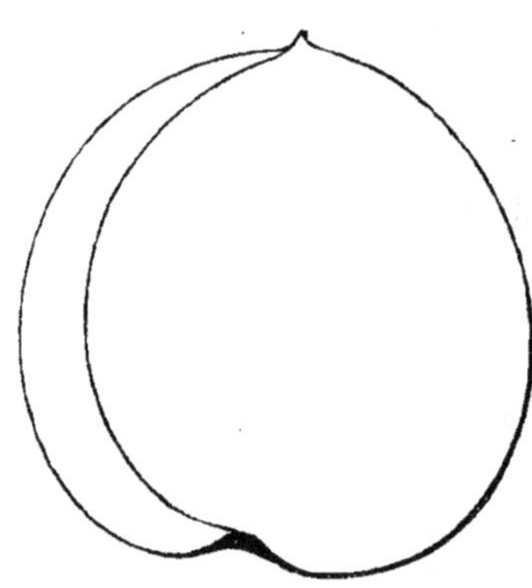

Deuxième Type.

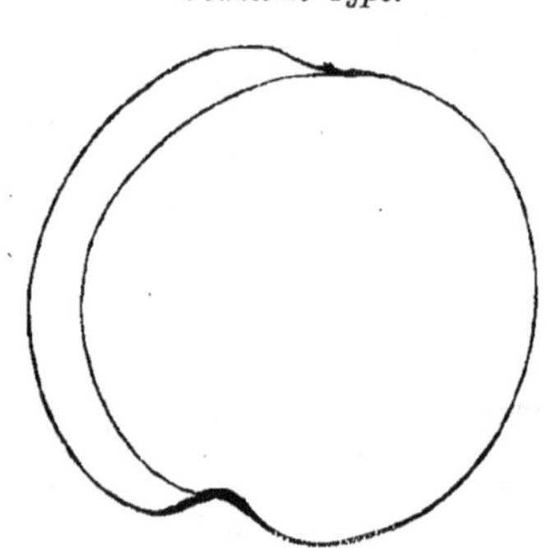

MATURITÉ. — Derniers jours de juin.

QUALITÉ. — Première.

Historique. — Cet excellent et si précoce abricot, passe généralement pour être originaire de la ville italienne dont il porte le nom : Alexandrie, située sur le Tanaro, à 71 kilomètres sud-est de Turin. A quelle époque remonte sa culture, dans son pays natal? Cette question devient assez difficile à résoudre, les pomologues italiens, très-peu nombreux, d'ailleurs, s'étant à peine occupés de l'histoire des arbres fruitiers. Cependant quand on sait qu'au milieu du XVIIIe siècle l'abricotier d'Alexandrie déjà se trouvait chez les pépiniéristes des environs de Paris, n'est-il pas permis de croire que l'Italie le posséda, pour le moins, une cinquantaine d'années avant nous? Agostino Gallo, qui publiait en 1550 la première édition de ses *Vinti giornate dell' agricoltura,* ne l'a pas mentionné, non plus que dans la dernière, imprimée à Venise en 1575; d'où l'on peut supposer qu'alors ce fruit était encore à naître. Toujours est-il qu'il jouissait en France, dès 1755, d'une certaine renommée; aussi, cette année-là, le pépiniériste Chaillou, de Vitry-sur-Seine, le signala-t-il dans son *Abrégé des fruits les plus nouveaux, les plus rares et les plus estimés* (p. 2); et de même les abbés Nolin et Blavet, en leur *Essai sur l'agriculture moderne,* où ils le décrivirent de la sorte :

« L'abricot *d'Alexandrie* est petit comme le Précoce, rond, prenant beaucoup de rouge; sa chair est relevée, un peu musquée. On auroit des variétés infinies dans cet arbre, si l'on en semoit des noyaux, et la plupart des espèces nouvelles ne paroissent pas avoir d'autre origine. » (Page 163.)

Duhamel, en 1768, eut moins d'estime pour cet abricotier, dont la floraison, il l'avait reconnu, était fréquemment compromise, sous le climat de Paris, par les dernières gelées. Il ne lui consacra donc, dans le *Traité des arbres fruitiers,* que ces simples lignes :

« L'abricotier *d'Alexandrie* — dit-il — réussit mal dans notre climat; ses fleurs, trop empressées d'annoncer le printemps, sont presque toujours ruinées par la gelée, de sorte qu'il donne rarement du fruit, qui est petit, rond, fort coloré, et de fort bon goût.) (T. Ier, p. 145.)

Et de fait, cette variété ne récompense bien le jardinier que dans nos départements du Midi, où non-seulement elle donne de très-abondants, mais encore de très-savoureux produits; et si précoces, que l'un de ses surnoms les plus répandus — abricot *de la Saint-Jean* — lui fut appliqué, précisément, à Tarascon, Arles, Marseille et Pézenas, contrées où sa culture a lieu avec un véritable succès.

Observations. — Une notable confusion existait entre les synonymes de cet abricot et ceux de l'abricot Esperen. Dans le sommaire placé en tête du présent article, je me suis appliqué à la détruire au moyen, surtout, de l'écart de maturité très-marqué, un mois environ, qui différencie ces deux fruits. — Le nom de la variété qui nous occupe est fait pour amener quelque méprise avec l'abricotier de Mouch, ou de Musch, dit souvent aussi d'Alexandrie (des Egyptiens) et que nous décrivons plus loin (page 83). En cas de doute, on les reconnaîtrait aisément, le dernier mûrissant trois semaines au moins après son congénère italien. — J'ai reçu en 1866 des frères Simon-Louis, pépiniéristes à Metz, un abricotier *Early Moorpark,* réputé nouveau gain chez les Anglais, mais qui, chez moi, s'est montré, arbre et fruits, en tout semblable à l'Alexandrie. J'appelle donc sur lui la sérieuse attention de ceux qui le possèdent.

Abricots d'ALEXANDRIE (des Égyptiens). — Synonymes d'abricot *de Mouch* et d'abricot *Noir*. Voir ces noms.

Abricot d'ALEXANDRIE (GROS-). — Synonyme d'abricot *d'Alexandrie* (des Italiens). Voir ce nom; voir aussi *Esperen*, au paragraphe Observations.

Abricots d'ALEXANDRIE HATIF,
— ALEXANDRIN DES PROVENÇAUX,
} Synonymes d'abricot *d'Alexandrie* (des Italiens). Voir ce nom.

Abricot ALEXANDRISCHE. — Synonyme d'abricot *Noir*. Voir ce nom.

Abricot ALEXANDRISCHE GELBE FRÜHZEITIGE. — Synonyme d'abricot *d'Alexandrie* (des Italiens). Voir ce nom.

Abricots : d'ALGER,
— ALLESSANDRINE MIT BITTEREM MANDEL,
} Synonymes d'abricot *Blanc*. Voir ce nom.

ABRICOT ALLESSANDRINO GIALLO PRÉCOCE. — Synonyme d'abricot *d'Alexandrie* (des Italiens). Voir ce nom.

ABRICOT AMANDE. — Synonyme d'abricot *de Hollande*. Voir ce nom.

ABRICOT AMANDE-AVELINE. — Voir abricot *Angoumois*, au paragraphe OBSERVATIONS.

ABRICOTS : AMANDE-AVELINE,
— AMANDE-DOUCE,
— A AMANDE DOUCE,
— D'AMPUIS,
— D'AMPUY,
— ANANAS,

} Synonymes d'abricot *de Hollande*. Voir ce nom.

ABRICOT ANANAS. — Synonyme d'abricot *de Moorpark*. Voir ce nom.

ABRICOT ANANAS OF THE DUTCH. — Synonyme d'abricot *de Hollande*. Voir ce nom.

---

4. ABRICOT ANGOUMOIS.

Synonymes. — *Abricots :* 1. ROUGE (la Bretonnerie, *l'École du jardin fruitier*, 1784, t. II, p. 148). — 2. D'ANJOU (Fillassier, *Dictionnaire du jardinier français*, 1791, t. I, p. 5; — et John Scott, *the Orchardist*, 1872, p. 151). — 3. KLEINE ROTHE FRÜHE (Sickler, *Teutscher Obstgärtner*, 1799, t. XI, p. 221, nº 4). — 4. VIOLET (Tatin, *Principes raisonnés et pratiques de la culture des arbres fruitiers*, 1819, t. II, p. 37). — 5. KLEINE ROTHE FRÜHE VON ANGOUMOIS (Dittrich, *Systematisches Handbuch der Obstkunde*, 1840, t. II, p. 376, nº 4). — 6. ANGOUMOIS HATIF (Dochnahl, *Obstkunde*, 1858, t. III, p. 181, nº 33). — 7. ANGOUMOIS ROUGE (*Id. ibid.*). — 8. DE GASCOGNE (*Id ibid.*). — 9. ROTHE ORANIEN (*Id. ibid.*). — 10. CANINO GROSSO (Robert Hogg, *the Fruit manual*, 1862; — Herincq, *l'Horticulteur français*, 1864, p. 93; — et Charles Downing, *the Fruits and fruit-trees of America*, 1869, p. 435).

Description de l'arbre. — *Bois :* fort. — *Rameaux :* assez nombreux, érigés, longs et grêles, peu géniculés, couverts d'exfoliations épidermiques et brun olivâtre nuancé de rouge. — *Lenticelles :* abondantes, petites, arrondies et blanches. — *Coussinets :* ressortis. — *Yeux :* volumineux, coniques-arrondis, très-écartés du scion et groupés trois par trois. — *Feuilles :* de grandeur moyenne, ovales-arrondies, longuement acuminées, vert sombre en dessus, vert blanchâtre en dessous; au sommet du rameau elles sont finement dentées, mais crénelées à sa base. — *Pétiole :* long, grêle, bien glanduleux, sensiblement cannelé, rouge en dessus, rose en dessous et portant parfois, presque soudées à la feuille, deux courtes oreillettes. — *Fleurs :* assez hâtives, grandes, blanches, à calice rouge verdâtre.

FERTILITÉ. — Satisfaisante.

CULTURE. — Sa riche végétation fait qu'il prospère sous toute espèce de forme; cependant le plein-vent demi-tige, ou le buisson, lui est particulièrement avantageux, car il en accroît la fertilité.

Description du fruit. — *Grosseur :* généralement au-dessus de la moyenne. — *Forme :* variant entre l'oblongue et la sphérique plus ou moins régulière. — *Cavité caudale :* large et assez profonde. — *Point pistillaire :* saillant et placé au centre d'une faible dépression. — *Peau :* jaune-orange ou jaune-paille sur le côté de l'ombre, amplement carminée à l'insolation, puis ponctuée de brun et de rouge clair. — *Chair :* rougeâtre, fondante, délicate. — *Eau :* abondante, bien sucrée, acidule et possédant une saveur parfumée des plus agréables. — *Noyau :* petit, ovoïde fortement arrondi, très-bombé, ayant l'arête dorsale large, mais peu saillante, et le sillon de la suture ventrale disposé en tube que d'un bout à l'autre on traverse aisément d'une épingle. — *Amande :* presqu'entièrement douce et très-souvent double.

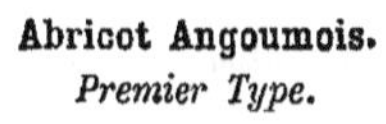

Abricot Angoumois.
Premier Type.

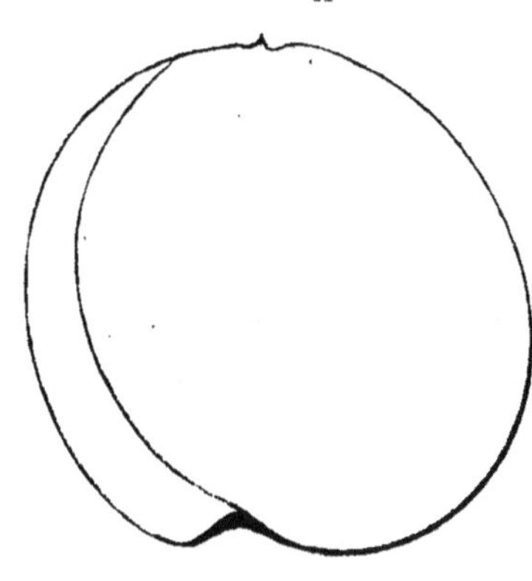

Deuxième Type.

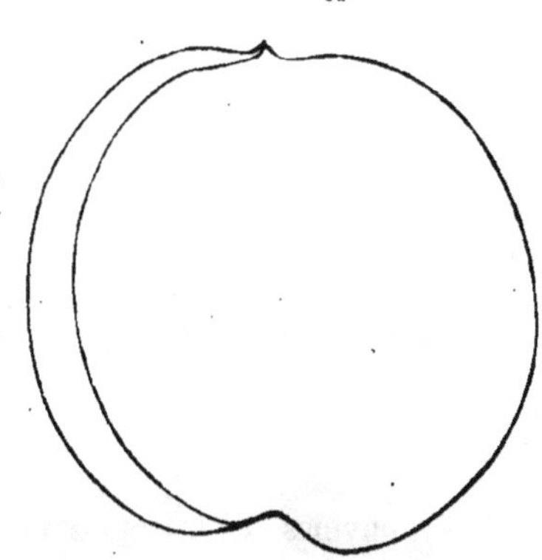

MATURITÉ. — Derniers jours de juillet.

QUALITÉ. — Première.

Historique. — Angoumois est le nom primitif de cet abricot, que la Quintinye signalait avant 1690 (t. I, p. 431), et qui pour lors, aux environs de Paris, devait se trouver dans bien peu de jardins, puisqu'en 1736 les Chartreux, page 11 du *Catalogue* de leurs pépinières, le disaient encore fort rare. Sa dénomination indique-t-elle sa provenance? Je n'oserais l'affirmer, faute de preuves, et d'autant mieux que le *Dictionnaire du jardinier français* (t. I, p. 5), publié par Fillassier, en 1791, le fait naître dans l'Anjou.

Observations. — Quelquefois on a porté le nom *Amande-Aveline* au rang des synonymes de l'abricot Angoumois. C'est une erreur, l'abricot de Hollande est le seul qui ait droit à pareil surnom. Cette fausse application synonymique sera venue, sans doute, de ce que la Quintinye, puis Duhamel, parlant du noyau de l'abricot Angoumois, avaient dit, le premier : « Son amande est si douce, qu'on « la prendroit presque pour des Avelines; » (t. I, p. 431) et le second : « Son « amande est douce et agréable à manger, ayant le goût d'une Aveline

« nouvelle. » (T. I, p. 138.) — *Early red Masculine*, synonyme de l'abricot Précoce, ne saurait non plus, comme l'a pensé le pomologue allemand Sickler (t. XI, p. 221), appartenir à l'abricot Angoumois; mais l'on doit, par exemple, réunir à ce dernier un certain *Canino grosso*, vendu depuis dix ans comme nouveauté d'origine italienne. — Extérieurement, l'abricot de Provence ressemble assez à l'abricot Angoumois, ce qui souvent les a fait prendre l'un pour l'autre; il est donc essentiel de bien étudier les caractères de ces deux variétés. — Enfin cette même recommandation devient utile aussi pour l'abricot *Angoumois d'Oullins*, des Lyonnais, décrit en 1873 par notre ancien Congrès pomologique (t. VI, nº 9) et qui, paraît-il, mûrit fin mai ou commencement de juin.

Abricot ANGOUMOIS HATIF. — Synonyme d'abricot *Angoumois*. Voir ce nom.

Abricot ANGOUMOIS D'OULLINS. — Voir abricots *Angoumois* et *de Moorpark*, au paragraphe Observations.

Abricots : ANGOUMOIS ROUGE,
— D'ANJOU,
} Synonymes d'abricot *Angoumois*. Voir ce nom.

Abricot ANSON'S. — Synonyme d'abricot *de Moorpark*. Voir ce nom.

Abricot ANSON'S IMPERIAL. — Synonyme d'abricot *Pêche de Nancy*. Voir ce nom.

Abricots : D'ARABIE,
— ARABISCHE,
} Synonymes d'abricot *de Mouch*. Voir ce nom.

Abricots : AUBERGE,
— AUBERGEON,
} Synonymes d'abricot *d'Alexandrie* (des Italiens). Voir ce nom.

Abricot D'AUVERGNE. — Synonyme d'abricot *Gros-Blanc d'Auvergne*. Voir ce nom.

B

5. Abricot BEAUGÉ.

Description de l'arbre. — *Bois :* fort. — *Rameaux :* peu nombreux, étalés, gros, assez longs, à peine géniculés, brun rougeâtre au sommet, brun clair à la base, et tout couverts d'exfoliations épidermiques. — *Lenticelles :* très-nombreuses mais très-petites, arrondies ou linéaires. — *Coussinets :* des plus saillants. — *Yeux :* petits ou moyens, coniques-obtus, groupés par trois et collés sur l'écorce; leurs écailles, très-noires, sont bordées de gris. — *Feuilles :* petites, arrondies, longuement acuminées, vert herbacé en dessus, vert jaunâtre en dessous, à bords dentés et surdentés en scie; elles ont à leur base deux oreillettes peu développées. — *Pétiole :* long, de grosseur variable, très-glanduleux, à large cannelure et lavé de rouge sanguin ou de rouge cramoisi. — *Fleurs :* tardives, petites, blanches, à calice rouge-brique.

Fertilité. — Ordinaire.

Culture. — Comme plein-vent cet abricotier réussit très-bien, n'importe sous quelle forme, mais il est toujours un peu dégarni. L'espalier lui convient également.

Description du fruit. — *Grosseur :* moyenne et parfois moins volumineuse. — *Forme :* sphérique, légèrement comprimée sur les côtés et marquée d'un sillon étroit et peu profond. — *Point pistillaire :* presque aplati dans une faible dépression. — *Peau :* unicolore, jaune-paille, assez duveteuse. — *Chair :* jaune-citron, fine et fondante. — *Eau :* abondante, douce, parfumée et très-sucrée. — *Noyau :* gros, ovoïde, plat, ayant l'arête dorsale large et saillante. — *Amande :* amère.

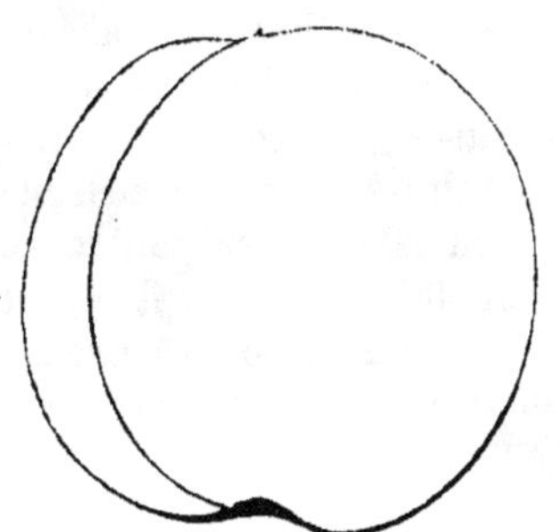

Maturité. — Courant d'août.

Qualité. — Première.

Historique. — Ce fruit, dont le nom s'orthographie, à une lettre près, comme celui de la ville de Baugé (Maine-et-Loire), nombre d'horticulteurs l'ont cru né chez les Angevins. Il n'en est rien; Versailles, au contraire, semble réclamer l'honneur de son obtention. Du moins lisait-on dans la *Revue horticole,* voilà vingt-six ans, les lignes suivantes, signées Herincq (du Muséum), et qui me semblent bien n'être autre chose qu'un acte d'état civil :

« *Revue des fruits nouveaux, ou peu connus, obtenus en* 1848 : . . . . Abricotier BEAUGÉ, arbre fertile, à gros fruit, mûrissant au mois de septembre; propagé par le pépiniériste Jamin-Durand (de Bourg-la-Reine, près Paris). » (T. II de la 3e série, pp. 424, 430 et 431.)

Depuis lors, cette excellente variété a fait un assez beau chemin en France ainsi qu'à l'étranger, où dès 1862 Robert Hogg la décrivait à Londres, et Charles Downing aux États-Unis, en 1869.

Ayant voulu connaître l'origine de la dénomination donnée à l'abricot Beaugé, je me suis adressé à son promoteur, qui m'a transmis les renseignements ci-dessous :

« Bourg-la-Reine, 4 novembre 1874.

« Monsieur, l'abricot *Beaugé* a dû produire pour la première fois vers 1835. L'obtenteur est un M. Beaugé, de son vivant propriétaire rue de la Paroisse, à Versailles, où il avait son domicile et son jardin. J'incline à croire que ce gain, qui me doit sa propagation, est le résultat du hasard; la naissance du pied-type peut remonter à 1830.

« J. L. JAMIN. »

ABRICOT BLACK. — Synonyme d'abricot *Noir*. Voir ce nom.

---

6. ABRICOT BLANC.

Synonymes. — *Abricots :* 1. D'ALGER (Société économique de Berne, *Traité des arbres fruitiers*, 1768, t. I, p. 169, no 3; — et Fillassier, *Dictionnaire du jardinier français*, 1791, t. I, p. 5, no 2). — 2. PÊCHE (Duhamel, *Traité des arbres fruitiers*, 1768, t. I, p. 134, no 2). — 3. EARLY WHITE MASCULINE (Thompson, *Transactions of the horticultural Society of London*, 1831, 2e série, t. I, p. 59). — 4. WHITE ALGIERS (*Id. ibid.*). — 5. WHITE MASCULINE (*Id. ibid.*). — 6. PETIT ABRICOT-PÊCHE (Dittrich, *Systematisches Handbuch der Obstkunde*, 1840, t. II, p. 375, no 2). — 7. KLEINE PFIRSCHEN (*Id. ibid.*). — 8. KLEINE WEISSE FRÜHE (*Id. ibid.*). — 9. ALLESSANDRINE MIT BITTEREM MANDEL (Dochnahl, *Obstkunde*, 1858, t. III, p. 175, no 11). — 10. BLANC HATIF MUSQUÉ (*Id. ibid.*). — 11. ERSTE ALEXANDRINE (*Id. ibid.*). — 12. MUSCAT (*Id. ibid.*). — 13. PÊCHE TRÈS-HATIF (*Id. ibid.*). — 14. WEISSE MÄNNLICHE (*Id. ibid.*).

Description de l'arbre. — *Bois :* assez fort. — *Rameaux :* nombreux, longs, érigés, de grosseur moyenne, coudés, ayant l'épiderme légèrement exfolié et d'un brun brillant taché de fauve. — *Lenticelles :* très-petites, arrondies ou linéaires, grises, saillantes et clair-semées. — *Coussinets :* aplatis. — *Yeux :* petits, écrasés, faiblement écartés du bois et groupés par trois ou cinq. — *Feuilles :* de grandeur moyenne, ovales-allongées ou ovales-arrondies, courtement acuminées, vert jaunâtre en dessus, vert blanchâtre en dessous, irrégulièrement dentées et portant à la base une ou deux petites oreillettes. — *Pétiole :* long, bien nourri mais flasque, peu glanduleux, rouge vif en dessus, rose en dessous et largement cannelé. — *Fleurs :* très-tardives, grandes, blanches, rosées sous les pétales, à calice rouge verdâtre.

FERTILITÉ. — Abondante.

CULTURE. — Sa végétation est assez active pour qu'on puisse, soit comme haute ou demi-tige, soit comme buisson, le destiner au plein-vent, forme à laquelle l'extrême tardiveté de sa floraison le rend très-propre. Du reste l'espalier ne lui est pas moins favorable.

Description du fruit. — *Grosseur :* assez petite. — *Forme .* globuleuse plus ou moins ovoïde, à sillon excessivement profond. — *Cavité caudale :* prononcée. — *Point pistillaire :* placé sur un léger mamelon. — *Peau :* unicolore, jaune clair blanchâtre, couverte d'un très-fin et très-court duvet. — *Chair :* blanchâtre, fondante et fibreuse. — *Eau :* suffisante, sucrée, à peine acidulée, possédant généralement une saveur qui rappelle un peu celle de la pêche. — *Noyau :* petit, irrégulièrement arrondi, légèrement bombé, ayant l'arête dorsale tranchante et bien développée. — *Amande :* presque douce.

Abricot Blanc.

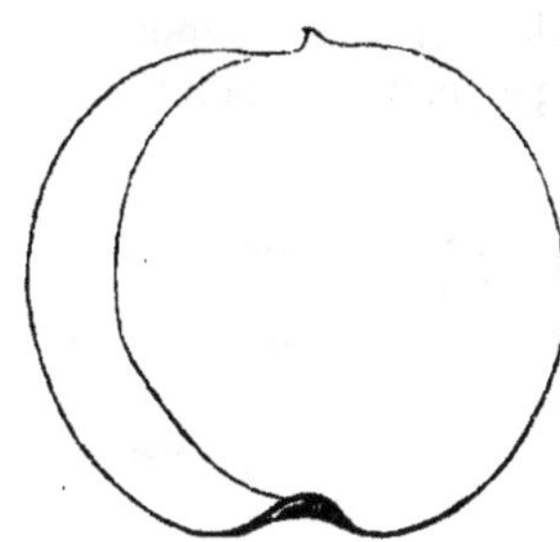

MATURITÉ. — Commencement de juillet.

QUALITÉ. — Deuxième.

Historique. — C'est l'un des plus anciens abricotiers qu'aient cultivés les jardiniers français. Merlet en fut le premier descripteur ; et nous voyons par les diverses éditions de l'ouvrage de ce pomologue, que dans la première, publiée à Paris en 1667, nulle mention n'était faite de l'abricotier Blanc. Mais dans la deuxième, qui date de 1675, on trouvait cette variété désignée de la sorte, après le Petit, ou Précoce, et le Gros, ou Commun :

« Il y a — disait Merlet — une autre espèce d'Abricot qui est *plus rare,* estant tout blanc dehors et dedans, qui s'ouvre net, et est de bon goust. L'aspect du soleil levant luy est plus favorable que les autres. » (*L'Abrégé des bons fruits,* édit. de 1667, p. 28.)

Renseignements descriptifs qu'en son édition de 1690 — la troisième — ce consciencieux auteur compléta par les suivants :

« Le noyau — ajoutait-il — en est fort petit, et ledit Abricot, toujours *fort rare,* est rond et bien plus hâtif que les autres. » (Page 18.)

Ainsi l'abricot Blanc remonte au moins à la moitié du XVIIe siècle; je dis au moins, pouvant produire, grâce à la Société d'Horticulture d'Orléans, un témoignage qui le montrera déjà cultivé dans l'Orléanais, vers 1607 :

« M. Jullien — lisons-nous dans le *Procès-Verbal* de la séance du 2 décembre 1855, de cette Société — M. Jullien entretient l'assemblée d'un abricotier qu'il a vu à Saint-Loup (Loiret) et qui, malgré son antique vieillesse, développe encore un feuillage luxuriant. M. Chévrier dit que, cette année, l'arbre remarqué par M. Jullien a donné plus de cinq cents fruits. C'est l'abricot *Blanc,* assez fade, tel qu'était l'abricot il y a deux siècles et demi, avant qu'on eût trouvé les variétés estimées aujourd'hui, et qui ont fait presque oublier les anciennes. Et en effet, il y a vingt ans qu'un vieillard de plus de soixante-dix ans affirmait à M. Chévrier qu'il avait, dès sa plus tendre enfance, vu cet arbre *aussi vieux qu'il paraissait alors,* c'est-à-dire ayant toutes les apparences d'une extrême vieillesse. Le mur sur lequel cet abricotier est appuyé, a été construit en 1607, et l'arbre est, sans aucun doute, *contemporain du mur*....... »

L'abricot Blanc mit un assez long temps à se répandre dans l'Ile-de-France, puisqu'en 1690 Merlet, nous le constations ci-dessus, le qualifiait encore de fruit « fort rare. » Le surnom d'Abricot-Pêche lui vint peu après cette dernière date. Duhamel, en 1768, me paraît avoir voulu le justifier, en faisant ressortir certains caractères vraiment particuliers à la variété ici décrite :

« L'Abricot *Blanc* ou *Abricot-Pêche* — écrivit-il — est évidemment une variété du Précoce ou Hâtif musqué . . . . Sa peau est couverte d'un DUVET FIN, plus sensible que sur les autres Abricots, mais moins que sur les Pêches . . . . . Son eau est abondante, douce, peu relevée, IMITANT un peu LE GOÛT D'UNE PÊCHE de médiocre bonté. » (*Traité des arbres fruitiers*, t. I, pp. 134-135, n° 2.)

De nos jours, cette appréciation de Duhamel est généralement celle de tous les pomologues; le docteur Couverchel, entr'autres, l'a partagée, mais sous la réserve de quelques observations des plus judicieuses :

« C'est bien à tort — a-t-il dit en 1852 — que, VU SON FAIBLE VOLUME, on donne quelquefois à l'Abricot *Blanc* la dénomination trop ambitieuse d'*Abricot-Pêche*;. . . . . . sa saveur et son odeur rappellent celles de la pêche : c'est à cette circonstance qu'est due la dénomination dont nous avons parlé plus haut. La similitude des principes que contiennent ces fruits établit une analogie plus rigoureuse que le volume, et justifierait mieux la synonymie, qu'appliquée, par exemple, à l'Abricot de Nancy. » (*Traité complet des fruits de toute espèce*, pp. 397-398.)

Observations. — En 1768 la Société économique de Berne décrivit l'abricot d'Alger dans son *Traité des arbres fruitiers* (t. I, p. 170) et le crut identique avec l'abricot Commun. C'était une erreur, que chez les Anglais releva Thompson en 1842 (*Catal.*, p. 48), en réunissant l'abricot d'Alger à l'abricot Blanc, réunion que tout autorise, je l'ai maintes fois vérifié. — L'abricot Blanc se reproduit exactement de noyau, et ne doit pas, vu son synonyme Abricot-Pêche, être confondu avec l'Abricot-Pêche de Nancy, non plus qu'avec le Gros-Blanc d'Auvergne, si recherché par les confiseurs.

ABRICOTS : BLANC D'AUVERGNE,

— BLANC HATIF D'AUVERGNE (GROS-),

} Synonymes d'abricot *Gros-Blanc d'Auvergne*. Voir ce nom.

ABRICOT BLANC HATIF MUSQUÉ. — Synonyme d'abricot *Blanc*. Voir ce nom.

ABRICOTS : BLANC PANACHÉ,

— BLOTCHED-LEAVED ROMAN,

— BLOTCHED-LEAVED TURKEY,

} Synonymes d'abricot *Commun à Feuilles panachées*. Voir ce nom.

ABRICOTS DE BREDA. — Synonymes d'abricots *Commun* et *de Hollande*. Voir ces noms.

ABRICOT BREDA D'ANSON. — Synonyme d'abricot *de Moorpark*. Voir ce nom.

ABRICOT BROWN MASCULINE. — Synonyme d'abricot *Précoce*. Voir ce nom.

ABRICOT BRUSSELS. — Synonyme d'abricot *Commun*. Voir ce nom.

ABRICOT DE BRUXELLES. — On a vraiment, depuis fort longtemps, trop abusé de ce nom pour rebaptiser divers abricots qui cependant n'avaient nul besoin qu'on ajoutât un nouveau surnom à ceux, si nombreux déjà, qu'ils possédaient. Ainsi, par exemple, les abricots Commun, de Hollande, Noir ou Violet, et Pêche de Nancy, ont été, chacun, appelés abricot de Bruxelles, puis présentés comme nouveautés. Mais je dois dire, à la décharge des Belges, que ni leurs pomologues ni leurs arboriculteurs n'ont jamais réclamé la paternité d'aucune de ces fausses variétés.

ABRICOTS DE BRUXELLES. — Synonymes d'abricots *Commun, de Hollande, Noir,* et *Pêche de Nancy*. Voir ces noms.

ABRICOTS : BUNTBLÄTTRIGE,

— BUNTE,

— BUNTE ODER GEFLECKTE,

Synonymes d'abricotier *Commun à Feuilles panachées*. Voir ce nom.

C

Abricot CANINO GROSSO. — Synonyme d'abricot *Angoumois*. Voir ce nom.

Abricot du CLOS. — Synonyme d'abricot *Luizet*. Voir ce nom.

Abricot COLONGE *ou* de COLLONGE. — Voir abricot *de Coulange*, au paragraphe Observations.

Abricot COMICE DE TOULON. — Synonyme d'abricot *de Provence*. Voir ce nom.

Abricots : du COMMERCE, — COMMON, } Synonymes d'abricot *Commun*. Voir ce nom.

---

7. Abricot COMMUN.

Synonymes. — *Abricots :* 1. Pêche précoce (Pline, an 80 de l'ère chrétienne, *Historia naturalis*, lib. XV, cap. xi ; — et Fée, *Notes sur Pline*, édition Panckoucke, 1831, t. IX, pp. 462-463). — 2. Prune arméniaque (Agostino Gallo, *le Vinti giornate dell' agricoltura*, 1575, p. 115). — 3. Ordinaire (la Quintinye, *Instructions pour les jardins fruitiers et potagers*, 1690, t. I, p. 430). — 4. Roman (Batty Langley, *Pomona*, 1729, p. 89, pl. xv, fig. 4). — 5. Abricotier a Gros Fruit (Chaillou, *l'Abrégé des bons fruits, ou Catalogue des pépinières de Vitry-sur-Seine*, 1755, p. 1 ; — et Mayer, *Pomona franconica*, 1776, t. I, p. 31, nº 3). — 6. De Bruxelles (Société économique de Berne, *Traité des arbres fruitiers*, 1768, t. I, p. 171 ; — et Thompson, *Catalogue of fruits cultivated in the garden of the horticultural Society of London*, 1842, p. 49, nº 10). — 7. Romain (*Iid. iibid.*). — 8 Grosse gemeine (Mayer, *ibid.*, t. 1, p. 31). — 9. De Breda (Fillassier, *Dictionnaire du jardinier français*, 1791, t. I, p. 7, nº 4). — 10. Common (Sickler, *Teutscher Obstgärtner*, 1796, t. VI, p. 313). — 11. Gemeine (*Id. ibid.*). — 12. Malus armeniaca romana (Fée, *Notes sur l'Historia naturalis* de Pline, édition Panckoucke, 1831, t. IX, pp. 462-463 ; — et Dochnahl, *Obstkunde*, 1858, t. III, p. 176, nº 14). — 13. Pomme d'Arménie (*Iid. iibid.*). — 14. Brussels (Thompson, *Transactions of the horticultural Society of London*, 1831, 2ᵉ série, t. I, p. 61). — 15. Turkey (*Id. ibid.*). — 16. Gros-Ordinaire (Dittrich, *Systematisches Handbuch der Obstkunde*, 1840, t. II, p. 378, nº 7). — 17. Transparent (Thompson, *Catalogue*, *ibid.*). — 18. Germine (A. J. Downing, *the Fruits and fruit-trees of America*, 1849, p. 157, nº 11). — 19. Grosse-Germine (*Id. ibid.*). — 20. Crotté (Dochnahl, *Obstkunde*, 1858, t. III, p. 176). — 21. Römische (*Id. ibid.*). — 22. Du Commerce (Eugène Glady, *Revue horticole*, de Paris, année 1865, p. 264). — 23. Gros-Commun (Congrès pomologique, *Pomologie de la France*, 1873, t. VI, nº 7).

Description de l'arbre. — *Bois :* fort. — *Rameaux :* très-nombreux, étalés et vert brunâtre à la base, érigés et rouge terne tacheté de vert au sommet, gros, longs, peu coudés, ayant l'épiderme légèrement exfolié. — *Lenticelles :* arrondies, de grandeur variable, saillantes, grisâtres et très-rapprochées. — *Coussinets :* bien ressortis. — *Yeux :* assez gros, ovoïdes-obtus, noirâtres, écartés du bois et groupés par trois. — *Feuilles :* excessivement nombreuses, petites, arrondies, plus larges que longues, courtement acuminées en vrille, vert jaunâtre en dessus, vert blanchâtre en dessous, et, sur leurs bords, régulièrement dentées en scie. — *Pétiole :* court, de grosseur moyenne, rigide, très-glanduleux, à faible cannelure, rouge en dessus et vert en dessous. — *Fleurs :* tardives, moyennes, blanches, globuleuses, ayant le calice d'un rouge verdâtre.

Fertilité. — Grande.

Culture. — Sa floraison tardive et sa vigueur le rendent des plus convenables pour plein-vent à haute ou demi-tige. Le buisson et l'espalier, mais le dernier surtout, quoique lui étant favorables sous le rapport de la fertilité, ne laissent pas, cependant, que d'amoindrir assez généralement la qualité de ses produits.

Description du fruit. — *Grosseur :* au-dessus de la moyenne. — *Forme :* passant de l'ovoïde comprimée longitudinalement à la globuleuse irrégulière; le sillon, étroit et profond, a l'une des lèvres beaucoup plus développée que l'autre. — *Cavité caudale :* moyenne. — *Point pistillaire :* petit et placé dans une très-faible dépression dont l'un des côtés est sensiblement mamelonné. — *Peau :* épaisse, légèrement duveteuse, jaune blanchâtre sur la partie placée à l'ombre, jaune orangé à l'insolation, où elle est en outre lavée de rouge foncé puis couverte de points brunâtres et rugueux. — *Chair :* jaune-orange, fondante, non adhérente au noyau. — *Eau :* abondante, acidulée, sucrée et plus ou moins parfumée. — *Noyau :* assez gros, ovoïde-arrondi, bombé, ayant l'arête dorsale vive et saillante. — *Amande :* amère.

Abricot Commun.

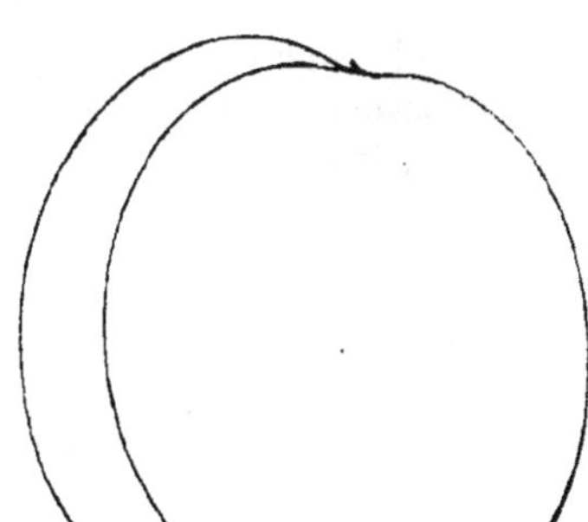

Maturité. — Milieu ou fin de juillet.

Qualité. — Première ou deuxième, selon la nature du terrain et l'exposition.

Historique. — Presque tous les commentateurs de Pline ont prétendu que ce célèbre naturaliste, dont les écrits remontent à l'an 80 de Jésus-Christ, avait connu l'abricotier Commun. Suivant eux, c'étaient ses fruits qu'au chapitre XI de son XVe livre, il appelait *Persica præcocia,* et qui, disait-il, mûrissaient en été, bien avant les pêches; ajoutant : « L'importation, à Rome, de cet arbre fruitier, « date seulement d'une trentaine d'années. » Peu après, les Romains appelèrent aussi ces mêmes arbres, *Mala Armeniaca* pour préciser le pays d'où ils les avaient rapportés. Le botaniste Fée expliquait la chose en ces termes, dans un très-remarquable travail publié au cours de 1831 :

« .... Quand Pline a parlé — disait-il — des *Persica præcocia,* s'il ne s'était agi que d'une variété de la pêche, aurait-il pris la peine de noter l'époque de son introduction dans le Latium? Les abricots mûrissent en été, et les pêches en automne. Il faut noter, cependant, qu'on cultive une pêche — l'Avant-Pêche Blanche, de Duhamel — dont les fruits sont bons à manger à la mi-juillet, mais il est douteux que cette variété ait été connue du temps de Pline. Au reste, notre opinion se trouve fortifiée de celle de Dioscoride (I, 166), qui dit positivement : « La pomme d'Arménie que les Romains nomment *Præcocia.* » Ce passage est précieux, il permet de préciser à quelle époque vivait Dioscoride, car l'introduction de l'abricotier à Rome date de trente ans environ avant l'époque où Pline écrivait. Ces deux auteurs étaient donc contemporains. » (Notes sur l'*Historia naturalis* de Pline, édition Panckoucke, 1831, t. IX, pp. 462-463.)

Ce que Fée dit ici du fruit appelé *Pêche Précoce,* au lieu *d'Abricot,* par Pline, puis de l'Avant-Pêche blanche décrite par Duhamel, me semble assez certain, car cette dernière ne fut réellement pas connue des Romains. Nous la devons à la Champagne, province où sa culture commença vers la fin du XVIe siècle, ainsi que je le démontrerai au chapitre Pêcher. Du reste l'abricot Commun était aussi surnommé au Ve siècle, on le voit dans Palladius (II, XV), *Prunier d'Arménie* par les Romains, appellation qu'on retrouvait encore existante chez les Italiens, en 1571. C'est Agostino Gallo, un de leurs plus anciens pomologues, qui nous l'apprend à la page 115 des *Vinti giornate dell' agricoltura.* L'importation en France de cet abricotier, le premier qu'aient greffé nos pères, n'eut guère lieu avant 1440, puisque Jean Champier (*de Re cibaria*) citait en 1560 l'abricot comme une nouveauté devenue moins rare à cette époque, mais qui, précédemment, s'était vendue 1 denier d'argent la pièce. Et dans les comptes de dépenses de l'antique abbaye Saint-Amand, de Rouen, on lit qu'un quarteron, ou vingt-six pour vingt-cinq, de ces abricots, fut payé douze deniers le 2 août 1544. Sous Louis XIV cette variété se rencontrait à peu près partout, recherchée principalement pour l'usage culinaire :

« Les *Abricots Ordinaires* — écrivait la Quintinye en 1690 — qui sont bien plus gros que la petite espèce qu'on appelle l'abricot Hastif, ont la chair jaune et ne meurissent que vers la my-juillet; il en faut aux quatre expositions, si l'on a assez de murailles pour cela, ou autrement on manqueroit de *la meilleure de toutes les compottes*; car, chose étonnante, le feu et le sucre réveillent dans cet abricot cuit un certain parfum dont on ne s'étoit point aperçu dans le cru. » (*Instructions pour les jardins fruitiers et potagers,* 1690, t. I, p. 430.)

Présentement, l'abricotier Commun est encore un de ceux qu'on plante le plus volontiers, et dont les produits paraissent le plus généralement sur les marchés. Leurs noyaux sont aussi l'objet d'un petit commerce, car l'amande qui les remplit est tellement amère, que souvent on lui fait remplacer l'*Amygdalus communis amara.*

Observations. — En 1755 Nolin et Blavet signalaient (*Essai sur l'agriculture moderne,* p. 162) certain abricot *Carré* comme une variété du fruit ici caractérisé, dont il avait le goût, assuraient-ils. Quel peut être cet abricot Carré ? Que sera-t-il devenu ? L'absence de tout autre renseignement sur lui, porte à penser qu'on l'aura sans doute reconnu le même que l'abricot Commun, de qui la forme, je le répète, n'est pas constante. — L'abricot de Breda ou de Hollande ayant, avec le Commun, pour synonyme abricot *de Bruxelles*, on ne saurait trop appeler sur ce fait l'attention des horticulteurs. — J'en dis autant pour le surnom *Turkey,* à la fois appliqué au Musch-Musch, ou de Mouch, puis au Commun, qui même partage encore, avec l'Alberge de Montgamé, la synonymie abricot *Crotté.*

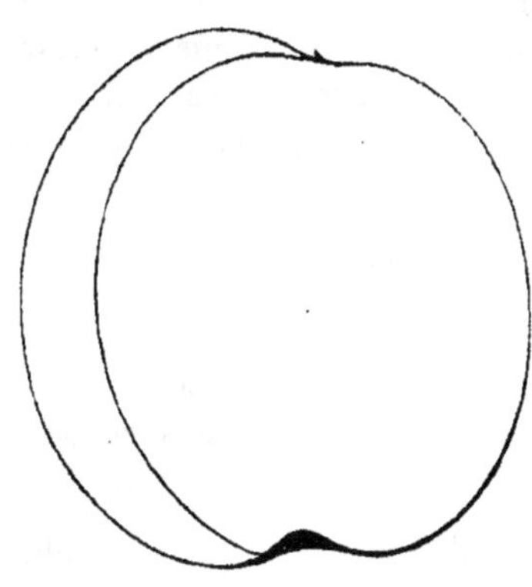

8. Abricot COMMUN A FEUILLES PANACHÉES.

Synonymes. — *Abricots :* 1. Panaché d'Angleterre (Chaillou, *l'Abrégé des bons fruits, ou Catalogue des pépinières de Vitry-sur-Seine*, 1755, p. 2). — 2. A Feuilles panachées (Duhamel, *Traité des arbres fruitiers*, 1768, t. I, p. 145). — 3. Panaché (les Chartreux de Paris, *Catalogue de leurs pépinières*, année 1775, p. 17; — et Mayer, *Pomona franconica*, 1776, t. I, p. 34, nº 6). — 4. Bunte oder gefleckte (Mayer, *ibid.*). — 5. Blanc panaché (Tatin, *Principes raisonnés et pratiques de la culture des arbres fruitiers*, 1819, t. II, p. 37). — 6. Commun a Feuilles panachées de jaune (Louis Noisette, *le Jardin fruitier*, 1821, t. II, p. 2). — 7. Blotched-leaved Turkey (Thompson, *Catalogue of fruits cultivated in the garden of the horticultural Society of London*, 1826, p. 6, nº 27). — 8. Maculé (*Id. ibid.*). — 9. Striped Turkey (*Id. ibid.*). — 10. Variegated Turkey (*Id. ibid.*). — 11. Blotched-leaved Roman (Idem, *Transactions of the horticultural Society of London*, 2e série, 1831, t. I, p. 62). — 12. Bunte (*Id. ibid.*). — 13. Buntblättrige (Dittrich, *Systematisches Handbuch der Obstkunde*, 1840, t. II, p. 379, nº 8). — 14. A Feuilles tiquetées (*Id. ibid.*). — 15. Mit dem Gefleecktem Blatt (*Id. ibid.*). — 16. A Feuilles maculées (Dochnahl, *Obstkunde*, 1858, t. III, p. 177, nº 17).

Description de l'arbre. — *Bois :* fort. — *Rameaux :* nombreux, étalés et arqués, gros et longs, de couleur olivâtre, mais tachés de jaune-citron sur le côté placé à l'ombre, et de jaune-orange brillant à l'insolation, où dans maints endroits ils semblent vernis; de très-larges exfoliations couvrent leur épiderme. — *Lenticelles :* des plus abondantes, blanchâtres, petites ou moyennes, linéaires et proéminentes. — *Coussinets :* peu développés. — *Yeux :* gros ou moyens, coniques-obtus, écartés du bois et par groupes de trois à six. — *Feuilles :* petites ou moyennes, ovales-arrondies, longuement acuminées, vert sombre en dessus, vert clair en dessous, tachetées de blanc pur sur le milieu de leurs deux faces et dentées irrégulièrement. — *Pétiole :* court et grêle, à faible cannelure, glanduleux et rouge violâtre. — *Fleurs :* tardives, blanches, grandes ou moyennes, globuleuses, à calice rouge-brique.

Fertilité. — Convenable.

Culture. — Toute espèce de forme peut lui être appliquée, mais le buisson est celle sous laquelle il devient le plus fertile et qui fait le mieux ressortir la beauté de son feuillage.

Description du fruit. — *Grosseur :* volumineuse. — *Forme :* globuleuse plus ou moins ovoïde, à joues légèrement aplaties, à sillon étroit et profond. — *Cavité caudale :* très-prononcée. — *Point pistillaire :* petit et placé de côté au sommet d'un faible mamelon. — *Peau :* quelque peu duveteuse, d'un blanc nuancé de jaune sur la face placée à l'ombre, et rosé à l'insolation. — *Chair :* blanche, non adhérente et très-délicate. — *Eau :* suffisante, très-sucrée, délicieusement acidulée et parfumée. — *Noyau :* gros, ovoïde, assez bombé, ayant l'arête dorsale presque émoussée. — *Amande :* amère.

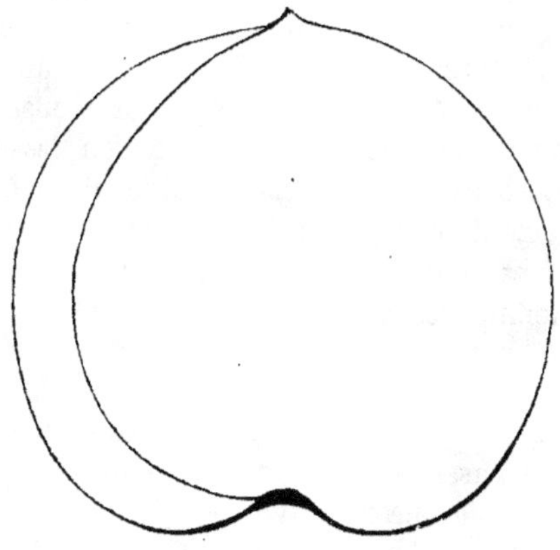

Maturité. — Commencement du mois de juillet.

Qualité. — Première.

Historique. — Variété de l'abricotier Commun, ou Romain, l'abricotier Commun à Feuilles panachées se trouve dans les jardins français depuis près d'un siècle et demi. Chaillou, jadis pépiniériste à Vitry-sur-Seine, est le premier, croyons-nous, qui l'ait mis en vente. Ce fut en 1755 qu'il l'annonça dans *l'Abrégé des bons fruits ou Catalogue des variétés les plus rares et les plus estimées.* Or, comme il y figure sous le nom d'abricot Panaché D'ANGLETERRE, il semble assez probable que Chaillou l'avait reçu de ce pays. Les Chartreux, de Paris, ne commencèrent à le propager que vingt ans plus tard, en 1775. Duhamel, en 1768, le mentionna, mais de très-briève façon. Chez les Allemands, meilleur accueil, à cette époque, lui était réservé, car on le voit longuement décrit, puis parfaitement peint et figuré dans la *Pomona franconica* de Mayer, publiée en 1776 (t. I, p. 34, n° 6, planche 4e). Aujourd'hui ce bel abricotier, qu'on ne saurait trop recommander, est généralement assez répandu.

ABRICOT COMMUN A FEUILLES PANACHÉES DE JAUNE. — Synonyme d'abricot *Commun à Feuilles panachées.* Voir ce nom.

ABRICOT COMMUN (GROS-). — Synonyme d'abricot *Commun.* Voir ce nom.

---

9. ABRICOT DE COULANGE.

Description de l'arbre. — *Bois :* assez fort. — *Rameaux :* nombreux, érigés, gros, courts et géniculés, saumonés au sommet, brun clair à la base et tout couverts d'exfoliations épidermiques. — *Lenticelles :* très-abondantes, petites et blanches, arrondies ou linéaires. — *Coussinets :* ressortis. — *Yeux :* groupés par deux ou par trois, gros, coniques-pointus, légèrement écartés du bois, aux écailles noires, mal soudées et bordées de blanc. — *Feuilles :* des plus nombreuses, grandes, ovales-arrondies, courtement acuminées, vert clair jaunâtre en dessus et vert blanchâtre en dessous, finement bordées de dents que termine une très-petite aiguille noirâtre. — *Pétiole :* rarement bien glanduleux, long et grêle, rouge cramoisi nuancé de rouge-sang, à cannelure large mais peu profonde. — *Fleurs :* hâtives, moyennes, blanches, globuleuses, à calice rouge brillant.

FERTILITÉ. — Satisfaisante.

CULTURE. — Vu sa forte et courte ramification, il fait, n'importe sous quelle forme, des plein-vent de toute beauté ; il est assez avantageux, également, de le mettre en espalier, surtout pour préserver sa floraison hâtive.

Description du fruit. — *Grosseur :* volumineuse. — *Forme :* arrondie légèrement ovoïde, à joues peu renflées, à sillon profond mais étroit, principalement près du sommet. — *Cavité caudale :* prononcée. — *Point pistillaire :* saillant et recourbé. — *Peau :* faiblement duveteuse, jaune herbacé sur le côté placé à l'ombre et jaune clair sur l'autre face. — *Chair :* jaune blanchâtre, molle, pâteuse, non adhérente au noyau. — *Eau :* peu abondante, sucrée, acidule et rarement bien parfumée. — *Noyau :* moyen, arrondi, très-bombé, ayant l'arête dorsale, basse, émoussée, puis la suture ventrale percée en façon de tube court et très-large. — *Amande :* amère.

Abricot de Coulange.

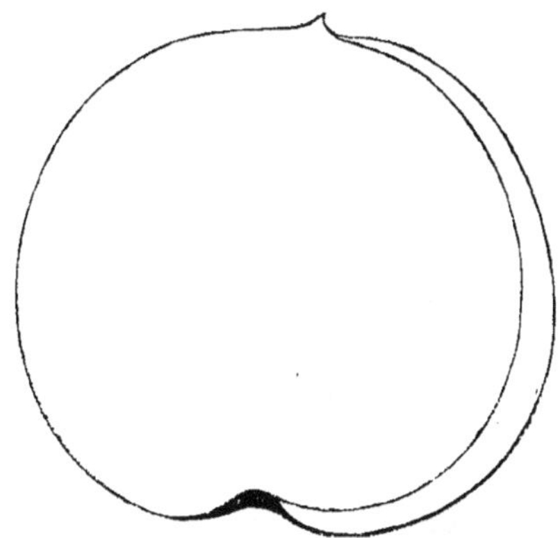

MATURITÉ. — Vers la mi-juillet.

QUALITÉ. — Deuxième.

Historique. — Je multiplie cet abricotier depuis une trentaine d'années, sans avoir jamais rencontré sur lui, dans les recueils pomologiques, le moindre renseignement. Il paraît porter un nom de localité; seulement, comme le *Dictionnaire des postes* mentionne six bourgs, villages ou hameaux appelés Coulange, on conçoit qu'il devienne assez difficile, aujourd'hui, de préciser lequel de ces différents lieux peut avoir vu naître la variété dont il s'agit. Je la crois, néanmoins, sortie de Coulange-sur-Yonne, commune aux environs de laquelle le pépiniériste et pomologue Louis Noisette, né en 1772, mort en 1849, possédait, hameau de Misery, d'importantes propriétés où il obtint de semis, ses ouvrages en font foi, plusieurs fruits très-méritants. L'abricot de Coulange doit être, en tout cas, au moins âgé d'un demi-siècle.

Observations. — Dans les Catalogues arboricoles, j'ai vu parfois cité un abricotier *Colonge*, ou *de Collonge*, que je soupçonne fort n'être autre que le Coulange ici décrit, dont un mauvais étiquetage aura défiguré le nom. Avis, alors, aux intéressés, le temps m'ayant manqué pour éclaircir mes doutes à cet égard.

ABRICOTS CROTTÉ. — Synonymes d'*Alberge de Montgamé* et d'abricot *Commun*. Voir ces noms.

D

Abricot DEHANCY. — Synonyme d'abricot *de Moorpark.* Voir ce nom.

Abricot DOUBLE. — Synonyme d'abricot *de Hollande.* Voir ce nom.

Abricots : de DUNDMORE,
— DUNMORE'S,
— DUNMORE'S BREDA,

Synonymes d'abricot *de Moorpark.* Voir ce nom.

Abricot DUR D'ÉCULLY. — Voir abricot *Luizet,* au paragraphe Historique.

---

10. Abricot DUVAL.

Description de l'arbre. — *Bois :* peu fort. — *Rameaux :* nombreux, étalés, longs, assez grêles, coudés, rouge terne au sommet, brun olivâtre à la base et généralement ayant l'épiderme couvert d'étroites et longues exfoliations. — *Lenticelles :* petites, blanches, arrondies, très-abondantes. — *Coussinets :* des plus développés. — *Yeux :* très-gros, groupés par trois, ovoïdes-obtus, bien écartés du bois, aux écailles noirâtres, disjointes et bordées de gris-blanc. — *Feuilles :* peu nombreuses, arrondies ou ovales-allongées, longuement acuminées en vrille, vert très-brillant en dessus, vert-pré en dessous, à bords régulièrement dentés en scie. — *Pétiole :* de longueur et grosseur moyennes, à large cannelure, peu glanduleux, rouge sanguin en dessus, rose en dessous, muni d'une ou deux oreillettes à son extrémité. — *Fleurs :* tardives, moyennes ou petites, gaufrées, globuleuses, blanches, à calice vert rougeâtre rosé faiblement à la base.

Fertilité. — Convenable.

Culture. — Sa floraison tardive le rend propre au plein-vent, soit à basse, soit à haute-tige ; on peut aussi le mettre en espalier.

Description du fruit. — *Grosseur :* au-dessus de la moyenne. — *Forme :* ovoïde, à joues comprimées, à sillon étroit et assez profond. — *Cavité caudale :* très-vaste. — *Point pistillaire :* très-petit, occupant le centre d'une sensible dépression. — *Peau :* épaisse, légèrement duveteuse, jaune-orange lavé de rouge à l'insolation et ponctuée de carmin. — *Chair :* jaune-orange, demi-ferme, se détachant parfaitement du noyau. — *Eau :* abondante, douce, délicieusement sucrée et parfumée. — *Noyau :* assez gros, ovoïde-arrondi, bien bombé, ayant l'arête dorsale tranchante et saillante. — *Amande :* demi-douce.

Abricot Duval.

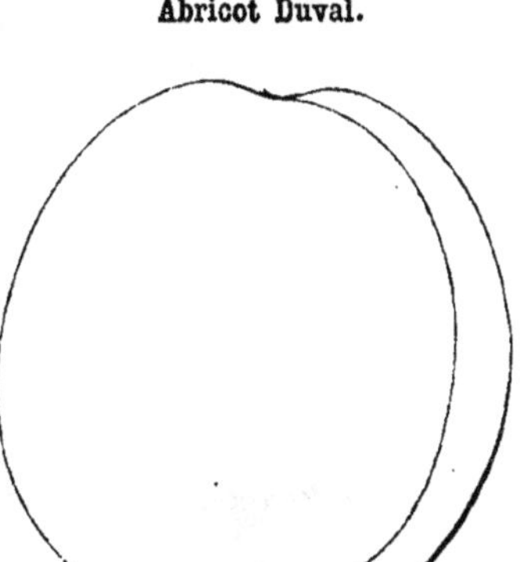

MATURITÉ. — Commencement d'août.

QUALITÉ. — Première.

Historique. — Je multiplie depuis dix ans déjà cet abricotier, dont on ne saurait trop recommander la culture. MM. Baltet frères, pépiniéristes à Troyes, qui en ont été les premiers propagateurs, le firent connaître en ces termes dans la *Revue horticole* du 1er décembre 1866 :

« *Abricotier Duval.* — Gain de M. Duval, curé aux environs de Troyes. Très-beau et bon fruit d'arrière-saison, issu de l'Abricotier-Pêche, dont il a gardé les précieuses qualités, et qui a, en outre, l'avantage d'être plus vigoureux. Cette remarque a été constatée sur le sujet-mère, et sur nos jeunes arbres de pépinière greffés en plein-vent ou en espalier, sur prunier Mirobolan et prunier Saint-Julien. » (Page 456.)

A ces renseignements, je puis joindre les suivants, que m'a communiqués mon obligeant confrère M. Charles Baltet :

« Troyes, 7 novembre 1874.

« M. l'abbé Duval, curé de Saint-Benoist-sur-Seine (Aube) et amateur d'horticulture, est un semeur heureux de dahlias et autres plantes. La première végétation du sujet-type de son abricotier, date de 1858, et sa première fructification, de 1864. »

E

Abricot EARLY MASCULINE. — Synonyme d'abricot *Précoce*. Voir ce nom.

Abricot EARLY MOORPARK. — Synonyme d'abricot *d'Alexandrie* (des Italiens). Voir ce nom.

Abricots : EARLY MOSCATINE,
— EARLY MUSCADINE,
— EARLY RED MASCULINE,

Synonymes d'abricot *Précoce*. Voir ce nom.

Abricots : EARLY WHITE MASCULINE,
— ERSTE ALEXANDRINE,

Synonymes d'abricot *Blanc*. Voir ce nom.

---

11. Abricot ESPEREN.

Synonymes. — *Abricots :* 1. Die grosse Frühe (Sickler, *Teutscher Obstgärtner,* 1799, t. XII, p. 139, n° 5 ; — et Dochnahl, *Obstkunde,* 1858, t. III, p. 177, n° 19). — 2. Frühe punktirte (Dochnahl, *ibidem*). — 3. Gros-Abricotin ; — 4. Gros-Hatif ; — 5. Gros-Royal ; — 6. De Hongrie ; — 7. Précoce d'Esperen ; — 8. Précoce de Hongrie ; — 9. Römische ; — 10. Royal ; — 11. Ungarische (*Idem, ibidem*).

Description de l'arbre. — *Bois :* très-fort. — *Rameaux :* peu nombreux, rouge ardoisé, longs, assez gros, étalés, arqués et géniculés, tout couverts d'exfoliations épidermiques. — *Lenticelles :* des plus abondantes, petites, arrondies ou linéaires, blanches et squammeuses. — *Coussinets :* aplatis. — *Yeux :* entièrement plaqués sur l'écorce, petits, coniques et groupés par trois ou cinq. — *Feuilles :* grandes ou très-grandes, minces, ovales-arrondies, courtement acuminées en vrille, vert-pré en dessus, vert blanchâtre en dessous et régulièrement dentées sur leurs bords. — *Pétiole :* gros, très-long, flasque, peu glanduleux, largement cannelé, rouge sanguin et portant deux oreillettes à son extrémité. — *Fleurs :* très-tardives, petites et grêles, blanches avec nervures d'un rose-violet; leur calice est rouge-brique.

FERTILITÉ. — Médiocre.

CULTURE. — Très-vigoureux, toutes les formes plein-vent lui sont bonnes; quant à l'espalier, on ne saurait l'y destiner, car la taille qu'il serait alors obligé de subir, le rendrait encore plus improductif.

Description du fruit. — *Grosseur :* au-dessus de la moyenne et parfois plus considérable. — *Forme :* ovoïde irrégulière, aplatie longitudinalement, parfois bossuée, à sillon étroit et très-profond vers la base, mais presque nul au sommet. — *Cavité caudale :* très-vaste. — *Point pistillaire :* très-petit et souvent placé en dehors de l'axe du fruit. — *Peau :* légèrement duveteuse, jaune-paille passant au jaune intense sur la face frappée par le soleil. — *Chair :* jaunâtre, tendre et quittant bien le noyau. — *Eau :* abondante, acidulée, peu sucrée, sans parfum. — *Noyau :* volumineux, large, légèrement oblong, aplati, ayant l'arête dorsale prononcée et bien tranchante, surtout à la base. — *Amande :* amère.

Abricot Esperen.

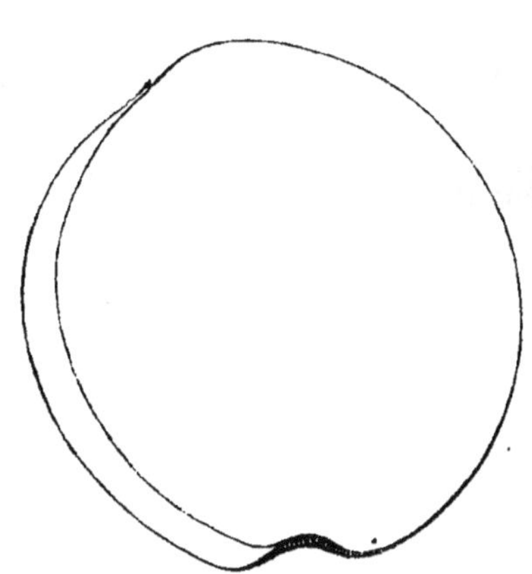

MATURITÉ. — Fin juillet.

QUALITÉ — Deuxième.

Historique. — En 1799 le pomologue J. B. Sickler figurait et caractérisait cette variété dans le tome XII du *Teutscher Obstgärtner* (page 139, n° 5); il l'appelait *die Grosse Frühaprikose*, c'est-à-dire, le Gros Abricot précoce. Un demi-siècle plus tard, en 1858, Dochnahl (*Obstkunde*, t. III, p. 177, n° 19), s'occupant à son tour de ce même fruit chez les Allemands, « pensa qu'il était originaire de « France, le déclara identique avec l'abricot *Précoce d'Esperen,* et fit observer « qu'on le cultivait dans le nord de l'Allemagne, où J. B. Sickler l'avait signalé « dès 1799. » Le surnom Précoce d'Esperen qui nous apparaît ici n'était déjà plus, en 1858, dans sa nouveauté; il datait au moins de 1845. Sorti de la Belgique sous le patronage de feu Laurent de Bavay, pépiniériste à Vilvorde-lez-Bruxelles, il rappelait la mémoire d'un semeur belge bien connu, et duquel j'ai maintes fois parlé au cours de cet ouvrage. Grâce donc à ce REBAPTISEMENT, le *Grosse Frühaprikose* décrit par Sickler à la fin du siècle dernier, obtint sans délai l'entrée des pépinières françaises. Nos écrivains horticoles, même, le protégèrent, entr'autres M. Herincq, du Muséum de Paris, qui le comprit dans une revue des fruits nouveaux, ou peu répandus, gagnés en 1848 :

« L'abricotier *Précoce d'Esperen* — disait-il — est un arbre de grandeur moyenne, mais vigoureux et très-fertile, pour espalier exposé au midi et au levant. Son fruit, fondant, assez gros et très-aplati, mûrit en juillet........ Propagé par M. Laurent de Bavay (de Bruxelles), on le trouve aussi chez M. Dupuy-Jamin (à Paris). » (*Revue horticole*, année 1848, pp. 424 et 430.)

Maintenant, quelle provenance assigner à cette variété?... Pour moi, la voyant cultivée par les Allemands avant 1799, puis ne paraître en France que cinquante ans plus tard, et sous un pseudonyme, je la suppose originaire de la Hongrie, car Dochnahl, parmi les nombreux anciens surnoms qu'il lui reconnaît, cite abricots de Hongrie et Précoce de Hongrie. Quant aux Belges, ils ne l'ont jamais officiellement inscrite dans leur pomone indigène, ni même caractérisée dans aucune Pomologie, malgré qu'elle nous soit venue de Vilvorde, vers 1848, parée du nom de leur compatriote Esperen. Or, ce silence suffit pour démontrer que cet abricot n'appartient pas à la Belgique. Cependant j'ai cru devoir, pour deux motifs, lui conserver son actuelle dénomination : nos horticulteurs le vendent sous ce seul nom, et ce nom, je le répète, est celui du major Esperen, officier qui sous Napoléon Ier servit avec gloire dans l'armée française, et fut, de plus, ami passionné de l'arboriculture fruitière.

Observations. — Les noms abricots *Large early, Hâtif de la Saint-Jean, Gros Abricot de la Saint-Jean,* ne sauraient être, comme d'aucuns l'ont avancé, réunis à cette variété, qui jamais ne mûrit avant la fin de juillet, même à Angers. C'est au vieil abricot d'Alexandrie, des Italiens, notre abricot de la Saint-Jean ou Large early des Anglais, qu'on doit les rapporter. Et, d'après Thompson (*Catalogue,* p. 48, n° 4), il faut en dire autant des suivants : *Gros Abricot d'Alexandrie, Gros-Précoce,* donnés parfois, également, pour synonymes à l'abricot Esperen.

F

ABRICOTIER A FEUILLES LACINIÉES. — Synonyme d'abricotier *Pêche à Feuilles laciniées*. Voir ce nom.

ABRICOTIERS : A FEUILLES MACULÉES,
— A FEUILLES PANACHÉES,
} Synonymes d'abricotier *Commun à Feuilles panachées*. Voir ce nom.

ABRICOTIER A FEUILLES DE PÊCHER. — Synonyme d'abricotier *Noir à Feuilles de Saule*. Voir ce nom.

ABRICOTIER A FEUILLES TIQUETÉES. — Synonyme d'abricotier *Commun à Feuilles panachées*. Voir ce nom.

ABRICOT FRÜHE MUSKATELLER. — Synonyme d'abricot *Précoce*. Voir ce nom.

ABRICOT FRÜHE PUNKTIRTE. — Synonyme d'abricot *Esperen*. Voir ce nom.

ABRICOTIER A FRUIT RAYÉ. — Synonyme d'abricotier *Rayé*. Voir ce nom.

G

Abricot de GASCOGNE. — Synonyme d'abricot *Angoumois*. Voir ce nom.

Abricot GEMEINE. — Synonyme d'abricot *Commun*. Voir ce nom.

Abricot GEMEINE PFLAUMEN. — Synonyme d'abricot *Noir*. Voir ce nom.

---

12. Abricot de GENNES.

Synonyme. — *Abricot* Tardif (Millet, *Description des fleurs et des fruits nés dans le département de Maine-et-Loire*, 1835, p. 97).

Description de l'arbre. — *Bois :* fort ou très-fort. — *Rameaux :* peu nombreux, légèrement étalés, courts, assez gros, coudés, vert herbacé à la base, brun foncé au sommet, ayant l'épiderme exfolié. — *Lenticelles :* jaunes, très-petites, squammeuses, linéaires et des plus abondantes. — *Coussinets :* presque nuls. — *Yeux :* groupés par trois, petits, coniques-arrondis, écartés du bois, aux écailles noirâtres. — *Feuilles :* de grandeur variable, ovales-arrondies ou ovales-allongées, longuement acuminées, vert jaunâtre en dessus, vert-pré en dessous et régulièrement dentées en scie sur leurs bords. — *Pétiole :* grêle, très-long, flasque, rouge cramoisi, peu glanduleux, à cannelure rarement bien accusée. — *Fleurs :* hâtives, grandes et blanches, à nervures sensiblement rosées, à calice rouge-brique.

Fertilité. — Abondante.

Culture. — Quoiqu'il prospère convenablement sous toutes les formes, il réussit encore mieux, cependant, comme fertilité, quand on en fait un arbre demi-tige ou basse-tige.

Description du fruit. — *Grosseur :* au-dessus de la moyenne. — *Forme :* globuleuse, à joues faiblement comprimées, à sillon large et peu profond. — *Cavité caudale :* modérément développée. — *Point pistillaire :* petit, régulièrement placé au centre d'une légère dépression. — *Peau :* duveteuse, jaune blafard sur le côté de l'ombre et jaune intense sur celui frappé par le soleil. — *Chair :* jaune-orange, fondante, quittant aisément le noyau. — *Eau :* suffisante, sucrée, agréablement acidulée mais à peu près dénuée de parfum. — *Noyau :* gros ou très-gros, plutôt ovoïde qu'arrondi, bombé, ayant l'arête dorsale large, haute, émoussée. — *Amande :* amère.

Abricot de Gennes.

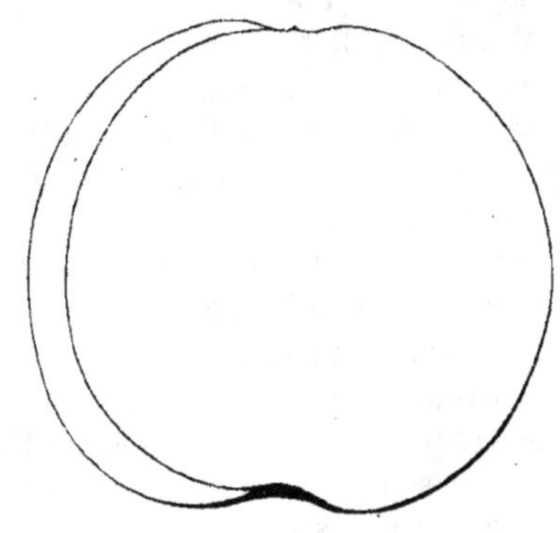

Maturité. — Fin d'août et commencement de septembre.

Qualité. — Deuxième.

Historique. — L'abricot que je viens de décrire est de provenance angevine; gagné vers 1833, il fut signalé en 1835 par M. Millet, page 97 de son intéressante et rare Notice sur les fleurs et les fruits nés dans le département de Maine-et-Loire. Appelé d'abord abricot *Tardif,* il reçut ensuite le nom de la personne qui l'avait obtenu, Mlle de Gennes, morte octogénaire depuis une vingtaine d'années. Elle habitait le faubourg Saint-Laud, d'Angers, où son goût marqué pour l'horticulture trouvait amplement à se satisfaire dans un vaste enclos rempli de belles et nombreuses collections.

Abricot GERMINE. — Synonyme d'abricot *Commun.* Voir ce nom.

Abricot GLÄNZENDE. — Synonyme d'abricot *d'Alexandrie* (des Italiens). Voir ce nom.

---

13. Abricot GLOIRE DE POURTALÈS.

Description de l'arbre. — *Bois :* faible. — *Rameaux :* peu nombreux, étalés et érigés, assez gros et assez longs, géniculés, brun foncé à la base, brun clair au sommet, ayant l'épiderme couvert de larges mais courtes exfoliations. — *Lenticelles :* abondantes, grandes, arrondies, blanches et squammeuses. — *Coussinets :* saillants. — *Yeux :* gros, coniques, groupés par trois et presque tous formant éperon. — *Feuilles :* peu nombreuses, petites, arrondies, longuement acuminées, vert terne en dessus, vert herbacé en dessous, à bords finement dentés et crénelés. — *Pétiole :* de grosseur et longueur moyennes, rarement bien glanduleux, rouge sanguin, à large cannelure et muni parfois d'une ou deux oreillettes. — *Fleurs :* très-hâtives, grandes ou moyennes, blanches, à nervures légèrement rosées, à calice rouge-brique.

Fertilité. — Convenable.

Culture. — La floraison de cet abricotier est si hâtive, qu'on doit surtout le recommander pour l'espalier, qui seul peut efficacement la protéger. Néanmoins sa végétation s'accommode très-bien aussi, ce point excepté, du buisson et de la haute ou basse-tige.

Description du fruit. — *Grosseur :* moyenne. — *Forme :* ovoïde plus ou moins arrondie, ayant les joues sensiblement aplaties, le sillon étroit mais très-profond, surtout à sa naissance. — *Cavité caudale :* peu prononcée. — *Point pistillaire :* petit, couronnant le sommet d'un assez faible mamelon. — *Peau :* jaune-paille, ponctuée de carmin à l'insolation et tachée, sur l'autre face, de roux grisâtre. — *Chair :* blanchâtre, ferme et délicate. — *Eau :* suffisante, sucrée, acidule, ayant une saveur de violette des plus agréables. — *Noyau :* petit ou moyen, ovoïde et légèrement bombé; son arête dorsale, très-haute et très-large, est excessivement coupante. — *Amande :* amère.

Abricot Gloire de Pourtalès.

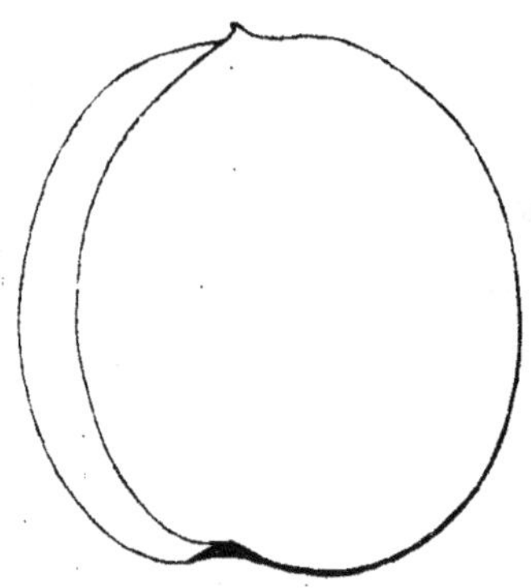

MATURITÉ. — Mi-juillet.

QUALITÉ. — Première.

Historique. — MM. Baumann, pépiniéristes à Bollwiller (Haut-Rhin), sont les promoteurs de cette variété, dont la mise au commerce date de 1860. Elle fut, m'apprenaient-ils le 10 janvier 1875, gagnée de semis dans le jardin de la Robertsau, près Strasbourg, par M. de Bussière, amateur d'arboriculture fruitière, qui leur permit ensuite de la nommer, puis de la multiplier. La famille d'origine française à laquelle ce nouvel abricotier est dédié, quitta notre pays en 1685, chassée par la révocation de l'édit de Nantes, et se réfugia à Neuchâtel, où l'un de ses membres, Jacques-Louis de Pourtalès, acquit avec d'immenses richesses une célébrité commerciale européenne, puis mourut en 1814, après y avoir fondé un hôpital et laissant plusieurs fils que le roi de Prusse fit comtes, en souvenir de leur père.

ABRICOT GROS-ABRICOTIN. — Synonyme d'abricot *Esperen.* Voir ce nom.

ABRICOT GROS-ALBERGE DE MONTGAMET. — Synonyme d'abricot *Alberge de Montgamé.* Voir ce nom.

---

14. ABRICOT GROS-BLANC D'AUVERGNE.

Synonymes. — *Abricots :* 1. D'AUVERGNE (Dittrich, *Systematisches Handbuch der Obstkunde,* 1841, t. III, p. 326, n° 6). — 2. BLANC D'AUVERGNE (1850, de quelques pépiniéristes). — 3. GROS-BLANC HATIF D'AUVERGNE (John Scott, *the Orchardist,* 1872, p. 156).

Description de l'arbre. — *Bois :* fort. — *Rameaux :* nombreux, étalés et érigés, gros, longs, coudés, brun clair luisant, ayant l'épiderme largement exfolié. — *Lenticelles :* assez abondantes, petites, très-proéminentes, arrondies et de couleur jaunâtre. — *Coussinets :* saillants. — *Yeux :* moyens, coniques-arrondis, très-écartés du bois et groupés par trois ou quatre. — *Feuilles :* de forme variable (arrondies, ovoïdes-arrondies, ovoïdes-allongées), grandes ou moyennes, courtement acuminées, vert sombre en dessus, vert-pré en dessous, à bords largement et profondément dentés. — *Pétiole :* gros et long, roide, sanguin, bien glanduleux, à cannelure prononcée. — *Fleurs :* hâtives, grandes et blanches, ayant le calice rouge clair.

FERTILITÉ. — Satisfaisante.

CULTURE. — Il se prête indistinctement à toutes les formes et prospère non moins bien appliqué au mur, que mis en plein-vent.

Description du fruit. — *Grosseur :* assez volumineuse. — *Forme :* globuleuse, à joues très-peu convexes, à sillon large et profond. — *Cavité caudale :* de faible dimension. — *Point pistillaire :* bien apparent, oblique et placé au centre d'une légère dépression. — *Peau :* jaune-paille sur le côté de l'ombre, jaune-orange sur celui du soleil, et couverte d'un long mais peu épais duvet. — *Chair :* jaune pâle, ferme, quittant facilement le noyau. — *Eau :* suffisante, sucrée, très-acidulée et sans parfum. — *Noyau :* gros, arrondi, légèrement bombé, ayant l'arête dorsale rugueuse, petite, émoussée. — *Amande :* des plus amères.

Abricot Gros-Blanc d'Auvergne.

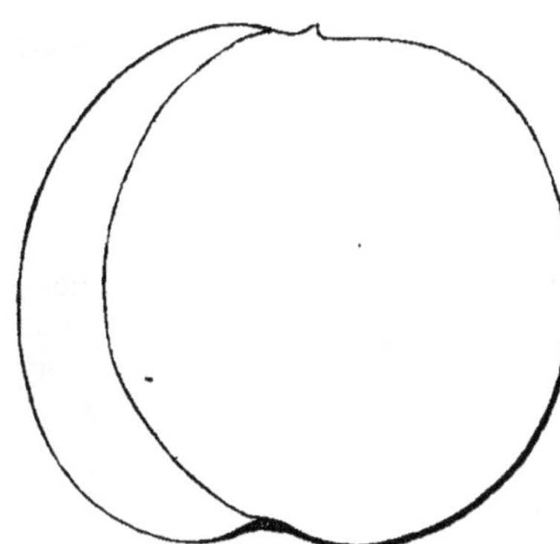

MATURITÉ. — Fin juillet.

QUALITÉ. — Deuxième.

Historique. — Très-anciennement cultivé dans l'Auvergne, dont on le croit originaire, cet abricotier y jouit d'une vogue toute particulière. Chaque année ses produits y sont achetés par les liquoristes, pour les conserver dans l'eau-de-vie, puis, et surtout, par les confiseurs, qui fabriquent à leur aide ces délicieuses pâtes appelées pâte d'abricot d'Auvergne. C'est là, du reste, le seul mérite que possède ce beau fruit.

ABRICOTIER A GROS FRUIT. — Synonyme d'abricotier *Commun.* Voir ce nom.

ABRICOT GROS-HATIF. — Synonyme d'abricot *Esperen.* Voir ce nom.

ABRICOT GROS-ORDINAIRE. — Synonyme d'abricot *Commun.* Voir ce nom.

ABRICOTS : GROS-PRÉCOCE,
— GROS-ROUGE PRÉCOCE,
} Synonymes d'abricot *d'Alexandrie* (des Italiens). Voir ce nom.

Abricot GROS-ROYAL. — Synonyme d'abricot *Esperen*. Voir ce nom.

Abricot GROS-SUCRÉ. — Synonyme d'abricot *Pêche de Nancy*. Voir ce nom.

Abricot GROSSE BREDAER. — Synonyme d'abricot *de Hollande*. Voir ce nom.

Abricots die GROSSE FRÜHE. — Synonymes d'abricot *d'Alexandrie* (des Italiens) et d'abricot *Esperen*. Voir ces noms.

Abricots : GROSSE GEMEINE,

— GROSSE GERMINE,

Synonymes d'abricot *Commun*. Voir ce nom.

Abricot GROSSE ORANIEN. — Synonyme d'abricot *de Moorpark*. Voir ce nom.

Abricots : GROSSE-PÊCHE,

— GROSSE PFIRSCHEN,

— GROSSE ZUCKER,

Synonymes d'abricot *Pêche de Nancy*. Voir ce nom.

H

Abricot HATIF. — Synonyme d'abricot *Précoce*. Voir ce nom.

Abricot HATIF DU CLOS. — Voir abricot *Luizet*, au paragraphe Observations.

Abricot HATIF MUSQUÉ. — Synonyme d'abricot *Précoce*. Voir ce nom.

Abricot HATIF DE LA SAINT-JEAN. — Voir abricot *Esperen*, au paragraphe Observations.

Abricots : HATIF DE LA SAINT-JEAN,
— HATIF DE LA SAINT-JEAN (GROS-), } Synonymes d'abricot *d'Alexandrie* (des Italiens). Voir ce nom.

Abricot HATIF D'ULINS. — Voir abricot *de Moorpark*, au paragraphe Observations.

15. Abricot de HOLLANDE.

Synonymes. — *Abricots :* 1. De Breda (Batty Langley, *Pomona*, 1729, p. 89, pl. 15). — 2. De Bruxelles (*Id. ibid.*). — 3. Amande douce (Chaillou, *l'Abrégé des bons fruits ou Catalogue des pépinières de Vitry-sur-Seine*, 1755, p. 2). — 4. Amande-Aveline (Duhamel, *Traité des arbres fruitiers*, 1768, t. I, p. 138). — 5. Double (Herman Knoop, *Fructologie*, 1771, p. 65). — 6. Bredaïsche (Mayer, *Pomona franconica*, 1776, t. I, p. 33, n° 5). — 7. Hasselnussmandel (*Id. ibid.*). — 8. Holländische (*Id. ibid.*). — 9. D'Orange (*Id. ibid.*). — 10. Amande (Calvel, *Traité complet sur les pépinières*, 1805, t. II, p. 156, n° 5). — 11. Noisette (*Id. ibid.*). — 12. Ananas (Thompson, *Transactions of the horticultural Society of London*, 2e série, 1831, t. I, pp. 69-70). — 13. Mandel (Dittrich, *Systematisches Handbuch der Obstkunde*, 1840, t. II, p. 385, n° 20). — 14. Orangen (*Id. ibid.*). — 15. Rotterdamer (*Id. ibid.*). — 16. Persique (Thompson, *Catalogue of fruits cultivated in the garden of the horticultural Society of London*, 1842, p. 47, n° 2). — 17. Ananas of the Dutch (Dochnahl, *Obstkunde*, 1858, t. III, p. 181, n° 31). — 18. Grosse Bredaer (*Id. ibid.*). — 19. Holländische Ananas (*Id. ibid.*). — 20. Holländische Mandel (*Id. ibid.*). — 21. Muskateller (*Id. ibid.*). — 22. Pine-Apple (*Id. ibid.*). — 23. De Rotterdam (*Id. ibid.*). — 24. D'Ampuy (Robert Hogg, *the Fruit manual*, 1866, p. 59; — et Congrès pomologique, *Pomologie de la France*, 1873, t. VI, n° 2). — 25. Persèque (John Scott, *the Orchardist*, 1872, p. 152). — 26. A Amande douce (Congrès pomologique, *ibid.*). — 27. D'Ampuis (*Id. ibid.*).

Description de l'arbre. — *Bois :* très-fort. — *Rameaux :* peu nombreux, étalés et arqués, grêles, très-longs, géniculés, de couleur olivâtre, nuancés de rouge à leur sommet, puis ayant l'épiderme largement exfolié. — *Lenticelles :*

abondantes, grandes, arrondies, blanches et saillantes. — *Coussinets :* peu ressortis. — *Yeux :* petits, ovoïdes-obtus, grisâtres, généralement groupés par trois et faiblement écartés du bois. — *Feuilles :* petites ou moyennes, ovales ou ovales-arrondies, longuement acuminées en vrille, vert jaunâtre en dessus, vert blanchâtre en dessous, à bords régulièrement dentés en scie. — *Pétiole :* rouge sanguin en dessus, rouge clair en dessous, assez court et peu fort, rarement bien glanduleux, à cannelure étroite et profonde. — *Fleurs :* tardives, grandes, blanches, gaufrées, à calice rouge-brique.

Fertilité. — Grande.

Culture. — La basse et la demi-tige plein-vent lui conviennent mieux que la haute-tige, forme sous laquelle sa floraison souffre toujours beaucoup des moindres bourrasques. L'espalier ne lui est pas avantageux non plus, la taille qu'alors il doit subir diminuant par trop sa fertilité.

Description du fruit. — *Grosseur :* petite ou moyenne. — *Forme :* sphérique, généralement moins volumineuse d'un côté que de l'autre, ayant les joues assez plates et le sillon peu prononcé. — *Cavité caudale :* large et profonde. — *Point pistillaire :* oblique et saillant. — *Peau :* d'un beau jaune-paille, plus ou moins galeuse et rugueuse à l'insolation, où elle est en outre nuancée de rouge-brique et ponctuée de carmin foncé. — *Chair :* d'un blanc jaunâtre, mi-tendre, pâteuse, sans la moindre adhérence au noyau. — *Eau :* peu abondante, sucrée, légèrement acidulée, douée d'un parfum dont la saveur laisse souvent à désirer. — *Noyau :* petit, régulièrement ovoïde, aplati, ayant l'arête dorsale assez développée. — *Amande :* complétement douce, elle est très-bonne à manger et rappelle positivement le goût de la noisette Aveline.

Abricot de Hollande.

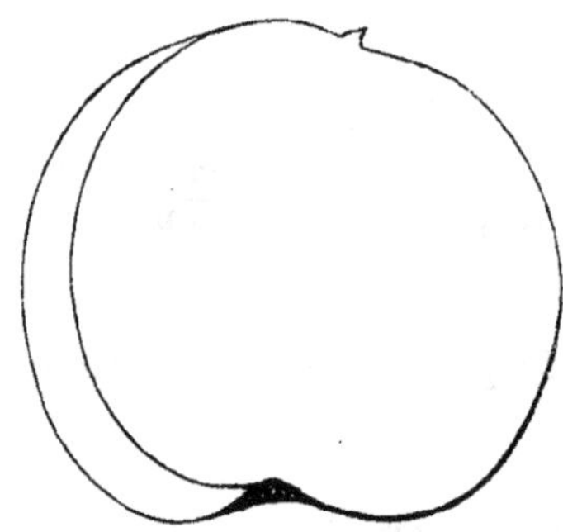

Maturité. — Vers la mi-juillet.

Qualité. — Deuxième.

Historique. — En Europe, les Flandres sont la contrée où cette variété, qui d'abord y reçut les surnoms d'abricotier de Breda, puis de Bruxelles, fut cultivée pour la première fois. Je dis en Europe, car dès 1724 le botaniste anglais Miller la déclarait d'origine africaine (*Dictionn. des jardiniers,* t. Ier). J'ignore, par exemple, le nom qu'elle pouvait alors porter dans son pays natal. On l'appela abricotier de Hollande, vers 1745, au moment même où nos pépiniéristes commençaient à la multiplier. Son importation chez les Flamands n'est guère antérieure aux premières années du xviiie siècle. La Quintinye, mort en 1688, ne connut pas l'abricot de Hollande, qu'on chercherait en vain, également, dans la Pomologie de Merlet, édition de 1690. Un instant, néanmoins, je crus l'y reconnaître, mais la réflexion vint bientôt me détromper. Voici le texte qui m'avait illusionné, sa reproduction dans cet ouvrage empêchera peut-être qu'il soit de nouveau mal interprété :

« Nous avons — écrivait Merlet — un Abricot assez particulier, qui est jaune et plus rouge que les autres, lequel est le masle, ne s'ouvrant pas, son noyau tenant à la chair, dont le goust est exquis, musqué et extraordinaire, et dont l'Amande est douce comme celle de l'Amandier. » (*L'Abrégé des bons fruits,* 1690, p. 18.)

Quoique l'abricot innommé dont parle ainsi Merlet, possède, comme l'abricot de Hollande, une amande douce et bonne, il faut reconnaître, cependant, que ce dernier diffère entièrement de l'autre, dont il n'a jamais eu l'adhérence extrême de la chair au noyau; adhérence telle, qu'on ne pouvait ouvrir le fruit, affirme notre consciencieux pomologue. Or, dans l'abricot de Hollande le noyau est, au contraire, des plus inadhérents; à ce point, même, de paraître *à sec* — si je puis m'exprimer de la sorte — au milieu de la chair. D'où résulte qu'aucune assimilation ne devient possible entre ces deux variétés. Et j'ajoute, que celle caractérisée de la sorte par Merlet, en 1690, m'est restée complétement inconnue.

Observations. — L'abricotier de Hollande se reproduit identiquement de noyau, mais avec cette singularité, constatée par le baron de Tschudy et par l'abbé Rozier, que ses racines sont d'un beau rouge-corail, ce qui le distingue de tous ses congénères. — L'abricotier Commun, ou Romain, ayant été, comme celui de Hollande, surnommé abricotier *de Bruxelles,* nous croyons devoir rappeler que ces deux arbres ont entr'eux, ainsi que leurs fruits, de notables différences.

ABRICOTS : HOLLÄNDISCHE,

— HOLLÄNDISCHE ANANAS,

— HOLLÄNDISCHE MANDEL,

Synonymes d'abricot *de Hollande.* Voir ce nom.

ABRICOT DE HONGRIE. — Synonyme d'abricot *Esperen.* Voir ce nom.

ABRICOT HUNT'S MOORPARK. — Synonyme d'abricot *de Moorpark.* Voir ce nom.

I

Abricot IMPERIAL ANSON'S. — Synonyme d'abricot *de Moorpark*. Voir ce nom.

Abricot d'ITALIE. — Synonyme d'abricot *Précoce*. Voir ce nom.

J

16. Abricot JACQUES.

Description de l'arbre. — *Bois :* de moyenne force. — *Rameaux :* nombreux, gros, étalés, assez longs, à peine géniculés, brun clair à l'insolation, vert olivâtre à l'ombre, ayant l'épiderme très-exfolié. — *Lenticelles :* des plus nombreuses et très-petites, arrondies, grises et squammeuses. — *Coussinets :* à peu près nuls. — *Yeux :* plaqués sur l'écorce, petits, ovoïdes, à large base et par groupes ternaires. — *Feuilles :* abondantes, petites, ovales-arrondies, courtement acuminées, vert jaunâtre foncé en dessus, vert clair en dessous, ayant les bords ondulés et profondément dentés. — *Pétiole :* court et grêle, rigide, bien glanduleux, sanguin, à cannelure étroite. — *Fleurs :* tardives, petites ou moyennes, blanches et légèrement gaufrées; leur calice est d'un rouge très-terne.

Fertilité. — Abondante.

Culture. — Il fait sous toutes formes, vu sa floraison tardive et son active végétation, de très-beaux plein-vent; on peut aussi le mettre en espalier, où sa fertilité devient vraiment remarquable.

Description du fruit. — *Grosseur :* moyenne. — *Forme :* ovoïde, à joues aplaties, à sillon étroit mais assez profond, surtout à la base. — *Cavité caudale :* peu prononcée. — *Point pistillaire :* très-petit et très-légèrement enfoncé. — *Peau :* quelque peu duveteuse, jaune pâle nuancé de gris, habituellement tachetée, sur la face exposée au soleil, de rouge-brun clair et plus ou moins squammeux. — *Chair :* jaune-orange, fondante, délicate, nullement adhérente au noyau. — *Eau :* suffisante, sucrée, acidule, possédant généralement une saveur assez parfumée. — *Noyau :* petit ou moyen, ovoïde-arrondi, peu bombé, ayant l'arête dorsale saillante et tranchante. — *Amande :* amère.

Abricot Jacques.

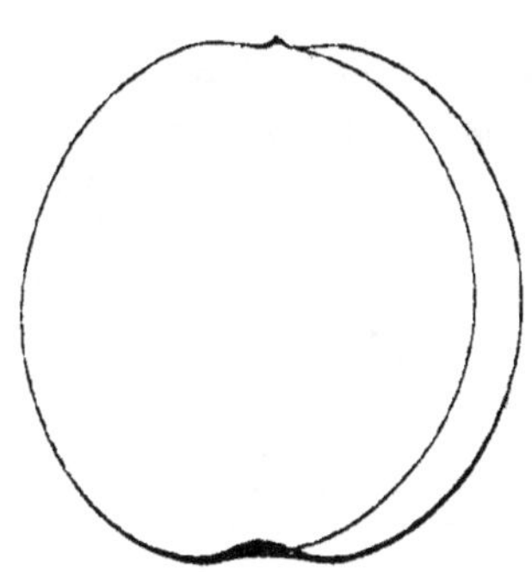

MATURITÉ. — Fin juillet.

QUALITÉ. — Première ou deuxième, selon que le parfum de sa chair est plus ou moins bien développé.

Historique. — Connu depuis une cinquantaine d'années, ce fruit, d'origine française, fut d'abord cultivé dans les environs de la Capitale, dont on le croit natif. Le nom qu'il porte est celui, tout le fait supposer, de son obtenteur même, M. Jacques, horticulteur et botaniste très-distingué, décédé à Châtillon (banlieue de Paris) le 24 décembre 1866, âgé de quatre-vingt-cinq ans. De Chelles (Seine-et-Marne), où ses parents étaient jardiniers, Jacques (Henri-Antoine) vint exercer à Trianon, vers 1802, la profession paternelle. Son mérite, déjà grand, l'y fit bientôt apprécier et lui valut la place de jardinier en chef du Raincy, qu'il occupa jusqu'en 1818. Plus tard, Louis-Philippe l'appelait au château de Neuilly, où certes il eût fini ses jours, si la révolution de Juillet n'était venue lui enlever cette position. Jacques a publié dans nos principaux recueils horticoles de très-nombreux articles, qui tous attestent un remarquable esprit d'observation et des connaissances variées.

---

17. ABRICOT DE JOUY.

Description de l'arbre. — *Bois :* fort. — *Rameaux :* peu nombreux, gros, très-longs, coudés, étalés et arqués, ayant l'épiderme entièrement exfolié et d'un brun olivâtre. — *Lenticelles :* abondantes, grandes, arrondies, blanchâtres, très-apparentes. — *Coussinets :* saillants et formant comme deux lèvres entr'ouvertes du milieu desquelles émergent les yeux. — *Yeux :* petits, coniques-pointus, très-écartés du bois et groupés par trois. — *Feuilles :* grandes ou très-grandes, peu nombreuses, ovales-arrondies, courtement acuminées, vert jaunâtre en dessus, vert blanchâtre en dessous, à bords largement crénelés et profondément dentés. — *Pétiole :* gros et long, peu glanduleux, à faible cannelure, sanguin en dessus, rose en dessous et muni de deux oreillettes de dimensions variables. — *Fleurs :* tardives, grandes ou moyennes, grêles et blanches; leur calice, rouge-brique, est vert à son point d'attache.

FERTILITÉ. — Abondante.

CULTURE. — Quand on le destine au plein-vent, les formes buisson et demi-tige sont celles qui lui conviennent le mieux; cependant il peut aussi s'accommoder de la haute-tige et même de l'espalier.

Description du fruit. — *Grosseur :* volumineuse. — *Forme :* ovoïde sensiblement arrondie, déprimée souvent à la base, à joues peu convexes, surtout près du sommet, à sillon étroit et de faible profondeur. — *Cavité caudale :* prononcée. — *Point pistillaire :* apparent et placé dans une très-légère dépression. — *Peau :* bien duveteuse, jaune pâle, mais abondamment ponctuée, et même quelque peu nuancée, de carmin sur la partie qui regarde le soleil. — *Chair :* jaune blanchâtre, ferme, non adhérente au noyau. — *Eau :* suffisante, acidulée, sans grand parfum et rarement assez sucrée. — *Noyau :* moyen, ovoïde-allongé, très-plat, ayant l'arête dorsale large et coupante. — *Amande :* demi-douce.

Abricot de Jouy.

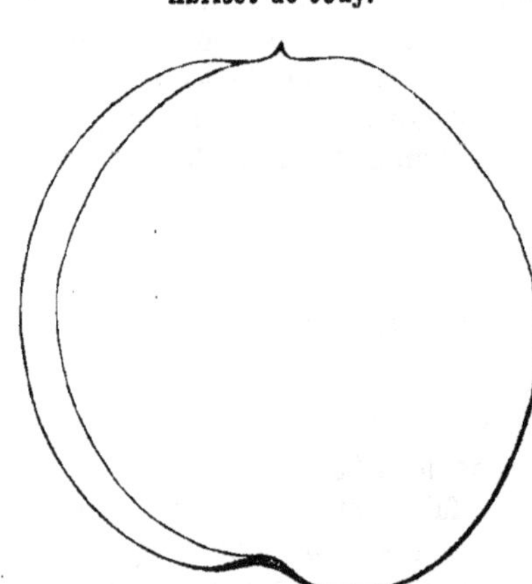

MATURITÉ. — Premiers jours de juillet.

QUALITÉ. — Deuxième.

Historique. — C'est un gain français dont l'introduction chez les pépiniéristes remonte seulement à 1863. Voici dans quels termes M. Thomas, arboriculteur, le signalait à l'attention publique en février 1870 :

« Obtenue par M. Gérardin, propriétaire à Jouy-aux-Arches, village situé à quelques kilomètres de Metz, cette précieuse (?) variété a été livrée au commerce en 1863, par l'établissement Simon-Louis frères [de Metz]. Le pied-mère existe encore dans le jardin de l'obtenteur, où il est venu de noyau. Il donne régulièrement, chaque année, d'abondantes récoltes à son propriétaire, qui attache un grand prix à sa conservation..... » (*Revue horticole*, année 1870, p. 71.)

K

Abricot KAISHA. — Synonyme d'abricot *de Syrie*. Voir ce nom.

Abricot KLEINE PFIRSCHEN. — Synonyme d'abricot *Blanc*. Voir ce nom.

Abricots : KLEINE ROTHE FRÜHE, — KLEINE ROTHE FRÜHE VON ANGOUMOIS, } Synonymes d'abricot *Angoumois*. Voir ce nom.

Abricot KLEINE WEISSE FRÜHE. — Synonyme d'abricot *Blanc*. Voir ce nom.

Abricot KÖNIGS. — Synonyme d'abricot *Royal*. Voir ce nom.

L

ABRICOT LARGE EARLY. — Synonyme d'abricot *d'Alexandrie* (des Italiens). Voir ce nom; voir aussi abricot *Esperen*, au paragraphe OBSERVATIONS.

ABRICOT LAUJOULET. — Synonyme d'abricot *Pêche de Nancy*. Voir ce nom.

---

18. ABRICOT LIABAUD.

Description de l'arbre. — *Bois :* fort. — *Rameaux :* nombreux, étalés à la base, érigés au sommet, gros et longs, flexueux, ayant l'épiderme finement exfolié et d'un brun plus ou moins foncé. — *Lenticelles :* clair-semées, petites ou très-petites, arrondies et grisâtres. — *Coussinets :* saillants. — *Yeux :* gros, ovoïdes-obtus, par groupes de trois à six et sensiblement écartés du bois. — *Feuilles :* abondantes, grandes, ovales-arrondies, courtement acuminées, vert brunâtre en dessus, vert herbacé en dessous, et plutôt crénelées que dentées sur leurs bords. — *Pétiole :* de longueur moyenne, bien nourri, très-glanduleux, à cannelure profonde, sanguin et portant deux oreillettes d'inégales dimensions. — *Fleurs :* hâtives, grandes ou très-grandes, blanches, mais légèrement rosées à la base des pétales; leur calice est d'un beau rouge-brique.

FERTILITÉ. — Médiocre.

CULTURE. — L'espalier lui est très-avantageux pour protéger sa floraison hâtive; toutes les formes plein-vent lui sont aussi applicables.

Description du fruit. — *Grosseur :* au-dessus de la moyenne. — *Forme :* irrégulièrement globuleuse, plus renflée d'un côté que de l'autre, ayant le sillon peu prononcé. — *Cavité caudale :* peu large mais assez profonde. — *Point pistillaire :* très-petit et placé sur un léger mamelon. — *Peau :* duveteuse, jaune-paille sur le côté de l'ombre, jaune-orange à l'insolation, où elle est en outre ponctuée de carmin et tachetée de brun plus ou moins rugueux. — *Chair :* jaune pâle, tendre, faiblement pâteuse, sans adhérence au noyau. — *Eau :* suffisante, très-sucrée, acidule et délicatement parfumée. — *Noyau :* gros, ovoïde, ayant les joues presque plates et l'arête dorsale tranchante, assez saillante, puis la suture ventrale incomplétement perforée. — *Amande :* amère.

Abricot Liabaud.

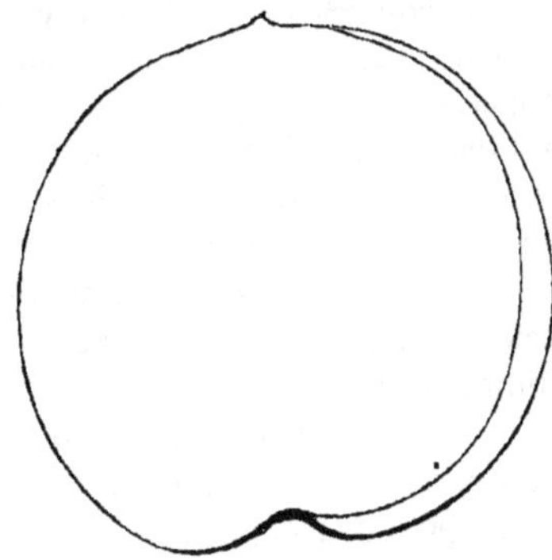

MATURITÉ. — Commencement de juillet.

QUALITÉ. — Première.

Historique. — L'abricot Liabaud, gain tout moderne puisqu'il compte à peine une douzaine d'années, porte le nom de son obtenteur, pépiniériste à Lyon. Décrit et figuré pour la première fois en 1863, par M. Cherpin, dans la *Revue des jardins et des champs* (p. 154), il a depuis lors pénétré chez la plupart de nos horticulteurs. On le dit très-convenable pour être expédié au loin; ce que je crois aisément, l'ayant, après l'avoir cueilli un peu vert, conservé parfait pendant huit jours.

ABRICOT LOTHRINGER. — Synonyme d'abricot *Pêche de Nancy*. Voir ce nom.

ABRICOT LUCENTE. — Synonyme d'abricot *d'Alexandrie* (des Italiens). Voir ce nom.

---

19. ABRICOT LUIZET.

Synonyme. — *Abricot* DU CLOS (Congrès pomologique, *Pomologie de la France*, 1867, t. VI, nº 1).

Description de l'arbre. — *Bois :* fort. — *Rameaux :* assez nombreux, érigés au sommet, faiblement étalés à la base, longs, un peu grêles, géniculés, ayant l'épiderme entièrement exfolié et d'un brun rougeâtre nuancé de vert. — *Lenticelles :* clair-semées, grandes, jaunâtres et proéminentes. — *Coussinets :* bien saillants. — *Yeux :* petits ou moyens, coniques-obtus, à large base, légèrement écartés du bois, aux écailles brun foncé bordées de gris-blanc. — *Feuilles :* grandes ou moyennes, cordiformes-arrondies, très-courtement acuminées, vert terne et brunâtre en dessus, vert clair en dessous, à bords finement dentés ou surdentés. — *Pétiole :* rouge vif, long et de moyenne grosseur, flasque, cannelé, glanduleux et souvent muni de très-courtes oreillettes. — *Fleurs :* tardives, petites, blanc rosé, à calice rouge-amarante.

FERTILITÉ. — Abondante.

CULTURE. — Le plein-vent convient parfaitement à cet abricotier, qui du reste prospère très-bien sous toutes les formes.

Description du fruit. — *Grosseur :* volumineuse. — *Forme :* ovoïde-allongée, ayant les joues plus ou moins renflées et le sillon étroit mais profond, à la base surtout. — *Cavité caudale :* peu développée. — *Point pistillaire :* très-petit, occupant le milieu d'une faible dépression. — *Peau :* légèrement duveteuse, jaune-orange ponctuée de rouge-pourpre et lavée à l'insolation d'un rouge clair et brillant. — *Chair :* jaune intense, ferme, non adhérente au noyau. — *Eau :* assez abondante, sucrée, acidule et plus ou moins bien parfumée. — *Noyau :* très-gros, ovoïde-allongé, plat, ayant l'arête dorsale haute, large et coupante. — *Amande :* à peu près douce.

Abricot Luizet.

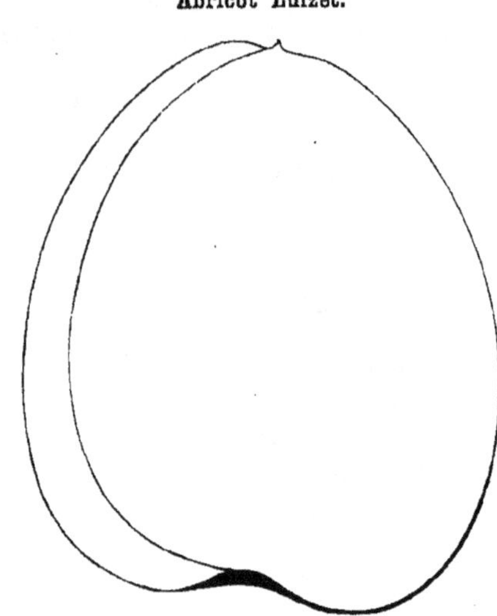

MATURITÉ. — Vers la mi-juillet.

QUALITÉ. — Deuxième.

Historique. — M. Gabriel Luizet, pépiniériste à Écully-lez-Lyon (Rhône), est l'obtenteur de cette remarquable variété, l'une des plus recommandables pour l'alimentation des marchés. Sa mise au commerce eut lieu en 1853, sous le nom d'abricot du Clos, auquel le Congrès pomologique substitua celui d'abricot Luizet, lorsqu'en 1860 il prononça l'admission de ce fruit (voir *Procès-Verbaux*, dite année, page 11). En 1858 plusieurs horticulteurs du Midi de la France, MM. Jacquemet-Bonnefond, notamment, signalèrent dans leurs Catalogues, comme nouveauté, un abricot qu'ils appelaient abricot *Dur d'Écully*. Ce troisième nom, que depuis lors je n'ai revu nulle part, pourrait bien être synonyme des deux autres; je l'inscris donc, afin d'attirer sur lui l'attention de mes confrères. Le pied-type de l'abricot Luizet date de 1838.

Observations. — M. Luizet, le 26 novembre 1874, me transmettait le renseignement suivant, que je m'empresse de consigner ici :

« L'abricot *Luizet* — m'écrivait-il — a été appelé abricotier du Clos par confusion avec une autre variété que j'ai obtenue, en 1854, d'un semis de noyaux de l'abricot qui porte mon nom; et c'est uniquement cette autre variété qui a reçu la dénomination d'abricot *Hâtif du Clos*, en raison de son extrême précocité. Je n'en connais pas, effectivement, de plus hâtive. A Lyon, la Commission pomologique l'ayant admise à l'étude, je saisirai, l'année prochaine, le moment favorable pour la faire apprécier. »

ABRICOT DU LUXEMBOURG. — Synonyme d'abricot *Pêche de Nancy*. Voir ce nom.

M

ABRICOT MACULÉ. — Synonyme d'abricot *Commun à Feuilles panachées.* Voir ce nom.

ABRICOT MALE. — Synonyme d'abricot *de Portugal.* Voir ce nom.

ABRICOTIER MALUS ARMENIACA ROMANA. — Synonyme d'abricotier *Commun.* Voir ce nom.

ABRICOT MANDEL. — Synonyme d'abricot *de Hollande.* Voir ce nom.

ABRICOT MASCULINE. — Synonyme d'abricot *Précoce.* Voir ce nom.

---

20. ABRICOT MEXICO.

Description de l'arbre. — *Bois :* fort. — *Rameaux :* ordinairement peu nombreux, érigés, gros et longs, flexueux, ayant l'épiderme largement exfolié et brun luisant. — *Lenticelles :* très-abondantes, grandes, blanches, arrondies et saillantes. — *Coussinets :* aplatis. — *Yeux :* plaqués sur le bois, petits ou très-petits, coniques-pointus, par groupes ternaires, aux écailles noirâtres et bordées de blanc. — *Feuilles :* peu nombreuses, grandes, arrondies, planes, assez courtement acuminées, vert jaunâtre en dessus, vert blanchâtre en dessous, à bords régulièrement dentés et surdentés. — *Pétiole :* gros, très-long, flasque, glanduleux, rouge sanguin, à large cannelure et souvent accompagné de deux oreillettes plus ou moins bien développées. — *Fleurs :* assez hâtives, moyennes, blanches, à calice rouge-amarante.

FERTILITÉ. — Convenable.

CULTURE. — Il réussit très-bien sous n'importe quelle forme, même en haute-tige, malgré sa floraison toujours un peu hâtive.

Description du fruit. — *Grosseur :* au-dessus de la moyenne. — *Forme :* ovoïde, ayant généralement un côté moins développé que l'autre, les joues assez renflées et le sillon étroit mais très-creux, surtout à la base. — *Cavité caudale :* large et peu profonde. — *Point pistillaire :* des plus petits et saillant. — *Peau :* finement duveteuse, épaisse, jaune verdâtre lavée de rouge-brun à l'insolation. — *Chair :* jaune pâle, tendre, sans nulle adhérence au noyau. — *Eau :* abondante, douce, sucrée, douée d'une faible saveur musquée qui la rend fort agréable. — *Noyau :* moyen, ovoïde, bombé, rugueux, ayant l'arête dorsale tranchante et prononcée. — *Amande :* amère.

Abricot Mexico.

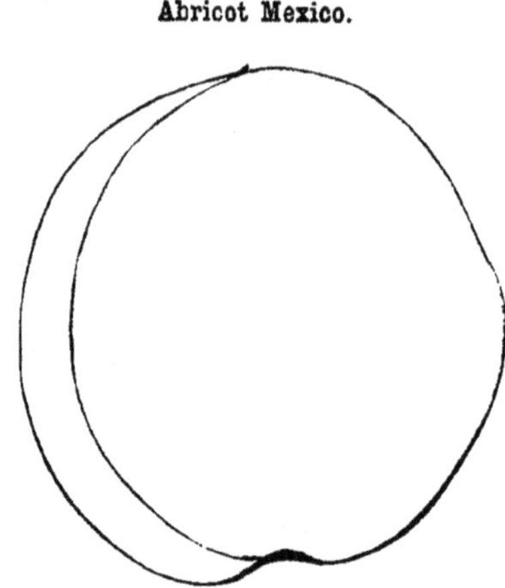

MATURITÉ. — Vers la mi-juillet.

QUALITÉ. — Première.

Historique. — Signalée pour la première fois en 1863, par M. J. Cherpin, dans la *Revue des jardins et des champs* (p. 154), dont il était rédacteur en chef, cette variété s'est rapidement propagée. Du reste on en connaît peu de plus méritantes. Originaire de Lyon, son obtenteur fut le pépiniériste Liabaud. Il la multiplia en 1862 et lui donna le nom de la capitale du Mexique, pays qui captivait alors toute l'attention de la France.

ABRICOT MICHMICH. — Synonyme d'abricot *de Mouch.* Voir ce nom.

ABRICOT MIÉNEL. — Voir abricot *Nain précoce,* au paragraphe OBSERVATIONS.

---

21. ABRICOT DE MILAN.

Description de l'arbre. — *Bois :* peu fort. — *Rameaux :* nombreux, étalés et érigés, longs et grêles, géniculés, ayant l'épiderme brun clair et courtement exfolié. — *Lenticelles :* clair-semées, grandes à la base du rameau, très-petites au sommet, arrondies et roussâtres. — *Coussinets :* toujours des plus saillants. — *Yeux :* petits, coniques-arrondis, écartés du bois et par groupes ternaires. — *Feuilles :* petites, ovales, courtement acuminées, vert jaunâtre en dessus, vert blanchâtre en dessous, à bords finement dentés et surdentés. — *Pétiole :* de longueur moyenne, bien nourri et bien glanduleux, rouge en dessus, rose en dessous, à large cannelure et souvent muni de deux oreillettes plus ou moins développées. — *Fleurs :* tardives, grandes ou très-grandes, blanches, à calice rouge verdâtre.

FERTILITÉ. — Ordinaire.

CULTURE. — Cet arbre peut recevoir toutes les formes plein-vent; l'espalier lui convient moins, car il en diminue la fertilité.

Description du fruit. — *Grosseur :* au-dessus de la moyenne. — *Forme :* globuleuse, ayant un côté moins volumineux que l'autre, les joues légèrement aplaties et le sillon bien accusé. — *Cavité caudale :* étroite, mais profonde. — *Point pistillaire :* petit et obliquement placé au centre d'une dépression assez sensible. — *Peau :* duveteuse, jaune clair sur la partie placée à l'ombre et jaune intense sur l'autre face. — *Chair :* jaune faiblement orangé, tendre et non adhérente au noyau. — *Eau :* suffisante, plus ou moins sucrée, acidulée et parfois trop dénuée de parfum. — *Noyau :* gros, presqu'ovoïde, bombé, ayant l'arête dorsale tranchante et très-développée. — *Amande :* amère.

Abricot de Milan.

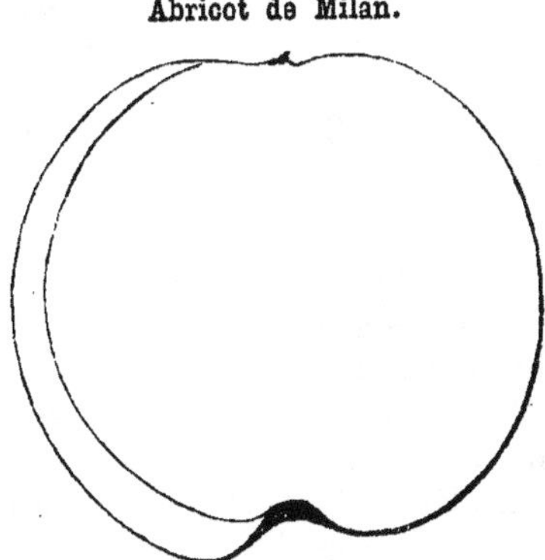

MATURITÉ. — Fin juin ou commencement de juillet.

QUALITÉ. — Deuxième.

Historique. — Je n'ai pu me procurer aucun renseignement sur l'âge et l'origine de cet abricotier. Il est dans mes pépinières depuis au moins trente ans. Qui me l'avait fourni? J'en ai complétement perdu le souvenir. Si, par son nom, l'abricot de Milan semble se rattacher à l'Italie, on ne saurait, toutefois, assurer qu'il en soit sorti, car les principaux recueils horticoles de ce pays ne le mentionnent pas. Ce n'est, au reste, qu'une variété de second choix, aussi sa culture a-t-elle pris peu d'extension.

ABRICOTIER MIT DEM GEFLECKTEMBLATT. — Synonyme d'abricotier *Commun à Feuilles panachées.* Voir ce nom.

ABRICOT DE MONTGAMET. — Voir abricot *de Moorpark,* au paragraphe OBSERVATIONS.

ABRICOTS : DE MONTGAMET,

— MONTGAMETER ALBERGE,

} Synonymes d'abricot *Alberge de Montgamé.* Voir ce nom.

---

22. ABRICOT DE MOORPARK.

Synonymes. — *Abricots :* 1. BREDA D'ANSON (William Forsyth, *Treatise on the culture and management of fruit trees,* 1805, traduction française de Pictet-Mallet, p. 33). — 2. DE DUNDMORE (*Id. ibid.*). — 3. WALTON MOOR PARK (Alexander Richardson, *Transactions of the horticultural Society of London,* 1823, 1re série, t. VI, p. 393). — 4. ANSON'S (Thompson, *Catalogue of fruits cultivated in the garden of the horticultural Society of London,* édition de 1826, p. 5, no 10). — 5. DUNMORE'S (*Id. ibid.*). — 6. DUNMORE'S BREDA (*Id. ibid.*). — 7. TEMPLE'S (*Id. ibid.*). — 8. IMPERIAL ANSON'S (George Lindley, *Guide to the orchard and kitchen garden,* 1831, p. 133, no 8). — 9. OLDAKER'S MOORPARK (Thompson, *Transactions of the horticultural Society of London,* 1831, 2e série, t. I, p. 66). — 10. SUDLOW'S MOORPARK (*Id. ibid.*). — 11. MORPACK (Pépin, *Revue horticole,* 1846, p. 407). — 12. ANANAS (Dochnahl, *Obstkunde,* 1858, t. III, pp. 178-179, no 22). — 13. GROSSE ORANIEN (*Id. ibid.*). — 14. HUNT'S MOORPARK (*Id. ibid.*). — 15. DE MOULINS (*Id. ibid.*). — 16. GROS D'ORANGE (*Id. ibid.*). — 17. D'OULLINS (*Id. ibid.*). — 18. PÊCHE NOUVEAU (*Id. ibid.*). — 19. DEHANCY (John Scott, *the Orchardist,* 1872, p. 153).

Description de l'arbre. — *Bois :* de moyenne force. — *Rameaux :* très-nombreux, étalés à la base, érigés au sommet, longs et grêles, coudés, ayant l'épiderme complétement exfolié et d'un brun rougeâtre. — *Lenticelles :* abondantes, petites, blanches, arrondies, légèrement saillantes. — *Coussinets :* bien accusés. — *Yeux :* groupés par trois ou cinq, collés sur l'écorce, petits, coniques-arrondis, aux écailles noirâtres et mal soudées. — *Feuilles :* de grandeur moyenne, ovales fortement arrondies, courtement acuminées, vert jaunâtre en dessus, vert blanchâtre en dessous, ayant les bords légèrement ondulés et plutôt crénelés que dentés. — *Pétiole :* gros et long, des plus glanduleux, à peine cannelé, sanguin en dessus, rose vif en dessous, et généralement accompagné d'une ou de deux oreillettes. — *Fleurs :* assez hâtives, grandes, blanches, à nervures quelque peu rosées, à calice d'un beau rouge-brique.

Premier Type.

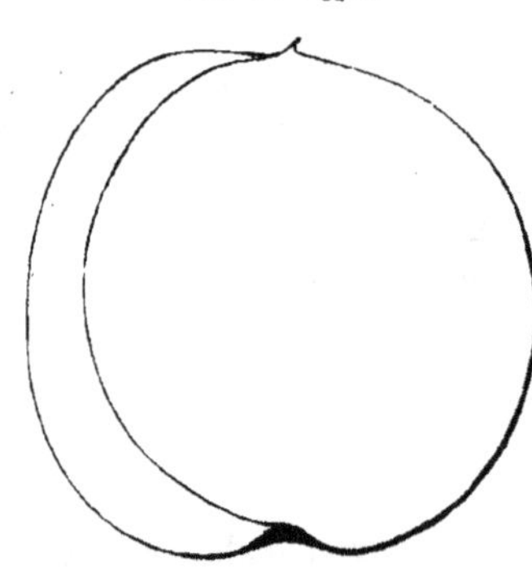

FERTILITÉ. — Satisfaisante.

CULTURE. — La haute-tige lui convient moins que le buisson et la demi-tige, mais l'espalier lui est très-avantageux.

Deuxième Type.

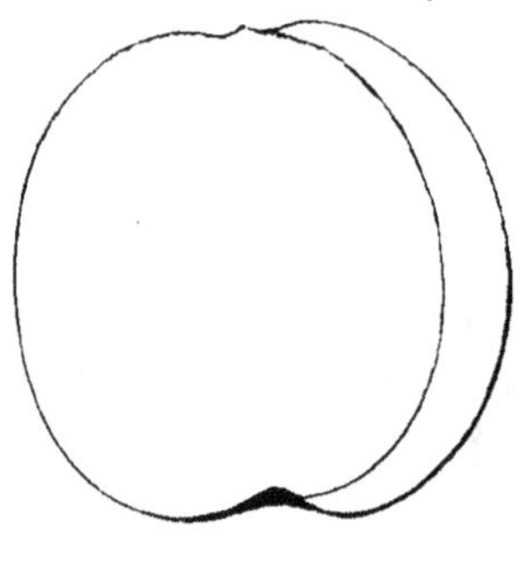

Description du fruit. — *Grosseur :* moyenne et parfois moins volumineuse. — *Forme :* irrégulièrement arrondie ou sphérique comprimée aux pôles, à joues peu renflées, à sillon étroit et de profondeur variable. — *Cavité caudale :* de faibles dimensions. — *Point pistillaire :* petit ou assez grand, à fleur de fruit ou placé dans une légère dépression. — *Peau :* finement duveteuse, jaune blafard sur le côté de l'ombre, jaune très-intense sur celui du soleil, où elle est en outre ponctuée de brun et souvent nuancée de rouge sombre. — *Chair :* jaune-orange, fondante, faiblement adhérente au noyau. — *Eau :* suffisante et douce, sucrée, possédant un savoureux parfum. — *Noyau :* assez gros, ovoïde, rarement bien bombé, un peu rugueux, ayant l'arête dorsale coupante et très-ressortie. — *Amande :* amère.

MATURITÉ. — Derniers jours de juillet ou commencement d'août.

QUALITÉ. — Première.

Historique. En 1858 le pomologue allemand Dochnahl, parlant de l'abricot de Moorpark dans son *Obstkunde* (t. III, p. 178), le disait « originaire de France « ou de Hollande, et connu avant 1700. » Ce renseignement, en ce qui touche notre pays, manque entièrement d'exactitude; les Anglais ne nous doivent pas le Moorpark, ce sont eux, au contraire, qui nous l'ont fourni vers 1844, ainsi qu'il ressort de l'article suivant, publié par mon ami Pépin, ancien jardinier en chef du Muséum de Paris :

« Depuis deux ou trois ans — écrivait-il en 1846 — plusieurs journaux horticoles et agricoles ont annoncé qu'il existait en Angleterre un abricotier connu sous le nom *de Morpack,* qui fleurissait en moyenne quinze jours après les autres variétés d'abricotier, ce qui serait un avantage très-grand pour les climats tempérés, attendu que la plupart de nos abricotiers sont souvent fort maltraités par les gelées tardives qui se font sentir au moment où ces arbres sont en fleurs, et que les fruits déjà noués se trouvent également atteints. M. Jamin [pépiniériste à Bourg-la-Reine, près Paris] a fait acquisition de cette nouvelle variété; il va la multiplier, et ne la mettra dans le commerce qu'après avoir constaté les avantages qui lui sont attribués........ » (*Revue horticole*, année 1846, p. 407.)

La France, on le voit, ne saurait donc revendiquer l'obtention de cet excellent fruit. Reste la Hollande, qui, chez les Allemands, passe aussi pour en avoir été la patrie; mais ce dire s'appuie-t-il sur quelque fait, sur quelque preuve? Pour moi, si je ne puis le confirmer par aucun témoignage, je ne puis rien produire, non plus, qui le démente. Sa probabilité me semble même assez admissible, car les Anglais établissant positivement que l'abricot de Moorpark fut importé dans leur île à la fin du XVIIe siècle, il faut bien, alors, qu'ils l'aient tiré d'un pays quelconque. Voici du reste comment George Lindley, le plus accrédité de leurs pomologues, a traité cette question d'origine; je traduis littéralement :

« L'abricotier *de Moorpark,* aujourd'hui si généralement répandu dans toute l'Angleterre — déclarait-il en 1830 — y aurait été, dit-on, importé par sir William Temple, qui le fit planter à Moorpark, dans son jardin. S'il en fût ainsi, la chose remonte alors à plus de cent trente années déjà, puisque sir William Temple décéda en 1700, âgé de soixante-douze ans. Un vieil ouvrier, maintenant employé dans ce jardin, à Moorpark, se rappelle très-bien que cet abricotier a toujours été considéré comme le pied-type; aussi montre-t-il la place qu'il occupait, car il est mort depuis quelques années, et à l'endroit où il s'élevait se trouve présentement un abricotier Orange paraissant y avoir été placé depuis dix ou douze ans. Hooker, dans sa *Pomona Londinensis,* rapporte, lui, que le Moorpark fut importé par le lord Anson, puis cultivé dans son jardin à Rickmansworth, au comté d'Hertford. Mais la première version me semble la plus correcte, le fruit dont il s'agit étant appelé abricot de Moorpark dans presque tous les comtés d'Angleterre, tandis que son surnom d'abricot Anson ne paraît prévaloir que dans le comté de Norfolk, principalement. » (*Guide to the orchard and kitchen garden*, pp. 131-132, n° 6.)

La question d'origine du Moorpark, on le comprend en présence du texte ici produit, devient maintenant presque impossible à résoudre. Regrettons, en l'avouant, que les Anglais ne se soient pas enquis jadis du nom porté par cet abricotier dans le pays où le lord William Temple l'avait rencontré, car ce seul nom eût été le plus sûr indice pour retrouver le lieu natal d'une variété actuellement si répandue.

Observations. — Dans le *Catalogue* descriptif du Jardin de la Société d'Horticulture de Londres, Thompson ayant fautivement fait (p. 5, nº 10) abricot *Pêche,* synonyme d'abricot de Moorpark, cette erreur se généralisa très-vite. En 1842 elle prit même un nouveau développement, car dans la troisième édition qui parut alors, de ce *Catalogue* fort recherché, si l'abricot Pêche n'était plus au nombre des synonymes du Moorpark, on y trouvait l'abricot *de Nancy,* qui n'est autre, chacun le sait aujourd'hui, que l'abricot Pêche. Aussi la double méprise du célèbre pomologue anglais donna-t-elle lieu de tous côtés à de nombreuses confusions entre les variétés Pêche et Moorpark. — Cette dernière comptant également le nom abricot d'Oullins parmi ses synonymes, on ne devra pas oublier que notre Congrès pomologique signalait en 1872, comme gain de récente obtention, un abricotier dit *Angoumois d'Oullins*, dont les produits, paraît-il, mûrissent à la fin du mois de mai ou dès le commencement du mois de juin. — Les dénominations abricots *de Nuremberg* et *de Wurtemberg* ne sont pas non plus synonymes d'abricot de Moorpark, mais bien d'abricot Pêche ou de Nancy ; et de même les surnoms abricot *Pêche hâtif d'Ulins* et abricot *Hâtif d'Ulins*, ne sauraient lui convenir, puisque sa maturité est tardive.

ABRICOT MORPACK. — Synonyme d'abricot *de Moorpark.* Voir ce nom.

---

23. ABRICOT DE MOUCH.

Synonymes. — *Abricots :* 1. D'ALEXANDRIE [des Égyptiens] (Kraft, *Pomona austriaca*, 1792, p. 29, pl. 58, fig. 1 ; — et Thompson, *Transactions of the horticultural Society of London,* 2e série, 1831, t. Ier, pp. 56 et 72). — 2. MICHMICH (Reynier, *Magasin encyclopédique ou Journal des sciences, des lettres et des arts,* par A. L. Millin, année 1815, nº de novembre). — 3. MUSCH-MUSCH (Thompson, *Transactions, ibid.*). — 4. DE MUSCH (Pirolle, *l'Horticulteur français ou le Jardinier amateur,* 1824, p. 323). — 5. MUSCH (Noisette, *Manuel complet du jardinier,* 1835, t. II, p. 90 ; — et, du même, *le Jardin fruitier,* 1839, t. Ier, p. 48, nº 14). — 6. D'ARABIE (Dochnahl, *Obstkunde,* 1858, t. III, p. 179, nº 24). — 7. ARABISCHE (*Id. ibid.*). — 8. TÜRKISCHE (*Id. ibid.*).

Description de l'arbre. — *Bois* : fort. — *Rameaux :* nombreux, gros et longs, légèrement étalés, flexueux, brun clair à la base, où leur épiderme est très-exfolié, et rouge-brun au sommet, dont l'épiderme n'offre aucune trace d'exfoliation. — *Lenticelles :* arrondies, jaunâtres, proéminentes et squammeuses. — *Coussinets :* bien développés. — *Yeux :* moyens, coniques-obtus, faiblement écartés du bois et groupés par trois. — *Feuilles :* nombreuses, petites ou moyennes, arrondies, longuement acuminées en vrille, vert clair en dessus, vert blanchâtre en dessous, à bords finement dentés ou crénelés. — *Pétiole :* de grosseur et longueur moyennes, très-glanduleux, à peine cannelé, rougeâtre et généralement accompagné de deux oreillettes. — *Fleurs :* très-hâtives, petites, blanches, gaufrées, à calice rouge sombre.

FERTILITÉ. — Abondante.

CULTURE. — Cet abricotier prospère parfaitement sur toute espèce de forme plein-vent, et même y fait de très-beaux arbres, mais l'espalier lui convient mieux encore : il lui sert d'abri contre les gelées printanières, qui si généralement, quand on ne l'a pas appliqué au mur, le rendent stérile en détruisant ses fleurs, toujours des premières écloses.

Description du fruit. — *Grosseur :* au-dessous de la moyenne, ou petite. — *Forme :* irrégulièrement globuleuse, comprimée aux pôles, souvent bossuée autour de la cavité caudale, à joues plus ou moins convexes, à sillon étroit et profond. — *Cavité caudale :* très-vaste. — *Point pistillaire :* presque saillant. — *Peau :* duveteuse, jaune clair sur la partie placée à l'ombre, jaune intense à l'insolation, où parfois elle est, en outre, quelque peu rosée. — *Chair :* blanchâtre, fine et transparente, sans adhérence au noyau. — *Eau :* abondante, fort sucrée, acidule, possédant une saveur parfumée des plus délicates. — *Noyau :* assez volumineux, eu égard à la grosseur du fruit, arrondi, bombé, ayant l'arête dorsale modérément développée, mais bien coupante. — *Amande :* amère.

Abri cot de Mouch. — *Premier Type.*

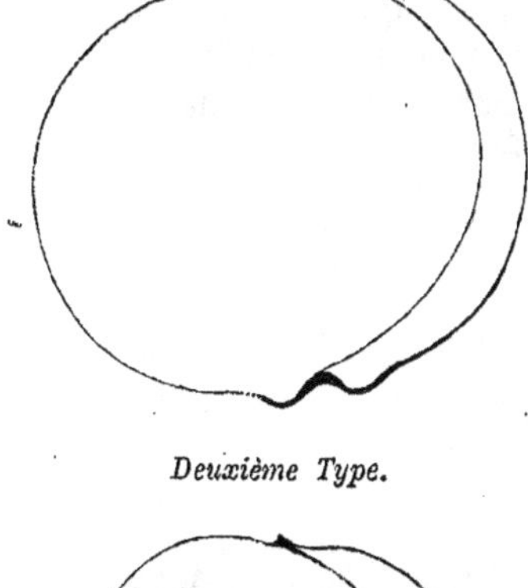

Deuxième Type.

MATURITÉ. — Vers la mi-juillet.

QUALITÉ. — Première.

Historique. — M. Lacour-Gouffé, directeur, sous le premier Empire, du Jardin botanique de Marseille, fut en France l'importateur de ce délicieux abricot. Il l'avait reçu, vers 1809, de Madrid, où l'un de ses correspondants régissait les domaines de la Couronne. En 1812 Louis Noisette, alors pépiniériste à Paris, obtint de M. Lacour-Gouffé des greffons de cette variété, les utilisa, puis la répandit chez nos principaux horticulteurs :

« Elle tire son nom *Musch* — écrivait-il plus tard en la caractérisant — de la ville de Musch, sur les frontières de la Turquie, du côté de la Perse. » (*Manuel du jardinier,* t. II, p. 90.)

Après l'avoir ainsi reçue des Espagnols, à notre tour nous en fîmes profiter les Anglais; ce que Thompson établissait consciencieusement, le 15 février 1831, devant la Société d'Horticulture de Londres :

« L'abricotier *Musch-Musch* — déclarait-il — est une nouvelle variété qui dans notre pays [l'Angleterre] a donné des fruits pour la première fois en 1830, à la fin du mois de juillet. C'est aux frères Baumann, pépiniéristes habitant Bollwiller, près Colmar (Haut-Rhin), que nous sommes redevables du sujet dont je viens de signaler la fructification. » (*Transactions of the horticultural Society of London,* 2e série, t. Ier, pp. 56 et 72.)

En lisant le long article d'où est traduit le passage ici rapporté, je remarque, également confirmée par Thompson, une opinion qui depuis longtemps était la mienne : c'est qu'à la fin du XVIIIe siècle, déjà les Autrichiens possédaient l'abricotier Musch-Musch, mais sous le surnom abricot *d'Alexandrie,* le plus ancien de ses synonymes, et qui lui vint de la ville d'Égypte ainsi appelée, ville aux environs de laquelle sa culture est aussi ancienne, que commune. On pourrait, au besoin, vérifier notre assertion en recourant à la *Pomona austriaca* de Kraft, publiée en 1792, puisque l'abricot d'Alexandrie s'y trouve exactement décrit et figuré (page 29, planche 58, n° 1).

Lorsqu'en 1812 Louis Noisette le propagea, nous avons vu qu'il le nommait abricot Musch, dénomination qui d'Angleterre, je ne sais trop pourquoi, nous revint vers 1840 fâcheusement allongée : *Musch-Musch Apricot,* voilà comment on y désignait cette variété, puis comment son nom primitif finit par céder la place à ce dernier, qui pourtant ne signifiait rien. Aussi n'ai-je pas cru pouvoir le lui maintenir ; et d'autant mieux qu'abricot Musch, ou Musch-Musch, pour beaucoup semble vouloir dire, abricot musqué. Interprétation de sens orthographique, que l'œil saisit aussitôt, mais que dément la saveur du fruit. Je l'ai donc appelé, pour ces divers motifs, abricot *de Mouch;* puis aussi parce qu'on écrit de la sorte, actuellement, le nom de l'ancienne ville près de laquelle il a pris naissance. Et je citerai, entr'autres publications modernes où le nom Mouch remplace celui de Musch, la *Description de l'Asie-Mineure,* de Charles Texier, œuvre très-volumineuse et des plus remarquables, tant par le mérite du texte que par la beauté des atlas (1839-1849, in-folio; voir t. Ier). Mouch est située au sud-est d'Erzeroum, capitale de l'Arménie turque, et non loin du lac de Van.

Observations. — Notre Duhamel a parlé en 1768 (t. Ier, p. 145) d'un abricot *d'Alexandrie* qu'il faut se garder de croire identique avec l'abricot de Mouch, qui porte également, nous venons de le constater, le surnom d'Alexandrie. Mais ayant décrit ci-dessus (page 40) l'Alexandrie de Duhamel, nous renvoyons, pour examen, à l'article concernant cette variété italienne, la plus précoce du genre, car elle mûrit à la *Saint-Jean;* d'où suit qu'assez généralement on lui donne ce nom d'apôtre, plutôt que son véritable nom.

ABRICOT DE MOULINS. — Synonyme d'abricot *de Moorpark.* Voir ce nom.

ABRICOTS : MUME PRÆCOCISSIMA, — MUME PRÉCOCE, } Synonymes d'abricot *Nain précoce.* Voir ce nom.

ABRICOT MUSCAT. — Synonyme d'abricot *Blanc.* Voir ce nom.

ABRICOTS : MUSCH, — DE MUSCH, — MUSCH-MUSCH, } Synonymes d'abricot *de Mouch.* Voir ce nom.

ABRICOTS MUSKATELLER. — Synonymes d'abricot *de Hollande* et d'abricot *Précoce.* Voir ces noms.

ABRICOTS : MUSQUÉ, — MUSQUÉ HATIF, } Synonymes d'abricot *Précoce.* Voir ce nom.

N

24. Abricotier NAIN PLEUREUR.

Synonyme. — *Abricot* Nain pleureur de Siebold (André Leroy, *Catalogue descriptif et raisonné d'arbres fruitiers et d'ornement*, 1868, p. 10, nº 39).

Cette espèce, ornementale par ses charmantes fleurs précoces et le ravissant coloris de ses produits, justifie peu chez nous, où son arbre atteint d'assez grandes dimensions, le nom sous lequel on l'importa du Japon, son pays natal. Quant aux abricots qu'elle donne, leur extrême acidité, leur faible volume et l'adhérence complète de leur chair au noyau, les font rejeter des marchés et des tables. Ne pouvant donc les classer parmi les fruits comestibles, je crois inutile de parler plus longuement de l'abricotier Nain pleureur, appelé également *Nain pleureur de Siebold,* en souvenir de Philippe-François de Siebold, son importateur. On sait effectivement que ce célèbre naturaliste bavarois a longtemps exploré le Japon — de 1822 à 1830 — et qu'il en a rapporté maintes collections précieuses aujourd'hui réunies à Leyde (Hollande).

Abricotier NAIN PLEUREUR DE SIEBOLD. — Synonyme d'abricotier *Nain pleureur*. Voir ce nom.

---

25. Abricotier NAIN PRÉCOCE.

Synonymes. — *Abricots :* 1. Mume (des Japonais). — 2. Mume précoce (Herincq, *l'Horticulteur français*, 1869, p. 14). — 3. Mume præcocissima (J. Scott, *the Orchardist*, 1872, p. 154). — 4. Nain précoce de Siebold (1873, de quelques pépiniéristes français). — 5. Miénel (André Leroy, *Catalogue descriptif et raisonné d'arbres fruitiers et d'ornement*, 1873, p. 10, nº 29).

De même que le précédent, auquel il ressemble beaucoup, arbre et fruit, cet abricotier est originaire du Japon, et Siebold en fut aussi l'introducteur dans les jardins de l'Europe. Très-fertile, il serait d'une culture avantageuse si l'on pouvait manger ses abricots, mûrs vers la mi-juin, mais leur acidité les rend vraiment désagréables. Siebold (*Flora japonica*) dit qu'au Japon ils sont très-recherchés des gourmets, qui les font cueillir verts, puis saler, pour les utiliser ensuite comme condiment, surtout avec le riz et le poisson. Les fleurs du Nain précoce sont petites, d'un joli rose tendre passant au blanc rosé ou carné. Très-nombreuses, elles éclosent souvent vers le 15 janvier, ce qui, joint à leur beauté, fait que cet arbre doit être classé parmi les arbres d'ornement. Les Japonais le nomment abricotier *Mume*.

Observations. — Je possède depuis huit ou dix ans un abricotier *Miénel* qui ne diffère en rien du Nain précoce, ou Mume des Japonais. C'est pourquoi je l'y réunis sans hésiter, mais en regrettant de ne pouvoir indiquer, sa note de provenance ayant été perdue, de quelle personne je l'avais reçu.

ABRICOTIER NAIN PRÉCOCE DE SIEBOLD. — Synonyme d'abricotier *Nain précoce*. Voir ce nom.

ABRICOT DE NANCY. — Synonyme d'abricot *Pêche de Nancy*. Voir ce nom; voir aussi abricot *de Moorpark*, au paragraphe OBSERVATIONS.

ABRICOT DE NANCY (GROS-). — Synonyme d'abricot *Pêche de Nancy*. — Voir ce nom.

---

26. ABRICOT DU NÉPAUL.

Description de l'arbre. — *Bois :* assez fort. — *Rameaux :* nombreux, très-érigés, un peu courts et un peu grêles, flexueux, rouge sombre au sommet et brun olivâtre à la base. — *Lenticelles :* arrondies, petites, clair-semées. — *Coussinets :* saillants. — *Yeux :* écartés du bois, gros, arrondis, isolés ou par groupes de deux ou trois. — *Feuilles :* petites, ovales-arrondies, courtement acuminées, vert brunâtre en dessus, vert grisâtre en dessous et finement dentées sur leurs bords. — *Pétiole :* peu nourri, de longueur moyenne, rougeâtre, glanduleux, rigide et profondément cannelé. — *Fleurs :* assez hâtives, petites, blanches, à calice rouge-brique.

FERTILITÉ. — Ordinaire.

CULTURE. — Les formes plein-vent lui conviennent toutes; il s'accommode très-bien également de l'espalier.

Description du fruit. — *Grosseur :* petite. — *Forme :* globuleuse plus ou moins régulière, à joues aplaties, à sillon bien accusé. — *Cavité caudale :* assez vaste. — *Point pistillaire :* saillant ou faiblement enfoncé. — *Peau :* duveteuse, jaune clair sur la partie placée à l'ombre, jaune intense à l'insolation, où elle est en outre ponctuée de roux. — *Chair :* jaune légèrement orangé, tendre, fondante, sans adhérence au noyau. — *Eau :* suffisante, acidulée, peu sucrée mais possédant un parfum prononcé qui n'est pas désagréable. — *Noyau :* de moyenne force, ovoïde, bombé, ayant l'arête dorsale basse et presque émoussée. — *Amande :* amère.

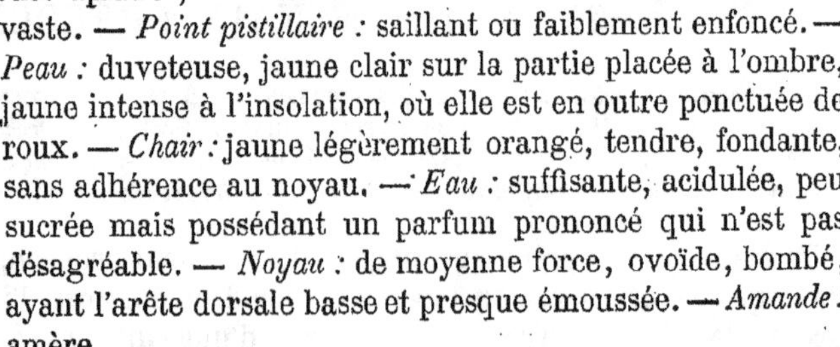

MATURITÉ. — Commencement d'août.

QUALITÉ. — Troisième.

Historique. — Ainsi que l'indique son nom, l'abricotier que je viens de décrire est originaire du Népaul (Asie), d'où le pépiniériste parisien Louis Noisette en reçut des graines vers 1822. Les ayant semées, il s'efforça plus tard d'améliorer cette nouvelle espèce, puis de la propager. (Voir le *Jardin fruitier*, t. Ier, 2e édit., 1839, p. 50.) Elle fut signalée pour la première fois au mois de janvier 1833, dans la *Revue horticole*, de Paris :

« L'abricotier *du Népaul,* auquel on ne peut refuser le titre d'espèce naturelle — annonçait alors ce recueil — a été introduit dans les cultures de M. Noisette il y a huit ou dix ans. C'est un petit arbre presque aussi pyramidal que le peuplier d'Italie. Il pourrait passer pour le type de son genre, avec beaucoup plus de raison qu'aucun autre abricotier. On a remarqué que, quoiqu'on lui ait fait plusieurs amputations pendant sept ou huit ans, il n'a jamais montré aucune apparence de gomme..... Cét arbre a fleuri pour la première fois au printemps 1832, mais on n'en a pas remarqué les fleurs. Il leur a succédé des fruits qui mûrirent dans les premiers jours d'août, et qui se sont trouvés fort petits, avec la peau, la couleur jaune et la forme d'un abricot ordinaire........ Ils ont peu ou point d'odeur; leur chair est peu épaisse, d'un jaune qui rougit faiblement dans l'extrême maturité; elle est peu aqueuse et développe dans la bouche une légère amertume au travers de l'acide qui est commun à tous les abricots. Le noyau est gros, relativement au volume du fruit; il contient une amande amère. Cet arbre ne peut pas, quant à présent, être mis au rang des bons abricotiers, mais il sera curieux de savoir ce qu'il deviendra en le multipliant par les noyaux qu'il va donner..... et M. Noisette a eu soin de recueillir tous ceux que l'arbre a produits cette année. » (T. II, 1832 à 1834, pp. 58-59.)

Ajouter que les expériences de Noisette n'améliorèrent aucunement la qualité de l'abricot du Népaul, est aujourd'hui chose connue de tous. L'arbre qui rapporte ce fruit reste donc plutôt un objet d'ornement ou de curiosité, pour les jardins, qu'une espèce recommandable par la saveur de ses produits. Cependant sa culture ne doit pas être abandonnée totalement, car rien n'est plus gracieux, plus original que ces petits abricotiers dépassant rarement une hauteur de huit ou dix pieds, et prenant d'eux-mêmes une forme pyramidale qu'on a eu raison de comparer à celle du peuplier.

---

27. ABRICOT NOIR.

Synonymes. — *Abricots :* 1. VIOLET (Nolin et Blavet, *Essai sur l'agriculture moderne*, 1755, p. 164). — 2. D'ALEXANDRIE [*par erreur*] (Mayer, *Pomona franconica*, 1776, t. I, p. 36, no 9). — 3. DU PAPE (le Berriays, *Traité des jardins, ou le Nouveau de la Quintinye*, 1785, t. I, p. 229). — 4. VIOLET FONCÉ (*Id. ibid.*). — 5. DE BRUXELLES (Fillassier, *Dictionnaire du jardinier français*, 1791, t. I, p. 11, no 10). — 6. ABRICOT-PRUNE (*Id. ibid.*). — 7. SCHWARZE (Sickler, *Teutscher Obstgärtner*, 1802, t. XVII, p. 88). — 8. ALEXANDRISCHE (Dittrich, *Systematisches Handbuch der Obstkunde*, 1840, t. II, p. 380, no 11). — 9. BLACK (Thompson, *Catalogue of fruits cultivated in the garden of the horticultural Society of London*, 1842, p. 47, no 1). — 10. PRUNUS DASYCARPA (Poiteau, *Pomologie française*, 1846, t. I, no 8). — 11. PURPLE (A. J. Downing, *the Fruits and fruit-trees of America*, 1849, p. 154, no 3). — 12. GEMEINE PFLAUMEN (Dochnahl, *Obstkunde*, 1858, t. III, p. 173, no 1). — 13. PABST (*Id. ibid.*). — 14. PFLAUMEN (*Id. ibid.*). — 15. RAUHE PFLAUME (*Id. ibid.*). — 16. VIOLETTE (*Id. ibid.*).

Description de l'arbre. — *Bois :* faible. — *Rameaux :* très-nombreux, peu longs et assez grêles, étalés, à peine géniculés, ayant l'épiderme couvert de fines exfoliations et vert olivâtre lavé de brun violacé. — *Lenticelles :* très-abondantes mais excessivement petites et peu visibles. — *Coussinets :* saillants. — *Yeux :* sensiblement écartés du bois, des plus petits, ovoïdes, grisâtres, par groupes de trois à cinq. — *Feuilles :* très-petites, ovales-allongées, longuement acuminées, épaisses, vert foncé en dessus, vert clair en dessous, à bords finement dentés ou crénelés. — *Pétiole :* très-court, grêle, duveteux, violet noirâtre, à large et profonde cannelure, et souvent portant une ou deux glandes. — *Fleurs :* très-tardives, excessivement abondantes, petites, complétement blanches, à calice d'un vert clair qui passe ensuite au rouge pâle.

FERTILITÉ. — Modérée.

CULTURE. — Sa chétive végétation ne permet pas de le destiner à l'espalier; la seule forme qui lui convienne, c'est le buisson.

Description du fruit. — *Grosseur :* au-dessous de la moyenne et parfois moins volumineuse. — *Forme :* régulièrement globuleuse, ayant les joues assez convexes et le sillon très-peu profond. — *Cavité caudale :* vaste. — *Point pistillaire :* petit et légèrement enfoncé. — *Peau :* épaisse, très-duveteuse, rouge clair maculé de brun verdâtre sur le côté placé à l'ombre, et brun noirâtre violacé sur la partie frappée par le soleil. — *Chair :* rouge brunâtre à la surface, jaune-orange au centre, ferme et plus ou moins adhérente au noyau. — *Eau :* peu abondante ou suffisante, acide, à peine sucrée et presque sans parfum. — *Noyau :* de grosseur moyenne, plat, ovoïde-arrondi, ayant l'arête dorsale modérément saillante. — *Amande :* demi-douce.

Abricot Noir.

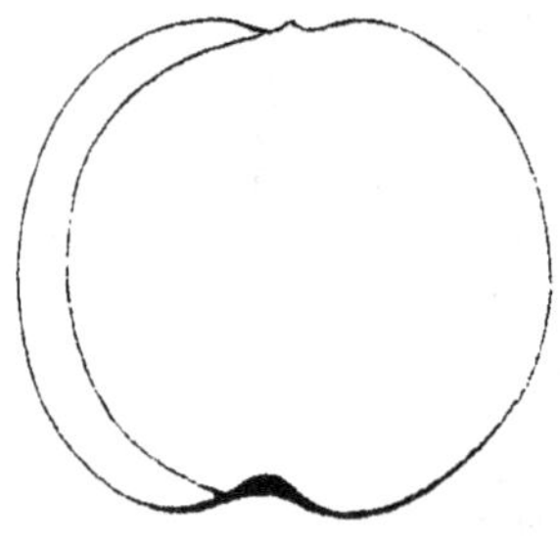

MATURITÉ. — Fin juillet.

QUALITÉ. — Troisième.

Historique. — Le pomologue allemand Dochnahl a dit en 1858 (*Obstkunde*, t. III, p. 173) que « L'abricot Noir était connu avant 1752, et provenait de « l'Europe méridionale, ou de l'Orient. » Cette dernière assertion est-elle exacte?.... Ne la voyant appuyée d'aucun témoignage, et n'ayant rien rencontré qui la puisse confirmer, je n'ose réellement pas lui donner place ici, sans tout au moins faire mes réserves. Et j'y suis d'autant mieux porté, qu'en 1846 Poiteau, décrivant ce même fruit dans sa *Pomologie française* (t. Ier, n° 8), déclarait que « Les botanistes, qui le nomment PRUNUS DASYCARPA, n'en mentionnent ni la patrie, « ni l'origine. » Puis aussi certaine opinion émise dès 1776 par Mayer, et que plus tard (1830) partagea, chez nous, l'arboriculteur Sageret, de savante mémoire, m'induit à soupçonner cet abricotier si curieux d'être né, sur notre sol, de l'une de ces fécondations bizarres, inattendues, dont l'observation et l'étude ont créé, ces derniers temps, l'art de l'hybridation :

« L'analogie — avait dit Mayer — de la couleur de l'abricot *Noir*, du noyau, même du goût des fruits, avec certaines Prunes, pourroit faire présumer que c'est, d'origine, un métis produit par le mélange des deux espèces. » (*Pomona franconica*, t. I, p. 37, n° 9.)

« Je regarde — écrivait à son tour notre compatriote Sageret — l'abricot du *Pape*, ou abricot *Violet* [ou abricot *Noir*], comme un hybride........ Je pense qu'il est le produit d'un abricot Commun, fécondé par une petite Prune noire. Si le hasard, ou la main de l'hybridateur, fût tombé sur l'Abricot-Pêche et la prune de Reine-Claude, ou de Monsieur, ou même de Mirabelle ou Sainte-Catherine, nous aurions, à coup sûr, aujourd'hui un excellent fruit. » (*Pomologie physiologique ou Traité du perfectionnement de la fructification*, p. 341.)

Sans m'attarder plus longtemps sur ce point problématique, je ferai cependant ressortir, comme arguments à l'appui de la supposition que l'abricot Noir est originaire de la France, plusieurs faits me semblant très-concluants : 1° c'est en 1755, et dans notre pays, qu'il fut signalé pour la première fois, à la page 164 de l'*Essai sur l'agriculture moderne,* des abbés Nolin et Blavet, qui exploitaient à Paris des pépinières; 2° tous ses plus anciens noms : Noir, Violet, abricot du Pape, Abricot-Prune, appartiennent à notre langue; 3° enfin Duhamel, en 1768, pourrait bien avoir indiqué le lieu d'où ce fruit provient, quand à la suite de sa description du véritable abricot Violet — variété que je n'ai pu retrouver — cet agronome s'exprimait ainsi :

« On cultive *à Trianon* — disait-il — un petit Abricotier dont les bourgeons sont menus, longuets, verts du côté de l'ombre, violets de l'autre côté. Ses feuilles, petites, larges du côté de la queue, se terminent presque comme une feuille de Prunier à l'autre extrémité; elles sont d'un vert plus foncé que celles d'aucun autre Abricotier. Son fruit est, par la peau, d'un brun foncé approchant du noir; la chair est d'un rouge-brun très-foncé. Le goût de ce petit fruit est agréable : on le nomme ABRICOT NOIR. » (*Traité des arbres fruitiers,* 1768, t. Ier, p. 142.)

Voilà bien l'arbre et le fruit caractérisés en cet article. Quoique très-concise, la description de Duhamel rappelle si parfaitement la mienne, qu'on ne saurait élever aucun doute sur l'identité de son abricotier Noir avec celui de même nom cultivé dans mes pépinières. Affirmer maintenant que Trianon ait réellement vu, vers 1750, la première fructification dudit abricotier, me paraîtrait un peu aventureux; mais je le répète, et tout permet de le penser, il doit être né en terre française. J'ajoute, pour terminer, que les Anglais nous en sont redevables : « Sir Joseph Banks le rapporta dernièrement de France, » assurait William Forsyth en 1802, dans le *Treatise on the culture of fruit trees.* Et c'est également de France que les Allemands l'ont tiré, avant 1773 (voir Mayer, *Pomona franconica,* 1776, t. Ier, pp. 27-28 et 36).

Observations. — Il existait en 1768, je l'ai déjà dit, un abricotier *Violet* que je n'ai pu retrouver, et qu'il ne faut pas confondre avec l'abricotier Noir, appelé souvent aussi, abricotier Violet. Pour montrer quelles notables différences les séparent, j'emprunte à Duhamel la description du premier :

« *Abricot Violet.* — La couleur des bourgeons de cet abricotier, et la forme de ses feuilles, le font regarder comme une variété de l'abricotier Angoumois, ou de celui de Portugal. Son fruit est petit, ayant au plus dix-huit lignes de hauteur, dix-huit sur son grand diamètre, et seize sur son petit diamètre. Sa peau est d'un rouge tirant sur le violet du côté du soleil, et d'un jaune rougeâtre, quelquefois couleur de bois, du côté de l'ombre. Sa chair est d'un jaune approchant du rouge, assez semblable à celle des melons qu'on nomme à *chair rouge.* Son eau est sucrée et peu relevée. Son noyau, un peu adhérent à la chair, est long de neuf lignes, large de huit, épais de cinq, le bois en est tendre et l'amande douce. Cet abricotier se cultive plus par curiosité que par la bonté de son fruit, qui mûrit dans le commencement d'août. » (*Traité des arbres fruitiers,* t. Ier, pp. 142-143, n° 8.)

Les Allemands — et Mayer le premier de tous — ont fautivement appliqué à l'abricot Noir le surnom abricot *d'Alexandrie,* qui aura dû causer maintes méprises, puisqu'il existe une variété de ce nom, et que plusieurs autres le comptent également parmi leurs synonymes. Parfois encore l'abricot Noir se vend sous une dénomination non moins erronée, celle d'abricot *de Sibérie,* appartenant à un fruit tardif cité en 1852 par Couverchel, qui va nous en fournir une courte description, car je ne possède pas cette variété dans mon établissement :

« *Abricot de Sibérie.* — Il est petit, tomenteux, rouge du côté qui reçoit le plus directement l'influence solaire, et jaune du côté opposé. Sa chair est âpre et fibreuse; le noyau, proportionné au volume du fruit, renferme une amande amère. » (*Traité complet des fruits*, p. 400.)

Enfin Fillassier, la chose importe à signaler, se trompait en 1791, lorsque dans son excellent *Dictionnaire du jardinier français*, il caractérisait page 11, sous les noms d'*Abricot-Prune*, ou *de Bruxelles*, un abricot qui n'est positivement autre que le Noir, que pourtant il connaissait, puisqu'il l'a très-exactement décrit page 12 du même ouvrage.

Abricotier NOIR A FEUILLES DE PÊCHER. — Synonyme d'abricotier *Noir à Feuilles de Saule*. Voir ce nom.

---

28. Abricotier NOIR A FEUILLES DE SAULE.

Synonymes. — *Abricots* : 1. Noir a Feuilles de Pêcher (Dittrich, *Systematisches Handbuch der Obstkunde*, 1841, t. III, p. 330, nº 14). — 2. Schwarze mit dem Pfirschenblatt (*Id. ibid.*). — 3. Pfirsichblättrige Pflaumen (Dochnahl, *Obstkunde*, 1858, t. III, p. 173, nº 2). — 4. Weidenblättrige (*Id. ibid.*). — 5. Weidenblättrige Pabst (*Id. ibid.*).

Description de l'arbre et du fruit. — L'abricotier *Noir à Feuilles de Saule* n'est pas très-fertile et montre une tendance marquée à revenir au type naturel; ce dont on s'aperçoit au mélange de ses feuilles, parmi lesquelles il en existe toujours d'entièrement identiques avec celles de l'abricotier Noir. Il porte des fruits semblables à ceux que donne celui-ci, mais le premier de ces arbres s'éloigne du second par la longueur excessive, par l'extrême étroitesse de ses feuilles, très-tourmentées et quelquefois, même, légèrement panachées. C'est là, du reste, l'unique différence qui soit entr'eux; aussi renvoyons-nous, pour tous autres détails descriptifs, à notre précédent article.

Historique. — L'abricotier Noir à Feuilles de Saule provient ou d'un semis de noyaux de l'abricot Noir, ou d'une anomalie végétale observée sur quelque sujet de cette dernière espèce, et fixée par la greffe. Connu depuis le commencement du siècle, on le regarde généralement, à l'étranger, comme obtenu chez nous.

Abricot NOISETTE. — Synonyme d'abricot *de Hollande*. Voir ce nom.

Abricot NOUVEAU DE VERSAILLES. — Synonyme d'abricot *de Versailles*. Voir ce nom.

Abricot de NUREMBERG. — Synonyme d'abricot *Pêche de Nancy*. Voir ce nom.

O

ABRICOT OFFRSICHE. — Synonyme d'abricot *Pêche de Nancy*. Voir ce nom.

ABRICOT OLDAKER'S MOORPARK. — Synonyme d'abricot *de Moorpark*. Voir ce nom.

ABRICOT ORANGE. — Voir abricot *Alberge* et abricot *Royal*, au paragraphe OBSERVATIONS.

ABRICOT D'ORANGE. — Synonyme d'abricot *de Hollande*. Voir ce nom.

ABRICOT D'ORANGE (GROS-). — Synonyme d'abricot *de Moorpark*. Voir ce nom.

ABRICOT ORANGE PRÉCOCE. — Synonyme d'abricot *d'Alexandrie* (des Italiens). Voir ce nom.

ABRICOT ORANGEN. — Synonyme d'abricot *de Hollande*. Voir ce nom.

ABRICOT ORDINAIRE. — Synonyme d'abricot *Commun*. Voir ce nom.

ABRICOT D'OULLINS. — Synonyme d'abricot *de Moorpark*. Voir ce nom.

P

ABRICOT PABST. — Synonyme d'abricot *Noir*. Voir ce nom.

ABRICOTS : PANACHÉ, — PANACHÉ D'ANGLETERRE, } Synonymes d'abricot *Commun à Feuilles panachées*. Voir ce nom.

ABRICOT DU PAPE. — Synonyme d'abricot *Noir*. Voir ce nom.

ABRICOT PEACH. — Synonyme d'abricot *Pêche de Nancy*. Voir ce nom.

ABRICOTS PÊCHE. — Synonymes d'abricot *Blanc* et d'abricot *Pêche de Nancy*. Voir ces noms; puis aussi, abricot de *Moorpark,* au paragraphe OBSERVATIONS.

---

29. ABRICOTIER PÊCHE A FEUILLES LACINIÉES.

Synonymes. — *Abricotiers :* 1. LACINIÉ; — 2. A FEUILLES LACINIÉES (des pépinières angevines, en 1848 et 1852).

Description de l'arbre. — *Bois :* peu fort. — *Rameaux :* assez nombreux, presque érigés, longs et grêles, géniculés, ayant l'épiderme légèrement exfolié, rouge-brique à l'insolation et vert à l'ombre. — *Lenticelles :* clair-semées, petites et linéaires, grises et squammeuses. — *Coussinets :* saillants. — *Yeux :* petits, arrondis, écartés du bois et par groupes ternaires. — *Feuilles :* abondantes, elliptiques excessivement allongées, très-longuement acuminées, ondulées ou contournées, vert jaunâtre en dessus, blanc verdâtre en dessous, à bords profondément laciniés puis irrégulièrement dentés ou crénelés. — *Pétiole :* de longueur moyenne, faible, peu cannelé, rouge sanguin, bien glanduleux et souvent accompagné d'oreillettes à son extrémité supérieure. — *Fleurs :* hâtives, moyennes, blanches, à calice rouge verdâtre.

FERTILITÉ. — Peu abondante.

CULTURE. — Les formes naines, soit en buisson, soit en espalier, lui conviennent particulièrement; mais il s'accommoderait fort mal de la haute-tige, pour plein-vent, vu la faiblesse de sa végétation.

Description du fruit. — Voir, plus bas (n° 30), l'abricot *Pêche de Nancy*, duquel il ne diffère en rien, tant pour les caractères extérieurs que pour l'époque de MATURITÉ et la QUALITÉ.

Historique. — Comme l'abricotier Noir à Feuilles de Saule, dont nous avons parlé plus haut (page 91), l'abricotier Pêche à Feuilles laciniées provient d'une anomalie végétale saisie sur quelque branche d'un abricotier Pêche de Nancy, puis greffée et propagée. Je le crois obtenu dans la Touraine ou l'Anjou, mais ne saurais préciser de quelle localité il est sorti, ni qui me l'a donné, quoiqu'en 1846 il figurât déjà sur mon *Catalogue* sous le nom, assez incomplet, d'abricotier *Lacinié*, auquel je substituai plus tard celui d'abricotier *à Feuilles laciniées*. Il doit être très-peu répandu, car je l'ai rarement vu signalé par mes confrères, et jamais par les pomologues. En l'examinant, on s'aperçoit aisément que nombre de ses feuilles sont ovales et à bords simplement crénelés ou dentés, indice certain de la facilité qu'il aurait à redevenir semblable à sa variété typique, si pour le multiplier on ne choisissait toujours avec soin les rameaux dont les feuilles sont le plus laciniées.

ABRICOTS : PÊCHE A GROS FRUIT,
— PÊCHE A GROS FRUIT OBLONG,
} Synonymes d'abricot *Pêche de Nancy*. Voir ce nom.

ABRICOT PÊCHE HATIF D'ULINS. — Voir abricot *de Moorpark*, au paragraphe OBSERVATIONS.

ABRICOT PÊCHE DE LUXEMBOURG. — Synonyme d'abricot *Pêche de Nancy*. Voir ce nom.

---

30. ABRICOT PÊCHE DE NANCY.

Synonymes. — *Abricots :* 1. DE NANCY (Nolin et Blavet, *Essai sur l'agriculture moderne*, 1755, p. 164; — et Chaillou, *Catalogue, ou l'Abrégé des bons fruits de ses pépinières de Vitry-sur-Seine*, 1755, p. 2). — 2. PÊCHE (Duhamel, *Traité des arbres fruitiers*, 1768, t. Ier, pp. 144-145). — 3. DE NUREMBERG (Fillassier, *Dictionnaire du jardinier français*, 1791, t. Ier, p. 10, n° 9; — et l'abbé Rozier, *Cours complet d'agriculture*, 1797, t. Ier, p. 194). — 4. DE PÉZENAS (Fillassier, *ibidem*). — 5. DE PIÉMONT (*Id. ibid.*). — 6. DE WURTEMBERG (*Id. ibid.*). — 7. LOTHRINGER (Kraft, *Pomona austriaca*, 1792; — et Dittrich, *Systematisches Handbuch der Obstkunde*, 1840, t. II, pp. 381-382, n° 13). — 8. DE WIRTEMBERG (l'abbé Rozier, *ibidem*). — 9. PÊCHE A GROS FRUIT (Tatin, *Principes raisonnés et pratiques de la culture des arbres fruitiers*, 1819, t. II, p. 37). — 10. DE BRUXELLES (Dittrich, *ibidem*). — 11. GROS ABRICOT SUCRÉ (*Id. ibid.*). — 12. GROSSE-PFIRSCHEN (*Id. ibid.*). — 13. GROSSE-ZUCKER (*Id. ibid.*). — 14. PFIRSCHEN (*Id. ibid.*). — 15. ANSON'S IMPERIAL (Thompson, *Catalogue of fruits cultivated in the garden of the horticultural*

Society of London, 1842, p. 49, n° 9). — 16. GROSSE-PÊCHE (*Id. ibid.*). — 17. DU LUXEMBOURG (*Id. ibid.*). — 18. PEACH (*Id. ibid.*). — 19. ROYAL PEACH (*Id. ibid.*). — 20. DE TOURS (*Id. ibid.*). — 21. GROS ABRICOT DE NANCY (Dochnahl, *Obstkunde*, 1858, t. III, p. 178, n° 21). — 22. GROS ABRICOT DE WURTEMBERG (*Id. ibid.*). — 23. PÊCHE ORDINAIRE (*Id. ibid.*). — 24. PÊCHE DE WURTEMBERG (*Id. ibid.*). — 25. ROYAL DU LUXEMBOURG (*Id. ibid.*). — 26. LAUJOULET (Béteille, *Revue horticole*, 1862, p. 391). — 27. PÊCHE A GROS FRUIT OBLONG (Bruant, de Poitiers, *Catalogue descriptif et raisonné d'arbres fruitiers et d'ornement*, 1865, p. 3, n° 6). — 28. OFFRSICHE (John Scott, *the Orchardist*, 1872, p. 154). — 29. PÊCHE DE LUXEMBOURG (*Id. ibid.*).

Description de l'arbre. — *Bois :* fort. — *Rameaux :* assez nombreux, érigés et étalés, gros et longs, peu flexueux, ayant l'épiderme brun foncé puis couvert de larges mais courtes exfoliations. — *Lenticelles :* abondantes, de grandeur variable, arrondies et légèrement proéminentes. — *Coussinets :* bien développés. — *Yeux :* très-écartés du bois, gros, coniques-pointus, à large base et par groupes ternaires ; leurs écailles, noires et faiblement disjointes, sont bordées de gris. — *Feuilles :* grandes, ovales-arrondies, très-longuement acuminées, vert brillant en dessus, vert blafard en dessous et profondément dentées ou crénelées sur leurs bords. — *Pétiole :* gros et long, faiblement cannelé, peu glanduleux, rouge sanguin en dessus, rouge clair en dessous, portant parfois une ou deux oreillettes à son extrémité. — *Fleurs :* hâtives, grandes ou moyennes, blanches, ayant les pétales rosées à leur point d'attache et le calice d'un rouge verdâtre.

Abricot Pêche de Nancy. — *Premier Type.*

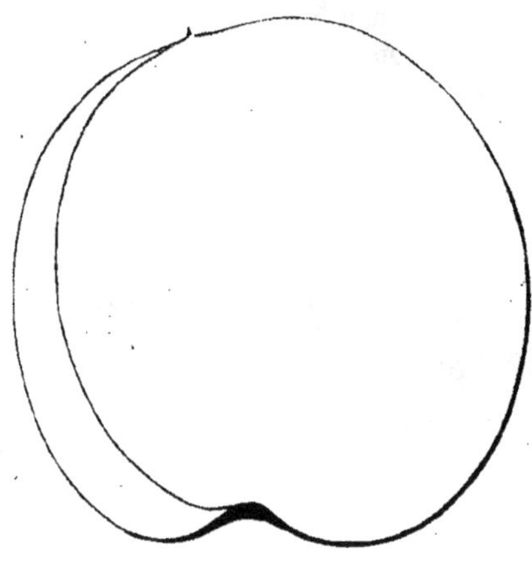

FERTILITÉ. — Abondante.

CULTURE. — C'est un arbre des plus rustiques et qui prospère très-bien sous toute espèce de forme.

Deuxième Type.

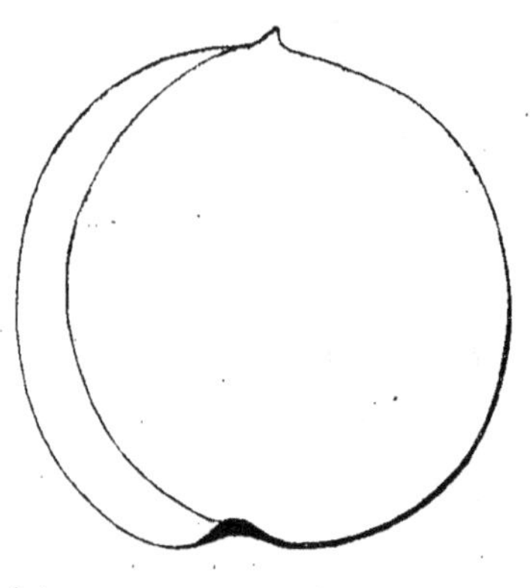

Description du fruit. — *Grosseur :* volumineuse. — *Forme :* ovoïde-arrondie ou globuleuse presque régulière, à joues plus ou moins renflées, à sillon très-large mais peu profond, surtout à la partie terminale, et dont les bords sont généralement d'inégale hauteur. — *Cavité caudale :* très-vaste. — *Point pistillaire :* saillant et assez grand. — *Peau :* légèrement duveteuse, jaune-orange, pointillée, tachetée et lavée de carmin à l'insolation. — *Chair :* jaune intense, tendre, délicate et quittant aisément le noyau. — *Eau :* abondante, délicieusement parfumée et très-sucrée, quoiqu'acidule. — *Noyau :* bombé et ovoïde-arrondi, ayant l'arête dorsale prononcée mais peu tranchante, et l'arête ventrale disposée en tube longitudinal si régulièrement creusé, que d'un bout à l'autre on y introduit aisément une épingle. — *Amande :* amère.

MATURITÉ. — Successive : commençant vers la mi-juillet et se prolongeant jusqu'en août.

QUALITÉ. — Première.

Historique. — Cet abricot, le plus volumineux, le plus exquis de tous ses congénères, appartient à la pomone française et jouit d'un âge fort respectable, puisque sa première description date de 1755, et qu'alors il devait compter au moins une trentaine d'années, la propagation d'un nouvel arbre fruitier ayant, anciennement, toujours été très-lente à s'accomplir. Ce furent les abbés Nolin et Blavet qui le signalèrent dans leur *Essai sur l'agriculture moderne* (p. 164), lui donnant le seul nom ABRICOT DE NANCY et le disant « assez rare, gros et d'un goût « délicat. » Duhamel, treize ans plus tard (1768), à son tour le caractérisa, et très-minutieusement, en raison sans doute de la juste renommée qui s'y était vite attachée. Comme Nolin et Blavet, il l'appelait ABRICOT DE NANCY, mais faisait observer que « quelques-uns le nommaient ABRICOT-PÊCHE. » (Voir *Traité des arbres fruitiers*, 1768, t. Ier, pp. 144-145.) Cette remarque, toutefois, ne sauva pas d'une fâcheuse erreur, Roger Schabol, dont la *Pratique du jardinage*, publiée en 1772, déclara (t. II, p. 134) l'Abricot-Pêche originaire du Piémont, et recommanda de ne le point confondre avec l'abricot de Nancy !!... Qui le croira ? les Chartreux de Paris, dans le *Catalogue, pour 1775*, de leurs célèbres pépinières, eurent beau s'inscrire contre une telle méprise, en affirmant (p. 17) qu'Abricot-Pêche était synonyme d'abricot de Nancy, ce fut là peine perdue, l'erreur se propagea, et si bien, qu'en 1863 un de nos professeurs d'arboriculture, de nouveau la reproduisit. Il invoqua même à l'appui de son dire, l'autorité des pomologues anglais. Ces derniers ont en effet, pendant quelques années, fautivement attribué le surnom abricot de Nancy, à leur *Moorpark*, variété fort distincte de l'Abricot-Pêche ; mais depuis longtemps ces pomologues, éclairés sur cette confusion de noms, enlèvent au Moorpark le faux synonyme Abricot-Pêche, pour le rendre à son séculaire, à son véritable possesseur, l'abricot de Nancy. Et par tous pays c'est là, maintenant, question irrévocablement jugée.

Parlons donc, à présent, d'autre chose ; voyons quelle localité, par exemple, peut à bon droit revendiquer chez nous l'honneur d'avoir vu pousser le type de ce précieux abricotier ; honneur que ni le Piémont, ni le Wurtemberg, ni le Luxembourg, ni les Nurembergeois n'ont jamais réclamé — ne l'oublions pas — quoique cette variété ait porté parfois ces divers noms étrangers, comme l'indique le sommaire synonymique placé en tête du présent article. Au reste les Allemands eux-mêmes sont convaincus que l'abricot de Nancy provient de notre patrie, et le disent dans leurs recueils horticoles (voir entr'autres l'*Obstkunde* de Dochnahl, à la page 178 du t. III). Quant aux Anglais, ils déclarent formellement dans les Procès-Verbaux de la Société d'Horticulture de Londres (2e série, 1831, t. Ier, p. 67), que « L'Abricot-Pêche ou de Nancy, de Duhamel, fut en 1767 importé chez eux, « de Paris, par le duc de Northumberland. »

C'est de Nancy ou de sa banlieue qu'évidemment a dû sortir ce délicieux abricot. Une opinion différente, mais inadmissible, je vais le démontrer, fut cependant manifestée autrefois par Fillassier, qui le croyait originaire de Pézenas (Hérault) :

« Cette belle variété — écrivait-il en 1791 — n'étoit pas encore connue dans la Capitale il y a quarante ans, quoiqu'on la cultivât dans les différents lieux que nous indiquons, et sous le nom desquels on la demande quelquefois aux pépiniéristes [Abricot de Nancy, de Nuremberg, de Pézenas, de Wurtemberg, de Piémont]. Ce fut vers 1745 qu'un amateur, nommé M. Charpentier, *la vit à Pézenas*. Il en prit des rameaux, et l'ayant greffée avec succès dans son jardin, à Monceaux, près Paris, il la communiqua aux curieux; et bientôt après elle-passa entre les mains des industrieux cultivateurs de Vitry-sur-Seine, qui l'ont beaucoup multipliée depuis cette époque. » (*Dictionnaire du jardinier français*, t. Ier, p. 10.)

Telle a été la version de Fillassier, version que peu après — en 1797 — l'abbé Rozier s'appropria, puis reproduisit, avec quelques variantes, dans le tome Ier de son *Cours complet d'agriculture* (page 194). Sans ma constante habitude de toujours remonter aux sources et de procéder chronologiquement pour l'étude, si fort embrouillée, de l'origine des arbres fruitiers, j'aurais accepté les dires de Fillassier. C'eût été, d'ailleurs, m'épargner ainsi un long et fastidieux travail ; mais trop souvent j'ai regretté que les écrits de nos pomologues manquassent complétement de critique, pour m'être, en cette circonstance, dispensé de contrôler le récit qu'on vient de lire. Or, peut-on ne pas le taxer d'invraisemblance, quand on voit trois pépiniéristes de Paris, ou de ses environs, appeler dès 1755, dans leurs ouvrages et dans leurs Catalogues, le fruit qui nous occupe, abricot *de Nancy*, et non point abricot *de Pézenas*?... De ces arboriculteurs, deux, les abbés Nolin et Blavet, possédaient les pépinières du cloître Saint-Marcel et de la Santé, près le Petit-Gentilly, et le troisième, nommé Chaillou, habitait Vitry-sur-Seine, commune où précisément se sont trouvés, dit Fillassier — cette fois bien informé — les premiers et principaux propagateurs de l'abricotier de Nancy. Donc, je le demande, comment admettre que si M. Charpentier rapporta réellement de Pézenas à Paris, vers 1745, des greffons de cette variété, il n'ait pas, en véritable amateur qu'il était, soigneusement indiqué leur provenance, en les répandant ? Et, s'il l'a fait, qui peut alors expliquer le motif dont s'inspirèrent les promoteurs de ce beau fruit, pour l'appeler, contrairement aux renseignements donnés, abricot de Nancy ?... — Insister sur ce point, serait puéril ; aussi me bornerai-je à répéter, en terminant, qu'on doit regarder Nancy comme étant la ville natale de l'abricotier qui porte son nom. Blavet, Nolin et Chaillou (1755), ses premiers descripteurs et multiplicateurs, l'appelèrent ainsi ; Duhamel (1768) et les Chartreux (1775) les imitèrent, puis firent connaître qu'un surnom, celui d'*Abricot-Pêche*, déjà lui avait été appliqué. Et l'on sait de combien d'autres il devait être gratifié, puisque j'en ai mentionné *vingt-neuf*, sans trop chercher, encore !! J'ajoute qu'avant 1792 les Allemands — on le constate dans la *Pomona austriaca* de Kraft, le nommaient généralement, Lothringer Aprikose (Abricot de Lorraine), fait qui prouve une fois de plus que sa culture était, à cette date, très-commune et, dès lors, ancienne chez les Lorrains, d'où elle aura passé chez les Wurtembergeois et les Piémontais, pour gagner par là, peut-être, le Midi de la France et ce Pézenas dont Fillassier la croyait originaire. Mais j'allais omettre d'invoquer en cette question l'autorité du savant et consciencieux Poiteau :

« Duhamel — disait-il en 1846 — appelait ce fruit, *Abricot de Nancy*, parce qu'on croit l'avoir observé pour la première fois aux environs de cette ville. » (*Pomologie française*, t. Ier, no 7.)

Observations. — C'est une erreur de prétendre que l'Abricot-Pêche de Nancy soit le seul dont le noyau possède un tube longitudinal qu'on peut traverser entièrement d'une épingle. D'autres variétés, je l'ai constaté, offrent ce même caractère, notamment les abricots Angoumois, de Coulanges, Royal, Saint-Ambroise, Triomphe de Bussière et à Trochets. — J'ai réuni l'abricotier vendu sous le nom de *Pêche à gros fruit oblong*, à l'abricotier de Nancy, car il s'est montré chez moi le même que ce dernier arbre, dont Duhamel avait déjà fait remarquer, du reste, que les produits étaient de forme inconstante : tantôt arrondis, tantôt ovoïdes, tantôt elliptiques. Les Allemands n'admettent pas non plus que ces deux abricots puissent constituer deux variétés distinctes, et tout récemment M. Mas, dans *le Verger* (1873, t. VIII, p. 19, n° 8), a montré qu'il partageait leur opinion et la nôtre, en figurant, comme type de l'Abricot-Pêche de Nancy, un abricot oblong, que sans hésiter il rattache à celui décrit par Duhamel. — La variété mise dans le commerce, il y a treize ou quatorze ans, sous le nom abricotier *Laujoulet*, n'est autre, également, que l'abricotier de Nancy; et je n'en suis pas étonné, car son promoteur déclarait en 1862, page 391 de la *Revue horticole*, que son Laujoulet provenait d'un noyau de l'Abricot-Pêche; or, chacun sait que *parfois* celui-ci se reproduit identiquement de semis. — Rappelons enfin que c'est bien fautivement que les noms abricots *Commun, de Hollande, de Moorpark* et *de Turquie,* ont été donnés par maints pomologues comme synonymes d'Abricot-Pêche de Nancy.

Abricot PÊCHE NOUVEAU. — Synonyme d'abricot *de Moorpark.* Voir ce nom.

Abricot PÊCHE ORDINAIRE. — Synonyme d'abricot *Pêche de Nancy.* Voir ce nom.

Abricot PÊCHE (PETIT-). — Synonyme d'abricot *Blanc.* Voir ce nom.

Abricot PÊCHE PRÉCOCE. — Synonyme d'abricot *Commun.* Voir ce nom.

Abricot PÊCHE TRÈS-HATIF. — Synonyme d'abricot *Blanc.* Voir ce nom.

Abricot PÊCHE DE WURTEMBERG. — Synonyme d'abricot *Pêche de Nancy.* Voir ce nom.

Abricots : PERSÈQUE, } Synonymes d'abricot *de Hollande.* Voir ce nom.

— PERSIQUE,

Abricots PETIT. — Synonymes d'abricots *Alberge* et *Précoce.* Voir ces noms.

Abricot PETIT-ABRICOTIN. — Synonyme d'abricot *Précoce.* Voir ce nom.

Abricotier a PETIT FRUIT. — Synonyme d'abricotier *Précoce.* Voir ce nom.

Abricot PETITE-ALBERGE. — Synonyme d'abricot *Alberge.* Voir ce nom.

Abricots : PETITE-ALBERGE ORDINAIRE,
— PETITE-ALBERGE DE TOURS, } Synonymes d'abricot *Alberge*. Voir ce nom.

Abricots : de PÉZENAS,
— PFIRSCHEN, } Synonymes d'abricot *Pêche de Nancy*. Voir ce nom.

Abricotier PFIRSICHBLÄTTRIGE PFLAUMEN. — Synonyme d'abricotier *Noir à Feuilles de Saule*. Voir ce nom.

Abricot PFLAUMEN. — Synonyme d'abricot *Noir*. Voir ce nom.

Abricot de PIÉMONT. — Synonyme d'abricot *Pêche de Nancy*. Voir ce nom.

Abricot PINE-APPLE. — Synonyme d'abricot *de Hollande*. Voir ce nom.

Abricot POMME D'ARMÉNIE. — Synonyme d'abricot *Commun*. Voir ce nom.

---

31. Abricot de PORTUGAL.

Synonyme. — *Abricot* Male (*le Bon-Jardinier*, année 1823, p. 311).

Description de l'arbre. — *Bois :* peu fort. — *Rameaux :* très-nombreux, étalés et arqués, de longueur et grosseur moyennes, à peine coudés, ayant l'épiderme courtement exfolié et d'un rouge plus ou moins saumoné. — *Lenticelles :* très-petites, allongées, blanches et des plus abondantes. — *Coussinets :* aplatis. — *Yeux :* écartés du bois, groupés par trois ou quatre, moyens ou petits, ovoïdes-obtus, aux écailles grisâtres et légèrement disjointes. — *Feuilles :* petites, assez nombreuses, ovales-arrondies, longuement acuminées, vert brillant en dessus, vert clair et mat en dessous, finement et régulièrement dentées sur leurs bords. — *Pétiole :* grêle, de longueur moyenne, peu glanduleux, faiblement cannelé, sanguin en dessus et rose en dessous. — *Fleurs :* tardives, petites, blanches et gaufrées, à calice d'un rouge verdâtre.

Fertilité. — Satisfaisante.

Culture. — La floraison et la maturité tardives de cette variété, font que son arbre convient beaucoup pour le plein-vent et qu'il y réussit admirablement sous toutes les formes. On peut toutefois le placer aussi en espalier, mais la maturité de ses produits devient alors moins tardive qu'elle ne l'est pour ceux des plein-vent.

Description du fruit. — *Grosseur :* au-dessous de la moyenne. — *Forme :* globuleuse généralement comprimée aux pôles, à joues assez convexes, à sillon étroit et peu profond. — *Cavité caudale :* vaste. — *Point pistillaire :* saillant ou très-légèrement enfoncé. — *Peau :* duveteuse, jaune-paille, rosée à l'insolation, ponctuée de carmin, puis tachetée parfois de brun-roux. — *Chair :* jaune-orange, fondante, fine, quelque peu adhérente au noyau. — *Eau :* abondante, douce, sucrée, possédant une saveur parfumée des plus délicates. — *Noyau :* petit, arrondi, bombé, ayant l'arête dorsale coupante et très-développée. — *Amande :* amère.

Abricot de Portugal.

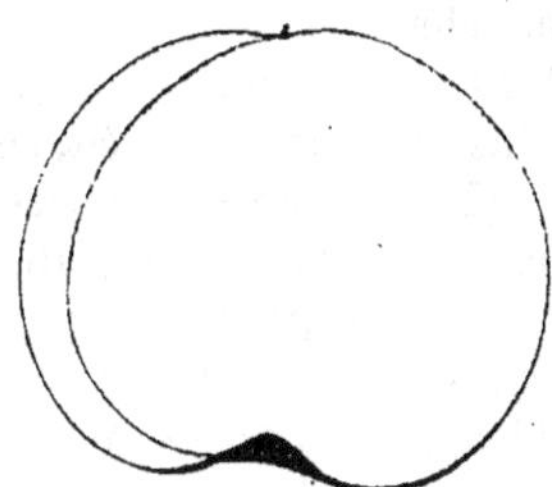

Maturité. — Commencement et courant d'août.

Qualité. — Première.

Historique. — Cet abricot, regardé comme originaire du Portugal, fut importé chez nous vers 1740, mais je n'ai pu découvrir par quelle intervention. Cultivé d'abord aux environs de la Capitale, en 1755 on l'y trouvait vendu déjà par un pépiniériste de Vitry-sur-Seine, Chaillou, qui l'avait inscrit à la page 1re du *Catalogue* d'arbres fruitiers rares et nouveaux qu'à cette époque il publia. Nolin, à la même date, le mentionnait aussi dans son *Essai sur l'agriculture moderne* (p. 164), et de la plus briève façon : « L'*Abricot de Portugal* — disait-il — ressemble au « Précoce ; » extrême concision qui montre bien qu'en 1755 les pomologues connaissaient très-imparfaitement encore ce charmant et délicieux fruit, décrit ci-après (p. 102). S'il peut, à la rigueur, se rapprocher de l'abricot Précoce par quelques-uns de ses caractères extérieurs, il s'en éloigne, en effet, par quelques autres, et surtout ne saurait jamais lui être comparé pour la qualité.

---

32. Abricot POURRET.

Description de l'arbre. — *Bois :* fort. — *Rameaux :* peu nombreux, étalés et légèrement arqués, longs, assez grêles, géniculés, rougeâtres à leur sommet, olivâtres à leur base et portant de très-fines exfoliations épidermiques. — *Lenticelles :* abondantes, très-petites, jaunâtres et plus ou moins proéminentes. — *Coussinets :* presque nuls. — *Yeux :* moyens, obtus au sommet, larges à la base, collés imparfaitement sur le bois et groupés par trois. — *Feuilles :* de grandeur variable, ovales-arrondies, très-longuement acuminées, vert intense et brillant en dessus, vert blanchâtre en dessous, à bords finement et régulièrement dentés. — *Pétiole :* grêle et de longueur moyenne, peu glanduleux, à peine cannelé, rouge à son point d'attache, vert faiblement rosé à l'extrémité opposée, où parfois il est muni de deux courtes oreillettes. — *Fleurs :* tardives, grandes et blanches, à calice rouge-brique.

FERTILITÉ. — Convenable.

CULTURE. — Toutes les formes lui peuvent être appliquées, vu sa végétation assez active et sa tardive floraison.

Description du fruit. — *Grosseur :* volumineuse. — *Forme :* sensiblement ovoïde, à joues très-aplaties, à sillon prononcé. — *Cavité caudale :* de dimensions moyennes. — *Point pistillaire :* saillant. — *Peau :* finement duveteuse, d'un beau jaune qui se couvre, à l'insolation, d'une teinte carminée plus ou moins étendue et foncée, sur laquelle ressortent çà et là d'assez nombreux petits points orangés. — *Chair :* rougeâtre, tendre, légèrement pâteuse, non adhérente au noyau. — *Eau :* suffisante, sucrée, acidule, rarement bien parfumée. — *Noyau :* gros, irrégulièrement arrondi, bombé, ayant l'arête dorsale fort large et des plus tranchantes. — *Amande :* amère.

Abricot Pourret.

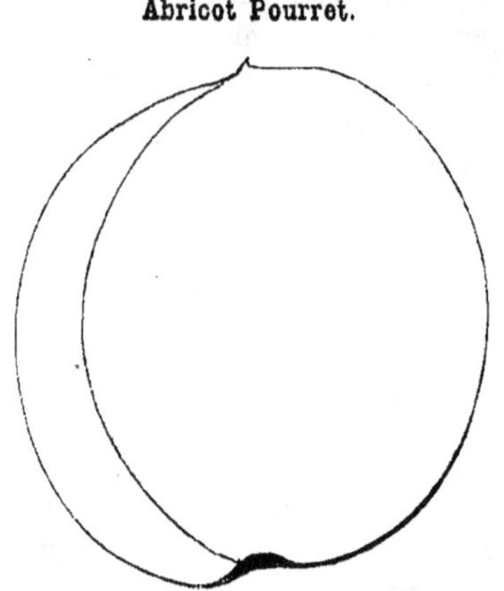

MATURITÉ. — Commencement de juillet.

QUALITÉ. — Deuxième.

Historique. — Sorti d'un noyau de l'Abricot-Pêche de Nancy, ce fruit fut obtenu, en 1827, d'un semis fait à Brunoy (Seine-et-Oise), en 1822, par le pépiniériste Pourret, qui le 5 août 1829 le soumit à l'examen de la Société d'Horticulture de Paris. Chargé de prononcer sur le mérite de ce nouveau gain, le pomologue Poiteau lui trouva les qualités voulues pour en recommander la propagation, et termina ainsi son rapport :

« Cette variété, dit-il, a les feuilles, les bourgeons, les yeux et les fleurs absolument comme ceux de l'Abricot-Pêche; les fruits ressemblent également à l'Abricot-Pêche, quant au volume, à la forme et à la couleur; leur chair est peut-être un peu plus ferme et leur eau plus sapide ou plus vineuse : cette dernière différence est variable et on peut l'attribuer à la jeunesse de la variété. Mais le caractère invariable, le caractère physique qui distingue nettement cette variété de l'Abricot-Pêche, c'est que son noyau n'est pas perforé, qu'on ne peut pas le traverser avec une épingle..... comme celui de l'Abricot-Pêche..... J'ai l'honneur de vous proposer, Messieurs, de vouloir bien consacrer le nom de son obtenteur, en appelant abricot *Pourret*, le fruit que cet estimable cultivateur a soumis à votre jugement. » (*Annales de la Société d'Horticulture de Paris*, 1829, t. V, pp. 297-298.)

Je reconnais, avec Poiteau, que l'abricot Pourret se rapproche beaucoup, extérieurement, de l'Abricot-Pêche de Nancy, dont il n'a, toutefois, ni la saveur exquise ni le volume considérable. Mais je suis loin de confirmer l'assertion du même auteur, quant à la prétendue ressemblance de ces deux abricotiers. Ils ont entr'eux, en effet, de sensibles différences, notamment pour les coussinets, les yeux, la denture des feuilles, et les fleurs, comme il est aisé de s'en convaincre en étudiant la description que j'ai donnée de chacun desdits arbres.

33. ABRICOT PRÉCOCE.

Synonymes. — *Abricots :* 1. PETIT (Merlet, *l'Abrégé des bons fruits*, 1675, p. 27). — 2. HATIF (la Quintinye, *Instructions pour les jardins fruitiers et potagers*, 1690, t. Ier, p. 430). — 3. MASCULINE (Batty Langley, *Pomona*, 1729, p. 88, planche 15). — 4. HATIF MUSQUÉ (les Chartreux, de Paris, *Catalogue de leurs pépinières*, 1736, p. 11). — 5. ABRICOTIER A PETIT FRUIT (de la Cour, *les Agréments de la campagne*, 1752, t. II, p. 86). — 6. ABRICOTIN (Chaillou, *Catalogue ou l'Abrégé des bons fruits de ses pépinières de Vitry-sur-Seine*, 1755, p. 1). — 7. PRINCESSE (Herman Knoop, *Fructologie*, 1771, p. 65). — 8. SIMPLE (*Id. ibid.*). — 9. MUSKATELLER (Sickler, *Teutscher Obstgärtner*, 1797, t. VIII, p. 313). — 10. MUSQUÉ (l'abbé Rozier, *Cours complet d'agriculture*, 1797, t. Ier, p. 187). — 11. PRÉCOCE MUSQUÉ (Tatin, *Principes raisonnés et pratiques de la culture des arbres fruitiers*, 1819, t. II, p. 37). — 12. MUSQUÉ HATIF (Thompson, *Catalogue of fruits cultivated in the garden of the horticultural Society of London*, 1826, p. 7, n° 44). — 13. BROWN MASCULINE (Idem, *Transactions of the horticultural Society of London*, 2e série, 1831, t. Ier, p. 58). — 14. EARLY RED MASCULINE (*Id. ibid.*). — 15. FRÜHE MUSKATELLER (*Id. ibid.*). — 16. EARLY MUSCADINE (Idem, *Catalogue*, édition de 1842, p. 48, n° 5). — 17. EARLY MASCULINE (A. J. Downing, *the Fruits and fruit-trees of America*, 1849, p. 158, n° 13). — 18. D'ITALIE (de quelques pépiniéristes, depuis 1850). — 19. RED MASCULINE (John Scott, *the Orchardist*, 1872, p. 154). — 20. EARLY MOSCATINE (Congrès pomologique, *Pomologie de la France*, 1873, t. VI, n° 8). — 21. PETIT-ABRICOTIN (*Id. ibid.*).

Description de l'arbre. — *Bois :* assez fort. — *Rameaux :* des plus nombreux, étalés à la base, où leur épiderme est entièrement exfolié, érigés et très-lisses au sommet, gros et peu longs, à peine géniculés, à courts mérithalles, vert olivâtre sur le côté de l'ombre et brun clair sur celui frappé par le soleil. — *Lenticelles :* abondantes, blanches, arrondies, de grandeur moyenne et légèrement proéminentes. — *Coussinets :* aplatis. — *Yeux :* assez gros, ovoïdes-arrondis, noirâtres, groupés par trois ou cinq et sensiblement écartés du bois. — *Feuilles :* très-nombreuses, petites, ovales fortement arrondies, acuminées en vrille, d'un beau vert en dessus, d'un vert pâle en dessous, puis finement et profondément dentées sur leurs bords. — *Pétiole :* court et grêle, très-glanduleux, faiblement cannelé, sanguin et muni généralement de deux oreillettes de grandeur variable. — *Fleurs :* très-hâtives et très-petites, blanc sale, à calice rouge clair.

FERTILITÉ. — Abondante.

CULTURE. — L'espalier, qui seul peut protéger la floraison si hâtive de cet abricotier, lui convient particulièrement, et d'autant mieux qu'il rend encore plus précoce la maturité de ses produits. Le plein-vent, forme sous laquelle il fait cependant de jolis arbres, lui serait très-nuisible, en le laissant exposé aux effets désastreux des gelées printanières; mais le faible volume de ses fruits suffit d'ailleurs pour conseiller de ne pas l'y destiner.

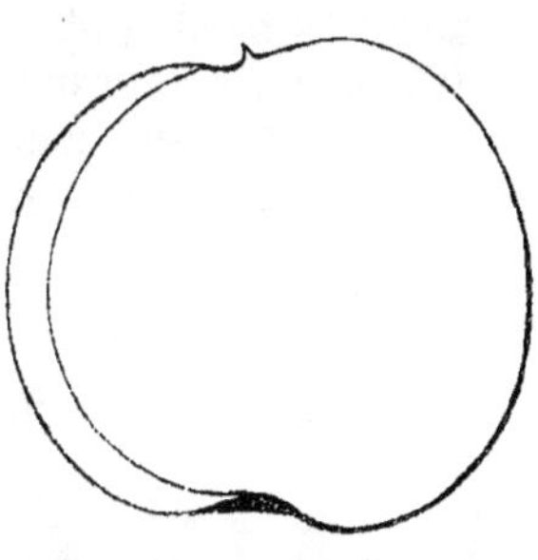

Description du fruit. — *Grosseur :* petite. — *Forme :* globuleuse, ayant généralement un côté moins développé que l'autre, les joues assez convexes et le sillon très-apparent, quoiqu'étroit et peu profond. — *Cavité caudale :* vaste. — *Point pistillaire :* petit et légèrement enfoncé. — *Peau :* finement duveteuse, jaune pâle passant au jaune plus intense à l'insolation, où très-souvent aussi elle est nuancée de carmin. — *Chair :* blanchâtre plutôt que jaunâtre, fine, fondante et quittant, à parfaite maturité, assez bien le noyau. — *Eau :* suffisante, sucrée, acidulée et faiblement parfumée. — *Noyau :* très-petit et très-bombé, arrondi, ayant l'arête dorsale large et coupante. — *Amande :* amère.

MATURITÉ. — Fin juin.

QUALITÉ. — Deuxième.

Historique. — A l'étranger, non plus qu'en France, je n'ai vu de pomologue assigner une origine quelconque à l'abricotier Précoce. Sur ce point, tous les ouvrages que j'ai consultés sont dépourvus du moindre renseignement. Force m'est donc — à mon grand regret — de l'admettre ici sans ses papiers, et de le traiter d'inconnu, quand au contraire son droit serait peut-être de figurer au rang des anciennes variétés de notre pomone indigène. C'est qu'en effet, si les Anglais, les Hollandais et les Allemands le cultivent depuis au moins une centaine d'années, chez nous les jardiniers déjà le propageaient avant 1666, comme l'indique le passage suivant, écrit en 1667 par Merlet :

« Le *Petit Abricot* vient plus beau et rapporte davantage en espalier qu'en buissons et arbres de hautes tiges ; il est plus coloré et tavelé au soleil de midy, qu'au levant ; on en peut mettre aussi au soleil couchant, pour confire. » (*L'Abrégé des bons fruits*, pp. 31 et 32.)

A Versailles, sous Louis XIV, la Quintinye s'était empressé de l'admettre dans les splendides vergers qu'il avait eu mission d'y créer ; aussi lorsqu'en 1685 cet illustre arboriculteur écrivit le savant traité de jardinage dont il ne devait pas voir la publication, eut-il soin de recommander la culture du Petit Abricotier Précoce :

« Le fruit des Abricotiers — disait-il — est hâtif...... on commence d'en voir dès l'entrée de juillet, et surtout d'une *petite espece* qu'on appelle l'*Abricot Hâtif*, et qu'il faut mettre au grand midy ; la chair en est fort blanche, et la feuille plus ronde et plus verte qu'aux autres, mais pour cela il n'est pas meilleur. » (*Instructions pour les jardins fruitiers et potagers*, 1690, t. Ier, p. 430.)

Duhamel, en 1768, décrivit également ce fruit (t. I, pp. 133-134), qu'il appelle abricot Précoce et Hâtif musqué, parce que « quelques-uns, assure-t-il, croient y « trouver un petit goût musqué. » Aujourd'hui, il a beaucoup perdu de son ancienne vogue, grâce à l'obtention de plusieurs variétés aussi précoces que lui, et qui le dépassent en qualité. Cependant il abonde encore sur les marchés de Paris, notamment, où dès le 20 juin on le rencontre à demi-mûr, et pour lors à chair croquante, presque dénuée de sucre et de parfum.

Observations. — L'abricotier Précoce se reproduit très-identiquement de noyau. Vers 1855 je l'ai reçu étiqueté (erronément, ou frauduleusement ?) abricotier *d'Italie*, et comme tel il a longtemps été porté sur mes Catalogues, sans que j'aie pu supposer qu'il y faisait double emploi avec le Précoce. J'appelle donc l'attention de mes confrères sur cette fausse variété, qui très-probablement, chez eux, se montrera la même que chez moi.

ABRICOT PRÉCOCE D'ESPEREN. — Synonyme d'abricot *Esperen*. Voir ce nom.

ABRICOT PRÉCOCE (GROS-). — Voir abricot *Esperen*, au paragraphe OBSERVATIONS.

ABRICOT PRÉCOCE DE HONGRIE. — Synonyme d'abricot *Esperen*. Voir ce nom.

ABRICOTS : PRÉCOCE MUSQUÉ, — PRINCESSE, } Synonymes d'abricot *Précoce*. Voir ce nom.

---

34. ABRICOT DE PROVENCE.

Synonyme. — *Abricot* COMICE DE TOULON (Flory, *l'Horticulteur provençal*, année 1854 ; — et Alexandre Bivort, *Annales de pomologie belge et étrangère*, 1856, t. IV, pp. 19-20).

Description de l'arbre. — *Bois :* fort. — *Rameaux :* peu nombreux, légèrement étalés, assez gros et assez longs, à peine géniculés, ayant l'épiderme plus ou moins exfolié et brun verdâtre nuancé de rouge pâle. — *Lenticelles :* clairsemées, arrondies, petites et blanches. — *Coussinets :* ressortis. — *Yeux :* écartés du bois et réunis par groupes de trois à huit, volumineux, ovoïdes-pointus, aux écailles noirâtres et mal soudées. — *Feuilles :* petites ou moyennes, ovales-arrondies, courtement acuminées, vert sombre en dessus, vert herbacé en dessous et largement mais peu profondément dentées ou crénelées sur leurs bords. — *Pétiole :* long, bien nourri, flasque et sanguin, sensiblement cannelé, portant de très-grosses glandes puis souvent accompagné de deux oreillettes de grandeur variable. — *Fleurs :* très-tardives, moyennes, blanches faiblement striées de rose, à calice d'un rouge clair.

Premier Type.

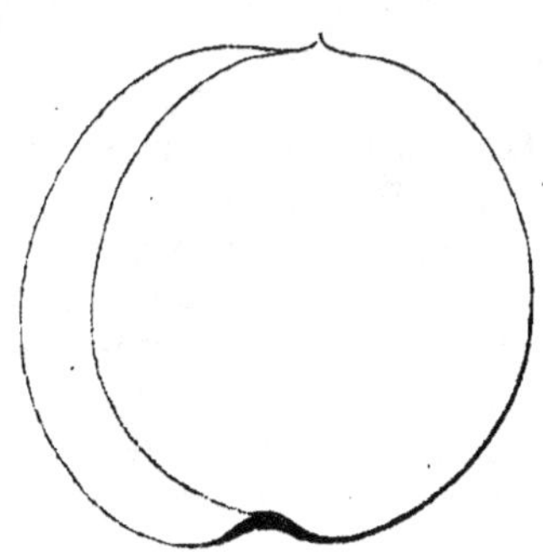

Deuxième Type.

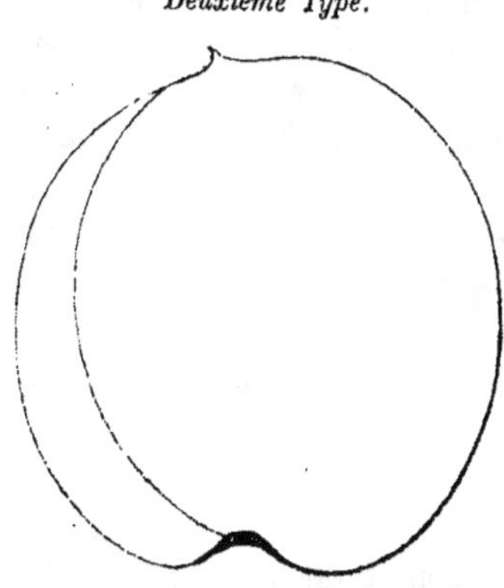

FERTILITÉ. — Abondante et constante.

CULTURE. — Le plein-vent sous toute espèce de forme peut lui être appliqué, mais particulièrement la demi-tige et le buisson, qui favorisent encore sa fertilité.

Description du fruit. — *Grosseur :* variable, plutôt au-dessous qu'au-dessus de la moyenne. — *Forme :* globuleuse irrégulière ou ovoïde-arrondie, à joues plates, à sillon large et assez profond, dont l'un des bords est toujours plus saillant que l'autre. — *Cavité caudale :* très-développée. — *Point pistillaire :* petit et placé sur un léger mamelon. — *Peau :* peu duveteuse, jaune-paille sur le côté de l'ombre, jaune intense nuancé de rouge-brique à l'insolation, partie sur laquelle elle est en outre ponctuée de roux et de pourpre. — *Chair :* jaune, ferme, très-délicate, fine et non adhérente au noyau. — *Eau :* abondante, très-sucrée, acidule et savoureusement parfumée. — *Noyau :* de grosseur moyenne, ovoïde-allongé, épais, ayant l'arête dorsale coupante et très-prononcée. — *Amande :* douce, excellente à manger.

MATURITÉ. — Vers la mi-juillet.

QUALITÉ. — Première.

Historique. — Rebaptisé *Comice de Toulon* en 1852, l'abricotier de Provence est une ancienne variété française dont le nom primitif indique évidemment la contrée natale. Décrit pour la première fois en 1755 par l'abbé Nolin (*Essai sur l'agriculture moderne*, p. 163), il le fut ensuite par Duhamel (1768), qui lui consacra l'article suivant, que je vais reproduire comme point de comparaison avec le mien :

« *Abricotier de Provence.* — Les *bourgeons* sont longs, de moyenne grosseur, très-lisses, d'un rouge clair, mais vif du côté du soleil, verts du côté de l'ombre et très-peu *tiquetés.* Ses *boutons* sont gros, pointus, triples; quelques nœuds en portent des groupes de quatre à huit rassemblés sur un même support. Ses *feuilles* sont petites, rondes, terminées par une pointe assez large toujours repliée en dehors..... La dentelure est obtuse et très-peu profonde. Les *queues*, longues de huit à douze lignes, sont d'un rouge foncé. — Son *fruit* est petit, aplati;... une rainure profonde divise un de ses côtés, et une des lèvres qui la bordent est beaucoup plus avancée que l'autre. Sa *peau* est jaune du côté de l'ombre; le côté du soleil est d'un beau rouge vif, qui se charge en espalier. Sa *chair* est d'un jaune très-foncé. Son *eau* est peu abondante, mais d'un goût fin, vineux et relevé. Son *noyau* est brun, raboteux ou sablé;...... il contient une *amande* douce. Sa *maturité* est à la mi-juillet, en espalier. » (T. Ier, pp. 139-140.)

L'abricot de Provence offre certains rapports extérieurs avec ses congénères l'Angoumois et le Blanc (voir ci-dessus, p. 44 et p. 48), variétés dont il diffère notablement, cependant, surtout par l'arbre qui le produit. En Belgique, ces derniers temps (1856), le successeur de l'arboriculteur Van Mons, Alexandre Bivort, l'a décrit et figuré (*Annales de pomologie*, t. IV, p. 19), le nommant abricot Comice de Toulon et disant l'avoir reçu ainsi étiqueté, de Toulon, ville aux environs de laquelle l'aurait obtenu de semis en 1852, ajoutait-il, M. Flory, pépiniériste à Lavalette (Var). Tout en insérant cette déclaration, je répète que l'ancien abricot de Provence et l'abricot Comice de Toulon, prétendu moderne, forment une seule et même variété. Mais j'avoue volontiers, par exemple, n'avoir jamais récolté d'abricots de Provence aussi monstrueux que les Comice de Toulon mûris en terre belge, puisque Bivort leur donne une hauteur de 70 millimètres sur un diamètre de 65 !!

Observations. — Fillassier, dans le *Dictionnaire du jardinier français*, prétendait en 1791 que l'abricot appelé ROMAIN par le pomologue anglais Miller, devait être réuni à l'abricot de Provence. Sans discuter cette assertion, je me borne à dire qu'abricot Romain étant classé depuis plus d'un siècle, par nombre d'auteurs, au rang des synonymes de l'abricot Commun, j'ai dû me conformer à leur opinion, du reste très-justifiée.

ABRICOT PRUNE. — Synonyme d'abricot *Noir*. Voir ce nom.

ABRICOT PRUNE ARMÉNIAQUE. — Synonyme d'abricot *Commun.* Voir ce nom.

ABRICOTIER PRUNUS DASYCARPA. — Synonyme d'abricotier *Noir*. Voir ce nom.

ABRICOT PURPLE. — Synonyme d'abricot *Noir*. Voir ce nom.

R

Abricot RAUHE PFLAUME. — Synonyme d'abricot *Noir*. Voir ce nom.

---

35. Abricot RAYÉ.

Synonyme. — *Abricotier* a Fruit rayé (des pépiniéristes de Poitiers [Vienne], depuis 1856).

Description de l'arbre. — *Bois :* fort. — *Rameaux :* très-nombreux, étalés ou érigés, gros et longs, flexueux, ayant l'épiderme largement exfolié et d'un brun-rouge. — *Lenticelles :* abondantes, de grandeur moyenne, arrondies ou linéaires. — *Coussinets :* aplatis. — *Yeux :* groupés par trois ou six, volumineux, ovoïdes-obtus, écartés du bois, aux écailles grisâtres et mal soudées. — *Feuilles :* assez grandes, ovales-arrondies, longuement acuminées en vrille, vert brillant en dessus, vert herbacé en dessous et régulièrement crénelées sur leurs bords. — *Pétiole :* long, de grosseur moyenne, à large cannelure, sanguin en dessus, rouge-brique en dessous, bien glanduleux et muni généralement d'une ou de deux courtes oreillettes. — *Fleurs :* hâtives, moyennes, blanches, à calice carminé.

Fertilité. — Convenable.

Culture. — Il prospère parfaitement sous n'importe quelle forme plein-vent ainsi qu'en espalier.

Description du fruit. — *Grosseur :* moyenne. — *Forme :* irrégulièrement globuleuse, à joues peu convexes, à sillon bien accusé, surtout dans sa partie inférieure. — *Cavité caudale :* assez vaste. — *Point pistillaire :* très-faible et placé dans une légère dépression. — *Peau :* finement duveteuse, presque unicolore, d'un jaune-orange sur lequel apparaissent çà et là quelques tiquetures brunes ou pourpres. — *Chair :* jaune très-intense, fine, fondante et quittant aisément le noyau. — *Eau :* suffisante, acidulée, sucrée et délicieusement parfumée. — *Noyau :* irrégulièrement ovoïde, peu bombé, ayant l'arête dorsale assez coupante. — *Amande :* amère.

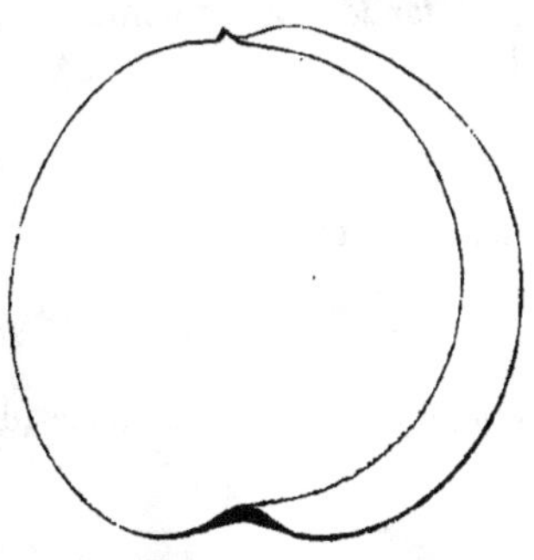

Maturité. — Vers la mi-juillet.

Qualité. — Première.

Historique. — M. Bruant, pépiniériste à Poitiers (Vienne), m'envoya cette variété en 1857 ; l'année suivante je la signalais dans mon *Catalogue* (p. 8), où depuis elle a toujours figuré. Je ne l'ai vue décrite, ni même citée, dans aucun recueil ancien ou moderne, et M. Bruant m'affirme n'avoir pu retrouver, dans ses notes pomologiques, mention certaine de la source d'où elle lui était venue.

Observations. — Le nom de l'abricot Rayé n'est en rien justifié, le caractère qu'il indique faisant complétement défaut tant au fruit qu'à l'arbre de ladite variété. Ce que mon honorable confrère de Poitiers a, du reste, remarqué comme moi. Néanmoins je ne puis m'empêcher de signaler cet abricot, car il est réellement des plus méritants.

ABRICOTS : RED MASCULINE,
— ROMAIN,
Synonymes d'abricot *Précoce*. Voir ce nom.

ABRICOTS : ROMAIN,
— ROMAN,
Synonymes d'abricot *Commun*. Voir ce nom.

ABRICOTS RÖMISCHE. — Synonymes d'abricot *Commun* et d'abricot *Esperen*. Voir ces noms.

ABRICOT ROTHE ORANIEN. — Synonyme d'abricot *Angoumois*. Voir ce nom.

ABRICOTS : DE ROTTERDAM,
— ROTTERDAMER,
Synonymes d'abricot *de Hollande*. Voir ce nom.

ABRICOT ROUGE. — Synonyme d'abricot *Angoumois*. Voir ce nom.

ABRICOT ROUGE DE LA SAINT-JEAN. — Synonyme d'abricot *d'Alexandrie* (des Italiens).

---

36. ABRICOT ROYAL.

Synonymes. — *Abricots :* 1. KÖNIGS (Dittrich, *Systematisches Handbuch der Obstkunde*, 1840, t. II, p. 385, nº 19). — 2. ROYAL DE WURTEMBERG (Congrès pomologique, *Pomologie de la France*, 1873, t. VI, nº 3).

Description de l'arbre. — *Bois :* fort. — *Rameaux :* très-nombreux, étalés ou érigés, de grosseur et longueur moyennes, à peine géniculés, ayant l'épiderme étroitement exfolié puis de couleur olivâtre à l'ombre et rouge à l'insolation. — *Lenticelles :* très-abondantes à la base du rameau, des plus clair-semées à sa partie supérieure, assez grandes, arrondies et proéminentes. — *Coussinets* : saillants — *Yeux* : volumineux, coniques-arrondis, écartés du bois et par goupes ternaires. — *Feuilles* : nombreuses, petites ou moyennes, arrondies, longuement acuminées, vert jaunâtre en dessus, vert blanchâtre en dessous, à bords irrégulièrement dentés. — *Pétiole* : de grosseur et longueur moyennes, profondément cannelé, glanduleux, sanguin en dessus et, le plus souvent, rose en dessous. — *Fleurs* : assez hâtives, grandes, gaufrées, blanches en dessus, rosées en dessous, à calice rouge sang.

FERTILITÉ. — Abondante.

CULTURE. — Il fait constamment des arbres beaux et fertiles, quelle que soit la forme qu'on lui donne.

Description du fruit. — *Grosseur* : au-dessus de la moyenne. — *Forme :* irrégulièrement globuleuse, généralement moins développée d'un côté que de l'autre, ayant les joues légèrement aplaties et le sillon bien accusé; parfois aussi elle est à peu près ovoïde, et pour lors assez régulière. — *Cavité caudale :* large et profonde. — *Point pistillaire :* petit et légèrement enfoncé. — *Peau :* duveteuse, blanc jaunâtre sur le côté de l'ombre, jaune-paille ou jaune-orange ponctué de pourpre sur celui frappé par le soleil, qui généralement la colore d'une faible teinte carminée. — *Chair :* jaunâtre, fondante, des plus fines, se détachant fort bien du noyau. — *Eau :* abondante, très-sucrée, vineuse et acidule, possédant une saveur parfumée réellement exquise. — *Noyau :* ovoïde, peu bombé, ayant l'arête dorsale saillante, large, mais émoussée. — *Amande :* amère.

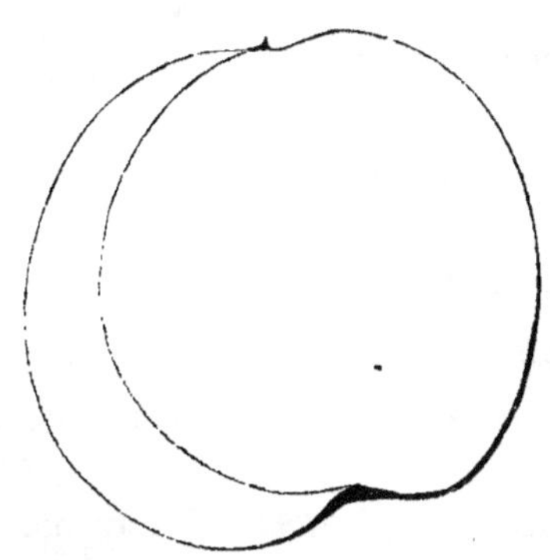

MATURITÉ. — Vers la mi-juillet.

QUALITÉ. — Première.

Historique. — Parisien pur sang, ce précieux abricotier, dont la multiplication ne sera jamais trop recommandée, provient de l'ancienne pépinière du Jardin du Luxembourg. Nous allons néanmoins soigneusement en établir l'état civil, car un pomologue allemand (Dochnahl, *Obstkunde*, t. III, p. 179) le disait, en 1858, « probablement originaire d'Angleterre; » et chez nous, en 1862, Jules Géraud dans *l'Horticulteur français* (p. 157), lui donnait, erronément aussi, pour obtenteur un M. Iberoy. Voici donc son acte de naissance : Il est sorti d'un noyau de l'Abricot-Pêche de Nancy, semé en 1808 par Michel-Christophe Hervy, arboriculteur de grand mérite, qui fut longtemps directeur du Jardin du Luxembourg. La mise à fruit de cet abricotier eut lieu en 1813. Deux ans plus tard une corbeille de ses fruits ayant été, sur les instances d'Hervy, offerte à Louis XVIII par le duc de Gramont, capitaine des gardes du corps, le monarque trouva délicieux ce nouvel abricot, d'où vint que l'obtenteur le nomma abricot *Royal*. Louis du Bois, en 1821, déjà l'appelait ainsi dans la *Pratique simplifiée du jardinage* (p. 145); Pirolle également, en 1824, dans le *Jardinier amateur* (p. 323); puis l'*Almanach du Bon-Jardinier* pour 1827 (p. 288); et enfin Poiteau, en 1829, dans les *Annales* de la Société d'Horticulture de Paris (pp. 296-297). Cette notable publicité favorisa immédiatement la propagation de l'abricotier Royal; à ce point, même, qu'on l'importait dès 1825 chez les Anglais, où nous voyons, par les *Transactions* de la Société horticole de Londres (2e série, t. I, p. 63), qu'il fructifia pour la première fois en 1828 dans le Jardin social, à Chiswich. De leur côté, les Américains et les Allemands le cultivent depuis au moins trente ans. On peut donc, sans exagérer, dire qu'aujourd'hui il est généralement répandu partout, à l'étranger.

Observations. — Les Anglais possèdent un abricot *Orange* qui parmi ses synonymes compte les noms *Royal, Royal George*, *Royal Orange*, *Royal-Persian*, et souvent a été, par là, confondu avec le fruit ici caractérisé. Cette variété n'étant pas dans mes pépinières, je me borne à signaler ses principaux surnoms, afin qu'on ne soit point tenté de les appliquer à notre abricotier Royal. — L'abricot Esperen, ci-dessus décrit (p. 59), ayant également reçu ce dernier nom, on évitera toute méprise entre les deux fruits, en se rappelant que l'Esperen mûrit environ quinze jours après le Royal, dont il est loin, surtout, d'avoir le savoureux parfum.

Abricot ROYAL. — Synonyme d'abricot *Esperen*. Voir ce nom.

Abricot ROYAL GEORGE. — Voir abricot *Royal*, au paragraphe Observations.

Abricot ROYAL DU LUXEMBOURG. — Synonyme d'abricot *Pêche de Nancy*. Voir ce nom.

Abricot ROYAL ORANGE. — Voir abricot *Royal*, au paragraphe Observations.

Abricot ROYAL PEACH. — Synonyme d'abricot *Pêche de Nancy*. Voir ce nom.

Abricot ROYAL PERSIAN. — Voir abricot *Royal*, au paragraphe Observations.

Abricot ROYAL DE WURTEMBERG. — Synonyme d'abricot *Royal*. Voir ce nom.

S

37. Abricot SAINT-AMBROISE.

Synonyme. — *Abricot* Di Santo Ambrogio (*Catalogo della collezione di alberi fruttiferi della Società toscana d'Orticultura di Firenze*, 1862, p. 11).

Description de l'arbre. — *Bois* : très-fort. — *Rameaux* : assez nombreux et couverts d'exfoliations épidermiques, gros, longs, étalés, légèrement arqués, à peine flexueux, brun clair à la base et rouge foncé au sommet. — *Lenticelles* : très-abondantes, grandes, jaunâtres, arrondies et saillantes. — *Coussinets* : modérément accusés. — *Yeux* : volumineux, coniques-obtus, par groupes de trois à six, faiblement écartés du bois et généralement ayant les écailles mal soudées. — *Feuilles* : peu nombreuses, grandes ou très-grandes, arrondies ou ovales-allongées, courtement acuminées, vert jaunâtre en dessus, vert-pré en dessous, à bords dentés ou crénelés. — *Pétiole* : des plus longs, bien nourri, glanduleux, à large mais peu profonde cannelure, sanguin en dessus et rose en dessous. — *Fleurs* : très-hâtives, moyennes, blanches, ayant les nervures finement rosées et le calice rouge-brique.

Fertilité. — Satisfaisante.

Culture. — Par sa croissance active il fait de superbes plein-vent, mais l'espalier lui convient mieux que cette dernière forme, qui ne saurait protéger sa très-hâtive floraison des atteintes de la gelée, et le rendrait ainsi fréquemment stérile.

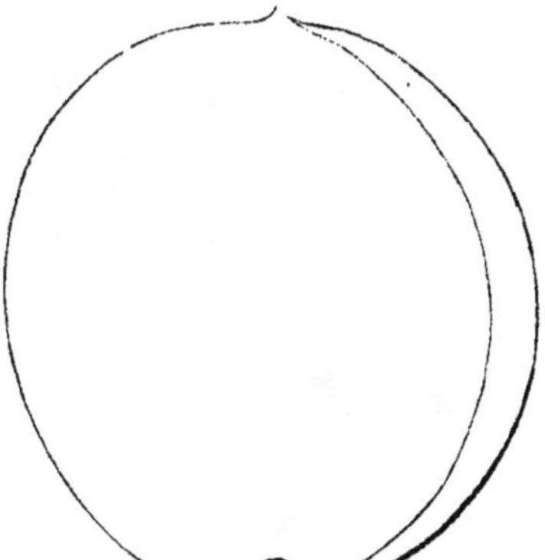

Description du fruit. — *Grosseur* : assez volumineuse. — *Forme* : ovoïde-arrondie, à joues très-plates, à sillon peu large mais assez creux. — *Cavité caudale* : étroite et profonde. — *Point pistillaire* : saillant. — *Peau* : épaisse, sensiblement duveteuse, d'un beau jaune-paille coloré de rose à l'insolation. — *Chair* : jaune blanchâtre, ferme et quittant complétement le noyau. — *Eau* : suffisante, très-sucrée, légèrement vineuse, douée d'un parfum des plus savoureux. — *Noyau* : gros, ovoïde-allongé, très-bombé, ayant l'arête dorsale peu prononcée et la suture ventrale disposée en tube si régulièrement creusé, qu'une épingle peut le traverser d'un bout à l'autre. — *Amande :* amère.

MATURITÉ. — Vers la mi-juillet.

QUALITÉ. — Première.

Historique. — L'abricotier Saint-Ambroise me paraît être originaire d'Italie, où depuis assez longtemps on le cultive, notamment à Florence, dans le Jardin-École de la Société d'Horticulture. Ses premiers propagateurs en France ont été, vers 1853, les pépiniéristes L. Jamin, de Bourg-la-Reine, près Paris, et M. Jacquemet-Bonnefond, d'Annonay (Ardèche).

ABRICOT DE SAINT-JEAN. — Synonyme d'abricot *d'Alexandrie* (des Italiens). Voir ce nom ; voir aussi abricot *Esperen,* au paragraphe OBSERVATIONS.

ABRICOTS : DE LA SAINT-JEAN,
— DE SAINT-JEAN (GROS-), } Synonymes d'abricots *d'Alexandrie* (des Italiens). Voir ce nom.

ABRICOT DE LA SAINT-JEAN (GROS-). — Voir abricot *Esperen,* au paragraphe OBSERVATIONS.

ABRICOT DE SAINT-JEAN ROUGE. — Synonyme d'abricot *d'Alexandrie* (des Italiens). Voir ce nom.

ABRICOT DI SANTO AMBROGIO. — Synonyme d'abricot *Saint-Ambroise.* Voir ce nom.

ABRICOT SCHWARZE. — Synonyme d'abricot *Noir.* Voir ce nom.

ABRICOT SCHWARZE MIT DEM PFIRSCHENBLATT. — Synonyme d'abricot *Noir à Feuilles de Saule.* Voir ce nom.

ABRICOT DE SIBÉRIE. — Voir abricot *Noir,* au paragraphe OBSERVATIONS.

ABRICOT SIMPLE. — Synonyme d'abricot *Précoce.* Voir ce nom.

ABRICOT SOUVENIR DE ROBERSTSAU. — Synonyme d'abricot *Souvenir de la Robertsau.* Voir ce nom.

---

38. ABRICOT SOUVENIR DE LA ROBERTSAU.

Synonymes. — *Abricots :* 1. SOUVENIR DE ROBERSTSAU (Bruant, pépiniériste à Poitiers, *Catalogue de 1865*, p. 3). — 2. SOUVENIR DE ROBERTSON (André Leroy, *Catalogue descriptif et raisonné des arbres fruitiers et d'ornement,* 1868, p. 10, n° 49).

Description de l'arbre. — *Bois :* fort. — *Rameaux :* peu nombreux, étalés et légèrement arqués, gros et longs, géniculés, brun saumoné à l'insolation, vert olivâtre sur l'autre face et couverts d'exfoliations épidermiques. — *Lenticelles :* assez abondantes, très-petites, arrondies, rousses et proéminentes. — *Coussinets :* bien accusés. — *Yeux :* très-écartés du bois, par groupes ternaires, volumineux, coniques-obtus, aux écailles rousses et des plus mal soudées. — *Feuilles :* de grandeur variable, mais petites pour la plupart, ovales-arrondies, courtement acuminées, vert terne en dessus, vert herbacé en dessous, puis finement dentées et surdentées. — *Pétiole :* court et grêle, peu glanduleux, carminé, à faible cannelure. — *Fleurs :* très-hâtives, moyennes, blanches, ayant les nervures légèrement rosées et le calice rouge verdâtre.

FERTILITÉ. — Convenable.

CULTURE. — Quoique sa remarquable vigueur le rende propre au plein-vent, il est bon, cependant, quand on l'y destine, de le planter en buisson ou tout au moins en demi-tige, pour n'en pas trop compromettre la floraison hâtive; mais comme certitude de fertilité, mieux vaut encore lui donner l'espalier.

Description du fruit. — *Grosseur :* au-dessus de la moyenne. — *Forme :* ovoïde-arrondie, à joues très-plates, à sillon assez large mais peu profond. — *Cavité caudale :* vaste. — *Point pistillaire :* très-petit et placé sur un très-faible mamelon. —*Peau :* légèrement duveteuse, jaune-orange lavé de rose, et parfois de rouge, sur le côté exposé au soleil. — *Chair :* jaune, fondante, très-sucrée, acidule, possédant une saveur parfumée des plus délicates. — *Noyau :* assez gros, ovoïde-allongé, peu bombé, ayant l'arête dorsale large et coupante. — *Amande :* amère.

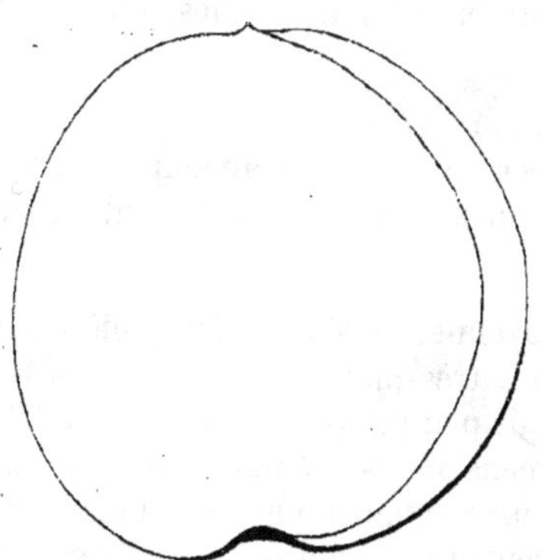

MATURITÉ. — Fin juillet.

QUALITÉ. — Première.

Historique. — Je multiplie cette très-excellente variété depuis l'année 1867, et la tiens de MM. Baumann, pépiniéristes à Bollwiller (Haut-Rhin). Ce fut par suite d'une mauvaise lecture de son étiquette d'envoi, que de 1868 à 1875 elle figura sous le nom Souvenir de Robertson dans mes *Catalogues*. Souvenir de la Robertsau, telle est sa véritable, sa primitive dénomination. Je ne connais encore aucune description de ce nouveau fruit, mais j'ai pu, le 10 janvier 1875, me procurer les renseignements ci-après sur son état civil :

« Cet abricot — m'ont écrit MM. Baumann — provient du jardin de la Robertsau, près Strasbourg, et d'un semis fait par le propriétaire, M. de Bussière, grand amateur d'arbres fruitiers. En 1860 nous l'avons nommé *Souvenir de la Robertsau,* avec l'autorisation de son obtenteur; puis mis ensuite dans le commerce. »

Abricot SOUVENIR DE ROBERTSON. — Synonyme d'abricot *Souvenir de la Robertsau*. Voir ce nom.

Abricot STRIPED TURKEY. — Synonyme d'abricot *Commun à Feuilles panachées*. Voir ce nom.

Abricot SUDLOW'S MOORPARK. — Synonyme d'abricot *de Moorpark*. Voir ce nom.

---

39. Abricot de SYRIE.

Synonyme. — *Abricot* Kaisha (Thompson, *Transactions of the horticultural Society of London*, 1849, t. IV de la 3e série, p. 189).

Description de l'arbre. — *Bois :* très-fort. — *Rameaux :* peu nombreux, étalés, gros et longs, flexueux, ayant de courts mérithalles et l'épiderme complétement exfolié puis d'un rouge terne ardoisé. — *Lenticelles :* des plus abondantes, larges, arrondies, blanchâtres et proéminentes. — *Coussinets :* bien ressortis. — *Yeux :* volumineux, ovoïdes-obtus, presque noirs, écartés du bois et réunis par groupes de trois ou six. — *Feuilles :* assez nombreuses, grandes, arrondies, longuement acuminées, vert brillant en dessus, vert clair en dessous et légèrement ondulées sur leurs bords, qui sont profondément dentés. — *Pétiole :* très-long et très-gros, étroitement cannelé, flasque, peu glanduleux, carminé en dessus et rose pâle en dessous. — *Fleurs :* assez hâtives, moyennes, d'un blanc faiblement rosé, gaufrées et à calice rouge clair.

Fertilité. — Ordinaire.

Culture. — Le plein-vent sous toutes formes conviendrait beaucoup à cet abricotier, si sa tête n'y restait pas toujours très-dégarnie; l'espalier seul permet donc d'en obtenir des arbres d'une régularité satisfaisante.

Description du fruit. — *Grosseur :* moyenne. — *Forme :* irrégulièrement ovoïde, à joues très-plates, à sillon excessivement large mais peu profond. — *Cavité caudale :* de faibles dimensions. — *Point pistillaire :* des plus petits et surmontant un assez fort mamelon. — *Peau :* finement duveteuse, jaune verdâtre, nuancée de gris à l'insolation et pointillée de carmin. — *Chair :* jaune blanchâtre, fine et ferme, quoiqu'entièrement fondante et sans la moindre adhérence au noyau. — *Eau :* très-abondante, sucrée, vineuse, possédant un goût parfumé des plus agréables. — *Noyau :* petit, ovoïde-allongé, extrêmement bombé, ayant l'arête dorsale très-accusée, rugueuse et tranchante. — *Amande :* entièrement douce et de saveur délicate.

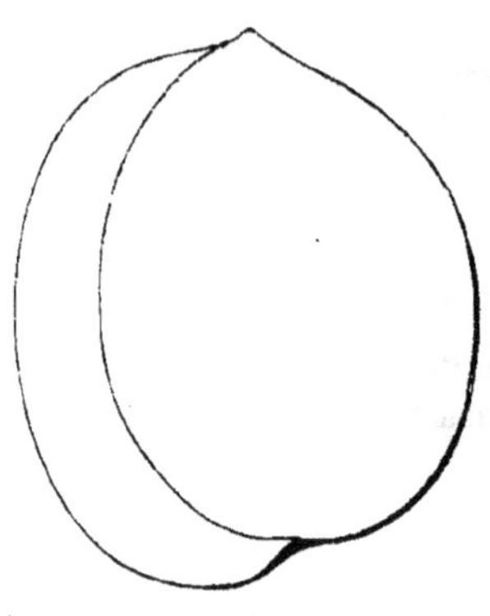

Maturité. — A la mi-juillet.

Qualité. — Première.

Historique. — Il existe, à l'égard de cette excellente et curieuse variété, une erreur assez générale que je suis heureux de pouvoir rectifier au profit de nos pépiniéristes. Ce n'est pas un arboriculteur anglais, comme on l'a dit fort souvent, mais bien un arboriculteur français, qui fut en Europe le propagateur de l'abricotier Kaisha ou de Syrie, et je vais le démontrer péremptoirement : Les Anglais le reçurent en 1842 ou 1843, ainsi qu'il résulte du passage suivant, traduit des procès-verbaux de la Societé horticole de Londres :

« *Séance du mois d'août* 1848. — L'abricotier KAISHA, ou DE SYRIE, dit M. Robert Thompson, a été envoyé à M. Warmington, écuyer, habitant Kensingtone, par M. John Barker, écuyer, de son jardin de Betias, près Suedia, dans le pachalik d'Alep, où il existe treize variétés d'abricots à amande douce, dont fait partie celle-ci. La première fructification du pied qu'en possède M. Warmington, a eu lieu au mois de juillet 1848, et les produits qu'il a donnés ont figuré, ce même mois, à l'exposition horticole organisée dans notre Jardin social, à Chiswick, près Londres. » (*Transactions of the horticultural Society of London,* 3e série, année 1849, t. IV, p. 189.)

En regard de ce texte officiel, mettons d'abord les lignes ci-après, que publiait le 1er mars 1849, dans la *Revue horticole,* M. Herincq, naturaliste attaché au Jardin des Plantes de Paris :

« N'oublions pas — écrivait-il — de citer l'abricot *de Syrie,* de petite dimension, d'un jaune orangé, d'une chair fine, parfumée, qui nous laisse espérer la plus délicate des compotes. Cette variété se recommande encore par la précocité et l'abondance de ses fruits, que l'on peut faire confire à l'eau-de-vie. Il y a environ QUINZE ANNÉES que MM. Audibert frères, pépiniéristes à Tarascon, possèdent l'abricot de Syrie, mais il était réservé à M. Van Houtte de le faire connaître et de le répandre dans nos jardins. » (Année 1849, pp. 86-87.)

De ces deux passages il ressort donc que si les Anglais virent en 1848, pour la première fois, mûrir chez eux l'abricot de Syrie, qu'y avait importé leur compatriote Barker, ce fruit était néanmoins cultivé depuis 1834 à Tarascon (Bouches-du-Rhône), dans les pépinières des frères Audibert. Toutefois ces derniers, ou plutôt Urbain leur père, mort le 22 juillet 1846, ne sont pas les seuls qui aient droit d'être cités comme les introducteurs en France de l'abricotier de Syrie. Un ancien directeur du jardin botanique de Toulon, plus un propriétaire des environs, maintenant inconnu, eurent également part, *même avant 1834*, à cette propagation. Et je l'apprends de MM. Audibert dans le volume, précisément, où déjà j'ai puisé mon premier renseignement, celui provenu de M. Herincq. Le numéro du mois de mai 1849 de ce recueil contient effectivement, sur l'abricot de Syrie, un très-intéressant article au cours duquel est insérée la note que voici, émanée des frères Audibert :

« ..... Il y a *au moins une quinzaine d'années* [vers 1834] — y déclarent-ils — M. Robert, ex-directeur du Jardin des Plantes de Toulon, nous envoya quelques noyaux de cet abricot, et, de ce semis, nous obtînmes un seul plant. Celui-ci a été uniquement propagé au moyen de la greffe : c'est ce même plant qui a fourni les fruits qui, le 23 juin 1848, furent adressés à M. Van Houtte, à Gand. Ayant demandé à M. Robert des informations sur l'origine des noyaux qu'il nous avait envoyés, nous reçûmes la réponse qui suit :

« Je me suis occupé — répondait-il — de faire des recherches relativement à cette espèce d'abri-
« cotier; jusqu'à présent je n'ai rien trouvé de positif. *Il y a bien des années, en effet,* que j'ai
« cherché à le propager; il donne un fruit très-parfumé, et précoce. Le propriétaire qui possé-
« dait cet arbre me fit présent de quelques-uns de ses fruits desséchés au soleil : c'était de la
« confiture la plus agréable. J'en demandai des noyaux, que je distribuai. Ceux que je semai
« furent mis en vase, espérant obtenir un arbre nain à fruit; ils ont donné quelques fleurs.

« mais point de fruits. Depuis que j'ai quitté le Jardin, j'ignore ce qu'ils sont devenus;..... « quant au pied d'origine, le propriétaire est mort depuis longtemps; l'arbre avait péri « avant lui. » (*Revue horticole*, 1849, pp. 161-162.)

Actuellement l'abricotier de Syrie est multiplié chez presque tous les principaux pépiniéristes, aussi le trouvera-t-on bientôt dans les plus modestes jardins; résultat dont personne ne devra se plaindre, et que nous serions heureux d'accélérer en donnant place ici au document suivant, transmis en 1866 à la Société d'Horticulture de Paris, par les ordres de M. Drouyn de Lhuys, alors ministre des affaires étrangères :

« *Instruction pour la culture de l'abricotier de Syrie, à amande douce.* — En Syrie, au mois de février les noyaux de cet abricotier sont semés dans un terreau composé par moitié de fumier, qu'on arrose abondamment; puis, chaque semaine, on les arrose de même jusqu'à ce qu'ils sortent environ de cinq centimètres hors de terre. A partir de ce moment on les laisse de quinze à vingt jours sans eau; puis on leur donne de l'eau une semaine, une fois, et deux fois la semaine suivante, jusqu'à la fin de septembre. Quand ils ont atteint vingt à vingt-cinq centimètres de hauteur, on les repique, en ayant soin de couper toutes les branches avec un sécateur, sans toucher au tronc, et l'on sarcle le pied toutes les semaines. Durant l'hiver, on met beaucoup de fumier au pied de chaque plant jusqu'au mois de mars; à partir de ce moment jusqu'à la fin de mai, on recommence l'arrosage. A cette époque on les transplante, en les écartant les uns des autres de douze pas environ; enfin on les greffe dans la troisième année.

« HECQUART, *Consul de France à Damas.* »

T

ABRICOT TARDIF. — Synonyme d'abricot *de Gennes*. Voir ce nom.

ABRICOT TEMPLE'S. — Synonyme d'abricot *de Moorpark*. Voir ce nom.

ABRICOTS DE TOURS. — Synonymes d'abricot *Alberge* et d'abricot *Pêche de Nancy*. Voir ces noms.

ABRICOT TOURSER. — Synonyme d'abricot *Alberge*. Voir ce nom.

ABRICOT TRANSPARENT. — Synonyme d'abricot *Commun*. Voir ce nom.

---

40. ABRICOT TRIOMPHE DE BUSSIÈRE.

Description de l'arbre. — *Bois :* fort. — *Rameaux :* nombreux, étalés, courts et grêles, légèrement flexueux, ayant l'épiderme exfolié puis d'un brun clair sur le côté frappé par le soleil et d'un vert olivâtre sur la face opposée. — *Lenticelles :* clair-semées, très-petites, arrondies, rousses et non proéminentes. — *Coussinets :* des plus saillants. — *Yeux :* gros ou très-gros, ovoïdes, écartés du bois, jaunâtres et réunis par groupes de trois à six. — *Feuilles :* nombreuses, grandes, ovales-arrondies, courtement acuminées, vert clair en dessus, vert blafard en dessous et largement dentées sur leurs bords. — *Pétiole :* très-long et très-gros, bien cannelé, glanduleux, sanguin en dessus, rose en dessous, souvent muni de courtes oreillettes. — *Fleurs :* très-tardives, petites, grêles et blanches, à calice rouge clair.

FERTILITÉ. — Abondante.

CULTURE. — Le buisson et la basse-tige augmentent encore la fertilité de cet abricotier, qui du reste s'accommode fort bien aussi de la haute-tige et de l'espalier.

Description du fruit. — *Grosseur :* assez volumineuse. — *Forme :* ovoïde-arrondie, à joues plates, à sillon très-étroit et très-peu profond, surtout auprès de l'œil. — *Cavité caudale :* vaste. — *Point pistillaire :* saillant. — *Peau :* sensiblement duveteuse, jaune orangé, lavée de roux et de rose à l'insolation, puis couverte çà et là de petits points pourpres ou grisâtres. — *Chair :* jaune intense, fine, assez ferme, n'adhérant pas au noyau. — *Eau :* abondante, sucrée, vineuse, délicieusement parfumée. — *Noyau :* petit, presque arrondi, très-bombé, ayant l'arête dorsale rugueuse et tranchante, mais peu prononcée, et la suture ventrale si complétement perforée, qu'on peut, d'un bout à l'autre, y introduire une épingle. — *Amande :* amère.

Abricot Triomphe de Bussière.

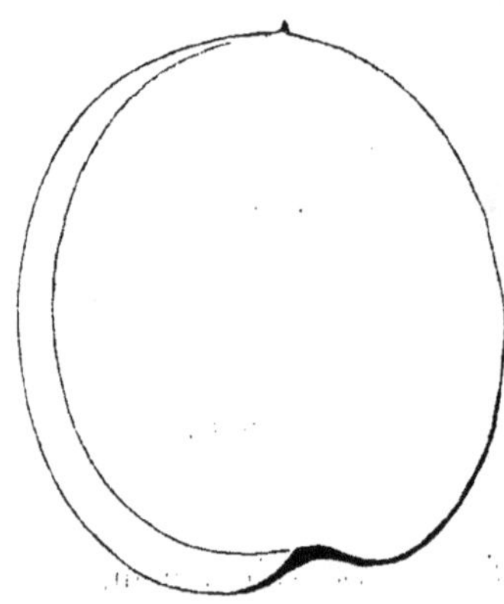

MATURITÉ. — A la mi-juillet.

QUALITÉ. — Première.

Historique. — Gagné de semis il y a une vingtaine d'années, à la Robertsau, propriété avoisinant Strasbourg, cet abricotier porte le nom de son obtenteur, M. de Bussière, qui s'occupait alors avec passion de la culture des arbres fruitiers. Nous en devons la propagation à M. Baumann, pépiniériste habitant Bollwiller (Haut-Rhin). En 1860, autorisé par M. de Bussière, notre confrère multiplia le nouveau-né, le baptisa, puis lui donna place au *Catalogue*. Il est encore peu répandu, mais ne saurait manquer de faire son chemin, vu l'abondance et les rares qualités de ses produits.

---

41. ABRICOT A TROCHETS.

Description de l'arbre. — *Bois :* fort. — *Rameaux :* nombreux, érigés, de grosseur et longueur moyennes, flexueux, ayant l'épiderme exfolié et d'un brun foncé. — *Lenticelles :* abondantes, petites, blanches et arrondies. — *Coussinets :* très-ressortis. — *Yeux :* gros, coniques-pointus, aux écailles grisâtres et mal soudées, écartés du bois et groupés par trois. — *Feuilles :* peu nombreuses, petites, arrondies, acuminées, vert jaunâtre en dessus, vert blanchâtre en dessous, à bords régulièrement dentés et crénelés. — *Pétiole :* court et grêle, glanduleux, à cannelure étroite, sanguin en dessus, rose violacé en dessous. — *Fleurs :* hâtives et moyennes, gaufrées, d'un blanc pur, à calice rouge terne.

FERTILITÉ. — Remarquable.

CULTURE. — Par sa végétation active et sa grande fertilité, cet arbre prospère convenablement sous toute espèce de forme.

Description du fruit. — *Grosseur :* moyenne. — *Forme :* irrégulièrement arrondie, à joues presque plates, à sillon étroit et très-profond. — *Cavité caudale :* assez vaste. — *Point pistillaire :* légèrement saillant et bien formé. — *Peau :* à peine duveteuse, jaune pâle, lavée de rose à l'insolation, ponctuée de carmin et semée de petites taches rousses qui la rendent plus ou moins rugueuse. — *Chair :* jaune orangé très-foncé, ferme mais non adhérente au noyau. — *Eau :* suffisante et acidule, sucrée, à parfum assez savoureux. — *Noyau :* petit, ovoïde, peu bombé, ayant l'arête dorsale coupante, développée, puis la suture ventrale généralement disposée en tube entièrement perforé. — *Amande :* très-amère.

Abricot à Trochets.

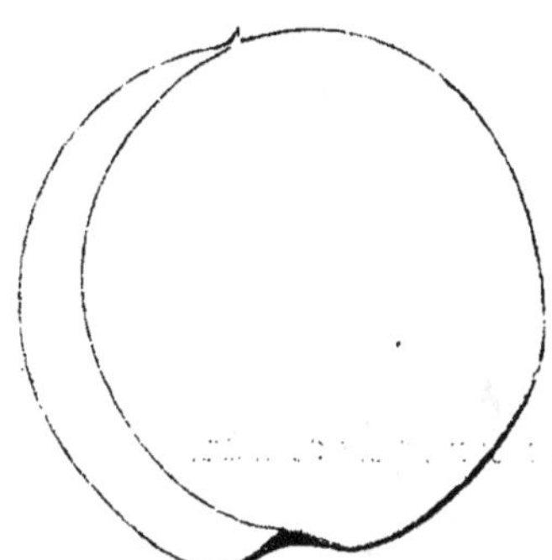

Maturité. — Successive : courant d'août et parfois atteignant le mois de septembre.

Qualité. — Deuxième.

Historique. — L'obtenteur de cet abricotier si fertile et si tardif, est le savant et regrettable M. Millet, naturaliste angevin bien connu par ses nombreux ouvrages. Il le gagna de semis en 1840 et le nomma abricotier à Trochets, par allusion à la façon dont poussent ses nombreux fruits, très-rapprochés les uns des autres, mais ayant chacun son pédoncule. En 1843 M. Millet fit greffer cette nouvelle variété dans le Jardin fruitier du Comice agricole d'Angers; trois ans plus tard elle y fructifia et fut signalée en ces termes par l'obtenteur même, dans le *Bulletin* du Comice :

« *Abricot à Trochets.* — Arbrisseau vigoureux, à rameaux érigés; fruit de moyenne grosseur, presque rond, jaune et picté de roussâtre du côté du soleil; chair jaune, tendre, excellente. Noyau muni d'une fistule comme on l'observe à celui de l'Abricot-Pêche, ou d'une rainure qui en tient lieu. Mûrit en septembre, époque à laquelle les autres espèces d'abricots ont disparu. C'est au reste une excellente variété, des plus productives et dont les fruits sont réunis en grand nombre pour former aussi de nombreux trochets. J'ai obtenu cette variété de semis, et l'ai fait planter au Jardin fruitier de la Société. » (*Annales du Comice horticole de Maine-et-Loire*, 1845, t. III, p. 202.)

Abricot TURKEY. — Synonyme d'abricot *Commun*. Voir ce nom.

Abricot TURKISCHE. — Synonyme d'abricot *de Mouch*. Voir ce nom; voir aussi *Alberge de Montgamé* au paragraphe Observations.

U

Abricot UNGARISCHE. — Synonyme d'abricot *Esperen.* Voir ce nom.

V

Abricot VARIEGATED TURKEY. — Synonyme d'abricot *Commun à Feuilles panachées.* Voir ce nom.

---

42. Abricot de VERSAILLES.

Synonyme. — *Abricot* Nouveau de Versailles (Victor Paquet, *Traité de la conservation des fruits*, 1843, p. 289).

Description de l'arbre. — *Bois :* très-fort. — *Rameaux :* peu nombreux, érigés, gros et courts, géniculés, ayant l'épiderme brun clair et couvert d'exfoliations. — *Lenticelles :* abondantes, petites, linéaires, squammeuses et d'un blanc pur. — *Coussinets :* très-accusés. — *Yeux :* volumineux, arrondis, renflés à leur milieu, bien écartés du bois, noirâtres et toujours groupés par trois. — *Feuilles :* nombreuses, petites, ovales-arrondies, très-longuement acuminées, vert clair en dessus, vert jaunâtre en dessous, à bords relevés en gouttière et régulièrement crénelés. — *Pétiole :* très-long et bien nourri, largement cannelé, peu glanduleux, excessivement rouge à la base. — *Fleurs :* hâtives, moyennes, blanches, ayant les nervures rosées et le calice rouge terne.

FERTILITÉ. — Abondante.

CULTURE. — Cet abricotier, quoique ses rameaux ne soient pas nombreux, fait cependant des plein-vent à tête fort régulière et presque pyramidale, tant sous forme buisson qu'à haute ou demi-tige; toutefois l'espalier lui convient mieux, parce qu'il en protége la floraison hâtive.

Description du fruit. — *Grosseur :* volumineuse. — *Forme :* régulièrement globuleuse, à joues assez convexes, à sillon large et profond à la base et presque nul au sommet. — *Cavité caudale :* vaste. — *Point pistillaire :* très-petit et placé à fleur de fruit. — *Peau :* légèrement duveteuse, jaune pâle sur le côté de l'ombre, jaune orangé à l'insolation, où elle est en outre ponctuée de carmin et parfois quelque peu lavée de rouge terne. — *Chair :* jaune intense, fine, fondante, quittant entièrement le noyau. — *Eau :* abondante, douce, sucrée et parfumée. — *Noyau :* assez gros, ovoïde, peu bombé, ayant l'arête dorsale large et tranchante. — *Amande :* amère.

Abricot de Versailles.

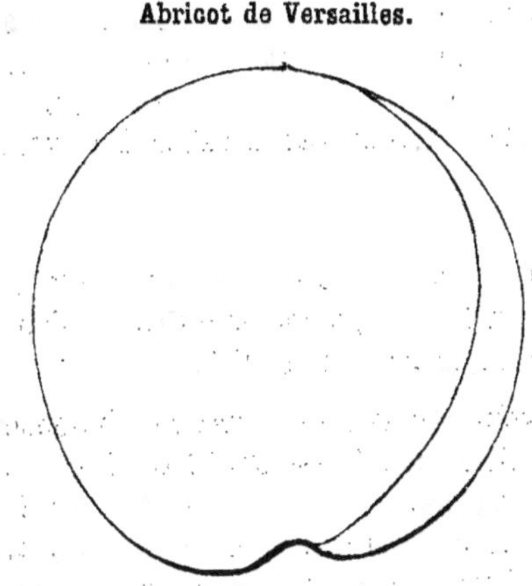

MATURITÉ. — Fin juillet.

QUALITÉ. — Première.

Historique. — L'abricot de Versailles est-il originaire de cette ville? En quelle année y fut-il gagné? Et par qui?... Répondre d'une façon complète à chacune de ces questions, devient impossible aujourd'hui, vu le silence presque absolu gardé sur cette variété, pourtant très-recommandable, par nos écrivains horticoles, dont deux seulement l'ont mentionnée. Le premier, Victor Paquet, l'a citée en 1844 dans le *Traité de la conservation des fruits* (pp. 289-290), mais sans fournir sur elle le moindre renseignement historique : « L'abricotier NOUVEAU « DE VERSAILLES — a-t-il dit — vient également bien au levant, au midi, et au « couchant. » Le second, M. Laurent Jamin, pépiniériste à Bourg-la-Reine, près Paris, en parlait aussi avec cette même brièveté, en 1852, à l'occasion d'un travail sur les fruits cultivés chez nous avant 1820, inséré au tome XLIII des *Annales de la Société d'Horticulture de France* (pp. 307 à 321) : « L'abricot NOUVEAU DE « VERSAILLES — assurait-il — n'a été gagné ou connu en France, que depuis 1820. » On le voit, ces insignifiants détails permettent à peine une conjecture. Je pense toutefois que l'unique nom sous lequel on a, jusqu'ici, propagé ce fruit — qui déjà compte une cinquantaine d'années — autorise à le croire natif de Versailles, ou des environs. Pareille croyance n'a rien d'invraisemblable, et peut-être, en la manifestant, éveillerai-je l'attention de quelque arboriculteur versaillais, qui s'efforcera de l'infirmer ou de la confirmer.

43. Abricot VIART.

Description de l'arbre. — *Bois :* assez faible. — *Rameaux :* peu nombreux, étalés, courts et grêles, géniculés, ayant l'épiderme finement exfolié, brun et luisant à l'insolation, brun olivâtre sur l'autre face. — *Lenticelles :* abondantes, petites, arrondies et blanchâtres. — *Coussinets :* saillants. — *Yeux :* volumineux, ovoïdes-obtus, aux écailles bordées de gris, écartés du bois et généralement disposés par groupes ternaires. — *Feuilles :* peu nombreuses, de grandeur moyenne, ovales plus ou moins arrondies, très-longuement acuminées, vert brillant en dessus, vert jaunâtre en dessous, à bords garnis de dentures et surdentures obtuses, que surmonte une courte et très-fine aiguille noirâtre. — *Pétiole :* bien nourri, long et rigide, sensiblement cannelé, à peine glanduleux, sanguin à la base et rose au sommet, où presque toujours il porte deux larges oreillettes. — *Fleurs :* hâtives, grandes ou moyennes, grêles et blanches, à calice d'un vert rougeâtre.

Fertilité. — Abondante.

Culture. — Sa faible végétation permet difficilement de le destiner au plein-vent haute-tige, mieux vaut donc l'y planter en buisson, à moins qu'on ne l'applique au mur, moyen certain d'accroître encore sa grande fertilité.

Description du fruit. — *Grosseur :* volumineuse. — *Forme :* globuleuse assez régulière, à joues convexes et sillon bien accusé. — *Cavité caudale :* de dimensions moyennes. — *Point pistillaire :* très-petit et légèrement saillant. — *Peau :* peu duveteuse, jaune verdâtre sur la partie placée à l'ombre et jaune brunâtre plus ou moins ponctué de roux sur le côté frappé par le soleil. — *Chair :* jaune orangé, fondante, fine, sans nulle adhérence au noyau. — *Eau :* abondante, très-sucrée quoiqu'acidule, possédant une saveur parfumée des plus délicates. — *Noyau :* gros, ovoïde, peu bombé, souvent même assez comprimé, ayant l'arête dorsale large et tranchante. — *Amande :* très-amère.

Abricot Viart.

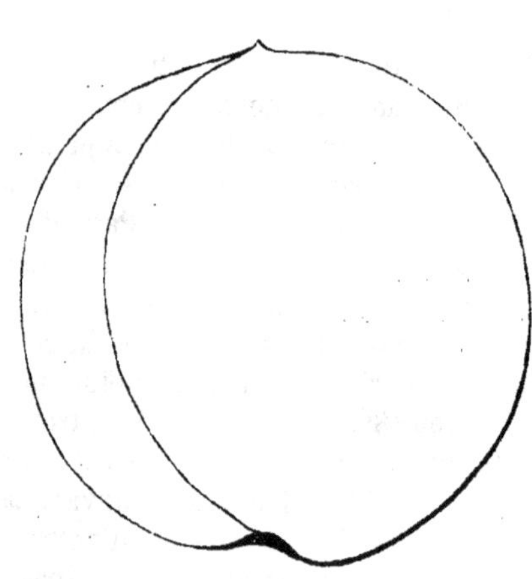

Maturité. — Commencement de juillet.

Qualité. — Première.

Historique. — Cultivé depuis une quarantaine d'années, l'abricot Viart provient des environs de Paris, où mon honorable confrère Laurent Jamin, de Bourg-la-Reine, fut un des premiers à le propager. « C'était, m'écrivait-il le 25 « janvier 1865, Jean-Baptiste d'Albret, ancien professeur d'arboriculture à Paris, « qui lui avait donné des greffons de cette variété. » Elle a été dédiée, il me semble, au défunt vicomte de Viart, qui, propriétaire et créateur du fameux parc de Brunehaut, dans la commune de Marigny, près Versailles, a joui d'un juste renom comme architecte-paysagiste. Il publia même en 1819, et le réimprima en 1827, un traité spécial intitulé : *le Jardiniste moderne, ou Guide des propriétaires qui s'occupent de la composition de leurs jardins ou de l'embellissement de leur campagne*, traité fort bien écrit et qu'on pourra toujours consulter avec profit. L'abricotier Viart, quoiqu'assez souvent signalé dans les *Catalogues*, n'est pas aussi répandu qu'il le mérite, et jusqu'alors n'avait été, je le crois du moins, ni décrit ni figuré.

ABRICOTS VIOLET. — Synonymes d'abricot *Angoumois* et d'abricot *Noir*. Voir ces noms, et consulter aussi le dernier au paragraphe OBSERVATIONS.

ABRICOTS : VIOLET FONCÉ,
— VIOLETTE,
} Synonymes d'abricot *Noir*. Voir ce nom.

W

ABRICOT WALTON MOOR PARK. — Synonyme d'abricot *de Moorpark*. Voir ce nom.

ABRICOTIERS : WEIDENBLÄTTRIGE,
— WEIDENBLÄTTRIGE PABST,
} Synonymes d'abricotier *Noir à Feuilles de Saule*. Voir ce nom.

ABRICOTS : WEISSE MÄNNLICHE,
— WHITE MASCULINE,
— WHITE ALGIERS,
} Synonymes d'abricot *Blanc*. Voir ce nom.

ABRICOTS : DE WIRTEMBERG,
— DE WURTEMBERG,
— DE WURTEMBERG (GROS-),
} Synonymes d'abricot *Pêche de Nancy*. Voir ce nom.

FIN DU GENRE ABRICOTIER.

GENRE CERISIER.

DU

CERISIER.

SOMMAIRE. = **I. Histoire du Genre :** § Ier. De la Patrie et du Nom du Cerisier. — § IIe. Du Cerisier en Europe, depuis Théophraste jusqu'à la fin du XVIIIe siècle : 1° à l'Étranger; 2° en France. — § IIIe. État actuel de sa Propagation. = **II. Culture :** § Ier. Temps anciens. — § IIe. Temps modernes. = **III. Usages et Propriétés du Cerisier :** § Ier. Fruit. — § IIe Bois. = **IV. Espèces et Variétés du Cerisier :** Leur Description et leur Histoire.

I

HISTOIRE.

§ Ier. — De la Patrie et du Nom du Cerisier.

Pline, il y a dix-sept cents ans, parlait en ces termes, dans son *Historia naturalis*, de l'origine du Cerisier chez les Romains :

« Avant la défaite de Mithridate par Licinius Lucullus — déclarait-il — les Cerisiers n'existaient pas en Italie. Ce fut, vers l'an 680 de Rome, Lucullus qui le premier les rapporta du Pont. Cent vingt ans plus tard ils avaient traversé l'Océan et pénétré dans la Grande-Bretagne. » (Lib. XV, cap. XXX.)

Des agronomes romains qui précédèrent Pline, aucun, effectivement — de ceux, du moins, dont les écrits existent encore — n'ayant cité le Cerisier, ce texte du célèbre naturaliste acquit alors une grande autorité. Athénée (1), Tertullien (2), Ammian (3), saint Jérôme (4), historiens du IIIe siècle et du IVe, furent les premiers à le mentionner, mais de façon généralement inexacte ou par trop amplifiée. C'est ainsi qu'ils mirent au compte de Pline cette version fantaisiste, depuis constamment reproduite : « La Cerise doit son nom à Lucullus, qui l'appela *Cerasum* en mémoire

(1) *Dipnosophistæ*, lib. II, cap. XI.
(2) *Apologétique*, cap. XI.
(3) *Histoire des empereurs romains.*
(4) *Épîtres*, lib. I, ep. XXXV.

du lieu où il se l'était procurée, et dont elle était originaire, Cérasonte, ville de l'Asie-Mineure bâtie sur les bords de la mer Noire, au royaume du Pont. » Et ces mêmes écrivains ajoutaient, sous forme de conclusion : « Les Gaulois sont, en conséquence, redevables de ce fruit aux Romains. »

Voilà pourtant comment naissent et se perpétuent les erreurs historiques, si difficiles ensuite à déraciner !

Non, le Cerisier ne provient pas uniquement de l'Asie-Mineure; Lucullus en importa bien du royaume du Pont, à Rome, à défaut du type quelque variété cultivée, la chose est certaine; mais il est certain aussi que Cerisiers et Merisiers ont toujours spontanément poussé dans nos forêts. Il y a même plus d'un siècle qu'on l'affirme. Prouvons-le en rapportant chronologiquement les assertions des principaux botanistes qui, sur ce point, ne partagèrent pas la crédulité de leurs aînés :

Duhamel (1755) : « Le grand Cerisier à fruit doux et noir qui lève dans les forêts sans qu'il soit besoin de le semer, est un fort bel arbre..... on dit qu'il se trouve aussi dans les bois du Mississipi (Amérique)..... On s'en sert pour multiplier, par la greffe, le Merisier à fleur double, et le Cerisier cultivé à fleur double. » (*Traité des arbres et arbustes qui se cultivent en France en pleine terre*, t. I, pp. 147-148.)

La Bretonnerie (1784) : « Le Cerisier se trouve à l'état sauvage dans les climats tempérés de l'Europe, puis aussi, selon nos voyageurs, au Mississipi et dans le Canada. » (*L'École du jardin fruitier*, t. II, p. 185.)

L'abbé Rozier (1785) : « ..... J'accorderai volontiers que la Cerise n'étoit pas connue à Rome avant la victoire de Lucullus; mais on ne doit pas conclure d'une petite partie de l'Europe, pour l'Europe entière. Ne pourroit-on pas encore dire que Lucullus apporta des greffes ou des arbres de Cérasunte, dont la qualité du fruit étoit supérieure à celle des cerisiers sauvages, qui ne fixoient pas l'attention des Romains? Ou peut-être ces cerisiers sauvages n'existoient pas en Italie, parce que cet arbre aime les pays froids?..... Il me paroît que le type de presque toutes les espèces de cerisiers aujourd'hui connues, existoit dans les Gaules, et y a toujours existé. Nos grandes forêts en fournissent la preuve. Entrons dans quelques détails à ce sujet :

« On sait que l'origine du Pêcher, de l'Abricotier, du Lilas, est asiatique. Ces arbres se sont multipliés en France, et leurs graines, répandues par hasard dans les bois voisins des habitations des hommes, ont germé, et enfin ont donné des arbres de leur espèce. On trouvera peut-être encore un Marronnier d'Inde levé au milieu des forêts de Marly, de Saint-Germain, etc., ou un Acacia dans celles du midi de la France, etc., et ces arbres sont fort étonnés de se trouver dans une semblable situation; mais si l'on pénètre au fond de ces immenses forêts qui sont restées de l'ancienne Gaule, et éloignées de toute habitation, comme la forêt de Compiègne ou celle d'Orléans, ou dans les pays de montagnes qui représentent la nature sauvage, comme les Ardennes, les Vosges, les forêts de Bourgogne, de Champagne, de Franche-Comté, de Suisse, etc., on n'y trouvera jamais ni Pêchers, ni Abricotiers, ni Lilas, ni Marronniers d'Inde, ni Acacias, etc. Cependant c'est dans ces mêmes forêts qu'on trouve en très-grande abondance le Cerisier des bois, ou Merisier, qui est un arbre égal en hauteur aux autres grands arbres des forêts, et que je crois être le type des Cerisiers à fruits doux, nommés Guignes à Paris.

« Aucun auteur ne rapporte si Lucullus a réellement enrichi la campagne de l'ancienne Rome des espèces de Cerises acides et des douces. Il y a même lieu de penser que les huit espèces de Cerises citées par Pline, avoient été produites postérieurement à la première époque, soit par les semis, soit par l'hibridicité ou mélange des étamines, puisque toutes ont des noms romains..... Si Lucullus avoit rapporté de Cérasunte ces différentes espèces, elles auroient conservé le nom sous lequel elles étoient connues dans leur pays natal..... Pline parle des Cerises de la Gaule Belgique, de celles qui croissent sur les bords du Rhin ; enfin il ajoute : « Il n'y a pas cinq ans que les *Laurines* « ont commencé à paroître ; elles ont été nommées ainsi parce qu'elles ont été greffées « sur des lauriers ; elles ont une amertume qui ne déplaît point. » Ce fait seul suffit pour prouver les expériences mises en pratique par les Romains afin de parvenir à perfectionner les fruits.

« Je regarde, ainsi que je l'ai dit, le Merisier comme le type général des Cerisiers à fruit doux, et les différentes espèces de Merisiers qui se rencontrent dans nos forêts, comme le type secondaire des espèces de cette famille. L'existence des différentes espèces de Merisier n'est point idéale : j'en ai reconnu plusieurs de très-marquées, de très-sensibles..... Outre le Merisier à fruit doux très-sucré, très-vineux, on rencontre dans les forêts un Cerisier moins fort, moins élevé que le Merisier, dont le fruit a plus de consistance, plus de fermeté et est moins coloré. Je le regarde comme le type des Cerisiers nommés *Bigarreautiers*, et un autre Cerisier sauvage, nommé Cerisier à la Feuille parce qu'il a des feuilles attachées aux queues des cerises, comme une espèce qui se rapproche des Bigarreaux. Je conviens que les fruits de ces derniers arbres et de plusieurs autres qu'on pourroit encore citer, sont plus ou moins amers, et quelques-uns sont très-acerbes ; mais ne peut-on pas supposer qu'on aura trouvé le fruit d'un arbre plus doux ou moins amer, ou moins acerbe qu'un autre, et qu'on l'aura greffé? Enfin, que de greffe en greffe le fruit se sera perfectionné ?... On connoît l'heureuse métamorphose produite par l'effet de la greffe : après la cinquième greffe je suis parvenu à rendre très-douce la chair du fruit d'un pommier sauvage, quoique la greffe ait toujours été prise sur les pousses des années précédentes, c'est-à-dire en greffant cinq fois de suite franc sur franc.

« Il existe encore une autre espèce de Merisier à fruit acide, approchant de celui nommé *Griotte* en province, et Cerise à Paris, qui est le type des Cerises à fruit acide. Voilà donc l'origine des trois divisions de la famille des Cerisiers indigènes à nos climats. Tout me porte à croire que la culture a fait le reste, et que Lucullus a fort bien pu donner aux Romains la connoissance de Cerisiers qu'ils n'avoient pas, et que ce riche cadeau a seulement contribué à perfectionner nos espèces gauloises, s'il est vrai qu'elles ne le fussent pas déjà à cette époque..... Mais il resteroit pas moins prouvé que nos anciens druides mangeoient des Cerises avant que Lucullus en enrichît l'Italie, où il fait trop chaud pour que ces arbres réussissent et que leurs fruits aient un parfum aussi agréable que ceux des climats plus froids. » (*Cours ou Dictionnaire universel d'agriculture*, t. II, pp. 637-639.)

Cet article de l'abbé Rozier, où la logique et l'esprit d'observation se joignent à la science arboricole la plus complète, fit sensation chez les botanistes. Il fut même, en 1804, reproduit dans l'*Encyclopédie méthodique* par un membre de l'Institut, professeur d'histoire naturelle au Muséum de Paris, le célèbre chevalier de Lamarck, qui lui donna de la sorte, avec son *adhésion*, l'appui de sa grande renommée scientifique. Je dis son adhésion, car il écrivit en tête les lignes suivantes :

De Lamarck (1804) : « Le *Prunus Cerasus* de Linné, si commun dans tous les jardins, si bien connu par l'excellence de ses fruits, est celui que l'on cultive..... et nous pensons qu'il ne peut faire une espèce suffisamment distincte du Merisier ou *Prunus Avium* qu'on rencontre dans nos bois............ On a prétendu que le Cerisier étoit un arbre exotique, inconnu à l'Europe jusqu'à l'époque où Lucullus le fit transporter de Cérasunte à Rome.......... Les réflexions que présente à ce sujet l'abbé Rozier dans son *Cours d'agriculture*, sont trop curieuses, et même assez intéressantes sous le rapport des Cerisiers qui croissent naturellement dans nos forêts, pour ne point les rappeler ici..... (*Encyclopédie méthodique*; BOTANIQUE, t. V, pp. 668-669.)

Mais le chevalier de Lamarck ne fut pas seul à soutenir cette opinion de l'abbé Rozier ; maints écrivains s'y rallièrent sans hésiter, entre autres :

HENRI GRÉGOIRE, membre de l'Institut (1805) : « Lucullus, dit-on, avait apporté de l'Asie Mineure en Italie, le Cerisier; le témoignage de l'histoire, à ce sujet, est énoncé d'une manière assez positive pour repousser les doutes : s'ensuit-il de là que le Nord de l'Europe doive au général romain l'acquisition des Cerisiers? et ne peut-on pas comme Rozier, comme Pœderle (1), croire que dans les Gaules ils sont indigènes, puisqu'on en trouve le type dans nos forêts? » (*Essai historique sur l'agriculture*, imprimé dans l'édition moderne du *Théâtre d'agriculture* d'Olivier de Serres, t. Ier, p. CXVIII.)

PIROLLE (1824) : « Cerisier, *Cerasus*, indigène à la France. On a divisé ce genre en trois espèces jardinières : le Guignier, qui passe pour procéder de la culture du Merisier sauvage à fruits noirs, le Bigarreautier et le Griottier. On devrait ce dernier, si l'on en croit certaines traditions, au fameux Lucullus..... Mais il est plus que douteux qu'on lui doive ce service, parce que ce Cerisier, comme les autres, se trouve aussi à l'état sauvage dans plusieurs forêts. » (*L'Horticulteur français*, pp. 326 et 328.)

LOUIS NOISETTE (1839) : « D'après le témoignage de Pline et d'Athénée, des érudits assurent que nous devons le Cerisier à Lucullus..... Cette opinion, presque généralement reçue, est cependant combattue par Linné, Ray, et notamment par Rozier, qui cherche à prouver que plusieurs contrées de la France produisent naturellement toutes les espèces de Cerisiers. Haller en dit autant des Cerises aigres pour certaines contrées de la Suisse, et l'on sait que la Russie méridionale en produit spontanément quelques espèces..... Depuis que je fais valoir moi-même ma propriété en Bourgogne (Nièvre), j'y découvre journellement une foule de variétés de Merises, de Guignes, de Bigarreaux et de Cerises qui me paraissent naturelles au pays, et dont on ne se doute pas à Paris. Donc, si l'histoire du général romain prouve qu'il n'y avait pas de Cerisiers à Rome, de son temps, elle ne prouve pas du tout qu'il n'y en eût pas dans les Gaules et dans plusieurs autres parties de l'Europe. » (*Le Jardin fruitier*, 2e édition, pp. 78-79.)

POITEAU (1846) : « Que Lucullus ait apporté de Cérasunte un Cerisier à Rome... c'est un fait avéré dans l'histoire... mais savoir aujourd'hui de quelle espèce ou variété de Cerise il a enrichi l'Italie, est une question qui est loin d'être résolue, quoiqu'elle ait été tranchée bien des fois par des auteurs plus spirituels qu'éclairés, qui n'ont pas balancé à dire que c'est aussi à Lucullus que, de proche en proche, la France doit la Cerise. Mais de quelle Cerise entendent-ils parler?... Bosc dit positivement que c'est de la Cerise Commune, appelée Griotte dans les départements. Permis à cet auteur d'avoir cru ainsi; quant à moi, je ne puis croire que nous devions à Lucullus, ni la Cerise Commune, ni la Griotte, puisqu'on les trouve l'une et l'autre croissant spontanément dans les bois et les lieux incultes de la Bourgogne, comme on trouve le Merisier dans les forêts aux environs de Paris... » (*Pomologie française*, t. II, article Cerise Commune dite de la Madeleine.)

Un tel ensemble de citations probantes a-t-il porté la conviction dans tous les esprits? Nous le pensons; mais comme il se pourrait, aussi, qu'il en fût autrement, nous invoquons, pour les dissidents, trois nouveaux témoignages qui renforceront, et de beaucoup, ceux produits ci-dessus.

Le premier, antérieur d'environ deux cent-cinquante ans à la naissance

(1) *Pœderle*, botaniste belge; ce fut dans son *Manuel de l'arboriste et du forestier*, publié en 1792, qu'il adopta le sentiment de l'abbé Rozier sur l'origine du Cerisier (t. Ier, p. 158).

de Lucullus, provient d'un contemporain d'Alexandre le Grand, du médecin Diphile, originaire de Siphnos (Grèce), et permet presque de réfuter le texte de Pline sur le Cerisier, ou tout au moins de l'interpréter selon le sentiment de l'abbé Rozier. Ce Diphile composa différents traités, dont un seul, enseignant le régime convenable pour se bien porter, vint en partie jusqu'à nous, grâce au grammairien grec Athénée, qui dans ses ouvrages en transcrivit, au IIIe siècle, d'importants passages. Or, l'un d'eux, relatif aux Cerises, en 1605 attirait l'attention, à Paris, du médecin Antoine Mizauld, surnommé *le Divin* pour sa science et son érudition, lequel y trouvant matière à sérieuse critique historique, l'utilisa comme suit, dans un manuel medico-horticole qu'alors il publiait :

« Diphilus Siphnius — expliqua-t-il — qui a esté un medecin fort renommé quelques temps après Hippocrates (car il vivoit du temps de Lysimachus qui estoit successeur d'Alexandre) escrit ainsi des Cerises :

« Les *Kérasia* [les Cerises], dit-il, engendrent bon suc, mais elles sont de peu de « nourriture : elles sont aussi fort plaisantes à un estomach qui est par trop chaud, « et luy servent de remede, si on les prend en eau froide : mais les *Rouges* sont les « meilleures, et les *Milesiennes*, pour ce qu'elles provoquent l'urine. »

« Voilà ce qu'il en dit. Or, j'ay esté bien aise de remarquer le temps de ce Diphilus [3 siècles avant Jésus-Christ] afin de *rembarrer l'erreur* de ceux qui disent que les Cerises ont prins leur nom d'une certaine ville de Ponte nommée CERASUNTA ou CERASUNTIA, laquelle jouissoit de mesmes privileges que la ville de Rome, et que Lucullus les porta premierement en Italie [68 ans avant J. C.] apres avoir vaincu Mithridates. » (*Épitomé de la Maison rustique, comprenant le jardin medecinal, et jardinage;* 2e ptie, p. 161.)

A ce « *rembarrement,* » ajoutons que près d'un siècle avant Diphile, Théophraste avait déjà décrit, dans son *Histoire des plantes* (lib. III, c. XIII), le KÉRASOS ou Cerisier.

Le second témoignage émane également d'un écrivain des anciens temps, Servius, qui vécut au Ve siècle, et duquel le physicien J. B. Porta, de Naples, nous a transmis en 1592 le passage ci-dessous, corroborant celui de Diphile et la critique dont l'accompagna le docteur Mizauld :

« Le grammairien Servius — fit observer Porta — déclare qu'à l'époque où Lucullus se pourvut de Cerisiers à Cérasunte, déjà les Romains en possédaient une espèce *à fruit dur,* qui d'abord appelée CORNE reçut ensuite le nom composé Cerise CORNE. » (*Villæ Jo. Baptistæ Portæ, neapolitani, libri* XII, cap. XXIV, p. 357.)

Et nous dirons ici que cette espèce *à fruit dur,* cette Cerise Corne, fut évidemment celle qui plus tard, du temps de Pline, portait le surnom DURACINE, synonyme aujourd'hui, dans la nomenclature pomologique, du terme Bigarreau. (Voir, pp. 173-174, l'article *Bigarreau, Bigarreautier.*)

Quant au dernier témoignage que nous voulons enregistrer, il est tiré d'une œuvre moderne (1855) dans laquelle l'auteur, M. Alphonse de Candolle, qui jouit d'une autorité incontestée parmi les botanistes, s'exprime ainsi à l'égard de l'origine du Cerisier :

« D'après la compilation de Pline — écrit-il — la Cerise manquait à l'Italie avant

Lucullus, qui l'apporta du Pont. On ne peut douter qu'il ne s'agisse d'une des variétés du *Prunus Cerasus*, car le *Prunus Avium* est décidément spontané en Europe, notamment en Grèce, et il l'était déjà anciennement. Théophraste n'a pas pu entendre autre chose en parlant d'un Cerisier de très-haute taille. D'ailleurs le nombre des variétés de Cerisiers dont parle Pline, indique une culture déjà ancienne à son époque. » (*Géographie botanique raisonnée*, t. II, p. 877.)

Le *Cerasus Avium*, nous croyons maintenant l'avoir suffisamment établi, pousse donc spontanément en France ainsi qu'en diverses parties de l'Europe et de l'Asie-Mineure. Quant à l'étymologie du nom *Kérasos*, sous lequel il fut connu de toute antiquité, même antérieurement à Théophraste — 371 ans avant Jésus-Christ — comme il est indispensable de la dégager, elle aussi, des contradictions qui l'entourent, nous allons l'essayer, mais avec la brièveté qu'une semblable étude exige ici

Kérasos, on l'a vu par ce qui précède, reste le plus ancien nom qu'il ait encore été possible de trouver au Cerisier. De lui vint, pour les Romains, le terme *Cerasus*, son équivalent; et de ce dernier tous les autres peuples formèrent successivement la dénomination qui, chez eux, y correspond.

A ceci, nul argument sérieux ne pouvant être opposé, il ne faut plus alors, pour élucider la question, que déterminer le sens figuré puis le sens propre de *Kérasos*, afin de s'assurer si les Grecs, en choisissant ce terme pour désigner le Cerisier, le firent par simple esprit d'analogie, ou dans le but de rappeler en quel lieu, sur leur territoire, s'était d'abord communément rencontré ce précieux arbre.

Or, Cérasonte, la chose est certaine, loin d'avoir donné son nom au Cerisier, a pris du Cerisier celui qu'elle porte. Gilles Ménage, à l'érudition duquel il sera toujours utile de recourir en matière étymologique, écrivait effectivement en 1650 :

« Il est faux que la Cerise ait été ainsi appelée de la ville de Cérasonte; c'est, au contraire, la ville de Cérasonte qui a été ainsi appelée de ce fruit. Ce qui a été très-véritablement remarqué par Casaubon, d'après un passage d'Athénée. » (*Dictionnaire étymologique de la langue française.*)

Et tout récemment — 1869 — le docteur Karl Koch, professeur de botanique à l'Université de Berlin, tenait pareil langage :

« Il est fort probable — disait-il — que le mot grec *Kérasos*, auquel répond le terme *Cerasus*, appartient essentiellement à la langue hellénique, puisque de nos jours encore, dans l'Asie-Mineure et l'Arménie, *Kiras* n'a pas d'autre signification. Aussi se pourrait-il que le Cerisier, très-nombreux dans les bois de la ville de *Kérasoûs*, au lieu d'avoir tiré son nom du nom de cette localité, lui eût bien plutôt imposé le sien. » (*Dendrologie*, t. I, p. 105.)

L'hypothèse que du nom de Cérasonte vint le nom du Cerisier, devant donc être repoussée, il nous reste à voir si ce fut par raison d'analogie que les Grecs appelèrent *Kérasia* les fruits de cet arbre.

Et tout d'abord, répondons oui, en rappelant le texte de Servius ci-dessus transcrit, texte où ce grammairien affirmait, il y a quatorze cents ans, qu'antérieurement à Lucullus une espèce de Cerise dite à chair dure et dénommée Corne, puis Cerise Corne, existait à Rome.

Ce fait établi, comment nier ensuite que *Kérasos* — dont la racine, *Kéras* répond au latin *Cornu* — n'ait été choisi comme nom du Cerisier, qu'afin d'indiquer l'analogie qui subsiste entre la Cerise et la Corne ?

Telle me paraît être la véritable étymologie du mot Cerisier; et telle aussi Ménage l'a définie, car rapportant ce même passage de Servius, il en tire même conclusion : « Je crois, dit-il, que *Kérasos* a été fait de « *Kéras*, et que les Cerises ont été appelées *Kérasia*, de leur ressemblance « au fruit du Cornouiller. »

Nota. — Je ne donne ici, pour éviter d'inutiles répétitions, ni l'étymologie, ni l'historique des noms BIGARREAU, GRIOTTE et GUIGNE, chacun d'eux ayant dans ce volume son article spécial, auquel on voudra bien recourir.

§ IIe. — Du Cerisier en Europe, depuis Théophraste jusqu'à la fin du XVIIIe siècle.

1° Sa Propagation chez les Grecs, les Romains, les Italiens, les Allemands, les Hollandais et les Anglais.

Les GRECS, parmi les peuples de l'antiquité, sont ceux qui nous ont fourni la plus ancienne mention qui soit encore connue, du Cerisier. Elle vient, on l'a vu ci-dessus, de Théophraste (*Hist. plant.*, l. III, c. XIII) et remonte à quatre siècles environ avant l'ère chrétienne. Mais cet écrivain caractérisa seulement le *Cerasus Avium*, sans dire ni laisser entendre s'il en existait alors quelques variétés. Cent ans après, le médecin Diphile en signala deux, répétons-le (voir p. 129), les Cerises *Rouges*, et les *Milésiennes*, ainsi appelées de Milet, aujourd'hui Palatcha (Anatolie) ; et comme il ajoutait : « Ces deux variétés sont les meilleures, » cela prouve que déjà les Grecs en cultivaient un plus grand nombre, desquelles Pline, à son tour, fit apparaître deux : le Cerisier *de Macédoine* (Roumélie), atteignant à peine une hauteur de trois coudées (1 mètre 1/2), puis le *Kamaì Kérasion*, beaucoup plus petit, selon que l'indique son nom, Cerisier ras terre, c'est-à-dire Cerisier nain. Quant à la dénomination, quant à la nature des autres variétés de Cerises que posséda la Grèce, les ouvrages spéciaux restés de ces époques si reculées, ne contiennent aucun renseignement pour éclaircir ce point obscur de l'histoire pomologique. Dioscoride lui-même (Ier siècle de J. C.), dans sa précieuse encyclopédie scientifique (l. I, c. CLVII), au mot *Kérasion* a négligé tous détails horticoles ; il n'a parlé que, de l'action médicatrice des fruits et de la gomme du Cerisier. Cette lacune, désormais, ne pouvant être comblée, le nombre de variétés de ce genre à porter au compte des Grecs, ne saurait donc dépasser cinq.

Les ROMAINS, moins d'un siècle après la mort de Lucullus, avaient déjà dans leurs jardins — Pline l'a constaté — dix variétés de Cerises; et même davantage, car ce naturaliste mentionna seulement, sans doute, celles dont la culture était le plus en vogue. Du reste, n'eussent-ils alors possédé que ces dix variétés, qu'un tel chiffre, en si peu de temps obtenu, aurait suffi pour démontrer combien ont raison les botanistes qui regardent Lucullus comme l'importateur, à Rome, non des Cerises, mais simplement de l'une des espèces du Cerisier. Et certes les arboriculteurs, les semeurs surtout, n'iront pas contre cette opinion, eux qui savent avec quelle extrême lenteur se gagnent, puis se répandent, les bons et nouveaux fruits. — Voici les très-incomplètes descriptions de Pline, sur chacune des Cerises qu'il a signalées ; pour les éclaircir ou les compléter, nous les faisons suivre d'un commentaire court et précis :

1. « Les Cerises *Aproniana*, de toutes les plus rouges. »

Apronius, surnom dérivé d'*aper*, sanglier. Peut-être furent-elles ainsi appelées d'Aper, préteur fort éloquent qui mourut à Rome vers l'an 85 de J. C. On a dit, sans la moindre certitude, que ces Aproniennes étaient maintenant notre Griotte Commune. (Voir pp. 273, 274 et 284.)

2. « Les *Lutatia*, les plus noires que nous ayons. »

Dédiées sans doute au consul Lutatius Catulus, contemporain de Lucullus et vénéré des Romains pour avoir fait reconstruire le Capitole, alors détruit par un incendie. Divers botanistes, Fée entr'autres, ont pensé qu'il pouvait s'agir là de quelque Griotte Noire ?

3. « Les *Cæciliana*, qui sont rondes. »

La famille Cæcilius, dont probablement elles tirèrent leur nom, était très-puissante et comptait deux consuls au moment même où Lucullus s'occupait de propager certains cerisiers. Divers commentateurs se sont imaginé — d'après quel texte ? — les reconnaître dans la Cerise-Guigne. (Voir p. 255.)

4. « Les *Juniana*, douées d'un bon goût, mais à chair si tendre, qu'on ne saurait les transporter ; aussi faut-il, en quelque sorte, les manger sur l'arbre. »

Ici, tout permet d'assimiler ces Juniennes, à nos Guignes, et de croire leur dénomination venue du mois de leur maturité : *junius*, juin (voir pp. 310-311). Ajoutons, cependant, qu'à la rigueur on pourrait aussi les supposer consacrées à la mémoire du célèbre républicain Junius Brutus, mort 42 ans avant J. C.

5. « Les *Duracina*, dites *Pliniana* dans la Campanie, et qui l'emportent sur toutes les autres, en qualité. »

Duracinus : qui a la chair dure et ferme. Ce sont les Bigarreaux, on n'en saurait douter. (Voir pp. 188-191.)

6. « Les *Lusitania*, que préfèrent les Belges. »

Ces Cerises de l'ancienne Lusitanie, le Portugal actuel, seraient-elles point la Griotte de Portugal, connue de temps immémorial et caractérisée pages 297 et 298 de ce volume ?.... Il doit être permis de le supposer.

7. « Les *Tertii Colores* des bords du Rhin. Elles sont noires, rouges et vertes, et paraissent toujours commencer leur maturité. »

Je ne connais de tricolore, parmi les Cerises, que la Grosse Griotte à Ratafia (voir pp. 299-301). D'abord verte, bientôt elle passe au rouge clair pour devenir ensuite presque noire en mûrissant. C'est une variété des plus anciennes, et qu'on suppose, précisément, originaire de la Hollande ou de l'Allemagne. Toutefois je n'en conclurai certainement pas qu'elle soit ou puisse être le fruit ici décrit par Pline.

8. « Les *Laurea*, que leur greffe sur laurier a fait ainsi nommer, comptent cinq ans seulement, et, quoiqu'amères, sont estimées. »

Je l'ai maintes fois expérimenté, le Cerisier ne saurait vivre bien longtemps sur le laurier, et moins encore y fructifier. Pline, assurément, parle donc là, non de *visu*, mais d'après quelque impatient novateur, qui ayant réussi à faire végéter momentanément de semblables greffes, aura prôné trop tôt les fruits qu'il espérait leur voir produire. Nous renvoyons, du reste, au chapitre Culture pour plus amples explications sur ces prétendues Cerises Laurines ou Laurées (page 148).

9. « Les *Macedonica*, naissant sur de très-petits arbres qui rarement s'élèvent à plus de trois coudées (1 mètre 1/2). »

Tout porte à penser que notre Griottier Nain précoce (voir pp. 293-294) est identique avec le Cerisier de Macédoine, ainsi qu'avec l'espèce suivante :

10. « Le *Chamæcerasus*, moins grand encore que le *Macedonicus*, et dont annuellement les produits sont une des primeurs que le colon cueille avec le plus de plaisir. »

Le Chamæcerasus passe à bon droit pour ne faire qu'un avec le Cerisier de Macédoine. Pline dit ce dernier un peu plus grand que l'autre, il est vrai. Mais rien n'est aussi sujet à variation, que la hauteur du Chamæcerasus. Franc de pied, si cet arbuste peut quelquefois demeurer presque rampant, par contre il atteint souvent aussi la taille d'un mètre et demi, assignée par Pline au Cerasus Macedonicus.

Les ITALIENS, lorsqu'au VIe siècle eut lieu la chute de l'empire romain, étaient-ils richement partagés sous le rapport des Cerisiers ? On est tenté de répondre non, quand on voit le médecin Mattioli, le premier auteur, après Pline, qui chez ce peuple ait sérieusement étudié les fruits, y citer à peine, en 1554, une quinzaine de variétés de Cerises. Depuis cinq cents ans la culture du Cerisier était donc loin de progresser dans ce pays ; et cela, moins par le fait des bouleversements sociaux, croyons-nous, que par l'influence contraire du climat et du sol. Mattioli, né à Sienne (Toscane), mourut en 1577, presque octogénaire. Naturaliste passionné, il s'occupa surtout de traduire, de commenter Dioscoride, et ce fut ce travail même qui le conduisit à dresser l'inventaire des espèces fruitières alors possédées par ses compatriotes; inventaire très-précieux pour la pomologie, et que vainement on chercherait ailleurs ; aussi vais-je reproduire, avec annotations, l'article concernant les Cerises, l'empruntant au médecin lyonnais Jean des Moulins (1), qui dès 1572 fit passer dans notre langue l'œuvre si remarquable du savant docteur siennois :

« Les meilleures Cerises — écrivait Mattioli — sont celles qu'on apelle, en Toscane, *Marchiane* et *Duracine*, combien qu'entre icelles il y en a de plus grosses et de moindres; les unes, aussi, sont rouges obscures, les autres blanchastres. »

Voilà nos Bigarreaux, tant gros que petits, tant pourpres qu'ambrés ou carminés.

« Les Cerises que Pline nomme *Juliana*, nous *Acquaivole*, c'est-à-dire Aqueuses, ne sont rien estimées, parce qu'elles sont si molles, que si on ne les mange sur l'arbre, elles se gastent au porter, et, pour la grand'eau qu'elles ont, sont fades et nullement agreables au goust. »

On reconnaît ici les Guignes, assez peu flattées, il est vrai, mais ne méritant guère, après tout, que l'un des derniers rangs parmi le genre auquel elles appartiennent.

« Les Cerises que nous apelons *Corbine*, parce qu'elles sont fort noires comme corbeaux (Pline les appelle *Actia* et *Ceciliana*), sont assés fermes et douces, et d'assés bon goust; toutesfois on n'en sert guères à table, à cause qu'elles noircissent les mains, les dens et les lèvres. »

Mattioli commet une double erreur, en ce passage : il fait citer à Pline les Cerises *Actia*, quand celui-ci n'en a jamais parlé, puis il prétend que

(1) La traduction qu'a faite des Moulins, est intitulée : *Commentaires de M. Pierre-André Matthiole, médecin Senois, sur les six livres de Ped. Dioscoride Anazarbéen, de la matière médecinale;* in-f°, Lyon, 1572.

les *Cæciliana* du même auteur sont identiques avec sa variété Corbine, à lui ; prétention insoutenable, vu l'absence de tout texte descriptif pouvant servir à reconnaître les *Cæciliana*, dont Pline a dit uniquement, « qu'elles étaient rondes. » La Corbine de Mattioli est bel et bien la Merise (voir notre article Merisier, p. 359); mais le surnom *Corbini*, parfois aussi s'applique maintenant, en Italie, à la Guigne Noire Commune, et notamment chez les Toscans.

« Des Cerises il y en a qui sont trois à trois, quatre à quatre, cinq à cinq dependantes d'une queuë, voire qui sont plusieurs ensemble, comme raisins en une grappe. »

C'est la Griotte à Bouquet (voir p. 278), si curieuse et cependant peu répandue, quoique très-comestible.

« Du nombre des Cerises, sont celles qu'on apelle à Rome, *Visciole*, à Sienne, *Amàrine*, en plusieurs autres lieux d'Italie, *Marasche*, ainsi nommées, comme je pense, à raison qu'elles ont un peu d'amertume qui n'est pas mal plaisante. Il y en a de *plusieurs sortes*, lesquelles, combien que toutes soient aigres, le sont toutesfois les unes plus, les autres moins. »

Visciola, en italien, signifie Griotte, ce sont donc encore des Griottes, qu'on signale ainsi, surtout les variétés Grosse et Petite Griotte à Ratafia (voir pp. 299-303).

« A Trente et es environs, on apelle vulgairement *Marasche* les Cerises qui sont moins aigres, desquelles y en a qui avec l'aigreur ont une douceur meslée, par quoi elles sont fort plaisantes à la bouche. Il y en a d'autres surnommées *Marine* et *Marinelle* (pour *Amarine, Amarinelle*), qui sont moindres, plus rondes, de queuë plus courte, de mesme goust presque que les autres. De la troisieme espece seront celles que le vulgaire apelle *Verule*, qui ont la queuë longue, le fruit plus gros que les autres, de goust assés aspre et aigre, de couleur toujours rouge sans se noircir : les autres, estans bien meures, deviennent rouges-noires. »

Les Cerises proprement dites font le sujet de cet alinéa, qui pourrait induire en erreur nombre de personnes — le nom *Marasche*, synonyme de Griotte, y figurant — si nous ne rappelions qu'anciennement les dénominations Guigne, Griotte, Cerise, ne furent pas toujours appliquées aux espèces mêmes qu'elles concernaient, puisqu'en diverses contrées on nommait Griottes, les Cerises ; Guignes, les Griottes ; et Cerises, les Merises. D'où vient qu'à Trente, en 1554, la Cerise était communément désignée par le terme Marasche. Or, ces fausses Marasche me semblent se rapporter à la Cerise Hâtive (pp. 343-345), type séculaire de nos Montmorency, et les prétendues Amarine et Amarinelle, à la variété Cerise-Guigne (pp. 254-256). Quant à la troisième espèce mentionnée, les *Verule*, « d'un rouge ne se noircissant pas, » on y doit voir, évidemment, quelqu'une des vieilles Cerises à peau transparente, qui aura été ainsi surnommée parce qu'alors on la cultivait surtout à Verulum, aujourd'hui

Veroli, ville épiscopale située non loin de Rome. Maintenant, achevons la transcription du texte qu'il nous a paru bon de produire :

« Il y a — continue Mattioli — des Cerises sauvages au val Ananie, en la terre de Trente, en Bohême aussi à l'entour de Prague, et en Autriche es environs de Vienne, de couleur et de saveur du tout semblables à celles que j'ai dit estre apelées *Verule.* Elles ont la queuë courte, croissent es Cerisiers si petis, qu'à peine sont-ils de la grandeur d'un empan. Ce qui m'a fait souvent penser (combien que je ne le veuille asseurer pour vrai) que ce sont les Cerises que Pline apelle *Macedoniques*. J'apelleroi plustost cette plante *Chamæcerasus*, c'est-à-dire Cerisier bas. Les autres Cerises sauvages sont pour les oiseaus, desquelles peu de gens mangent, hors mis les païsans, à cause qu'elles ont plus de noyau que de chair, et que pour leur amertume meslée avec quelque aspreté elles sont de mauvais goust. » (*Commentaires de Mattioli sur Dioscoride,* traduction de Jean des Moulins, pp. 155-156.)

Ici tout commentaire deviendrait superflu, ayant précédemment établi (p. 133) l'identité du Chamæcerasus avec le Griottier Nain précoce, et nul doute, d'un autre côté, ne pouvant régner sur ce qu'étaient ces « Cerises sauvages abandonnées aux oiseaux, puis aux paysans. » — Finalement, il faut donc le reconnaître devant les notes si précises de Mattioli, la culture du Cerisier resta presque stationnaire, en Italie, depuis le temps de Pline jusqu'au milieu du XVIe siècle. Dire maintenant qu'il en fut ainsi pendant le XVIIe siècle et le XVIIIe, c'est ne pas sortir de la vérité, la pomone italienne ne s'étant guère enrichie, au cours de ces deux cents ans, que de sept nouvelles cerises, savoir : les Bigarreaux Corniola, de Florence, d'Italie, la Guigne Maggèse, les Griottes de Lodigiana, Rouge de Piémont, et de Toscane, espèces décrites en ce volume et que possèdent généralement nos principaux pépiniéristes.

Les ALLEMANDS, tous les pomologues le reconnaissent, ont beaucoup fait pour l'accroissement des variétés du Cerisier, dont les produits constituent chez eux, et cela depuis longtemps, une source de revenus qu'ils ne semblent pas devoir laisser tarir. C'est qu'aussi cet arbre fut toujours l'objet de leur prédilection. Alors qu'au XVIe siècle, par exemple, les jardiniers français en cultivaient à peine dix variétés, on en eût aisément, chez eux, rencontré trois fois plus ; et non-seulement dans les vergers mais même le long des routes publiques, où déjà les administrateurs commençaient à l'utiliser comme bordure ornementale. Ainsi leur collection de cerises était telle, dès 1789, que le baron von Truchsess, de Bettenbourg (Franconie), put y choisir soixante-quinze variétés, bien distinctes et fort méritantes, pour les offrir à son ami Thoüin, directeur du Jardin des Plantes de Paris (voir plus loin, pp. 142-143, où nous en donnons la liste). Et si l'on consultait *der teutsche Obstgärtner*, de Sickler, recueil pomologique remontant à 1794, on en trouverait un plus grand nombre encore de caractérisées dans ses vingt-deux volumes.

Les HOLLANDAIS, trop voisins de l'Allemagne pour n'avoir pas partagé son engouement à l'égard des Cerises, en eurent bientôt, eux aussi, sur leur sol d'assez nombreuses variétés. Herman Knoop, le plus accrédité de leurs pomologues, en portait le chiffre moyen à quarante-cinq, l'an 1766. C'est peu, comparativement à la collection allemande, et cependant c'est beaucoup pour l'époque et comparativement à notre propre collection, riche seulement, à cette date, d'une trentaine de variétés.

Les ANGLAIS, qui d'après Pline reçurent des Romains le Cerisier vers la 56e année de l'ère chrétienne, ne mirent aucun zèle, si réellement cette assertion est exacte, à le propager autour d'eux. Fynes Morison, savant qui vécut sous le règne d'Élisabeth (1588-1603), dit effectivement dans son *Essai sur la naissance et les progrès du jardinage en Irlande :* « Sir Walter Rawleigh, un des favoris de la reine Élisabeth, fut l'importateur des Cerises chez les Irlandais. Il en planta les premiers arbres dans une propriété sise aux environs de Waterford. » Ceci connu, on comprendra pourquoi la magnifique *Pomone* publiée en 1729 par le botaniste Batty Langley, portait seulement à dix-neuf le nombre des variétés de Cerisier alors cultivées dans la Grande-Bretagne. Et le passage ci-après, extrait en partie du *Gardener's dictionary* de Philip Miller, l'expliquera bien mieux encore :

« Aujourd'hui (1768) il ne vaut presque pas la peine d'établir chez nous (Angleterre) des vergers entiers de Cerisiers, excepté dans des endroits où le terrain est à très-bon marché et de peu de valeur pour l'herbe, car l'incertitude de la récolte, la fatigue et les frais de la cueillette, puis le bas prix de ces fruits, ont engagé les habitants du comté de Kent, notamment, à détruire depuis quelques années la majeure partie de leurs Cerisiers. » (*Traité des arbres fruitiers*, extrait des meilleurs auteurs, par la Société économique de Berne; 1768, t. II, p. 156.)

Mais ce faible nombre ne devait pas tarder à s'accroître considérablement, sous la vive impulsion que le siècle suivant allait donner à la culture des fruits (voir § IIIe).

2° De la Propagation du Cerisier en France.

Chez nous, au VIIIe siècle, déjà plusieurs espèces et variétés de Cerises étaient cultivées. J'en trouve la preuve dans le 70e article du Capitulaire *de Villis,* où Charlemagne (768-814) disait à ses intendants : « Plantez en mes jardins *Ceresarios diversi generis.* » Nul autre détail, malheureusement, n'accompagnant cet ordre, on ignore la nature et le nom des Cerisiers qui peuplèrent les vergers de l'illustre monarque. Mais c'est là, par contre, le plus ancien texte qu'il soit possible, quant à la France, de citer sur ce genre de fruit.

Qu'elles fussent nombreuses au commencement du moyen âge, les variétés de nos Cerisiers, cela paraît douteux. Toutefois, en étudiant certains recueils, on voit que du XIe siècle au XIVe leur accroissement dut être assez marqué. Ainsi dans le *Grant herbier en françoys* — compilation remontant à 1485 et reproduisant, notamment, les traités de trois fameux médecins : l'Arabe Razi (923), le Perse Avicenne (1037), et l'Africain Constantin (1087) — se lit le passage ci-après :

« Il est de *deux manieres de Cerises,* qui different en saveur et en vertu, car il en y a de celles qui sont *aigres* et tiennent aucunement à saveur amere, avec celle aigreur, que aucuns appellent Damacenes et les autres Agriotes..... *Il y a aultres Cerises* qui ont saveur *doulce, et de telles en y a moult de manieres differentes* en saveur et bonté, ainsi comme il y a diverses poires et aultres fruitz differens. » (Pages XXXVIII verso et XXXIX recto.)

Voilà bien, ce nous semble, deux espèces, les Cerises aigres puis les Cerises douces ; et, de ces dernières surtout, « moult de manieres, » c'est-à-dire beaucoup de variétés. Seulement, toujours absence complète de noms !... Et sous Charles V, en 1365, la même lacune existera. Ce prince, dans l'immense jardin de dix hectares qu'il établit aux bords de la Seine, en son hôtel Saint-Paul, fit planter *onze cent vingt-cinq Cerisiers* sur la dénomination desquels nul document ne saurait donner le moindre indice ; car l'unique souvenir resté de pareille plantation, c'est, de nos jours, le nom d'une rue — celle de la Cerisaie — venu de l'emplacement même où jadis furent cueillis tant de milliers de Guignes, Bigarreaux, Cerises et Griottes (1).

Un texte non moins formel sur le point que nous élucidons, se rencontre dans le *de Re cibaria* du médecin Jean Champier, né à Lyon en 1472 : « Je regarde la France — y dit le docteur — comme un des pays produisant « les meilleures Cerises et en possédant le plus de variétés (page 593). » Et de fait on peut constater, par d'anciens comptes, que les Cerises n'y furent, en ce XVe siècle ainsi qu'au suivant, ni rares, ni chères :

1406. — « Pour deux paniers plains, l'un de POMMES vieilles de BLANDUREAU et l'autre de SERIZES, envoyez à Nantes et presentez au prévoust de Nantes, poyé 15 sous 10 deniers [*soit* : 18 *fr.* 45 c.]. » (Archives de Maine-et-Loire, H, Supplément, E 30, *fonds des Hospices*.)

1426. — « Cette année y eut tant de CERISES, qu'on en avoit, à Paris, 9 livres pour 1 blanc de 4 deniers [*pour* 60 *centimes*]; mais tout courant plus de six semaines, on en avoit 6 livres pour 4 deniers parisis [*pour* 75 *centimes*] ; et durerent jusqu'à la mi-août, qu'on avoit toujours la livre pour 2 deniers [*pour* 30 *centimes*], ou au plus pour 2 doubles, qui ne valoient que 4 tournois. » (*Journal de Paris sous Charles VI et Charles VII,* p. 106.)

(1) Pour plus amples détails sur les jardins de l'hôtel Saint-Paul, voir notre tome Ier, page 42.

1437. — « Pour 1 livre de CERISES, poyé 1 denier [*soit : 15 centimes*]. » (*Comptes de l'abbaye de Longchamp.*)

1442. — « Pour 3 livres de CERISES et 1/2 cent de POIRES, 16 deniers [*soit : 1 fr.* 85 c.]. » (*Journal de Paris sous Charles VI et Charles VII*, p. 192.)

1588. — « Poyé pour 2 livres de GUIGNES, 2 sols [*soit : 50 centimes*]. » (*Registres de l'abbaye de Preuilly en Brie.*)

Dans la Normandie, principalement, les produits des Cerisiers avaient acquis, au cours du moyen âge, une extrême faveur, tant pour la table que pour le pressoir. Ainsi en 1357, d'après un document des Archives de la ville de Rouen, les mariniers de cette localité exportèrent un tonneau de Cerises. Et de même, en 1370, un paysan d'Alisy (maintenant Alizay, Eure) vendit à un bourgeois de Rouen deux muids [536 litres] de jus de Cerises pour 6 livres tournois, somme représentant aujourd'hui 330 francs environ.

On voit aussi, par le *Coutumier de Dieppe* (f° 23 r°), que ce genre de fruit, à l'exemple des Pommes, servait alors, dans ladite province, à rémunérer les bourreaux, dont c'était le droit de prendre, sur le lot de tout vendeur installé au marché, autant de poignées de Cerises que chacun d'eux en avait apporté de paniers.

Mais si jusqu'au XVIe siècle les noms spécifiques Guigne, Cerise, Griotte, Bigarreau, Merise, sont vraiment les seuls qu'aient mentionnés nos anciens écrivains horticoles, à partir de la fin de ce même siècle on commençait à rencontrer quelques noms de variétés. Charles Estienne et Jean Liébault, en 1582, en signalaient déjà quatre dans leur *Maison rustique :* Bigarreau Blanc, cerise Heaume, cerise Noire, cerise Cœur Noir. Un peu plus tard — 1600 — Olivier de Serres ajoutait à ces quatre dénominations, les cinq ci-après : Grosse Agriotte, Cerises Duracine, Graffion, Musquate et Rodane ; puis s'exprimait de façon à prouver qu'il en existait beaucoup d'autres :

« Toutes les Cerises — expliquait-il — se discernent par leurs grandeurs, figures, couleurs, goust, s'en voyant des grosses, moiennes, petites, rondes, longues, plattes, refendues ; des rouges, blanches, noires ; des aigres, des douces ; des molles, des dures ; et des autres meslangées de diverses qualités..... Ce seroit non seulement trop entreprendre, ains se confondre, de rapporter les noms que les Italiens, Piedmontois et Espagnols donnent à ces fruits-ci..... » (*Le Théâtre d'agriculture et ménage des champs*, édit. de 1608, p. 622.)

Du reste il me paraît certain qu'à ces époques reculées nos jardiniers ont cultivé maints Cerisiers dont l'espèce et le nom sont depuis longtemps complétement perdus. Qui jamais, par exemple, retrouverait aujourd'hui, chez nos pépiniéristes, ces *énormes* Cerises *vermeilles* chantées en 1550 par le poëte angoumois Melin de Saint-Gelays, et douées d'une telle *précocité*, qu'elles mûrissaient *d'avril en mai?...* M. Prosper Blanchemain, littérateur qui tout récemment (1873) a réédité et commenté Melin de Saint-Gelays, croit pouvoir, lui, les rattacher au Bigarreau Cœur, Cœuret, ou Gros-Cœuret, mais il se trompe, la maturation de ce dernier, loin d'être excessivement précoce, n'ayant lieu qu'en juillet. Pour moi, je le déclare, cette variété m'est inconnue, quoique le poëte se soit efforcé de la bien caractériser, puisqu'il a dit :

« A ce beau premier jour de May,
En lieu de bouquet ou de may, (1)
Present vous fay, mes Damoiselles,
D'un plat de Cerises nouvelles,
Qui se sont, ce pensé-je, hastées
Pour de vous deux estre tastées,
Car toutes belles nouveautés
Cherchent vos nouvelles beautés.

« Voyez, est-il chose plus douce ?
Ell's sont grosses comme le pouce.
Sauroit-on voir, que vous en semble,
Rien qui mieux à un cœur ressemble ?
C'est signe que toutes vos vies
De mille cœurs serez servies.

« Quoy ! ay-je failli à bien dire ?
Qu'est cecy ? qu'avez-vous à rire ?
Est-ce que, me laissant prescher,
Vous mettez à les dépescher ?
Et tousjours les plus cramoisies
S'en vont les premieres choisies ;
Ne say, quand l'une à l'autre touche,
Quelle est la Cerise ou la bouche,
Tant sont également vermeilles ! »
. . . .
. . . .

(*Œuvres complètes de Melin de Saint-Gelays*, édition de 1873, p. 213.)

Après Olivier de Serres la nomenclature pomologique s'enrichit très-vite, en raison de Catalogues spéciaux qu'on publia dès 1628 et de divers recueils horticoles parus ensuite, où de longues listes de variétés furent jointes, trop à la hâte, sans doute, car on s'aperçoit aisément, en les étudiant, que souvent un même fruit y figure sous des appellations différentes. Mais pour bien préciser quelle marche suivit en France, du XVIIe siècle au XIXe, la propagation du Cerisier, nous allons extraire de ces ouvrages les noms de Cerises qui y sont inscrits, indiquer autant que possible, quand il y aura lieu, ceux qu'un surnom déguise aujourd'hui, puis marquer de ce signe (*n.*) les nouveautés que chaque liste signala.

(1) *Mai*, arbre qu'on plantait jadis, le 1er mai, à la porte des personnages qu'on voulait honorer.

Catalogue du Verger et Plant de le Lectier, d'Orléans (1628).

1. Cerises à Trochets jusques à quatorze sur queuë. (*n.*)
   = *Griotte à Bouquet.*
2. Cerises de cinq poulces de tour, à longue queuë. (*n.*)
   = *C. de Montmorency.*
3. Cerises de cinq poulces de tour, à courte queuë. (*n.*)
   = *C. de Montmor. à courte queue.*
4. Cerises Griottes Noires, très-hastives.
   = *??*
5. Cerises Griottes Rouges, très-hastives.
   = *Griottier Nain précoce.*
6. Cerises Blanches. (*n.*)
   = *C. Ambrée (Grosse-).*
7. Cerises de Toussaincts.
   = *Griotte de la Toussaint.*
8. Cœurs.
   = *Bigarreau Gros-Cœuret.*
9. Bigarreaux.
10. Griottes ou Guindoux ou Guignes de Gascongnes, très-hastives. (*n.*)
    = *Guigne Noire hâtive.*
11. Guignes blanches. (*n.*)
    = *Guigne Blanche (Grosse-).*
12. Cerisier à fleur double.
13. Merisier à fleur double. (*n.*)

Ainsi, sur les 13 espèces ou variétés qu'annonça le Lectier, 7 apparaissaient pour la première fois, dont 1 non fructifère, le Merisier à fleur double, et 6 déjà connues. Voyons maintenant quel fut, de 1628 à 1690, l'accroissement de ce même genre :

L'Abrégé des bons Fruits, de Merlet (1667 et 1690).

1. Cerise Précoce. (*n.*)
   = *C. Hâtive.*
2. Guigne Blanche.
   = *Guigne Blanche (Grosse-).*
3. Guigne Rouge. (*n.*)
   = *C. Rouge pâle (Grosse-).*
4. Guigne Noire. (*n.*)
   = *Guigne Noire commune.*
5. Petite Cerise Hâtive.
   = *Griottier Nain précoce.*
6. Grosse Cerise Hâtive. (*n.*)
   = *C. Hâtive.*
7. Cerise à Bouquet, ou Gemelle.
   = *Griotte à Bouquet.*
8. Cerise Gemelle en Grappe.
   = *Griotte de la Toussaint.*
9. Cerise de Portugal. (*n.*)
   = *Griotte de Portugal.*
10. Cerise Blanche.
    = *C. Ambrée (Grosse-).*
11. Cerise de Montmorency à longue queuë.
    = *C. de Montmorency.*
12. Cerise de Montmorency à courte queuë.
13. Cerisier à Grappes. (*n.*)
    = *Merisier à Grappe.*
14. Guindoux de Gascogne.
    = *Guigne Noire hâtive.*
15. Griotte Noire. (*n.*)
    = *Griotte à Ratafia (Grosse-).*
16. Bigarreau Blanc. (*n.*)
    = *Gros Bigarreau Blanc.*
17. Bigarreau Rouge. (*n.*)
    = *Petit Bigarreau Rouge hâtif ??*
18. Bigarreau Noir. (*n.*)
    = *Bigarreau Noir (Gros-).*
19. Cœuret.
    = *Bigarreau Gros-Cœuret.*
20. Cerisier à fleur double.
21. Merisier à fleur double.

L'étude de ces 21 Cerisiers décrits par Merlet montre donc que si 11 d'entr'eux avaient alors, depuis longtemps, place en nos jardins, les 10 autres y furent importés pendant la période — soixante-deux ans — écoulée de 1628 à 1690. C'était là progrès très-faible. Il faut d'autant mieux l'avouer, que l'époque s'avançait où la propagation des Cerises allait prendre chez nous un développement inattendu qui ne devait pas se ralentir. En 1768 — trois quarts de siècle après Merlet — Duhamel vint effectivement témoigner de ce progrès, puisqu'il caractérisa, non plus, comme ses deux principaux devanciers, 13 ou 21 variétés de ce genre de fruit, mais bien 37; et toutes, ou peu s'en fallut, parfaitement distinctes. Du reste, en voici l'inventaire :

Traité des Arbres fruitiers, de Duhamel (1768).

1. Merisier à petit fruit.
2. Merisier à fleur double.
3. Merisier à gros fruit noir. (*n.*)
4. Guigne Noire.
   = *Guigne Noire commune.*
5. Petite Guigne Noire. (*n.*)
6. Grosse Guigne Blanche.
7. Guigne Rouge tardive, ou de Fer. (*n.*)
   = *Bigarreau de Fer.*
8. Grosse Guigne Noire luisante. (*n.*)
9. Gros Bigarreau Rouge. (*n.*)
10. Gros Bigarreau Blanc.
11. Petit Bigarreau Blanc hâtif. (*n.*)
12. Petit Bigarreau Rouge hâtif.
13. Bigarreau Commun.
14. Cerisier Nain à fruit rond précoce.
   = *Griottier Nain précoce.*
15. Cerise Hâtive.
16. Cerisier Commun ou Franc.
17. Cerisier à fleur semi-double. (*n.*)
18. Cerisier à fleur double.
19. Cerise à Noyau tendre. (*n.*)
   = *??*
20. Cerisier Très-Fertile. (*n.*)
   = *C. à Trochet.*
21. Cerise à Bouquet.
   = *Griotte à Bouquet.*
22. Cerise de la Toussaint.
   = *Griotte de la Toussaint.*
23. Grosse Cerise de Montmorency.
   = *C. de Montmorency à courte queue.*
24. Cerise de Montmorency.
25. Grosse Cerise Rouge pâle.
26. Cerise de Hollande. (*n.*)
   = *??*
27. Cerise Ambrée.
   = *C. Ambrée (Grosse-).*
28. Griotte Commune.
29. Grosse Cerise à Ratafia.
   = *Griotte à Ratafia (Grosse-).*
30. Petite Cerise à Ratafia. (*n.*)
   = *Griotte à Ratafia (Petite-).*
31. Griotte de Portugal.
32. Griotte d'Allemagne. (*n.*)
33. Cerise Royale. (*n.*)
34. Cerise Royale hâtive. (*n.*)
35. Cerise Royale tardive. (*n.*)
36. Cerise Holman's Duke. (*n.*)
37. Cerise-Guigne. (*n.*)

Cette liste, où sur 37 variétés il s'en trouve 17 dont l'introduction eut lieu de 1690 à 1768, témoigne hautement, n'est-il pas vrai, de l'heureuse impulsion que prit en France, à partir du XVIIIe siècle, la culture du Cerisier? Et qui l'eût pensé! les dernières années de ce même siècle furent précisément l'époque où notre collection de Cerises monta soudain de 37 variétés à 67. L'arboriculteur Etienne Calvel entretenait alors, ainsi qu'André Thoüin, directeur du Jardin des Plantes de Paris, d'étroites relations avec deux célèbres pomologues allemands, J. V. Sickler et le baron von Truchsess. Or, de 1795 à 1800, le baron fit parvenir à Thoüin « 75 variétés de Cerisier, dans lesquelles — écrivait Calvel — sans « doute sont comprises toutes celles de France sous leurs dénominations « propres ou sous celles qui tiennent à la nomenclature allemande; « mais dans lesquelles — ajoutait-il — il y en a BEAUCOUP QUI, bonnes

« ou mauvaises, NOUS DOIVENT ÊTRE INCONNUES. » (*Traité sur les pépinières*, t. II, pp. 147-154.) Et Calvel avait raison de parler ainsi, puisqu'une liste, qu'il publia, de 67 seulement des variétés venues d'Allemagne, montre, à qui veut sérieusement l'étudier, que sur ces 67 Cerisiers les 28 ci-après désignés étaient *nouveaux* pour nos jardiniers :

Variétés allemandes envoyées au Jardin des Plantes de Paris (1795-1800).

1. Grande Guigne Précoce de Mai.
   = *Bigarreau Baumann.*
2. Guigne Douce de Mai. *
3. Guigne Sauvage de Kronberg.
   = *Bigarreau Noir de Kronberg.*
4. Grosse Guigne Douce tardive de Mai. *
5. Guigne Noire de Büttner.
   = *Bigarreau Noir Büttner.*
6. Guigne de l'île Minorque.
   = *Bigarreautier à Rameaux pendants.*
7. Guigne Sanguinole. *
8. Guigne Longue-Blanche précoce.
   = *Guigne Blanche précoce.*
9. Guigne Rouge de Büttner.
   = *Guigne Rouge Büttner.*
10. Guigne Rouge clair au lait.
    = *Guigne Rouge ponctuée.*
11. Guigne Turkine.
12. Cerise Quatre à la Livre.
    = *Bigarreautier à Feuilles de Tabac.*
13. Bigarreau du Lard. *
14. Gros Bigarreau de Lauermann.
    = *Bigarreau Napoléon* Ier.
15. Bigarreau Cartilagineux rouge de Büttner.
    = *Bigarreau Rouge Büttner.*
16. Bigarreau Tardif cartilagineux de Gunslèbe. *
17. Petite Cerise Ambrette à fleur double.
    = *C. Ambrée (Petite-).*
18. Cerise Noire hâtive d'Espagne.
    = *C. Royale Hâtive.*
19. Cerise de l'Oiseleur.
20. Cerise Noire de Mai.
    = *Griotte Noire de Mai.*
21. Cerise Double.
    = *Griotte Acher.*
22. Cerise Double-Natte.
23. Cerise d'Oslheim.
    = *Griotte d'Ostheim.*
24. Grosse Cerise des Religieuses. *
25. Cerise de Jérusalem.
26. Cerise Bruyère de Prusse. *
27. Amarelle juteuse. *
28. Amarelle tardive.
    = *Amarelle de la Madeleine.*

Si maintenant à ces 28 variétés nouvelles on joint les 2 suivantes — *C. de Varennes* et *C. de Sibérie* ou *d'Amérique* — dont Calvel fut le premier descripteur (t. II, pp. 143-144), il reste alors constant que de 1768 à 1800, c'est-à-dire en trente-deux ans, le nombre de nos Cerisiers s'accrut, pour le moins, de 30 variétés ; ce qui n'eût certes pas eu lieu sans l'envoi de greffes effectué par le baron von Truchsess à ses amis Thoüin et Calvel. Actuellement, plusieurs de ces variétés étrangères ont disparu des jardins français ou s'y cachent sous quelque pseudonyme. Il faut bien le croire, puisqu'il en est 8 — celles marquées d'un astérisque (*) — dont je n'ai pu retrouver la trace. Mais je dois objecter, comme excuse, que Calvel ayant eu le tort de publier, au lieu des noms allemands desdits Cerisiers, une traduction française qu'on lui en avait faite, m'a souvent mis, par là, dans l'impossibilité d'interroger convenablement les Pomologies spéciales à l'Allemagne.

§ IIIe. — État actuel de la Propagation du Cerisier.

Nous avons établi que les ALLEMANDS, ces derniers siècles, étaient, de l'Europe, le peuple le plus riche en Cerisiers. Affirmons qu'ils le sont encore actuellement (1877), car ils en cultivent au moins 350 variétés, desquelles 232 se trouvent décrites et figurées par Oberdieck et Lucas dans l'*Illustrirtes Handbuch der Obstkunde.*

Les AMÉRICAINS suivent de près, sous ce rapport, les Allemands, puisqu'ils multiplient présentement 250 Cerisiers environ, et que dès 1869 *the Fruits and fruit-trees of America*, de A. J. Downing, en caractérisaient 192.

Les ANGLAIS, eux aussi, ayant pris à tâche, vers la fin du XVIIIe siècle, d'augmenter leur collection de Cerises, alors si pauvre, propagent maintenant 100 variétés de Cerisier, puis en ont à l'étude, aux portes de Londres, une 50[ne] dans le Jardin expérimental de Chiswick; soit 150, desquelles la description de 122 a été publiée par Robert Hogg (*the Fruit manual*, édition de 1875).

Chez les BELGES, en ce genre de fruit le chiffre égale, croyons-nous, celui qui vient d'être porté à l'actif des arboriculteurs anglais. On constate effectivement qu'en 1865 les Pépinières — inexploitées aujourd'hui — de la Société Van Mons possédaient 100 variétés de Cerisier, dont 24 seulement furent caractérisées dans les *Annales de pomologie* que dirigeait Alexandre Bivort, récemment décédé. Il est donc probable, pour ne pas dire certain, que depuis douze ans nos confrères de Belgique auront eu soin de se procurer la plupart des nouveaux Cerisiers introduits ou gagnés dans les cultures étrangères.

Les ESPAGNOLS, sur les fruits desquels on ne saurait obtenir de sérieux renseignements, ne semblent pas très-bien pourvus de Cerises. Le *Catalogue* pour 1876 de l'un des notables arboriculteurs du pays, D. F. Robillard, de Valence, n'en signale que 42 variétés.

Et l'on doit penser qu'il en est ainsi des ITALIENS, puisque le directeur du Jardin fruitier de la principale Société d'Horticulture de leur royaume, celle de Florence, en 1862 n'avait encore inscrit sur son *Catalogue*, que 23 Cerisiers.

Pour les FRANÇAIS, pendant la première moitié du XIXe siècle leurs pépiniéristes négligèrent beaucoup la culture du Cerisier, préoccupés qu'ils étaient d'accroître surtout leurs collections de Pommiers et de Poiriers, que les gains provenant d'innombrables et perpétuels semis, rendaient journellement incomplètes. Aussi eût-il été très-difficile, même en 1840 et chez les plus connus d'entr'eux, de se procurer les 67 variétés de Cerises qui déjà, nous l'avons établi dans le précédent paragraphe, existaient en France avant 1799. Çà et là dispersées, notamment au Jardin des Plantes, au Jardin du Luxembourg, à la Pépinière du Roule, puis dans les écoles de quelques arboriculteurs parisiens, la plupart de ces variétés mirent un assez long temps à pénétrer dans nos départements. On en jugera par les chiffres ci-dessous, extraits de mes divers *Catalogues* commerciaux, que pourtant je m'efforçais de grossir annuellement de toutes les nouveautés :

CATALOGUE DE	1808.	*Variétés inscrites au genre*	CERISIER.........	26
—	1837.	—	—	22
—	1841.	—	—	27
—	1846.	—	—	49
—	1849.	—	—	62
—	1852.	—	—	77

Ainsi, le fait est constant, il ne fallut pas moins d'un demi-siècle, à partir de 1799, pour que nos principaux établissements arboricoles fussent en possession d'une soixantaine d'espèces ou variétés de Cerisier. Mais ensuite, sous l'influence de continuelles importations allemandes, américaines, anglaises, belges, italiennes, plusieurs de ces établissements doublèrent en vingt-cinq ans le nombre de leurs variétés de Cerises. Et là encore mes *Catalogues* peuvent éclairer sur le mouvement qui caractérisa cette progression :

CATALOGUE DE	1855.	*Variétés inscrites au genre*	CERISIER.........	95
—	1858.	—	—	102
—	1865.	—	—	118
—	1868.	—	—	135
—	1875.	—	—	125
—	1877.	—	—	159

Aujourd'hui quelques écoles de Cerisiers dépassent donc en France, et de beaucoup, la 100ne de variétés. On annonce même qu'il en est une où ces dernières montent à plus de 300....... Loin d'être enviable, un tel nombre, disons-le vite, devrait au contraire effrayer les horticulteurs, si de ces centaines de variétés, fort heureusement, la moitié n'était dénuée de mérite, ce qui conseille d'en abandonner la culture aux seuls collectionneurs. Pour nous, que cette regrettable manie de courir maintenant après le nombre, et non après la valeur des variétés, place dans la coûteuse obligation de consacrer, à leurs types, des hectares entiers, nous avons pris le parti de ne multiplier en pépinière que ceux dont les qualités assurent la vente, et de laisser les autres confinés dans l'école, en les tenant, néanmoins, à la disposition du public par l'envoi de rameaux propres à la greffe.

Quant à l'étude historique et synonymique des Cerises, les pomologistes français ont consciencieusement essayé, ces quarante dernières années, de la mettre au niveau des récentes monographies publiées sur les Poires et les Pommes; mais ils sont loin, vu le chiffre exagéré de Cerisiers nouvellement importés, d'avoir caractérisé la majeure partie des variétés entassées présentement chez quelques pépiniéristes, et surtout d'en avoir précisé l'origine et la synonymie. Le tableau ci-dessous va montrer, du reste, quelle part ont prise à l'établissement de l'histoire du Cerisier, de 1839 à 1874, nos écrivains horticoles les plus estimés :

Auteurs.	Titre de l'Ouvrage et date de l'Édition.	Variétés DÉCRITES.	Synonymes SIGNALÉS.
Louis Noisette	1839. Le Jardin fruitier	54	12
Poiteau	1846. Pomologie française	26	17
Alexandre Bivort	1847. Album de pomologie 1860. Annales de pomologie belge et étrangère	24	38
Paul de Mortillet	1866. Les Meilleurs fruits	106	320
Congrès Pomologique	1874. Pomologie de la France	28	221
Alphonse Mas	1874. Le Verger	80	164

De ces écrivains, Alphonse Mas et Paul de Mortillet sont les seuls qui véritablement aient produit un travail utile, original, sur le Cerisier; aussi doit-on regretter qu'ils s'y soient assez peu préoccupés des synonymes, cette incurable plaie de l'arboriculture.

Ce Dictionnaire comblera-t-il une telle lacune?...

Espérons-le, puisqu'on y décrit 127 espèces et variétés de Cerises auxquelles sont *rattachés authentiquement* 914 *surnoms :* soit, d'une part, 594, et, de l'autre, 750 synonymes de plus que n'en a signalé chacun des deux auteurs que je viens de mentionner.

II

CULTURE.

---

§ Ier. — Temps Anciens.

Nous l'avons dit en parlant de l'Abricotier (1), des agronomes *romains* Palladius est celui qui a le plus clairement exposé les pratiques en usage, chez ses concitoyens et chez les *Grecs*, pour la culture du Cerisier. Traduisons donc, de son *de Re rustica*, le passage relatif à ce genre d'arbre fruitier, puis faisons-le suivre des observations que rendront nécessaires plusieurs des procédés alors en vogue :

« Le Cerisier — écrit Palladius — aime les climats froids et les sols humides. Il végète mal dans les régions tempérées, aussi ne saurait-il supporter la chaleur. Les collines, les contrées montagneuses lui conviennent parfaitement. En octobre ou novembre on transplante des pieds de Cerisier sauvage, pour, aux premiers jours de janvier, les greffer lorsqu'ils sont bien repris. On peut encore créer une pépinière de Cerisiers en semant, au cours de ces mêmes mois, des noyaux, qui germeront très-facilement. Un fait m'a révélé, du reste, à quel point cet arbre pousse avec promptitude : j'ai vu, dans un vignoble, se changer en sujets des bâtons de Cerisier dont je m'étais servi pour échalasser. Les noyaux de Cerises pourraient, cependant, n'être mis en terre qu'au mois de janvier. C'est en novembre qu'on greffe le plus avantageusement le Cerisier ; toutefois, mais par nécessité, on le greffe également à la fin de janvier. D'aucuns assignent aussi le mois d'octobre pour cette opération, que Martial prescrit d'accomplir sur le tronc. Quant à moi, c'est entre l'écorce et le bois, que je l'exécute, et toujours avec succès. Ceux qui, comme Martial, pratiqueraient la greffe sur le tronc, enlèveront le duvet dont est chargé ce dernier, sous peine de n'obtenir qu'un mauvais résultat........ Au dire du même auteur on peut, de la façon suivante, faire naître des Cerises dépourvues de noyau : Couper à deux pieds du sol quelque jeune Cerisier ; le fendre jusqu'à la racine ; détruire, avec un râcloir en fer, la moelle de chacune des parties, puis aussitôt les rapprocher à l'aide de ligatures ; ensuite, bien enduire de fumier le dessus du tronc et les fentes longitudinales, qui sous un an seront cicatrisées. Et c'est alors qu'on greffera cet arbre, mais d'un rameau n'ayant encore produit de fruit, et qu'on récoltera, d'après Martial, des Cerises qui n'auront pas de noyau........ Il est impossible de greffer le Cerisier, ni tout autre arbre à gomme, quand celle-ci

(1) Même volume, page 21.

commence à fluer ; il le faut faire avant ou après la période d'écoulement. On l'ente sur lui-même, ou sur le Prunier, ou sur le Platane, puis également, d'aucuns le prétendent, sur le Peuplier. Les fosses profondes, beaucoup d'espace, de fréquents bêchements, voilà ce qu'il aime. Ses branches pourries et ses branches sèches doivent être enlevées ; celles trop près à près, seront éclaircies. Enfin, haïssant le fumier, il dégénère sous son action. » (*De Re rustica*, lib. XI, cap. XII.)

Telle fut, pour la culture du Cerisier, la méthode suivie par les Grecs et par les Romains. Quoiqu'assez rationnelle, comparée aux superstitieuses pratiques dont ces peuples usèrent à l'égard des Poiriers, des Pommiers et des Vignes, elle laisse cependant large place à la critique.

Que penser, par exemple, de ces bâtons de Cerisier avec lesquels Palladius échalassait sa vigne, et qui, tout aussitôt se racinant, devenaient des arbres ?..... Affirmons-le, pareil fait, en tant qu'il se puisse produire, ne sera jamais que très-exceptionnel.

« Greffez en janvier le Cerisier sauvage..... » Si le conseil n'était point irraisonnable, il exigeait au moins ce complément : Greffez surtout pendant l'automne, alors que la sève s'affaiblit déjà.

Mais c'est sur ce chapitre de la greffe du Cerisier, que les arboriculteurs romains donnent lieu particulièrement à sérieuse rectification :

Ainsi Palladius assure que les Pruniers, Platanes, Peupliers, sont propres à recevoir, à faire vivre la greffe du Cerisier ; et Pline prête au Laurier cette même faculté, également attribuée à l'Orme, par Virgile.... Rire de semblables accouplements arboricoles suffirait-il pour en prouver la complète inutilité ? Non. Plus sage est donc d'affirmer que maintes fois nous nous sommes efforcé de les rendre féconds, sans jamais y réussir, même à l'égard du Prunier, dont les affinités botaniques avec le Cerisier sont cependant très-grandes.

Et la Cerise sans noyau ?..... Malgré l'autorité de Martial, son promoteur, je dirai que l'application des moyens indiqués pour l'obtenir, permettra, non d'en faire la cueillette, mais de promptement jeter au feu l'arbre mutilé qui devait si bien lui donner naissance.

Quant à la prétendue répulsion du Cerisier pour le fumier, elle s'est, il le faut croire, profondément modifiée depuis ces temps reculés, puisqu'aujourd'hui cet arbre, loin de se montrer réfractaire à l'engrais, ne végète jamais mieux que lorsqu'on le gratifie d'une bonne fumure. Aussi chaque année, en mars ou février, dispensons-nous abondamment, dans nos pépinières, le fumier aux jeunes Cerisiers.

Au XVIe siècle si l'on avait, en *France*, répudié partie des superstitieux procédés de culture que nous venons de signaler, néanmoins on en pratiquait encore qui n'étaient pas sans valoir fâcheusement ceux des Romains. Citons-en quelques-uns :

Entr'autres conquêtes pomologiques, rêvant de Cerises à longue conservation et à chair fort épicée, nos confrères d'alors (1500) se livraient, pour essayer d'en obtenir, aux manipulations arborico-culinaires ci-après, que leur recommandaient divers maîtres ès sciences agronomiques :

« Pour faire que les Cerises soyent comme bonnes espices au manger, et qu'on les puisse garder jusques aux nouvelles, entez en franc meurier, et mouillez, à l'enter, la greffe en miel, et mettez-y un peu de pouldre de bonnes espices, comme clou de giroffles, muguettes et canelle. » (*Traictez utiles et delectables de l'agriculture*; 1560, p. 74, verso.)

Moins ambitieux, certains jardiniers se bornant à désirer la possession de « Cerises bonnes à manger jusques à la Toussaint, » greffaient, selon les enseignements des auteurs de *la Maison rustique* (1589), les docteurs Estienne et Liébault, « le Cerisier sur franc Meurier » puis « sur Sauger, » espèce de Poirier sauvage ainsi nommée pour la viscosité blanchâtre de son feuillage, qui rappelle celui de la Sauge commune. — Est-il besoin d'ajouter que la *Désillusion*, en fait de Cerises tardives, sortit seule de cette tentative insensée !

Et ce fut elle aussi qui très-souvent dut visiter les partisans d'un genre de culture forcée préconisé, pour les Cerises, par les susdits docteurs :

« Si l'on veut — expliquaient-ils — *avancer* et *haster* le fruict des Cerisiers, faut leur mettre de la chaux au pied, ou arrouser fréquemment d'eau chaude leurs racines ; mais tel fruict est abastardi, tenant bien peu de sa bonté naturelle. » (*Ibidem*, p. 211, verso.)

Qui ne sent, en effet, tout ce qu'avait de funeste, d'anormal, cet adjuvant végétatif ! Non-seulement, nous dit-on, il enlevait aux Cerises saveur et qualité, mais de plus — ce qu'on n'avoue pas — il desséchait, il brûlait rapidement les racines des arbres ainsi traités.

Toutefois, empressons-nous de le démontrer, certains professeurs d'arboriculture rachetèrent en ce XVIe siècle, par nombre d'excellents conseils, les pitoyables pratiques que d'aucuns continuaient à vulgariser.

S'agissait-il d'*affier* le Cerisier, c'est-à-dire de le multiplier par boutures ou marcottes, voici ce qu'avec raison prescrivait le frère Davy (1560), moine en l'abbaye Saint-Vincent du Mans :

« Pour affier les Cerisiers aygres qui croissent communement es jardins, supposé qu'ils pourroyent bien venir de noyaux. Et pourtant mieux vault prendre des petis cyons cheveluez qui sortent des racines des grans Cerisiers, et les planter, car plustost seront venus, que de noyaux. Mais que ce soit tandis qu'ils seront encores jeunes et petis, comme de deux ou trois ans, car quand ils sont gros ils ne prouffitent pas si tres-bien, au moins il les fauldroit bien esbrancher avant que les replanter. » (*De la manière de semer et faire pépinières de sauvageaux, enter de toutes sortes d'arbres, et faire vergers*; édit. de 1560, f° 89, recto.)

La multiplication des Heaumiers, ou Bigarreautiers, ce même religieux voulait qu'elle fût pratiquée de la façon suivante, qui ne s'éloigne en rien des procédés actuels :

« Pour affier toutes manieres de Heaumes, faut avoir des greffes d'icelles arbres puis les enter en Guygniers sauvages et en Cerisiers aygres qui croissent es jardins, et le fruict en sera bon et franc, car les noyaux et gettons sauvages sont bons, entez d'autres..... Le Cerisier aygre, de sa nature ne dure point si longtemps comme le Heaumier [ou Bigarreautier] ; et aussi ne pourroit grossir assés suffisamment pour bien nourrir les greffes du Heaumier qu'on y a entées. Et adonc [alors], quand ilz sont provignés [marcottés], les greffes du Heaumier qu'on y a entées et provignées, se cheveluent et prennent racines en terre, tellement que l'arbre s'en peult nourrir. Et si vous ne les coupez point d'avecques la souche, ils en profiteront plus facilement, et pourrés assés congnoistre quand ils jetteront cyons de leurs racines, lesquels seront du Heaumier, et lesquelles devés prendre. Au regard des autres Heaumiers qui sont entés sur Guygniers sauvages, ou vous les provignés ou non, elles durent assés longtemps. » (*Ibidem*, f°s 90 recto, 92 verso, et 93 recto.)

Enfin Nicolas du Mesnil, répondant aux aspirations les plus fantaisistes des amateurs de greffes exceptionnelles, en 1560 leur indiquait le moyen — mais c'était jeu de prestidigitateur, et voilà tout — de faire mûrir Cerises et Raisins sur un même arbre :

« Sy tu veulx — écrivait-il — que sur un Cerisier croissent raisins, plante un sep ou chef de Vigne pres du Cerisier, pertuise le Cerisier à une tariere de la grosseur de la Vigne, et, aprés, tire de ladicte Vigne par ce trou, tellement qu'il y ait au moins deux ou trois neuz oultre le trou, et pele ce qui demourra dedens l'arbre, à fin que la substance de l'arbre et du sep se puissent plus legierement joingdre l'un avecque l'autre. Et, aprés, estoupez tres-bien le trou d'un costé et d'autre, à fin que air n'y puist entrer. Et, au bout de trois ans, povez ledict sep couper par derriere, si portera ledict arbre raisins avec son fruict, et tout yssir et croistre d'une tige. Et se doit faire, l'incision, en mars, combien qu'il semble que aprés vendenges l'on doit faire l'intrusion, et en mars l'incision, à fin que les boutons, en boutant dedens, ne soyent rompus. » (*L'art d'enter, planter et cultiver jardins*; 1560, f° 123, recto et verso.)

Tout en rappelant la greffe par approche, ce procédé n'en saurait, cependant, porter le nom. Pouvait-il amener d'autre résultat que celui de tromper plus ou moins longtemps les yeux du vulgaire? Non, puisque le cep de vigne ainsi logé mourait aussitôt séparé de son tronc, la séve du Cerisier dans lequel on l'avait emprisonné étant impropre à le nourrir.

Mais du reste, en ce siècle, on s'engoua réellement du Cerisier. Olivier de Serres, toujours si sérieux, affirme même que cet arbre remplaçait alors le buis, l'if et le charme dans la plantation des labyrinthes dont nos pères se montrèrent tellement enthousiastes, qu'entr'eux c'était lutte à qui posséderait le plus beau. Aussi le seigneur du Pradel vante beaucoup celui créé par le connétable de Montmorency en ses jardins d'Alès (Dauphiné), et le vante surtout pour les interminables palissades de Cerisiers dont il était uniquement formé. Choix bizarre, n'est-il pas vrai, et qui montre à lui seul combien chez nous, n'importe en quel sujet, la *mode* fut puissante à toutes les époques?

§ IIe. — Temps Modernes.

A partir de la seconde moitié du XVIIe siècle, l'arboriculture fruitière s'étant, en France, généralement perfectionnée, le Cerisier profita de ce progrès, mais de façon assez restreinte, d'abord, la fugacité de ses produits longtemps lui ayant nui dans l'esprit des jardiniers, qui regardaient le Pêcher, le Poirier, la Vigne, et même le Pommier, comme races infiniment plus précieuses.

Moins exclusif, l'abbé le Gendre — dont maintes fois déjà j'ai fait ressortir la remarquable science arboricole (1) — se passionna d'égale ardeur pour tout ce qui portait fruit ; aussi son Manuel fut-il réellement, jusqu'à l'époque de Duhamel (1768), le principal livre à consulter, soit sur l'organisation d'une pépinière, soit sur l'entretien d'un verger.

Si donc nous voulons savoir quels étaient, sous Louis XIV et Louis XV, les meilleurs soins qu'on put donner au Cerisier, c'est uniquement à ce savant et zélé praticien qu'il faut le demander :

« Pour faire — expliquait-il en 1653 — des pepinieres de Cerisiers et autres fruits rouges, plantez des rejettons de Merisiers blancs et rouges, à cause que leur seve est plus douce et plus nourrissante que celle des Merisiers noirs. Il y a neantmoins de certains Merisiers rouges dont le fruit est amer, sur lesquels les Cerisiers et les Bigarotiers estant greffez, y deviennent aussi forts et aussi grands que sur les autres, mais il s'y forme un gros nœud à la jointure de la greffe, qui gaste la beauté de l'arbre, et monstre que cette sorte de Merisier a la seve plus aigre et plus amere, puisque sa tige ne peut grossir à proportion de la greffe. — Pour enter des Cerises precoces, le meilleur plant est celuy des rejettons de Cerisiers hastifs, d'autant qu'elles en meurissent plustost. Il est vray qu'elles n'y viennent pas si grosses ny si belles, et que l'arbre mesme ne s'y fait pas si puissant comme lors qu'elles sont greffées sur de bons Merisiers. Le plant de Cerisier est aussi meilleur que celuy de Merisier pour y greffer de grosses Griotes ; parce que, comme cette espece d'arbre fleurit ordinairement beaucoup, et rapporte peu, elle charge davantage sur le Cerisier et y conserve mieux son fruit, à cause que sa seve n'est pas si abondante que celle du Merisier. » (*La Manière de cultiver les arbres fruitiers* ; 2e édition, pp. 22-23.)

Ici, la critique ne saurait rien dire ; tout au plus peut-elle faire observer qu'actuellement la méthode d'utiliser les rejetons du Cerisier, est abandonnée : on sème des noyaux de Guignes, et leur plant sert de sujet.

Mais achevons d'interroger le bon curé :

« Les Cerisiers et les autres fruits rouges — ajoutait-il — se plaisent dans la terre douce et sablonneuse, parce que leurs racines sont délicates, qu'elles courent à fleur de terre ..... Quand ils sont, et les Bigarrotiers, greffez sur le Merisier, qu'ils soient à haute tige ou à buisson, il les faut planter à trois toises les uns des autres. Et si les Cerisiers sont greffez sur d'autres Cerisiers de racine, parce qu'ils ne poussent pas tant de bois, il suffit de les espacer à douze ou quinze pieds, selon la bonté de la terre ..... Ils ne doivent point estre recoupez ny arrestez par le haut, mais seulement nettoyez et déchargez de bois par le dedans ; et par cette raison ils ne sont pas propres à retenir en buisson. » (*Ibidem*, pp. 92, 137-138 et 204.)

Là règne encore une grande expérience ; et de tels conseils, suivis, ne purent jamais amener que d'excellents résultats. Dans les terres humides et fortes, le Cerisier végète si mal, en effet, qu'il ne tarde pas à périr. Quant à la greffe « sur Cerisier de racine, » comme dit notre curé, elle n'est plus pratiquée pour les arbres élevés sous petites formes ; aujourd'hui

(1) Voir notamment, de ce *Dictionnaire*, les tomes : Ier, pp. 57-59 ; IIIe, pp. 39-41 ; et Ve, pp. 25-26.

le Mahaleb remplace à peu près partout, chez les pépiniéristes, cet autre sujet, dont l'emploi, du reste, ne saurait être blâmé.

Le Gendre, quoiqu'il ait été le premier, peut-être, à propager l'usage de l'espalier, s'abstint cependant de préconiser cette forme pour le Cerisier. Jean de la Quintinye fut loin aussi de s'en montrer partisan :

« Il ne faut mettre en espalier — déclarait-il vers 1688 — ni les Cerises, ni les Griotes, ni les Bigarreaux, à moins qu'ayant une quantité si grande de murailles, que pour ainsi dire on n'en sçache que faire, on ne se résolve, par curiosité, d'y mettre quelques arbres de ces sortes de fruits. » (*Instruction pour les jardins fruitiers et potagers* ; 1re édition, 1690, t. Ier, p. 403.)

Présentement, un peu revenu de cette exclusion, sauf pour les Bigarreautiers et les Guigniers, on n'hésite pas, afin d'obtenir de très-belles ou de très-précoces Cerises et Griottes, à recourir à l'espalier en le plaçant soit au levant, soit au midi, et souvent on en est assez bien récompensé.

En 1712 un magistrat d'Orléans, Angran de Rueneuve, auteur d'*Observations sur l'agriculture et le jardinage*, conseillait, lui, d'employer le moyen suivant pour récolter de grosses Cerises excessivement tardives :

« Ceux qui voudront — écrivait-il — avoir des Cerises qui puissent se conserver à l'arbre plus de deux mois et demi plus tard que les autres, le feront planter à l'exposition du septentrion, et à l'abri d'un mur fort élevé. On pourra y recueillir d'excellent fruit, et fort gros, au 15 ou au 20 septembre, pourvu que cet arbre porte des Cerises naturellement tardives, et qu'il ait esté greffé au bas de la tige, s'il est à haute tige. » (Tome Ier, pp. 58-59.)

Que dire de ce procédé ?... Qu'en désaccord complet avec les lois de la physiologie végétale, il n'eût certes été recommandé ni par l'abbé le Gendre, ni par la Quintinye. Si l'exposition nord, chacun le sait, rend un peu plus tardive la maturité des produits du Cerisier, elle ne saurait toutefois, en aucun cas, la retarder de deux mois et demi ; d'ailleurs elle deviendrait, par son humidité surtout, excessivement nuisible à la prospérité, à l'existence même de l'arbre. Il est donc sage de ne point user du procédé du magistrat orléanais.

Avec Duhamel, mort en 1782, la culture de nos arbres fruitiers fit de nouveaux progrès. Le constater par quelques extraits de ses nombreux ouvrages, me semble inutile, les traités arboricoles de cet agronome, de ce botaniste, étant très-répandus, et la méthode qu'il y enseigne ne différant nullement, quant au Cerisier, de celle usitée de nos jours. Mieux vaut reproduire divers faits et renseignements curieux sur la culture et sur le prix des Cerisiers aux environs de Paris, faits et renseignements consignés dans un recueil, assez rare, publié en 1779 par M. de Calonne, qui s'y montre le digne émule de Duhamel :

« Les Merisiers — dit M. de Calonne — lèvent de noyaux de Merises dans les bois ; les habitans de Villebois et de Palaiseau se chargent du soin de les enlever, ce qu'ils font sans que leurs racines en souffrent. Ils viennent ici (à Vitry-sur-Seine) pendant l'hiver les exposer, les dimanches et fêtes, dans la place près l'église ; *ils les vendent* 20 *sols le cent.* Le plant le plus menu est le meilleur, comme étant le plus jeune ; deux ans après, les Merisiers basses tiges sont greffés, et les hautes tiges, qui doivent être plus forts, reçoivent la greffe quand ils ont quatre à cinq ans ..... Les *hautes tiges se vendent ordinairement* 20 *à* 25 *sols chacune, les demi-tiges* 12 *à* 15 *sols, et les nains* 8 *sols ;* ces prix augmentent quelquefois, quand les espèces sont rares ..... Les soins qu'exigent ces jeunes arbres, sont de leur donner de légers labours pendant l'été, de couper, dans l'hiver, les nids de chenilles qui s'y attachent, et de les garnir, au commencement de l'automne, de paille d'avoine pour empêcher que leur écorce ne soit rongée. Des femmes du pays s'acquittent de ce travail, pour lequel elles reçoivent 16 *livres par arpent,* en leur fournissant la paille. » (*Essais d'agriculture ..... et sur les pépinières et les arbres fruitiers*, 1779, pp. 111, 112, 114, 117.)

Donnons maintenant, comme conclusion de ce chapitre, un résumé des procédés le plus en usage, aujourd'hui, pour la culture du Cerisier, mais qu'il soit très-succinct, en raison même de l'étude rétrospective que nous venons de présenter :

Le Cerisier redoutant uniquement les argiles humides et compactes, peut être planté dans presque tous les terrains, pourvu qu'ils soient sains. Quand on le destine au verger, où rarement il est soumis à la taille, on le greffe, pour tige ou plein-vent, ou pour buisson, sur le Merisier sauvage, et sur le Mahaleb, pour pyramide ou pour gobelet, s'il doit figurer au jardin. Le désir de le rendre plus précoce, et de lui voir rapporter de plus volumineux fruits, peut seul engager à le mettre en espalier, soit au levant, soit au midi.

Dans le verger, cet arbre veut être débarrassé, mais avec circonspection, de son bois inutile, puis aussi, rajeuni, c'est-à-dire raccourci en tête lorsqu'il commence à s'épuiser ; opération qui lui rend de vigoureuses branches, devenant productives dès la seconde année. Ceci, par exemple, concerne les Cerisiers à fruit acide, et *nullement* les Guigniers et les Bigarreautiers, qu'une taille trop courte ou trop répétée ferait, au contraire, bientôt périr en provoquant l'écoulement du suc gommeux.

Quant aux *Maladies des Cerisiers* : Gomme, Ulcères, Pourriture des Racines, Blanc, Carie, Coups de Soleil — quant aux *Parasites des Cerises :* Oiseaux, Chenilles, Pucerons — je renvoie pour le traitement des unes et l'élimination ou la destruction des autres, à nos professeurs d'arboriculture, qui tous en ont parlé dans leurs différents ouvrages.

III

USAGES ET PROPRIÉTÉS DU CERISIER.

§ Ier. — Fruit.

La Cerise me paraît avoir joué de tout temps un rôle non moins actif en médecine, qu'en gastronomie. Grecs et Romains la recherchèrent avidement pour leurs tables, mais peut-être la prisèrent-ils plus encore pour leur santé, les disciples d'Hippocrate lui prêtant alors des vertus merveilleuses contre nombre de maladies. Dioscoride, Pline et Claude Galien, entr'autres, sont à cet égard d'un accord parfait.

Loin de s'affaiblir avec les siècles, la confiance dans l'action médicatrice des Cerises s'accrut beaucoup, au contraire, pendant et après le moyen âge. C'est ainsi qu'en 1110 les docteurs de l'École de Salerne (Italie) vantaient hautement les diverses qualités de ce fruit, dans un de leurs célèbres aphorismes médicaux qui plus tard (1749), sous la plume de Brunzen de la Martinière, du latin passait en français dans les piètres vers que voici :

La Cerise a pour la santé
Plus d'une bonne qualité :
C'est un des meilleurs fruits que produise la terre,
Il purge l'estomac, il forme un sang nouveau,
Et l'amande qu'on trouve en cassant son noyau,
Délivre les reins de la pierre.

Et chez nous on en était, médicalement parlant, à regarder les Cerises comme véritable PANACÉE; témoin les lignes suivantes, extraites du *Grant herbier en françoys*, rarissime compilation imprimée en 1485, et très-précieuse à consulter :

« Les Cerises *Agriotes* — y lit-on — sont bonnes à gens coleriques et jeunes; elles sont froides et seiches au second degré; elles esmeuvent et font venir l'apetit, et confortent l'estomac, et ostent la douleur qui est causée de chaleur et moiteur ..... Les Cerises *Doulces,* de tant comme elles sont plus doulces, de tant sont-elles meilleures, et sont froides et moytes au premier degré. Elles ont vertu de conforter et d'angendrer bon sang et de estraindre lividité du corps qui est seiche. Elles laschent le ventre, et provoquent orine, et font avoir bonne couleur. Elles valent aussi contre la douleur du foye et contre la maladie royale. — Les *Noyaulx* des Cerises, nettoyez de leur escorce, valent contre strangurie et dissurie, et valent aussi pour rompre la pierre ; et pour ces maladies on doit prendre la pouldre de ces noyaux avec vin. — La *Gomme* de l'arbre vault contre dertres rampans et non rampans. Quant on la mesle avec vinaigre, et que on frotte souvent le lieu, ce le garist merveilleusement. C'est chose esprouvée. » (Feuillet xxxviii verso xxxix recto.)

Enfin on leur attribuait encore le pouvoir de diminuer les souffrances des épileptiques et des goutteux :

« Voici chose — disait en 1605 le docteur Mizauld — qui me semble bien memorable : l'eau tirée par distilation des Cerises, peu de temps après qu'elles sont cueillies, mise dans la bouche de celuy qui tumbe du haut mal, toutes les fois que l'accès le prendra, il empeschera la violence et impétuosité du mal. » (*Le Jardin médicinal*, pp. 161-162.)

« Les Cerises — assurait à son tour, en 1683, le docteur Venette — les Cerises sont propres, aussi bien que les Meures, à s'opposer à la cause et au progrès de la Goutte, et l'expérience nous fait voir que les Gouteux reçoivent un sensible soulagement en mangeant de ces fruits, qui tempèrent le foye et qui corrigent l'acrimonie du sang. » (*De l'Usage des fruits*, pp. 41-42.)

Quelle efficacité, dans les diverses maladies ici énumérées, possèdent réellement les Cerises, pour guérir ou soulager ?

Sans s'ériger en critique des nombreuses générations de médecins qui regardèrent les Cerises comme un remède presque universel, il est cependant permis de penser que cette universalité ne fut jamais démontrée, autrement un tel curatif, si simple, si peu coûteux, aurait eu cours à perpétuité dans la thérapeutique ; et personne, aujourd'hui, ne songe à le prescrire. Mais faut-il conclure, de semblable oubli, que la Cerise soit entièrement dépourvue d'action médicatrice? Non certes. Aussi le docteur Couverchel, qui fit paraître en 1852 un remarquable ouvrage sur l'emploi des fruits dans l'alimentation, l'économie domestique, la médecine et les arts, se garde-t-il, avec raison, de refuser aux Cerises toute espèce de propriétés médicales; seulement, celles qu'il leur reconnaît n'ont plus cette importance, cette généralité qu'on leur prêtait encore au XVIIIe siècle : elles sont, au contraire, et très-modestes et fort restreintes. On en va juger :

« Les Cerises — explique-t-il — et notamment celles dites Griottes, bien que généralement laxatives et rafraîchissantes, sont cependant plus nourrissantes que les autres espèces du même genre; cette différence est vraisemblablement due à la proportion plus considérable de principe sucré. On met souvent à profit cette propriété en en conseillant l'usage, lorsque, après des maladies graves, on veut sustenter les convalescents et néanmoins leur tenir le ventre libre. — Le jus exprimé de Cerise, étendu d'eau et désigné dans le régime diététique sous le nom d'*Eau de Cerises*, forme également une boisson qui, dans certains cas, remplace avec avantage la limonade. Le suc de Cerise est, en général, composé d'acide, de gélatine et de sucre dans des proportions qui varient suivant les espèces et le degré de maturation. — Les conserves dites *Marmelade* ou *Pâte de Cerises*, très-agréables et très-saines, sont d'une heureuse indication lorsqu'il s'agit d'entretenir dans un état normal les fonctions digestives chez les enfants et les vieillards, dans la saison principalement où l'alimentation s'effectue, en grande partie, sans le secours des produits végétaux, et notamment des fruits. — Les pédoncules ou queues de Cerises, séchés et infusés dans l'eau, fournissent une boisson ou tisane apéritive et tempérante qu'on administre avec succès contre les rétentions d'urine et l'inflammation des voies urinaires. » (*Traité complet des fruits*, pp. 343, 345 et 346.

De tout temps les Cerises ont été l'objet d'un sérieux mouvement commercial. Dès le XVe siècle, alors que les transports s'effectuaient si lentement, on ne craignait pas dans le Poitou, affirme Jean Champier (1472-1533; *de Re cibaria*, p. 593), d'expédier chaque année aux Parisiens, par chevaux de poste, les plus précoces de ces fruits, qu'on obtenait au commencement de mai, soit en couvrant de chaux le pied des arbres, soit en arrosant d'eau chaude leurs racines (1). Et sous Louis XV, pour un somptueux banquet, 80 de ces mêmes Cerises précoces furent achetées 80 francs, par la ville de Paris, au fameux René de Girardot, mort en 1734, et qui de mousquetaire du Roi s'était fait cultivateur d'arbres fruitiers dans son domaine de Malassis, entre Montreuil et Bagnolet (voir le Grand d'Aussy, *Vie privée des Français*, t. I, p. 227; et Mazas, *Hist. de l'Ordre militaire de St-Louis*, t. I, p. 167). Mais de nos jours on continue d'en tirer très-beau profit, cela ressort des renseignements ci-dessous, provenus de source officielle :

« Les Cerises des départements du Midi — écrivait Jacques Valserre en 1860 — se vendent à Paris à des prix fabuleux, à l'époque où le rayon de Paris n'en a pas encore à envoyer au marché ; on en jugera par le calcul suivant : 1 kilogramme de Cerises est vendu, rendu à Paris, 2 francs dans la seconde quinzaine de mai ; des revendeurs achètent ces premières Cerises pour en garnir des bâtons ornés de feuilles de muguet pliées; chaque bâton porte 6 Cerises du poids moyen de 5 grammes 1/3. On peut donc faire, avec 1 kilogramme de Cerises, 50 bâtons vendus 10 centimes la pièce. Ainsi, de 1 kilogramme de Cerises la revendeuse retire, par la vente des bâtons de Cerises, 5 francs, dont il faut déduire le prix, très-minime, des bâtons et des feuilles de muguet. » (*La Revue d'économie rurale*, 1860, p. 856.)

Chez les Anglais, déclarait en 1802 le pomologue Forsyth (t. I, p. 227), il y a eu des années où certains propriétaires vendaient jusqu'à 3 shillings (3 francs 75 centimes) la livre de Cerises Morello, notre Grosse Griotte à Ratafia. — Du reste, tous ces hauts prix sembleront moins surprenants quand on sera mieux pénétré, par l'examen des nouveaux chiffres que nous allons produire, du développement qu'atteint maintenant sur nos marchés la vente d'un fruit aussi fugace :

En 1856, notamment, M. Husson, chef de division à la Préfecture de la Seine, constatait que Paris avait à lui seul, dans l'année 1853, consommé 14,281,000 kilogrammes de Cerises, Guignes, Bigarreaux, Alises et Merises, au prix moyen de 89 centimes le kilogramme, ce qui représentait une recette de 1,271,009 francs. (*Revue horticole*, 1856, pp. 147-149.)

En 1863 M. Durupt, l'un des rédacteurs du principal recueil que nous possédions sur le jardinage, s'exprimait ainsi dans un article traitant du commerce des fruits en Bourgogne :

« Il y a une quinzaine d'années — disait-il — dans la Côte-d'Or les Cerises se vendaient à peine; maintenant on les y paye 60 centimes le kilogramme. La plupart des marchands les achètent sur place, chez les propriétaires, et en font un grand

(1) Voir pp. 139, 140 et 149 ce que nous avons dit de ce procédé de culture forcée.

commerce. Aussi depuis Dijon et les communes voisines, et en parcourant les vignes jusqu'à Beaune, rencontre-t-on une grande quantité de Cerisiers de très-bonnes espèces qui donnent d'immenses produits. Parmi les localités où l'on en rencontre de première qualité, je citerai Chenôve, qui, chacune de ces dernières années, a vendu pour environ 15,000 francs de Cerises; et, de plus, Marsannay, Couchey, Fissin, Brochamp, Gevray et presque tous les autres pays jusqu'à Beaune. » (*Revue horticole*, 1863, p. 234.)

En 1864 M. Salles, alors préfet de l'Aube, voulant aider à la propagation des fruits en favorisant l'ouverture de cours d'horticulture, adressait aux maires de son département une circulaire dans laquelle nous lisons que « la récolte des Cerises à Saint-Bris (Yonne) avait produit l'année précé« dente, sur une centaine d'hectares, 80,000 francs pour le moins. »

Aujourd'hui, si nous interrogeons sur ce même sujet l'éminent pépiniériste Charles Baltet, de Troyes, il nous répond dans une intéressante revue agricole dont il est le fondateur et le plus zélé rédacteur :

« A Saint-Bris, la vente de la Cerise *Anglaise hâtive,* faite sur place à des courtiers, dépasse annuellement, *et il n'y a pas de frais de culture,* 150,000 francs. Nous retrouvons cette variété dans la Charente, l'Aube et la Côte-d'Or, apportant l'aisance au cultivateur ..... La *Montmorency,* sa réputation est faite en Champagne ; de Mareuil (Marne) on la transporte à la gare de Port-à-Binson, et cinq ou six wagons de petits paniers de Cerises partent chaque jour vers la Capitale. Dans les Ardennes, du côté de Tourteron et du Chesne, plusieurs villages en vendent *chacun* pour 100,000 francs au minimum ; le tout à destination de Londres. L'Aisne, l'Oise, la Somme ont des localités qui équilibrent leur budget par la seule production du Cerisier planté sur des terrains communaux. Enfin, sans pénétrer dans le petit jardin de l'amateur, disons que des récoltes vendues 50, 60, 75 francs, à forfait ou en détail, d'un *Guignier Précoce,* d'un *Bigarreautier Napoléon,* ne sont pas rares dans nos parages. » (*Le Nord-Est agricole et horticole,* 1876, n° 5, pp. 66-67.)

Ajoutons enfin que dans les environs d'Angers on commence aussi à tirer un bon parti des Cerises, puisque notre gare en expédie pour le moins, annuellement, 80,000 kilogrammes, qui, livrés à 40 centimes l'un, représentent une somme de 32,000 francs.

De tels chiffres montrent bien, n'est-il pas vrai, que si, ces derniers siècles, déjà l'on vendait au poids de l'or *une* espèce de Cerise *très-précoce,* nous en vendons présentement *nombre* de variétés *de toute sorte* à des prix fort rémunérateurs, et qu'ainsi la culture du Cerisier peut procurer, sans courir le moindre risque, de notables bénéfices. Avis donc, non-seulement aux jardiniers, mais encore aux agriculteurs et aux petits propriétaires.

Les Romains, pour conserver leurs Cerises, les faisaient sécher au soleil, ou, comme l'olive, les gardaient en baril. Gorgole de Corne, agronome florentin, indiquait en 1560 un moyen de les maintenir à l'état naturel pendant plusieurs mois. Le voici, mais sans garantie d'efficacité :

« Lorsque vous vouldrez — expliquait-il — garder les Cerises, quand elles seront meures couvrez-les de demy pied d'espesseur de terre grasse de quoy l'on faict les potz, et les pendez au vent en lieu couvert où la pluye ne puisse cheoir. Et quand vous les vouldrez manger, mettez-les tremper en eaue et puis les lavez très bien ; vous les trouverez telles comme quand les luy mirent, fust en Karesme ou à Pasques. » (*Traité de la manière d'enter, planter et nourrir arbres*, 1560, pp. 79-80.)

Johann Mayer, le célèbre arboriculteur et pomologue allemand, a consigné dans sa *Pomona franconica* un autre procédé que le hasard seul lui révéla, et qui tendrait à permettre de préserver très-longtemps ce fruit de toute décomposition ; aussi lui parut-il digne d'être signalé :

« Un apothicaire — écrivit-il en 1779 — qui vouloit conserver des Cerises dans toute leur fraîcheur, en mît de parfaitement mûres dans un bocal, avec de la cire molle aux jointures du couvercle. Ce bocal tomba par hazard au fond d'un puits, où il fut oublié. Des ouvriers qui y travaillèrent *quarante ans après*, le retrouvèrent. Les Cerises étoient encore bien entières et assez bien conservées contre la pourriture, mais elles avoient complétement perdu leur goût et leur saveur naturelle. » (Tome II, p. 25.)

Les Cerises, sous la main du pâtissier, du confiseur et du distillateur, deviennent presque toutes une source d'alimentation pour nos desserts ; et les gourmets le savent bien, la majeure partie des préparations qu'elles servent à composer, étant vraiment délicieuses. De ce nombre sont surtout les Marmelades ou Pâtes, les Confitures, les Tartes, les Cerises à l'Eau-de-Vie ; celles Glacées, Caramelées ou en Compotes alcoolisées ; puis les Cerisettes, qui, desséchées au soleil ou dans un four, figurent ensuite fort avantageusement à côté des quatre mendiants traditionnels. Mais n'oublions pas le Vin de Cerises, très-apprécié dans les pays chauds, ni le Kirsch, important produit obtenu par la fermentation puis la distillation des merises et de leurs noyaux ; ni le Ratafia, ni le Guignolet d'Angers, liqueurs modestes qui n'en comptent pas moins une infinité d'appréciateurs, ainsi, du reste, que le Sirop de Cerises et que le Marasquin, dont la finesse ne laisse rien à désirer quand il sort des distilleries de Trieste et de Zara, en Dalmatie. (Voir *Petite Griotte à Ratafia* (pp. 302-303) pour renseignements sur le Maraschino.)

§ IIe — Bois.

Dans la famille du Cerisier, le Merisier est l'arbre dont le bois a seul une sérieuse valeur industrielle. Le bois du Mahaleb ou Sainte-Lucie jouit bien de certain renom que lui vaut surtout le parfum très-odorant qu'il dégage, mais son utilité ne saurait se comparer à celle du Merisier : coffrets, étuis, tabatières, plus quelques petits meubles de luxe, sont effectivement les uniques objets qu'il puisse servir à fabriquer. Le Merisier se voit au contraire fort recherché : charpentiers, ébénistes, menuisiers, tourneurs, chaisiers, luthiers, l'emploient avec grand avantage, ce qui en procure un immense débit. Et des jeunes pousses de cet arbre on fait même des échalas et des cercles de qualité supérieure.

IV

DESCRIPTION ET HISTOIRE

DES

ESPÈCES ET VARIÉTÉS DU CERISIER.

CERISES.

NOTA. — **En lisant les descriptions de nos Cerisiers, on devra toujours se rappeler qu'elles sont faites dans la pépinière, et sur des arbres d'un ou deux ans greffés sur Mahaleb ou sur Franc.**

A

1. Cerise ABBESSE D'OIGNIES.

Description de l'arbre. — *Bois :* assez fort. — *Rameaux :* nombreux, étalés, grêles, de longueur moyenne, lisses et non géniculés, lavés de gris cendré à la base et brun verdâtre près du sommet. — *Lenticelles :* clair-semées, arrondies, larges et grisâtres. — *Coussinets :* peu développés. — *Yeux :* écartés du bois, gros, ovoïdes-pointus, ayant les écailles mal soudées. — *Feuilles :* de grandeur moyenne, vert terne, obovales ou ovales-allongées, canaliculées et longuement acuminées, à bords profondément dentés en scie. — *Pétiole :* de longueur moyenne, grêle mais très-rigide, portant de petites glandes aplaties et pour la plupart brunes ou légèrement violacées. — *Fleurs :* assez tardives et s'épanouissant successivement.

Fertilité. — Convenable.

Culture. — De vigueur modérée, le plein vent lui est moins favorable que les formes naines (pyramide, buisson, gobelet, espalier), sous lesquelles il fait de charmants arbres d'une grande régularité.

Description du fruit. — *Comment attaché :* par un, presque toujours. — *Grosseur :* au-dessus de la moyenne, et parfois volumineuse. — *Forme :* globuleuse, comprimée aux pôles et marquée d'un sillon prononcé. — *Pédoncule :* assez court et assez nourri, implanté dans un large évasement. — *Point pistillaire :* petit et légèrement enfoncé. — *Peau :* d'abord rouge clair, elle brunit ensuite plus ou moins, selon l'exposition, quand s'achève la maturité. — *Chair :* tendre et jaunâtre. — *Eau :* abondante, à peu près incolore, acidulée et faiblement sucrée. — *Noyau :* petit, bombé, arrondi, ayant l'arête dorsale peu ressortie.

Cerise Abbesse d'Oignies.

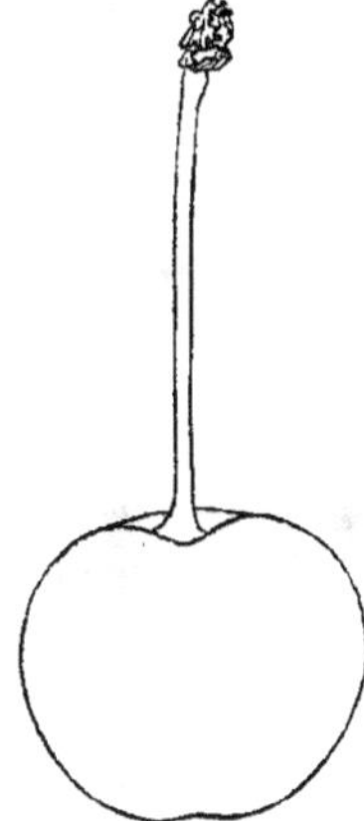

Maturité. — Premiers jours de juillet.

Qualité. — Deuxième.

Historique. — Oignies est un bourg de l'arrondissement de Béthune (Pas-de-Calais); en voyant son nom devenu celui d'un cerisier, on suppose aussitôt que cet arbre provient dudit lieu. Il ne paraît pourtant pas qu'il en ait été ainsi, car nulle abbaye n'a jamais existé dans ce bourg ou ses environs. Alors, comment expliquer la dénomination cerise Abbesse d'Oignies ?.... Je laisse à d'autres le soin d'éclaircir un tel mystère..... Pour moi, les Belges semblent avoir été les premiers propagateurs de cette cerise, qui dès 1854 figurait sur le *Catalogue des pépinières de la Société Van Mons,* parmi les fruits encore à l'étude (p. 52). Je n'en puis trouver mention plus ancienne, et je n'obtins sur elle, quand de Belgique on me l'expédia en 1859, aucune espèce de renseignement.

Observations. — On a dit parfois que cette variété offrait une assez grande ressemblance avec la Grosse-Ambrée, ou Belle de Choisy : c'est une opinion que je ne saurais partager, et je crois qu'après examen des descriptions, ici données, de ces deux cerisiers, on sera complétement de mon avis.

Cerise ACHER. — Synonyme de *Griotte Acher.* Voir ce nom.

Cerise ACIDE DE LA TOUSSAINT. — Synonyme de *Griotte de la Toussaint.* Voir ce nom.

Cerise ADMIRABLE DE SOISSONS. — Synonyme de cerise *de Soissons.* Voir ce nom.

Cerises : d'AGEN,
— AGRIOTTE,
— AIGRE,

} Synonymes de *Griotte Commune.* Voir ce nom.

CERISE AIGRE COMMUNE. — Synonyme de cerise *à Trochet.* Voir ce nom.

CERISE AIGRIOTTE. — Synonyme de *Griotte Commune.* Voir ce nom.

CERISE ALBANES. — Synonyme de *Bigarreau Rouge* (*Gros-*). Voir ce nom.

CERISE ALLEN'S FAVORITE. — Voir cerise *de Montmorency,* au paragraphe OBSERVATIONS.

CERISES : ALLERHEILIGEN,
— ALL SAINTS',

} Synonymes de *Griotte de la Toussaint.* Voir ce nom.

CERISE AMARASCA. — Synonyme de *Griotte à Ratafia* (*Petite-*). Voir ce nom.

CERISES AMARELLES. — Les Allemands ont nommé *Amarellen* leurs Griottes à peau rouge clair, dont plusieurs sont cultivées en France, et c'est ainsi que le mot Amarelle fait maintenant partie, chez nous, de la nomenclature synonymique du genre Cerisier. Dans le Languedoc et la Provence, ce même terme s'appliquait aussi, jadis, au Cerisier, mais à l'espèce sauvage dite, botaniquement, CERASUS SILVESTRIS AMARA. Elle y était appelée : l'arbre, *Amarel,* et, les fruits, *Amarêlos,* noms tirés du latin *amara,* amère, saveur qui distingue, en effet, ces cerises de forêt, tant pour leur chair que pour l'écorce de leur bois, alors réputée fébrifuge excellent. (Voir *Dictionnaire languedocien* de l'abbé de Sauvages, édit. 1785.)

CERISE AMARELLE DOUBLE DE VERRE. — Synonyme de cerise *Rouge pâle* (*Grosse-*). Voir ce nom.

CERISE AMARELLE ROYALE HATIVE. — Synonyme de cerise *de Montmorency.* Voir ce nom.

CERISE D'AMBRE,
CERISIER AMBRÉ A GROS FRUIT,
CERISES : AMBRÉE,
— AMBRÉE DE CHOISY,

} Synonymes de cerise *Ambrée* (*Grosse-*). Voir ce nom.

---

2. CERISE AMBRÉE (GROSSE-).

Synonymes. — 1. CERISE BLANCHE (le Lectier, *Catalogue des arbres cultivés dans son verger et plant*, 1628, p. 32; — et Merlet, *l'Abrégé des bons fruits*, 1667, p. 26). — 2. CERISE D'AMBRE (Nolin et Blavet, *Essai sur l'agriculture moderne*, 1755, p. 158). — 3. CERISIER A FRUIT AMBRÉ (Duhamel, *Traité des arbres fruitiers*, 1768, t. I, pp. 185-187). — 4. CERISIER A FRUIT BLANC (*Id. ibid.*). — 5. CERISE GUINDOUX BLANC (le Berriays, *Traité des jardins*, 1785, t. I, p. 261). — 6. CERISE D'OMBRE (*Id. ibid.*). — 7. CERISE AMBRÉE (Miller, *Dictionnaire des jardiniers*, 1786, t. II, p. 263). — 8. CERISE CŒUR D'AMBRE (*Id. ibid.*). — 9. GROSSE GRIOTTE DOUCE (Pierre Leroy, d'Angers, *Catalogue de ses jardins et pépinières*, 1790, p. 28). — 10. CERISE AMBRÉE DE VILLENNES (Fillassier, *Dictionnaire du jardinier français*, 1791, t. II, p. 581). — 11. CERISE BELLE DE CHOISY (Calvel, *Traité complet sur les pépinières*, 1805, t. II, p. 130, nº 14). — 12. GRIOTTE AMBRÉE DE VILLÈNES (de Launay, *le Bon-Jardinier*, 1808, p. 101). — 13. GRIOTTE AMBRÉE (André Thouin, *Dictionnaire d'agriculture*, 1809, t. III, p. 269). — 14. GRIOTTE COPALE (*Id. ibid.*). — 15. GRIOTTE DE LA PALEMBRE (*Id. ibid.*). — 16. GRIOTTE SUCCINÉE (*Id. ibid.*). — 17. CERISE AMBRÉE DE CHOISY (Thompson, *Transactions of the horticultural Society of London*, 2e série, 1831, t. I, p. 280). — 18. CERISE DOUCETTE (*Id. ibid.*). — 19. GROSSE MERISE BLANCHE (Audot, *le Bon-Jardinier*, 1842, p. 460). — 20. CERISIER AMBRÉ A GROS FRUIT (Thompson, *Catalogue of fruits cultivated in the garden of the horticultural Society of London*, 1842, p. 52, nº 6). — 21. CERISE A NOYAU TENDRE (*Id. ibid.*). — 22. SCHÖNE VON CHOISY (*Id. ibid.*). — 23. CERISE DE LA PALINGRE (d'Albret, *Cours théorique et pratique de la taille des arbres fruitiers*, 1851, p. 325). — 24. CERISE ROYALE AMBRÉE (Couverchel, *Traité complet des fruits de toute espèce*, 1852, p. 348). — 25. CERISE ROYALE ORDINAIRE (*Id. ibid.*). — 26. CERISE BELLE-AUDIGEOISE (A. Royer, *Annales de pomologie belge et étrangère*, 1857, t. V, p. 65). — 27. CERISE DAUPHINE (Robert Hogg, *the Fruit manual*, 1862-1866, p. 78). — 28. CERISE DE LA PALAMBE (Gressent, *l'Arboriculture fruitière*, 1865, p. 498).

Description de l'arbre. — *Bois :* très-fort. — *Rameaux :* des plus nombreux, légèrement étalés, assez longs, un peu grêles, rugueux et géniculés, brun foncé, mais lavés de gris clair à leur base. — *Lenticelles :* très-abondantes, grandes, arrondies. — *Coussinets :* faiblement accusés. — *Yeux :* plus ou moins écartés du bois, coniques, volumineux, aux écailles brunes ou grises et disjointes. — *Feuilles :* très-nombreuses, de grandeur moyenne, ovales, vert brunâtre, planes ou canaliculées, longuement acuminées et régulièrement dentées. — *Pétiole :* gros et court, très-rigide, nuancé de carmin, portant de petites glandes arrondies et rougeâtres qui souvent se trouvent placées à la naissance même de la feuille. — *Fleurs :* assez précoces, s'épanouissant simultanément et devenant fortement rosées lorsqu'elles commencent à passer.

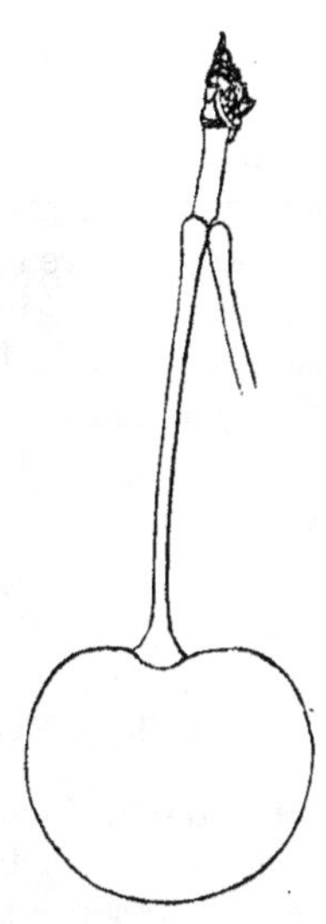

FERTILITÉ. — Médiocre.

CULTURE. — Il fait d'admirables plein-vent lorsqu'on le cultive sur Merisier; cependant les formes espalier, buisson et basse-tige lui sont toujours, sur Mahaleb, beaucoup plus avantageuses sous le rapport de la fertilité.

Description du fruit. — *Comment attaché :* par deux, le plus ordinairement. — *Grosseur :* volumineuse. — *Forme :* globuleuse, légèrement aplatie autour du pédoncule et presque dépourvue de sillon. — *Pédoncule :* de longueur moyenne, assez fort, renflé à ses extrémités, inséré dans une vaste cavité. — *Point pistillaire :* petit et placé dans une très-faible dépression. — *Peau :* transparente, à fond jaune d'ambre, passant, à belle exposition solaire, au rouge clair. — *Chair :* jaunâtre et tendre. — *Eau :* fort abondante, presque incolore, délicieusement acidulée et très-sucrée. — *Noyau :* assez petit, arrondi, uni, à joues bombées, à suture dorsale rarement bien tranchante.

MATURITÉ. — Fin juin.

QUALITÉ. — Première.

Historique. — La cerise Blanche, ou Grosse Cerise Ambrée, l'une des plus anciennes et des meilleures de notre pomone, pourrait bien être originaire de l'Orléanais, ou tout au moins du centre de la France. Je la trouve en effet, avant 1628, cultivée chez le Lectier, procureur du roi à Orléans, et c'est aussi ce grand amateur d'arbres fruitiers qui le premier l'a mentionnée (*Catalogue de son verger*, p. 32). Trente ans après, en 1667, elle s'était rapprochée de la Capitale, où Merlet s'empressa d'en faire une courte description :

« La *Cerise Blanche* — dit-il — est plus rare et curieuse que les autres ; quand elle se passe, elle devient *ambrée*. Il y en a vers Provins, Bray-sur-Seine, et Vendosme. » (*L'Abrégé des bons fruits*, 1667, 1re édit., p. 26.)

De ces diverses localités il lui fallut huit années pour pénétrer chez les Parisiens ; ce que Merlet eut également soin de préciser dans la seconde édition de sa Pomologie :

« La *Cerise Blanche*...... — écrivit-il en 1675 — l'on commence d'en multiplier l'espèce aux environs de Paris, qui attire toutes les raretez, non seulement du royaume, mais aussi des païs étrangers. » (*Ibid.*, 2e édit., p. 22.)

Enfin en 1690 cette même variété fixait une dernière fois l'attention de ce zélé pomologiste :

« Pour estre bonne et douce — faisait-il observer avec raison — elle veut estre long-temps sur l'arbre, et elle n'en est pas moins blanche, ny moins glacée ; je tiens ce fruit un des plus rares et des plus curieux du jardinage. » (*Ibid.*, 3e édit., pp. 12 et 13.)

La grosseur et l'excellence de la cerise Ambrée lui valurent bientôt les honneurs — aux parrains furent les profits — de nouveaux et nombreux baptêmes. Parmi ces noms de mauvais aloi qui vinrent ainsi la déguiser, il en est un surtout — *Belle de Choisy* — dont elle aura peine à se débarrasser. Il date du commencement de notre siècle, et Michel-Christophe Hervy, directeur de la pépinière du Luxembourg, fut en 1805 le premier arboriculteur, croyons-nous, à décrire l'Ambrée sous ce pseudonyme, dans un ouvrage alors en cours de publication : le *Traité sur les pépinières*, d'Etienne Calvel (t. II, p. 136). Hervy ne donna toutefois, sur l'origine de la Belle de Choisy, aucun renseignement ; non plus qu'André Thouin, qui ayant à parler des Cerises, en 1809, s'exprima de la sorte à l'égard de celle-ci :

« Le griottier *de la Palembre*, ou *Doucette*, ou *Belle de Choisy*, n'est pas multiplié autant qu'il le mérite ; Louis XV, grand amateur de cerises, l'avait fait devenir commun dans tous ses jardins, mais il ne s'y est pas conservé. » (*Dictionnaire d'agriculture*, 1809, t. III, p. 270.)

Ainsi, là, notre Belle de Choisy reste toujours fille de parents inconnus ; mais patience, le nom de Louis XV, prononcé par Thouin, permettra bien de lui fournir un père. Et, précisément, quinze ans plus tard (1821) Louis Noisette annonçait :

« Que cette espèce avait été trouvée, *disait-on*, à Choisy près Paris, vers l'année 1760, et que la découverte en était due à M. Gondouin, jardinier du Roi à cette époque. » (*Le Jardin fruitier*, 1821, 1re édition, t. II, p. 21.)

Où Noisette puisa-t-il un tel renseignement?... Il l'avoue : dans un *on-dit* banal mis sans doute en circulation par l'intérêt ou l'ignorance. Cependant sa version, quoique dénuée de toute certitude, fut aussitôt reproduite par plusieurs auteurs. Dès 1824 Pirolle, entre autres, changeant de son autorité privée, dans *l'Horticulteur français* (p. 328), l'on-dit de Noisette en fait avéré, déclara nettement Gondouin obtenteur de la Belle de Choisy. Et pour lors chacun le répéta, chacun crut nouvelle l'excellente cerise, et chacun, surtout, la voulut posséder. L'erreur, ici, a donc été commune. Pour moi, ce n'est qu'en étudiant, ces dernières années, les variétés de cerisier décrites par nos vieux pomologues, que j'ai pu constater l'identité de la Belle de Choisy avec la Grosse-Ambrée, de Duhamel (1768), et l'Ambrée ou Blanche, de Merlet (1667). Mais, et beaucoup le savent, depuis un assez long temps déjà, chez nous ainsi qu'à l'étranger, divers écrivains compétents ont affirmé que la cerise Ambrée caractérisée il y a un siècle par Duhamel, ne diffère en rien de la Belle de Choisy. Alors pourquoi persévérer, quand il s'agit de l'état civil de cette dernière, à produire la date 1760, et la paternité Gondouin?... L'Ambrée possède un âge infiniment plus respectable, je l'ai prouvé; et certes Duhamel, très-consciencieux, très-minutieux même, n'aurait eu garde, en 1768, de passer sous silence, en décrivant ce fruit, sa prétendue naissance à Choisy, au cours de 1760, si réellement elle y avait eu lieu. Toutefois en Allemagne, je dois l'ajouter, une autre provenance a récemment (1860) été assignée à cette Belle de Choisy : M. Langethal, dans le *Deutsches Obstcabinet* (t. III), l'a dite « originaire du Jardin des Plantes de Paris. » Inutile, toutefois, de s'arrêter pour démontrer le manque d'exactitude de ce renseignement, ce qui précède ne l'infirme-t-il pas?... Enfin, pour terminer, je vais rapporter, sans l'appuyer ni la combattre, l'opinion à peu près inconnue qu'en 1862 manifesta, sur la procréation même de ladite variété, un botaniste fort érudit, M. de Boisvillette, aujourd'hui décédé, qui habitait à Douy (Eure-et-Loir) le château de la Boulidière :

« Le Cerisier proprement dit (*Prunus Cerasus*) — écrivait-il — a été la souche de l'espèce appelée Cerise, à Paris; le Merisier indigène (*Prunus Avium*), de la Guigne; et, leur CROISEMENT, de la variété dite BELLE DE CHOISY, et des Heaumiers du Midi. » (*Pomologie rétrospective*, Notice publiée dans le *Bulletin* de la Société d'Horticulture d'Eure-et-Loir, année 1862, p. 50.)

Observations. — Thompson, pomologue anglais des plus appréciés, ayant classé, en cela d'accord avec les Allemands, le nom cerise *à Noyau tendre* parmi les synonymes de la Grosse Ambrée, j'ai dû reproduire ce surnom; mais j'en prends acte pour constater que Duhamel (1768, t. I, p. 174) a décrit chez nous une cerise à Noyau tendre qui n'offre aucune espèce de rapport avec le fruit ici caractérisé. — Cette même cerise Ambrée m'est aussi arrivée, je ne sais plus d'où, étiquetée *Nouvelle d'Angleterre*, nom que Duhamel, en 1768, croyait être synonyme de Cerise-Guigne, variété dont nous donnons plus loin la description.

3. CERISE AMBRÉE (PETITE-).

Synonymes. — 1. PETITE CERISE AMBRETTE (Calvel, *Traité sur les pépinières*, 1805, t. II, p. 159). — 2. PETITE CERISE DORÉE (*Id. ibid.*).

J'ai longtemps possédé dans mon école, cette ancienne variété, remarquable surtout pour ses jolies fleurs doubles et la forme assez particulière de son fruit; mais depuis une dixaine d'années qu'elle n'y figure plus, je la cherche inutilement chez mes correspondants. Elle existe cependant en Allemagne, notamment en Bavière, où le baron de Truchsess, grand amateur de Cerisiers, la cultivait à Bettenbourg dès la fin du XVIIIe siècle. (Voir Calvel, 1805, *Traité sur les pépinières*, t. II, pp. 153 et 159.) Duhamel, qui l'a bien connue, craignant que nos jardiniers ne la confondissent avec la *Grosse Cerise Ambrée*, en donna une courte description en 1768, description que par la même crainte, et pour aider aussi à retrouver chez nous cette vieille variété, nous allons reproduire intégralement :

« La cerise — expliquait Duhamel — qui porte le nom d'AMBRÉE, et à laquelle il appartient le mieux, sa peau étant presque toute d'un jaune ambré, et ne prenant que très-peu de rouge, est de *grosseur à peine médiocre*, un peu allongée, et plus renflée du côté de la queue, que par la tête. Elle n'est pas comparable pour la bonté à la Grosse-Ambrée, et le cerisier qui la produit se cultive plus pour la singularité de son fruit, que pour son utilité. » (*Traité des arbres fruitiers*, t. I, p. 187.)

CERISE AMBRÉE DE VILLENNES. — Synonyme de cerise *Ambrée* (*Grosse-*). Voir ce nom.

CERISE AMBRETTE (PETITE-). — Synonyme de cerise *Ambrée* (*Petite-*). Voir ce nom.

CERISE ANGLAISE. — Synonyme de *Cerise-Guigne*. Voir ce nom.

CERISE ANGLAISE. — Synonyme de cerise *Royale*. Voir ce nom.

CERISES : ANGLAISE HATIVE,
— ANGLAISE (DE POITEAU),
} Synonymes de cerise *Royale hâtive*. Voir ce nom.

CERISE ANGLAISE TARDIVE. — Synonyme de cerise *Holman's Duke*. Voir ce nom.

CERISE D'ANGLETERRE. — Synonyme de *Bigarreau d'Elton*. Voir ce nom.

CERISE D'ANGLETERRE. — Synonyme de *Cerise-Guigne*. Voir ce nom.

CERISE D'ANGLETERRE. — Synonyme de cerise *Royale*. Voir ce nom.

CERISE D'ANGLETERRE HATIVE. — Synonyme de cerise *Royale hâtive*. Voir ce nom.

CERISE D'ANGLETERRE PRÉCOCE. — Voir *Cerise-Guigne*, au paragraphe OBSERVATIONS.

CERISE ARCH DUKE (DE QUELQUES PÉPINIÉRISTES). — Synonyme de cerise *Holman's Duke*. Voir ce nom.

CERISE ARCHDUKE. — Synonyme de *Griotte de Portugal*. Voir ce nom.

CERISE ARCHIDUC. — Synonyme de cerise *Royale*. Voir ce nom.

CERISES : D'ARCHIDUC,
— DE L'ARCHIDUC,
} Synonymes de *Griotte de Portugal*. Voir ce nom.

CERISES : D'AREMBERG,
— D'AREMBERG FISCHBACH,
} Synonymes de cerise *Reine-Hortense*. Voir ce nom.

CERISE AUTUMN-BEARING CLUSTER. — Synonyme de *Griotte de la Toussaint*. Voir ce nom.

CERISE D'AVIGNON TARDIVE. — Voir cerise *Tardive d'Avignon*.

B

CERISE DE BALE. — Synonyme de *Guigne Précoce de Tarascon.* Voir ce nom.

CERISE BELLE-AGATHE DE NOVEMBRE. — Synonyme de *Bigarreau de Fer.* Voir ce nom.

CERISE BELLE-AUDIGEOISE. — Synonyme de cerise *Ambrée* (*Grosse-*). Voir ce nom.

CERISE BELLE DE BAVAY. — Synonyme de cerise *Reine-Hortense.* Voir ce nom.

CERISES : BELLE DE CHATENAY,
— BELLE CHATENAY MAGNIFIQUE,
— BELLE DE CHATENAY TARDIVE,

} Synonymes de *Griotte Commune.* Voir ce nom.

CERISE BELLE DE CHOISY. — Synonyme de cerise *Ambrée* (*Grosse-*). Voir ce nom.

CERISES : BELLE HORTENSE,
— BELLE DE JODOIGNE,
— BELLE DE LAEKEN,

} Synonymes de cerise *Reine-Hortense.* Voir ce nom.

CERISE BELLE D'ORLÉANS. — Voir *Griotte de Portugal,* au paragraphe OBSERVATIONS.

CERISES : BELLE DE PAPELEU,
— BELLE DE PETIT-BRIE,
— BELLE DE PRAPEAU,

} Synonymes de cerise *Reine-Hortense*. Voir ce nom.

4. CERISE BELLE DE RIBEAUCOURT.

Synonyme. — GRIOTTE BELLE DE RIBEAUCOURT (Jacquemet-Bonnefont, d'Annonay, *Catalogue de ses pépinières,* 1858, p. 11, n° 20).

Description de l'arbre. — *Bois :* faible. — *Rameaux :* peu nombreux, légèrement étalés, grêles et courts, lisses, non géniculés, d'un beau brun plus ou moins lavé de gris cendré. — *Lenticelles :* très-clair semées, grandes, arrondies et grisâtres. — *Coussinets :* aplatis. — *Yeux :* sensiblement écartés du bois, volumineux, ovoïdes-pointus, ayant les écailles brunes et disjointes. — *Feuilles :* abondantes, de grandeur moyenne, obovales ou elliptiques, longuement acuminées, planes ou canaliculées, à bords finement et régulièrement dentés. — *Pétiole :* court et fort, très-rigide, quelque peu violacé, portant généralement à sa partie supérieure de petites glandes irrégulières et souvent carminées. — *Fleurs :* assez tardives, petites, des plus nombreuses, s'épanouissant succcessivement.

FERTILITÉ. — Satifaisante.

CULTURE. — De médiocre vigueur, cet arbre prospère mal sous la forme plein-vent, mais il fait de convenables basses-tiges et de passables pyramides.

Description du fruit. — *Comment attaché :* par deux. — *Grosseur :* volumineuse. — *Forme :* globuleuse, comprimée aux pôles. — *Pédoncule :* long, de

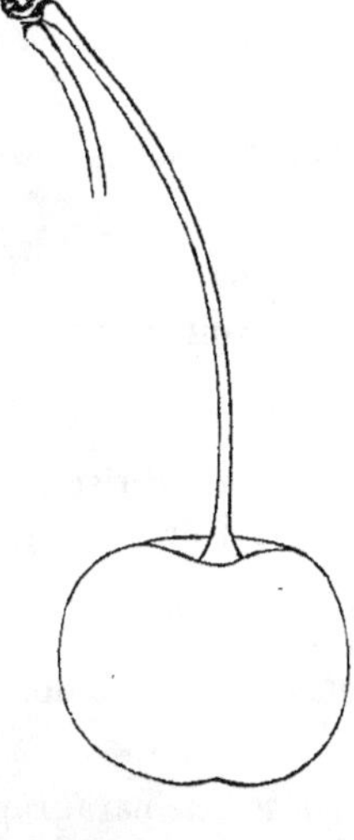

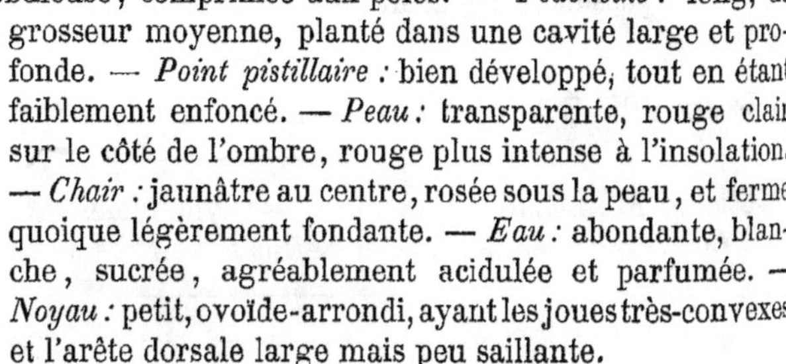

grosseur moyenne, planté dans une cavité large et profonde. — *Point pistillaire :* bien développé, tout en étant faiblement enfoncé. — *Peau :* transparente, rouge clair sur le côté de l'ombre, rouge plus intense à l'insolation. — *Chair :* jaunâtre au centre, rosée sous la peau, et ferme quoique légèrement fondante. — *Eau :* abondante, blanche, sucrée, agréablement acidulée et parfumée. — *Noyau :* petit, ovoïde-arrondi, ayant les joues très-convexes et l'arête dorsale large mais peu saillante.

MATURITÉ. — Vers la mi-juin.

QUALITÉ. — Première.

Historique. — Trois localités appelées Ribeaucourt, existent en France, situées dans les départements du Nord, de la Meuse et de la Somme; le fruit ici décrit provient-il de l'une d'elles? Je n'ai pu le savoir, et même n'ai trouvé son nom porté sur aucun des Catalogues publiés par les divers pépiniéristes de ces départements. M. Jacquemet-Bonnefont, d'Annonay (Ardèche), fut un des premiers horticulteurs qui propagea la Belle de Ribeaucourt, et cela dès 1858 (voir p. 11 de son *Catalogue*). C'est de lui que je la tiens, aussi me suis-je empressé de le questionner, mais sans résultat sérieux. Il m'a dit toutefois l'avoir reçue en 1854 des pépinières de M. Jean-Laurent Jamain, de Bourg-la-Reine, près Paris. Elle commence, du reste, à devenir moins rare chez mes confrères, ce qui ne m'étonne pas, car elle a réellement du mérite.

Observations. — L'ex-Congrès pomologique s'est occupé pendant quatre ans [de 1863 à 1867] d'un prétendu bigarreau *Belle de Ribeaucourt*, qu'en fin de compte il a rayé du rang des variétés, pour l'inscrire en ces termes au rang des synonymes :

« *Bigarreau Belle de Ribeaucourt* (1863). — L'étude en a été confiée à la Société d'Horticulture de Lyon, qui a reconnu que ce fruit est synonyme du Bigarreau à Gros Fruits [le Gros Bigarreau Rouge] ; c'est aussi l'opinion de divers auteurs, entre autres de Lucas. Le Bigarreau à Gros Fruits étant déjà admis par le Congrès, il n'y a plus lieu de s'occuper du Bigarreau Belle de Ribeaucourt. Le Congrès décide alors que ce nom disparaîtra de ses listes, pour être placé comme synonyme à la suite du Bigarreau à Gros Fruits. » (*Procès-Verbaux du Congrès*, session de 1867, p. 65.)

D'après ces lignes, un bigarreau Belle de Ribeaucourt a donc circulé, mais sans papiers réguliers, jusqu'au moment où notre Congrès, l'arrêtant net, s'efforça d'en constater l'identité, et, la chose faite, le condamna à figurer parmi les synonymes du Gros Bigarreau Rouge. Respectant cet arrêt, j'allais à mon tour gratifier du surnom bigarreau Belle de Ribeaucourt, le Gros Bigarreau Rouge, quand je me suis convaincu qu'en 1872 le Congrès s'est entièrement déjugé sous ce rapport, puisqu'il ne mentionne même pas, dans le tome VII de sa *Pomologie*, à l'article bigarreautier à Gros Fruit Rouge, le synonyme par lui signalé en 1867. Il faut alors penser qu'à cet égard méprise avait eu lieu primitivement, chose facile, en pareilles études. Quant à moi, je n'ai reçu sous le nom *Belle de Ribeaucourt*, qu'une seule et même variété, étiquetée d'abord cerisier, puis griottier, et jamais bigarreautier. Je l'affirme d'autant mieux, qu'aucune confusion n'est possible entre arbres d'espèces si différentes.

Cerise BELLE DE SCEAUX. — Synonyme de *Griotte Commune*. Voir ce nom.

Cerises BELLE DE SOISSONS. — Synonymes de cerise *de Montmorency à Courte Queue* et de cerise *de Soissons*. Voir ces noms.

Cerise BELLE DE SPA. — Synonyme de *Griotte Commune*. Voir ce nom.

Cerises : BELLE SUPRÊME, — BELLE DE TRAPEAU, } Synonymes de cerise *Reine-Hortense*. Voir ce nom.

Cerise BELLE DE WORSERY. — Synonyme de cerise *Royale*. Voir ce nom.

Cerise BERRYLIN. — Voir *Bigarreautier à Feuilles de Tabac*, au paragraphe Observations.

---

5. CERISE DE LA BESNARDIÈRE.

Description de l'arbre. — *Bois :* fort. — *Rameaux :* très-nombreux, presqu'érigés, courts et grêles, peu flexueux, lisses, d'un brun foncé lavé de gris cendré. — *Lenticelles :* clair-semées, arrondies et très-petites. — *Coussinets :* bien accusés. — *Yeux :* légèrement écartés du bois, gros, renflés, coniques-arrondis, aux écailles brunes et disjointes. — *Feuilles :* assez abondantes, de grandeur moyenne, elliptiques pour la plupart, canaliculées et courtement acuminées, d'un beau vert, munies à la base d'une ou deux petites glandes, puis dentées profondément sur leurs bords. — *Pétiole :* fort et de longueur moyenne, roide, violacé, à cannelure rarement profonde. — *Fleurs :* assez précoces, s'épanouissant successivement.

FERTILITÉ. — Médiocre.

CULTURE. — Greffé sur Merisier ou sur Mahaleb il végète très-bien ; ses arbres sont petits, mais généralement touffus et buissonneux.

Description du fruit. — *Comment attaché :* par un. — *Grosseur :* volumineuse. — *Forme :* globuleuse, sensiblement comprimée aux pôles, à sillon très-apparent. — *Pédoncule :* de longueur moyenne, assez gros, planté dans un large et profond évasement. — *Point pistillaire :* petit et enfoncé. — *Peau :* transparente, unicolore, rouge clair et brillant. — *Chair :* rosée à la surface, blanchâtre au centre, tendre et délicate. — *Eau :* abondante, quelque peu colorée, délicieusement acidulée et sucrée. — *Noyau :* petit, arrondi, à joues bombées, uni, sauf auprès de l'arête dorsale, où règnent de légères rugosités.

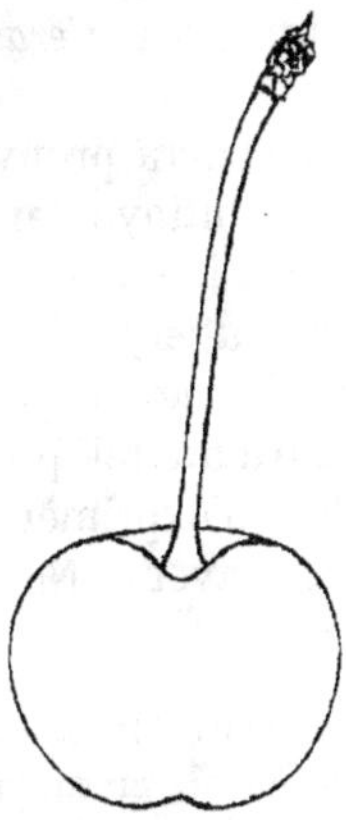

MATURITÉ. — Fin juin.

QUALITÉ. — Première.

Historique. — En 1841 j'inscrivais pour la première fois dans mon *Catalogue,* au chapitre des fruits nouveaux, cette cerise angevine, qui rappelle la mémoire des la Besnardière, très-populaire dans notre ville. Urbain Boreau, baron de la Besnardière et le dernier du nom, mourut en 1823, après avoir, comme maire, administré pendant sept ans (1808-1813) la ville d'Angers, où il occupait l'hôtel vraiment princier que son père fit construire en 1782, mais n'eut pas la satisfaction d'habiter. Ce beau logis, maintenant le siége d'une filature de laine, possédait d'immenses jardins répartis en terrasses, parterres et potagers. Je crois, sans cependant pouvoir l'affirmer, que le présent cerisier provient de cet enclos. Toujours est-il qu'avant 1841 on l'avait déjà greffé dans le Jardin fruitier de l'ancien Comice horticole de Maine-et-Loire, où j'en pris des rameaux en 1840. Il y figurait sous le n° 20. (Voir *Annales* du Comice, t. IV, p. 199.)

CERISE BETTENBURGER GLAS. — Synonyme de cerise *Transparente de Bettenburg*. Voir ce nom.

BIGARREAU, BIGARREAUTIER. — Dans la famille du Cerisier, le Bigarreautier occupe le premier rang ; il en est la branche la plus importante, la plus favorisée, surtout, en ce sens que la majorité de ses produits dépassent en volume, puis en durée de conservation, les Cerises, les Griottes et les Guignes. Les caractères suivants le différencient du Cerisier proprement dit : 1º le port de son arbre, toujours plus grand, moins ramifié, et dont la tête est généralement plus élancée ; 2º ses rameaux, moins nombreux, mais beaucoup plus gros, beaucoup plus longs ; 3º ses yeux, aussi plus volumineux ; 4º ses feuilles, très-rarement érigées et l'emportant notablement en grandeur. Quant à ses fruits, ils sont plus cordiformes que la cerise, de laquelle ils s'éloignent par leur chair ferme ou croquante et leur eau complétement douce ou très-faiblement acidulée.

Au temps de Pline (Ier siècle de l'ère chrétienne) le Bigarreau était connu des Romains, et ce fut lui, n'en doutons pas, que le célèbre naturaliste désigna par ces mots : « *Principatus* DURACINIS, *quæ Pliniana Campania appellat* [Des Cerises, les meilleures sont les DURACINES, qu'on nomme Pliniennes en Campanie]. » (*Hist. nat.*, lib. XV, cap. XXX.) Ce sentiment, du reste, est manifesté par maints auteurs : en 1536 par Ruel (*de Natura stirpium*, p. 182) ; en 1586 par Daléchamp, qui même fait observer qu'à Lyon cette espèce est encore appelée cerise DURAINE ou DURCINE (*Hist. gen. plantar.*, t. I, p. 182) ; puis enfin, plus récemment — 1779 — par Charles-Alexandre de Calonne, l'ancien ministre, qui dans un ouvrage intitulé *Essais d'agriculture,* s'exprimait de la sorte : « Chez les Romains, les Bigarreaux « étoient confondus avec la Cerise, et ils les appeloient DURACINA *Cerasus* « (p. 116). »

Les Romains n'ont pas été les seuls à priser le Bigarreau ; on pourra prouver que chez nous également il a compté des appréciateurs, dont la Quintinye, jardinier de Louis XIV et bien connu pour avoir été de difficile composition avec les fruits médiocres. Aussi est-ce un titre d'honneur, pour le Bigarreautier, qu'il en ait déclaré les produits « toujours fort doux et fort agréables. » (*Instructions pour les jardins fruitiers et potagers*, 1690, t. I, p. 493.) Cet éloge, venu d'un tel juge, dut évidemment servir à combattre une opinion très-différente, qu'exprimèrent une cinquantaine d'années plus tard, sur le Bigarreau, les abbés Blavet et Nolin, qui s'occupaient beaucoup, à Paris, de pépinières et de jardins :

> « Les Bigarreaux — écrivaient-ils en 1755 — sont blancs, rouges, pourpre foncé, etc., plus longs que ronds, la chair en est cassante, sucrée ; le *Gros Bigarreau Royal,* presqu'une fois aussi gros que les autres, est d'un rouge foncé ; il orne parfaitement bien un dessert, MAIS IL N'EST GUÈRES PLUS SAIN QUE LES AUTRES ; il est souvent piqué de vers ; c'est cependant LE MOINS MAUVAIS. » (*Essai sur l'agriculture moderne,* pp. 158-159.)

On peut, je l'accorde volontiers, préférer certaines Cerises, à certains Bigarreaux, mais dire que tous ces derniers sont mauvais, et malsains, c'est aller trop loin, c'est faire prévaloir au détriment d'un nombreux groupe de fruits, le goût particulier qu'un autre nous inspire. Peu d'individus, cependant, partageraient aujourd'hui l'antipathie qu'éprouvaient en 1755, pour les produits du Bigarreautier, les abbés Blavet et Nolin, si j'en juge par le chiffre élevé qu'atteint annuellement chez moi la vente de cet arbre, puis par les quantités considérables de Bigarreaux qui dès le mois de juin affluent, jusqu'à la mi-juillet, sur les moindres marchés.

La dénomination *Bigarreau*, ainsi orthographiée, m'est apparue pour la première fois dans le *Catalogue pomologique* qu'en 1628 fit publier le Lectier, d'Orléans ; auparavant on se servait, pour désigner cette sorte de cerise, du terme

Duracine, puis, particulièrement en France, des mots *Greffion*, *Pinguereau*, *Pingarreau* et *Piugarreau*. Charles Estienne et Olivier de Serres en fournissent la preuve, quand, après avoir parlé des Griottes, des Cerises et des Guignes, ils ajoutent, l'un en 1585 dans sa *Maison rustique* (p. 211 verso) : « PIUGARREAUX sont « Cerises grosses, blanchastres, ayant la chair dure, douce et adherente au « noyau ; » et l'autre en 1608 dans son *Théâtre d'agriculture* (p. 623) : « Ne pouvons « dire pourquoi d'autres Cerises sont dittes PINGUEREAUX ou GREFFIONS. » Ce dernier nom, que les modernes écrivent et prononcent *Graphion* ou *Graffion*, était venu directement de la Provence, où le Bigarreau s'appelait *Griffien;* Bigarreau, lui, me semble bien issu de Pingarreau, Piugarreau, Pinguereau, tous mots appliqués jadis à des êtres ou à des choses de couleurs diverses et tranchantes. Ce n'est pas là, toutefois, l'opinion de Ménage, qui croit trouver dans *bis varius*, par le changement du *v* en *g*, comme guivre, de *vipera*, l'étymologie de ce même nom :

« Dans les provinces de l'Anjou et du Maine — écrivait-il en 1650 — et en quelques lieux aux environs de Paris, on appelle GARRE, une vache pie, et GARREAU un taureau pie, de *varius* et de *varellus*. De *bis* et de *varius* on a aussi appelé BIGARREAU une sorte de Cerises, parce qu'elles sont bigarrées de noir, de rouge et de blanc. » (*Dictionnaire étymologique*, t. I, 3e édition, p. 193.)

Parfois aussi, chez nous, les Bigarreaux ont été surnommés *Cœurets* et *Heaumiers*, pour leur forme, et même *Guignes*, pour la nature de leur eau; mais publiant sur chacun de ces différents noms, une note historique, j'y renvoie le lecteur, afin de ne pas allonger cet article, déjà fort étendu.

CERISE BIGARREAU AMBER OR IMPERIAL. — Synonyme de *Bigarreau Blanc (Gros)*. Voir ce nom.

---

6. CERISE BIGARREAU AMBRÉ.

Synonymes. — 1. CERISE PANACHE (Pierre Leroy, d'Angers, *Catalogue de ses jardins et pépinières*, 1790, p. 28). — 2. CERISE SUISSE (*Id. ibid.*). — 3. BIGARREAU EARLY AMBER (Robert Hogg, *the Fruit manual*, 1862). — 4. RIVERS' EARLY AMBER (*Id. ibid.*). — 5. GUIGNE PANACHÉE PRÉCOCE (Paul de Mortillet, *les Meilleurs fruits*, 1866, t. II, p. 97). — 6. GUIGNE PANACHÉE TRÈS-PRÉCOCE (*Id. ibid.*).

Description de l'arbre. — *Bois :* fort. — *Rameaux :* assez nombreux, très-étalés à la base mais érigés au sommet, longs et gros, géniculés, rugueux, ridés et d'un brun violacé taché de gris. — *Lenticelles :* des plus abondantes, grisâtres, bien développées, linéaires pour la majeure partie. — *Coussinets :* peu ressortis et prolongés en arête. — *Yeux :* écartés du bois, volumineux, coniques, aux écailles brunes et mal soudées. — *Feuilles :* rarement nombreuses, très-grandes, vert jaunâtre, ovales-allongées, acuminées, planes ou parfois contournées, ayant les bords régulièrement et profondément dentés. — *Pétiole :* épais, de longueur moyenne, flasque et carminé, portant de larges glandes à son extrémité supérieure. — *Fleurs :* précoces, à épanouissement simultané.

FERTILITÉ. — Abondante.

CULTURE. — Sur Mahaleb ou Merisier il fait, n'importe sous quelle forme, de beaux et vigoureux arbres.

Description du fruit. — *Comment attaché :* par trois, le plus habituellement. — *Grosseur :* petite ou moyenne. — *Forme :* ovoïde comprimée aux pôles, ou cordiforme, à sillon peu profond mais rendu fort apparent par une ligne rouge vif foncé qui en occupe le milieu. — *Pédoncule :* grêle et très-long, à vaste cavité. — *Point pistillaire :* saillant ou dans une faible dépression. — *Peau :* rose clair jaunâtre sur le côté de l'ombre, rouge foncé à l'insolation. — *Chair :* jaune blanchâtre, très-ferme, même à parfaite maturité. — *Eau :* peu abondante, incolore, sucrée, parfumée et de saveur quelque peu acidule. — *Noyau :* gros, ovoïde-arrondi, à joues convexes, à suture ventrale assez accusée.

Bigarreau Ambré.

MATURITÉ. — Vers la mi-juillet.

QUALITÉ. — Deuxième.

Historique. — Un des surnoms de cette variété, *Rivers' Early Amber Heart* [Bigarreau Ambré précoce de Rivers] a fait dire parfois qu'elle était un gain moderne du pépiniériste Rivers, de Sawbridgeworth, près Londres. Il n'en est rien, et les pomologues anglais ne la réclament aucunement. Dans son volume sur le *Cerisier* (p. 97), M. Paul de Mortillet la qualifiait avec raison, en 1866, « de variété « ancienne. » Je n'en connais pas l'âge exact, mais il y a au moins un siècle que les Angevins la possèdent. Mon aïeul Pierre Leroy la multipliait, dès 1790, sous le nom cerise Panache, ou Suisse, encore usité, même chez les Allemands. Je ne puis affirmer, cependant, que ce Bigarreautier provienne de l'Anjou ; seulement, je n'ai pu le rencontrer ailleurs, avant 1790. J'ai rayé de sa dénomination le mot *précoce*, auquel ce fruit n'a nul droit, car il mûrit en juillet, un mois après nombre de ses congénères.

Observations. — Le pomologue américain Charles Downing a décrit plusieurs cerises et bigarreaux Ambrés ; peut-être est-ce l'une de ces variétés qui sort, comme on l'a publié récemment en France, des pépinières de M. Rivers ?

CERISE BIGARREAU D'ANGLETERRE (GROS-). — Synonyme de *Bigarreau Blanc (Gros-)*. Voir ce nom.

CERISE BIGARREAU ANSELL'S FINE BLACK. — Synonyme de *Bigarreau Noir d'Espagne*. Voir ce nom.

CERISE BIGARREAU ARMSTRONG. — Synonyme de *Bigarreau Blanc (Gros-)*. Voir ce nom.

CERISE BIGARREAU D'AUTOMNE. — Synonyme de *Bigarreau de Fer*. Voir ce nom.

---

7. CERISE BIGARREAU BAUMANN.

Synonymes. — 1. GRIOTTE FRÜHE (Sickler, *Teutscher Obstgärtner*, 1794, t. II, p. 205). — 2. CERISE GROSSE MAY (*Id. ibid.*). — 3. GUIGNE PRÉCOCE (*Id. ibid.*, p. 207). — 4. GUIGNE FRÜHE MAI (Dittrich, *Systematisches Handbuch der Obstkunde*, 1840, t. II, p. 21). — 5. GUIGNE GROSSE FRÜHE MAI (*Id. ibid.*). — 6. GRANDE GUIGNE DE MAI PRÉCOCE (*Id. ibid.*). — 7. BIGARREAU BAUMANN'S MAY (Hovey, *Fruits of America*, 1847, t. I, p. 55). — 8. BIGARREAU DE MAI (*Id. ibid.*). — 9. BIGARREAU WILDER DE MAI (A. J. Downing, *the Fruits and fruit-trees of America*, 1849, p. 168, nº 2). — 10. GUIGNIER HATIF DE MAI A GROS FRUIT NOIR (Oberdieck, *Illustrirtes Handbuch der Obstkunde*, 1861, t. III, p. 49, nº 1). — 11. GUIGNE DE MAI HATIVE (*Id. ibid.*). — 12. GUIGNE NOUVELLE HATIVE (*Id. ibid.*). — 13. GUIGNE PRÉCOCE DE MAI (*Id. ibid.*). — 14. CERISE TREMPÉE PRÉCOCE (Robert Hogg, *the Fruit manual*, 1862).

Description de l'arbre. — *Bois :* fort. — *Rameaux :* assez nombreux, très-étalés, gros et longs, géniculés, rugueux, brun clair jaunâtre au sommet, brun lavé de gris cendré à la base. — *Lenticelles :* grises et très-apparentes, quoique clair-semées. — *Coussinets :* saillants. — *Yeux :* écartés du bois, volumineux, coniques, aux écailles grisâtres et bien soudées. — *Feuilles :* grandes, peu nombreuses, vert clair, ovales-allongées, longuement acuminées, à bords régulièrement dentés. — *Pétiole :* grêle, très-long et très-flasque, carminé, surtout à son point d'attache, et portant de larges glandes aplaties et légèrement vermillonnées. — *Fleurs :* assez précoces, s'épanouissant simultanément.

FERTILITÉ. — Ordinaire.

CULTURE. — En le greffant, sur Merisier, à tige pour plein-vent, il fait des arbres à tête érigée, forte et touffue. Écussonné sur Mahaleb, pour basses-tiges, buissons, espaliers, pyramides, il pousse également bien, et devient de toute beauté.

Description du fruit. — *Comment attaché :* par deux ou par trois. — *Grosseur :* moyenne ou assez volumineuse. — *Forme :* souvent inconstante, elle passe le plus habituellement de l'ovoïde-arrondie à la condiforme obtuse et sensiblement bossuée ; mais le sillon qui la divise est toujours large et peu profond. — *Pédoncule :* de longueur moyenne ou assez court, très-renflé à ses extrémités, et plutôt grêle que bien nourri ; il est planté dans une cavité prononcée. — *Point pistillaire :* presque saillant ou légèrement enfoncé. — *Peau :* luisante, d'un rouge-brun plus ou moins foncé, mais qui ne va pas jusqu'au noir, même quand est accomplie la maturation. — *Chair :* rouge-grenat, filamenteuse et ferme. — *Eau :* suffisante, rougeâtre, sucrée, parfumée et faiblement acidule. — *Noyau :* petit, ovoïde-allongé, assez bombé, à surface unie et arête dorsale large et peu tranchante.

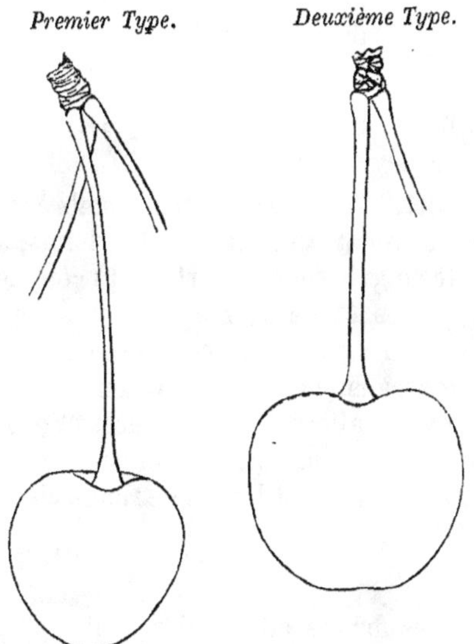

Premier Type. *Deuxième Type.*

MATURITÉ. — Dernière quinzaine de mai.

Qualité. — Première ou deuxième, selon qu'on a bien cueilli le fruit à parfaite maturité.

Historique. — Ce bigarreau porte le nom de F. J. Baumann, pépiniériste distingué qui jadis habitait Bollwiller, près Colmar (Haut-Rhin), et publia en 1768 un opuscule, maintenant très-rare, intitulé : *Catalogue des arbres fruitiers les plus recherchés et les plus estimés qu'on peut cultiver dans notre climat, avec leur description et celle de leurs fruits* (in-12 de 152 pages). Baumann ne fut pas l'obtenteur de cette variété, plus ancienne que lui et probablement originaire d'Allemagne, mais il contribua beaucoup à sa propagation dans nos provinces. Ce fait explique, et justifie même, à mon avis, l'actuel surnom dont nous la trouvons dotée. Au temps passé elle était appelée *Mai-Herzkirsche*, à Bollwiller, et c'est encore ainsi que l'y nommait, en 1858, Auguste-Napoléon Baumann (*Catalogue* 1858-59, p. 9). Quant aux Allemands, il est rare aussi qu'ils lui donnent une autre dénomination ; et je vois en outre que leurs jardiniers possèdent ce bigarreau depuis un siècle au moins, puisque le pomologue Sickler l'a décrit et figuré dès 1794 (*Teutscher Obstgärtner*, t. II, p. 205.)

Observations. — Je l'ai dit ci-dessus, et le répète à dessein, cette variété est très-inconstante dans sa forme et son volume ; les Allemands et les Anglais l'ont, au reste, constaté bien avant moi. — Il faut éviter de la confondre avec certaine cerise *May*, indigène à l'Angleterre, et qu'en 1729 le botaniste Langley caractérisait soigneusement, assurant, chose fort surprenante en un tel pays, « que le « 25 avril 1727 il l'avait mangée mûre. » (*Pomona*, p. 86, pl. xvii, fig. 2.)

Cerise BIGARREAU BAUMANN'S MAY. — Synonyme de *Bigarreau Baumann*. Voir ce nom.

---

8. Cerise BIGARREAU BEAUTÉ DE L'OHIO.

Synonyme. — Guigne Ohio's Beauty (Charles Baltet, *Revue horticole*, 1865, p. 172).

Description de l'arbre. — *Bois :* très-fort. — *Rameaux :* peu nombreux, légèrement étalés à la base mais érigés au sommet, gros et des plus longs, à peine géniculés, assez lisses, brun clair tacheté de gris cendré, surtout du côté de l'ombre. — *Lenticelles :* très-abondantes, grandes et de forme excessivement variable. — *Coussinets :* faiblement accusés. — *Yeux :* gros, coniques-pointus, écartés du bois, ayant les écailles brunes et généralement assez bien soudées. — *Feuilles :* très-grandes, abondantes, vert pâle, ovales-allongées, acuminées et profondément dentées. — *Pétiole :* long, très-nourri, rigide ou légèrement arqué, sensiblement carminé, à glandes aplaties, des plus larges et lavées de rouge clair. — *Fleurs :* tardives et s'épanouissant successivement.

Fertilité. — Satisfaisante.

Culture. — Il fait sous toutes les formes des arbres admirables, mais celles basse-tige et buisson, sur Mahaleb, augmentant sa fertilité, lui deviennent les plus avantageuses.

Description du fruit. — *Comment attaché :* par deux, et quelquefois par trois, mais exceptionnellement. — *Grosseur :* assez volumineuse. — *Forme :* globuleuse très-aplatie à la base. — *Pédoncule :* long et grêle, à vaste cavité. — *Point pistillaire :* à fleur de fruit ou dans une légère dépression. — *Peau :* jaunâtre sur le côté de l'ombre puis amplement marbrée de rouge clair à l'insolation. — *Chair :* assez ferme et blanchâtre ou jaunâtre. — *Eau :* suffisante, à peine acidule, délicieusement sucrée. — *Noyau :* de grosseur moyenne, ovoïde légèrement arrondi, obtus à ses extrémités, quelque peu bombé, ayant l'arête dorsale prononcée, surtout à sa terminaison.

Bigarreau Beauté de l'Ohio.

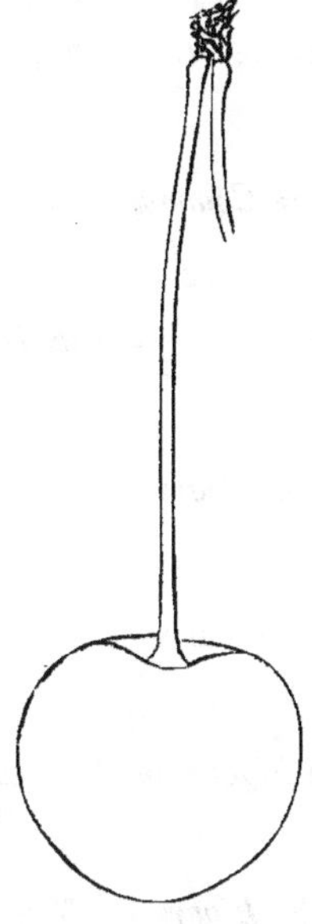

MATURITÉ. — Vers la mi-juin.

QUALITÉ. — Première.

Historique. — Elliott, auteur américain, nous fournit sur l'origine de cet excellent bigarreau tous les renseignements désirables dans son *Fruit book,* publié en 1854 :

« Il a été gagné en 1842 — dit ce pomologue — par le professeur Jared P. Kirtland, de Cleveland (Ohio), et je l'ai décrit en 1847; peu après l'arbre mourut, et depuis lors ce fruit ne m'est pas apparu. Ayant antérieurement, cependant, donné des boutons et des greffes de cette variété, on m'a souvent parlé du succès qu'elle obtenait. » (Page 212.)

Introduit dans mes cultures en 1860, le gain du docteur Kirtland fut quelque temps à pénétrer chez nos autres pépiniéristes ; mais en 1865 mon confrère Charles Baltet, de Troyes, décrivit l'OHIO'S BEAUTY dans la *Revue horticole* (p. 172) et l'y recommanda si vivement, que bientôt elle prit racine chez nombre d'horticulteurs et de propriétaires. C'était justice, puisque ses produits sont non moins séduisants par leur beau coloris, que louables pour leur exquise bonté.

CERISE BIGARREAU BEDFORD PROLIFIC. — Synonyme de *Bigarreau Noir de Tartarie.* Voir ce nom.

CERISE BIGARREAU BELLA DI FIORENZA. — Synonyme de *Bigarreau d'Italie.* Voir ce nom ; puis *Bigarreau de Florence,* au paragraphe OBSERVATIONS.

CERISES : BIGARREAU BELLE-AGATHE,
— BIGARREAU BELLE-AGATHE DE NOVEMBRE,
} Synonymes de *Bigarreau de Fer.* Voir ce nom.

CERISE BIGARREAU BELLE DE RIBEAUCOURT. — Synonyme de cerise *Belle de Ribeaucourt.* Voir ce nom.

CERISE BIGARREAU BELLE DE ROCMONT. — Synonyme de *Bigarreau Commun.* Voir ce nom ; puis *Bigarreau Couleur de Chair,* au paragraphe OBSERVATIONS.

CERISE BIGARREAU BLACK. — Synonyme de *Bigarreau Noir Büttner*. Voir ce nom.

CERISE BIGARREAU BLACK. — Synonyme de *Bigarreau Noir d'Espagne*. Voir ce nom.

CERISE BIGARREAU BLACK. — Synonyme de *Bigarreau Noir* (*Gros-*). Voir ce nom.

CERISE BIGARREAU BLACK. — Synonyme de *Guigne Noire Commune*. Voir ce nom.

CERISE BIGARREAU BLACK CAROON GEAN. — Synonyme de *Bigarreau Noir d'Espagne*. Voir ce nom.

CERISE BIGARREAU BLACK CIRCASSIAN. — Synonyme de *Bigarreau Noir de Tartarie*. Voir ce nom.

CERISE BIGARREAU BLACK RUSSIAN. — Synonyme de *Bigarreau Noir de Tartarie*. Voir ce nom.

CERISE BIGARREAU BLACK OF SAVOY. — Synonyme de *Bigarreau de Mezel*. Voir ce nom.

CERISE BIGARREAU BLACK TARTARIAN. — Synonyme de *Bigarreau Noir de Tartarie*. Voir ce nom.

CERISE BIGARREAU BLANC. — Synonyme de *Bigarreau Blanc* (*Gros-*). Voir ce nom.

CERISE BIGARREAU BLANC DROGAN. — Synonyme de *Guigne Blanche* (*Grosse-*). Voir ce nom.

CERISE BIGARREAU BLANC D'ESPAGNE. — Synonyme de *Bigarreau Blanc* (*Gros-*). Voir ce nom.

---

9. CERISE BIGARREAU BLANC (GROS-).

Synonymes. — 1. BIGARREAU BLANC (Merlet, *l'Abrégé des bons fruits*, 1667, p. 27). — 2. CERISE BLANCHE DE CŒUR (Société économique de Berne, *Traité des arbres fruitiers*, 1768, t. II, p. 146). — 3. BIGARREAUTIER A GROS FRUIT BLANC (Duhamel, *Traité des arbres fruitiers*, 1768, t. I, p. 165). — 4. BIGARREAU VICE-ROI (Hermann Knoop, *Fructologie*, 1771, p. 35). — 5. CERISE D'ESPAGNE BLANCHE (*Id. ibid.*). — 6. GROS BIGARREAU D'ANGLETERRE (de Calonne, *Essais d'agriculture*, 1779, p. 116). — 7. CERISE CŒUR BLANC (Miller, *Dictionnaire des jardiniers*, trad. de l'anglais par de Chazelles, 1786, t. II, p. 263). — 8. CERISE BLANCHE D'ITALIE (Pierre Leroy, d'Angers, *Catalogue de ses jardins et pépinières*, 1790, p. 28 ; — et Thompson, *Catalogue of fruits cultivated in the garden of the horticultural Society of London*, 1842, p. 52, n° 8). — 9. BIGARREAU CŒUR D'HARRISON (Forsyth, *Treatise on the culture and management of fruit-trees*, 1802-1805, trad. française de Pictet-Mallet, p. 75, n° 13). — 10. BIGARREAU GRAFFION (*Id. ibid.*). — 11. BIGARREAU BLANC D'ESPAGNE (Calvel, *Traité complet sur les pépinières*, 1805, t. II, p. 151). — 12. GROS BIGARREAU PRINCESSE DE HOLLANDE (*Id. ibid.* ; — et Oberdieck, *Illustrirtes Handbuch der*

Obstkunde, 1861, t. III, pp. 125-126, nº 37). — 13. BIGARREAU HARRISON (Thompson, *Transactions of the horticultural Society of London*, 2ᵉ série, 1831, t. I, p. 261). — 14. BIGARREAU DE HOLLANDE (*Id. ibid.*). — 15. BIGARREAU ITALIAN (*Id. ibid.*). — 16. BIGARREAU ROYAL (*Id. ibid.*). — 17. BIGARREAU TARDIF (*Id. ibid.*). — 18. BIGARREAU TURKEY (*Id. ibid.*). — 19. BIGARREAU WEST'S WHITE (*Id. ibid.*). — 20. BIGARREAU BUNTES TAUBENHERZ (Dittrich, *Systematisches Handbuch der Obstkunde*, 1840, t. II, p. 73). — 21. CERISE GROSSE GEMEINE MARMOR (*Id. ibid.*). — 22. CERISE GROSSE WEISSE MARMOR (*Id. ibid.*, p. 74). — 23. BIGARREAU WEISSE SPANISCHE (*Id. ibid.*, p. 75). — 24. BIGARREAU GROOTE PRINCESS (Thompson, *Catalogue of fruits cultivated in the garden of the horticultural Society of London*, 1842, p. 52, nº 8). — 25. CERISE HOLLANDISCHE GROSSE PRINZESSIN (*Id. ibid.*). — 26. BIGARREAU AMBER OR IMPERIAL (Elliott, *Fruit book*, 1854, p. 208). — 27. BIGARREAU FELLOW'S SEEDLING (*Id. ibid.*). — 28. CERISE PRINZESSIN (*Id. ibid.*). — 29. BIGARREAU YELLOW SPANISH (*Id. ibid.*). — 30. CERISE GROSSE PRINZESSIN (Oberdieck, *Illustrirtes Handbuch der Obstkunde*, 1861, t. III, pp. 125-126, nº 37). — 31. BIGARREAU ARMSTRONG (Hogg, *the Fruit manual*, 1866, nº 14). — 32. BIGARREAU WHITE (Charles Downing, *the Fruits and fruit-trees of America*, 1869, p. 453). — 33. BIGARREAU SPOTTED (John Scott, *the Orchardist*, 1872, p. 160). — 34. GUIGNE CŒURET DE HARRISSON (Mas, *le Verger*, 1873, t. VIII, p. 145, nº 71).

Description de l'arbre. — *Bois :* fort. — *Rameaux :* peu nombreux, étalés, gros et longs, à peine géniculés, ridés, brun jaunâtre tacheté de gris cendré. — *Lenticelles :* petites ou moyennes, clair-semées et de forme variable. — *Coussinets :* saillants et se prolongeant en arête. — *Yeux :* volumineux, ovoïdes-pointus, grisâtres, presque collés sur le bois. — *Feuilles :* assez abondantes, grandes et vert pâle, obovales ou ovales-allongées, longuement acuminées, souvent contournées, ayant la denture des bords très-accusée. — *Pétiole :* long, bien nourri, flasque, violacé, étroitement et peu profondément canaliculé, à glandes carminées, aplaties ou globuleuses. — *Fleurs :* tardives et d'épanouissement successif.

FERTILITÉ. — Convenable.

CULTURE. — Très-vigoureux il pousse à merveille sur n'importe quel sujet, comme il se prête aussi à toute espèce de forme.

Description du fruit. — *Comment attaché :* presque toujours par deux. — *Grosseur :* volumineuse ou considérable. — *Forme :* en cœur plus ou moins allongé, plus ou moins régulier, que divise un sillon généralement bien prononcé. — *Pédoncule :* gros, de longueur moyenne, à faible cavité. — *Point pistillaire :* saillant. — *Peau :* blanc jaunâtre, ou de cire, sur le côté de l'ombre, mais passant très-légèrement au rouge clair sur la partie frappée par le soleil. — *Chair :* blanchâtre et des plus fermes. — *Eau :* suffisante, incolore, fort sucrée, à peine acidule. — *Noyau :* de grosseur moyenne, ovoïde, bombé, ayant l'arête dorsale peu développée.

Gros Bigarreau Blanc.

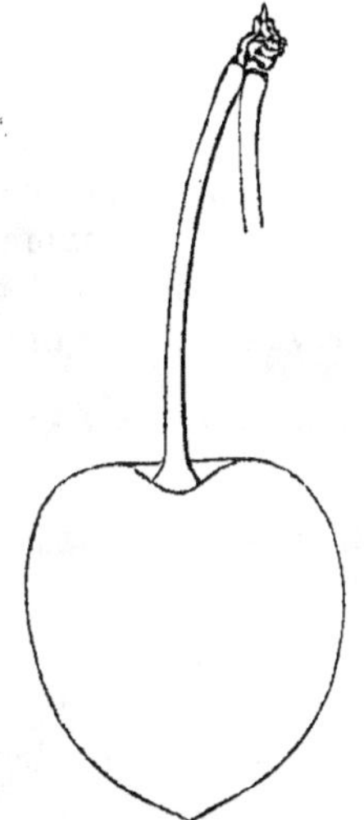

MATURITÉ. — Dernière quinzaine de juin.

QUALITÉ. — Première.

Historique. — Merlet, en 1667, signala le Gros Bigarreau Blanc dans la première édition de l'*Abrégé des bons fruits*, mais très-brièvement, puisqu'il se contenta de l'y nommer :

« Au mesme temps des Cerises — écrivit-il — viennent les Bigareaux, qui sont de trois sortes, *le Blanc*, le Rouge et le Cœuret..... » (Page 27.)

Si maintenant je cherche à rencontrer, antérieurement à cette date, le bigarreau Blanc chez les pomologues des autres pays, je ne l'y découvre pas, ni rien non plus qui lui puisse être assimilé. D'où j'infère, et déclare ici, qu'alors il me semble bien avoir droit de figurer dans notre pomone indigène. Peu de fruits, du reste, auront eu plus que lui le goût des voyages et la manie des noms!... Voyez plutôt : En 1771 le *Hollandais* Knoop le montre appelé Vice-Roi, puis Cerise Blanche d'*Espagne;* — en 1779 un compatriote, M. de Calonne, le surprend porteur du surnom Gros Bigarreau d'*Angleterre;* — en 1790 Pierre Leroy, mon grand-père, le reconnaît chez lui sous le pseudonyme Cerise Blanche d'*Italie*; — en l'année 1805 Calvel le salue, à Paris, du titre de Gros Bigarreau de la Princesse de Hollande; — à Londres, en 1831, il apparut à Thompson qualifié Bigarreau *Turkey*, ce qui lui donnait un petit air mahométan... Mais je n'en finirais pas si je devais ainsi passer en revue les trente-quatre dénominations qui furent siennes, et que j'ai relatées ci-dessus, dans le sommaire synonymique. Pourtant, comment renoncer au plaisir d'en citer encore une, et qui n'est pas la moins remarquable de toutes celles que des fantaisistes, intéressés sans doute à le bien déguiser, lui ont successivement imposées. Je veux parler de cette fable charmante, qui, vers 1800, le présenta retour de l'Inde — comme le Bordeaux *extrà* — et sous l'imposante étiquette : *Cœur d'Harrison!...* Voici l'historiette, elle se lit en toutes lettres dans le *Treatise* de William Forsyth sur les fruits, publié à Londres au cours de 1802, et traduit en notre langue par Pictet-Mallet :

« Le *Cœur d'Harrison.* C'est une belle cerise — disait ce pomologue anglais. — Elle nous fut apportée des Indes orientales par le gouverneur Harrison, aïeul du Comte actuel de Leicester; et il est le premier qui l'ait cultivée à sa terre de Balls, dans l'Hertfordshire. Il présenta quelques-uns de ces arbres, suivant ce que l'on m'a assuré, à Georges Ier; et ils sont maintenant dans un état florissant, et rapportent du beau fruit dans les jardins de Kensington. » (Trad. de Pictet-Mallet, 1805, p. 74, n° 6.)

Aujourd'hui, sérieusement et généralement étudiée, la science pomologique a déjà constaté, pour nombre de fruits, le manque de vérité de semblables assertions, et notamment pour le bigarreau Harrison, que M. Oberdieck, le plus accrédité des pomologues allemands, plaçait avec raison, dès 1861 (*Illustrirtes Handbuck der Obstkunde*, t. III, pp. 125-126) au rang des synonymes, seul honneur qu'il me soit également possible de lui accorder.

Observations. — Les noms *Belle de Rocmont, Gros Bigarreau Commun, Cœur-de-Pigeon,* et *Cœuret,* ont été, bien à tort, souvent donnés comme synonymes de Gros Bigarreau Blanc; les deux premiers se rapportent au bigarreau Commun, et les deux autres au bigarreau Gros-Cœuret. — C'est erronément aussi qu'on attribue au bigarreau Commun le synonyme *Graffion,* qui revient au seul Gros Bigarreau Blanc.

Cerisier BIGARREAUTIER BLANC HATIF A PETIT FRUIT. — Synonyme de *Bigarreau Blanc* (*Petit-*). Voir ce nom.

Cerise BIGARREAU BLANC DU NORD. — Synonyme de *Bigarreau Couleur de Chair*. Voir ce nom.

---

10. CERISE BIGARREAU BLANC (PETIT-).

Synonymes. — 1. BIGARREAUTIER BLANC HATIF A PETIT FRUIT (Duhamel, *Traité des arbres fruitiers*, 1768, t. I, p. 165). — 2. GUIGNE DE LA PENTECÔTE (le Berriays, *Traité des jardins*, 1785, t. I, p. 240). — 3. GUIGNE PRÉCOCE (*Id. ibid.*). — 4. GUIGNE GUINDOLE (Pierre Leroy, d'Angers, *Catalogue de ses jardins et pépinières*, 1790, p. 28; — et Paul de Mortillet, *les Meilleurs fruits*, 1866, t. II, p. 97). — 5. GUIGNE LE FLAMENTIN (Dittrich, *Systematisches Handbuch der Obstkunde*, 1840, t. II, p. 49, nº 55). — 6. GUIGNE FLAMENTINER (*Id. ibid.*). — 7. GUIGNE FLAMANDE (Paul de Mortillet, *ibid.*). — 8. GUIGNE FLAMENTINE (*Id. ibid.*). — 9. GUIGNE BLANCHE ET ROUGE TRÈS-PRÉCOCE (Mas, *le Verger*, 1873, t. VIII, p. 137, nº 67).

Description de l'arbre. — *Bois :* très-fort. — *Rameaux :* peu nombreux, légèrement étalés, gros et longs, non géniculés, très-rugueux, rouge-brun violacé, surtout du côté de l'ombre. — *Lenticelles :* assez abondantes, larges, arrondies pour la plupart. — *Coussinets :* bien accusés. — *Yeux :* très-gros, coniques-aigus, gris et faiblement écartés du bois. — *Feuilles :* grandes, peu nombreuses, vert jaunâtre, ovales ou ovales-allongées, sensiblement acuminées, planes ou contournées, largement dentées et crénelées. — *Pétiole :* très-nourri, assez long, rigide et plus ou moins violacé, à glandes abondantes, vermillonnées, plates ou globuleuses. — *Fleurs :* très-précoces, à épanouissement simultané.

FERTILITÉ. — Remarquable.

CULTURE. — On le greffe sur Mahaleb ou sur Merisier, et toujours il s'y montre des plus avantageux, n'importe sous quelle forme, tant par son active végétation, que par sa grande fertilité.

Description du fruit. — *Comment attaché :* par trois, le plus ordinairement. — *Grosseur :* moyenne. — *Forme :* en cœur plus ou moins raccourci, à sillon bien marqué. — *Pédoncule :* grêle et de longueur moyenne. — *Point pistillaire :* légèrement enfoncé. — *Peau :* jaunâtre clair sur le côté de l'ombre et marbrée de rouge assez sombre à l'insolation. — *Chair :* jaunâtre, ferme, quelque peu filamenteuse. — *Eau :* suffisante, très-sucrée, presque douce. — *Noyau :* oblong, assez petit, faiblement veiné de rose, ayant les joues aplaties et l'arête dorsale large et obtuse.

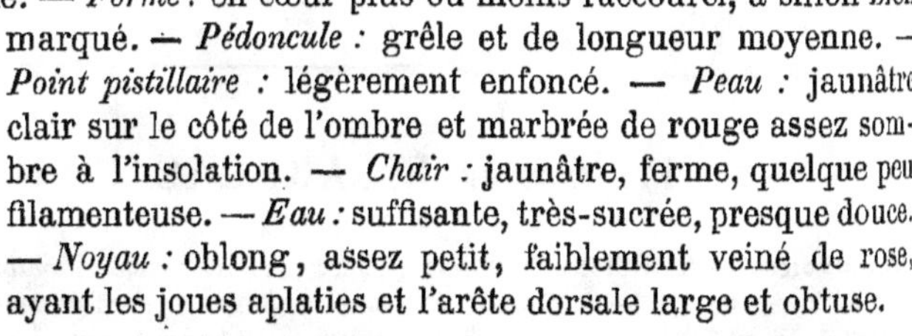

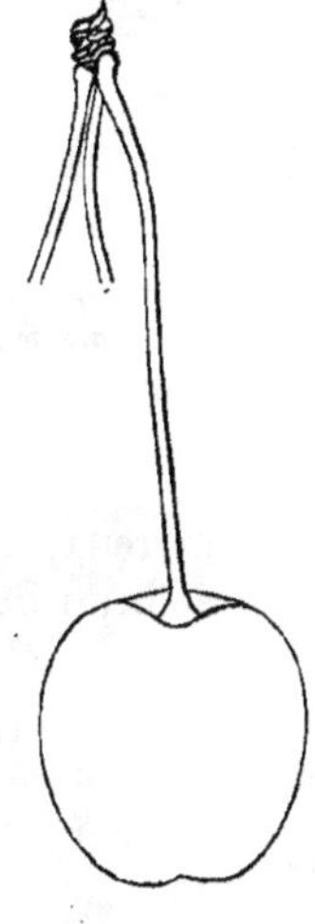

MATURITÉ. — Vers la mi-juin.

QUALITÉ. — Première.

Historique. — Par ce seul fait qu'en 1804 on cultivait assez généralement, chez les Flamands, cette variété sous le nom de bigarreau Flamentin, un pomologue français a dit, en 1866, que « vraisemblablement elle était originaire « de la Flandre. » Nous sommes loin, pour sérieux motifs, de partager son opinion : d'abord, les jardiniers des environs de Paris possédaient bien avant 1804, le Flamentin, qui n'est autre que le Petit Bigarreau Blanc, puisque Duhamel, dès 1768, décrivant les cerisiers les plus connus dans notre Capitale, n'eût garde d'oublier ce dernier (voir son t. Ier, p. 165, nº 3); ensuite ce très-bon fruit était, à cette même époque, si commun en France, qu'on l'y rencontrait sous différents noms : Guigne Précoce, Guigne de la Pentecôte, Guigne Guindole. Ainsi dans l'Anjou, par exemple, la dénomination de Guigne Guindole est tellement ancienne, que j'ai beaucoup hésité à la reléguer ici parmi les synonymes; mais si j'ai dû la sacrifier par respect pour la nomenclature de Duhamel, qui fait la base de ce *Dictionnaire*, je suis à peu près certain que les horticulteurs de ma contrée ne tiendront aucun compte du nom Petit Bigarreau Blanc. De tout ce qui précède, il me semble donc difficile de conclure en faveur de la Flandre pour l'indigénat du présent bigarreautier, que je crois plutôt originaire de France, et même Angevin — pourquoi dissimulerais-je mon opinion? — Au reste, jamais pomologue allemand, ou flamand, n'a revendiqué pour son pays l'obtention de cette variété.

Cerise BIGARREAU BLANC TARDIF DE HILDESHEIM. — Synonyme de *Bigarreau de Fer*. Voir ce nom.

Cerise BIGARREAU BLANC DE TARTARIE. — Voir *Bigarreau Noir de Tartarie*, au paragraphe Observations.

Cerise BIGARREAU BLANC WINKLER. — Synonyme de *Guigne Carnée Winkler*. Voir ce nom.

Cerise BIGARREAU BLEEDING. — Synonyme de *Guigne Rouge hâtive*. Voir ce nom.

Cerise BIGARREAU BOHEMIAN BLACK. — Synonyme de *Bigarreau d'Italie*. Voir ce nom.

---

11. Cerise BIGARREAU BORDAN.

Synonymes. — 1. Guigne Bordans (Oberdieck, *Illustrirtes Handbuch der Obstkunde*, 1861, t. III, p. 97, n° 25). — 2. Guigne Blanche de Bordan (Paul de Mortillet, *les Meilleurs fruits*, 1866, t. II, p. 97). — 3. Guigne Rose de Bordan (André Leroy, *Catalogue descriptif et raisonné des arbres fruitiers et d'ornement*, 1868, p. 14, n° 106).

Description de l'arbre. — *Bois :* assez fort. — *Rameaux :* nombreux, très-étalés, souvent arqués, longs et gros, légèrement flexueux, ridés, brun foncé lavé de gris cendré vers la base. — *Lenticelles :* abondantes, d'un gris clair, petites ou moyennes, arrondies ou linéaires. — *Coussinets :* saillants et se prolongeant en arête. — *Yeux :* gros, renflés, ovoïdes-pointus, à peine écartés du bois, ayant les écailles brunes et disjointes. — *Feuilles :* assez abondantes, très-grandes, vert clair, ovales ou ovales-allongées, bien acuminées, planes ou contournées, à bords régulièrement dentés. — *Pétiole :* long, épais, flasque et violacé, portant des glandes peu développées, plates et vermillonnées. — *Fleurs :* assez tardives et s'épanouissant successivement.

Fertilité. — Ordinaire.

Culture. — Sa vigueur satisfaisante permet de le destiner à toute espèce de forme; cependant nous avons reconnu que le plein vent sur Merisier lui est particulièrement avantageux.

Description du fruit. — *Comment attaché :* presque toujours par deux. — *Grosseur :* moyenne. — *Forme :* en cœur assez allongé, à sillon prononcé. — *Pédoncule :* un peu court et généralement grêle, à cavité moyenne. — *Point pistillaire :* saillant. — *Peau :* à fond jaune clair presque entièrement panaché de rose. — *Chair :* blanchâtre, ferme, un peu filamenteuse et croquante. — *Eau :* incolore, abondante, rarement bien sucrée, légèrement acidulée. — *Noyau :* assez gros, ovoïde fortement arrondi, ayant les joues quelque peu bombées et l'arête dorsale modérément ressortie.

Bigarreau Bordan.

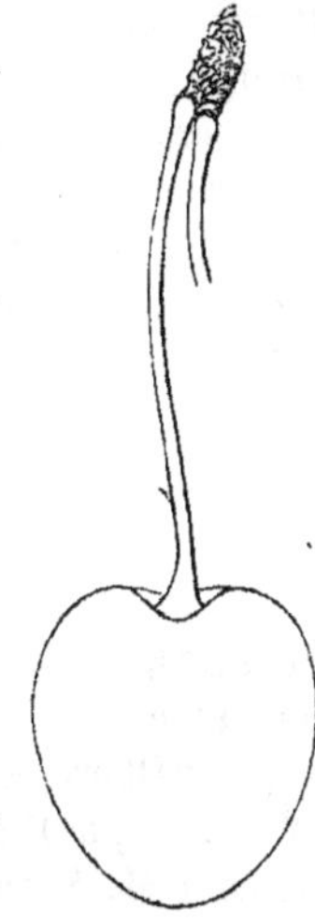

MATURITÉ. — Vers la mi-juin.

QUALITÉ. — Deuxième.

Historique. — C'est un gain moderne qui nous fut, en 1864, envoyé d'Allemagne et dont notre ami et correspondant M. Oberdieck a été le premier descripteur. Voici dans quels termes ce pomologue en établit l'origine, et les qualités qu'il lui reconnaît :

« Obtenue de semis à Guben (Prusse), par M. Bordan — écrivait-il en 1861 — cette variété appartient aux meilleures, aux plus précoces Guignes bigarrées. » (*Illustrirtes Handbuch der Obstkunde*, t. III, p. 97, n° 25.)

Observations. — Depuis dix ans que je cultive ce fruit, je ne l'ai jamais trouvé très-bon, ainsi qu'il l'est, paraît-il, dans sa terre natale. Et j'ajoute que sa chair ferme, légèrement croquante, même, ne m'a pas permis non plus de le classer parmi les guignes, comme l'ont fait les Allemands.

---

12. CERISE BIGARREAU BRUN KLEINDIENST.

Synonyme. — BIGARREAU KLEINDIENTS BRAUNE (Oberdieck, *Illustrirtes Handbuch der Obstkunde*, 1869, t. VI, p. 329, n° 173).

Description de l'arbre. — *Bois :* assez fort. — *Rameaux :* peu nombreux, légèrement étalés, longs, de grosseur moyenne, très-géniculés, rugueux, brun clair jaunâtre à l'insolation, mais fortement cendré sur le côté de l'ombre. — *Lenticelles :* très-petites et clair-semées. — *Coussinets :* bien accusés. — *Yeux :* volumineux, coniques, grisâtres, faiblement écartés du bois. — *Feuilles :* peu nombreuses, grandes, vert clair, toujours ponctuées et striées de blanc jaunâtre, ovales-allongées, longuement acuminées, à bords crénelés et dentés. — *Pétiole :* long, très-fort, roide ou flasque, carminé à la base et couvert de glandes saillantes, variables de forme et couleur rouge-vermillon. — *Fleurs :* assez précoces, à épanouissement simultané.

FERTILITÉ. — Ordinaire.

CULTURE. — Tout sujet lui convient, mais la forme qu'il préfère, c'est le plein-vent ; il y fait de beaux arbres à tête bien arrondie, tandis qu'en pyramide, si sa vigueur reste la même, il se montre tellement irrégulier dans sa ramification, que son aspect devient alors très-désagréable.

Description du fruit. — *Comment attaché :* par deux, très-habituellement. *Grosseur :* — assez volumineuse. — *Forme :* en cœur, aplatie sur ses deux faces, que parcourt un large mais peu profond sillon. — *Pédoncule :* long et de moyenne force. — *Point pistillaire :* saillant. — *Peau :* rose vif sur le côté de l'ombre et rouge-grenat sur l'autre face, où même elle passe au noirâtre quand la maturation est accomplie. — *Chair :* jaunâtre, légèrement rosée, ferme et peu filamenteuse. — *Eau :* abondante, incolore, sucrée, acidule et agréablement parfumée. — *Noyau :* gros, ovoïde, bombé, ayant l'arête dorsale coupante, ressortie et la suture ventrale large, émoussée.

Bigarreau Brun Kleindienst.

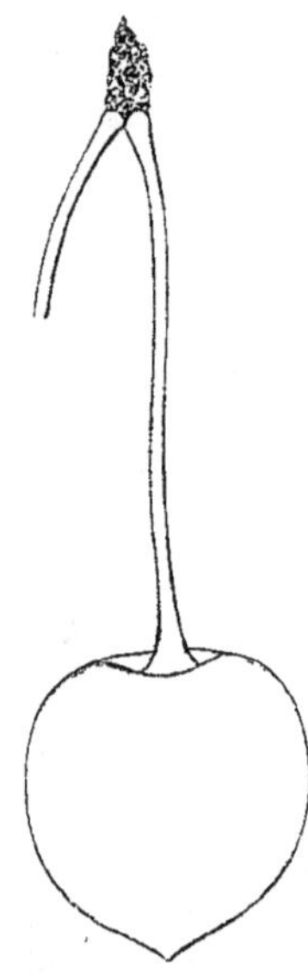

MATURITÉ. — Derniers jours de juin.

QUALITÉ. — Première.

Historique. — Originaire des États Prussiens, ce bigarreau compte une vingtaine d'années seulement et sort des semis de M. Kleindienst, vigneron à Guben. (Voir Oberdieck, *Illustrirtes Handbuch der Obstkunde,* 1869, t. VI, p. 329, n° 174.) Il est dans mon école depuis 1866, et je le dois à M. Adrien Senéclauze, pépiniériste à Bourg-Argental (Loire).

Observations. — C'est une variété des plus précieuses, tant par sa qualité que par l'extrême beauté de son feuillage, couvert de stries et de points blanchâtres. On doit veiller à ne pas la confondre avec une autre du même obtenteur, la *Wilhelmine Kleindienst*, qui manque à ma collection.

CERISE BIGARREAU BULLOCK. — Synonyme de *Bigarreau Gros-Cœuret.* Voir ce nom.

CERISE BIGARREAU BUNTES TAUBENHERZ. — Synonyme de *Bigarreau Blanc* (*Gros-*). Voir ce nom.

CERISE BIGARREAU BÜTTNER. — Synonyme de *Bigarreau Noir Büttner.* Voir ce nom.

CERISE BIGARREAU BÜTTNER'S GELBE. — Synonyme de *Bigarreau Jaune Büttner.* Voir ce nom.

CERISE BIGARREAU BÜTTNER'S ROTHE. — Synonyme de *Bigarreau Rouge Büttner.* Voir ce nom.

CERISES : BIGARREAU BÜTTNER'S WACHS,
— BIGARREAU BÜTTNER'S YELLOW,
} Synonymes de *Bigarreau Jaune Büttner.* Voir ce nom.

CERISES : BIGARREAU CARTILAGINEUX DE BÜTTNER,

— BIGARREAU CARTILAGINEUX ROUGE DE BÜTTNER,

Synonymes de *Bigarreau Rouge Büttner*. Voir ce nom.

13. CERISE BIGARREAU CAYENNE.

Description de l'arbre. — *Bois :* très-fort. — *Rameaux :* nombreux, érigés au sommet, étalés à la base, des plus longs et des plus gros, non géniculés, assez lisses ou légèrement ridés, brun clair jaunâtre lavé et tacheté de gris cendré. — *Lenticelles :* clair-semées, petites, arrondies et grisâtres. — *Coussinets :* peu saillants. — *Yeux :* gros, coniques-pointus, renflés à la base, faiblement écartés du bois, ayant les écailles brunes et disjointes. — *Feuilles :* assez nombreuses, très-grandes, vert cendré, ovales ou ovales-allongées, acuminées, souvent recourbées et contournées, à bords irrégulièrement et fortement crénelés et dentés. — *Pétiole :* long, très-nourri, flasque, violacé, à larges glandes carminées, aplaties ou globuleuses. — *Fleurs :* assez tardives et s'épanouissant simultanément.

FERTILITÉ. — Grande.

CULTURE. — Greffé à haute-tige sur Merisier, cet arbre devient magnifique. Il réussit également bien en pyramide, espalier, buisson et gobelet, quand on l'a écussonné sur Mahaleb, sujet qui en modère la vigueur et en augmente encore la fertilité.

Description du fruit. — *Comment attaché :* par deux, généralement. — *Grosseur :* moyenne. — *Forme :* ovoïde plus ou moins cylindrique, comprimée

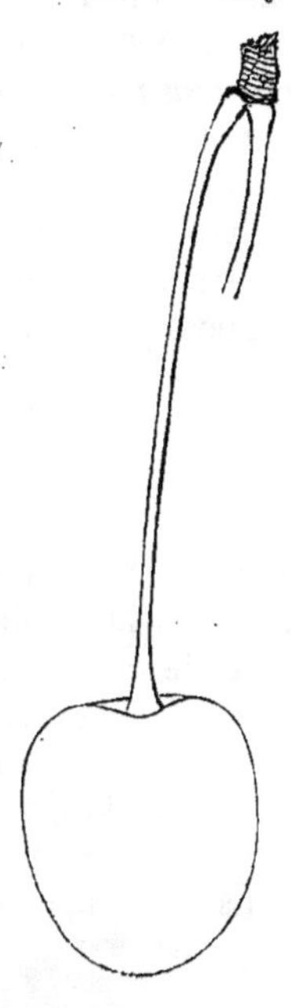

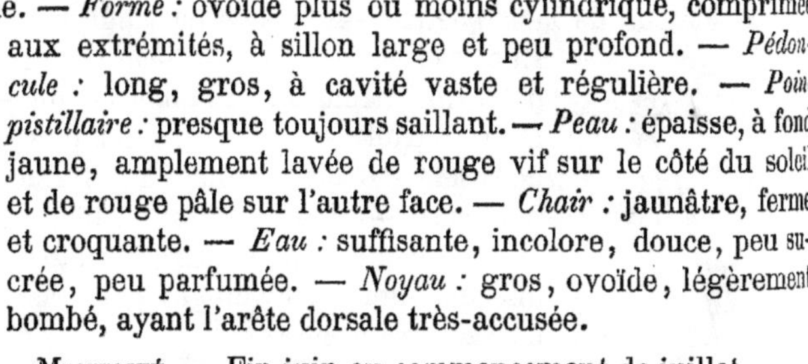

aux extrémités, à sillon large et peu profond. — *Pédoncule :* long, gros, à cavité vaste et régulière. — *Point pistillaire :* presque toujours saillant. — *Peau :* épaisse, à fond jaune, amplement lavée de rouge vif sur le côté du soleil et de rouge pâle sur l'autre face. — *Chair :* jaunâtre, ferme et croquante. — *Eau :* suffisante, incolore, douce, peu sucrée, peu parfumée. — *Noyau :* gros, ovoïde, légèrement bombé, ayant l'arête dorsale très-accusée.

MATURITÉ. — Fin juin ou commencement de juillet.

QUALITÉ. — Deuxième.

Historique. — Le bigarreau Cayenne, dont l'étrange nom n'a pu m'être expliqué, me fut donné en 1857 par M. Janin, alors préposé en chef de l'octroi de la ville d'Angers, et maintenant décédé. Il l'avait importé des environs d'Angoulême, contrée où cette variété jouissait, depuis longtemps déjà, d'une certaine vogue, que pourtant son mérite ne justifiait guère. Peut-être, après tout, y devait-elle au sol des qualités qui chez moi se seront fâcheusement modifiées. Je le croirais volontiers, car on n'a jamais pu l'y manger excellente.

CERISE BIGARREAU CIRCASSIAN. — Synonyme de *Bigarreau Noir de Tartarie*. Voir ce nom.

CERISE BIGARREAU CLARKE. — Synonyme de *Bigarreau Napoléon Ier*. Voir ce nom.

---

14. CERISE BIGARREAU CLEVELAND.

Description de l'arbre. — *Bois :* très-fort. — *Rameaux :* assez nombreux, étalés, gros et des plus longs, géniculés, lisses et d'un brun clair violacé amplement lavé de gris cendré. — *Lenticelles :* abondantes, larges, arrondies et gris clair. — *Coussinets :* saillants et se prolongeant en arête. — *Yeux :* gros, coniques, grisâtres, faiblement écartés du bois. — *Feuilles :* nombreuses, très-grandes, vert jaunâtre, ovales-allongées, acuminées, irrégulièrement dentées sur leurs bords. — *Pétiole :* long, très-gros, flasque, entièrement carminé, portant de larges glandes sans grand relief et d'un rouge plus ou moins vif. — *Fleurs :* très-précoces, très-grandes et d'un beau blanc pur, elles s'épanouissent simultanément.

FERTILITÉ. — Satisfaisante.

CULTURE. — Il fait, sur Merisier, de superbes plein-vent. Sur Mahaleh, pour basses-tiges ou buisson, il est des plus avantageux par sa forme régulière et sa constante fertilité.

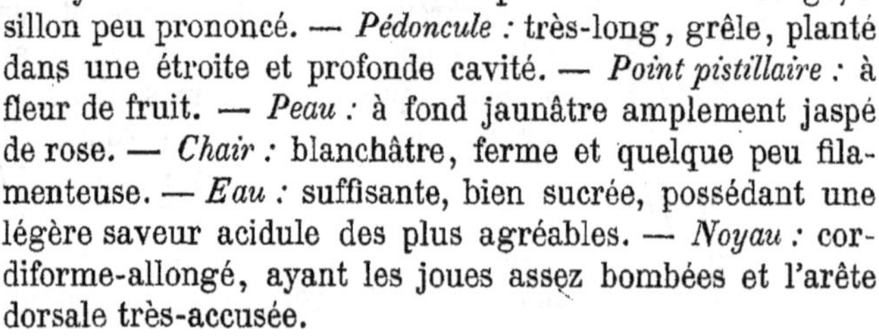

Description du fruit. — *Comment attaché :* par trois et par deux. — *Grosseur :* au-dessus de la moyenne. — *Forme :* en cœur plus ou moins allongé, à sillon peu prononcé. — *Pédoncule :* très-long, grêle, planté dans une étroite et profonde cavité. — *Point pistillaire :* à fleur de fruit. — *Peau :* à fond jaunâtre amplement jaspé de rose. — *Chair :* blanchâtre, ferme et quelque peu filamenteuse. — *Eau :* suffisante, bien sucrée, possédant une légère saveur acidule des plus agréables. — *Noyau :* cordiforme-allongé, ayant les joues assez bombées et l'arête dorsale très-accusée.

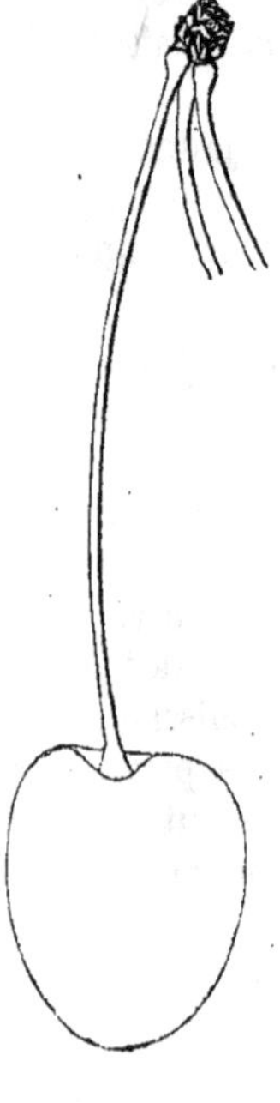

MATURITÉ. — A la mi-juin.

QUALITÉ. — Première.

Historique. — Ce bigarreau porte le nom de la localité américaine dont il est originaire, Cleveland, dans l'État de l'Ohio. Son obtenteur, le professeur Kirtland, le gagna de semis en 1842. Elliott, le premier pomologue qui l'ait décrit et figuré, consignait ces faits en 1854, à la page 191 de son *Fruit book*. Les Américains l'estiment beaucoup et le qualifient de très-bon, appréciation qu'à mon tour je lui maintiens, car je l'ai toujours trouvé parfait depuis 1863, date à laquelle on me l'expédia de New-York.

CERISE BIGARREAU CŒUR D'HARRISON. — Synonyme de *Bigarreau Blanc* (*Gros-*). Voir ce nom.

CERISE BIGARREAU CŒUR-NOIR. — Synonyme de *Bigarreau Noir* (*Gros-*). Voir ce nom.

CERISE BIGARREAU CŒUR-DE-PIGEON. — Voir *Bigarreau Commun*, au paragraphe OBSERVATIONS.

CERISE BIGARREAU CŒUR-DE-PIGEON. — Synonyme de *Bigarreau Gros-Cœuret*. Voir ce nom.

CERISE BIGARREAU CŒUR-DE-PIGEON. — Voir *Bigarreau Couleur de Chair*, au paragraphe OBSERVATIONS.

CERISES : BIGARREAU CŒUR-DE-POULET, — BIGARREAU CŒURET, } Synonymes de *Bigarreau Gros-Cœuret*. Voir ce nom.

CERISE BIGARREAU CŒURET. — Voir *Bigarreau Commun*, au paragraphe OBSERVATIONS.

CERISE BIGARREAU CŒURET (PETIT-). — Synonyme de *Bigarreau Rouge hâtif* (*Petit-*). Voir ce nom.

CERISE BIGARREAU CŒUVRET. — Synonyme de *Bigarreau Gros-Cœuret*. Voir ce nom.

15. CERISE BIGARREAU COMMUN.

Synonymes. — 1. CERASUM DURACINUM (Pline, *Historia naturalis*, Ier siècle de l'ère chrétienne, lib. XV, cap. XXX). — 2. CERISE UNGARIC DURE (Conrad Gessner, *Historia plantarum*, 1541). — 3. CERISE DURACINE (P. A. Mathiolus, *Commentarii in Dioscoridem*, 1556). — 4. CERISE D'ÉTRURIE (*Id. ibid.*). — 5. CERISE MARCHANE (*Id. ibid.*). — 6. CERISE D'ESPAGNE (Math. Lobellius, *Plantarum seu stirpium historia*, 1576; — et Jean Bauhin, *Historia plantarum universalis*, 1598-1650, t. I, p. 221). — 7. CERISE DURACINE OBLONGUE (Jean Bauhin, *ibid.*). — 8. CERISE DURAINE (Jacques Daléchamp, *Historia plantarum*, 1586, t. I, p. 262). — 9. CERISE DURCINE (*Id. ibid.*). — 10. BIGARREAU ROUGE (Merlet, *l'Abrégé des bons fruits*, 1667, p. 27). — 11. BIGARREAU BELLE DE ROCMONT (Duhamel, *Traité des arbres fruitiers*, 1768, t. I, p. 167). — 12. CERISE ROUGE DE CŒUR (Société économique de Berne, *Traité des arbres fruitiers*, 1768, t. II, p. 146). — 13. CERISE D'ESPAGNE BIGARRÉE (Herman Knoop, *Fructologie*, 1771, pp. 35 et 38). — 14. CERISE D'ESPAGNE ROUGE (*Id. ibid.*). — 15. CERISE PERLE (*Id. ibid.*). — 16. GROS BIGARREAU COMMUN (Mayer, *Pomona franconica*, 1776, t. II, p. 36, n° 10). — 17. BIGARREAU ORDINAIRE (de Calonne, *Essai d'agriculture*, 1779, p. 16). — 18. CERISE CŒUR ROUGE (Miller, *Dictionnaire des jardiniers*, 1786, t. II, p. 263). — 19. GUIGNE DE PERLE (Calvel, *Traité complet sur les pépinières*, 1805, t. II, p. 150). — 20. GUIGNE DE ROQUEMONT (Tatin, *Principes raisonnés et pratiques de la culture des arbres fruitiers*, 1819, t. II, p. 40). — 21. GROS BIGARREAU COULEUR DE CHAIR (Louis Noisette, *le Jardin fruitier*, 1821, p. 16, n° 6). — 22. BIGARREAU DE ROCMONT (*Id. ibid.*). — 23. CERISE GEMEINE MARMOR (Dittrich, *Systematisches Handbuch der Obstkunde*, 1840, t. II, p. 73, n° 90). — 24. BIGARREAU PRINCESSE (André Leroy, *Catalogue descriptif et raisonné des arbres fruitiers et d'ornement*, 1852, p. 5, n° 65). — 25. BIGARREAU DE ROCQUEMONT (Couverchel, *Traité des fruits*, 1852, p. 354). — 26. CERISE CROQUANTE (Congrès pomologique, *Pomologie de la France*, 1863, t. VII, n° 2). — 27. CERISE DE GOTTORP (*Id. ibid.*). — 28. CERISE GOTTORPER (*Id. ibid.*).

Description de l'arbre. — *Bois :* très-fort. — *Rameaux :* assez nombreux, très-étalés et souvent arqués, gros, de longueur moyenne, non géniculés, ridés et rugueux, d'un brun clair jaunâtre lavé et tacheté de gris cendré. — *Lenticelles :* des plus abondantes, petites, arrondies ou linéaires. — *Coussinets :* aplatis et se prolongeant en arête. — *Yeux :* assez gros, coniques-pointus, écartés du bois, aux écailles brunes et bien soudées. — *Feuilles :* abondantes, grandes, ovales ou obovales, vert tendre, acuminées, planes ou contournées, ayant les bords profondément dentés. — *Pétiole :* long, de grosseur moyenne, très-flasque, légèrement violacé, à glandes allongées ou arrondies, petites, peu saillantes et vermillonnées. — *Fleurs :* précoces et s'épanouissant simultanément.

FERTILITÉ. — Abondante.

CULTURE. — Sur Merisier, pour plein-vent, il est irrégulier et de vilain aspect; de plus, ses rameaux ayant une tendance générale à devenir pleureurs, très-souvent y sont brisés par la charge du fruit. Il est donc préférable de le greffer sur Mahaleb pour basses-tiges, espaliers ou buissons, afin de le maintenir le moins haut possible, et de le préserver ainsi des coups de vent.

Description du fruit. — *Comment attaché :* par deux, rarement par trois. — *Grosseur :* moyenne, généralement, et parfois un moins volumineuse. — *Forme :* ovoïde-arrondie ou en cœur sensiblement obtus à la pointe, marquée d'un sillon presque toujours bien accusé. — *Pédoncule :* assez long ou assez court, fort ou un peu grêle, implanté dans une cavité vaste et profonde. — *Point pistillaire :* saillant ou des plus légèrement enfoncé. — *Peau :* fine, à fond blanc jaunâtre, amplement lavée de rose et fouettée ou marbrée de carmin. — *Chair :* blanchâtre ou jaunâtre, très-ferme et quelquefois, mais exceptionnellement, un peu filamenteuse. — *Eau :* abondante, incolore, bien sucrée, à peine acidulée et de parfum fort agréable. — *Noyau :* de moyenne grosseur, ovoïde plus ou moins arrondi, assez bombé à son milieu, ayant l'arête dorsale large et coupante.

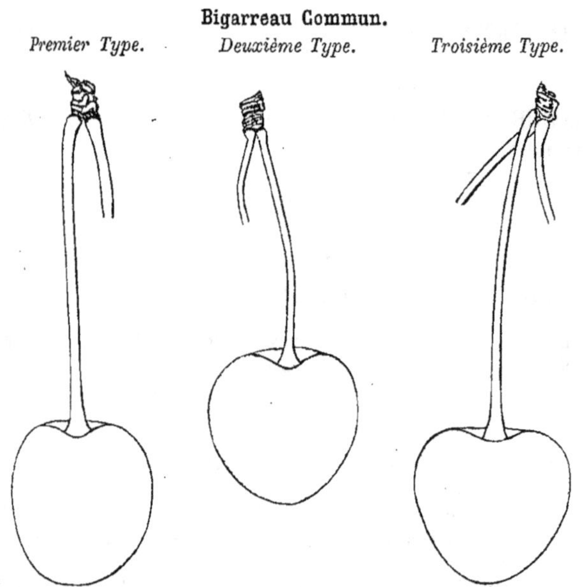

Bigarreau Commun.

Premier Type. *Deuxième Type.* *Troisième Type.*

MATURITÉ. — Dernière quinzaine de juin.

QUALITÉ. — Première.

Historique. — Je l'ai dit plus haut (voir page 173), en établissant l'âge et l'étymologie de notre terme *Bigarreau,* le bigarreau Commun fut, au temps de Pline (80 ans après J. C.), connu des Romains, qui le nommaient cerise Duracine pour la fermeté de sa chair. De Rome, cette variété finit par gagner la Suisse, l'Allemagne, la France, et même l'Espagne ; ce qui fut constaté, dès la naissance de l'imprimerie, par divers botanistes dont un siècle plus tard le docteur Jean Bauhin utilisa les précieuses publications pour consigner dans son *Historia plantarum* maints renseignements historiques sur les arbres fruitiers. C'est ainsi qu'à propos des cerises Duracines il nous a transmis les curieux détails que voici, et la description qui les précède, très-suffisante pour reconnaître notre bigarreau Commun. Je traduis littéralement :

« *Cerises Duracines oblongues.* — La cerise de cette espèce — dit-il — grosse et oblongue, rappelle assez bien la forme d'un cœur. Sa chair est douce, dure, compacte ; sa peau, blanchâtre et colorée de rouge clair ; son noyau, assez volumineux. A Lyon j'ai pu, dès le commencement de mai, étudier ce fruit. Antérieurement, *in Valle Thelina Rhætorum* [dans la Valteline, partie du Milanais où se trouve Sondrio], j'avais vu qu'il y mûrissait en juin, de même qu'à Montpellier. En ce dernier lieu, toutefois, il est rare. J'observe qu'il est appelé chez les auteurs suivants : dans Mathiolus (1556), Cerise d'Étrurie [de Toscane] ou, vulgairement, Marchane et Duracine ; dans Gessner (1541), Cerise Ungaric dure ; dans Lobellius (1576), Cerise d'Espagne ; puis Cerise Duraine, chez les Lyonnais. » (*Historia plantarum universalis*, t. I, p. 221.)

Un autre docteur, Jacques Daléchamp, contemporain de Bauhin et quelque peu son aîné, avait aussi caractérisé les *Duracina :*

« Les Cerises de ce nom — écrivit-il en 1586 — sont grosses, ont beaucoup de chair ferme, sont quasi toutes blanches et fort douces ; leur chair est fort attachée au noyau ; pour cette raison Ruel (1536) estime que ce sont celles que les Romains nommaient *Duracina.* Mesme à Lyon elles ont un nom quasi semblable, car ils les y appellent Dureines ou Durcines. » (*Histoire générale des plantes*, t. I, p. 262.)

Mais devant ces textes, émanés de savants dont les ouvrages ont fait, et font encore, autorité, nous devons hautement infirmer une incompréhensible opinion hasardée en 1785 par l'abbé Rozier, dans le *Dictionnaire d'agriculture :*

« Les Romains — y lisons-nous — ont emprunté un mot celtique pour caractériser une cerise fondante, ou remplie d'eau : ils l'ont appelée *Duracine*, du mot *dur*, qui veut dire eau, ainsi que *dor.* » (Tome II, p. 638.)

Comment semblable opinion a-t-elle pu naître chez l'abbé Rozier, qui ne pouvait ignorer que Pline, dans un tel cas, n'aurait pas eu besoin de recourir à la langue celtique, puisque celle des Romains lui eût amplement suffi ? Tous les lexiques latins, d'ailleurs, donnent cette définition de l'adjectif *duracinus :* « Qui est dur « et ferme, qui a la chair dure et ferme, ou adhérente au pépin, au noyau. *Duracinum Cerasum*, Bigarreau. » Il faut donc l'avouer, s'il est difficile de se rendre compte de l'étrangeté d'une pareille assertion, il le serait bien plus encore de penser qu'elle ait jamais rallié de nombreux adhérents.

Enfin en 1752 un auteur hollandais décrivant, à son tour, l'antique Duracine sous l'un des synonymes — cerise *d'Espagne* — que Jean Bauhin, nous l'avons vu, déjà lui attribuait cent cinquante ans auparavant, la caractérisait comme suit :

« Le *Bigarreau d'Espagne* — disait-il — est rouge et blanc, d'un goût semblable à la Double Cerise de Rouen (?), mais plus croquant, moins gros, moins agréable, et produit plus. » (De Lacour, *les Agréments de la campagne*, t. II, p. 64.)

Ainsi les descripteurs, anciennement, ont abondé pour le bigarreau Commun, ce qui s'explique par l'extrême vogue qu'il eut toujours chez les propriétaires et les horticulteurs, et que le temps est loin d'avoir affaiblie, car aujourd'hui on le rencontre à peu près dans tous les vergers. Assurons qu'il y tient dignement sa place, tant par sa bonté que par sa remarquable fertilité.

Observations. — C'est par erreur typographique que mon *Catalogue* de 1875 annonce, page 13, n° 72, un bigarreau *Duracino;* il eût dû porter : bigarreau Duranno, variété qu'en 1868 je signalai pour la première fois (p. 14, n° 127) et plaçai parmi mes cerisiers non encore étudiés. Aujourd'hui, certain que le Duranno est à peine de seconde qualité, je ne le multiplie plus en pépinière et le conserve seulement pour en fournir des greffes aux collectionneurs. Afin, toutefois, que le nom Duracino, dont on l'a, je le répète, indûment gratifié, ne puisse le faire confondre avec l'archi-séculaire *Duracine,* j'en vais donner une courte description : Le *Duranno* est gros, cordiforme-arrondi, bossué, à sillon étroit, à long et grêle pédoncule; sa peau, d'un beau rouge foncé à l'insolation, est rouge clair sur l'autre face et ponctuée de gris; enfin sa chair est très-ferme, sèche, acidulée et peu sucrée. La maturité de ce bigarreau s'accomplit au commencement de juillet. — Nous rappelons également que bigarreau *Graffion* n'est pas synonyme de bigarreau Commun, mais bien de Gros Bigarreau Blanc (voir ci-dessus, pp. 179-181). — Louis Noisette se trompait, lorsqu'en 1821 il assurait, dans *le Jardin fruitier* (t. II, p. 16, n° 6), que le Bigarreau de Rocmont, ou Gros Bigarreau Couleur de Chair, n'était pas identique avec le bigarreau Commun. Si; mais il existe un bigarreau simplement appelé *Couleur de Chair,* qu'il faut se garder de réunir au Commun, dont il diffère essentiellement (voir p. 192, sa description). — Quoique l'Allemand Mayer, en 1776, et l'Anglais Thompson, en 1842, aient rangé les noms *Cœuret* et *Cœur-de-Pigeon* parmi les synonymes du bigarreau Commun, nous n'avons pu les lui maintenir, nos anciens pomologues les ayant toujours appliqués au Gros-Cœuret. — J'ajoute que c'est aussi à cette dernière variété qu'on doit rattacher le surnom *Cœur-de-Poulet,* souvent donné par erreur au bigarreau Commun. Et, de plus, j'affirme que le bigarreautier Princesse, dans mes cultures depuis 1852, offre, arbre et fruit, tous les caractères du bigarreautier Commun.

Cerise BIGARREAU COMMUN (GROS-). — Synonyme de *Bigarreau Commun.* Voir ce nom.

---

16. Cerise BIGARREAU CORNIOLA.

Description de l'arbre. — *Bois :* de moyenne force. — *Rameaux :* peu nombreux, légèrement étalés, gros, assez longs, non géniculés, brun clair jaunâtre, tachés et rayés de gris cendré, surtout à leur base. — *Lenticelles :* rares, arrondies ou linéaires. — *Coussinets :* saillants. — *Yeux :* volumineux, coniques-pointus, faiblement écartés du bois, ayant les écailles brunes et bien soudées. — *Feuilles :* abondantes, grandes, vert pâle, ovales-allongées, sensiblement acuminées, à bords profondément dentés. — *Pétiole :* long, gros, flasque, violacé, à glandes peu développées et lavées de vermillon. — *Fleurs :* tardives ou très-tardives, s'épanouissant successivement.

Fertilité. — Satisfaisante.

Culture. — En basse-tige, sur Mahaleb, pour pyramides, espaliers et buissons, il fait, quoiqu'un peu trop dégarni, d'assez beaux arbres. Sur Merisier, pour plein-vent, il ne laisse rien à désirer.

Description du fruit. — *Comment attaché :* par trois et par deux. — *Grosseur :* volumineuse. — *Forme :* arrondie ou cylindrique-arrondie, légèrement comprimée aux pôles et souvent même assez plate sur ses deux faces ; à sillon large, profond, et que parcourt généralement une ligne d'un rouge très-foncé. — *Pédoncule :* assez court et de moyenne force, planté dans une très-vaste cavité. — *Point pistillaire :* occupant le centre d'une dépression parfois bien prononcée. — *Peau :* à fond blanc jaunâtre, en grande partie lavée de rose tendre et de rose vif, puis ponctuée de carmin foncé. — *Chair :* jaunâtre, ferme et non filamenteuse. — *Eau :* suffisante, incolore, bien sucrée, légèrement acidule et des plus savoureuses.

Bigarreau Corniola.

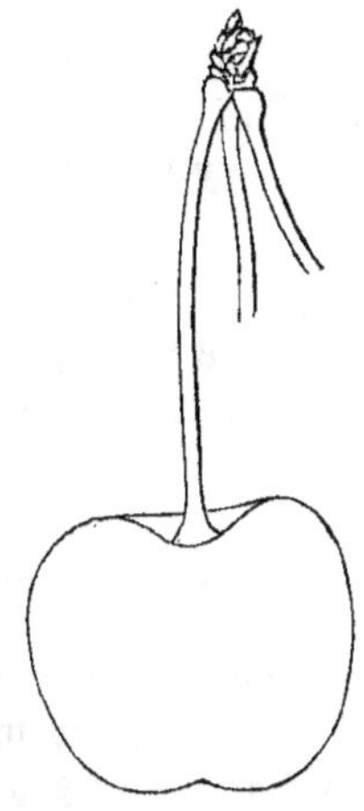

MATURITÉ. — Commencement de juillet.

QUALITÉ. — Première.

Historique. — Ce fruit moderne, que son beau coloris a fait nommer Corniola [*Cornaline*], en Italie, pays dont il est originaire, me séduisit à Florence, en 1864, et je le rapportai chez moi, où depuis lors on n'a cessé de le propager. Il figurait déjà en 1862, sous ce nom, dans la collection de Cerisiers du Jardin fruitier de la Société d'Horticulture de Toscane ; mais j'ignore s'il y avait été obtenu de semis.

---

17. CERISE BIGARREAU COULEUR DE CHAIR.

Synonymes. — 1. CERISE DE CHAIR (Société économique de Berne, *Traité des arbres fruitiers*, 1768, t. II, pp. 147 et 163). — 2. CERISE COULEUR DE CHAIR (*Id. ibid.*). — 3. BIGARREAU BLANC DU NORD (des Pépinières belges de Liége, en 1865).

Description de l'arbre. — *Bois :* fort. — *Rameaux :* assez nombreux, légèrement étalés, gros, très-longs, ridés, quelque peu géniculés et d'un brun clair jaunâtre lavé de gris cendré. — *Lenticelles :* abondantes, petites, gris sale, arrondies ou linéaires. — *Coussinets :* saillants et souvent se prolongeant en arête. — *Yeux :* très-petits, ovoïdes, presque collés sur l'écorce, ayant, l'été, les écailles entièrement grises, mais verdâtres, l'hiver, à leur extrémité. — *Feuilles :* peu nombreuses, grandes, vert jaunâtre, ovales-allongées, sensiblement acuminées, planes ou légèrement contournées, à bords profondément dentés. — *Pétiole :* long, bien nourri, flexible, faiblement violacé, à glandes arrondies, petites, aplaties et rarement lavées de vermillon. — *Fleurs :* précoces et s'épanouissant successivement.

FERTILITÉ. — Remarquable.

CULTURE. — A haute tige, sur Merisier, il fait des plein-vent d'un grand avenir et dont la tête est généralement érigée. Pour basses-tiges, on le greffe sur Mahaleb, sujet qui maîtrise son extrême vigueur et le rend encore plus productif.

Description du fruit. — *Comment attaché :* par deux, habituellement. — *Grosseur :* moyenne. — *Forme :* en cœur, à sillon assez apparent. — *Pédoncule :* très-long, grêle, planté dans une cavité généralement large et profonde. — *Point pistillaire :* saillant. — *Peau :* jaune ambré, lavée, à bonne exposition solaire, de rose très-pâle. — *Chair :* ferme et blanchâtre. — *Eau :* suffisante, sucrée, acidule, douée d'une saveur particulière plus ou moins agréable, selon les goûts. — *Noyau :* assez gros, ovoïde, peu bombé, ayant l'arête dorsale bien développée.

Bigarreau Couleur de Chair.

MATURITÉ. — Fin juin ou commencement de juillet.

QUALITÉ — Deuxième.

Historique. — Je crois cette variété d'origine anglaise, car Philip Miller fut le premier pomologue qui la décrivit. Il le fit en 1752 dans le *the Gardener's and botanit's dictionary* (3e édition). En 1768 je doute beaucoup qu'elle eût déjà pris racine chez nous, où certes Duhamel, qui pour lors recherchait les bons et nouveaux fruits, l'aurait tout au moins signalée. Miller, quand il en parla, prétendit qu'elle était peu fertile. Ce défaut provenait sans doute du jeune âge ou de l'exposition de l'arbre, ou bien de la nature du terrain? Je ne sais, mais je puis affirmer qu'aujourd'hui; grâce probablement, à des soins mieux entendus, le bigarreautier à fruits Couleur de Chair est devenu l'un des plus féconds des jardins français, où son introduction dut avoir eu lieu vers 1820.

Observations. — C'est par méprise que plusieurs pomologues anglais ont attribué à ce bigarreau les synonymes Belle de Rocmont, Cœur-de-Pigeon, Grosse Guigne Blanche et Gros Bigarreau Blanc; les deux derniers sont noms de variété, et des deux autres le premier appartient au bigarreau Commun et le second au Gros-Cœuret. — En 1865 le bigarreau Couleur de Chair me fut, sous l'étiquette bigarreau *Blanc du Nord*, adressé de Liége (Belgique) par un pépiniériste. J'hésite d'autant moins à le déclarer, que depuis sept ans la complète identité de ces deux bigarreautiers a maintes fois été constatée dans mon école.

CERISE BIGARREAU COULEUR DE CHAIR (GROS-). — Synonyme de *Bigarreau Commun*. Voir ce nom.

CERISE BIGARREAU COURTE-QUEUE. — Synonyme de *Bigarreau d'Italie*. Voir ce nom.

CERISE BIGARREAU CURAN. — Synonyme de *Guigne Rouge hâtive*. Voir ce nom.

---

18. CERISE BIGARREAU DÖNNISSEN.

Synonymes. — 1. BIGARREAU DÖNNISSENS GELBE (Dittrich, *Systematisches Handbuch der Obstkunde*, 1840, t. II, p. 89). — 2. BIGARREAU JAUNE DE DOCHMISSEN (Eugène Glady, *Revue horticole*, 1865, p. 431). — 3. GUIGNE JAUNE DE DÖNNISSEN (André Leroy, *Catalogue descriptif et raisonné d'arbres fruitiers et d'ornement*, 1868, p. 13, nº 60).

Description de l'arbre. — *Bois :* assez fort. — *Rameaux :* peu nombreux, étalés, gros, de longueur moyenne, légèrement flexueux, ridés, brun clair jaunâtre lavé et tacheté de gris cendré. — *Lenticelles :* abondantes, très-petites, arrondies ou linéaires. — *Coussinets :* faiblement accusés. — *Yeux :* moyens et coniques-pointus, écartés du bois, aux écailles brunes et mal soudées. — *Feuilles :* peu nombreuses, grandes, vert clair, obovales, acuminées, planes pour la plupart, à denture aiguë et très-profonde. — *Pétiole :* long, bien nourri, flasque et violâtre, à glandes aplaties, rougeâtres et de forme variable. — *Fleurs :* des plus tardives et s'épanouissant successivement.

FERTILITÉ. — Satisfaisante.

CULTURE. — Pour plein-vent, forme sous laquelle il fait d'assez beaux arbres, on le greffe sur Merisier, et sur Mahaleb quand on le destine à la basse-tige, qui convient moins à ce bigarreautier, vu le petit nombre de ses rameaux.

Description du fruit. — *Comment attaché :* par deux et quelquefois par trois. — *Grosseur :* moyenne. — *Forme :* arrondie ou ovoïde-arrondie, à sillon très-peu prononcé. — *Pédoncule :* long, de moyenne force et planté dans une cavité peu développée. — *Point pistillaire :* saillant. — *Peau :* unicolore, jaune pâle. — *Chair :* blanchâtre, ferme et légèrement filamenteuse. — *Eau :* peu abondante, à peine sucrée, acidule et possédant un arrière-goût entaché d'amertume. — *Noyau :* gros, ovoïde, bombé, ayant l'arête dorsale large et ressortie.

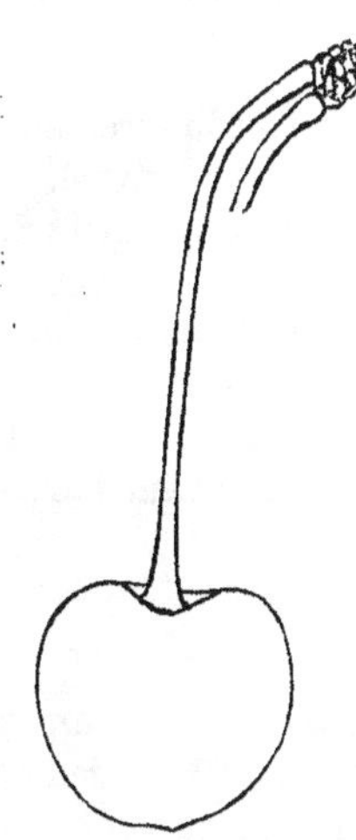

MATURITÉ. — Fin juin.

QUALITÉ. — Deuxième.

Historique. — On la regarde généralement comme une variété de provenance prussienne. Dittrich, qui fut un de ses premiers descripteurs, la mentionnait en 1840, et disait : « Nouvelle et peu connue encore, elle a été probablement « obtenue de semis, à Guben. » (*Systematisches Handbuch der Obstkunde*, t. II, p. 89, nº 111.) Plus tard Oberdieck lui consacra quelques pages et partagea l'opinion ici rapportée : « Ce « bigarreau — écrivit-il en 1861 — passe pour sortir d'un « semis fait à Guben, et pour porter le nom de son obtenteur. En tout cas, il est « d'origine allemande. » (*Illustrirtes Handbuch der Obstkunde*, t. III, p. 145, nº 47.) Le bigarreau Dönnissen a pénétré dans les pépinières françaises en 1858, par les soins de M. Eugène Glady, de Bordeaux ; il le devait à l'un de ses amis, qui le lui expédia de Crimée, sous le nom quelque peu défiguré de bigarreau Jaune de Dochmissen.

CERISE BIGARREAU DONNISSENS GELBE. — Synonyme de *Bigarreau Dönnissen.* Voir ce nom.

CERISE BIGARREAU DOUBLE. — Synonyme de *Bigarreau Noir de Tartarie.* Voir ce nom.

---

19. CERISE BIGARREAU DOUBLE-ROYAL.

Synonyme. — GUIGNE KÖNIGLICHE (Oberdieck, *Illustrirtes Handbuch der Obstkunde*, 1861, t. III, p. 467, nº 71).

Description de l'arbre. — *Bois :* très-fort. — *Rameaux :* assez nombreux, des plus étalés et souvent arqués, très-longs, de grosseur moyenne, géniculés et rugueux, brun jaunâtre en grande partie lavé de gris cendré. — *Lenticelles :* assez abondantes, petites, arrondies et d'un gris sale. — *Coussinets :* modérément accusés. — *Yeux :* volumineux, coniques, presque collés contre le bois, ayant les écailles brunes et disjointes. — *Feuilles :* peu nombreuses, grandes, vert pâle, ovales ou ovales-allongées, sensiblement acuminées, planes ou contournées, à bords régulièrement dentés et crénelés. — *Pétiole :* de grosseur et longueur moyennes, flasque, violacé, à glandes arrondies et allongées, peu saillantes mais très-larges et vermillonnées. — *Fleurs :* très-précoces, à épanouissement successif.

FERTILITÉ. — Ordinaire.

CULTURE. — Sous toutes les formes et sur tous les sujets il laisse beaucoup à désirer, malgré sa riche végétation, tellement ses arbres sont d'un aspect désagréable par leurs rameaux trop étalés.

Description du fruit. — *Comment attaché :* par deux, le plus ordinairement. — *Grosseur :* moyenne. — *Forme :* ovoïde-arrondie, à sillon peu marqué. —

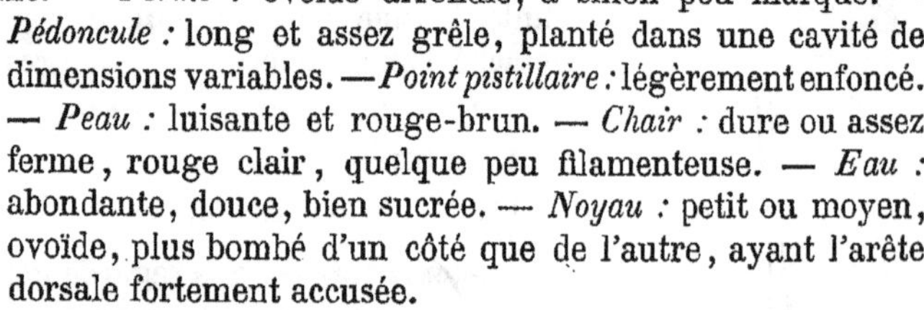

Pédoncule : long et assez grêle, planté dans une cavité de dimensions variables. — *Point pistillaire :* légèrement enfoncé. — *Peau :* luisante et rouge-brun. — *Chair :* dure ou assez ferme, rouge clair, quelque peu filamenteuse. — *Eau :* abondante, douce, bien sucrée. — *Noyau :* petit ou moyen, ovoïde, plus bombé d'un côté que de l'autre, ayant l'arête dorsale fortement accusée.

MATURITÉ. — Premiers jours de juin.

QUALITÉ. — Deuxième.

Historique. — Depuis longtemps répandu dans l'empire d'Autriche, le fruit ici décrit en est-il originaire?... Rien de précis n'existe à ce sujet; témoin les lignes suivantes de M. Oberdieck, le pomologue allemand le mieux informé que nous connaissions :

« La variété *Double-Royale* — disait-il en 1861 — m'a été envoyée, sans le moindre renseignement historique, par la Société horticole de Prague (Bohême), et je n'ai pu trouver sur sa provenance aucune espèce d'indication, ni dans le Catalogue de cette Société, ni dans les ouvrages spéciaux. » (*Illustrirtes Handbuch der Obstkunde*, t. III, p. 467, nº 71.)

Pour moi, j'ai reçu des pépinières d'Auguste-Napoléon Baumann, de Bollwiller

(Haut-Rhin), ce bigarreautier en 1858; et quand je vois peu après, en 1861, Oberdieck déclarer qu'il le tient de la Société horticole de Prague, où Double-Royal est l'unique nom qu'on lui donne, je me demande s'il ne faut pas croire cette variété née chez nous, plutôt qu'en Autriche?.... La rencontrant à Prague sous une dénomination française, puis constatant qu'Oberdieck, avant de la décrire, s'empresse de la surnommer *Königliche Herzkirsche* — *Guigne Royale* — je suis, je l'avoue, fort disposé à l'inscrire comme nôtre. Sentiment qui eût été tout différent si dès le principe, par exemple, je l'avais aperçue, soit en Autriche, soit en France, cultivée sous un nom allemand.

CERISE BIGARREAU DOWNTON. — Synonyme de *Guigne Downton*. Voir ce nom.

CERISES : BIGARREAU DROGANS GELBE,
— BIGARREAU DROGANS GROSSE GELBE,
} Synonymes de *Guigne Blanche (Grosse-)*. Voir ce nom.

CERISE BIGARREAU DUNKELROTHE. — Synonyme de *Bigarreau Violet*. Voir ce nom.

CERISE BIGARREAU DURANNO. — Voir *Bigarreau Commun*, au paragraphe OBSERVATIONS.

CERISE BIGARREAU EARLY AMBER. — Synonyme de *Bigarreau Ambré*. Voir ce nom.

CERISE EARLY BLACK. — Synonyme de *Bigarreau Noir d'Espagne*. Voir ce nom.

CERISE BIGARREAU EARLY RED. — Synonyme de *Bigarreau Rouge de Guben*. Voir ce nom.

CERISES : BIGARREAU ELK-HORN,
— BIGARREAU ELK-HORN OF MARYLAND,
} Synonymes de *Bigarreau Noir (Gros-)*. Voir ce nom.

---

20. CERISE BIGARREAU D'ELTON.

Synonymes. — 1. CERISE ELTON'S (Dittrich, *Systematisches Handbuch der Obstkunde*, 1841, t. III, p. 255, nº 26). — 2. CERISE D'ELTONE (d'Albret, *Cours théorique et pratique de la taille des arbres fruitiers*, 1851, p. 326). — 3. CERISE D'ANGLETERRE (Dochnahl, *Obstkunde*, 1858, t. III, p. 29, nº 68). — 4. CERISE ELTON'S MOLKEN (*Id. ibid.*). — 5. BIGARREAU ELTON'S BUNTE (Oberdieck, *Illustrirtes Handbuch der Obstkunde*, 1861, t. III, p. 105, nº 28). — 6. GUIGNE ELTON (Paul de Mortillet, *les Meilleurs fruits*, 1866, t. II, p. 91).

Description de l'arbre. — *Bois :* très-fort. — *Rameaux :* nombreux, érigés au sommet, très-étalés à la base, gros et des plus longs, légèrement coudés, d'un brun violacé que recouvre, sur le côté de l'ombre, une épaisse couche grisâtre.

— *Lenticelles :* assez abondantes, petites ou moyennes, arrondies pour la plupart. — *Coussinets :* saillants et prolongés en arête. — *Yeux :* moyens, renflés, ovoïdes-pointus, écartés du bois, aux écailles grises et mal soudées. — *Feuilles :* peu nombreuses, très-grandes, vert pâle, ovales-allongées, longuement acuminées, planes ou contournées, à bords régulièrement dentés. — *Pétiole :* long, gros et flexible, fortement carminé, à larges glandes aplaties ou globuleuses et lavées de rouge violacé. — *Fleurs :* assez précoces, à épanouissement simultané.

FERTILITÉ. — Convenable.

CULTURE. — Très-vigoureux, ce bigarreautier prospère non moins bien sur Mahaleb que sur Merisier, et fait généralement, sous toutes formes, des arbres d'un bel aspect.

Description du fruit. — *Comment attaché :* par trois, deux ou un, mais par trois le plus habituellement. — *Grosseur :* au-dessus de la moyenne. — *Forme :* en cœur-allongé, à sillon rarement bien accusé. — *Pédoncule :* grêle, de longueur moyenne, inséré dans une profonde et vaste cavité. — *Point pistillaire :* ressorti. — *Peau :* jaunâtre, amplement marbrée de rose à l'insolation. — *Chair :* blanchâtre, ferme et quelque peu filamenteuse. — *Eau :* douce et suffisante, fort sucrée. — *Noyau :* assez volumineux, ovoïde, plus ou moins bombé, ayant l'arête dorsale bien développée.

Bigarreau d'Elton.

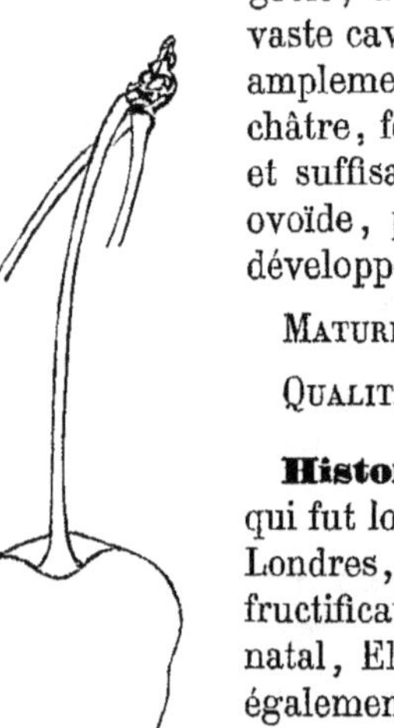

MATURITÉ. — A la mi-juin.

QUALITÉ. — Première.

Historique. — Thomas-André Knight, mort en 1838 et qui fut longtemps président de la Société d'Horticulture de Londres, est l'obtenteur de ce bigarreautier, dont la première fructification eut lieu en 1806. Il porte le nom de son lieu natal, Elton, paroisse du comté d'Hereford, nom qui fut également appliqué par Knight, en 1812, à certaine poire d'automne qu'il découvrit là inédite, et que depuis lors les Anglais ont abondamment multipliée. (*Transactions* de la Société d'Hortic. de Londres, 1817, 1re série, t. II, pp. 1 et 2.) On voit dans le *Bulletin des sciences agricoles* du baron de Férussac (année 1829, p. 367), que des greffes du bigarreautier d'Elton furent envoyées par Knight, au commencement du printemps de 1828, à Paris, à M. Henri du Trochet, membre de l'Académie des Sciences. Ce renseignement nous donne donc la véritable date de l'introduction en France de cette belle et bonne variété.

Observations. — Les pomologues américains, Elliott, entr'autres (1854, *Fruit book*, p. 194), ont confondu l'Elton avec le Gros Bigarreau Blanc, ainsi qu'avec le bigarreau Commun.

CERISE BIGARREAU ELTON'S BUNTE. — Synonyme de *Bigarreau d'Elton*. Voir ce nom.

---

21. CERISE BIGARREAU ESPEREN.

Synonyme. — BIGARREAU DES VIGNES (Alexandre Bivort, *Album de pomologie*, 1850, t. III, p. 59).

Description de l'arbre. — *Bois :* fort. — *Rameaux :* assez nombreux, légèrement étalés, gros et très-longs, non géniculés, rugueux, d'un brun clair jaunâtre tacheté de gris. — *Lenticelles :* abondantes, petites, arrondies ou linéaires. — *Coussinets :* ressortis et se prolongeant en arête. — *Yeux :* volumineux, ovoïdes-aigus, faiblement écartés du bois, aux écailles grises et assez bien soudées. — *Feuilles :* nombreuses, grandes, vert jaunâtre, longuement acuminées, ayant les bords profondément dentés. — *Pétiole :* très-gros, un peu court, entièrement carminé, assez rigide mais quelquefois arqué, à glandes énormes de forme variable et lavées de vermillon. — *Fleurs :* assez précoces et s'épanouissant successivement.

FERTILITÉ. — Convenable.

CULTURE. — Sur Merisier il fait de superbes plein-vent ; sur Mahaleb il réussit également fort bien, quelle que soit la forme qu'on lui impose.

Description du fruit. — *Comment attaché :* par un, le plus ordinairement. — *Grosseur :* volumineuse, et souvent même considérable. — *Forme :* en cœur plus ou moins obtus et raccourci, à sillon large et peu profond. — *Pédoncule :* assez gros, de longueur moyenne, planté dans une vaste cavité. — *Point pistillaire :* petit, saillant ou faiblement enfoncé. — *Peau :* dure, jaune blanchâtre, amplement lavée de rouge-cramoisi à l'insolation. — *Chair :* blanchâtre et légèrement rosée, ferme, croquante, non filamenteuse. — *Eau :* abondante, incolore, douce, savoureuse et bien sucrée. — *Noyau :* assez gros, ovoïde-pointu, peu bombé, ayant l'arête dorsale large mais presque plate.

MATURITÉ. — Derniers jours de juin ou commencement de juillet.

QUALITÉ. — Première.

Historique. — Cette variété d'origine belge, dont l'importation chez nous eut lieu vers 1845, fut en 1850 signalée à nos horticulteurs par Jacques, jardinier-chef du château de Neuilly (*Revue horticole*, 3e série, t. IV, p. 306). En Belgique Alexandre Bivort lui consacra un long article où nous trouvons, sur sa provenance, les renseignements suivants :

« *Cerise Bigarreau des Vignes.* — Connue depuis longtemps dans les provinces de Liége et de Namur — disait-il en 1850 — elle ne l'était guère dans les provinces flamandes de la Belgique. Elle y fut propagée par le major Esperen, qui en avait reçu les greffes sans dénomination certaine; de là le nom de *Bigarreau Esperen*, que des amateurs et des pépiniéristes lui donnèrent en l'absence d'un autre nom plus précis et plus juste. Nous ignorons si Bigarreau *des Vignes* est bien le nom primitif de cette belle variété, mais comme elle est généralement désignée ainsi dans la province de Liége, où il s'en trouve des exemplaires d'une dimension remarquable, et qui accusent une origine assez ancienne, nous avons cru devoir lui conserver cette dénomination un peu vague. » (*Album de pomologie*, 1850, t. III, p. 59.)

En France — où ce major, vieux soldat du premier Empire, a toujours été très-populaire parmi les arboriculteurs, aux travaux desquels il se livrait avec passion — on a préféré, contrairement aux Belges, appeler bigarreau Esperen, le bigarreau des Vignes; et d'autant mieux, que déjà nous cultivons plusieurs fruits dédiés à ce même officier supérieur.

CERISE BIGARREAU FELLOW'S SEEDLING. — Synonyme de *Bigarreau Blanc (Gros-)*. Voir ce nom.

---

22. CERISE BIGARREAU DE FER.

Synonymes. — 1. GUIGNIER A FRUIT ROUGE TARDIF (Duhamel, *Traité des arbres fruitiers*, 1768, t. I, p. 162). — 2. GUIGNE DE SAINT-GILLES (*Id. ibid.*). — 3. CERISE BLANCHE SAUVAGE (Mayer, *Pomona franconica*, 1776, t. II, p. 32). — 4. CERISE ROUGE SAUVAGE (*Id. ibid.*). — 5. GUIGNE DE FER (le Berriays, *Traité des jardins*, 1785, t. I, p. 243). — 6. GUIGNE NOIRE TARDIVE (*Id. ibid.*). — 7. BIGARREAU DE SEPTEMBRE (la Bretonnerie, *l'École du jardin fruitier*, 1784, t. II, p. 191). — 8. BIGARREAU BLANC HATIF DE HILDESHEIM (Thompson, *Transactions of the horticultural Society of London*, 2e série, 1831, t. I, p. 265). — 9. GUIGNE HILDESHEIMER SPÄTE (*Id. ibid.*). — 10. CERISE SPÄTE HILDESHEIMER MARMOR (*Id. ibid.*). — 11. BIGARREAU TARDIF D'HILDESHEIM (*Id. ibid.*). — 12. CERISE TARDIVE DU MANS (Poiteau, *Annales de la Société d'Horticulture de Paris*, 1843, pp. 146 et 248). — 13. BIGARREAU HILDESHEIM (A. J. Downing, *the Fruits and fruit trees of America*, 1849, p. 184, no 40). — 14. BIGARREAU MARBRÉ DE HILDESHEIM (*Id. ibid.*). — 15. GUIGNE BELLE-AGATHE (Alexandre Bivort, *Album de pomologie*, 1851, t. IV, p. 133). — 16. CERISE BELLE-AGATHE DE NOVEMBRE (*Id. ibid.*). — 17. CERISE JARDINE DE MONS (Ysabeau, *Revue horticole*, 1852, p. 267). — 18. CERISE MERVEILLE DE SEPTEMBRE (Elliott, *the Fruit book*, 1854, p. 210). — 19. CERISE TARDIVE DE MONS (*Id. ibid.*). — 20. BIGARREAU MERVEILLE DE SEPTEMBRE (Congrès pomologique, *Procès-Verbaux* de 1860, p. 11). — 21. BIGARREAU BELLE-AGATHE (Paul de Mortillet, *les Meilleurs fruits*, 1866, t. II, p. 133). — 22. BIGARREAU BELLE-AGATHE DE NOVEMBRE (Charles Downing, *the Fruits and fruit trees of America*, 1869, p. 452). — 23. BIGARREAU D'AUTOMNE (*Id. ibid.*; — et John Scott, *the Orchardist*, 1872, p. 159).

Description de l'arbre. — *Bois :* très-fort. — *Rameaux :* peu nombreux, érigés, gros et des plus longs, non géniculés, lisses et d'un brun jaunâtre lavé de gris cendré. — *Lenticelles :* clair-semées, très-petites, arrondies et gris sale. — *Coussinets :* presque nuls. — *Yeux :* gros, ovoïdes-pointus, écartés du bois, aux écailles brunes et bien soudées. — *Feuilles :* abondantes, de grandeur moyenne, vert terne, ovales ou ovales-allongées, acuminées, finement et régulièrement dentées sur leurs bords. — *Pétiole :* grêle, assez court, flasque, quelque peu violacé, à cannelure étroite et profonde, à glandes aplaties, larges, difformes et lavées de carmin. — *Fleurs :* précoces, s'épanouissant simultanément.

FERTILITÉ. — Remarquable.

CULTURE. — Il fait sur Merisier d'irréprochables plein-vent, et sur Mahaleb des buissons, des espaliers et des quenouilles de toute beauté.

Description du fruit. — *Comment attaché :* le plus souvent par cinq, mais quelquefois aussi par quatre et par trois. — *Grosseur :* moyenne. — *Forme :* ovoïde assez cylindrique ou cordiforme très-irrégulière, à sillon de profondeur variable. — *Pédoncule :* long, bien nourri, inséré dans une faible cavité. — *Point pistillaire :* sensiblement enfoncé. — *Peau :* épaisse, jaunâtre du côté de l'ombre, et, sur l'autre face, d'un rouge vif qui ne passe au rouge foncé qu'à la parfaite maturation. — *Chair :* jaunâtre, légèrement rosée près du noyau, dure et filamenteuse. — *Eau :* suffisante, presque incolore, peu sucrée, acidule, possédant généralement une certaine âcreté. — *Noyau :* moyen, ovoïde, à joues assez plates et arête dorsale prononcée.

Bigarreau de Fer.

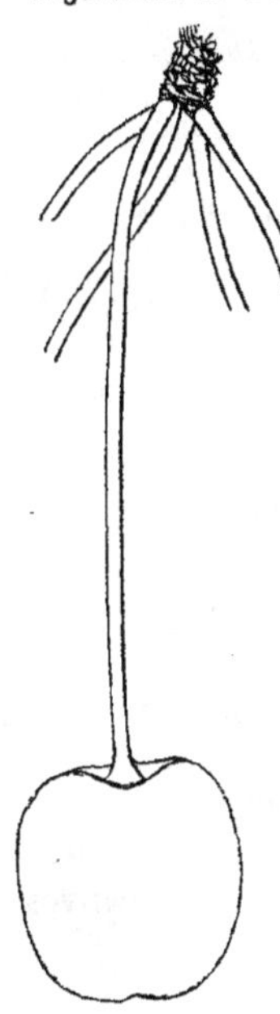

MATURITÉ. — Courant d'août, jusqu'à fin septembre, mais seulement quand l'arbre est planté au nord.

QUALITÉ. — Deuxième.

Historique. — Ce bigarreau séculaire me paraît natif d'Allemagne, et peut-être même de l'ancienne principauté d'Anspach, car Mayer en parlait ainsi dès 1776 :

« Il s'en trouve beaucoup — disait-il — dans les cerisaies et parmi les arbres qui bordent les nouveaux grands chemins de la principauté d'Anspach. » (*Pomona franconica*, t. II, p. 32.)

En France, Louis Liger fut, il me semble, le premier qui le mentionna :

« Le Bigarreau *Tardif* ou *de Fer* — écrivit-il en 1755 — mûrit plus tard que l'Ordinaire et n'est pas aussi sujet aux vers; il fait un bel arbre. » (*Nouvelle maison rustique*, t. II, p. 189.)

Duhamel, en 1768, en parlait également, mais sans le décrire, parce que, assurait-il avec raison, « il mûrit en septembre, mois abondant en excellents fruits « auprès desquels celui-ci ne peut paraître que méprisable. » (T. I, p. 162).

Assez longtemps on l'a cultivé dans le Maine et l'Anjou sous le pseudonyme *Cerise Tardive du Mans*, qui lui fut donné le 20 septembre 1843 par Poiteau, alors secrétaire de la Société d'Horticulture de Paris. C'était M. Bougard, jardinier au Mans, qui avait prié ce pomologue de présenter à ses collègues du Bureau, cette cerise comme inédite et gagnée chez lui de semis. (Voir *Annales* de ladite Société, année 1843, pp. 146 et 248.)

Observations. — Existe-t-il chez les Belges une cerise *Belle-Agathe* attribuée à M. Thierry, de Haelen (Limbourg), et qui, décrite et multipliée par feu Bivort (*Album*, 1851, t. IV, p. 133), aurait pour mérite exceptionnel de ne mûrir qu'en octobre et novembre? — Non, selon moi, puisque les divers sujets que j'ai reçus, tant de Belgique que d'ailleurs, sous cette dénomination, ont toujours été le bigarreau de Fer. Enfin j'en dis autant du *Tardif de Hildesheim*, que m'ont envoyé les Allemands. Du reste, comme l'extrême tardiveté du bigarreau de Fer, fait que rarement on le cueille à sa parfaite maturité, qui s'annonce par une coloration brun-rouge foncé, il s'ensuit que, pour nombre de personnes, c'est un fruit à peau rouge vif au soleil, à peau jaunâtre à l'ombre; coloris que précisément on assigne au Tardif de Hildesheim, puis à la Belle-Agathe. Mais quiconque laissera complétement mûrir ces trois fruits, les verra tourner au rouge noirâtre.

23. CERISIER BIGARREAUTIER A FEUILLES DE TABAC.

Synonymes. — 1. CERISE QUATRE A UNE LIVRE (J. V. Sickler, *der Teutsche Obstgärtner*, 1794, t. I, p. 167, nº 6). — 2. CERISE DES QUATRE A LA LIVRE (Calvel, *Traité complet sur les pépinières*, 1805, t. II, p. 137, nº 24). — 3. BIGARREAUTIER A GRANDES FEUILLES (Thompson, *Catalogue of fruits cultivated in the garden of the horticultural Society of London*, 1826, p. 25, nº 160). — 4. CERISIER A FEUILLES DE TABAC (*Id. ibid.*). — 5. CERISE QUATRE A LA LIVRE (*Id. ibid.*). — 6. GUIGNIER A FEUILLES DE TABAC (*Id. ibid.*). — 7. BIGARREAUTIER TARDIF A FEUILLES DE TABAC (Idem, *Transactions of the horticultural Society of London*, 2e série, 1831, t. I, p. 273). — 8. BIGARREAU TOBACCO LEAVED (*Id. ibid.*). — 9. CERISE VIER AUF EIN PFUND (Dittrich, *Systematisches Handbuch, der Obstkunde*, 1840, t. II, p. 64, nº 77).

Description de l'arbre. — *Bois :* très-fort. — *Rameaux :* peu nombreux, étalés, gros, assez longs, géniculés, lisses, d'un brun clair verdâtre légèrement cendré. — *Lenticelles :* clair-semées, petites, arrondies. — *Coussinets :* presque nuls. — *Yeux :* petits, ovoïdes ou coniques, très-écartés du bois et séparés du coussinet, aux écailles brunes et fortement disjointes. — *Feuilles :* peu nombreuses, vert jaunâtre, dépassant beaucoup, en grandeur, celles de toutes les autres variétés du genre, ovales-allongées, longuement acuminées, canaliculées et contournées, à bords crénelés et dentés. — *Pétiole :* excessivement long et très-fort, flasque, quelque peu rougeâtre, à petites glandes ovales ou arrondies, plates ou globuleuses, pour la plupart lavées de vermillon. — *Fleurs :* tardives et s'épanouissant simultanément.

FERTILITÉ. — Médiocre.

CULTURE. — Sa végétation laisse beaucoup à désirer. Il ne réussit pas quand on le greffe sur Merisier, pour plein-vent. Le Mahaleb lui convient seul, comme sujet, pour buisson, gobelet ou pyramide; et encore n'y fait-il que d'assez vilains arbres, mais qui tous sont constamment remarquables par l'ampleur extraordinaire de leurs feuilles.

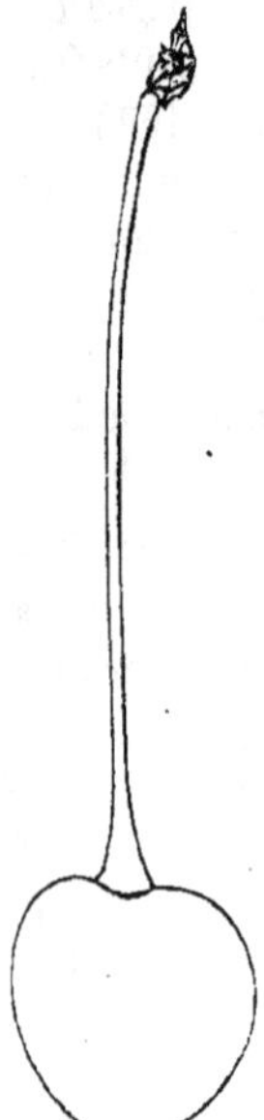

Description du fruit. — *Comment attaché :* par un. — *Grosseur :* au-dessous de la moyenne. — *Forme :* en cœur raccourci, comprimé sur les deux faces et terminé en pointe; à sillon large et peu profond. — *Pédoncule :* grêle, très-long, planté dans une cavité rarement bien prononcée. — *Point pistillaire :* noir et placé à l'extrémité d'un léger mamelon. — *Peau :* épaisse, à fond jaune, presqu'entièrement lavée de rouge vif qui passe au rouge sombre à l'insolation. — *Chair :* jaunâtre, ferme et croquante. — *Eau :* assez abondante, incolore, sucrée, de saveur douce-amère. — *Noyau :* assez gros, ovoïde, peu bombé, ayant l'arête dorsale large et ressortie.

MATURITÉ. — Fin juillet.

QUALITÉ. — Deuxième.

Historique. — Plus curieuse que bonne et fertile, cette variété fit néanmoins beaucoup parler d'elle depuis le moment de sa propagation, vers 1780, jusqu'en 1821 ; à ce point, même, que des horticulteurs tentèrent l'impossible pour la posséder, ne soupçonnant nullement qu'elle pût leur réserver une véritable mystification. Son nom était alors si séduisant : Cerise *des Quatre à la Livre!...* Qui donc eût résisté au désir de cultiver semblable merveille?... J. V. Sickler, célèbre agronome et pomologue allemand de la fin du XVIIIe siècle, y succomba l'un des premiers; il en fut aussi, croyons-nous, le premier descripteur, mais descripteur fort inexact. Qu'on en juge :

« Les Cerises *Quatre à une Livre* — écrivit-il dès 1794 — à la rigueur ne pèsent pas, chacune, un quarteron, mais toutes, cependant, sont d'une grosseur INCROYABLE. Leur goût est à la fois doux et acidule. Quant à l'arbre qui les produit, ses feuilles sont grandes comme la main. » (*Der teutsche Obstgärtner*, t. I, p. 167, n° 6.)

Il est facile ici, pour quiconque connaît l'œuvre pomologique de Sickler — 22 volumes in-8° — de s'apercevoir que cet auteur, jaloux sans doute de parler avant tout autre du fameux cerisier tant convoité, en parla d'après des on-dit, et non pas *de visu*. Lui, toujours très-complet, prolixe même, en ses descriptions, n'a mentionné cette fois ni les caractères principaux du fruit, ni ceux de l'arbre. Si encore, dans le peu qu'il en dit, on le trouvait exact. Mais il est loin de la vérité, aussi bien pour le fruit que pour les feuilles, qui certes sont plus grandes que la main. Du reste Sickler, en 1800, fit une seconde, une irréprochable description de cette espèce (t. XIV, p. 352), et cependant eut envers elle un nouveau tort : celui de l'appeler, pour masquer l'article erroné de 1794, Cerise *Quatre à la Livre à Petit Fruit* — assemblage de mots formant un non-sens — et de recommander qu'on ne la confondît pas avec son aînée..... Enfin l'année suivante [1801] il inséra, rectification et complément du sien, un long article du major von Truchsess, de Bettenbourg (Pays-Bas), où la provenance du cerisier à fruits d'abord réputés si volumineux, était ainsi précisée : « On l'a gagné dans la Flandre « occidentale, sur la propriété du comte Murray. » (T. XV, pp. 295-300.) A ce renseignement, ajoutons maintenant les suivants, qui justifient nos dires, et que nous fournit Dittrich, autre pomologue allemand de savante renommée :

« La cerise *Quatre à une Livre* — déclarait-il en 1840 — encore peu connue à l'époque de Sickler (1794), souvent décrite et fréquemment décriée, fut trouvée en Flandre, par le colonel von Seebach, sur un domaine appartenant au général Murray. Comme on *supposa qu'elle devait donner d'énormes fruits, vu la grandeur de ses feuilles*, von Seebach en expédia des greffes à son frère, chanoine-doyen à Kleinfahnern, lequel les utilisa dans son jardin, et, pour ce, y choisit la meilleure exposition. Mais quand l'arbre se mit à fruit, on s'aperçut aussitôt que la nature avait radicalement trompé l'attente commune, puisqu'au lieu de cerises égalant en grosseur une prune Reine-Claude, on n'en récolta que d'un faible volume. » (*Systematisches Handbuch der Obstkunde*, t. II, pp. 64-65.)

Cette trompeuse variété, ou, mieux, cette variété de trompeur, fut assez mal accueillie en France, témoin ce passage de Calvel, qui dut enlever à nos pépiniéristes l'espoir si facilement conçu par leurs confrères d'outre-Rhin :

« *Cerise des Quatre à la Livre.* — Quelques jardiniers charlatans — disait Calvel en 1805 — annoncèrent dans leurs Catalogues le Chou-Quintal, la Carotte de Vingt-Cinq Livres, l'Oignon Monstrueux d'Égypte ; c'est à de pareilles exagérations que cette cerise doit la dénomination de *Quatre à la Livre*. Cultivée du côté d'Odécale (Flandre), elle fut portée en Allemagne pendant la dernière guerre en Belgique (1792), par M. Seebach, colonel d'un régiment de cavalerie autrichienne. Il lui continua le nom de *Quatre à la Livre*, que lui donnait le jardinier du général Murray, qui était propriétaire de cet arbre.... M. le baron de Truchsess, qui a réuni la plus belle collection de Cerises, et enrichi notre Pépinière Nationale de greffes qui ont bien réussi, cultiva avec soin cette nouvelle variété. Il la donna à M. Sickler, l'un des savants arboriculteurs d'Allemagne, près Gotha. Dans l'espace de dix ans cet arbre ne lui a rapporté que deux fois du fruit, qui n'a pas excédé la grosseur d'un de nos Bigarreaux.... » (*Traité complet sur les pépinières*, t. II, pp. 137-138.)

Le surnom cerisier *à Feuilles de Tabac*, qu'aujourd'hui porte généralement cette variété, semble lui avoir été donné par les Anglais, vers 1815. Cela, du moins, ressort assez clairement des lignes ci-après, empruntées au pépiniériste parisien Louis Noisette, qui les publiait en 1821 :

« *Bigarreautier à Grandes Feuilles.* — Vers l'an 1804, dit-il, j'appris d'un baron polonais en voyage à Paris, qu'il existait chez un de ses amis un Cerisier dont les fruits prenaient le volume d'une prune de Dame-Aubert. Un pareil fait excitant ma curiosité, je ne donnai point de relâche au baron que je n'aie obtenu la possession d'un arbre qui portait un fruit si merveilleux : en effet, j'en reçus deux pieds par ses soins, et ce sont ces deux pieds, multipliés par la greffe, que j'ai répandus dans le commerce sous les noms de *Cerisier à Feuilles de Tabac* et de *Cerise des Quatre à la Livre*, AUTORISÉ, POUR LE PREMIER DE CES NOMS, PAR UN CATALOGUE ANGLAIS, et pour le second par un Catalogue hollandais dans lesquels j'ai cru reconnaître cette espèce de Cerisier........ Mais il s'en faut de beaucoup que les fruits répondent aux espérances qu'on pouvait concevoir de la dimension des feuilles...... : ils sont restés fort petits.... et remarquables en ce qu'ils étaient terminés par une petite pointe mousse, oblique et courbée en hameçon. Cependant je pense que, quand il sera plus vieux, mieux cultivé chez nous, et que conséquemment ses feuilles prendront moins d'étendue, cet arbre donnera des fruits plus gros.... » (*Le Jardin fruitier*, 1re édition, t. II, p. 17, nº 8.)

Voilà cinquante-quatre ans que Noisette racontait ces faits, et qu'il manifestait l'espérance de voir, par la culture, les feuilles de cette variété devenir moins grandes, et les fruits en acquérir alors plus de volume. Nos horticulteurs savent aujourd'hui si pareil espoir s'est réalisé. Mais bien peu d'entre eux, je me plais à le croire, l'auront sérieusement partagé !

Observations. — Cette année même (1875), M. le docteur Robert Hogg, directeur du Comité pomologique de la Société horticole de Londres, a publié une quatrième édition, considérablement augmentée, de son *Fruit manual*, œuvre consciencieuse et fort appréciée. Aussi regrettons-nous que l'auteur n'ait pas eu sous les yeux les divers ouvrages où se trouve indiquée l'origine du Bigarreautier à Feuilles de Tabac, puisqu'il a cru pouvoir dire :

« C'est un très-vieux Cerisier, qui provient évidemment de l'Angleterre, car Parkinson l'y mentionnait déjà, en 1629, sous la dénomination Cerise *d'une Once*, plus modeste que le nom Cerise de Quatre à la Livre, puis affirmait que « Si le Cerisier d'Once a de plus longues et « larges feuilles qu'aucun autre, il n'en existe point, par contre, qui donne D'AUSSI PETIT « FRUIT......; lequel est JAUNE ROUGEATRE PALE, PRESQUE COULEUR D'AMBRE, d'où vient que plu- « sieurs personnes l'ont appelé Cerise *d'Ambre.* » (Page 220.)

Par cette courte description il est aisé, déjà, de s'apercevoir que la Cerise d'une Once, jaune d'ambre et la plus petite du genre, n'a rien de commun avec le Bigarreau à Feuilles de Tabac, fruit de moyenne grosseur et rouge noirâtre. Mais où la méprise du savant et très-honorable docteur Hogg apparaît mieux encore, c'est quand il ajoute :

« On ne saurait douter, non plus, que ce soit cette Cerise d'une Once qu'ait caractérisée Meager [en 1670], qui la nommait « *Ciliege Berrylin* » et qu'il disait être DE LA GROSSEUR D'UNE POMME ORDINAIRE. » (*Id. ibid.*)

Voyons, comment serait-il possible d'assimiler à la Cerise d'une Once, la plus petite du genre, d'après Parkinson, la Cerise Berylienne, réputée aussi grosse qu'une pomme, par l'écrivain anglais Meager?..... Je n'insiste pas, tellement l'impossibilité d'une semblable assimilation ressort des textes produits, qui prouvent non moins formellement que le Bigarreau à Feuilles de Tabac n'offre aucune espèce de rapport soit avec la *Ounce Cherry* des Anglais, soit avec la *Ciliege Berrylin,* que le mot *Ciliege* fait supposer de provenance italienne.

---

24. CERISE BIGARREAU DE FLORENCE.

Synonyme. — BIGARREAU KNEVETT'S LATE (Thompson, *Catalogue of fruits cultivated in the garden of the horticultural Society of London,* 1842, p. 57, nº 37).

Description de l'arbre. — *Bois :* fort. — *Rameaux :* nombreux, étalés, gros et très-longs, non géniculés, ridés, d'un brun-jaune verdâtre et légèrement cendré. — *Lenticelles :* clair-semées, petites, gris sale, arrondies ou linéaires. — *Coussinets :* saillants et prolongés en arête. — *Yeux :* volumineux, ovoïdes-pointus, en partie collés sur l'écorce, aux écailles grises et assez bien soudées. — *Feuilles :* abondantes, très-grandes, vert clair, ovales ou ovales-allongées, longuement acuminées, planes ou contournées, à bords profondément dentés. — *Pétiole :* court et très-nourri, flasque, fortement carminé à son point d'attache, à glandes aplaties ou globuleuses lavées de vermillon brillant. — *Fleurs :* assez tardives et s'épanouissant successivement.

FERTILITÉ. — Grande.

CULTURE. — Doué d'une remarquable vigueur il fait sur n'importe quel sujet et sous toutes formes, mais particulièrement en pyramide, des arbres très-forts.

Description du fruit. — *Comment attaché :* par deux, le plus habituellement. — *Grosseur :* volumineuse. — *Forme :* en cœur, bien régulière, à sillon assez apparent. — *Pédoncule :* de grosseur et de longueur moyennes, inséré dans une vaste cavité. — *Point pistillaire :* à fleur de fruit. — *Peau :* jaune blanchâtre, marbrée de carmin clair sur le côté placé au soleil. — *Chair :* jaune blanchâtre, très-ferme et non filamenteuse. — *Eau :* suffisante, douce, acidule, faiblement sucrée. — *Noyau :* gros, ovoïde, lisse, ayant l'arête dorsale peu prononcée.

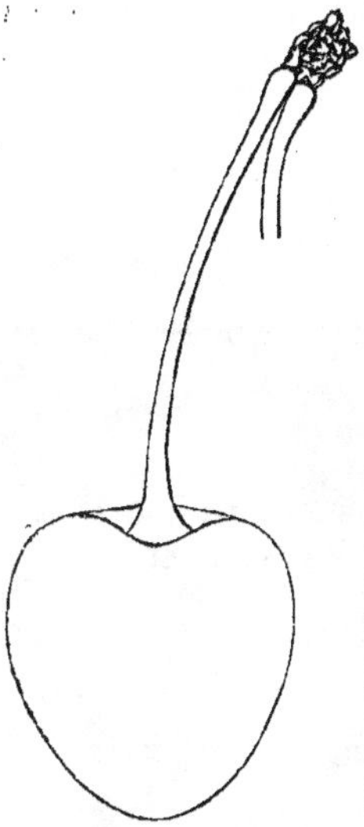

MATURITÉ. — Commencement de juillet.

QUALITÉ. — Deuxième.

Historique. — Déjà plus que centenaire, ce bigarreau passe pour être originaire de la ville ou des environs de Florence, comme le fait, du reste, présumer son nom. Les Anglais, qui le possèdent depuis près d'un siècle, en ont constaté la provenance par la plume de M. Joseph Sabine, jadis secrétaire de la Société d'Horticulture de Londres. Sous la date du 1er octobre 1816, et la signature de ce personnage, on lit en effet dans les *Annales* de cette Société :

« *Cerisier de Florence.* — ..... Il y a nombre d'années, deux sujets de cette variété furent apportés de Florence par le père du présent sir John Archer Houblon. De ces arbres, l'un fut planté dans son jardin de Hallingbury Place, au comté d'Essex, et l'autre sur la terre du Prieuré, appartenant également à la famille Houblon, et sise en ce même comté..... C'est un fruit bien connu des voyageurs qui ont visité Florence, où il est très-estimé. Par erreur, on l'avait cru semblable au bigarreau qui, décrit par Duhamel, porte généralement dans le voisinage de Londres le nom de Graffion. » *Transactions of the horticultural Society of London*, 1re série, 1817-1819, t. II, pp. 229-230.)

Le bigarreautier de Florence est d'assez récente importation en France; il dut y pénétrer vers 1840, car je vois par mon *Catalogue* de 1849 qu'alors je l'inscrivis parmi mes cerisiers d'espèces nouvelles (p. 7, n° 54).

Observations. — Il existe un bigarreau d'Italie (voir plus loin, p. 211) qu'il ne faut pas confondre, à l'exemple de plusieurs pomologues, avec le bigarreau de Florence. Le premier, de faible volume, est pourpre foncé; le second, très-gros, est jaunâtre marbré de rose; on peut, alors, aisément les distinguer l'un de l'autre. — En 1861 le Congrès pomologique a décrit, page 6 des *Procès-Verbaux* de sa sixième session, un bigarreau *Bella di Fiorenza,* qui, rouge noirâtre et mûrissant fin juin, se rapporte entièrement au bigarreau d'Italie dont il vient d'être question. Il sera donc urgent de ne pas l'oublier, le surnom Bella di Fiorenza, qu'on lui trouve ici, pouvant, à lui seul, faire croire qu'il s'agirait du bigarreau de Florence.

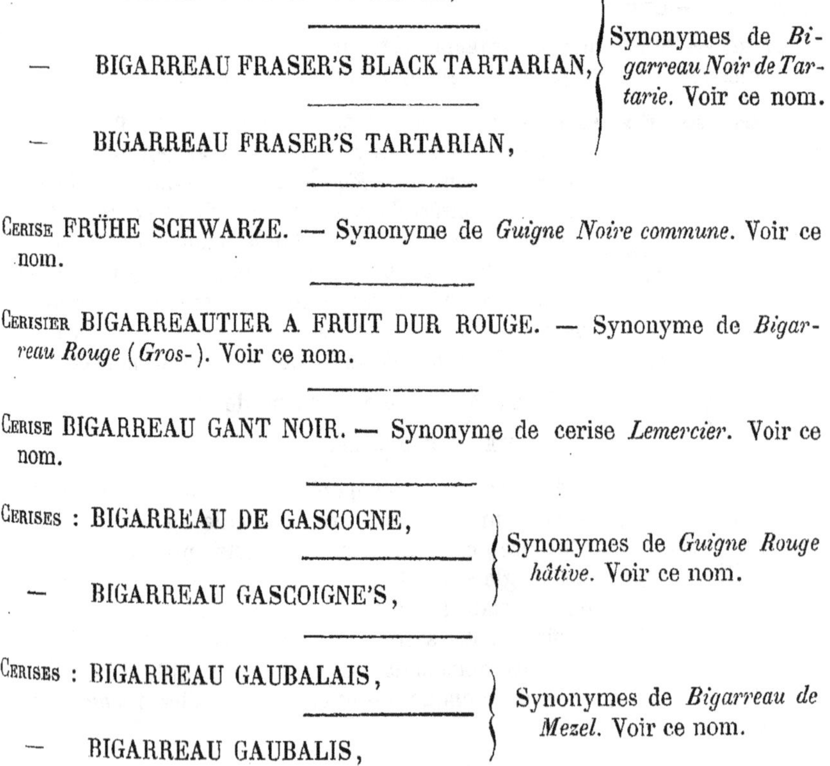

CERISES : BIGARREAU FRASER'S BLACK,

— BIGARREAU FRASER'S BLACK TARTARIAN,

— BIGARREAU FRASER'S TARTARIAN,

Synonymes de *Bigarreau Noir de Tartarie.* Voir ce nom.

CERISE FRÜHE SCHWARZE. — Synonyme de *Guigne Noire commune.* Voir ce nom.

CERISIER BIGARREAUTIER A FRUIT DUR ROUGE. — Synonyme de *Bigarreau Rouge* (*Gros-*). Voir ce nom.

CERISE BIGARREAU GANT NOIR. — Synonyme de cerise *Lemercier.* Voir ce nom.

CERISES : BIGARREAU DE GASCOGNE,

— BIGARREAU GASCOIGNE'S,

Synonymes de *Guigne Rouge hâtive.* Voir ce nom.

CERISES : BIGARREAU GAUBALAIS,

— BIGARREAU GAUBALIS,

Synonymes de *Bigarreau de Mezel.* Voir ce nom.

---

25. CERISE BIGARREAU GLADY.

Description de l'arbre. — *Bois :* fort. — *Rameaux :* assez nombreux, très-étalés, gros et longs, non flexueux, d'un brun clair amplement lavé de gris cendré. — *Lenticelles :* très-rares et très-petites. — *Coussinets :* peu prononcés. — *Yeux :* moyens ou volumineux, coniques, écartés du bois, aux écailles brunes ou grisâtres. — *Feuilles :* abondantes, très-grandes, vert tendre, ovales-allongées, longuement acuminées, planes ou contournées, à bords profondément dentés. — *Pétiole :* de grosseur et longueur moyennes, flexible, légèrement violacé, à glandes aplaties ou globuleuses et lavées de vermillon. — *Fleurs :* assez précoces, s'épanouissant simultanément.

FERTILITÉ. — Satisfaisante.

CULTURE. — Il possède une remarquable vigueur, prospère parfaitement sous toutes les formes et sur toute espèce de sujet.

Description du fruit. — *Comment attaché :* par deux, presque toujours. — *Grosseur :* au-dessus de la moyenne. — *Forme :* en cœur plus ou moins allongé, à sillon assez apparent. — *Pédoncule :* de force et longueur moyennes, planté dans une étroite et peu profonde cavité. — *Point pistillaire :* légèrement enfoncé. — *Peau :* d'un rouge brunâtre finement strié puis ponctué de carmin clair. — *Chair :* rouge blanchâtre, ferme et croquante. — *Eau :* suffisante, rosée, sucrée et quelque peu acidulée. — *Noyau :* moyen, ovoïde, bombé, ayant l'arête dorsale faiblement accusée.

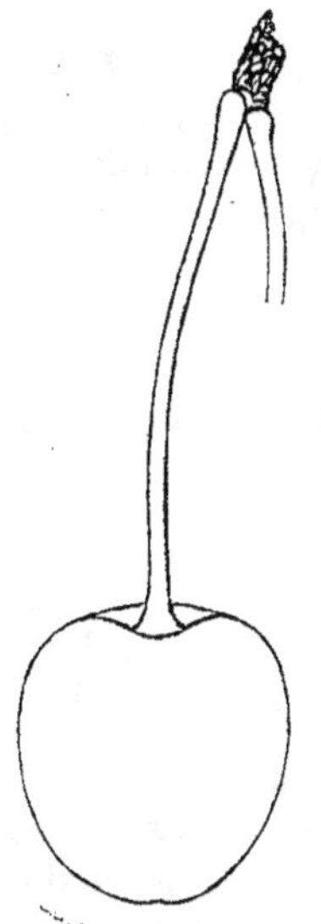

MATURITÉ. — Commencement de juin.

QUALITÉ. — Première.

Historique. — Ce bigarreau, que je n'ai vu décrit, ni même cité, dans aucune Pomologie, me fut offert en 1866 par un amateur très-connu d'arboriculture fruitière, M. Eugène Glady, de Bordeaux, qui de plus s'est empressé de me communiquer les renseignements suivants sur cette excellente variété :

« Bordeaux, 23 septembre 1875.

« ..... Il y a une vingtaine d'années, les pépinières départementales de la Gironde furent supprimées; M. Jaumard père en était l'habile directeur; tous les arbres jeunes et vieux furent arrachés pour faire place à de nouvelles rues; on vendit tous les jeunes sujets, et j'achetai quelques cerisiers pour ma petite pépinière. N'ayant pu tous les greffer en saison, j'en vis fructifier quelques-uns au bout de trois ans, dont deux me parurent assez méritants pour être multipliés; l'un reçut le nom de bigarreau Jaumard, et l'autre celui de *bigarreau Glady*..... »

CERISE BIGARREAU GOUBALIS. — Synonyme de *Bigarreau de Mezel.* Voir ce nom.

CERISE BIGARREAU GRAFFION. — Synonyme de *Bigarreau Blanc (Gros-).* Voir ce nom.

Cerisier BIGARREAUTIER A GRANDES FEUILLES. — Synonyme de *Bigarreautier à Feuilles de Tabac*. Voir ce nom.

Cerises : BIGARREAU GREAT, — BIGARREAU GREAT OF MEZEL, } Synonymes de *Bigarreau de Mezel*. Voir ce nom.

Cerise BIGARREAU GREFFION. — Voir au mot *Bigarreau Graffion*.

Cerise BIGARREAU GROLE. — Synonyme de *Bigarreau Groll*. Voir ce nom.

---

26. Cerise BIGARREAU GROLL.

Synonymes. — 1. Bigarreau Groll's bunte (Dittrich, *Systematisches Handbuch der Obstkunde*, 1840, t. II, p. 77, nº 95). — 2. Bigarreau Groll's grosse (Oberdieck, *Illustrirtes Handbuch der Obstkunde*, 1861, t. III, p. 135, nº 42). — 3. Bigarreau Groll's grosse bunte (*Id. ibid.*). — 4. Bigarreau Grole (John Scott, *the Orchardist*, 1872, p. 162).

Description de l'arbre. — *Bois :* fort. — *Rameaux :* peu nombreux, étalés, gros et très-longs, légèrement flexueux, lisses et d'un brun clair amplement cendré. — *Lenticelles :* clair-semées et très-petites. — *Coussinets :* bien accusés. — *Yeux :* volumineux, coniques, écartés du bois, aux écailles grises et faiblement disjointes. — *Feuilles :* peu nombreuses, des plus grandes, vert clair, ovales-allongées, sensiblement acuminées, rarement contournées et régulièrement dentées. — *Pétiole :* gros et très-long, arqué, complétement carminé, à larges glandes globuleuses lavées de vermillon brillant. — *Fleurs :* précoces et s'épanouissant simultanément.

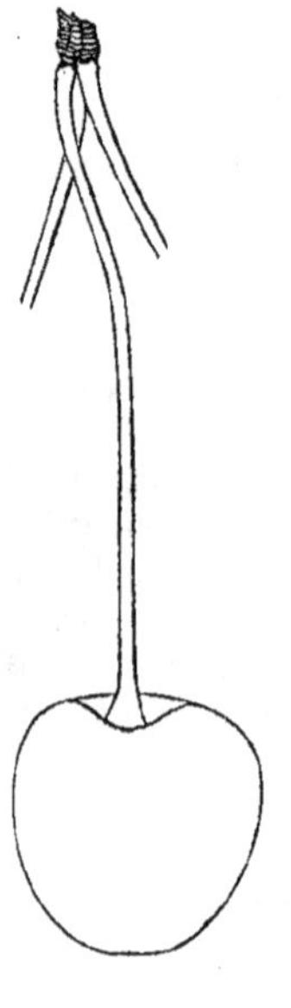

Fertilité. — Ordinaire.

Culture. — Quoiqu'il réussisse bien sous toutes les formes, cependant la basse-tige sur Mahaleb, pour buisson, lui convient particulièrement, puisqu'elle en accroît la fertilité.

Description du fruit. — *Comment attaché :* par trois, généralement. — *Grosseur :* moyenne. — *Forme :* en cœur raccourci, bossuée, très-obtuse près du point pistillaire, à sillon rarement bien marqué. — *Pédoncule :* long et grêle, planté dans une large et profonde cavité. — *Point pistillaire :* placé au centre d'une faible dépression. — *Peau :* d'un rouge brunâtre presque aussi foncé sur le côté de l'ombre que sur celui de l'insolation. — *Chair :* rosée, ferme et croquante. — *Eau :* suffisante, légèrement colorée, bien sucrée, possédant une saveur acidule des plus agréables. — *Noyau :* assez gros, ovoïde, un peu bombé, ayant l'arête dorsale faiblement ressortie.

Maturité. — Commencement de juin.

Qualité. — Première.

Historique. — D'origine allemande, ce très-bon bigarreau, qui date des premières années de notre siècle, provient de la ville de Guben (Prusse). Déjà plusieurs fois décrit en Allemagne, il y jouit d'une grande vogue, et son état civil s'y trouve fort bien établi. M. Oberdieck, notamment, a donné sur ce point les renseignements ci-après :

« Ce fruit — a-t-il dit en 1861 — est sorti d'un semis fait dans le Jardin de la Société horticole de Guben, et porte le nom de son obtenteur. » (*Illustrirtes Handbuch der Obstkunde*, t. III, p. 135, n° 42.)

Le bigarreautier Groll fut introduit dans les pépinières françaises en 1858, par un négociant de Bordeaux, M. Eugène Glady, qui peu après eut l'obligeance de m'en adresser des greffons. Aujourd'hui, tous nos collectionneurs le possèdent et l'apprécient beaucoup.

CERISES : BIGARREAU GROLL'S BUNTE,
— BIGARREAU GROLL'S GROSSE,
— BIGARREAU GROLL'S GROSSE BUNTE,
} Synonymes de *Bigarreau Groll*. Voir ce nom.

CERISE BIGARREAU GROOTE PRINCESS. — Synonyme de *Bigarreau Blanc* (*Gros-*). Voir ce nom.

---

27. CERISE BIGARREAU GROS-CŒURET.

Synonymes. — CERISE CŒUR (Charles Estienne, *Seminarium et plantarium fructiferarum præsertim arborum quæ post hortos conseri solent*, 1540, p. 78). — 2. CERISE HEAULME (*Id. ibid.*). — 3. CERISE HEAULMÉE (*Id. ibid.*). — 4. BIGARREAU CŒURET (Merlet, *l'Abrégé des bons fruits*, 1667, p. 21). — 5. BIGARREAU CŒUVRET (Louis Liger, *Culture parfaite des jardins fruitiers et potagers*, 1714, p. 437). — 6. BIGARREAU CŒUR-DE-PIGEON (les Chartreux de Paris, *Catalogue de leurs pépinières*, 1775, p. 26). — 7. GROS BIGARREAU HATIF (le Berriays, *Traité des jardins fruitiers*, 1785, t. I, p. 244). — 8. BIGARREAU OX (William Coxe, *a View of the cultivation of fruit trees*, 1817, p. 249, n° 10). — 9. CERISE CŒUR-DE-POULE (Tatin, *Principes raisonnés et pratiques de la culture des arbres fruitiers*, 1819, t. II, p. 40). — 10. BIGARREAU CŒUR-DE-POULET (Thompson, *Catalogue of fruits cultivated in the garden of the horticultural Society of London*, 1826, p. 25, n° 171). — 11. BIGARREAU BULLOCK (*Id. ibid.*, édition de 1842, p. 62, n° 65 ; — et Oberdieck, *Illustrirtes Handbuch der Obstkunde*, 1861, t. III, p. 69, n° 11). — 12. BIGARREAU LION'S (*Iid. iibid.*). — 13. GROS BIGARREAU MONSTRUEUX (Thompson, *ibid.*, 1842, p. 52, n° 10). — 14. GUIGNE OCHSEN (*Id. ibid.*, p. 62, n° 65 ; — et Oberdieck, *ibid.*). — 15. BIGARREAU VERY LARGE (*Iid. iibid.*). — 16. BIGARREAU GROS-COURET (P. Barry, *the Fruit garden*, 1852, p. 324, n° 27). — 17. BIGARREAU LARGE HEART-SHAPED (*Id. ibid.*). — 18. BIGARREAU MARCELIN (Congrès pomologique, *Procès-Verbaux*, 1860, p. 11). — 19. GUIGNE DES BŒUFS (Oberdieck, *Illustrirtes Handbuch der Obstkunde*, 1861, t. III, p. 69, n° 11). — 20. BIGARREAU MARCELINE (Paul de Mortillet, *les Meilleurs fruits*, 1866, t. II, p. 126).

Description de l'arbre. — *Bois :* très-fort. — *Rameaux :* peu nombreux, étalés, très-gros et très-longs, non géniculés, lisses, d'un brun clair jaunâtre tacheté et lavé de gris cendré. — *Lenticelles :* clair-semées, fines et arrondies. — *Coussinets :* saillants et prolongés en arête. — *Yeux :* volumineux, ovoïdes-pointus, légèrement écartés du bois, aux écailles grises et assez bien soudées. — *Feuilles :* abondantes, très-grandes, vert intense, ovales ou ovales-allongées, courtement acuminées, planes ou contournées, dentées et crénelées sur leurs ords. — *Pétiole :* gros, de longueur moyenne, roide ou flasque, violacé, à très-larges glandes aplaties ou globuleuses et lavées de carmin. — *Fleurs :* précoces, à épanouissement simultané.

FERTILITÉ. — Satisfaisante.

CULTURE. — Sa grande vigueur permet de le greffer sur Merisier, pour plein-vent; il y fait de forts arbres à tête assez belle, quoiqu'un peu dégarnie à l'intérieur. Les formes basses-tiges, sur Mahaleb, ne lui sont pas très-favorables.

Description du fruit. — *Comment attaché :* par deux et par un. — *Grosseur :* volumineuse. — *Forme :* en cœur, très-régulière, à sillon large mais peu profond. — *Pédoncule :* long, de moyenne force, inséré dans une vaste cavité. — *Point pistillaire :* bien développé, occupant le centre d'une très-faible dépression. — *Peau :* jaune d'ambre sur la partie placée à l'ombre, et rouge clair nuancé de rouge foncé sur l'autre face. — *Chair :* jaune, assez ferme et croquante. — *Eau :* abondante, incolore, douce et presque toujours délicieusement sucrée et parfumée. — *Noyau :* assez gros, ovoïde, bombé, ayant l'arête dorsale large et peu saillante.

Bigarreau Gros-Cœuret.

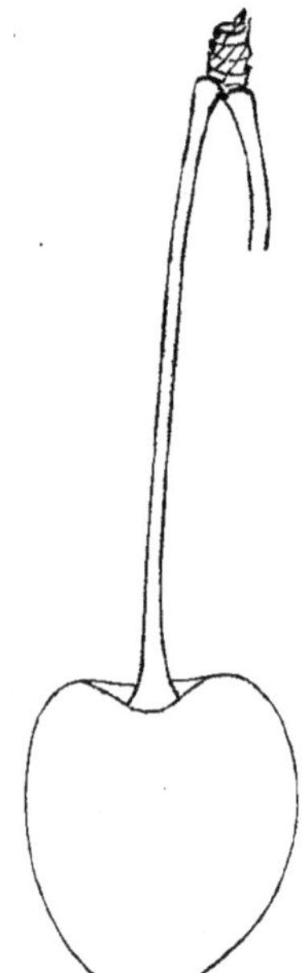

MATURITÉ. — Fin juin ou commencement de juillet.

QUALITÉ. — Première.

Historique. — On peut dire du Gros-Cœuret, originairement appelé, pour sa forme, cerise de Heaume [casque élevé en pointe] et cerise de Cœur, que s'il ne provient pas de l'Anjou, il y était, tout au moins, déjà fort commun avant 1540; fait que Charles Estienne constatait formellement à cette dernière date, page 32 de son *Seminarium,* puis aussi dans sa célèbre *Maison rustique :*

« Cerises *Cœurs* — y disait-il en 1565 — sont semblables à un cœur humain, tant extérieurement qu'en leur noyau; aucun les appellent Cerises Heaumées, et leur arbre un Heaumier, principalement au PAYS D'ANJOU. » (*L'Agriculture et maison rustique*, édit. 1565-1589, livre III, chap. XXIV, p. 211 verso.)

Olivier de Serres, en 1600, signala également cette variété, et critiqua même, ne le trouvant pas justifié, le surnom Heaume, qu'elle portait chez les Angevins :

« Cerises *Cœurs* — écrivit-il — sont assés grosses, pointuës et fenduës, ainsi dittes à cause de leur figure ressemblant, et en leur chair et en leur noiau, aucunement le cœur d'une créature humaine; par aucuns, *sans grande raison*, appellées aussi, Cerises Heaumes. » (*Le Théâtre d'agriculture et ménage des champs*, édit. de 1608, p. 623.)

Enfin un siècle et demi après Olivier de Serres, Louis Liger, dans la *Nouvelle maison rustique,* caractérisait à son tour ce même bigarreautier en des termes qu'il importe de consigner ici :

« Le *Cœuret* — exposait-il — est une espèce de Bigarreau plus tendre [que le Bigarreau Commun], et fait en cœur, dont le goût est relevé. Son bois est aussi plus gros, et sa feuille plus large. » (Tome II, p. 189.)

Cette description, quoiqu'incomplète, démontre formellement, cependant, qu'il s'agit bien là de notre Gros-Cœuret, de ce fruit qui, regardé jadis comme distinct des Bigarreaux, jouissait partout d'une si grande vogue, sous les noms de Cœur ou Cœuret, et de Heaume. Mais aujourd'hui, disons-le vite, il mérite encore une des premières places dans nos jardins, malgré toutes les nouveautés qui sont venues grossir le nombre de ses congénères.

Observations. — Maintes erreurs ont eu lieu à l'égard du Gros-Cœuret : ainsi Noisette, en 1821 (*Jardin fruitier*, p. 17), assurait qu'à Paris, à l'École du Jardin du Roi, ce bigarreautier était étiqueté *Grosse Guigne Noire luisante!* Et le même pomologue, en 1839 (p. 85), de son côté lui donnait, à tort, *Belle de Rocmont* pour synonyme. — Poiteau, en 1846 (*Pomol. française*, t. II), publiait un *faux* Gros-Cœuret dont nous n'avons pu déterminer l'identité, mais, par contre, figurait et caractérisait le *vrai*, sous la dénomination Belle de Rocmont, oubliant que depuis Duhamel (1768) ce dernier nom est un des synonymes reconnus du bigarreau Commun. — Le Congrès pomologique, en 1860 (*Procès-Verbaux*, p. 11), fit bigarreau *de Hollande* synonyme de Gros-Cœuret, tandis qu'il l'est uniquement de Gros Bigarreau Blanc. — Je dois encore signaler une assez récente méprise (1866) commise par M. Paul de Mortillet (*les Meilleurs fruits*, t. II, p. 126), qui attribue au Gros-Cœuret plusieurs des synonymes appartenant au Gros Bigarreau Blanc. Cette confusion, je l'ai constaté, vient simplement de ce que l'honorable et zélé pomologue a pris dans le recueil allemand d'Oberdieck (t. III, p. 125) la cerise *Grosse Prinzessin* (notre Gros Bigarreau Blanc) pour la variété *Ochsenherz-kirsche*, ou Guigne Cœur-de-Bœuf (t. III, p. 69) de ce même auteur, laquelle seule est réellement identique avec le Gros-Cœuret.

CERISE GROS-COURET. — Synonyme de Bigarreau *Gros-Cœuret*. Voir ce nom.

CERISIER BIGARREAUTIER A GROS FRUIT BLANC. — Synonyme de *Bigarreau Blanc* (*Gros*-). Voir ce nom.

CERISIER BIGARREAUTIER A GROS FRUIT NOIR. — Synonyme de *Bigarreau Noir* (*Gros*-). Voir ce nom.

CERISIERS : BIGARREAUTIER A GROS FRUIT ROUGE,

— BIGARREAUTIER A GROS FRUIT ROUGE TRÈS-FONCÉ,

} Synonymes de *Bigarreau Rouge* (*Gros*-). V. ce nom.

CERISE BIGARREAU GROSSE SCHWARZE. — Synonyme de *Bigarreau Noir* (*Gros*-). Voir ce nom.

CERISE BIGARREAU HARRISON. — Synonyme de *Bigarreau Blanc* (*Gros*-). Voir ce nom.

Cerise BIGARREAU HATIF (GROS-). — Synonyme de *Bigarreau Gros-Cœuret.* Voir ce nom.

Cerise BIGARREAU HATIF (PETIT-). — Synonyme de *Guigne Blanche précoce.* Voir ce nom.

Cerise BIGARREAU HATIF DE WERDER. — Synonyme de *Bigarreau Werder.* Voir ce nom.

Cerise BIGARREAU HEREFORDSHIRE. — Synonyme de *Guigne Rouge hâtive.* Voir ce nom.

Cerise BIGARREAU HILDESHEIM. — Synonyme de *Bigarreau de Fer.* Voir ce nom.

Cerises : BIGARREAU DE HOLLANDE, — BIGARREAU ITALIAN, } Synonymes de *Bigarreau Blanc* (*Gros*-). Voir ce nom.

---

28. Cerise BIGARREAU D'ITALIE.

Synonymes. — 1. Bigarreau Courte-Queue (Van Mons, *Catalogue descriptif de partie des arbres fruitiers qui de 1798 jusqu'à 1823 ont formé sa collection,* p. 38, nº 611 ; — et Paul de Mortillet, *les Meilleurs fruits*, 1866, t. II, p. 102, nº 21). — 2. Bigarreau Bella di Fiorenza (du Congrès pomologique, *Procès-Verbaux*, 1861, p. 6). — 3. Bigarreau Bohemian Black (Paul de Mortillet, *ibid.*). — 4. Bigarreau Radowesnitzer (Robert Hogg, *the Fruit manual,* 1875, p. 193).

Description de l'arbre. — *Bois :* fort. — *Rameaux :* nombreux, légèrement étalés, gros et courts, non flexueux, quelque peu duveteux et d'un jaune verdâtre amplement maculé de gris cendré. — *Lenticelles :* clair-semées, assez grandes et jaune grisâtre. — *Coussinets* : larges et saillants. — *Yeux* : moyens, ovoïdes-arrondis, faiblement écartés du bois, du sommet au milieu du rameau, et souvent, dans l'autre partie, sortis en éperon; leurs écailles sont brunes et disjointes. — *Feuilles* : moyennes, épaisses et coriaces, vert brillant en dessus, vert blanchâtre en dessous, ovales, courtement acuminées, ayant les bords assez régulièrement crénelés. — *Pétiole* : gros et long, flasque, lavé de carmin, étroitement mais profondément canaliculé, à glandes vermillonnées et très-apparentes. — *Fleurs* : grandes, tardives et s'épanouissant simultanément.

Fertilité. — Convenable.

Culture. — Sur Merisier, il fait de remarquables plein-vent à tête superbe, bien arrondie ; sur Mahaleb, ses arbres sont généralement moins beaux, moins réguliers.

Description du fruit. — *Comment attaché :* par deux, le plus souvent. — *Grosseur :* moyenne. — *Forme :* globuleuse très-comprimée aux pôles, mais quelquefois, aussi, légèrement cordiforme, à sillon large et peu profond. — *Pédoncule :* court et gros, inséré dans une faible cavité. — *Point pistillaire :* petit, grisâtre, occupant le centre d'une dépression bien accusée. — *Peau :* dure, épaisse, d'un pourpre très-foncé tacheté de pourpre plus clair. — *Chair :* rouge terne, ferme et croquante. — *Eau :* très-abondante, rouge, douce, bien sucrée et savoureusement parfumée. — *Noyau :* moyen, ovoïde-arrondi, bombé, ayant l'arête dorsale large et saillante.

Bigarreau d'Italie.

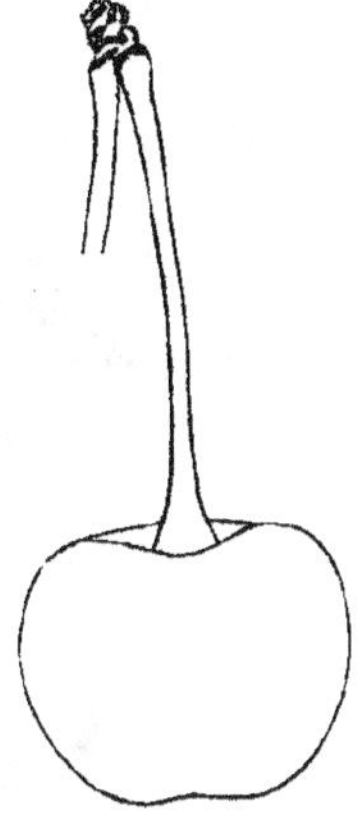

MATURITÉ. — Dernière quinzaine de juin.

QUALITÉ. — Première.

Historique. — Le nom du présent bigarreau en indique-t-il l'origine?..... La chose est supposable, et du reste généralement admise. En 1861 notre ancien Congrès pomologique décrivit ce fruit, mais sous le nom *Bella di Fiorenza,* dont je ne l'ai, depuis lors, jamais vu revêtu, et qui ne saurait lui convenir, car si ce bigarreau est vraiment délicieux, il n'est ni volumineux ni beau. Voici la courte description qu'en donna le Congrès : « Originaire d'Italie, « gros, bon, rouge noirâtre et mûrissant fin juin. D'après M. Robert Lawlay, de « Florence, il est très-estimé des Italiens. » (Session de 1861, *Procès-Verbaux,* p. 6.) Voilà bien notre bigarreau d'Italie; quant au nom *Bella di Fiorenza,* j'avais grande envie de le placer parmi les synonymes du bigarreau de Florence, très-volumineux et ravissamment coloré (voir p. 204); je m'en suis abstenu, cependant, n'ayant rencontré aucun auteur qui l'ait encore mentionné. Le bigarreau d'Italie est d'assez récente introduction en France; les Belges le possédaient avant nous : dès 1815, pour le moins; on le constate dans le *Catalogue général* des collections fruitières du fameux semeur Van Mons, où il est inscrit, page 38, sous le n° 611.

Observations. — Le synonyme *Italian Heart* [bigarreau d'Italie], donné par Oberdieck (1861, t. III, p. 126) à sa cerise Grosse Prinzessin, notre Gros Bigarreau Blanc, ne doit pas la faire confondre avec la variété ici étudiée, qui ne lui ressemble en rien. — M. Paul de Mortillet caractérisait dans ses *Meilleurs fruits,* en 1866, ce même bigarreau d'Italie, et déclarait l'avoir rebaptisé :

« Je l'ai reçu — dit-il — étiqueté *Bigarreau de Florence* ; mais Downing et Robert Hogg décrivant sous le nom de Florence une cerise qu'ils classent l'un et l'autre parmi les Bigarreaux à peau panachée et à jus incolore, j'ai cru devoir, pour éviter toute confusion, transformer le nom Bigarreau de Florence en celui de *Bigarreau d'Italie* ; les deux fruits sont effectivement très-différents. » (Tome II, p. 102, n° 21.)

Pour moi, devant à l'obligeance de M. de Mortillet la possession de cette précieuse variété, on comprendra que j'aie eu soin de lui conserver le nom sous lequel on me l'avait offerte; et d'autant mieux que ce nom n'était plus inédit, puisqu'il figurait dans une Pomologie et dans nombre de Catalogues français.

29. CERISE BIGARREAU JABOULAY.

Synonymes. — 1. BIGARREAU DE LYONS (Robert Hogg, *the Fruit manual,* 1866). — 2. CERISE JABOULAISE (Congrès pomologique, *Pomologie de la France,* 1874, t. VII, nº 16). — 3. CERISE DE JABOULAY (*Id. ibid.*).

Description de l'arbre. — *Bois :* assez fort. — *Rameaux :* peu nombreux, très-étalés, arqués ou pendants, longs, de grosseur moyenne, flexueux et d'un rouge-brun jaunâtre amplement couvert de gris cendré. — *Lenticelles :* très-rares, petites et arrondies. — *Coussinets :* aplatis. — *Yeux :* moyens, coniques-pointus, écartés du bois, aux écailles grises ou brunes. — *Feuilles :* peu nombreuses, fort grandes, ovales-allongées, vert clair, sensiblement acuminées, à bords irrégulièrement dentés. — *Pétiole :* long et des plus gros, flexible, carminé, à glandes énormes généralement globuleuses et lavées de rouge brillant. — *Fleurs :* précoces, à épanouissement simultané.

FERTILITÉ. — Ordinaire.

CULTURE. — Quoique très-vigoureux il ne fait jamais, n'importe sur quel sujet ou sous quelle forme, que de vilains arbres irréguliers qui toujours laissent retomber leurs branches.

Description du fruit. — *Comment attaché :* par trois, le plus habituellement. — *Grosseur :* au-dessus de la moyenne. — *Forme :* arrondie plus ou moins ovoïde et bossuée, aplatie autour du pédoncule, à sillon large mais peu profond. — *Pédoncule :* long, assez fort, inséré dans une cavité prononcée et presque triangulaire. — *Point pistillaire :* très-petit, saillant ou faiblement enfoncé. — *Peau :* épaisse, rouge vif nuancé de pourpre à la complète maturité. — *Chair :* rouge brunâtre, ferme et non filamenteuse. — *Eau :* abondante, rouge très-intense, douce et rarement bien sucrée. — *Noyau :* gros, ovoïde-arrondi, assez bombé, ayant l'arête dorsale large, saillante et généralement terminée par un mucron peu développé.

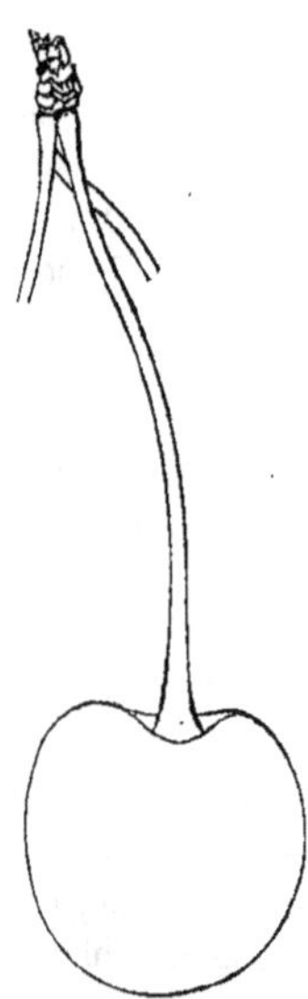

MATURITÉ. — Premiers jours de juin.

QUALITÉ. — Deuxième.

Historique. — C'est un ancien pépiniériste d'Oullins près Lyon, M. Jaboulay, qui fut l'obtenteur de ce bigarreau précoce, que M. Massot, autre arboriculteur de cette même localité, mit ensuite dans le commerce. Voici du reste les détails circonstanciés — dont quelques-uns assez piquants — que nous adressait le 13 mars 1869, sur l'origine du bigarreau Jaboulay, un jardinier de mes clients, M. Auguste Odier :

« Vers 1822 — m'écrivait-il — M. Jaboulay, ancien pépiniériste à Oullins, ayant planté des sauvageons de cerisier venus de semis, les greffa deux ou trois ans plus tard ; mais sur l'un d'eux, qui se trouvait contre la haie de l'enclos, l'opération ne réussit pas, quoiqu'il eût été greffé plusieurs fois à œil dormant. La cinquième année, en mars, ordre ayant été donné d'arracher les cerisiers, tous le furent, sauf ce dernier, devenu extraordinairement fort, et qui même étalait une splendide floraison. Quelques semaines après, M. Jaboulay, visitant ses pépinières, fut très-étonné d'apercevoir cet arbre couvert de cerises déjà rouges, quand le fruit des autres cerisiers commençait à peine à grossir. Il le fit voir à deux confrères, ses voisins, MM. Massot et Rivière, puis vendit ensuite fort cher à la Halle de Lyon, vu sa grande précocité, la récolte du nouveau bigarreautier. L'année suivante, M. Jaboulay voulut greffer quelques pieds de cette variété ; mais, ô surprise ! un amateur encore plus pressé, paraît-il, d'en effectuer la multiplication, avait coupé, sans miséricorde, tous les rameaux du fameux cerisier. Qui était-ce ?... On le sut au bout de cinq ans, alors que le voisin Rivière présenta sur le marché de Lyon des cerises très-précoces, qu'il dit être le bigarreau Anglais. « Allons donc ! répliqua vertement une revendeuse, çà, c'est *la Jaboulaise!* » Et, de fait, elle ne se trompait pas ; aussi ce nom resta-t-il acquis audit bigarreautier, que le pépiniériste Massot, le second voisin, multiplia abondamment et vendit à presque tous les propriétaires et jardiniers des collines de Lyon, d'Oullins, de Saint-Genis-Laval, de Brignais, etc..... Le pied-type du bigarreautier Jaboulay a été arraché en 1853 et s'est constamment montré d'une huitaine de jours plus précoce que tous les sujets de son espèce. »

Observations. — Il faut, à cause de son synonyme bigarreau *de Lyons*, veiller à ne pas confondre, dans la nomenclature, s'entend, le Jaboulay avec le Gros-Cœuret et le Mezel, également surnommés bigarreaux de Lyon ou Lion.

---

30. CERISE BIGARREAU JAUNE BUTTNER.

Synonymes. — 1. BIGARREAU BUTTNER'S WACHS (Van Mons, *Catalogue descriptif de partie des arbres fruitiers qui de 1798 à 1823 ont formé sa collection*, p. 55, n° 89). — 2. BIGARREAU BUTTNER'S GELBE (Thompson, *Transactions of the horticultural Society of London*, 2e série, 1831, t. I, p. 275). — 3. BIGARREAU BUTTNER'S YELLOW (*Id. ibid.*).

Description de l'arbre. — *Bois :* peu fort. — *Rameaux :* assez nombreux, presque érigés, grêles, de longueur moyenne, non géniculés et d'un jaune verdâtre. — *Lenticelles :* abondantes, petites, arrondies ou linéaires. — *Coussinets :* saillants. — *Yeux :* plus ou moins écartés du bois, moyens, coniques-obtus, aux écailles brunes et bien soudées. — *Feuilles :* peu nombreuses, petites ou moyennes, vert jaunâtre et brillant, minces, ovales, longuement acuminées, à bords dentés et surdentés. — *Pétiole :* court et assez grêle, flasque, à peine cannelé, à glandes allongées ou arrondies et non lavées de carmin. — *Fleurs :* tardives, à épanouissement simultané.

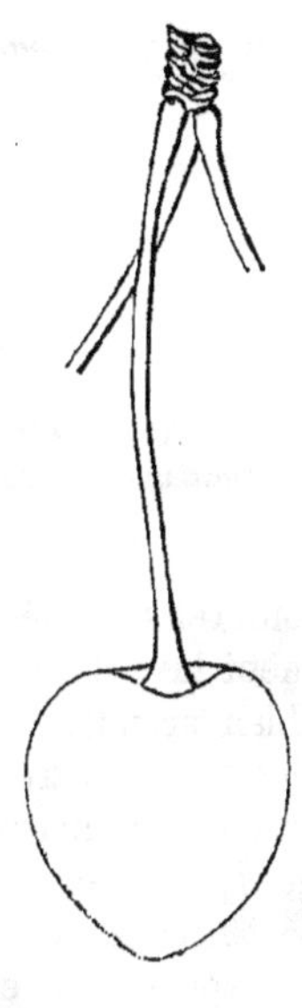

FERTILITÉ. — Satisfaisante.

CULTURE. — Sa vigueur très-modérée le rend peu propre à la haute-tige pour plein-vent, les autres formes lui sont beaucoup plus avantageuses.

Description du fruit. — *Comment attaché :* par trois, généralement. — *Grosseur :* moyenne. — *Forme :* en cœur, aplatie du côté du sillon, qui n'est pas bien apparent. — *Pédoncule :* assez long, de grosseur moyenne, inséré dans une large mais peu profonde cavité. — *Point pistillaire :* petit, grisâtre, à fleur de fruit. — *Peau :* dure, épaisse, jaune pur et brillant. — *Chair :* jaunâtre, ferme et croquante, légèrement transparente au centre. — *Eau :* assez abondante, un peu jaunâtre, acidule, sucrée et plus ou moins parfumée. — *Noyau :* petit, arrondi, très-déprimé du côté de son arête dorsale, qui est large et tranchante.

MATURITÉ. — Fin juin ou commencement de juillet.

QUALITÉ. — Deuxième.

Historique. — Le bigarreau Jaune Buttner rappelle le nom de son obtenteur, jadis conseiller à Halle-sur-Saale (Saxe), et qui fut un semeur passionné, surtout des genres Cerisier et Noisetier. Il gagna ce fruit vers 1798, et ne tarda guère à l'offrir à la Société d'Horticulture de Londres, car dès 1803 cette Société déjà le possédait dans son Jardin fruitier (voir *Transactions*, 2e série, t. I, p. 275). Les Belges l'ont également cultivé des premiers, particulièrement Van Mons, sur le *Catalogue général* duquel on trouvait ce gain de Buttner inscrit bien avant 1823 (p. 55, n° 89). Chez nous, son introduction remonte au plus à 1860, aussi les collectionneurs sont-ils encore les seuls à l'y posséder.

CERISE BIGARREAU JAUNE DE DOCHMISSEN. — Synonyme de *Bigarreau Dönnissen*. Voir ce nom.

CERISE BIGARREAU JAUNE DE DROGAN. — Synonyme de *Guigne Blanche* (*Grosse*-). Voir ce nom.

CERISE BIGARREAU KLEINDIENTS BRAUNE. — Synonyme de *Bigarreau Brun Kleindienst*. Voir ce nom.

CERISE BIGARREAU KNEVETT'S LATE. — Synonyme de *Bigarreau de Florence*. Voir ce nom.

CERISE BIGARREAU KRONPRINZ VON HANNOVER. — Synonyme de *Bigarreau Prince Royal de Hanovre*. Voir ce nom.

---

31. CERISE BIGARREAU KRÜGER.

ynonymes. — 1. BIGARREAU NOIR DE KRUEGER (Eugène Glady, *Revue horticole*, 1865, p. 431). — 2. BIGARREAU KRÜGERS SCHWARZE (Oberdieck, *Illustrirtes Handbuch der Obstkunde*, 1869, t. VI, p. 319, n° 168).

Description de l'arbre. — *Bois :* fort. — *Rameaux :* peu nombreux, étalés, ros et longs, rugueux, non géniculés, d'un brun-roux amplement lavé de gris cendré. — *Lenticelles :* petites et clair-semées. — *Coussinets :* bien accusés. — *eux :* volumineux, coniques, à peine écartés du bois, aux écailles grises et très-aiblement disjointes. — *Feuilles :* peu nombreuses, grandes, d'un vert jaunâtre énéralement panaché de jaune pâle, ovales ou ovales-allongées, acuminées, lanes ou contournées, ayant les bords régulièrement dentés. — *Pétiole :* de lon-ueur moyenne, assez gros, flasque, rouge violacé, à glandes sphériques et ermillonnées. — *Fleurs :* précoces, s'épanouissant simultanément.

FERTILITÉ. — Abondante.

CULTURE. — Il croît non moins vigoureusement sur Mahaleb que sur Merisier, mais il est toujours un peu trop dégarni de branches.

Description du fruit. — *Comment attaché :* par un, habituellement. — *Grosseur :* volumineuse. — *Forme :* en cœur plus ou moins arrondi, aplati sur ses deux faces, à sillon large et peu profond. — *Pédoncule :* long et grêle, très-renflé à la base, inséré dans une cavité de dimensions considérables. — *Point pistillaire :* petit et saillant. — *Peau :* jaune blanchâtre mélangé de rouge clair sur le côté de l'ombre, brun-rouge à l'insolation, finement et abondamment ponctuée de gris sale et parfois tachetée de carmin. — *Chair :* jaune pâle, très-ferme et légèrement filamenteuse. — *Eau :* abondante, quelque peu rosâtre, acidulée, bien sucrée, bien parfumée. — *Noyau :* gros, ovoïde-allongé, assez plat, ayant l'arête dorsale large mais modérément ressortie.

Bigarreau Krüger.

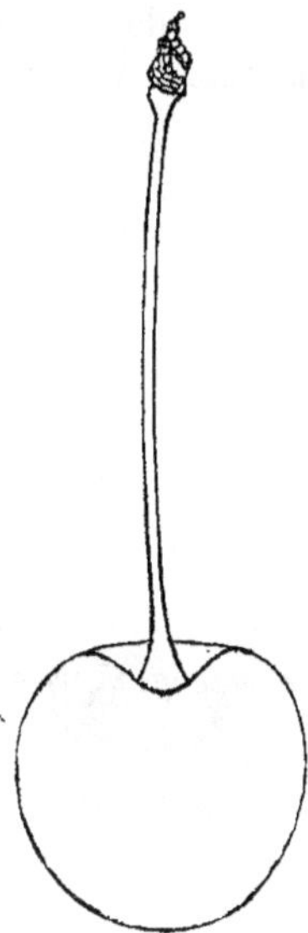

MATURITÉ. — Vers la mi-juin.

QUALITÉ. — Première.

Historique. — Introduit en France au mois de février 1858 par M. Eugène Glady, pomologue et négociant à Bordeaux, le bigarreau Krüger est originaire de Guben (Prusse), où M. Groth, confiseur, fut un de ses premiers propagateurs. Oberdieck l'a décrit en 1869 dans l'*Illustrirtes Handbuch der Obstkunde* (t. VI, p. 319, n° 168) et le dit d'assez récente obtention; il le croit dû au fils d'un M. Krüger qui anciennement a gagné certaine guigne noire portant ce *même nom,* mais que nous ne possédons pas.

CERISE BIGARREAU KRÜGERS SCHWARZE. — Synonyme de *Bigarreau Krüger.* Voir ce nom.

CERISE BIGARREAU LACURE. — Synonyme de *Bigarreau Noir d'Espagne.* Voir ce nom.

CERISE BIGARREAU LAMPEN'S SCHWARZE. — Synonyme de *Bigarreau Noir Lampé.* Voir ce nom.

CERISE BIGARREAU LARGE BLACK. — Synonyme de *Bigarreau Noir* (*Gros-*) Voir ce nom.

CERISE BIGARREAU LARGE HEART-SHAPED. — Synonyme de *Bigarreau Gros-Cœuret.* Voir ce nom.

CERISE BIGARREAU LARGE RED. — Synonyme de *Bigarreau Rouge* (*Gros-*) Voir ce nom.

Cerise BIGARREAU LARGE RED PROOL. — Voir *Bigarreau de Mezel*, au paragraphe Observations.

Cerise BIGARREAU LARGE SHAPED. — Synonyme de *Bigarreau de Mezel*. Voir ce nom.

Cerises : BIGARREAU LAUERMANN, — BIGARREAU LAUERMANN (GROS-), } Synonymes de *Bigarreau Napoléon Ier*. Voir ce nom.

Cerise BIGARREAU LION'S. — Synonyme de *Bigarreau Gros-Cœuret*. Voir ce nom.

Cerise BIGARREAU A LONGUE-QUEUE. — Synonyme de *Bigarreau Violet*. Voir ce nom.

Cerise BIGARREAU LOURMAN. — Synonyme de *Bigarreau Napoléon Ier*. Voir ce nom.

Cerise BIGARREAU DE LUDWIG. — Synonyme de *Guigne Ludwig*. Voir ce nom.

Cerise BIGARREAU DE LYON. — Synonyme de *Bigarreau de Mezel*. Voir ce nom.

Cerise BIGARREAU DE LYONS. — Synonyme de *Bigarreau Jaboulay*. Voir ce nom.

Cerise BIGARREAU DE MAI. — Synonyme de *Bigarreau Baumann*. Voir ce nom.

Cerise BIGARREAU MARBRÉ DE HILDESHEIM. — Synonyme de *Bigarreau de Fer*. Voir ce nom.

Cerises : BIGARREAU MARCELIN, — BIGARREAU MARCELINE, } Synonymes de *Bigarreau Gros-Cœuret*. Voir ce nom.

Cerise BIGARREAU MERVEILLE DE SEPTEMBRE. — Synonyme de *Bigarreau de Fer*. Voir ce nom.

Cerise BIGARREAU MILLETT'S LATE DUKE. — Synonyme de cerise *Royale hâtive*. Voir ce nom.

Cerise BIGARREAU MONSTRUEUX DE MEZEL. — Synonyme de *Bigarreau de Mezel*. Voir ce nom.

---

32. CERISE BIGARREAU DE MEZEL.

Synonymes. — 1. BIGARREAU MONSTRUEUX DE MEZEL (Lecoq, *Revue horticole,* 1846, pp. 341-342; — et Bivort, *Album de pomologie,* 1850, t. III, p. 95). — 2. BIGARREAU BLACK OF SAVOY (Elliott, *Fruit book,* 1854, p. 199). — 3. BIGARREAU GAUBALIS (*Id. ibid.*). — 4. BIGARREAU GREAT (*Id. ibid.*). — 5. BIGARREAU LARGE SHAPED (*Id. ibid.*). — 6. BIGARREAU DE LYON (*Id. ibid.*). — 7. BIGARREAU NEW LARGE BLACK (*Id. ibid.*). — 8. BIGARREAU WARD'S (*Id. ibid.*). — 9. CERISE MONSTROSE MARMOR (Dochnahl, *Obstkunde,* 1858, t. III, p. 37, n° 110). — 10. BIGARREAU GOUBALIS (Charles Downing, *the Fruits and fruit trees of America,* 1863, p. 262). — 11. BIGARREAU GREAT OF MEZEL (*Id. ibid.*). — 12. BIGARREAU GAUBALAIS (*Id. ibid.,* édition de 1869, p. 454).

Description de l'arbre. — *Bois :* très-fort. — *Rameaux :* peu nombreux et des plus étalés, parfois arqués, gros, assez longs, légèrement coudés, rugueux, ridés et d'un brun clair jaunâtre amplement lavé de gris cendré. — *Lenticelles :* clair-semées, arrondies et très-petites. — *Coussinets :* assez saillants. — *Yeux :* gros et coniques-aigus, faiblement écartés du bois, aux écailles grises et bien soudées. — *Feuilles :* abondantes, assez grandes, vert pâle, ovales-allongées, acuminées, planes ou contournées, à bords régulièrement dentés. — *Pétiole :* grêle et très-long, flasque, rouge violacé, à glandes moyennes, globuleuses ou aplaties, lavées de vermillon brillant. — *Fleurs :* assez précoces, à épanouissement simultané.

FERTILITÉ. — Ordinaire.

CULTURE. — Le plein-vent, sur Merisier, est la forme qui lui convient le mieux; du reste il fait toujours, n'importe sur quel sujet, des arbres trop dégarnis.

Description du fruit. — *Comment attaché :* par deux, et souvent aussi par un. — *Grosseur :* volumineuse. — *Forme :* en cœur ou ovoïde, presque toujours bossuée, à sillon large et peu profond. — *Pédoncule :* de longueur moyenne, grêle à son milieu, très-renflé aux extrémités, inséré dans une vaste cavité bien arrondie. — *Point pistillaire :* petit, saillant ou à fleur de fruit. — *Peau :* épaisse, luisante, rouge vif passant au rouge noirâtre à la complète maturité. — *Eau :* très-abondante, rosée, douce, sucrée, délicieusement parfumée. — *Noyau :* moyen, ovoïde-arrondi, ayant les joues bombées et l'arête dorsale large mais obtuse.

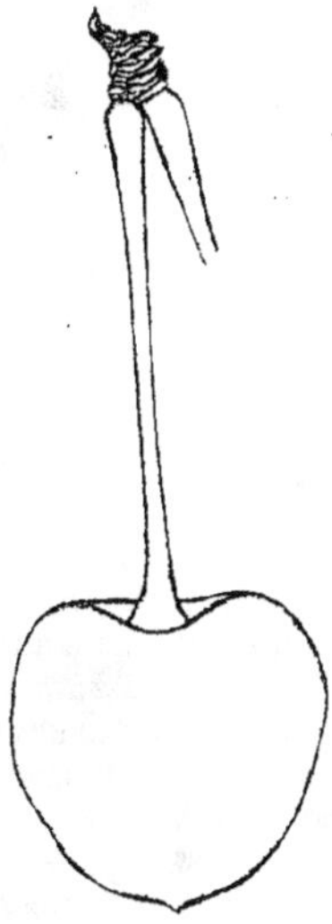

MATURITÉ. — Derniers jours de juin.

QUALITÉ. — Première.

Historique. — Ce bon et beau fruit, originaire du Puy-de-Dôme, porte le nom de son lieu natal et date des premières années de notre siècle. Longtemps confiné dans le village de Mezel, près Clermont-Ferrand, il en sortit seulement en 1847, ainsi que le constate l'article suivant, qui le 15 décembre 1846 fut publié par la *Revue horticole,* sous la signature de M. Henri Lecoq, alors vice-président de la Société d'Horticulture de l'Auvergne :

« M. Ligier de la Prade, notre collègue — écrivait M. Lecoq — nous avait entretenus quelquefois d'une Cerise nouvelle qu'il possédait dans sa propriété de Mezel..... Il pria la Société de nommer une Commission pour aller sur les lieux étudier cette nouveauté.....

Le 18 juin 1846 nous étions devant le Cerisier, situé dans une vigne peu éloignée du château..... L'arbre était élevé, âgé de trente ans au moins, et greffé au bas de la tige. Les Cerises étaient abondantes..... et d'un volume remarquable..... Quelques-unes pesaient dix grammes; et, en moyenne, onze de ces fruits, pesés avec des instruments de précision, complétaient un hectogramme, ce qui donne cent dix fruits pour le kilogramme; volume énorme, si on le compare à celui des autres Cerises connues..... La Cerise de M. Ligier de la Prade nous paraît nouvelle, et nous n'hésitons pas à la considérer comme le plus beau et le meilleur Bigarreau qu'on ait vu jusqu'à ce jour. Nous le croyons inconnu partout ailleurs qu'à Mezel, où sans doute il sera né de parents ignorés..... Nous proposons de le nommer *Bigarreau Monstrueux de Mezel.* » (2e série, t. V, pp. 341-342.)

Observations. — Dans l'Anjou, le bigarreau de Mezel n'a jamais atteint, chez moi du moins, l'énorme développement dont parle ici M. Lecoq. Je l'atteste, sans prétendre, toutefois, infirmer en rien le rapport qu'il m'a paru utile de reproduire. — Le pomologue anglais Robert Hogg et le pomologue allemand Oberdieck se sont trompés à l'égard de ce fruit, lorsqu'ils l'ont réuni au Gros-Cœuret, le premier en 1862, le second en 1869. — Les Américains Elliot (1854) et Downing (1869) lui ayant donné pour synonymes Goubalis, Gaubalis, Gaubalais, il nous a fallu, nécessairement, enregistrer ces divers noms; mais comme ils sont de nature à causer quelque confusion entre ce bigarreau et le *Jaboulay*, précédemment décrit (page 213), nous déclarons que le Mezel diffère beaucoup de ce dernier. Downing demande en outre si le bigarreau *Large Red Prool* ne devrait pas être rangé parmi les synonymes du Mezel? Ne pouvant résoudre la question, je m'empresse du moins d'appeler sur elle l'attention de nos arboriculteurs.

CERISE BIGARREAU MONSTRUEUX (GROS-). — Synonyme de *Bigarreau Gros-Cœuret.* Voir ce nom.

CERISE BIGARREAU MONSTRUEUX DE MEZEL. — Synonyme de *Bigarreau de Mezel.* Voir ce nom.

CERISE BIGARREAU NAPOLÉON. — Synonyme de *Bigarreau Napoléon Ier.* Voir ce nom.

---

33. CERISE BIGARREAU NAPOLÉON IER.

Synonymes. — 1. GROSSE CERISE LAUERMANN (Van Mons, *Catalogue descriptif de partie des arbres fruitiers qui de 1798 à 1823 ont formé sa collection*, p. 54, no 57). — 2. CERISE LAUERMANN (J. V. Sickler, *Teutscher Obstgärtner*, 1802, t. XVIII, p. 102, no 38; — et Thompson, *Transactions of the horticultural Society of London*, 2e série, 1832, t. I, p. 263). — 3. CERISE LABERMANN (Dittrich, *Systematisches Handbuch der Obstkunde*, 1806-1840, t. II, p. 76, no 93). — 4. BIGARREAU LOURMAN (Thompson, *Catalogue of fruits cultivated in the garden of the horticultural Society of London*, 1826, p. 26, no 183). — 5. BIGARREAU NAPOLÉON (*Le Bon-Jardinier*, 1829, p. 382). — 6. BIGARREAU LAUERMANN (Thompson, *Transactions of the horticultural Society of London*, 2e série, 1831, t. I, p. 263). — 7. GROS BIGARREAU LAUERMANN (Dittrich, *Systematisches Handbuch der Obstkunde*, 1840, t. II, p. 76, no 93). — 8. BIGARREAU CLARKE (Elliott, *Fruit book*, 1854, p. 212).

Description de l'arbre. — *Bois :* fort. — *Rameaux :* assez nombreux, légèrement étalés, gros et longs, géniculés, rugueux, rouge-brun jaunâtre, entièrement lavés de gris cendré à la base et tachés de même au sommet. — *Lenticelles :*

abondantes, grises, très-variables de forme et de grandeur. — *Coussinets :* bien accusés. — *Yeux :* volumineux, renflés, coniques, faiblement écartés du bois, aux écailles brunes et bordées de gris. — *Feuilles :* peu nombreuses, grandes ou très-grandes, vert jaunâtre, ovales-allongées, acuminées, planes ou contournées, à bords profondément dentés. — *Pétiole :* long, bien nourri, flasque, lavé de carmin, à glandes énormes, aplaties, arrondies et vermillonnées. — *Fleurs :* précoces et s'épanouissant simultanément.

FERTILITÉ. — Remarquable.

CULTURE. — Il fait de beaux arbres sous toute espèce de forme et sur n'importe quel sujet.

Description du fruit. — *Comment attaché :* par deux, le plus souvent. — *Grosseur :* volumineuse. — *Forme :* assez irrégulière, en cœur ou ovoïde, à sillon peu marqué. — *Pédoncule :* long, gros, planté dans une cavité vaste et profonde. — *Point pistillaire :* à fleur du fruit ou légèrement enfoncé. — *Peau :* rouge clair sur le côté de l'ombre et rouge plus intense à l'insolation. — *Chair :* blanchâtre et très-ferme. — *Eau :* abondante, presqu'incolore, douce, des plus savoureuses et des plus sucrées. — *Noyau :* assez petit, ovoïde, peu bombé, ayant l'arête dorsale large et saillante.

Bigarreau Napoléon Ier.

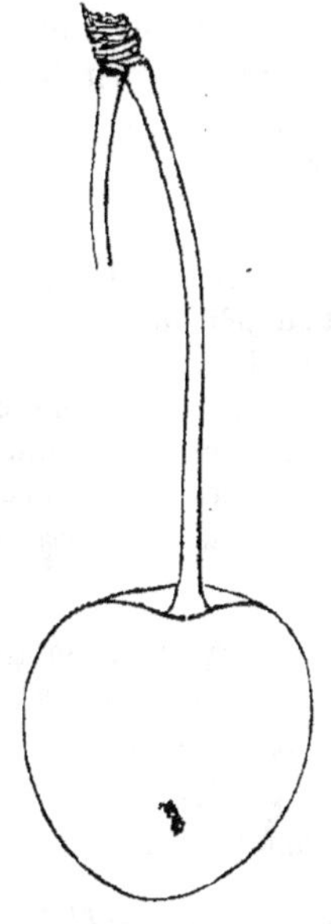

MATURITÉ. — Derniers jours de juin.

QUALITÉ. — Première.

Historique. — En 1840 le botaniste Poiteau, alors rédacteur des *Annales* de la Société d'Horticulture de Paris, parlait en ces termes, dans cette publication, du fruit ici décrit :

« *Bigarreau Napoléon.* — Il y a une douzaine d'années [vers 1828] — écrivait-il —. que j'ai vu ce bigarreau chez M. Parmentier, à Enghien (Belgique). Ce savant horticulteur m'a dit L'AVOIR DEPUIS PEU OBTENU DE SEMIS, ET L'AVOIR NOMMÉ LUI-MÊME BIGARREAU NAPOLÉON. Depuis cinq ou six ans quelques pépiniéristes le relatent dans leurs Catalogues, et j'en ai rencontré un jeune et fort bel arbre, couvert de fruits mûrs, le 6 juillet 1840, dans le beau et riche jardin de M. Vilmorin, à Verrières. L'arbre soutient ses branches comme le Merisier des bois; le fruit est gros, cordiforme, rouge clair d'abord, ensuite rouge rembruni, au moins du côté du soleil; la chair est blanche et croquante; son eau est abondante, sans couleur, sucrée, relevée, très-bonne; le noyau est teint de rouge en partie. Cette belle et très-bonne espèce mérite d'être plus multipliée; on ne la voit pas encore sur les marchés. » (Tome XXVII, p. 74.)

Cet article de Poiteau est tellement affirmatif sur l'origine du bigarreau Napoléon Ier, que peut-être sera-t-on surpris de me voir le révoquer en doute. J'y suis forcé, cependant, par divers textes antérieurs qui le contredisent si formellement, qu'il devient difficile, après les avoir lus, de regarder Parmentier comme l'obtenteur de ce beau fruit :

Citons d'abord Thompson, ancien secrétaire de la Société d'Horticulture de Londres, et pomologue connu de tous :

« Le *Bigarreau Napoléon* — déclarait-il le 16 octobre 1832 — fut offert à notre Société par M. de Candolle, de Genève, qui l'envoya étiqueté Bigarreau Napoléon ou Lauermann; il est très-recommandé par les écrivains français, sous le premier de ces noms, maintenant adopté. La revue horticole insérée dans le *Bon-Jardinier de 1829*, le mentionne, le qualifie de précieuse variété, et le dit obtenu chez M. Parmentier, d'Enghien. Toutefois il semble certain que ce fruit n'est pas une très-nouvelle production, car Sickler (1802) constate qu'il le possède, venant du Hanovre, sous le nom même [*Bigarreau Lauermann*] que lui donnent Buttner et Christ, en leurs Pomologies; et c'était en 1797 que ce dernier auteur le caractérisait !..... Enfin — trace la plus voisine du berceau de cette variété que l'on ait pu découvrir — le baron von Truchsess le recevait en 1791 de M. Baars, arboriculteur à Herrenhausen, près la ville de Hanovre. » (*Transactions of the horticultural Society of London,* 2e série, 1831-1835, t. I, p. 263.)

Les renseignements précis que nous fournit Thompson suffiraient certes pour infirmer les dires de Parmentier à Poiteau, car ce Belge n'a pu, très-évidemment, gagner « peu avant 1828 » un bigarreau que les Allemands cultivaient déjà en 1791. Il en a donc été, non l'obtenteur, mais le *rebaptisateur,* ainsi du reste qu'il l'avoue indirectement : « JE L'AI NOMMÉ MOI-MÊME BIGARREAU NAPOLÉON, » déclare-t-il; et voilà, de ses deux déclarations, la seule que je puisse tenir pour vraie. Enfin si quelque doute subsistait encore, sur ce fait, dans l'esprit de certains pomologues, le dernier texte qu'il me reste à produire suffirait, je l'espère, pour le dissiper entièrement. Je l'emprunte à Dittrich, un des écrivains horticoles les plus accrédités de l'Allemagne. Voici ce qu'en 1840 il publia :

« *Gros Bigarreau Lauermann ou Bigarreau Napoléon.* — Dans le *Gartenmagazin* de 1806, ce fruit a été décrit page 386 et figuré au tableau 26 comme étant celui que le pasteur Sickler reçut du jardinier-paysagiste Mathees, de Gotha, sous le nom de Cerise *Labermann,* et qu'ensuite le major von Truchsess trouva identique avec la Cerise *Lauermann,* qu'il cultivait à Bettenbourg (Pays-Bas), dans sa propriété. Ces deux noms n'en font donc qu'un. On trouve cette même variété inscrite sur les Catalogues des pépiniéristes français sous la double dénomination de Bigarreau Napoléon ou Lauermann. » (*Systematisches Handbuch der Obstkunde,* t. III, p. 76, n° 93.)

Ainsi il est maintenant acquis que le bigarreau Lauermann, d'origine allemande et qui probablement porte le nom de son obtenteur, remonte au moins à 1785, et ne fut redevable à Parmentier que du surnom Napoléon, dont il le gratifia, nous le répétons, peu de temps avant l'année 1828. Et ce surnom a tellement, aujourd'hui, fait oublier le nom Lauermann, que le lui enlever deviendrait difficile.

Observations. — M. Paul de Mortillet a dit avec raison, dans ses *Meilleurs fruits* (t. II, pp. 129 et 132), que le bigarreau Napoléon Ier n'était pas identique avec le Gros-Cœuret. A mon tour j'affirme aussi que le *Wellington* s'éloigne entièrement du Napoléon, comme le reconnaît le pomologue Jahn, qui l'a longuement décrit en 1861 dans l'*Illustrirtes Handbuch der Obstkunde* (t. III, p. 519, n° 97), et s'est bien gardé de lui donner le synonyme Napoléon. Thompson, chez les Anglais, repousse également cette synonymie, puisqu'il décrit un bigarreau Wellington et un bigarreau Napoléon, tous deux fort dissemblables.

CERISE BIGARREAU NEUE ROTHE. — Synonyme de *Bigarreau Rouge Büttner*. Voir ce nom.

CERISE BIGARREAU NEW LARGE BLACK. — Synonyme de *Bigarreau de Mezel.* Voir ce nom.

---

34. CERISE BIGARREAU NOIR BUTTNER.

Synonymes. — 1. GUIGNE BÜTTNER'S NEUE SCHWARZE (J. V. Sickler, *Teutscher Obstgärtner*, 1804, t. XXII, pp. 201-203, nº 52). — 2. GUIGNE BÜTTNER'S SCHWARZE (Dittrich, *Systematisches Handbuch der Obstkunde*, 1840, t. II, p. 25, nº 9). — 3. GUIGNE NOIRE DE BÜTTNER (*Id. ibid.*). — 4. BIGARREAU BLACK (Jahn, *Illustrirtes Handbuch der Obstkunde*, 1861, t. III, p. 59, nº 6). — 5. BIGARREAU BÜTTNER (*Id. ibid.*). — 6. GUIGNE NEUE SCHWARZE (*Id. ibid.*).

Description de l'arbre. — *Bois :* de moyenne force. — *Rameaux :* peu nombreux, étalés et arqués, gros, longs, légèrement coudés, marron clair lavé de gris. — *Lenticelles :* clair-semées, grandes et linéaires. — *Coussinets :* bien accusés. — *Yeux :* moyens, ovoïdes, faiblement écartés du bois, aux écailles grises. — *Feuilles :* peu nombreuses, grandes, vert intense en dessus, vert jaunâtre en dessous, ovales ou ovales-arrondies, courtement acuminées, à bords profondément dentés. — *Pétiole :* gros et long, flasque, carminé, à glandes saillantes, ovoïdes et vermillonnées. — *Fleurs :* très-tardives et s'épanouissant successivement.

FERTILITÉ. — Abondante.

CULTURE. — Tout sujet lui convient, mais ses arbres ont généralement une ramification trop étalée, pour être beaux.

Description du fruit. — *Comment attaché :* par deux, presque toujours. — *Grosseur :* au-dessus de la moyenne. — *Forme :* en cœur très-obtus, à sillon plus ou moins marqué. — *Pédoncule :* grêle et de longueur moyenne, inséré dans une vaste cavité. — *Point pistillaire :* légèrement enfoncé. — *Peau :* d'un rouge noirâtre très-intense, surtout à l'insolation. — *Chair :* rouge et très-ferme. — *Eau :* peu abondante, fortement colorée, bien sucrée et sans aucune acidité. — *Noyau :* assez petit, marbré de rose, ovoïde-arrondi, ayant les joues bombées et l'arête dorsale large, mais non coupante.

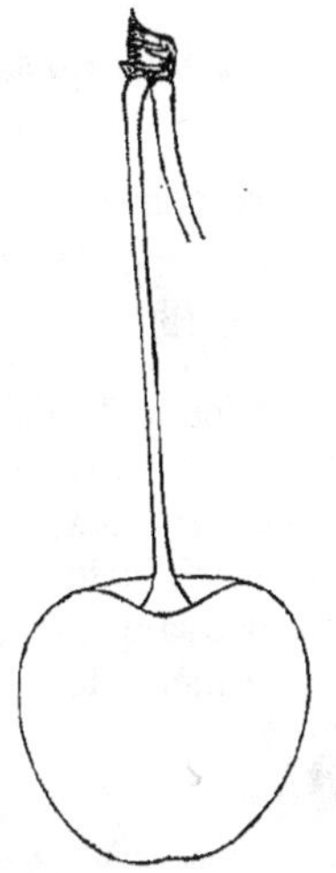

MATURITÉ. — Vers la mi-juin.

QUALITÉ. — Deuxième.

Historique. — Le pomologue allemand J. V. Sickler fournit des renseignements très-précis sur l'origine de ce bigarreau :

> « C'est — disait-il en 1804 — une variété obtenue de semis à Halle-sur-Saale (Saxe) par M. Büttner, conseiller de justice..... Elle lui donna ses premiers fruits en 1795. » (*Teutscher Obstgärtner*, t. XXII, p. 203.)

Calvel, en son *Traité sur les pépinières* (1805, t. II, pp. 147-150), nous apprend que le bigarreautier Noir Buttner, fut, avec soixante-quatorze autres variétés du genre Cerisier, envoyé vers 1801 par ce même Sickler, au nom du baron von Truchsess, de Bettenbourg (Pays-Bas), à Thouin aîné, alors directeur du Jardin des Plantes de Paris. Thouin le fit immédiatement greffer, mais sa propagation dans nos départements s'accomplit si lentement, que seuls encore les principaux arboriculteurs l'y possèdent aujourd'hui.

35. CERISE BIGARREAU NOIR D'ESPAGNE.

Synonymes. — 1. CERISE D'ESPAGNE (Rembert Dodonée, *Stirpium historia*, cap. Cerasus, n° 2, édit. d'Anvers de 1552). — 2. CERISE HATIVE D'ESPAGNE NOIRE (Dittrich, *Systematisches Handbuch der Obstkunde*, 1840, t. II, p. 96, n° 119). — 3. CERISE SCHWARZE SPANISCHE FRÜHE (*Id. ibid.*). — 4. BIGARREAU ANSELL'S FINE BLACK (Thompson, *Catalogue of fruits cultivated in the garden of the horticultural Society of London*, 1842, p. 53, n° 16). — 5. BIGARREAU BLACK (*Id. ibid.*). — 6. BIGARREAU BLACK CAROON GEAN (*Id. ibid.*). — 7. BIGARREAU EARLY BLACK (*Id. ibid.*). — 8. BIGARREAU SPANISH BLACK (*Id. ibid.*). — 9. GUIGNE GROSSE SCHWARZE (*Id. ibid.*). — 10. GUIGNE NOIRE (*Id. ibid.*). — 11. GROSSE GUIGNE NOIRE (*Id. ibid.*). — 12. GRIOTTE D'ESPAGNE (Couverchel, *Traité des fruits*, 1852, p. 350). — 13. BIGARREAU LACURE (Robert Hogg, *the Fruit manual*, 1862).

Description de l'arbre. — *Bois* : assez fort. — *Rameaux* : peu nombreux, légèrement étalés, très-longs, de force moyenne, géniculés, rugueux et ridés, brun clair jaunâtre lavé de gris cendré. — *Lenticelles* : très-abondantes, moyennes ou petites, d'un beau gris. — *Coussinets* : saillants et se prolongeant en arête. — *Yeux* : gros, ovoïdes-pointus, collés en partie sur l'écorce, aux écailles grisâtres. — *Feuilles* : peu nombreuses, très-grandes, vert jaunâtre, ovales-allongées, sensiblement acuminées, planes ou contournées, profondément dentées en scie sur leurs bords. — *Pétiole* : bien nourri, de longueur moyenne, flasque, quelque peu carminé, à glandes plates ou globuleuses et lavées de vermillon. — *Fleurs* : précoces ou très-précoces, à épanouissement simultané.

FERTILITÉ. — Satisfaisante.

CULTURE. — Sur Merisier ou sur Mahaleb il fait constamment, n'importe sous quelle forme, d'assez jolis arbres.

Description du fruit. — *Comment attaché* : par deux, ordinairement. — *Grosseur* : moyenne. — *Forme* : en cœur obtus, à sillon peu profond. — *Pédoncule* : assez grêle et de longueur moyenne, planté dans une vaste cavité. — *Point pistillaire* : plus ou moins enfoncé. — *Peau* : légèrement rugueuse et d'un rouge-grenat foncé devenant presque noir à la complète maturité; elle est en outre finement et abondamment ponctuée de gris. — *Chair* : très-ferme et rouge-amarante. — *Eau* : suffisante, rosée, acidule et sucrée. — *Noyau* : assez gros, ovoïde-arrondi, ayant les joues peu bombées et l'arête dorsale légèrement tranchante.

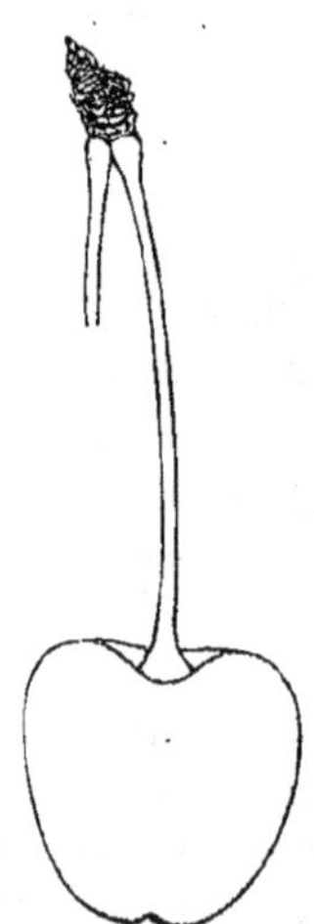

MATURITÉ. — Derniers jours de juin.

QUALITÉ. — Deuxième.

Historique. — Ce bigarreautier est-il réellement originaire d'Espagne, comme semble l'indiquer le nom sous lequel, depuis trois siècles, on l'a généralement cultivé? N'ayant jamais pu me procurer de Pomologies espagnoles, je ne saurais me prononcer sur pareille question. Je sais seulement que cette variété a droit de figurer parmi les plus anciennes du genre, puisqu'elle fut, dès 1552, caractérisée en ces termes par un naturaliste de Malines, Rembert Dodonée, mort en 1585 :

« Le fruit que vulgairement on nomme *Cerise d'Espagne* — écrivait-il — est bien charnu, doux, à peau noire ou d'un rouge foncé qui s'éclaircit sur l'une de ses faces. » (*Stirpium historia*, cap. Cerasus, n° 2.)

Répandu chez les Allemands longtemps avant d'avoir pénétré dans les jardins français, le bigarreau Noir d'Espagne ici décrit ne doit pas être confondu avec un autre de même dénomination, mais de maturité beaucoup plus *tardive*, car d'après Dittrich (t. II, p. 36) il mûrit vers la fin d'août, tandis que son homonyme se mange dans les derniers jours de juin. Le bigarreau *Noir tardif d'Espagne* manque à ma collection. Assez recherché en Allemagne, il n'est cependant pas demeuré complétement étranger aux horticulteurs des environs de Paris, à ceux du moins qui vécurent en 1755, époque à laquelle l'abbé Nolin, pépiniériste et pomologue habitant la Capitale, le décrivit dans son *Essai sur l'agriculture :*

« La *Cerise d'Espagne* — y disait-il — a la queue fort longue, son fruit allongé, d'un rouge très-foncé tirant sur le noir; sans un petit goût d'amertume, qu'elle a, elle seroit excellente. Elle mûrit *tard* et n'est pas commune. » (Page 157.)

Ces seules lignes suffiront pour montrer combien ce bigarreau Noir tardif d'Espagne, diffère du hâtif, et même permettront peut-être — qui sait? — de le retrouver chez nous, caché sous quelque surnom.

---

36. CERISE BIGARREAU NOIR (GROS-).

Synonymes. — 1. CERISE CŒUR-NOIR (Charles Estienne, *Seminarium et plantarium fructiferarum præsertim arborum quæ post hortos conseri solent*, 1540, p. 78; — et Philip Miller, *the Gardener's and botanit's dictionary*, 1768). — 2. CERISE HEAULME-NOIR (Charles Estienne, *ibidem*). — 3. CERISE CŒUR COULEUR DE SANG (Société économique de Berne, *Traité des arbres fruitiers*, 1768, t. II, p. 146). — 4. CERISE DU DUC (Herman Knoop, *Fructologie*, 1771, pp. 36 et 40; — et Oberdieck, *Illustrirtes Handbuch der Obstkunde*, 1861, t. III, p. 89). — 5. CERISE DE GADEROP (*Id. ibid.*). — 6. BIGARREAU BLACK (J. V. Sickler, *Teutscher Obstgärtner*, 1796, t. VI, pp. 212 et 217). — 7. BIGARREAUTIER A GROS FRUIT NOIR (*Id. ibid.*). — 8. GUIGNE OCHSEN (*Id. ibid.*). — 9. GUIGNE GADEROPSE (*la Feuille du cultivateur*, année 1804, p. 137; — et Oberdieck, *ibid.*). — 10. BIGARREAU ELK-HORN (Thompson, *Transactions of the horticultural Society of London*, 2e série, 1831, t. I, p. 254). — 11. BIGARREAU ELK-HORN OF MARYLAND (*Id. ibid.*). — 12. BIGARREAU GROSSE SCHWARZE (*Id. ibid.*). — 13. BIGARREAU TRADESCANT'S BLACK (*Id. ibid.*). — 14. GUIGNE NOIRE TARDIVE (*Id. ibid.*). — 15. BIGARREAU TRADESCANT'S (Idem, *Catalogue of fruits cultivated in the garden of the horticultural Society of London*, 1842, p. 54, n° 20). — 16. BIGARREAU DE SAINT-LAUD (André Leroy, *Catalogue descriptif et raisonné des arbres fruitiers et d'ornement*, 1855, p. 12, n° 28). — 17. BIGARREAU LARGE BLACK (Oberdieck, *ibid.*, pp. 89-90, n° 21). — 18. GUIGNE NOIRE CARTILAGINEUSE (*Id. ibid.*). — 19. BIGARREAU DE SAINTE-MARGUERITE (Robert Hogg, *the Fruit manual*, 1862). — 20. BIGARREAU NOIR DE PARMENTIER (Paul de Mortillet, *les Meilleurs fruits*, 1866, t. II, p. 108). — 21. CERISE CŒURET DE SANG (*Id. ibid*, p. 111). — 22. GRANDE CERISE NOIRE OSSEUSE (*Id. ibid.*). — 23. CERISE DE NORVÉGE (*Id. ibid.*, p. 108).

Description de l'arbre. — *Bois :* fort. — *Rameaux :* peu nombreux, arqués et très-étalés, gros, de longueur moyenne, bien coudés, rugueux, d'un beau brun fortement lavé de gris cendré sur le côté du soleil et de gris verdâtre sur l'autre face. — *Lenticelles :* très-rares et peu visibles. — *Coussinets :* saillants. — *Yeux :* volumineux, ovoïdes-pointus, écartés du bois, ayant les écailles grises ou brunes. — *Feuilles :* peu nombreuses, très-grandes, vert jaunâtre, ovales-allongées, longuement acuminées, souvent contournées, à bords régulièrement dentés. — *Pétiole :* gros, très-long, arqué, carminé à la base et portant de petites glandes vermillonnées assez plates et de forme arrondie ou allongée. — *Fleurs :* très-précoces, à épanouissement simultané.

FERTILITÉ. — Ordinaire.

CULTURE. — Le plein-vent, sur Merisier, lui convient admirablement; la basse-tige, le buisson, l'espalier sont loin, au contraire, de le favoriser, vu sa médiocre végétation et ses rameaux beaucoup trop étalés.

Description du fruit. — *Comment attaché :* par deux, assez habituellement. — *Grosseur :* volumineuse. — *Forme :* inconstante, elle est souvent en cœur très-obtus, ou globuleuse irrégulière, ou même ovoïde sensiblement cylindrique; son sillon, généralement fort large, manque presque toujours de profondeur. — *Pédoncule :* plus ou moins court et très-nourri, planté dans une faible cavité. — *Point pistillaire :* légèrement enfoncé. — *Peau :* quittant difficilement la chair et d'un rouge-pourpre intense qui devient à peu près noir à la maturité. — *Chair :* ferme, croquante, filamenteuse et rouge violacé. — *Eau :* suffisante, pourpre, acidule et sucrée, de saveur très-agréable. — *Noyau :* assez petit, ovoïde-pointu, bombé seulement vers la base, ayant l'arête dorsale large et saillante.

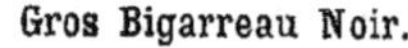

Gros Bigarreau Noir.

Premier Type. *Deuxième Type.*

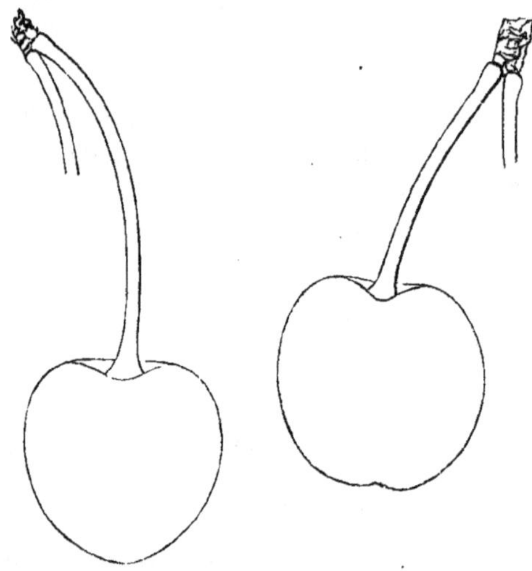

MATURITÉ. — Depuis la mi-juin jusqu'à la fin de ce même mois.

QUALITÉ. — Première.

Historique. — Comme le Gros-Cœuret, décrit ci-dessus (p. 208), le Gros Bigarreau Noir fut primitivement appelé, pour sa forme la plus ordinaire et pour sa couleur, cerise Cœur-Noir, cerise Heaume-Noir. Charles Estienne, le premier auteur qui l'ait caractérisé (*Seminarium*, p. 78), le nommait ainsi dès 1540 et le disait fort répandu dans les champs et vergers de l'Anjou. En serait-il originaire?... La chose paraît d'autant moins improbable, qu'aujourd'hui encore il y porte, particulièrement sur les marchés, le surnom bigarreau de Saint-Laud, rappelant le faubourg Saint-Laud d'Angers, dont les campagnes, précisément, ont formé de tout temps le lieu privilégié des cultures horticoles et maraîchères du pays. Quant à la description qu'a faite de ce fruit, Charles Estienne, en voici l'exacte traduction :

« ..... Il existe — explique-t-il — certaines Cerises, de toutes les plus grosses et les plus noires, à chair également la plus dure, la plus compacte et de saveur douce, dans lesquelles, au moment de la maturité, naissent de petits vers blancs; aussi sont-elles moins longtemps que les autres à se décomposer. On les nomme, vu leur forme, Cerises Cœur ou Cerises Heaume..... » (*Seminarium*, p. 78.)

Observations. — Ce bigarreau a souvent été confondu avec le Gros-Cœuret, nom que Poiteau même lui appliquait en 1846, dans sa *Pomologie française;* mais cette erreur ne se renouvellerait plus facilement aujourd'hui, car ces deux variétés sont bien connues de tous les pépiniéristes. Rappelons cependant que plusieurs synonymes leur sont communs : Cœur, Cœuret, Heaume et Ochsen.

CERISE BIGARREAU NOIR DE KRUEGER. — Synonyme de *Bigarreau Krüger*. Voir ce nom.

---

37. CERISE BIGARREAU NOIR LAMPÉ.

Synonymes. — 1. GUIGNE LAMPEN'S SCHWARZE (Van Mons, *Catalogue descriptif de partie des arbres fruitiers qui de 1798 à 1823 ont formé sa collection,* p. 59, n° 394). — 2. BIGARREAU LAMPEN'S SCHWARZE (Dittrich, *Systematisches Handbuch der Obstkunde,* 1840, t. II, p. 42).

Description de l'arbre. — *Bois :* très-fort. — *Rameaux :* assez nombreux, légèrement étalés, gros et longs, un peu coudés, ridés, rugueux et d'un brun clair taché de gris cendré. — *Lenticelles :* très-abondantes, grisâtres, petites ou moyennes, arrondies ou linéaires. — *Coussinets :* saillants et souvent se prolongeant en arête. — *Yeux :* gros, renflés, ovoïdes-arrondis, faiblement écartés du bois, aux écailles brunes et mal soudées. — *Feuilles :* peu nombreuses, grandes, vert pâle, ovales ou ovales-allongées, acuminées et plus ou moins contournées, à bords régulièrement dentés. — *Pétiole :* fort et de longueur moyenne, violacé, peu rigide, ayant des glandes de forme très-inconstante, mais bien développées et lavées de rouge brillant. — *Fleurs :* assez précoces, à épanouissement simultané.

FERTILITÉ. — Satisfaisante.

CULTURE. — En le greffant sur Merisier on en obtient de remarquables plein-vent, et, sur Mahaleb, des arbres qui se prêtent aisément à toutes les autres formes, quoiqu'ils soient, cependant, de ramification assez pauvre.

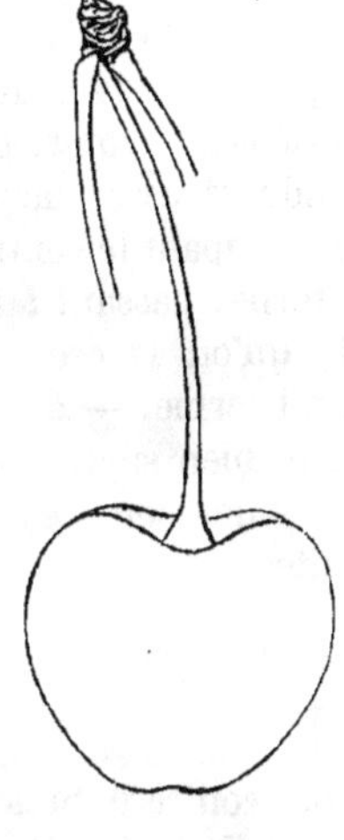

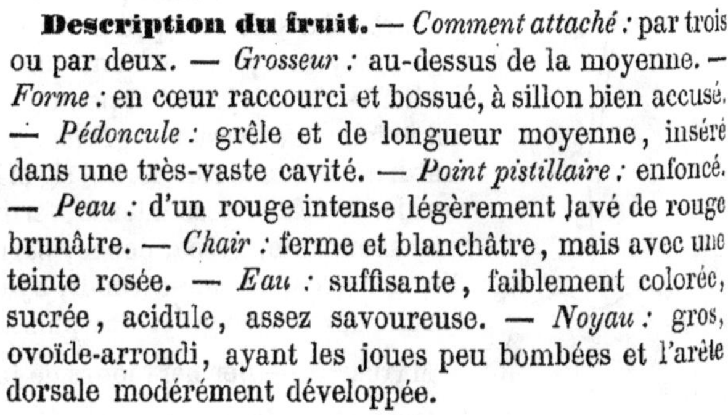

Description du fruit. — *Comment attaché :* par trois ou par deux. — *Grosseur :* au-dessus de la moyenne. — *Forme :* en cœur raccourci et bossué, à sillon bien accusé. — *Pédoncule :* grêle et de longueur moyenne, inséré dans une très-vaste cavité. — *Point pistillaire :* enfoncé. — *Peau :* d'un rouge intense légèrement lavé de rouge brunâtre. — *Chair :* ferme et blanchâtre, mais avec une teinte rosée. — *Eau :* suffisante, faiblement colorée, sucrée, acidule, assez savoureuse. — *Noyau :* gros, ovoïde-arrondi, ayant les joues peu bombées et l'arête dorsale modérément développée.

MATURITÉ. — Premiers jours de juin.

QUALITÉ. — Deuxième.

Historique. — Variété allemande importée chez nous depuis sept ans à peine, le bigarreau Noir Lampé n'y est pas encore bien connu; je doute même qu'il y jouisse jamais de quelque réputation, car rien ne le recommande particulièrement aux amateurs de nouveautés. Dittrich l'a décrit en 1840 (t. II, p. 42), Oberdieck en 1861 (t. III, p. 477), et ces deux auteurs s'accordent pour le déclarer originaire de la Prusse, où il fut gagné de semis à Guben, en 1810, dans le Jardin de la Société pomologique. Le nom qu'il porte est celui de son obtenteur. Dittrich a fort justement dit que ce fruit, vu sa couleur brunâtre, ne méritait pas le qualificatif *Noir*, qui le fait ainsi faussement rattacher à tout un groupe de bigarreaux desquels, cependant, il s'éloigne de façon assez marquée.

---

38. CERISE BIGARREAU NOIR NAPOLÉON III.

Description de l'arbre. — *Bois :* très-fort. — *Rameaux :* assez nombreux, légèrement étalés, longs et très-gros, géniculés, rugueux, brun clair à l'insolation, mais verdâtre du côté de l'ombre, où ils sont en outre quelque peu lavés de gris cendré. — *Lenticelles :* très-petites, arrondies, des plus clair-semées. — *Coussinets :* bien accusés. — *Yeux :* volumineux, coniques, faiblement écartés du bois, aux écailles brunes et grises. — *Feuilles :* abondantes, très-grandes, vert jaunâtre, obovales ou ovales-allongées, sensiblement acuminées, planes ou contournées, à bords régulièrement dentés. — *Pétiole :* long, très-nourri, roide et souvent arqué, rouge violacé, à glandes fort larges, réniformes, aplaties ou globuleuses et colorées entièrement de vermillon brillant. — *Fleurs :* précoces et s'épanouissant simultanément.

FERTILITÉ. — Abondante.

CULTURE. — Sa grande vigueur le rend très-propre au plein-vent haute-tige greffé sur Merisier; la basse-tige sur Mahaleb, et sous toutes formes, lui est aussi fort avantageuse.

Description du fruit. — *Comment attaché :* par deux, généralement. — *Grosseur :* volumineuse. — *Forme :* inconstante, elle passe le plus habituellement de l'ovoïde-allongée et bossuée, à la cylindrique, ou même, parfois, à la triangulaire; son sillon est peu marqué. — *Pédoncule :* long, de force moyenne, inséré dans une profonde et assez large cavité. — *Point pistillaire :* petit, grisâtre, occupant le centre d'une faible dépression. — *Peau :* rouge terne, passant à la maturité au marron foncé si brillant, qu'on la croirait vernie. — *Chair :* rose intense, ferme ou mi-ferme. — *Eau :* très-abondante, rosée, douce, parfumée et bien sucrée. — *Noyau :* gros, ovoïde-arrondi, ayant les joues bombées et l'arête dorsale large et des plus coupantes.

MATURITÉ. — Derniers jours de juin.

QUALITÉ. — Première.

Historique. — Ce fut en 1868 mon confrère Simon Louis, de Metz, qui m'expédia le bigarreautier Noir Napoléon, que j'avais vu cité pour la première fois, en 1867, à la page 3 de son *Catalogue* et sur l'origine duquel je n'ai pu, ces derniers temps, me procurer le moindre renseignement. Aujourd'hui, ce pépiniériste vient de publier un volumineux et très-remarquable *Catalogue descriptif* des fruits qu'il possède. Comme il y précise avec soin les variétés dont il est l'obtenteur ou l'importateur, j'espérais rencontrer là quelque note sur la provenance de ce bigarreau. Erreur, le nom de cette variété n'y figure même pas..... Laissons donc à d'autres la tâche de retrouver — puisqu'il semble perdu — l'obtenteur de ce bon fruit; il se peut, après tout, qu'un jour vienne où l'on s'empressera d'en revendiquer la paternité. Pour moi, j'en fais l'aveu, j'ai de mon chef modifié le nom primitif de ladite variété : je l'ai appelée bigarreau Noir Napoléon III, au lieu de bigarreau Noir Napoléon, afin qu'elle ne pût être confondue avec celle, beaucoup plus ancienne, généralement nommée bigarreau Napoléon, ou Lauermann (voir page 219).

CERISE BIGARREAU NOIR DE PARMENTIER. — Synonyme de *Bigarreau Noir (Gros-)*. Voir ce nom.

CERISE BIGARREAU NOIR TARDIF D'ESPAGNE. — Voir *Bigarreau d'Espagne*, au paragraphe OBSERVATIONS.

---

39. CERISE BIGARREAU NOIR DE TARTARIE.

Synonymes. — 1. CERISE DE FRASER (Forsyth, *Treatise on the culture and management of fruit trees*, traduction française de Pictet-Mallet, 1805, p. 76). — 2. CERISE NOIRE EN CŒUR DE RONALD (*Iid. iibid.*). — 3. BIGARREAU CIRCASSIAN (Thompson, *Transactions of the horticultural Society of London*, 2e série, 1831, t. Ier, p. 255). — 4. BIGARREAU FRASER'S TARTARIAN (*Id. ibid.*). — 5. BIGARREAU RONALDS'S (*Id. ibid.*). — 6. BIGARREAU RONALDS'S BLACK (*Id. ibid.*). — 7. BIGARREAU TARTARIAN (*Id. ibid.*). — 8. GUIGNE FRASERS TARTARISCHE SCHWARZE (*Id. ibid.*). — 9. BIGARREAU BLACK CIRCASSIAN (Lindley, *Guide to the orchard and kitchen garden*, 1831, p. 149, no 17). — 10. BIGARREAU BLACK RUSSIAN (*Id. ibid.*). — 11. BIGARREAU BLACK TARTARIAN (*Id. ibid.*). — 12. BIGARREAU FRASER'S BLACK (*Id. ibid.*). — 13. BIGARREAU FRASER'S BLACK TARTARIAN (*Id. ibid.*). — 14. BIGARREAU RONALDS'S LARGE BLACK (*Id. ibid.*). — 15. BIGARREAU SUPERB CIRCASSIAN (*Id. ibid.*). — 16. GUIGNE NOIRE DE TARTARIE DE FRASER (Dittrich, *Systematisches Handbuch der Obstkunde*, 1840, t. II, p. 26, no 11). — 17. GUIGNE NOIRE DE CIRCASSIE (Charles Morren, *la Belgique horticole*, 1853, t. III, p. 66). — 18. BIGARREAU DOUBLE (Elliott, *Fruit book*, 1854, p. 189). — 19. GUIGNE CIRCASSIENNE (Oberdieck, *Illustrirtes Handbuch der Obstkunde*, 1861, t. III, pp. 61-62, no 7). — 20. GUIGNE NOIRE DE RUSSIE (*Id. ibid.*). — 21. BIGARREAU SHEPPARD'S SEEDLING (Robert Hogg, *the Fruit manual*, 1862). — 22. BIGARREAU BEDFORD PROLIFIC (John Scott, *the Orchardist*, 1872, p. 162). — 23. BIGARREAU SHEPPARD'S BEDFORD PROLIFIC (*Id. ibid.*).

Description de l'arbre. — *Bois* : très-fort. — *Rameaux* : nombreux, étalés, gros, assez longs, bien géniculés, ridés, brun-jaune verdâtre taché de gris cendré. — *Lenticelles* : abondantes, petites ou moyennes et généralement de forme arrondie. — *Coussinets* : peu ressortis mais se prolongeant en arête. — *Yeux* : volumineux, coniques-aigus, gris et légèrement écartés du bois. — *Feuilles* : nombreuses, de grandeur moyenne, vert pâle, ovales ou ovales-allongées, longuement acuminées, planes ou contournées, à bords fortement dentés. — *Pétiole* : grêle, flasque, très-long, violacé, à glandes aplaties et complétement vermillonnées. — *Fleurs* : précoces et s'épanouissant simultanément.

FERTILITÉ. — Convenable.

CULTURE. — Il pousse dans son ensemble si régulièrement, et sa vigueur est si grande, qu'il fait sur Merisier d'admirables plein-vent. Quant aux formes basses, sur Mahaleb, toutes lui sont parfaitement applicables.

Description du fruit. — *Comment attaché :* par trois, généralement. — *Grosseur :* moyenne, mais quelquefois un peu plus volumineuse. — *Forme :* en cœur très-obtus, et souvent aussi globuleuse des plus comprimées aux pôles; le sillon est rarement bien visible. — *Pédoncule :* long, de moyenne force, implanté dans une assez vaste cavité. — *Point pistillaire :* petit, grisâtre, sensiblement enfoncé. — *Peau :* unicolore, d'un rouge si brunâtre qu'à la complète maturité du fruit elle paraît vraiment toute noire. — *Chair :* rouge-grenat foncé, ferme et quelque peu filamenteuse. — *Eau :* abondante, très-sucrée, acidule, savoureusement parfumée. — *Noyau :* moyen, arrondi, légèrement aplati, uni, sauf auprès de l'arête dorsale, où il est assez rugueux; celle-ci n'est pas très-développée.

Bigarreau Noir de Tartarie.

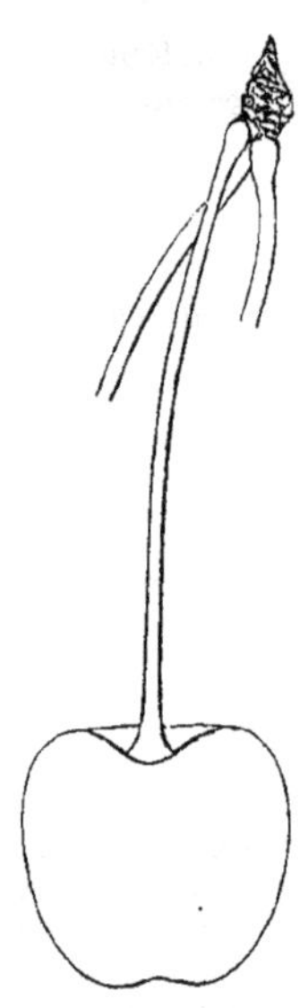

MATURITÉ. — Vers la mi-juin.

QUALITÉ. — Première.

Historique. — De deux assertions émises sur la provenance de ce bigarreautier si digne de culture, celle qui le déclare originaire soit de Tartarie, soit de Circassie (Russie d'Europe), est la seule qu'on puisse accepter, car elle repose sur des faits constants. L'autre, au contraire, qui voudrait le rattacher à l'Espagne, n'est qu'un simple *on-dit* dont se fit l'écho, en 1831, le docteur Lindley, pomologue anglais des plus connus. Du reste, voici les principaux textes produits à ce sujet, on verra d'après eux si mon opinion doit ou non prévaloir. Citons d'abord William Forsyth, qui dès 1802 caractérisa cette variété :

« La *Grosse Cerise Noire en Cœur, de Ronald* — écrivit-il — fut apportée de CIRCASSIE dans la Grande-Bretagne, en 1794. M. Ronald, pépiniériste à Brentford, est le seul, je le crois du moins, qui l'ait encore cultivée chez nous, où cet été même (1801) il m'en offrait quelques fruits. » (*Treatise on the culture of fruit trees*, 1802, p. 80.)

Lindley vint ensuite, qui parla de toute autre façon :

« Le *Bigarreau Noir de Tartarie* — expliquait-il en 1831 — passe généralement pour avoir été introduit dans notre pays par M. John Frazer, qui le rapporta de Russie pendant l'automne de 1796. La *Pomona Londinensis*, elle, prétend qu'il fut tiré de la Circassie, en 1794, par M. Hugh Ronalds, de Brentford. Enfin on le dit, aussi, natif d'Espagne, d'où il aurait gagné les jardins russes, puis, de ces derniers, l'Angleterre. » (*Guide to the orchard and kitchen garden*, pp. 149-150.)

En 1832 Thompson, autre pomologue anglais, à son tour s'occupa de cette variété; il le fit dans le tome Ier de la 2e série des *Annales de la Société d'Horticulture de Londres* (p. 255), mais se contenta de reproduire, quant à l'origine dudit bigarreautier, le passage de Lindley qu'on vient de lire. Et depuis lors cette question de provenance, jointe à celle de priorité entre les deux importateurs Fraser et Ronalds, demeura indécise. Aujourd'hui (1875), grâce au docteur Robert Hogg, président du Comité pomologique de la Société d'Horticulture de Londres, je regarde ces questions comme résolues. Le docteur dit effectivement :

« Le mérite d'avoir introduit chez nous l'excellent bigarreau *Black Tartarian*, appartient au défunt M. Hugues Ronalds, de Brentford, qui publia en 1794 un Prospectus, DONT JE POSSÈDE COPIE, dans lequel il annonçait qu'il allait mettre en vente, à raison de cinq shillings l'arbre (6 fr. 25), des sujets de cette variété. Plus tard, en 1796, M. John Fraser l'apportait également de Russie,..... où il l'avait acheté d'un Allemand qui le cultivait à Saint-Pétersbourg. » (*The Fruit manual*, 4e édition, 1875, p. 195.)

En France, le bigarreau Noir de Tartarie ne pénétra guère avant 1825, mais par contre il s'y propagea avec une rapidité vraiment exceptionnelle, que justifient bien, d'ailleurs, les qualités dont il est doué.

---

40. CERISE BIGARREAU NOIR DE TILGNER.

Description de l'arbre. — *Bois :* très-fort. — *Rameaux :* peu nombreux, étalés, longs et gros, légèrement flexueux, assez lisses, brun clair lavé et taché de gris. — *Lenticelles :* clair-semées, très-variables de forme et de dimension. — *Coussinets :* saillants. — *Yeux :* gros, coniques-pointus, gris et faiblement écartés du bois. — *Feuilles :* peu nombreuses, grandes, vert clair, ovales ou ovales-allongées, acuminées, planes ou contournées, à bords régulièrement dentés. — *Pétiole :* long, bien nourri, arqué, coloré, à glandes arrondies ou allongées et carminées pour la plupart. — *Fleurs :* précoces, s'épanouissant simultanément.

FERTILITÉ. — Convenable.

CULTURE. — Il croît parfaitement sur tout sujet et sous toute forme, mais sa ramification, toujours pauvre, toujours très-étalée, lui donne un vilain aspect.

Description du fruit. — *Comment attaché :* par trois, généralement. — *Grosseur :* volumineuse. — *Forme :* en cœur régulier et plus ou moins allongé, à sillon faiblement accusé. — *Pédoncule :* court et fort, inséré dans une étroite cavité. — *Point pistillaire :* à fleur de fruit. — *Peau :* unicolore, d'un rouge presque noir à la complète maturité. — *Chair :* croquante, très-ferme et rouge-amarante. — *Eau :* suffisante, rouge violâtre, assez sucrée, acidule, possédant une légère amertume. — *Noyau :* gros, ovoïde, un peu bombé, ayant l'arête dorsale large et tranchante.

MATURITÉ. — Derniers jours de juin.

QUALITÉ. — Deuxième.

Historique. — Ce bigarreau est un gain allemand obtenu vers 1835 dans le Jardin fruitier de la ville de Guben (Prusse), et qui fut dédié au personnage dont il porte le nom. Je l'ai reçu du Wurtemberg en 1867. Mon *Catalogue* de 1868 (p. 14, n° 93) le signala, mais on l'y qualifiait erronément de *guigne*. Il ne saurait effectivement, vu sa chair croquante et très-ferme, prendre rang parmi ce groupe du genre cerisier.

CERISE BIGARREAU NOIR DE TROPRICHTER. — Synonyme de *Guigne Troprichtz*. Voir ce nom.

---

41. Cerise BIGARREAU NOIR WINKLER.

Synonymes. — 1. Bigarreau Winkler's schwarze (Van Mons, *Catalogue descriptif de partie des arbres fruitiers qui de 1798 à 1823 ont formé sa collection,* p. 58, nº 323). — 2. Bigarreau Winkler's Black (John Scott, *the Orchardist,* 1872, p. 162).

Description de l'arbre. — *Bois :* très-fort. — *Rameaux :* peu nombreux, faiblement étalés, très-gros, assez longs, non géniculés, lisses, brun foncé lavé de gris cendré. — *Lenticelles :* petites, arrondies et clair-semées. — *Coussinets :* bien accusés. — *Yeux :* très-gros, coniques, à peine écartés du bois, aux écailles grisâtres et souvent mal soudées. — *Feuilles :* peu nombreuses, des plus grandes, vert jaunâtre plus ou moins panaché, ovales ou ovales-allongées, acuminées et contournées pour la plupart, et sensiblement crénelées sur leurs bords. — *Pétiole :* très-long et très-fort, souvent arqué, légèrement coloré, à glandes arrondies, bien apparentes, lavées de carmin. — *Fleurs :* précoces, s'épanouissant simultanément.

Fertilité. — Ordinaire.

Culture. — Il se montre vigoureux sous toute espèce de forme et sur n'importe quel sujet; sa maigre ramification est le seul défaut qu'on puisse lui reprocher.

Description du fruit. — *Comment attaché :* par deux, assez habituellement. — *Grosseur :* moyenne. — *Forme :* en cœur plus ou moins arrondi et bossué, à sillon prononcé. — *Pédoncule :* de grosseur et longueur moyennes, planté dans une vaste cavité. — *Point pistillaire :* sensiblement enfoncé. — *Peau :* unicolore, d'un rouge-grenat intense. — *Chair :* rouge pâle, ferme, non filamenteuse. — *Eau :* peu abondante, rosée, bien sucrée, acidule et très-savoureuse. — *Noyau :* assez gros, ovoïde-arrondi, peu bombé, ayant l'arête dorsale longue et saillante.

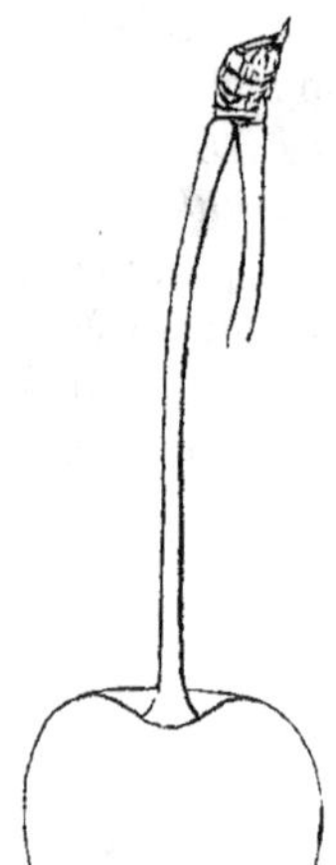

Maturité. — Commencement de juin.

Qualité. — Première.

Historique. — M. Winkler, membre de la Société pomologique de Guben (Prusse), obtint de semis cette variété dans le Jardin social même. Elle remonte environ à 1833 et fut décrite pour la première fois par Dittrich, en 1840, dans le *Systematisches Handbuch der Obstkunde* (t. II, p. 40). Je la cultive depuis 1867.

Cerise BIGARREAU ORDINAIRE. — Synonyme de *Bigarreau Commun.* Voir ce nom.

Cerise BIGARREAU OX. — Synonyme de *Bigarreau Gros-Cœuret.* Voir ce nom.

CERISE BIGARREAU PAPALE. — Synonyme de *Bigarreau Reverchon*. Voir ce nom.

CERISIER BIGARREAUTIER A PETIT FRUIT ROUGE HATIF. — Synonyme de *Bigarreautier Rouge hâtif* (*Petit-*). Voir ce nom.

---

42. CERISE BIGARREAU PRINCE ROYAL DE HANOVRE.

Synonyme. — BIGARREAU KRONPRINZ VON HANNOVER (Oberdieck, *Illustrirtes Handbuch der Obstkunde,* 1861, t. III, p. 479, n° 77).

Description de l'arbre. — *Bois :* fort. — *Rameaux :* assez nombreux, étalés, gros et longs, rugueux et ridés, flexueux et d'un brun jaunâtre lavé de gris cendré. — *Lenticelles :* abondantes, de forme et dimension variables. — *Coussinets :* bien développés. — *Yeux :* volumineux, renflés, coniques-pointus, presque adhérents à l'écorce, aux écailles grises et mal jointes. — *Feuilles :* assez nombreuses et très-grandes, vert jaunâtre, ovales sensiblement allongées, acuminées, planes ou contournées, ayant les bords profondément dentés. — *Pétiole :* long, très-gros, flasque, faiblement coloré, à larges glandes de forme variable et lavées de vermillon brillant. — *Fleurs :* assez tardives et s'épanouissant successivement.

FERTILITÉ. — Ordinaire.

CULTURE. — Son active végétation le rend propre à recevoir toute espèce de forme, et surtout la pyramidale, sous laquelle il devient très-beau.

Description du fruit. — *Comment attaché :* par deux, ordinairement. — *Grosseur :* moyenne. — *Forme :* en cœur plus ou moins allongé, à sillon presque invisible. — *Pédoncule :* grêle, assez long, inséré dans une cavité prononcée. — *Point pistillaire :* saillant. — *Peau :* à fond rouge jaunâtre très-amplement marbré de rouge vif assez clair. — *Chair :* ferme et blanchâtre. — *Eau :* suffisante, très-sucrée, douce, fort agréable. — *Noyau :* peu gros, ovoïde-arrondi, rarement bien bombé, ayant l'arête dorsale faiblement accusée.

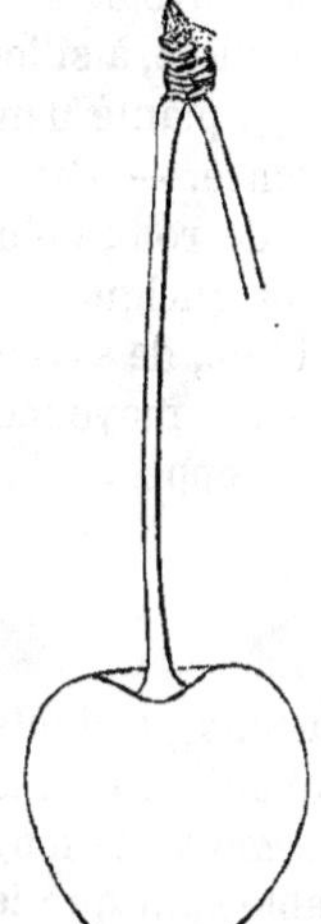

MATURITÉ. — Vers la mi-juin.

QUALITÉ. — Première.

Historique. — Le pomologue allemand Oberdieck, de Jensein (Hanovre), a été le premier desrcipteur de ce bigarreau. Il le signala en 1861 et prit soin d'en indiquer l'âge et la provenance :

« Cette précieuse variété — dit-il — vient d'un semis fait à Hildesheim (Hanovre), par M. Lieke, pépiniériste et zélé pomologue; le pied-type fructifia pour la première fois en 1854. Jusqu'ici je n'en connaissais encore aucune description. » (*Illustrirtes Handbuch der Obstkunde*, t. III, p. 479, n° 77.)

CERISE BIGARREAU PRINCESSE. — Synonyme de *Bigarreau Commun.* Voir ce nom.

CERISE BIGARREAU PRINCESSE DE HOLLANDE (GROS-). — Synonyme de *Bigarreau Blanc* (*Gros*-). Voir ce nom.

CERISE BIGARREAU RADOWESNITZER. — Synonyme de *Bigarreau d'Italie.* Voir ce nom.

---

43. CERISIER BIGARREAUTIER A RAMEAUX PENDANTS.

Synonymes. — 1. GUIGNE DE L'ILE MINORQUE (Calvel, *Traité complet sur les pépinières*, 1805, t. II, p. 150). — 2. GUIGNE MUSCATE DES CARMES (*Id. ibid.*). — 3. GUIGNE MUSCATE DES LARMES DE L'ILE DE MINORQUE (Dittrich, *Systematisches Handbuch der Obstkunde,* 1840, t. II, p. 39, nº 37). — 4. GUIGNE THRÄNENMUSKATELLER AUS MINORKA (*Id. ibid.*). — 5. GUIGNIER A RAMEAUX PENDANTS (Jahn, *Illustrirtes Handbuch der Obstkunde*, 1861, t. III, p. 81, nº 17). — 6. GUIGNE THRÄNEN-MUSKATELLER (*Id. ibid.*).

Description de l'arbre. — *Bois :* fort. — *Rameaux :* peu nombreux, pendants, étalés et arqués, gros et longs, flexueux, ridés, brun clair taché de gris cendré. — *Lenticelles :* assez rares, petites, arrondies ou linéaires. — *Coussinets :* saillants. — *Yeux :* volumineux, ovoïdes-pointus, presque adhérents à l'écorce, aux écailles brunes et disjointes. — *Feuilles :* peu nombreuses, très-grandes, vert pâle, ovales-allongées, longuement acuminées, souvent contournées, à bords profondément dentés. — *Pétiole :* des plus longs, de moyenne grosseur, flasque et légèrement coloré, à larges glandes allongées et plus ou moins lavées de carmin. — *Fleurs :* très-précoces, s'épanouissant simultanément.

FERTILITÉ. — Ordinaire.

CULTURE. — Le plein-vent haute-tige est la seule forme qui lui convienne, et encore n'y fait-il que de vilains arbres.

Description du fruit. — *Comment attaché :* par deux, presque toujours. — *Grosseur :* au-dessus de la moyenne. — *Forme :* ovoïde sensiblement cylindrique ou globuleuse très-irrégulière, à sillon peu marqué. — *Pédoncule :* grêle et très-long, planté dans un faible évasement. — *Point pistillaire :* enfoncé. — *Peau :* luisante, rouge-grenat très-intense nuancé de rouge plus clair. — *Chair :* rouge sombre, assez ferme et quelque peu filamenteuse. — *Eau :* suffisante, sucrée, acidule, de saveur délicate et parfumée. — *Noyau :* de grosseur moyenne, ovoïde, bombé, ayant l'arête dorsale bien développée.

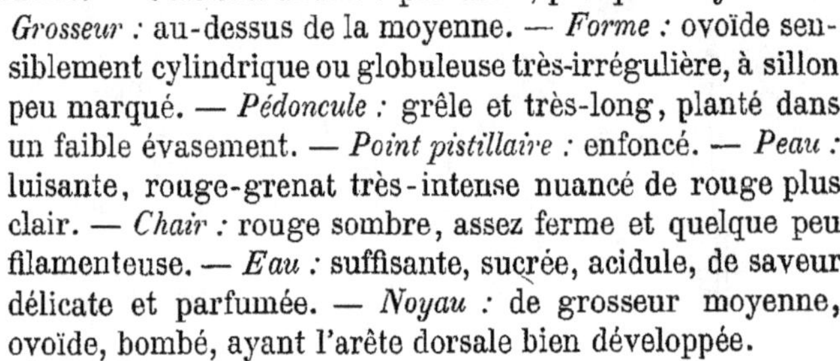

MATURITÉ. — Vers la mi-juin.

QUALITÉ. — Première.

Historique. — Le bigarreautier à Rameaux pendants, de provenance espagnole, est sorti d'un couvent de Carmes de l'île Minorque (Méditerranée), dont il a même assez longtemps porté le nom. D'un âge fort respectable, puisque les Allemands déjà le cultivaient en 1797, il semble avoir été propagé par ces derniers sur notre continent, comme l'indique au reste le passage suivant, extrait d'une Pomologie allemande :

« Cette variété — écrivait M. Jahn en 1861 — fut importée de l'île Minorque en Allemagne par M. von Schulenburg, conseiller à Angern, près Magdebourg, et ce personnage en offrit des greffes au pomologue Christ, pendant l'année 1798. » (*Illustrirtes Handbuch der Obstkunde*, t. III, p. 81, n° 17.)

En France, nous le possédons depuis 1801 ou 1802, date à laquelle le baron von Truchsess, grand amateur d'arboriculture fruitière, envoya de Bettenbourgh (Pays-Bas) au Jardin des Plantes de Paris, nombre de Cerisiers nouveaux, dont fit partie celui-ci. Le fait est attesté par Calvel (1805), qui même a publié la liste des variétés ainsi expédiées. Or, le présent fruit y figure sous la dénomination « *Guigne Muscate des Carmes de l'île Minorque* » et la description « Guigne noire à suc colorant, à peau noire ou foncée, à CHAIR DURE. » (*Traité sur les pépinières*, t. II, p. 150.) Ces divers points établis, il est donc plus qu'étonnant d'entendre nos voisins les Belges réclamer comme un de leurs gains modernes, cette ancienne variété. Ce fut en 1856 qu'ils parlèrent ainsi, après l'avoir dotée du surnom sous lequel, maintenant, on la connaît généralement :

« Autrefois — déclara M. C. Aug. Hennau — des variétés fruitières d'un mérite plus ou moins distingué naissaient et mouraient dans le jardin ou le verger d'un amateur, ou bien ne s'étendaient guère au delà d'un faible rayon, où trop souvent aussi elles ne tardaient pas à s'éteindre. Grâce à nos nouveaux moyens de publicité et à d'autres circonstances, ces pertes regrettables seront moins fréquentes, et tel ne sera pas le sort, nous l'espérons, réservé à l'excellente cerise encore innommée — *le Bigarreautier à Rameaux pendants* — obtenue de semis dans un jardin des environs de Liége..... Ce qui le rend digne d'intérêt et justifie le nom que nous lui avons imposé, c'est que le fruit a la valeur d'une très-bonne cerise (dans l'acception spéciale du mot) et que l'arbre participe, par la vigueur et le *facies* du bois, du Bigarreautier, et des Griottiers en général par l'horizontalité, par l'inclinaison des branches..... Le fruit de ce bigarreautier, d'abord rougeâtre, puis presque noir, est gros, luisant, à peu près rond, sans rainure très-prononcée, à pédoncule long et grêle. La pulpe est d'un rouge noirâtre; la chair, succulente, à la fois ferme et fondante, d'un goût acidule-sucré, relevé et agréable..... Il mûrit vers la fin de juin..... » (*Annales de pomologie belge et étrangère*, 1856, t. IV, p. 85.)

Ici, la ressemblance est telle entre le bigarreautier de l'île Minorque, pour le moins centenaire, et celui dit natif, ces derniers temps, des environs de Liége, que réellement on ne saurait la méconnaître, si ce n'est de parti pris. Je n'insiste donc pas et me borne, comme nuance, à faire remarquer que dans l'article ci-dessus on n'a précisé ni la date de naissance dudit bigarreautier, ni le lieu qui le vit croître, ni même le nom de son obtenteur.

Observations. — En 1840 le pomologue allemand Dittrich (t. II, p. 39) décrivit la présente variété, et par une plaisante erreur de lecture d'étiquette, je suppose, l'appela Guigne Muscat des *Larmes* de l'île Minorque, au lieu de reproduire exactement le nom primitif : Guigne Muscate des *Carmes*, qu'avait donné Calvel en 1805, ainsi qu'on l'a vu plus haut. Cette erreur ayant depuis lors figuré dans les autres Pomologies allemandes, il m'a paru bon de la signaler, afin de mettre un terme à sa propagation.

CERISE BIGARREAU RED. — Synonyme de *Bigarreau Rouge* (*Gros-*). Voir ce nom.

---

44. CERISE BIGARREAU REVERCHON.

Synonyme. — BIGARREAU PAPALE (Congrès pomologique, session de 1866, *Procès-Verbaux*, pp. 45-46, et session de 1868, *ibid.*, p. 29).

Description de l'arbre. — *Bois :* très-fort. — *Rameaux :* nombreux, étalés à la base, érigés au sommet, gros et longs, coudés, lisses, d'un brun jaunâtre souvent taché de gris cendré. — *Lenticelles :* clair-semées, petites et grisâtres. — *Coussinets :* saillants et se prolongeant en arête. — *Yeux :* gros, ovoïdes-aigus, légèrement écartés du bois, aux écailles brunes et disjointes. — *Feuilles :* peu nombreuses, grandes, vert jaunâtre, ovales-allongées, longuement acuminées, souvent contournées, à bords profondément dentés. — *Pétiole :* de longueur moyenne, bien nourri, arqué, lavé de carmin et pourvu de glandes d'un rouge luisant, qui sont généralement aplaties ou globuleuses. — *Fleurs :* très-tardives, petites et grêles, à épanouissement simultané.

FERTILITÉ. — Ordinaire.

CULTURE. — Il se prête à toutes les formes et pousse aussi bien sur Mahaleb que sur Merisier.

Description du fruit. — *Comment attaché :* par deux ou par un. — *Grosseur :* moyenne. — *Forme :* en cœur plus ou moins raccourci, à sillon étroit et profond. — *Pédoncule :* court et assez fort, planté dans une cavité bien prononcée. — *Point pistillaire :* à fleur de fruit. — *Peau :* jaunâtre, striée de rouge-pâle sur le côté de l'ombre, et rouge vif ponctué de rouge violacé sur l'autre face. — *Chair :* blanc rosé, très-ferme, très-croquante et très-filamenteuse. — *Eau :* peu abondante, douce, assez sucrée. — *Noyau :* petit, ovoïde, bombé, ayant l'arête dorsale large et non coupante.

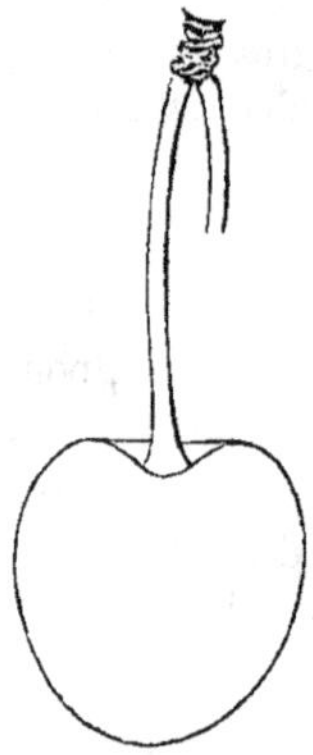

MATURITÉ. — Vers la mi-juin.

QUALITÉ. — Deuxième.

Historique. — C'est un bigarreau d'origine italienne et que propagea chez nous, vers 1855, M. Paul Reverchon, pomologue à Lyon. On le nomme en Italie, surtout aux environs de Florence, bigarreau *Papale*. Notre Congrès pomologique, qui s'en occupa dès 1861 (*Procès-Verbaux*, p. 6, n°s 25 et 26), croyait alors distincts les bigarreautiers Papale et Reverchon, mais en 1866 et en 1868 il reconnut son erreur et fit un synonyme du mot Papale. Chose regrettable, puisque cette dénomination avait déjà cours dans la nomenclature française, et de plus appartenait à ce bigarreau par droit de possession primordiale.

---

45. CERISE BIGARREAU RICHELIEU.

Description de l'arbre. — *Bois :* faible. — *Rameaux :* peu nombreux, très-étalés, de grosseur et longueur moyennes, flexueux, brun verdâtre lavé puis taché de gris. — *Lenticelles :* petites et des plus clair-semées. — *Coussinets :* bien accusés. — *Yeux :* moyens, coniques-arrondis, écartés du bois, aux écailles mal soudées. — *Feuilles :* peu nombreuses, grandes, vert clair, ovales, sensiblement acuminées, à bords régulièrement dentés en scie. — *Pétiole :* long, grêle et flasque, légèrement violacé, à petites glandes allongées et faiblement colorées. — *Fleurs :* assez précoces, s'épanouissant simultanément.

FERTILITÉ. — Grande.

CULTURE. — Sa vigueur laissant beaucoup à désirer, ses pyramides sont toujours grêles et dégarnies; le plein-vent lui est également peu favorable.

Description du fruit. — *Comment attaché :* par deux, habituellement. — *Grosseur :* volumineuse. — *Forme :* en cœur allongé et très-pointu, aplati sur ses deux faces; le sillon est peu marqué. — *Pédoncule :* de grosseur et longueur moyennes, inséré dans une étroite et faible cavité dont les bords sont mamelonnés. — *Point pistillaire :* à fleur de fruit. — *Peau :* mince, jaune d'ambre, mais amplement lavée, sur le côté du soleil, de rose assez intense. — *Chair :* blanchâtre, ferme, croquante, non filamenteuse. — *Eau :* suffisante, incolore, douce, sucrée et parfumée. — *Noyau :* gros ou moyen, en cœur allongé, très-bombé à son point d'attache, ayant l'arête dorsale des plus larges et peu proéminente.

Bigarreau Richelieu.

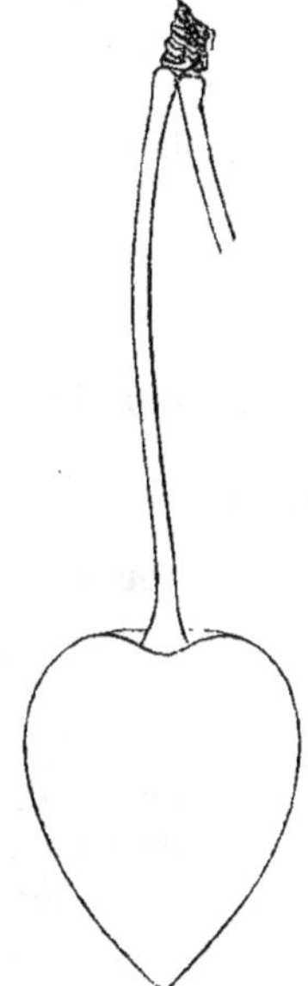

MATURITÉ. — Derniers jours de juin.

QUALITÉ. — Première.

Historique. — Je dois cette bonne et curieuse variété à l'obligeance de M. Eugène Glady, négociant à Bordeaux et pomologue distingué. Il me l'offrit en 1860. Elle lui avait été envoyée, deux ans auparavant, de Nikita (Crimée), par M. de Hartwich, directeur des vignobles impériaux en ce même lieu, dont elle est originaire.

Observations. — Le bigarreau Toupie, décrit plus loin, a d'assez grands rapports de forme avec le Richelieu, mais il diffère notablement de ce dernier par son coloris, la nature de sa chair et l'époque plus tardive de sa maturité. Leurs arbres sont aussi très-dissemblables. Confondre ces deux variétés serait donc vraiment difficile.

---

46. CERISE BIGARREAU RIVAL.

Synonyme. — GUIGNE RIVAL (Congrès pomologique, session de 1861, *Procès-Verbaux*, p. 6, n° 38).

Description de l'arbre. — *Bois :* fort. — *Rameaux :* assez nombreux, bien érigés, gros et courts, légèrement rugueux, brun clair jaunâtre à l'insolation, et, sur l'autre face, jaune verdâtre amplement lavé de gris cendré. — *Lenticelles :* assez rares, petites, peu visibles, arrondies ou linéaires. — *Coussinets :* presque aplatis. — *Yeux :* volumineux et renflés, coniques, écartés du bois, aux écailles brunes et disjointes. — *Feuilles :* abondantes, grandes, vert clair, ovales-allongées, sensiblement acuminées, souvent contournées, ayant les bords profondément dentés. — *Pétiole :* grêle et très-long, des plus flasques, faiblement carminé, à glandes moyennes, peu saillantes, arrondies ou allongées et lavées de vermillon brillant. — *Fleurs :* assez tardives, s'épanouissant successivement.

Fertilité. — Ordinaire.

Culture. — Sur Merisier il fait des hautes-tiges plein-vent d'une vigueur modérée mais à tête fort régulière; sur Mahaleb il réussit parfaitement sous toute espèce de forme naine.

Description du fruit. — *Comment attaché :* par trochets de cinq ou de six et très-rarement au-dessous de quatre. — *Grosseur :* au-dessus de la moyenne. — *Forme :* en cœur raccourci, très-obtuse, très-bossuée, sensiblement aplatie sur ses faces et marquée d'un large sillon dont le fond est d'un rouge brunâtre. — *Pédoncule :* généralement un peu court, assez fort, inséré dans une vaste cavité. — *Point pistillaire :* petit, enfoncé, placé presque toujours excentriquement. — *Peau :* rouge-brique sur le côté de l'ombre, brun-rouge à l'insolation, puis largement ponctuée de rose, ce qui lui donne une apparence marbrée. — *Chair :* rouge clair, très-ferme et des plus filamenteuses. — *Eau :* suffisante, carminée, sucrée, acidule et légèrement parfumée. — *Noyau :* moyen, ovoïde, peu bombé, ayant l'arête dorsale faiblement accusée.

Bigarreau Rival.

Maturité. — *Successive* et non simultanée : commencement et courant de juillet.

Qualité. — Première.

Historique. — « C'est une variété d'origine anglaise, » assurait le pomologue américain Charles Downing, en 1869 (p. 472). Mais il se trompait. Elle appartient à la France, ainsi que le précisa notre Congrès pomologique, dans sa session de 1861 : « Son obtenteur, déclara-t-il, est M. Rival, de Saint-Genis-Laval (Rhône). » (*Procès-Verbaux*, p. 6, n° 38.) Le Congrès n'a pas indiqué l'âge de ce bigarreau; je crois toutefois qu'en 1861 il devait avoir quatre ou cinq ans environ, car M. Ferdinand Gaillard, pépiniériste à Brignais (Rhône), et qui fut un de ses premiers propagateurs, le disait en 1860, page 1 de son *Catalogue*, « de toute « récente obtention. »

Observations. — La maturité du bigarreau Rival a lieu successivement; on trouve donc à la fois, sur son arbre, et des fruits mûrs et des fruits complétement verts; d'où suit qu'on peut dire qu'elle se prolonge pendant une quinzaine de jours. Néanmoins, si parfois on peut encore manger ce fruit fin juillet ou même au début d'août, jamais je ne l'ai vu atteindre, comme l'a prétendu le Congrès, le mois de septembre. Un autre privilége de ce bigarreau, et qui mérite bien d'être signalé, c'est que les vers ne l'attaquent pas.

Cerise BIGARREAU RIVERS' EARLY AMBER. — Synonyme de *Bigarreau Ambré.* Voir ce nom.

---

47. CERISE BIGARREAU ROCKPORT.

Description de l'arbre. — *Bois :* très-fort. — *Rameaux :* assez nombreux et légèrement étalés, longs, de grosseur moyenne, flexueux, brun foncé au sommet, gris cendré à la base. — *Lenticelles :* clair-semées, petites et grisâtres. — *Coussinets :* ressortis et se prolongeant en arête. — *Yeux :* gros, coniques-aigus, presque collés sur l'écorce, aux écailles brunes et mal soudées. — *Feuilles :* peu nombreuses, grandes, vert jaunâtre, ovales-allongées et parfois obovales, longuement acuminées, à bords profondément dentés. — *Pétiole :* épais, très-long, flasque et violacé, surtout en dessus, à glandes peu saillantes mais très-larges et légèrement carminées. — *Fleurs :* précoces, s'épanouissant simultanément.

FERTILITÉ. — Satisfaisante.

CULTURE. — Son active végétation le rend propre à subir toute espèce de formes; on le greffe sur Merisier pour plein-vent, et sur Mahaleb pour basse-tige.

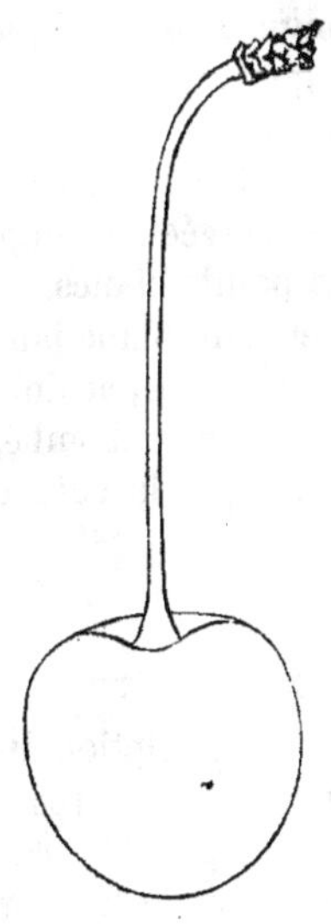

Description du fruit. — *Comment attaché :* par un, habituellement. — *Grosseur :* au-dessus de la moyenne. — *Forme :* ovoïde-arrondie, ou, mais exceptionnellement, en cœur très-raccourci; elle est en outre aplatie dans le sens du sillon, dont la largeur l'emporte sur la profondeur. — *Pédoncule :* long et grêle, inséré dans une très-vaste cavité. — *Point pistillaire :* saillant. — *Peau :* à fond blanc jaunâtre presque entièrement lavé et marbré de rose, puis ponctué de gris-blanc. — *Chair :* ferme, jaunâtre, un peu filamenteuse. — *Eau :* suffisante, incolore, assez sucrée, à peine acidule. — *Noyau :* gros, arrondi, bombé, ayant l'arête dorsale large et bien accusée.

MATURITÉ. — Commencement de juin.

QUALITÉ. — Deuxième.

Historique. — Le docteur Kirtland, de Cleveland, dans l'état de l'Ohio (Amérique), est l'obtenteur de cette variété, plus jolie que bonne, du moins chez moi. Elle date de 1842, dit le pomologue Elliott en son *Fruit book* (1854, p. 201).

CERISES : BIGARREAU DE ROCMONT,
— BIGARREAU DE ROCQUEMONT,
Synonymes de *Bigarreau Commun*. Voir ce nom.

CERISES : BIGARREAU RONALDS'S,
— BIGARREAU RONALDS'S BLACK,
— BIGARREAU RONALDS'S LARGE BLACK,
Synonymes de *Bigarreau Noir de Tartarie*. Voir ce nom.

---

48. CERISE BIGARREAU ROSA.

Description de l'arbre. — *Bois :* fort. — *Rameaux :* peu nombreux, très-étalés, gros et des plus longs, géniculés, brun foncé taché de gris. — *Lenticelles :* assez abondantes, petites, arrondies. — *Coussinets :* saillants. — *Yeux :* gros et coniques-aigus, en partie collés sur l'écorce, ayant les écailles brunes et mal soudées. — *Feuilles :* peu nombreuses, grandes, vert clair, ovales-allongées, sensiblement acuminées, contournées pour la plupart et profondément dentées en scie sur leurs bords. — *Pétiole :* fort et très-long, flasque, violacé, à larges glandes ovoïdes ou arrondies légèrement lavées de carmin. — *Fleurs :* très-tardives et s'épanouissant successivement.

FERTILITÉ. — Satisfaisante.

CULTURE. — Toute forme et tout sujet lui conviennent également.

Description du fruit. — *Comment attaché :* par deux, presque toujours. — *Grosseur :* volumineuse. — *Forme :* en cœur plus ou moins allongé, aplati quelque peu sur ses deux faces, à sillon large et profond. — *Pédoncule :* long et de moyenne force, inséré dans une vaste cavité. — *Point pistillaire :* à fleur de fruit. — *Peau :* à fond jaunâtre et rosé, mais amplement lavée de rouge brillant sur lequel ressortent de petits points blancs. — *Chair :* dure, compacte, filamenteuse et d'un blanc jaunâtre. — *Eau :* suffisante, incolore, assez sucrée, acidule et faiblement parfumée. — *Noyau :* gros, ovoïde, bombé, ayant l'arête dorsale bien accusée, ainsi que la suture ventrale.

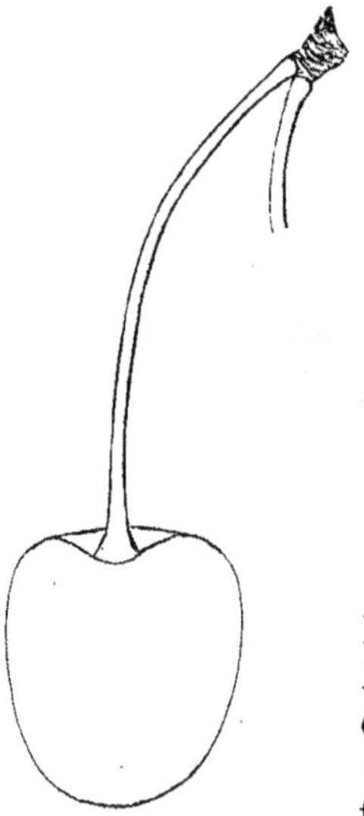

MATURITÉ. — Derniers jours de juin.

QUALITÉ. — Deuxième.

Historique. — Je ne connais aucune description du bigarreau Rosa, qui me fut envoyé de Florence en 1864. En est-il originaire? Cela ne serait pas impossible, car on l'y tient en grande estime, surtout au Jardin fruitier de la Société d'Horticulture, dans le *Catalogue* duquel il figure (page 12 de l'édition de 1862).

CERISE BIGARREAU DE ROUEN. — Synonyme de *Bigarreau de Florence.* Voir ce nom.

CERISES BIGARREAU ROUGE. — Synonymes de *Bigarreau Commun* et de *Guigne Rouge hâtive.* Voir ces noms.

CERISE BIGARREAU ROUGE-BRUN DE GOUBENN. — Synonyme de *Bigarreau Rouge de Guben.* Voir ce nom.

---

49. CERISE BIGARREAU ROUGE BÜTTNER.

Synonymes. — 1. BIGARREAU BÜTTNER'S ROTHE (Van Mons, *Catalogue descriptif de partie des arbres fruitiers qui de 1798 à 1823 ont formé sa collection*, p. 55, n° 65). — 2. BIGARREAU CARTILAGINEUX ROUGE DE BÜTTNER (Calvel, *Traité complet sur les pépinières*, 1805, t. II, p. 151). — 3. BIGARREAU CARTILAGINEUX DE BÜTTNER (Dittrich, *Systematisches Handbuch der Obstkunde*, 1840, t. II, p. 84, n° 104). — 4. BIGARREAU NEUE ROTHE (Jahn, *Illustrirtes Handbuch der Obstkunde*, 1861, t. III, p. 133, n° 41).

Description de l'arbre. — *Bois :* très-fort. — *Rameaux :* assez nombreux, étalés, très-longs, gros, légèrement coudés, rugueux et d'un brun foncé lavé de gris cendré. — *Lenticelles :* des plus abondantes, arrondies, grises et de grandeur moyenne. — *Coussinets :* ressortis, souvent prolongés en arête. — *Yeux :* volumineux, coniques, presque collés sur le bois, aux écailles grises et quelque peu disjointes. — *Feuilles :* rarement bien nombreuses, vert clair, très-grandes et ovales-allongées, longuement acuminées, à bords profondément dentés. — *Pétiole :* long, bien nourri, entièrement carminé, flexible, à glandes arrondies, renflées, larges, saillantes et lavées de vermillon brillant. — *Fleurs :* précoces, à épanouissement simultané.

FERTILITÉ. — Ordinaire.

CULTURE. — Sur Merisier il fait de beaux plein-vent d'une force peu commune; sa bonne croissance sur Mahaleb permet aussi d'en obtenir des basses-tiges de toute forme et d'une grande beauté.

Description du fruit. — *Comment attaché :* par deux, ordinairement. — *Grosseur :* volumineuse. — *Forme :* en cœur obtus, raccourci et bossué, à sillon

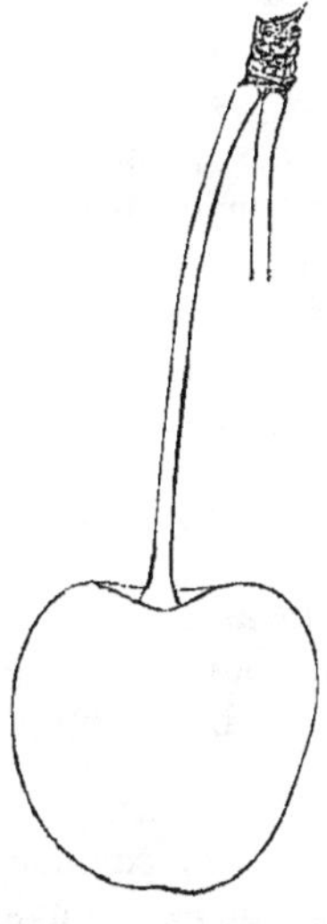

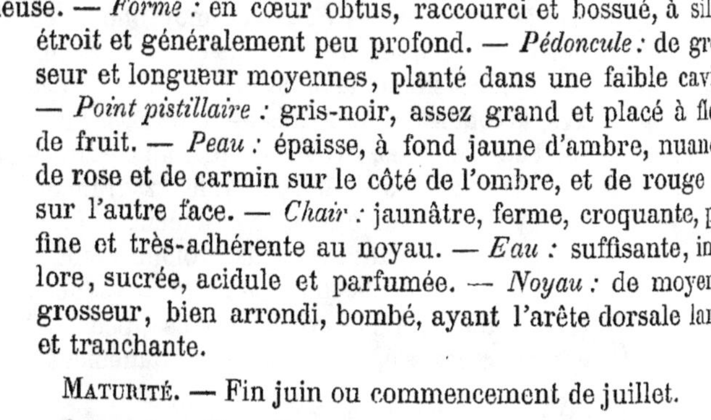

étroit et généralement peu profond. — *Pédoncule :* de grosseur et longueur moyennes, planté dans une faible cavité. — *Point pistillaire :* gris-noir, assez grand et placé à fleur de fruit. — *Peau :* épaisse, à fond jaune d'ambre, nuancée de rose et de carmin sur le côté de l'ombre, et de rouge vif sur l'autre face. — *Chair :* jaunâtre, ferme, croquante, peu fine et très-adhérente au noyau. — *Eau :* suffisante, incolore, sucrée, acidule et parfumée. — *Noyau :* de moyenne grosseur, bien arrondi, bombé, ayant l'arête dorsale large et tranchante.

MATURITÉ. — Fin juin ou commencement de juillet.

QUALITÉ. — Première.

Historique. — En 1861, le docteur Jahn, dans l'*Illustrirtes Handbuch der Obstkunde*, précisait ainsi l'origine de cette variété :

« Elle a été — disait-il — obtenue de semis à Halle (Saxe), par feu le conseiller Büttner, qui passionné pour les cerisiers en fut un semeur des plus ardents. Les mérites et la beauté de ce bigarreau font qu'on le rencontre déjà chez un grand nombre de collectionneurs. » (T. III, p. 133, n° 41.)

Jahn n'indique pas l'âge du bigarreautier Rouge Büttner, mais il est certain que cet arbre remonte au moins à 1795, puisque Calvel, en son *Traité sur les pépinières* (t. II, p. 151), annonçait en 1805 que le baron von Truchsess en avait envoyé, vers 1801, des greffes au Jardin des Plantes de Paris.

Observations. — Il existe également une *Guigne Rouge Büttner*, du même semeur, et que notre Jardin des Plantes reçut avec le bigarreau ici décrit, je ne la possède pas ; cependant je la signale afin qu'aucune confusion n'ait lieu pour ces deux fruits de semblable dénomination. Je signale aussi, dans le même but, un *Bigarreau Rouge tardif Büttner*, qui n'a pas encore pénétré, je le crois du moins, chez les pépiniéristes français, mais qu'a minutieusement caractérisé le pomologue Oberdieck, en 1861 (page 489, nº 82, du t. II de l'*Illustrirtes Handbuch der Obstkunde*).

CERISE BIGARREAU ROUGE FONCÉ. — Synonyme de *Bigarreau Violet*. Voir ce nom.

CERISE BIGARREAU ROUGE DE GOUBEN. — Synonyme de *Bigarreau Rouge de Guben*. Voir ce nom.

---

50. CERISE BIGARREAU ROUGE (GROS-).

Synonymes. — 1. BIGARREAUTIER A GROS FRUIT ROUGE (Duhamel, *Traité des arbres fruitiers*, 1768, t. I, p. 163). — 2. BIGARREAU ROYAL (la Bretonnerie, *l'École du jardin fruitier*, 1784, t. II, p. 191). — 3. CERISE ROYALE (Pirolle, *l'Horticulteur français ou le Jardinier amateur*, 1824, p. 327). — 4. BIGARREAU LARGE RED (Elliot, *Fruit book*, 1854, p. 219). — 5. BIGARREAU RED (*Id. ibid.*). — 6. BIGARREAUTIER A FRUIT DUR ROUGE (Congrès pomologique, *Pomologie de la France*, 1863, t. VII, nº 7). — 7. BIGARREAUTIER A GROS FRUIT ROUGE TRÈS-FONCÉ (*Id. ibid.*). — 8. CERISE ALBANES (*Id. ibid.*). — 9. CERISIER A GROSSES CERISES (*Id. ibid.*). — 10. CERISE LYONNAISE (*Id. ibid.*).

Description de l'arbre. — *Bois :* de moyenne force. — *Rameaux :* nombreux, étalés et souvent arqués, assez longs et assez grêles, flexueux, rugueux et d'un brun jaunâtre légèrement lavé de gris cendré. — *Lenticelles :* clair-semées, petites, grisâtres, arrondies ou linéaires. — *Coussinets :* bien accusés. — *Yeux :* en partie collés sur l'écorce, gros, ovoïdes-aigus, aux écailles brunes et faiblement entr'ouvertes. — *Feuilles :* peu nombreuses, assez grandes, vert pâle, ovales ou ovales-allongées, longuement acuminées et parfois contournées, ayant les bords profondément dentés. — *Pétiole :* long et grêle, flasque, carminé, à glandes moyennes, allongées ou arrondies, vermillonnées, peu saillantes. — *Fleurs :* précoces, s'épanouissant simultanément.

FERTILITÉ. — Satisfaisante.

CULTURE. — Sur Mahaleb il fait de passables buissons, quenouilles et basses-tiges, qui cependant sont pauvrement ramifiées ; la haute-tige sur Merisier lui est beaucoup plus avantageuse.

Description du fruit. — *Comment attaché :* par deux, très-habituellement. — *Grosseur :* volumineuse, souvent même considérable. — *Forme :* en cœur sensiblement arrondi, à sillon large mais peu creusé. — *Pédoncule :* de force et longueur moyennes, inséré dans une vaste cavité. — *Point pistillaire :* petit et saillant. — *Peau :* épaisse et brillante, rouge vif à l'insolation, jaunâtre striée et marbrée de rose sur l'autre face. — *Chair :* assez ferme et d'un blanc sale. — *Eau :* abondante,

incolore, bien sucrée, acidule et parfumée. — *Noyau :* petit, ovoïde-allongé, légèrement bombé, ayant l'arête dorsale large et peu ressortie.

MATURITÉ. — Derniers jours de juin.

QUALITÉ. — Première.

Historique. — Je n'ai rien rencontré qui me permette d'assigner, même hypothétiquement, une origine quelconque à ce bigarreautier, que chez nous signala Duhamel en 1768 (t. I, p. 163), sans nul renseignement d'âge ni de provenance. Depuis lors, plusieurs de nos pomologues ont décrit un Gros Bigarreau Rouge, mais tous n'ont pas eu sous les yeux la variété caractérisée par Duhamel. Ainsi le bigarreau donné sous ce nom par M. Paul de Mortillet (1866, t. II, p. 104), qui le réunit à ceux de Duhamel, Noisette (1839, p. 84) et Poiteau (1846, t. II, n° 7), ne peut aucunement leur être assimilé. Le mien est bien celui de Duhamel et du Congrès pomologique (t. VII, n° 7), mais non celui de Noisette et de Poiteau. Du reste, ces deux derniers pomologues n'ont jamais dit que leur Gros Bigarreau Rouge fût le même que le fruit dénommé de la sorte en 1768 par Duhamel. Les Allemands le cultivaient déjà en 1776, nous apprend la *Pomona franconica* de Mayer (t. II, p. 10); et l'on voit aussi dans *l'Horticulteur français*, de Pirolle (p. 327), qu'en 1824 on le rencontrait communément, sous le surnom Cerise Royale, dans le territoire Messin, où même, ajoute cet auteur, il montrait des qualités exceptionnelles.

---

51. CERISE BIGARREAU ROUGE DE GUBEN.

Synonymes. — 1. BIGARREAU ROUGE-BRUN DE GOUBENN (Eugène Glady, *Revue horticole*, 1865, p. 431). — 2. BIGARREAU ROUGE DE GOUBEN (Robert Hogg, *the Fruit manual*, p. 81). — 3. BIGARREAU EARLY RED (*Id. ibid.*).

Description de l'arbre. — *Bois :* de moyenne force. — *Rameaux :* peu nombreux, étalés, de grosseur et longueur moyennes, non géniculés, lisses et d'un brun amplement lavé de gris cendré. — *Lenticelles :* clair-semées, petites, arrondies. — *Coussinets :* bien ressortis. — *Yeux :* très-gros, coniques-pointus, écartés du bois, aux écailles grises et légèrement disjointes. — *Feuilles :* peu nombreuses, grandes, vert jaunâtre, obovales ou ovales-allongées, acuminées, rarement contournées, à bords dentés régulièrement. — *Pétiole :* grêle, des plus longs, carminé, à glandes moyennes, aplaties et très-vermillonnées. — *Fleurs :* précoces, s'épanouissant successivement.

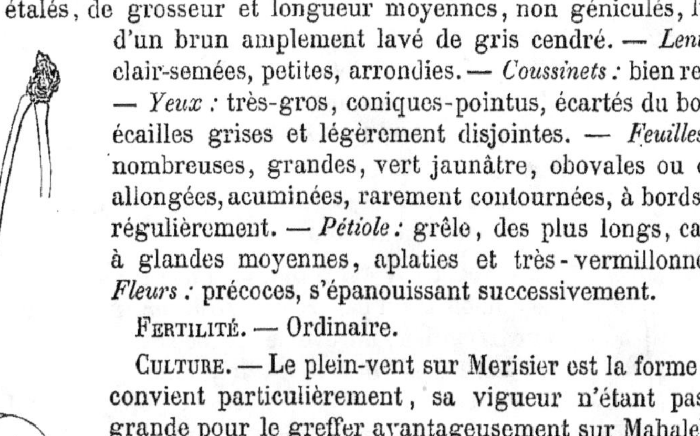

FERTILITÉ. — Ordinaire.

CULTURE. — Le plein-vent sur Merisier est la forme qui lui convient particulièrement, sa vigueur n'étant pas assez grande pour le greffer avantageusement sur Mahaleb et l'y destiner à l'espalier, au buisson, ou bien à la basse-tige.

Description du fruit. — *Comment attaché :* par deux, généralement. — *Grosseur :* au-dessus de la moyenne. — *Forme :* en cœur irrégulier, plus ou moins obtus et comprimé sur ses deux faces, à sillon peu prononcé. — *Pédoncule :* long et grêle, planté dans une étroite mais profonde cavité dont les bords sont sensiblement bossués. — *Point pistillaire :* petit et placé dans une dépression de forme presque triangulaire. — *Peau :* épaisse et d'un rouge sombre qui passe au rouge-brun à la complète maturité. — *Chair :* ferme, croquante et violâtre. — *Eau :* abondante, légèrement rosée, douce, très-parfumée et très-sucrée. — *Noyau :* assez gros, ovoïde, bombé, ayant l'arête dorsale fort large mais peu tranchante.

MATURITÉ. — Derniers jours de juin.

QUALITÉ. — Première.

Historique. — Ainsi que son nom l'indique, ce fruit provient de la ville de Guben (Prusse), où il fut obtenu de semis dans le Jardin de la Société pomologique, vers 1845. Déjà cultivé chez les Russes en 1858, on l'adressa de Crimée, cette même année, à M. Eugène Glady, négociant à Bordeaux, qui tout aussitôt, s'empressant de le propager, m'en offrit quelques greffons.

---

52. CERISE BIGARREAU ROUGE HATIF (PETIT-).

Synonymes. — 1. BIGARREAUTIER A PETIT FRUIT ROUGE HATIF (Duhamel, *Traité des arbres fruitiers,* 1768, t. I, p. 166). — 2. BIGARREAU PETIT-CŒURET (le Berriays, *Traité des jardins,* 1784, t. I, p. 244). — 3. PETIT BIGARREAU ROUGE (*Id. ibid.*).

Description de l'arbre. — *Bois :* fort. — *Rameaux :* nombreux, très-étalés, arqués, gros et longs, flexueux, brun jaunâtre, maculés de gris cendré à leur sommet, complétement lavés de même à leur base. — *Lenticelles :* rares, petites, allongées. — *Coussinets :* peu ressortis. — *Yeux :* des plus gros, coniques-pointus et très-écartés du bois, aux écailles brun clair. — *Feuilles :* nombreuses, de grandeur moyenne, minces, ovales ou obovales, courtement acuminées, vert pâle en dessus, vert blanchâtre en dessous, ayant les bords profondément dentés et surdentés. — *Pétiole :* grêle, très-long, flexible, fortement carminé, à petites glandes plates, arrondies et violâtres. — *Fleurs :* précoces et s'épanouissant simultanément.

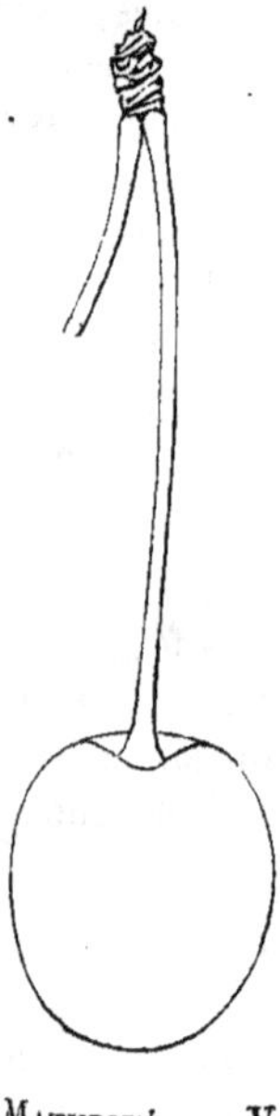

FERTILITÉ. — Ordinaire.

CULTURE. — On le greffe indistinctement sur Mahaleb ou sur Merisier; il y fait de vigoureux arbres, mais dont l'abondante ramification est toujours trop étalée pour que la forme pyramidale leur convienne beaucoup.

Description du fruit. — *Comment attaché :* par deux, et quelquefois aussi par trois. — *Grosseur :* moyenne. — *Forme :* en cœur irrégulier, ou ovoïde aplatie sur les deux faces, à sillon bien accusé. — *Pédoncule :* très-long, grêle, planté dans une vaste cavité. — *Point pistillaire :* petit, saillant et noir. — *Peau :* à fond jaunâtre, mais presque entièrement nuancée de rose intense sur le côté de l'ombre et de rouge vif brillant à l'insolation. — *Chair :* blanchâtre et ferme. — *Eau :* des plus abondantes, incolore, douce, très-sucrée, savoureusement parfumée. — *Noyau :* moyen, ovoïde, ayant les joues légèrement convexes et l'arête dorsale peu développée.

MATURITÉ. — Vers la mi-juin.

QUALITÉ. — Première.

Historique. — En 1768, époque à laquelle Duhamel publia son *Traité des arbres fruitiers*, où fut signalé pour la première fois le bigarreautier à Petit Fruit Rouge hâtif, cet arbre était encore tout nouveau dans les environs de Paris, dont il me semble originaire. Aussi Duhamel, faute d'avoir pu l'étudier assez longtemps, le supposa-t-il identique avec le Petit Bigarreau Blanc hâtif :

« Le Bigarreautier *à Petit Fruit Rouge hâtif* — disait-il — variété admise par beaucoup de jardiniers et de pépiniéristes, ne se distingue de la précédente [le Bigarreautier à Petit Fruit Blanc hâtif] que par la couleur du fruit, la chair un peu plus ferme et l'eau un peu plus relevée. Mais ayant trouvé sur la variété précédente beaucoup de fruits qui ont toutes ces qualités lorsqu'ils ont demeuré sur l'arbre plus longtemps, mieux exposés, et plus frappés du soleil que les autres, et qu'ils y ont acquis une parfaite maturité; d'ailleurs n'ayant jamais vu de Bigarreautier à Petit Fruit hâtif qui porte tous ou la plus grande partie, de ses fruits, rouges, je crois pouvoir regarder l'existence de cette variété au moins comme douteuse. » (Tome II, pp. 166-167, n° 4.)

Cette erreur ne fut nullement partagée par le Berriays, émule et contemporain de Duhamel. Dans la seconde édition de son *Traité des jardins*, qui date de 1785, je vois en effet (t. I, p. 244) décrit sous le n° 1 le Petit Bigarreau Blanc hâtif, puis sous le n° 2 notre Petit Bigarreau Rouge hâtif. Si l'on veut bien, au reste, comparer la description de ce dernier fruit avec celle que nous donnons plus haut (p. 182) du Petit Bigarreau Blanc hâtif, il sera très-facile de constater les caractères parfaitement tranchés qui distinguent ces deux variétés.

CERISE BIGARREAU ROUGE (PETIT-). — Synonyme de *Bigarreau Rouge hâtif (Petit-)*. Voir ce nom.

CERISE BIGARREAU ROUGE-POURPRE. — Synonyme de *Bigarreau Rouge (Gros-)*. Voir ce nom.

CERISE BIGARREAU ROUGE TARDIF BÜTTNER. — Voir *Bigarreau Rouge Büttner*, au paragraphe OBSERVATIONS.

CERISES BIGARREAU ROYAL. — Synonymes de *Bigarreau Blanc (Gros-)*, et de *Bigarreau Rouge (Gros-)*. Voir ces noms.

CERISES : BIGARREAU DE SAINT-LAUD,

— BIGARREAU DE SAINTE-MARGUERITE,

} Synonymes de *Bigarreau Noir (Gros-)*. Voir ce nom.

CERISE BIGARREAU DE SEPTEMBRE. — Synonyme de *Bigarreau de Fer*. Voir ce nom.

CERISES : BIGARREAU SHEPPARD'S BEDFORD PROLIFIC,

— BIGARREAU SHEPPARD'S SEEDLING,

} Synonymes de *Bigarreau Noir de Tartarie*. Voir ce nom.

CERISE BIGARREAU DE SPA. — Synonyme de *Griotte Commune*. Voir ce nom.

CERISE BIGARREAU SPANISH BLACK. — Synon. de *Bigarreau Noir d'Espagne*. Voir ce nom.

CERISE BIGARREAU SPITZEN SCHWARZE. — Synonyme de *Guigne Noire de Spitz*. Voir ce nom.

CERISE BIGARREAU SPOTTED. — Synonyme de *Bigarreau Blanc* (*Gros-*). Voir ce nom.

CERISE BIGARREAU SUPERB CIRCASSIAN. — Synonyme de *Bigarreau Noir de Tartarie*. Voir ce nom.

CERISE BIGARREAU TARDIF. — Synonyme de *Bigarreau Blanc* (*Gros-*). Voir ce nom.

---

53. CERISE BIGARREAU TARDIF BÜTTNER.

Synonymes. — 1. GRIOTTE BÜTTNER'S OCTOBER (Van Mons, *Catalogue descriptif de partie des arbres fruitiers qui de 1798 à 1823 ont formé sa collection*, p. 59, n° 458 ; — et Jahn, *Illustrirtes Handbuch der Obstkunde*, 1861, t. III, pp. 531-532, n° 103). — 2. GRIOTTE BÜTTNER'S SEPTEMBER UND OCTOBER (Dittrich, *Systematisches Handbuch der Obstkunde*, 1840, t. II, p. 144, n° 185). — 3. CERISE BÜTTNER'S OCTOBER MORELLO (Elliott, *Fruit book*, 1854, p. 215). — 4. CERISE DU NORD (*Id. ibid.*). — 5. CERISE DU NORD NOUVELLE (*Id. ibid.*). — 6. CERISE DE PRUSSE (*Id. ibid.*). — 7. GRIOTTE BÜTTNER'S OCTOBER ZUCKER (Jahn, *Illustrirtes Handbuch der Obstkunde*, 1861, t. III, pp. 531-532, n° 103). — 8. GRIOTTE BÜTTNER'S SPÄTE (*Id. ibid.*).

Description de l'arbre. — *Bois :* très-fort. — *Rameaux :* nombreux, étalés, gros et des plus longs, légèrement coudés, rugueux, brun clair amplement taché de gris cendré. — *Lenticelles :* abondantes, grisâtres, très-variable de forme et de grandeur. — *Coussinets :* saillants et se prolongeant en arête. — *Yeux :* volumineux, ovoïdes ou coniques-pointus, faiblement écartés du bois, aux écailles brunes et mal soudées. — *Feuilles :* assez nombreuses, très-grandes, vert clair, ovales-allongées, sensiblement acuminées, à bords régulièrement dentés. — *Pétiole :* long, très-nourri, quelque peu violâtre, flasque, à larges glandes aplaties, arrondies ou ovales et lavées de vermillon brillant. — *Fleurs :* précoces et s'épanouissant simultanément.

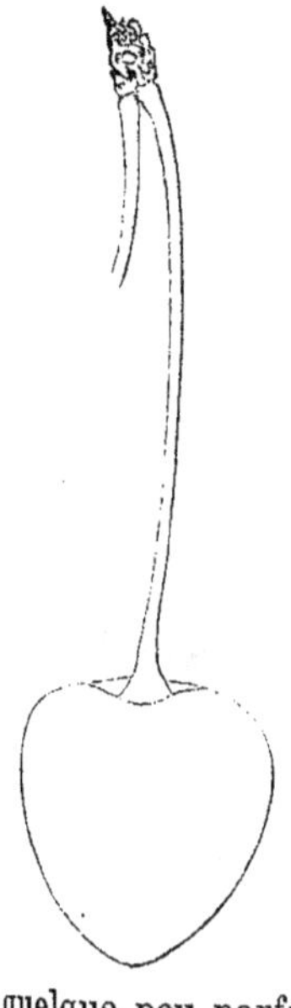

FERTILITÉ. — Ordinaire.

CULTURE. — Il fait, sous toute forme et sur tout sujet, des arbres d'un grand avenir et d'une extrême régularité.

Description du fruit. — *Comment attaché :* par deux, généralement. — *Grosseur :* moyenne, et quelquefois un peu plus volumineuse. — *Forme :* en cœur, à sillon rarement bien prononcé. — *Pédoncule :* long et grêle, planté dans une assez vaste cavité. — *Point pistillaire :* à fleur de fruit ou enfoncé très-légèrement. — *Peau :* dure, épaisse, d'un pourpre brunâtre nuancé de rouge intense. — *Chair :* très-croquante et très-ferme, jaune-orange à la surface et sanguinolente près du noyau. — *Eau :* suffisante, bien colorée, acidule, sucrée et quelque peu parfumée. — *Noyau :* gros, ovoïde plus ou moins arrondi, ayant l'arête dorsale large et saillante.

MATURITÉ. — Fin juillet et courant d'août.

QUALITÉ. — Deuxième.

Historique. — Le conseiller Büttner, de Halle-sur-Saale (Saxe), fut l'obtenteur, vers 1800, de ce bigarreau, que les Allemands ont classé parmi les Griottes, quoiqu'il ait la chair très-dure et l'eau faiblement acidule. Il mérite bien, par exemple, la qualification de tardif qu'on a jointe à son nom, car sa maturité commence soit à la fin de juillet, soit dans les premiers jours d'août, et se prolonge aisément un grand mois, surtout quand l'arbre est planté au nord. Toutefois j'ai peine à croire que, même en Allemagne, le bigarreau Tardif Büttner puisse jamais atteindre le mois d'octobre, comme le disent plusieurs pomologues. Sa propagation en France date seulement d'une quinzaine d'années.

Observations. — Il ne faut pas confondre ce fruit avec certain bigarreau *d'Octobre* caractérisé en 1850, chez les Belges, par Bivort (*Album de pomologie*, t. III, p. 131), et qui d'après cet auteur serait d'origine française. Je l'ai souvent demandé aux pépiniéristes de la Belgique, mais sans pouvoir l'obtenir; aussi ne m'est-il connu que par la description ici indiquée.

CERISIER BIGARREAUTIER TARDIF A FEUILLES DE TABAC. — Synonyme de *Bigarreautier à Feuilles de Tabac*. Voir ce nom.

CERISE BIGARREAU TARDIF D'HILDESHEIM. — Synonyme de *Bigarreau de Fer*. Voir ce nom.

CERISE BIGARREAU TARTARIAN. — Synonyme de *Bigarreau Noir de Tartarie*. Voir ce nom.

CERISIER BIGARREAUTIER TOBACCO LEAVED. — Synonyme de *Bigarreautier à Feuilles de Tabac*. Voir ce nom.

---

54. CERISE BIGARREAU TOUPIE.

Description de l'arbre. — *Bois :* très-fort. — *Rameaux :* assez nombreux, légèrement étalés, gros et longs, coudés et rugueux, d'un brun clair lavé de gris cendré. — *Lenticelles :* clair-semées, petites, arrondies. — *Coussinets :* modérément saillants et souvent se prolongeant en arête. — *Yeux :* volumineux, ovoïdes-pointus, écartés du bois, aux écailles brunes et disjointes. — *Feuilles :* peu nombreuses, grandes, vert pâle, ovales-allongées, très-acuminées, faiblement contournées, à bords profondément dentés. — *Pétiole :* de longueur et grosseur moyennes, assez rigide, nuancé de carmin, à glandes irrégulièrement globuleuses, bien apparentes et vermillonnées. — *Fleurs :* précoces, à épanouissement successif.

FERTILITÉ. — Ordinaire.

CULTURE. — Vu sa remarquable vigueur, la haute-tige sur Merisier, pour plein-vent, lui convient admirablement ; sur Mahaleb, toutes les formes basse-tige lui peuvent être appliquées.

Description du fruit. — *Comment attaché :* par un, le plus habituellement. — *Grosseur :* volumineuse. — *Forme :* en cœur allongé, régulier et fort pointu, à sillon bien marqué. — *Pédoncule :* assez court, grêle ou de moyenne force, inséré dans une étroite et profonde cavité. — *Point pistillaire :* très-apparent, saillant, placé obliquement et légèrement vrillé à son extrémité. — *Peau :* rouge pâle, marbrée de rouge plus vif, surtout à l'insolation. — *Chair :* assez ferme et d'un blanc rosé. — *Eau :* suffisante, quelque peu colorée, acidule et plus ou moins sucrée. — *Noyau :* de grosseur moyenne, ovoïde-allongé, ayant les joues peu convexes et l'arête dorsale très-large mais assez plate.

Bigarreau Toupie.

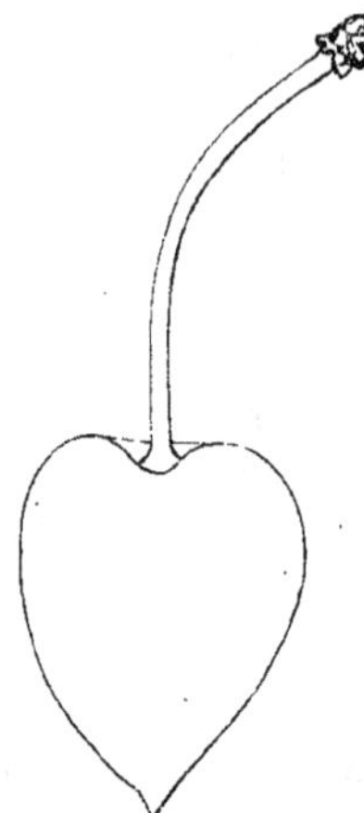

MATURITÉ. — Commencement de juillet.

QUALITÉ. — Deuxième.

Historique. — Le bigarreau Toupie, très-curieux et fort bien nommé, appartient à la pomone belge ; il fut signalé pour la première fois en 1861, dans le *Catalogue général des pépinières de la Société Van Mons* (t. Ier, p. 300), avec mention du nom de son obtenteur, M. Henrard, bourgmestre à Couthuin, près Huy, en la province de Liége. Ce fruit ressemble beaucoup, pour la forme et le coloris, au bigarreau Richelieu, décrit ci-dessus (p. 235), mais il en diffère essentiellement par sa maturité, d'un mois plus tardive, et par son arbre. Il lui est également inférieur en qualité.

CERISES : BIGARREAU TRADESCANT'S, — BIGARREAU TRADESCANT'S BLACK, } Synonymes de *Bigarreau Noir* (*Gros*-). Voir ce nom.

---

55. CERISE BIGARREAU TURCA.

Synonyme. — CERISE HEAUME ROUGE (le Berriays, *Traité des jardins*, 1785, t. Ier, pp. 247-248).

Description de l'arbre. — *Bois :* très-fort. — *Rameaux :* peu nombreux, très-étalés, gros et des plus longs, légèrement coudés, brun clair jaunâtre quelque peu lavé de gris cendré. — *Lenticelles :* assez abondantes, larges et d'un gris sale. — *Coussinets :* saillants. — *Yeux :* volumineux, coniques-pointus, faiblement écartés du bois, aux écailles brunes et bien jointes. — *Feuilles :* peu nombreuses, grandes, vert jaunâtre, ovales-allongées, sensiblement acuminées, planes ou contournées, à bords fortement dentés. — *Pétiole :* très-long, assez grêle, violacé, flexible, à glandes globuleuses et légèrement vermillonnées. — *Fleurs :* tardives, très-grandes et s'épanouissant successivement.

FERTILITÉ. — Abondante.

CULTURE. — Greffé sur Merisier, pour plein-vent, il devient fort beau, ainsi que sur Mahaleb, où toute espèce de forme naine lui peut être donnée.

Description du fruit. — *Comment attaché :* par deux ou par un. — *Grosseur :* volumineuse. — *Forme :* en cœur obtus, à sillon très-apparent quoique peu profond. — *Pédoncule :* court et assez fort, inséré dans une vaste cavité. — *Point pistillaire :* petit et légèrement enfoncé. — *Peau :* à fond rouge clair, nuancée de rouge foncé puis faiblement ponctuée de gris. — *Chair :* assez ferme, filamenteuse, marbrée de blanc sale et veinée de carmin clair qui, près du noyau, passe au rouge sombre. — *Eau :* suffisante, rougeâtre, acidule et sucrée. — *Noyau :* gros, ovoïde, ayant les joues bombées et l'arête dorsale très-large et peu saillante.

Bigarreau Turca.

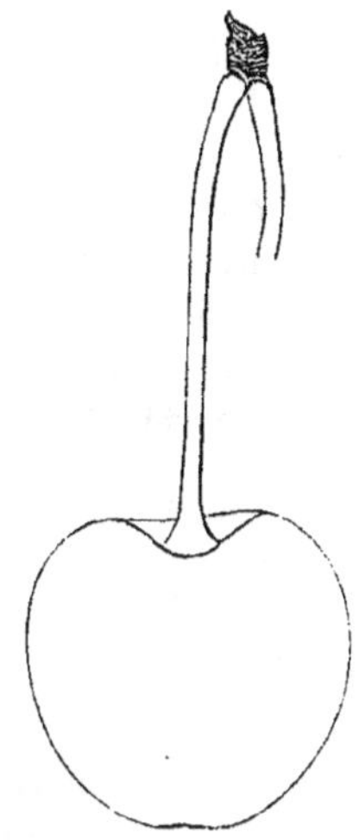

MATURITÉ. — Fin juin ou commencement de juillet.

QUALITÉ. — Deuxième.

Historique. — Sous le nom moderne bigarreau Turca, dont le parrain est encore inconnu, je retrouve l'ancien Heaume Rouge décrit en 1785, par le Berriays, dans les termes suivants :

« *Heaume Rouge.* — Cette variété mûrit au commencement de juillet. C'est un fruit bien cordiforme, de huit lignes de hauteur sur autant de diamètre, entièrement teint de rouge assez foncé. Sa chair est moins ferme et son eau moins bonne que celles du Heaume Blanc [le bigarreau Gros-Cœuret]. Souvent il est véreux. Son arbre est de grand rapport. » (*Traité des jardins*, 2e édition, tome Ier, pp. 247-248, no 2.)

On voit ainsi que ce bigarreautier compte pour le moins une centaine d'années. J'ignore sa provenance, car je ne le crois pas sorti de la Turquie, comme le pourrait faire supposer le surnom *Turca*, qu'il porte à Florence où je l'ai trouvé en 1864. Il y est cultivé dans le Jardin fruitier de la Société d'Horticulture et mentionné page 12 du *Catalogue* de ce Jardin, édition de 1862.

CERISE BIGARREAU TURKEY. — Synonyme de *Bigarreau Blanc* (*Gros-*). Voir ce nom.

CERISE BIGARREAU VERY LARGE. — Synonyme de *Bigarreau Gros-Cœuret.* Voir ce nom.

CERISE BIGARREAU VICE-ROI. — Synonyme de *Bigarreau Blanc* (*Gros-*). Voir ce nom.

CERISE BIGARREAU DES VIGNES. — Synonyme de *Bigarreau Esperen.* Voir ce nom.

---

56. CERISE BIGARREAU VIOLET.

Synonymes. — 1. BIGARREAU DUNKELROTHE (Jahn, *Illustrirtes Handbuch der Obstkunde*, 1861, t. III, p. 121, n° 36). — 2. BIGARREAU ROUGE FONCÉ (*Id. ibid.*). — 3. BIGARREAU A LONGUE-QUEUE (Paul de Mortillet, *les Meilleurs fruits*, 1866, t. II, p. 121, n° 28).

Description de l'arbre. — *Bois :* assez fort. — *Rameaux :* peu nombreux, arqués et très-étalés, courts, un peu grêles, non géniculés, lisses, brun clair sur le côté de l'insolation et jaune verdâtre sur celui de l'ombre. — *Lenticelles :* rares et arrondies, larges à la base du rameau, très-fines au sommet. — *Coussinets :* modérément accusés. — *Yeux :* gros, coniques-pointus, en partie collés sur l'écorce, aux écailles brunâtres et disjointes. — *Feuilles :* peu nombreuses, grandes, d'un beau vert, ovales-allongées, courtement acuminées, ayant les bords profondément dentés. — *Pétiole :* long, grêle, flexible, carminé, à glandes arrondies, plates et ponctuées de rouge vif. — *Fleurs :* assez tardives et s'épanouissant successivement.

FERTILITÉ. — Abondante.

CULTURE. — Il est trop pauvrement ramifié pour faire de beaux et réguliers plein-vent; mieux vaut donc le greffer sur Mahaleb, où il se prête à merveille aux formes buisson, gobelet, pyramide et basse-tige.

Description du fruit. — *Comment attaché* : par trois, habituellement. — *Grosseur :* assez volumineuse. — *Forme :* en cœur plus ou moins allongé, légèrement renflé à son milieu et divisé par un sillon large et profond. — *Pédoncule :* très-long ou excessivement long, de moyenne force, inséré dans une cavité très-prononcée. — *Point pistillaire :* fauve, petit, à peine enfoncé. — *Peau :* dure et jaune blanchâtre, amplement lavée, surtout à l'insolation, de rouge très-brillant nuancé de rouge violâtre sur lequel apparaissent de très-fins points d'un blanc généralement grisâtre. — *Chair :* ferme, croquante, blanche au centre et quelque peu rosée sous la peau, du côté de l'insolation. — *Eau :* abondante, incolore, douce, sucrée et parfumée. — *Noyau :* moyen, ovoïde-allongé, peu bombé, ayant l'arête dorsale large et faiblement ressortie.

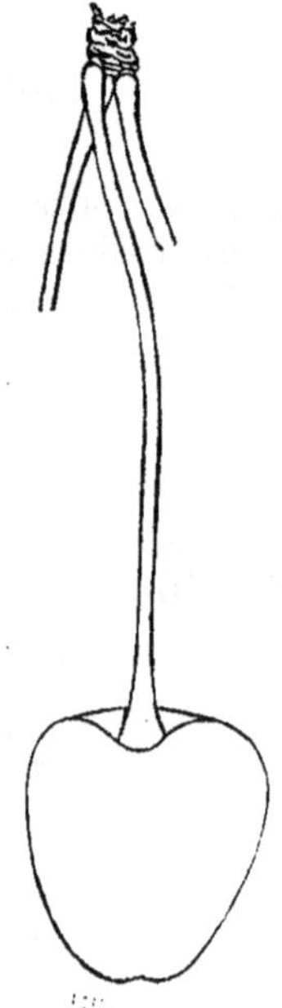

MATURITÉ. — Fin juin ou commencement de juillet.

QUALITÉ. — Première.

Historique. — Le fameux semeur belge Van Mons fut l'obtenteur de cette variété; il l'affirmait du moins en 1823, page 54 du *Catalogue descriptif* de ses arbres fruitiers. Elle date de 1790 environ et pénétra vite dans les jardins français, puisqu'en 1797, d'après Oberdieck (t. III, p. 121, n° 36), déjà nos arboriculteurs l'avaient propagée chez les Allemands.

Observations. — Ce bigarreau n'atteint sa parfaite maturité qu'au moment où son coloris rouge vif se mélange de rouge violâtre. On doit donc, pour le cueillir, attendre qu'il soit ainsi nuancé; le manger plus tôt n'a lieu qu'au détriment de sa qualité.

57. CERISE BIGARREAU DE WALPURGIS.

Synonymes. — 1. CERISE DE WALPURGIS (Oberdieck, *Illustrirtes Handbuch der Obstkunde*, 1867, t. VI, p. 41, n° 130). — 2. CERISE DURE NOIRE DE SAINT-WALPURGIS (Mas, *le Verger*, 1869, t. VIII, p. 157, n° 77). — 3. CERISE NOIRE DE SAINT-WALPURGIS (*Id. ibid.*).

Description de l'arbre. — *Bois :* fort. — *Rameaux :* peu nombreux, très-arqués et parfois étalés, longs, assez gros, flexueux et d'un brun clair jaunâtre légèrement lavé de gris cendré. — *Lenticelles :* rares, grisâtres, arrondies ou linéaires. — *Coussinets :* bien accusés. — *Yeux :* volumineux, ovoïdes-pointus, faiblement écartés du bois, aux écailles brunes et mal soudées. — *Feuilles :* peu nombreuses, grandes, vert tendre, ovales-allongées, longuement acuminées et légèrement contournées, à bords profondément dentés. — *Pétiole :* assez long, très-nourri, flexible, carminé, à glandes plus ou moins saillantes, arrondies et vermillonnées. — *Fleurs :* précoces, à épanouissement simultané.

FERTILITÉ. — Grande.

CULTURE. — Sur Merisier, pour plein-vent, il fait des arbres à tête fort convenable. Greffé sur Mahaleb il prospère également assez bien sous toute espèce de forme, quoiqu'il soit un peu dégarni.

Description du fruit. — *Comment attaché :* par deux, presque toujours. — *Grosseur :* volumineuse. — *Forme :* en cœur légèrement allongé, renflé sur les deux faces, à sillon large et peu creusé. — *Pédoncule :* de longueur moyenne, assez grêle, planté dans une vaste cavité. — *Point pistillaire :* petit, blanchâtre, placé à fleur de fruit. — *Peau :* dure, pourpre foncé, ponctuée de brun et marquée complétement de noir sur toute la longueur du sillon. — *Chair :* ferme et croquante, pourpre à la surface et très-noirâtre près du noyau. — *Eau :* abondante, rouge, bien sucrée, acidule et légèrement parfumée. — *Noyau :* de moyenne grosseur, ovoïde, bombé, ayant l'arête dorsale large et saillante.

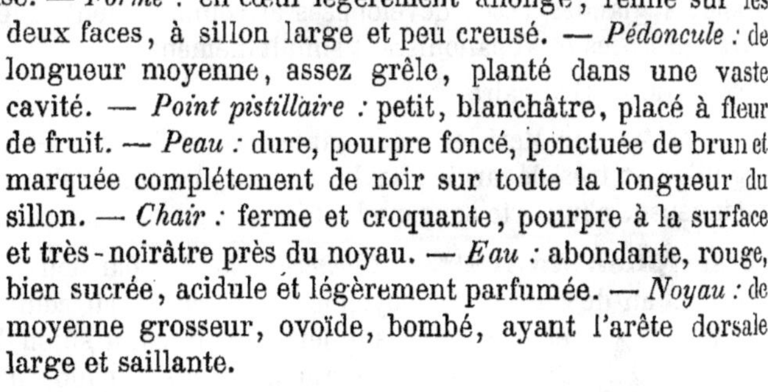

MATURITÉ. — Fin juin.

QUALITÉ. — Première.

Historique. — J'ai reçu d'Allemagne, en 1860, le bigarreau de Walpurgis. On commence à le bien connaître chez nos pépiniéristes, grâce aux publications pomologiques du Congrès et de M. Mas, dans lesquelles il a été décrit ces dernières années. L'*Illustrirtes Handbuch der Obstkunde*, d'Oberdieck, nous apprend (t. VI, p. 41) que ce fruit fut obtenu de semis au village de Walpurgisberg, près Cologne (Prusse). Cette excellente variété remonte au plus à 1845.

CERISE BIGARREAU WARD'S. — Synonyme de *Bigarreau Mezel*. Voir ce nom.

CERISE BIGARREAU WEISSE SPANISCHE. — Synonyme de *Bigarreau Blanc (Gros-)*. Voir ce nom.

CERISE BIGARREAU WELLINGTON. — Voir *Bigarreau Napoléon Ier*, au paragraphe OBSERVATIONS.

58. CERISE BIGARREAU WERDER.

Synonymes. — 1. BIGARREAU WERDER'S EARLY BLACK (Thompson, *Transactions of the horticultural Society of London*, 2e série, 1831, t. I, p. 259). — 2. GUIGNE WERDER'SCHE FRÜHE SCHWARZE (*Id. ibid.*). — 3. BIGARREAU HATIF DE WERDER (George Bentham, *Transactions of the horticultural Society of London*, 2e série, 1840, t. II, p. 429). — 4. GUIGNE WERDER'SCHE FRÜHE (*Id. ibid.*). — 5. GUIGNE PRÉCOCE DE WERDER (Jahn, *Illustrirtes Handbuch der Obstkunde*, 1861, t. III, p. 53, no 3). — 6. GUIGNE WERDER'S EARLY BLACK (John Scott, *the Orchardist*, 1872, p. 163).

Description de l'arbre. — *Bois :* fort. — *Rameaux :* peu nombreux, étalés, gros, assez longs, légèrement flexueux, ridés au sommet, d'un jaune verdâtre lavé et maculé de gris cendré. — *Lenticelles :* brunes et linéaires, abondantes, mais presqu'invisibles. — *Coussinets :* modérément ressortis et prolongés en arête. — *Yeux :* volumineux, ovoïdes-obtus, collés en partie sur l'écorce, aux écailles brunes et disjointes. — *Feuilles :* abondantes, de grandeur moyenne, ovales, courtement acuminées, vert clair en dessus, vert blanchâtre en dessous, ayant les bords dentés et surdentés. — *Pétiole :* de longueur et grosseur moyennes, flexible, à glandes assez développées et complétement lavées de vermillon. — *Fleurs :* précoces et s'épanouissant simultanément.

FERTILITÉ. — Ordinaire.

CULTURE. — Sur Merisier, pour haute-tige, il fait d'assez vilains arbres, à tête irrégulière et très-dégarnie; la basse-tige sur Mahaleb lui est beaucoup plus avantageuse, n'importe sous quelle forme.

Description du fruit. — *Comment attaché :* par deux, le plus souvent. — *Grosseur :* au-dessus de la moyenne. — *Forme :* en cœur sensiblement obtus et comprimé sur les deux faces, à sillon large et profond. — *Pédoncule :* de longueur et grosseur moyennes, inséré dans une vaste cavité. — *Point pistillaire :* grisâtre, bien visible, légèrement enfoncé. — *Peau :* d'un pourpre vif qui se nuance, sur le côté de l'insolation, de rouge noirâtre à la pleine maturité. — *Chair :* assez ferme, fine et rouge violacé. — *Eau :* suffisante, très-fortement colorée, acidule, sucrée et plus ou moins parfumée. — *Noyau :* moyen, ovoïde, bombé, ayant l'arète dorsale très-ressortie.

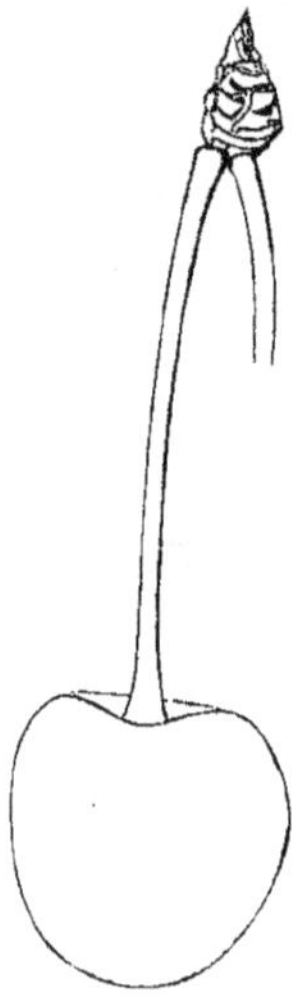

MATURITÉ. — Commencement de juin.

QUALITÉ. — Deuxième.

Historique. — Dans la Pomologie allemande de M. Oberdieck (1861, t. III, p. 53), il est dit que Stello, ancien directeur des jardins royaux du palais de Sans-Souci, près Berlin, offrit en 1794 cette variété au baron von Truchsess. Elle était alors de toute récente obtention et provenait, croit-on, de semis faits par ce même Stello. Quant au personnage dont le nom lui fut donné, il nous reste parfaitement inconnu. L'introduction en France du bigarreautier Werder date d'une quinzaine d'années.

CERISE BIGARREAU WERDER'S EARLY BLACK. — Synonyme de *Bigarreau Werder*. Voir ce nom.

CERISES : BIGARREAU WEST'S WHITE, — BIGARREAU WHITE, } Synonymes de *Bigarreau Blanc* (*Gros-*). Voir ce nom.

CERISE BIGARREAU WHITE TARTARIAN. — Voir *Bigarreau Noir de Tartarie*, au paragraphe OBSERVATIONS.

CERISE BIGARREAU WILDER DE MAI. — Synonyme de *Bigarreau Baumann*. Voir ce nom.

CERISES : BIGARREAU WINKLER'S BLACK, — BIGARREAU WINKLER'S SCHWARZE, } Synonymes de *Bigarreau Noir Winkler*. Voir ce nom.

CERISE BIGARREAU YELLOW SPANISH. — Synonyme de *Bigarreau Blanc* (*Gros-*). Voir ce nom.

CERISE BLANCHE. — Synonyme de cerise *Ambrée* (*Grosse-*). Voir ce nom.

CERISE BLANCHE DE CŒUR. — Synonyme de *Bigarreau Blanc* (*Gros-*). Voir ce nom.

CERISE BLANCHE (GROSSE-). — Synonyme de cerise *Rouge pâle* (*Grosse-*). Voir ce nom.

CERISES : BLANCHE (GROSSE-), — BLANCHE DE LA SAINT-JEAN, } Synonymes de *Guigne Blanche* (*Grosse-*). Voir ce nom.

CERISE BLANCHE SAUVAGE. — Synonyme de *Bigarreau de Fer*. Voir ce nom.

CERISE BLANCHE WINKLER. — Synonyme de *Bigarreau Blanc Winkler*. Voir ce nom.

CERISIER BOIS DE SAINTE-LUCIE. — Synonyme de cerisier *Mahaleb*. Voir ce nom.

CERISE BORDAN. — Synonyme de *Bigarreau Bordan*. Voir ce nom.

CERISIER A BOUQUET. — Synonyme de *Griottier à Bouquet*. Voir ce nom.

CERISE DE BOURGUEIL. — Synonyme de cerise *Montmorency de Bourgueil*. Voir ce nom.

CERISE BRETONNEAU. — Synonyme de *Griotte Bretonneau*. Voir ce nom.

CERISE BRUNE DE BRUGES. — Synonyme de *Griotte de Portugal*. Voir ce nom.

CERISE BRUNE KLEINDIENST. — Synonyme de *Bigarreau Brun Kleindienst*. Voir ce nom.

CERISE DE BRUXELLES ROUGE. — Synonyme de cerise *Rouge pâle* (*Grosse-*). Voir ce nom.

CERISE BUCHANAN'S EARLY DUKE. — Synonyme de cerise *Royale hâtive*. Voir ce nom.

CERISE BUNTE FRÜHE. — Synonyme de *Guigne Blanche précoce*. Voir ce nom.

CERISE BÜSCHEL. — Synonyme de *Griotte à Bouquet*. Voir ce nom.

CERISE BÜTTNER'S OCTOBER MORELLO. — Synonyme de *Bigarreau Tardif Büttner*. Voir ce nom.

C

Cerise CARNATION. — Synonyme de cerise *Rouge pâle*. Voir ce nom.

Cerise CASSIS. — Synonyme de *Griotte à Ratafia* (*Grosse-*). Voir ce nom.

---

59. Cerise CERISE-GUIGNE.

Synonymes. — 1. Cerisier Muscadet de Prague (Herman Knoop, *Fructologie*, 1771, p. 42). — 2. Cerise d'Angleterre (le Berriays, *Traité des jardins*, 1785, t. I, p. 258, note, et p. 266 ; — et Calvel, *Traité complet sur les pépinières*, 1805, t. II, pp. 138-139, nº 25). — 3. Cerise de Mr de Biron (le Berriays, *ibid.*). — 4. Cerise Royale (*Id. ibid.*). — 5. Cerise Muscate rouge (*la Feuille du cultivateur*, 1804, p. 139 ; — et Oberdieck, *Illustrirtes Handbuch der Obstkunde*, 1861, t. III, p. 159, nº 54). — 6. Cerise Anglaise (Pirolle, *l'Horticulteur français ou le Jardinier amateur*, 1824, p. 329). — 7. Cerise Nouvelle d'Angleterre (Thompson, *Catalogue of fruits cultivated in the garden of the horticultural Society of London*, 1re édition, 1826, p. 24, nº 154). — 8. Cerise Welzer (Dittrich, *Systematisches Handbuch der Obstkunde*, 1840, t. II, p. 97, nº 120). — 9. Cerise Griotte-Guigne (Couverchel, *Traité des fruits*, 1852, p. 350). — 10. Cerise Douce du Palatinat (Jahn, *Illustrirtes Handbuch der Obstkunde*, 1861, t. III, p. 161, nº 55). — 11. Cerise Rothe Muskateller (Oberdieck, *Illustrirtes Handbuch der Obstkunde*, 1861, t. III, p. 159, nº 54). — 12. Cerise Nouvelle Royale (Hogg, *the Fruit manual*, 1866 ; — et Paul de Mortillet, *les Meilleurs fruits*, 1866, t. II, p. 140). — 13. Cerise du Palatinat (Mas, *le Verger*, 1873, p. 153, nº 75).

Description de l'arbre. — *Bois :* fort. — *Rameaux :* nombreux, des plus érigés, grêles, assez courts, presque droits et d'un brun clair légèrement lavé de gris cendré, surtout sur le côté de l'ombre. — *Lenticelles :* abondantes, grisâtres, larges et arrondies. — *Coussinets :* aplatis, mais se prolongeant faiblement en arête. — *Yeux :* assez volumineux, coniques, écartés du bois, ayant les écailles brunâtres et disjointes. — *Feuilles :* très-grandes, abondantes, plus ou moins pubescentes et d'un beau vert-brun, obovales, acuminées, planes ou canaliculées, ayant les bords profondément dentés et surdentés. — *Pétiole :* un peu court, bien nourri, rigide, à petites glandes difformes et très-carminées. — *Fleurs :* tardives, petites, très-nombreuses, s'épanouissant successivement.

Fertilité. — Grande.

CULTURE. — Il croît convenablement sous toute forme et sur toute espèce de sujet.

Description du fruit. — *Comment attaché :* par quatre ou par trois. — *Grosseur :* moyenne ou au-dessus de la moyenne. — *Forme :* en cœur plus ou moins raccourci, à sillon faiblement marqué. — *Pédoncule :* de force et longueur moyennes, inséré dans une vaste cavité. — *Point pistillaire :* blanc grisâtre, petit et légèrement enfoncé. — *Peau :* fine, transparente, à fond rouge clair fortement nuancé de pourpre brunâtre. — *Chair :* rouge vif, tendre, un peu filamenteuse. — *Eau :* abondante, rouge-grenat, sucrée, parfumée, acide et douce à la fois. — *Noyau :* constamment teint de rouge, moyen, ovoïde, ayant les joues quelque peu renflées, l'arête dorsale large et tranchante.

Cerise Cerise-Guigne.

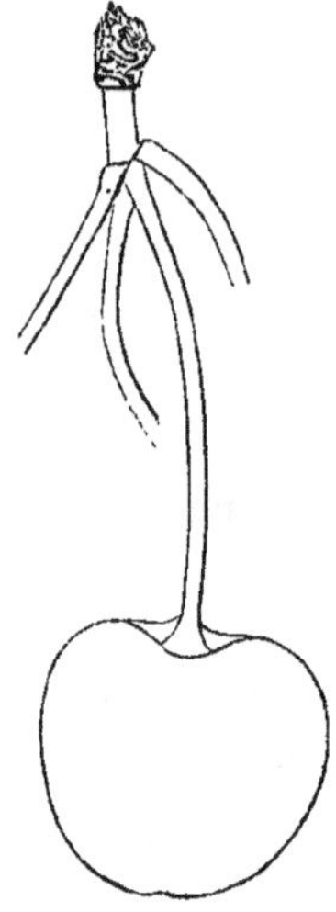

MATURITÉ. — Derniers jours de juin.

QUALITÉ. — Première.

Historique. — En 1831 le botaniste Flée, un des annotateurs de l'*Histoire naturelle* de Pline éditée par Panckoucke, disait (t. IX, p. 499) que généralement on croyait retrouver dans la cerise Cerise-Guigne, la variété Cécilienne des Romains..... Pareille assertion ne repose sur aucun texte probant, Pline ayant été des plus concis à l'égard des Céciliennes : « Elles sont de forme arrondie, » voilà l'unique description qu'il en ait faite. On voit alors s'il est possible de s'en aider pour quelque étude comparative. La Cerise-Guigne possède toutefois un âge fort respectable, puisqu'en 1768 Duhamel déjà la signalait chez nous dans son *Traité des arbres fruitiers* (t. I, pp. 195-196). Il n'en indique pas l'origine, mais il déclare — et ceci ne fait doute pour personne, aujourd'hui — que cette variété lui paraît identique avec le fruit alors appelé, par plusieurs jardiniers, Cerise Royale, Cerise Nouvelle *d'Angleterre*. Proviendrait-elle donc de la Grande-Bretagne ?... La chose me semble improbable, vu le silence, sur un tel point, des pomologues anglais, qui cependant l'ont fréquemment décrite. Je la croirais plutôt sortie de Bohême (Autriche), ou du Haut-Palatinat, y confinant, quand je vois les auteurs allemands affirmer de nos jours qu'elle se rapporte entièrement à leur très-ancien cerisier Muscadet de Prague, dit aussi cerisier du Palatinat, et dont Herman Knoop publiait en 1766 la description suivante :

« *Muscadet de Prague.* — Cette Cerise est passablement grosse, de forme rondelette, de couleur rouge-brun intense ; elle est charnue et succulente, d'un goût agréable et très-savoureux, mais pas aussi doux que celui des Bigarreaux. L'arbre donne de beau bois, est très-fertile et devient assez grand. » (*Fructologie*, traduction française de 1771, pp. 41-42.)

La Cerise-Guigne parut vers 1763 dans les jardins français, et, dès l'abord, sous différentes dénominations, ainsi que l'explique le Berriays, auquel elle doit le nom qu'on lui donne généralement depuis 1768 :

« ..... J'ai décrit — faisait-il observer en 1785 — la cerise d'Angleterre sous le nom de *Cerise-Guigne*, et j'ajoûterai pourquoi, jusqu'ici, je ne l'ai point nommée, comme elle l'est assez communément, Cerise d'Angleterre. A peine étoit-elle arrivée à Paris, qu'elle reçut trois noms : Cerise de M. de Biron, Cerise d'Angleterre, Cerise Royale. Ayant à en faire mention dans un autre ouvrage que celui-ci [dans le *Traité des Fruits*, de Duhamel], je m'adressai à des juges très-compétents, qui décidèrent qu'elle ne devoit porter aucun de ces noms..... que ce fruit étant nouveau en France, il falloit lui donner un nom expressif de quelqu'un de ses principaux caractères : qu'ayant la forme d'une Guigne, et n'ayant pas beaucoup plus de saveur dans les terrains froids, il convenoit de la nommer CERISE-GUIGNE. » (*Traité des Jardins*, 2e édition, t. I, pp. 258-259.)

Observations. — Les synonymes Cerise Anglaise, Cerise d'Angleterre et Nouvelle d'Angleterre, qui appartiennent à cette variété, appartiennent également aux Cerises *Royale* et *Royale hâtive*, ci-après décrites ; il importe donc de ne pas l'oublier, sous peine de commettre quelque méprise à l'egard de ces trois fruits, parfaitement distincts. Et je fais pareille recommandation pour la Cerise *d'Angleterre précoce*, caractérisée en 1846 par Poiteau (*Pomologie française*, t. II), car elle possède aussi ces mêmes synonymes. J'ignore, par exemple, ce qu'a pu devenir l'Angleterre précoce; je l'ai possédée, mais depuis trente ans qu'elle me manque, il ne m'a plus été possible de la rencontrer. — J'ai réuni la cerise *Welzer*, des Allemands, à la Cerise-Guigne, car aucun caractère ne saurait l'en séparer. Du reste, M. Mas l'avait à peu près reconnu en 1868, puisqu'il disait dans *le Verger* (t. VIII, p. 159) : « La Welzer offre dans sa végétation les plus « grands rapports de ressemblance avec la Cerise-Guigne. » Un très-léger écart de maturité lui paraissait seulement exister entre ces deux fruits, qui chez moi mûrissent toujours à la même époque : du 20 au 25 juin.

CERISE DE CHAIR. — Synonyme de *Bigarreau Couleur de Chair*. Voir ce nom.

CERISE DES CHARMEUX. — Synonyme de cerise *de Planchoury*. Voir ce nom.

CERISE CHATENAY. — Synonyme de *Griotte Commune*. Voir ce nom.

CERISE CHEVREUSE. — Synonyme de *Griotte à Bouquet*. Voir ce nom.

CERISE CHIRIDUC ANGLAISE. — Synonyme de cerise *Royale*. Voir ce nom.

CERISE DE CINQ POUCES DE TOUR A COURTE QUEUE. — Synonyme de cerise *de Montmorency à Courte Queue*. Voir ce nom.

CERISE DE CINQ POUCES DE TOUR A LONGUE QUEUE. — Synonyme de cerise *de Montmorency*. Voir ce nom.

CERISE CLEVELAND. — Voir *Bigarreau Cleveland*.

CERISE CLUSTER. — Synonyme de *Griotte à Bouquet*. Voir ce nom.

CERISE CLUSTER DE VIRGINIE. — Synon. de cerise *de Montmorency*. Voir ce nom.

CERISE COÉ. — Voir *Guigne Coé*.

CERISES CŒUR ou CŒURET. — Sous ce nom spécifique, connu dans l'arboriculture fruitière depuis au moins cinq cents ans, on comprenait généralement, surtout à la fin du XVIIe siècle et pendant une partie du XVIIIe, nombre de Guignes et de Bigarreaux cordiformes, à peau adhérente à la chair, et desquels l'eau était légèrement amère, ou douce et sucrée. Aujourd'hui le nom Cœur ou Cœuret s'applique uniquement au Bigarreau Gros-Cœuret.

CERISE CŒUR. — Synonyme de *Bigarreau Gros-Cœuret.* Voir ce nom.

CERISE CŒUR D'AMBRE. — Synonyme de cerise *Ambrée* (*Grosse-*). Voir ce nom.

CERISE CŒUR BLANC. — Synonyme de *Bigarreau Blanc* (*Gros-*). Voir ce nom.

CERISE CŒUR COULEUR DE SANG. — Synonyme de *Bigarreau Noir* (*Gros-*). Voir ce nom.

CERISE CŒUR D'HARRISSON. — Synonyme de *Bigarreau Blanc* (*Gros-*). Voir ce nom.

CERISE CŒUR HATIVE. — Synonyme de *Guigne Noire luisante* (*Grosse-*). Voir ce nom.

CERISE CŒUR DE POULE. — Synonyme de *Bigarreau Gros-Cœuret.* Voir ce nom.

CERISE CŒUR ROUGE. — Synonyme de *Bigarreau Commun.* Voir ce nom.

CERISES CŒURET. — Voir l'article *Cerises Cœur ou Cœuret.*

CERISE CŒURET DE SANG. — Synonyme de *Bigarreau Noir* (*Gros-*). Voir ce nom.

CERISE DE COLOGNE. — Synonyme de *Griotte Commune.* Voir ce nom.

CERISES : COMMON MAHALEB,

— COMMON PARFUMED,

} Synonymes de cerise *Mahaleb.* Voir ce nom.

CERISE COMMON RED. — Synonyme de cerise *de Montmorency.* Voir ce nom.

CERISE COMMUNE. — Synonyme de *Griotte Commune*. Voir ce nom.

CERISE COMMUNE. — Synonyme de cerise *de Montmorency*. Voir ce nom.

CERISE COMMUNE (GROSSE-). — Synonyme de cerise *de Montmorency à Courte Queue*. Voir ce nom.

CERISES COMMUNE A TROCHET. — Synonymes de cerises *de Montmorency* et *à Trochet*. Voir ces noms.

CERISE DU COMTE DE SAINTE-MAUR (GROSSE-). — Synonyme de *Griotte d'Allemagne*. Voir ce nom.

CERISE DE LA COMTESSE. — Synonyme de cerise *Rouge pâle* (*Grosse-*). Voir ce nom.

CERISES A CONFIRE. — Synonymes de cerises *de Montmorency* et *de Montmorency à Courte Queue*. Voir ces noms.

CERISE A CONFITURES. — Synonyme de *Griotte Acher*. Voir ce nom.

CERISE CORBINE. — Synonyme de *Merise Noire*. Voir ce nom.

CERISE CORNIOLA. — Voir *Bigarreau Corniola*.

---

60. CERISE A CÔTES.

Description de l'arbre. — *Bois :* très-fort. — *Rameaux :* des plus nombreux et légèrement étalés, courts, assez grêles, non géniculés, brun clair au sommet, complétement lavés de gris cendré à la base. — *Lenticelles :* petites, arrondies et clair-semées. — *Coussinets :* aplatis. — *Yeux :* volumineux, ovoïdes-pointus, très-écartés du bois, aux écailles brunes et faiblement disjointes. — *Feuilles :* fort abondantes, de grandeur moyenne, obovales ou ovales-allongées, vert brunâtre en dessus, vert-pré en dessous, longuement acuminées, ayant les bords finement et régulièrement dentés. — *Pétiole :* court et gros, rigide, bien carminé, à petites glandes globuleuses et rosées. — *Fleurs :* assez précoces et s'épanouissant simultanément.

FERTILITÉ. — Satisfaisante.

CULTURE. — Sa végétation régulière permet de le greffer sur toute espèce de sujet, et fait aussi qu'il se prête convenablement aux diverses formes qu'on veut lui donner.

Description du fruit. — *Comment attaché :* par trois, assez généralement. — *Grosseur :* moyenne. — *Forme :* globuleuse très-comprimée aux pôles, à sillon des plus prononcés et dont les bords sont fortement côtelés. — *Pédoncule :* gros et court, inséré dans une large et profonde cavité. — *Point pistillaire :* petit et très-enfoncé. — *Peau :* d'un rouge assez clair, même à parfaite maturité. — *Chair :* jaunâtre, transparente et des plus tendres. — *Eau :* abondante, incolore, sucrée, modérément acidulée. — *Noyau :* moyen, arrondi, légèrement bombé, ayant l'arête dorsale excessivement ressortie.

Cerise à Côtes.

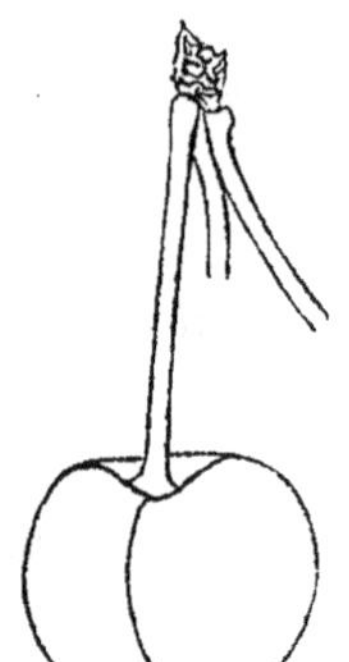

MATURITÉ. — Fin juin.

QUALITÉ. — Deuxième.

Historique. — Cette curieuse cerise, qui doit le nom qu'elle porte aux côtes dont son sillon est bordé, figurait pour la première fois en 1852, sans note de provenance, dans mon *Catalogue* (p. 4, n° 31) ; je ne puis donc en établir l'état civil. Elle se rapproche assez, arbre et fruit, de la Montmorency à Courte Queue, mais il suffit d'un rapide examen pour se convaincre qu'il est impossible de l'y réunir. Je n'en connais aucune description.

CERISES COULARDE. — Synonymes de cerises *de Hollande*, *de Montmorency* et *de Montmorency à Courte Queue.* Voir ces noms.

CERISE COULARDE A COURTE QUEUE. — Synonyme de cerise *de Montmorency à Courte Queue*. Voir ce nom.

CERISE COULARDE A LONGUE QUEUE. — Synonyme de cerise *de Montmorency.* Voir ce nom.

CERISE COULEUR DE CHAIR. — Synon. de *Bigarreau Couleur de Chair*. Voir ce nom.

CERISES A COURTE-QUEUE. — Synonymes de *Griotte à Courte Queue* et de cerise *de Montmorency à Courte Queue*. Voir ces noms.

CERISE COURTE-QUEUE D'ANGUYEN. — Synonyme de cerise *de Montmorency à Courte Queue.* Voir ce nom.

CERISE COURTE-QUEUE DE BRUGES. — Syn. de *Griotte de Portugal.* Voir ce nom.

CERISE COURTE-QUEUE DE PROVENCE. — Synonyme de cerise *de Montmorency à Courte Queue.* Voir ce nom.

CERISE CRÉVÉ. — Synonyme de *Griotte Commune.* Voir ce nom.

CERISE CROQUANTE. — Synonyme de *Bigarreau Commun.* Voir ce nom.

D

Cerises DAUPHINE. — Synonymes de cerises *Ambrée* (*Grosse-*) et de *Belle d'Orléans*. Voir ces noms.

Cerise DOCTOR. — Synonyme de *Griotte de Portugal*. Voir ce nom.

Cerise DONA MARIA. — Synonyme de cerise *Reine-Hortense*. Voir ce nom, surtout au paragraphe Observations.

Cerise DOPPELTE GLAS. — Synonyme de cerise *Rouge pâle* (*Grosse-*). Voir ce nom.

Cerise DOPPELTE SCHATTENMORELLE. — Synonyme de *Griotte à Ratafia* (*Grosse-*). Voir ce nom.

Cerise DORÉE (PETITE-). — Synonyme de cerise *Ambrée* (*Petite-*). Voir ce nom.

Cerise DOUBLE GLASS. — Synonyme de cerise *Rouge pâle* (*Grosse-*). Voir ce nom.

Cerise DOUBLE VOLGERS. — Synonyme de cerise *de Montmorency à Courte Queue*. Voir ce nom.

Cerise DOUCE DU PALATINAT. — Synonyme de cerise *Cerise-Guigne*. Voir ce nom.

Cerise DOUCETTE. — Synonyme de cerise *Ambrée* (*Grosse-*). Voir ce nom.

Cerise DOWNTON. — Synonyme de *Guigne Downton*. Voir ce nom.

CERISE DU DUC. — Synonyme de *Bigarreau Noir* (*Gros*-). Voir ce nom.

CERISE DUC DE MAI. — Synonyme de cerise *Royale hâtive*. Voir ce nom.

CERISES : DUC TARDIVE, — DUCHERI DES ANGLAIS, } Synonymes de cerise *Royale*. Voir ce nom.

CERISE DUCHESSE D'ANGOULÊME. — Existe-t-il réellement une variété ainsi appelée?... Je ne le crois pas, quoiqu'on en ait, chez moi, longtemps propagé une, mais dans laquelle j'ai fini par reconnaître la *Grosse Cerise Rouge pâle*, caractérisée par Duhamel dès 1768. Et j'ajoute qu'ayant demandé la cerise Duchesse d'Angoulême à plusieurs de mes confrères, ce qu'ils m'ont vendu s'est trouvé identique avec ma fausse variété. Les pépiniéristes allemands, eux aussi, possèdent dans leurs cultures un cerisier de ce nom. Je le vois cité en 1840 par Dittrich (t. II, p. 176), puis décrit en 1861 par Oberdieck (t. III, p. 535), et plus tard, en 1872, par M. Mas, notre compatriote, auquel Oberdieck en avait donné des greffes. Or, l'étude de cette nouvelle Duchesse d'Angoulême m'a prouvé qu'elle ne différait en rien de la *Montmorency à Courte Queue*. Voilà donc encore une déception!... Au reste — et je dis ceci pour mieux attirer l'attention des arboriculteurs — M. de Mortillet, dans *les Meilleurs fruits* (t. II, p. 195), partage mon avis; et M. Mas, dans *le Verger* (t. VIII, p. 155), avoue que sa Duchesse d'Angoulême se rapproche beaucoup de cette même Montmorency.

---

61. CERISE DUCHESSE DE PALLUAU.

Synonymes. — 1. CERISE FRÜHE LEMERCIER (Oberdieck, *Illustrirtes Handbuch der Obstkunde*, 1861, t. III, p. 157, nº 53). — 2. CERISE PRÉCOCE LEMERCIER (Paul de Mortillet, *les Meilleurs fruits*, 1866, t. II, p. 142, nº 35).

Description de l'arbre. — *Bois :* assez fort. — *Rameaux :* très-nombreux et très-érigés, courts, de moyenne grosseur, non géniculés, des plus rugueux, d'un brun intense taché de gris cendré. — *Lenticelles :* clair-semées, petites, arrondies. — *Coussinets :* presque nuls. — *Yeux :* petits, coniques, sensiblement écartés du bois, aux écailles brunes et mal soudées; souvent aussi ils sont accompagnés de boutons à fleur. — *Feuilles :* fort abondantes, petites, d'un beau vert, ovales ou obovales et parfois elliptiques, acuminées, relevées en gouttière, finement crénelées et dentées sur leurs bords. — *Pétiole :* long, bien nourri, rigide ou arqué, violâtre, à glandes peu larges, aplaties et légèrement vermillonnées. — *Fleurs :* précoces et s'épanouissant simultanément.

FERTILITÉ. — Médiocre.

CULTURE. — De vigueur modérée, cet arbre fait sur Merisier des plein-vent à petite tête, mais très-réguliers et bien ramifiés. Sur Mahaleb, pour buisson, espalier, basse-tige et pyramide, sa croissance est généralement satisfaisante.

Description du fruit. — *Comment attaché :* par trois, habituellement. — *Grosseur :* très-volumineuse. — *Forme :* globuleuse sensiblement comprimée aux pôles, à sillon bien marqué. — *Pédoncule :* fort, de longueur moyenne, inséré dans un faible évasement. — *Point pistillaire :* très-enfoncé. — *Peau :* mince, unicolore, d'un rouge vif brunissant un peu lors de la complète maturité. — *Chair :* blanchâtre, nuancée de rouge, très-tendre et légèrement filamenteuse. — *Eau :* abondante, rosâtre plutôt que blanchâtre bien sucrée, douée surtout d'une très-agréable acidité. — *Noyau :* marbré de rose, assez petit, arrondi ou ovoïde-arrondi, ayant l'arête dorsale large et obtuse.

Cerise Duchesse de Palluau.

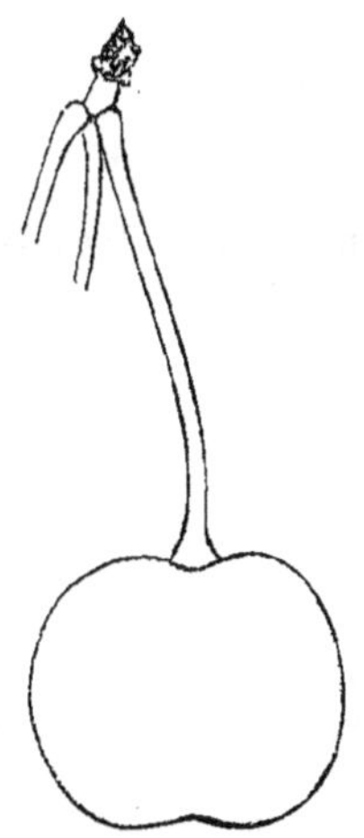

MATURITÉ. — Derniers jours de juin.

QUALITÉ. — Première.

Historique. — M. Paul de Mortillet a cru pouvoir dire en 1866, dans ses *Meilleurs fruits* (t. II, p. 144) : « Pour moi, « la cerise Duchesse de Palluau n'existe pas, tout au moins « comme variété distincte. » Puis il publiait, pour donner plus de force à sa négation, le passage suivant d'une lettre par lui reçue de la veuve du célèbre docteur Bretonneau, de Tours, docteur auquel est attribuée généralement, et à bon droit, l'obtention de cette belle, de cette délicieuse cerise :

« J'ai conservé — écrivait Mme Bretonneau — la propriété de Palluau, et je puis, Monsieur [de Mortillet], vous renseigner sur le nom et la qualité de la prétendue Duchesse de Palluau : mon mari ne l'a jamais possédée, et celle qu'on lui a fait goûter sous ce nom était une *ancienne* cerise rebaptisée. »

A ces diverses assertions, je répondrai : La cerise dont il s'agit n'est pas un mythe; elle existe bel et bien, et la description qu'ici j'en ai donnée permettra de la reconnaître à tous ceux qui l'ont confondue avec quelqu'autre de ses congénères. Mort en 1862 dans sa 91e année, Pierre Bretonneau avait été mon plus intime ami. On sait qu'il fut très-passionné pour la pomologie; aussi me tenait-il au courant de ses gains et de ses découvertes en fruits nouveaux. Or, dès 1844 il m'offrit des greffons d'un cerisier obtenu dans le jardin de son domaine de Palluau, aux portes de Tours, me dit l'avoir appelé *Duchesse de Palluau*, et m'autorisa à le propager. Je le signalai donc en 1846, page 16 de mon *Catalogue*, où depuis il n'a cessé de figurer. Le docteur, resté célibataire jusqu'en 1856 — il était alors âgé de 85 ans — à cette date épousa une très-jeune femme qui certes ne put, on le conçoit, s'occuper sérieusement des anciennes collections pomologiques de son mari, et moins encore renseigner exactement, lui mort, un questionneur sur des faits horticoles s'étant passés à Palluau en 1840, seize ans avant son mariage... Voilà ma réponse... J'ajouterai que M. de Mortillet possède quand même, dans son école fruitière, la Duchesse de Palluau : elle y est étiquetée cerise Précoce Lemercier, faux nom sous lequel il l'a, du reste, très-bien décrite et représentée (*ibid.*, t. II, p. 142).

Observations. — La cerise Tardive d'Avignon, que parfois on a fautivement appelée Duchesse de Palluau, n'est pas identique avec cette dernière; s'en assurer plus loin, à l'article qui la concerne.

Cerise the DUKE. — Synonyme de cerise *Royale*. Voir ce nom.

Cerises : DURACINE,
— DURACINE OBLONGUE,
— DURACINUM,
— DURAINE,
— DURCINE,.

} Synonymes de *Bigarreau Commun*. Voir ce nom.

Cerise DURE NOIRE DE SAINT-WALPURGIS. — Synonyme de *Bigarreau de Walpurgis*. Voir ce nom.

E

Cerise EARLY DUKE. — Synonyme de cerise *Royale hâtive*. Voir ce nom.

Cerisier EARLY MAY. — Synonyme de *Griottier Nain précoce*. Voir ce nom.

Cerise EARLY MAY DUKE. — Synonyme de cerise *Royale hâtive*. Voir ce nom.

Cerise EARLY PURPLE GEAN. — Synonyme de *Guigne Pourpre hâtive*. Voir ce nom.

Cerise EARLY RICHMOND. — Synonyme de cerise *de Montmorency*. Voir ce nom.

Cerise d'ÉCARLATE. — Synonyme de cerise *Royale hâtive*. Voir ce nom.

Cerises : d'ELTONNE,
— ELTON'S,
— ELTON'S MOLKEN,

Synonymes de *Bigarreau d'Elton*. Voir ce nom.

Cerise EMPRESS EUGÉNIE. — Synonyme de cerise *Impératrice Eugénie*. Voir ce nom.

---

62. CERISE ÉPISCOPALE.

Synonyme. — CERISE MONTMORENCY ÉPISCOPALE (Hérincq, *Revue horticole*, 1848, p. 431; — et Paul de Mortillet, *les Meilleurs fruits*, 1866, t. II, p. 205).

Description de l'arbre. — *Bois :* assez fort. — *Rameaux :* très-nombreux, presque érigés, courts et grêles, non géniculés, des plus rugueux, d'un brun clair lavé et taché de gris. — *Lenticelles :* très-rares, petites, arrondies. — *Coussinets :* bien accusés. — *Yeux :* gros, coniques, écartés du bois, aux écailles brunes et disjointes. — *Feuilles :* assez abondantes, moyennes, d'un beau vert, ovales ou obovales, acuminées, canaliculées et souvent contournées, finement dentées sur leurs bords. — *Pétiole :* de grosseur et longueur moyennes, très-rigide, légèrement carminé, à glandes arrondies, plates ou saillantes et quelque peu violâtres. — *Fleurs :* très-tardives, s'épanouissant successivement.

FERTILITÉ. — Modérée.

CULTURE. — Il fait sur Merisier des hautes-tiges à tête arrondie et fort régulière, et peut, sur Mahaleb, être assujetti à telle forme naine qu'on désirera.

Description du fruit. — *Comment attaché :* par deux, généralement. — *Grosseur :* très-volumineuse. — *Forme :* globuleuse sensiblement comprimée aux pôles, à sillon bien marqué. — *Pédoncule :* court et gros, inséré dans une très-vaste cavité. — *Point pistillaire :* faiblement enfoncé. — *Peau :* rouge clair, même à la parfaite maturité. — *Chair :* très-tendre et légèrement rosée. — *Eau :* excessivement abondante, presque incolore, acidulée et peu sucrée. — *Noyau :* de grosseur moyenne, globuleux, ayant les joues plates et l'arête dorsale assez tranchante.

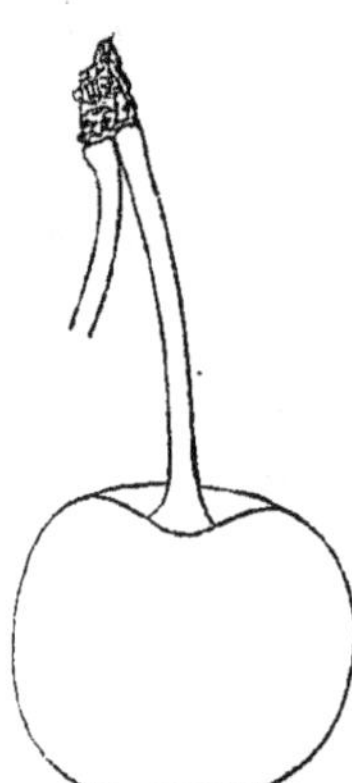

MATURITÉ. — Derniers jours de juin.

QUALITÉ. — Deuxième.

Historique. — La cerise Épiscopale, originaire des environs de Paris, date de 1846, eut pour promoteur M. Jamin-Durand, pépiniériste à Bourg-la-Reine (Seine), et fut signalée pour la première fois en 1848 par M. Hérincq, du Muséum, dans la *Revue horticole* (p. 431). C'est à tort qu'on l'a crue identique avec la Montmorency à Longue Queue, variété dont la séparent, au contraire, des caractères bien tranchés, tant pour l'arbre que pour le fruit.

CERISE D'ESPA. — Synonyme de *Griotte Commune*. Voir ce nom.

CERISES D'ESPAGNE. — Synonymes de *Bigarreau Commun* et de *Bigarreau Noir d'Espagne*. Voir ces noms.

CERISE D'ESPAGNE. — Synonyme de cerise *de Hollande*. Voir ce nom.

CERISE D'ESPAGNE BIGARRÉE. — Synonyme de *Bigarreau Commun*. Voir ce nom.

CERISE D'ESPAGNE BLANCHE. — Synonyme de *Bigarreau Blanc* (*Gros-*). Voir ce nom.

CERISE D'ESPAGNE (GRANDE-). — Synonyme de cerise *Royale hâtive*. Voir ce nom.

CERISES : D'ESPAGNE A LONGUE QUEUE, — D'ESPAGNE ROUGE, } Synonymes de *Bigarreau Commun*. Voir ce nom.

CERISE ESPAGNOLE JAUNE. — Synonyme de *Bigarreau Ambré*. Voir ce nom.

CERISE D'ÉTRURIE. — Synonyme de *Bigarreau Commun*. Voir ce nom.

CERISE EXCELLENTE PORTUGAISE A COURTE QUEUE. — Synonyme de cerise *de Montmorency à Courte Queue*. Voir ce nom.

F

Cerisier FAUX-BOIS DE SAINTE-LUCIE. — Voir *Griottier de la Toussaint*, au paragraphe Observations.

Cerisier FERN-LEAVED. — Synonyme de *Griottier à Feuilles de Saule.* Voir ce nom.

Cerise a la FEUILLE (PETITE-). — Synonyme de *Griotte à Ratafia* (*Petite-*). Voir ce nom.

Cerisier a FEUILLES DE BALSAMINE. — Synonyme de *Griottier à Feuilles de Saule.* Voir ce nom.

Cerisier a FEUILLES CUCULLÉES. — Synonyme de *Griottier à Feuilles cucullées.* Voir ce nom.

---

63. Cerisier a FEUILLES LACINIÉES.

Description de l'arbre. — *Bois :* très-fort. — *Rameaux :* nombreux, des plus étalés, courts et grêles, non géniculés, pubescents, rugueux et d'un brun clair verdâtre amplement lavé de gris sale. — *Lenticelles :* rares, très-fines, grisâtres et peu apparentes. — *Coussinets :* presque nuls. — *Yeux :* petits, coniques-pointus, écartés du bois, aux écailles brunes et bien soudées. — *Feuilles :* abondantes, très-petites, d'un joli vert, souvent elliptiques ou ovales-allongées, ou bien encore obovales ou lancéolées, longuement acuminées, planes ou contournées, quelquefois même recourbées en anneau ; leurs bords sont irrégulièrement et profondément dentés. — *Pétiole :* grêle, très-long, pubescent, flasque, non carminé, à petites glandes difformes, peu saillantes et légèrement vermillonnées. — *Fleurs :* assez tardives, rosées en bouton, s'épanouissant successivement, puis devenant d'un blanc violâtre qui leur donne une couleur sombre.

Fertilité. — Satisfaisante.

Culture. — Sur Mahaleb il fait d'assez convenables pyramides, buissons, espaliers et basses-tiges. Jamais on ne le greffe sur Merisier, pour haute-tige, le plein-vent lui serait trop défavorable.

Description du fruit. — *Comment attaché :* par un, presque toujours. — *Grosseur :* petite. — *Forme :* ovoïde, à sillon assez apparent. — *Pédoncule :* long, peu nourri, inséré dans une cavité de moyennes dimensions. — *Point pistillaire :* saillant. — *Peau :* rouge clair, marbrée et réticulée de rouge-brun. — *Chair :* assez ferme et d'un blanc jaunâtre. — *Eau :* suffisante, à peu près incolore, sucrée et légèrement acidulée. — *Noyau :* de grosseur moyenne, ovoïde-allongé, bombé, ayant l'arête dorsale modérément développée.

Cerisier à Feuilles laciniées.

MATURITÉ. — Commencement de juillet.

QUALITÉ. — Deuxième.

Historique. — Cette variété, qui me paraît provenir de quelque anomalie végétale qu'on aura fixée par la greffe, est dans mes écoles fruitières depuis une trentaine d'années. Comment l'ai-je possédée?..... Je ne saurais le dire, ne trouvant sur elle aucune note dans mes plus anciens Catalogues manuscrits. Je fus toutefois assez longtemps sans la propager, puisque sa première inscription sur mon Catalogue marchand, date seulement de 1860 (p. 13, n° 53). Le cerisier à Feuilles laciniées appartient aux variétés comestibles, par ses fruits, puis aux variétés ornementales, par ses feuilles, mais n'en est pas, pour cela, plus répandu ni plus connu : on n'en rencontre aucune description, aucune mention, même, dans les principales Pomologies.

CERISIERS : A FEUILLES DE PÊCHER, — A FEUILLES DE SAULE, } Synonymes de *Griottier à Feuilles de Saule.* Voir ce nom.

CERISIER A FEUILLES DE TABAC. — Synonyme de *Bigarreautier à Feuilles de Tabac.* Voir ce nom.

CERISE FISBACH. — Synonyme de cerise *Reine-Hortense.* Voir ce nom.

CERISE DE FLANDRE A BOUQUETS. — Synonyme de *Griotte à Bouquet.* Voir ce nom.

CERISES FLEMISH. — Synonymes de cerises *de Montmorency* et *de Montmorency à Courte Queue.* Voir ces noms.

CERISE FLEMISH MONTMORENCY. — Synonyme de cerise *de Montmorency à Courte Queue.* Voir ce nom.

---

64. CERISIER A FLEURS DOUBLES.

L'espèce ainsi appelée n'étant pas fructifère, nous l'eussions négligée sans sa grande ancienneté, sans le rang élevé qu'elle occupe parmi les arbres d'ornement. Presque tous nos vieux pomologues l'ont mentionnée : Gaspard Bauhin, dès 1623, l'a citée dans le *Pinax theatri botanici* (p. 450); le Lectier, en 1628, dans le *Catalogue* de son verger d'Orléans (p. 32), puis Merlet, en 1667 et 1690, et qui même en parla très-élogieusement :

« On peut encore — écrivit-il — dire un mot du *Cerisier à Fleur double*, laquelle est si belle et si grande, que le printemps en a peu de plus considérable....... on en fait des bouquets. » (*L'Abrégé des bons fruits*, édit. 1667, p. 29; édit. 1690, pp. 14-15.)

Duhamel, en 1768, voulut aussi recommander cet arbre à l'attention des horticulteurs :

« Il porte — expliqua-t-il — des fleurs composées d'un plus grand nombre de pétales que celui à fleur semi-double : de vingt-cinq à trente; du milieu du calyce sort un pistil monstrueux, ou dégénéré en petites feuilles vertes, qui rend ses fleurs beaucoup moins belles que celles du Merisier. On peut l'élever en buisson, ce qui n'est pas praticable pour le Merisier. » (*Traité des arbres fruitiers*, t. I, p. 174.)

On ignore quelle peut être l'origine du cerisier à Fleurs doubles, aujourd'hui fort répandu. Au temps de Jean Bauhin, mort en 1613, il était assez généralement cultivé aux environs de Lyon, contrée où ce naturaliste, dont l'*Historia plantarum* ne fut imprimée qu'en 1650, affirme l'avoir observé (t. I, p. 223). Sa multiplication a lieu par le greffage sur Merisier ou, mieux, sur Mahaleb.

---

65. CERISIER A FLEURS SEMI-DOUBLES.

Cet arbre est fructifère, mais ses produits ne sont pas mangeables. Comme le précédent, on ne l'utilise donc, dans les jardins, que pour leur ornementation. Tous deux nous furent connus à la même époque et signalés par le même auteur. La première mention que j'aie rencontrée de ce dernier, remonte en effet à 1623 et c'est également le *Pinax theatri botanici* (p. 450) de Gaspard Bauhin qui me l'a fournie. Duhamel crut aussi devoir s'occuper de ce curieux cerisier, et le caractérisa parfaitement en quelques lignes :

« Sa fleur — dit-il en 1768 — le distingue bien des autres. Elle est composée de quinze à vingt pétales, porte au centre un ou deux pistils et autant d'embryons de fruits. Lorsque les fleurs à double pistil nouent leur fruit, ce qui n'arrive communément que sur les vieux arbres, il est jumeau. Les pistils de quelques fleurs se développent en petites feuilles vertes, et ces fleurs sont stériles. De sorte qu'il n'y a que les fleurs à un seul pistil, et même en petit nombre, qui produisent du fruit. Il est de grosseur moyenne, d'un rouge clair et vif, peu charnu, fort acide. Ainsi ce cerisier ne mérite d'être cultivé que pour sa fleur. » (*Traité des arbres fruitiers*, t. I, p. 173.)

La provenance du cerisier à Fleurs semi-doubles reste un mystère pour tous; ni botanistes ni pomologues n'ont émis à cet égard la moindre opinion.

Cerise FRÄNKISCHE WUCHER. — Synonyme de *Griotte d'Ostheim*. Voir ce nom.

Cerise de FRASER. — Synonyme de *Bigarreau Noir de Tartarie*. Voir ce nom.

Cerise FRÜHE HERZOG. — Synonyme de cerise *Royale hâtive*. Voir ce nom.

Cerise FRÜHE KÖNIGLICHE AMARELLE. — Synonyme de cerise *de Montmorency*. Voir ce nom.

Cerise FRÜHE LEMERCIER. — Synonyme de cerise *Duchesse de Palluau*. Voir ce nom.

Cerise FRÜHE MAI. — Synonyme de cerise *Royale hâtive*. Voir ce nom.

Cerisiers : a FRUIT AMBRÉ,

— a FRUIT BLANC,

} Synonymes de cerise *Ambrée* (*Grosse*-). Voir ce nom.

Cerisier a FRUIT ROND. — Synonyme de *Griotte Commune*. Voir ce nom.

G

Cerise de GADEROP. — Synonyme de *Bigarreau Noir* (*Gros*-). Voir ce nom.

Cerise GALOPIN. — Voir *Griotte à Courte Queue,* au paragraphe Observations.

Cerise GANT NOIR. — Synonyme de cerise *Lemercier*. Voir ce nom.

Cerise de GASCOGNE DE SEPTEMBRE. — Synonyme de *Bigarreau de Fer*. Voir ce nom.

Cerise GEMEINE MARMOR. — Synonyme de *Bigarreau Commun*. Voir ce nom.

Cerise GEMELLE. — Synonyme de *Griotte à Bouquet*. Voir ce nom.

Cerise GERMAN MAY DUKE. — Synonyme de *Guigne Pourpre hâtive*. Voir ce nom.

Cerise GEWÖHNLICHE MUSKATELLER. — Synonyme de *Griotte de Portugal*. Voir ce nom.

Cerise GLIMMERT. — Synonyme de cerise *de Montmorency à Courte Queue*. Voir ce nom.

---

66. Cerise GLOIRE DE FRANCE.

Description de l'arbre. — *Bois :* assez fort. — *Rameaux :* nombreux, érigés, grêles, très-courts, non géniculés et d'un brun foncé. — *Lenticelles :* rares, gris sale, grandes, arrondies. — *Coussinets :* bien accusés. — *Yeux :* faiblement écartés du bois, gros et renflés, coniques-raccourcis, aux écailles brunes et disjointes. — *Feuilles :* abondantes, moyennes, d'un joli vert, obovales et acuminées, planes pour la plupart, à bords régulièrement dentés. — *Pétiole :* fort et de longueur moyenne, rigide, légèrement violacé, à très-petites glandes arrondies et lavées de carmin. — *Fleurs :* assez précoces et s'épanouissant successivement.

FERTILITÉ. — Ordinaire.

CULTURE. — Cet arbre croît un peu trop lentement pour que la haute-tige plein vent, sur Merisier, lui convienne beaucoup ; mieux vaut le greffer sur Mahaleb et le destiner à l'une des formes gobelet, espalier ou buisson, sous lesquelles il devient très-beau, très-régulier.

Description du fruit. — *Comment attaché :* par trois, assez habituellement. — *Grosseur :* au-dessus de la moyenne. — *Forme :* globuleuse comprimée aux pôles, à sillon presque nul. — *Pédoncule :* court et assez fort, inséré dans une vaste cavité. — *Point pistillaire :* très-faiblement enfoncé. — *Peau :* rouge-brique parfois tachetée de brun verdâtre sur le côté de l'ombre et rouge-cramoisi à l'insolation. — *Chair :* grisâtre, transparente, assez tendre et filamenteuse. — *Eau :* abondante, sucrée, agréablement acidulée. — *Noyau :* de moyenne grosseur, ovoïde-arrondi, bombé, ayant l'arête dorsale large et saillante.

Cerise Gloire de France.

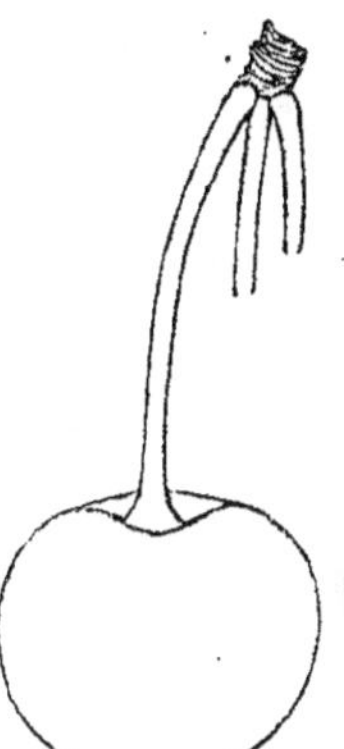

MATURITÉ. — Vers la mi-juin.

QUALITÉ. — Première.

Historique. — M. Auguste Bonnemain, horticulteur à Étampes (Seine-et-Oise), est l'obtenteur de cette bonne et jolie cerise, dont l'arbre-type, provenu de semis, fructifia pour la première fois en 1845. Elle se trouve déjà dans un grand nombre de jardins et le mérite réellement, son nom trop prétentieux étant la seule chose qu'on puisse lui reprocher. La Société d'Horticulture de Paris, à laquelle elle fut soumise en 1857, l'avait appelée cerise Bonnemain, mais ce dernier préféra la propager sous celui de *Bonnemain Gloire de France*, réduit maintenant aux seuls mots : cerise Gloire de France.

CERISES : GOBET, — GOBET A COURTE QUEUE, } Synonymes de cerise *de Montmorency à Courte Queue.* Voir ce nom.

CERISE GOLD. — Synonyme de *Guigne Blanche* (*Grosse*-). Voir ce nom.

CERISES : DE GOTTORP, — GOTTORPER, } Synonymes de *Bigarreau Commun.* Voir ce nom.

CERISES GRAFFION OU GREFFION. — Au temps d'Olivier de Serres (1539-1619) ce mot existait déjà dans la nomenclature pomologique, où il avait deux acceptions. Synonyme, presque partout, de cerises Duracines, il s'appliquait aux variétés actuellement appelées Bigarreau Commun et Gros Bigarreau Blanc. « Mais en Dauphiné, fait observer le célèbre agronome, il estoit generalement « prins pour toutes sortes de Guines ou Cerises douces. » (*Théâtre d'agriculture*, pp. 622-623, édit. de 1608.) — Quelle peut être l'étymologie de pareil terme?... Les lexicographes anciens et les modernes étant muets sur ce point, nous émettrons l'opinion suivante : Au moyen âge on nommait *graffian* ou *greffian* une certaine variété de noix à coque excessivement dure. Or, les cerises primitivement appelées Duracines ayant ensuite, au XVIe siècle, été surnommées *Greffions*, cette dernière dénomination me semble avoir été donnée pour indiquer le caractère principal des cerises Duracines : une chair cassante, une chair très-ferme. Présentement les Provençaux disent encore *griffien*, au lieu de *graffion*. (Consulter aussi nos articles *Bigarreau* et *Guigne*.)

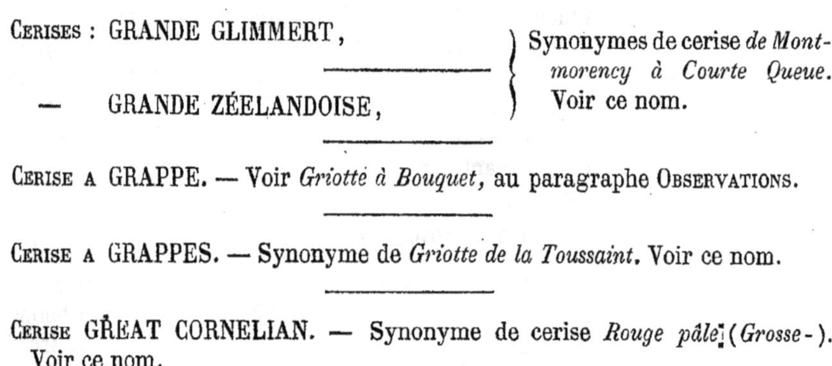

CERISES : GRANDE GLIMMERT, } Synonymes de cerise *de Montmorency à Courte Queue*. Voir ce nom.

— GRANDE ZÉELANDOISE, } Synonymes de cerise *de Montmorency à Courte Queue*. Voir ce nom.

CERISE A GRAPPE. — Voir *Griotte à Bouquet*, au paragraphe OBSERVATIONS.

CERISE A GRAPPES. — Synonyme de *Griotte de la Toussaint*. Voir ce nom.

CERISE GREAT CORNELIAN. — Synonyme de cerise *Rouge pâle* (*Grosse-*). Voir ce nom.

GRIOTTE, GRIOTTIER. — Comme arbres, les Griottiers et les Cerisiers se ressemblent, mais leurs produits sont très-différents. La Griotte, par son eau peu sucrée, fort aigre, souvent même astringente, s'éloigne beaucoup de la Cerise, dont l'eau bien sucrée est généralement acidule, plutôt qu'acide. Aussi les Griottes ont-elles besoin, pour flatter le palais d'un gourmet, des apprêts du liquoriste, du confiseur ou du pâtissier, tandis que les Cerises, les Guignes et les Bigarreaux jamais ne sont meilleurs qu'à l'état naturel. Toutefois les Griottes ont sur ces derniers fruits un très-grand avantage : celui de ne pas être attaquées par les vers.

S'il fallait en croire certains commentateurs de Pline, les Romains auraient cultivé le Griottier Commun sous le nom *Cerasus Apronianus*. Il se peut que dès l'an 80 de l'ère chrétienne cette espèce fût déjà connue à Rome ; seulement je m'étonne qu'on ose déclarer les Cerises Aproniennes, de Pline, identiques avec les Griottes Communes, quand ce naturaliste n'en donne aucune description : « Les Aproniennes, dit-il, sont les plus rouges de toutes les « Cerises. » (Livre XV, chap. XXX.) Où donc prendre, ici, le texte voulu pour permettre quelqu'examen comparatif?

En France, la première mention que nous rencontrions du Griottier, c'est dans *le Grant Herbier*, rarissime ouvrage publié à Paris vers 1485, et qui reproduit en notre langue les principaux passages des traités de botanique et de médecine alors les plus estimés :

« Il est — y lit-on — de deux manieres de Cerises qui different en saveur et en vertu :..... celles qui sont aigres et tirent a saveur amere,..... que aucuns appellent *Damacenes*, les autres, *Agriotes*;..... et celles qui ont saveur doulce..... » (Feuillets XXXVIII, verso, et XXXIX, recto, de la 2e édition, imprimée vers 1520.)

Ainsi, avant 1485 on appelait indistinctement, ce fruit, Damascène ou Agriotte. Le dernier de ces noms ayant seul prévalu, va présentement nous occuper; ailleurs — à l'article cerise *Griotte Commune* — je reviendrai sur Damascène, son synonyme, pareil terme géographique appliqué de la sorte au Griottier, exigeant une sérieuse interprétation.

Dès le moyen âge le mot Agriotte servit donc à distinguer les Cerises aigres, tant chez nous qu'en divers pays, notamment en Italie, où l'historien Sacchi, surnommé Platina, mort en 1481, s'exprime comme suit dans son *Opusculum de obsoniis,* vrai manuel de cuisine et d'hygiène :

« ..... Mêlez — prescrivait-il en 1498 — à vos pâtés de crêtes et cœurs de poulet,....... quarante Cerises aigres ou *Agriottes* sèches..... Prenez, pour faire d'excellentes tartes, ces Cerises aigres aussi appelées *Agriottes,* puis les écrasez dans un mortier, après avoir eu soin d'ôter leur noyau. » (Livres VIe et VIIIe.)

Peu après, à Paris, Charles Estienne et Jean Liébaud précisaient mieux encore, s'il est possible, l'unique acception de ce même mot :

« *Agriottes* — disaient-ils en 1545 — Cerises qui meurissent toutes les dernieres et sont aigres et endurent estre portées loing, sont celles qui sont propres à confire. » (*L'Agriculture et maison rustique,* feuillet 211, verso.)

Enfin Olivier de Serres vint à son tour (1600) parler des Agriottes, et le fit de très-explicite façon :

« Autrement que les precedens fruits — écrivit-il — l'on confit communément les Cerizes, car c'est à une seule venuë qu'on les cuit dans le sucre, non à plusieurs..... Ce sont les *Agriotes* ou Cerizes aigres, dont est question en cest endroit, plus propres à confir QUE LES GUINES OU CERIZES DOUCES, et plus recherchées pour leur goust aigret, salutaire aux febricitans..... Et parce que, communément, les Petites Cerizes aigres ne sont si hautes en couleur, que les Grosses, qu'à mesure qu'elles se meurissent, se noircissent, pour colorer le jus susdit, appelé *Agriotat,* de trois ou quatre Grosses Agriotes Noires de maturité, en sera exprimé le jus dans l'Agriotat, dont il s'en rendra plus agreable. » (*Le Théâtre d'agriculture et ménage des champs*, édit. de 1608, pp. 776-777.)

Mais ces quelques extraits me semblant démontrer suffisamment qu'à partir du moyen âge jusqu'à la fin du XVIe siècle, le mot Agriotte désigna les Cerises aigres, au lieu d'en grossir le nombre je demanderai comment il se put faire que dès 1628 on appela Griottes, les *Guignes* ou *Guindoux*, ces fruits dont l'eau douceâtre et mielleuse n'est que fort exceptionnellement pourvue d'une très-faible acidité?

Réponde qui voudra; quant à moi je me borne à blâmer le Lectier (1628), Merlet (1675), la Quintinye (1690) et les Chartreux (1736) d'avoir accepté cette substitution de nom : tout commandait de la repousser, puisqu'elle dénaturait le sens même des mots. Si encore ils en eussent fait ressortir l'illogisme! Mais point, ils l'acceptèrent sans la moindre protestation. Deux courtes, deux seules citations vont le prouver :

« La *Griotte* — écrivit Merlet en 1675 — est une grosse Cerise noire, DOUCE et excellente. » (*L'Abrégé des bons fruits*, p. 24.)

« La *Griote* — déclaraient beaucoup plus tard (en 1736) les pères Chartreux — la Griote est une espece de Cerise, grosse, noire, FORT DOUCE; le bois gros, la feüille large et d'un verd foncé. » (*Catalogue des plus excellents fruits de leurs pépinières de Paris*, p. 13.)

Et cette inconcevable substitution de nom se maintint chez nous jusqu'au commencement du XIXe siècle. Aujourd'hui, quoiqu'elle n'y soit plus tolérée par les horticulteurs, je n'affirme pas, cependant, que personne ne continue d'y confondre les Griottes avec les Guignes, surtout quand je lis dans le *Dictionnaire de l'Académie française,* édition de 1835 : « GRIOTTE, Cerise à *courte queue, plus douce* « que les autres ; » et dans le *Dictionnaire* de Littré, publié en 1863 : « GRIOTTE, « espèce de Cerise à *courte queue*, qui est *un peu aigre* et *plus grosse* que les autres. » — Voilà bien le cas de dire : Autant d'erreurs que de mots ! !

Certains étymologistes ont pensé qu'agriotte venait du grec ἄγριος, signifiant sauvage, sauvageon. Partager leur sentiment m'est impossible, car les Griottes ne sont pas un fruit sauvage. Avec les érudits Ménage et le Duchat, je crois plutôt qu'agriotte fut fait d'*acriotum*, terme de basse latinité qui répond à nos expressions âcre, aigre, rude au goût, et définit parfaitement le caractère typique des Griottes.

Enfin j'ajouterai qu'en Allemagne plusieurs variétés de cette espèce de Cerise sont appelées *Amarelles.* (Voir page 163 l'historique de ce dernier mot.)

CERISE GRIOTTE. — Synonyme de *Griotte Commune.* Voir ce nom.

---

67. CERISE GRIOTTE ACHER.

Synonymes. — 1. CERISE A CONFITURES (Herman Knoop, *Fructologie*, 1771, pp. 35 et 38). — 2. GRIOTTE DOUBLE (*Id. ibid.*). — 3. GRIOTTE TARDIVE (*Id. ibid.*). — 4. CERISE ACHER (A. Ferlet, *Revue horticole,* année 1859, p. 122).

Description de l'arbre. — *Bois :* très-faible. — *Rameaux :* des plus nombreux, sensiblement étalés ou arqués, grêles, peu longs, peu géniculés et d'un brun clair légèrement cendré. — *Lenticelles :* rares, des plus fines, grises et arrondies. — *Coussinets :* bien accusés. — *Yeux :* moyens, renflés, coniques-arrondis, collés en partie sur l'écorce, aux écailles grisâtres et faiblement disjointes. — *Feuilles :* abondantes, petites, vert cendré, ovales ou obovales, très-acuminées, canaliculées, finement dentées et crénelées. — *Pétiole :* court et grêle, roide, quelque peu lavé de carmin, à petites glandes arrondies, saillantes et jaune pâle. — *Fleurs :* tardives, s'épanouissant successivement.

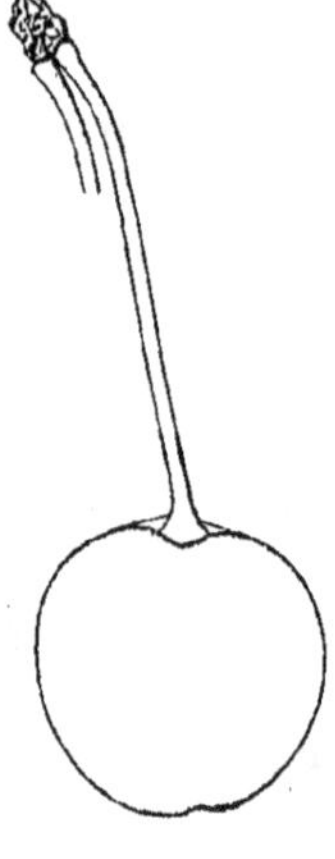

FERTILITÉ. — Grande.

CULTURE. — Sa trop lente croissance ne permet pas de le destiner au plein-vent ; il faut l'écussonner sur Mahaleb, pour formes naines.

Description du fruit. — *Comment attaché :* par deux, habituellement. — *Grosseur :* moyenne. — *Forme :* globuleuse ou ovoïde très-arrondie, à sillon bien apparent et régnant sur les deux faces. — *Pédoncule :* grêle, de longueur variable, mais plutôt assez long que court, inséré dans une faible cavité. — *Point pistillaire :* petit, enfoncé. — *Peau :* rouge noirâtre, surtout à l'insolation. — *Chair :* rouge-pourpre et mi-tendre, légèrement filamenteuse. — *Eau :* abondante, presque violette, peu sucrée, sensiblement acidulée et même assez âpre. — *Noyau :* moyen, ovoïde-raccourci, ayant le sommet aigu, les joues plus ou moins bombées et l'arête dorsale modérément développée.

MATURITÉ. — Commencement et courant d'août.

QUALITÉ. — Deuxième.

Historique. — En 1859 on lisait ce qui suit dans la *Revue horticole*, de Paris, sous la signature A. Ferlet :

« M. Acher a présenté cet automne dernier, au Cercle pratique d'Horticulture de la Seine-Inférieure, une variété inédite de Cerise tardive, qu'il cultive dans son vaste et riche jardin d'Yvetot..... Il l'a trouvée en 1844, dans la propriété qu'il a acquise, parmi des ronces et des merisiers abandonnés à eux-mêmes, et *pense qu'elle provient d'un semis naturel*..... Le Cercle lui a donné le nom de CERISE ACHER, pour honorer son propagateur. » (N° du 1er mars, pp. 122-123.)

M. Acher n'affirmant aucunement avoir obtenu de semis, cette variété, je crois qu'on pourrait la réunir au fruit d'origine hollandaise connu depuis un temps immémorial sous les divers noms Griotte Double, Griotte Tardive, Cerise à Confitures, et caractérisé dès 1771 par le pomologue Herman Knopp (*Fructologie*, pp. 35, 38 et 39). Nulle différence, en effet, n'existe entre ces deux griottiers, non plus qu'entre leurs produits.

Observations. — Planté au nord sous forme espalier, cet arbre voit ses produits acquérir une très-grande tardiveté, puisqu'alors ils ne mûrissent guère avant la mi-octobre.

CERISE GRIOTTE AGNATE OR MURILLO. — Synonyme de *Griotte à Ratafia (Grosse-)*. Voir ce nom.

---

68. CERISE GRIOTTE D'ALLEMAGNE.

Synonymes. — 1. GROSSE CERISE DU COMTE DE SAINTE-MAURE (Duhamel, *Traité des arbres fruitiers*, 1768, t. I, p. 192). — 2. GRIOTTE DE CHAUX (*Id. ibid.*). — 3. GRIOTTE DE CHOUX (Calvel, *Traité complet sur les pépinières*, 1805, t. II, pp. 142-143, n° 30). — 4. GRIOTTE DE GOTHA (*Id. ibid.*). — 5. CERISE DE MONSIEUR LE COMTE DE SAINT-MAURE (Thompson, *Catalogue of fruits cultivated in the garden of the horticultural Society of London*, 1826, p. 26, n° 192). — 6. GUIGNE SAURE (Dittrich, *Systematisches Handbuch der Obstkunde*, 1840, t. II, p. 107, n° 135). — 7. GRIOTTE DE CAUX (Congrès pomologique, session de 1860, *Procès-Verbaux*, p. 12).

Sous le nom Griottier d'Allemagne, longtemps on a multiplié chez moi un arbre qui n'était autre que le Gros Griottier à Ratafia, aujourd'hui communément appelé Griottier du Nord ou Griottier Morello. Après avoir constaté cette erreur j'ai fort inutilement essayé de retrouver la véritable Griotte d'Allemagne, dont Duhamel, en 1768, s'était si consciencieusement occupé. Dans l'espoir, cependant, qu'elle puisse reparaître tôt ou tard parmi les espèces cultivées, je transcris le passage où ce pomologue l'étudie, on pourra du moins s'en aider pour la reconnaître :

Description de l'arbre. — « Toutes les parties du *Griottier d'Allemagne* sont aussi petites et délicates que celles du Griottier de Portugal sont grosses et vigoureuses. — Le *Bourgeon* est long, menu, brun ou rougeâtre du côté du soleil, vert jaunâtre du côté opposé. Le bois plus ancien est d'un brun foncé. — Le *Bouton* est oblong, bien nourri, obtus; le *Support* est large. — La *Fleur* s'ouvre moins que celle des Cerisiers, plus que celle des Merisiers; elle a quinze lignes de diamètre. Ses *Pétales* sont plus larges que longs, très-concaves et souvent fendus en cœur. Il sort trois ou quatre fleurs de chaque bouton. — Les *Feuilles* des branches à fruit sont petites, courtes, plus étroites du côté de la queue qu'à l'autre extrémité, qui se termine par une très-petite pointe; la dentelure est fine, régulière, obtuse, peu profonde; ces feuilles ont de deux pouces à deux pouces six lignes de longueur sur une largeur de seize à dix-neuf lignes; les *Queues* sont menues, longues de six à onze lignes.

Celles des bourgeons sont longues de trois pouces, larges de vingt lignes, terminées par une longue pointe, obtuses ou un peu arrondies à leur épanouissement, dentelées assez profondément vers leur extrémité, et surdentelées. »

Griotte d'Allemagne.

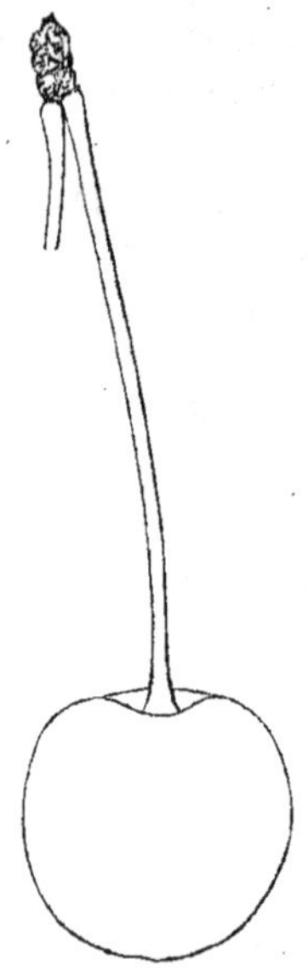

Description du Fruit. — « Il est *gros*, ayant onze lignes sur son grand diamètre, dix lignes sur son petit diamètre, dix lignes et demie de hauteur; le plus souvent la hauteur et le grand diamètre sont égaux, et alors étant àplati suivant sa hauteur, comprimé et plus renflé à la queue que par la tête, sa *Forme* est plutôt allongée qu'arrondie. — La *Queue* est menue, longue de quinze à vingt lignes, plantée dans un enfoncement évasé, mais peu creusé. — La *Peau* est d'un rouge-brun foncé approchant du noir, moins cependant que la Griotte Commune. — La *Chair* est d'un rouge foncé. — L'*Eau* est abondante, un peu trop relevée d'acide, qui, dans les terrains froids et humides, va jusqu'à l'aigreur..... — Le *Noyau* est long de près de six lignes, large de quatre lignes et demie, épais de trois lignes et demie, un peu teint, terminé par une petite pointe. »

MATURITÉ. — « Mûrit à la mi-juillet. »

QUALITÉ. — « Si ce beau fruit a quelque avantage pour la grosseur, sur notre Griotte, il lui est bien inférieur pour le goût. »

Historique. — Le nom de cette variété peut-il faire présumer qu'elle soit d'origine allemande? Pour moi je lui suppose pareille provenance et cela pour deux raisons: d'abord parce que son premier descripteur, Duhamel, qui se préoccupait infiniment de l'origine des fruits nouveaux, l'appela Griotte d'Allemagne et mit au rang des synonymes deux surnoms qu'il lui connaissait: Griotte de Chaux et Grosse Cerise de Monsieur le comte de Sainte-Maure; enfin parce que Calvel, dont les relations avec Sickler et Truchsess furent constantes, avant comme après 1789, caractérise aussi, dans son *Traité sur les pépinières* (t. II, pp. 142-143), cette variété sous la dénomination Griotte d'Allemagne, en la faisant suivre d'un synonyme assez significatif : Griotte *de Gotha*. Depuis un siècle nombre d'auteurs allemands — Mayer (1779), J. V. Sickler (1797), Truchsess (1819), Dittrich (1840), Oberdieck (1867) — ont bien, il est vrai, parlé de cette griotte, mais avec de telles contradictions, avec si peu de clarté, tant pour sa description que pour son histoire, qu'il est réellement impossible, par leur aide, de résoudre la question ici posée.

Observations. — Le Congrès pomologique a décrit et figuré d'après Duhamel, très-évidemment, ce fruit en 1873 (t. VII, n° 22) et l'a dit *des plus rares sur les marchés*. Il eût pu, sans crainte aucune, ajouter qu'il n'était pas moins rare chez les pépiniéristes. Maintes fois, en effet, je l'ai demandé à ceux de mes confrères qui croyaient le posséder, et n'ai toujours reçu, sous l'étiquette Griottier d'Allemagne, que le Griottier Commun.

CERISIER GRIOTTIER AMARELLE. — Synonyme de *Griottier Nain précoce*. Voir ce nom.

CERISE GRIOTTE AMARELLE DOUBLE DE VERRE. — Synonyme de cerise *Hâtive*. Voir ce nom.

CERISE GRIOTTE AMARELLE DU NORD. — Synonyme de *Griotte à Ratafia* (*Grosse-*). Voir ce nom.

CERISES : GRIOTTE AMBRÉE,
— GRIOTTE AMBRÉE DE VILLÈNES,
} Synonymes de cerise *Ambrée* (*Grosse-*). Voir ce nom.

CERISES GRIOTTE ARCH-DUC ET GRIOTTE ARCHIDUC. — Synonymes de *Griotte de Portugal*. Voir ce nom.

CERISE GRIOTTE D'ATHÈNES. — Synonyme de *Griotte d'Ostheim*. Voir ce nom.

CERISES : GRIOTTE BELLE MAGNIFIQUE,
— GRIOTTE BELLE ET MAGNIFIQUE,
} Synonymes de *Griotte Commune*. Voir ce nom.

CERISE GRIOTTE BELLE POLONAISE. — Synonyme de *Griotte de Kleparow*. Voir ce nom.

CERISE GRIOTTE BELLE DE RIBEAUCOURT. — Synonyme de cerise *Belle de Ribeaucourt*. Voir ce nom.

CERISE GRIOTTE BLACK MORELLO. — Synonyme de *Griotte à Ratafia* (*Grosse-*). Voir ce nom.

CERISE GRIOTTE BONNE POLONAISE. — Synonyme de *Griotte de Kleparow*. Voir ce nom.

---

69. CERISE GRIOTTE A BOUQUET.

Synonymes. — 1. CERISE CLUSTER (John Parkinson, *Paradisi in sole paradisus terrestris*, 1629; — et Robert Hogg, *the Fruit manual*, 1875, p. 199). — 2. CERISE GEMELLE (Merlet, *l'Abrégé des bons fruits*, 1667, p. 26). — 3. CERISE DE FLANDRE A BOUQUETS (Société économique de Berne, *Traité des arbres fruitiers*, 1768, t. II, pp. 146-147). — 4. CERISE DE RAISIN (*Id. ibid.*). — 5. CERISE CHEVREUSE (Thompson, *Catalogue of fruits cultivated in the garden of the horticultural Society of London*, 1826, p. 23, nº 127). — 6. CERISE A BOUQUET (Thompson, *Transactions of the horticultural Society of London*, 2e série, 1831, t. I, p. 288). — 7. CERISE BÜSCHEL (*Id. ibid.*). — 8. GRIOTTE BOUQUET AMARELLE (*Id. ibid.*). — 9. GRIOTTE BÜSCHEL (*Id. ibid.*). — 10. GRIOTTE FLANDRISCHE (*Id. ibid.*). — 11. GRIOTTE TRAUBEN AMARELLE (*Id. ibid*). — 12. CERISE HECK (Idem, *Catalogue of fruits cultivated in the garden of the horticultural Society of London*, 1842, p. 55, nº 27). — 13. GRIOTTE CHEVREUSE MALE (Hogg, *the Fruit manual*, 1875, p. 198).

Description de l'arbre. — *Bois :* fort. — *Rameaux :* très-nombreux, peu étalés, grêles, assez longs, non géniculés, lisses et d'un brun rougeâtre lavé de gris cendré. — *Lenticelles :* rares, arrondies et grisâtres. — *Coussinets :* bien accusés. — *Yeux :* volumineux, renflés, coniques-pointus, faiblement écartés du bois, aux écailles grises ou brunes. — *Feuilles :* peu nombreuses, petites, vert clair, ovales-allongées ou elliptiques, acuminées et canaliculées, à bords finement dentés. — *Pétiole :* court, de moyenne force, rigide, légèrement carminé, à petites glandes saillantes et arrondies. — *Fleurs :* assez tardives et s'épanouissant successivement. On en compte jusqu'à six au même bouton, ayant de cinq à sept pétales, de trente à quarante-cinq étamines, et d'un à douze pistils à la base desquels se trouve un embryon toujours plus ou moins sujet à l'avortement.

FERTILITÉ. — Abondante.

CULTURE. — Par sa croissance régulière et sa riche ramification, il se prête à toute espèce de forme; on le greffe sur Merisier pour plein-vent à haute-tige, et sur Mahaleb pour basse-tige.

Description du fruit. — *Comment attaché :* par deux ou par trois pédoncules au trochet, lesquels portent, chacun à son extrémité, de deux à cinq griottes ayant toutes un très-court et très-mince filet plat qui les y soude fortement et les fait croire collées l'une à l'autre, car elles s'entre-touchent de complète façon. — *Grosseur :* variable, mais généralement au-dessous de la moyenne. — *Forme :* globuleuse, légèrement comprimée aux pôles, à sillon assez apparent. — *Pédoncule :* peu nourri, court ou de longueur moyenne, inséré dans une faible cavité. — *Point pistillaire :* petit et placé dans un évasement prononcé. — *Peau :* fine, très-mince, transparente, d'un rouge clair à peine nuancé de rouge-brun à l'insolation. — *Chair :* très-tendre, transparente et jaune blanchâtre. — *Eau :* des plus abondantes, quelque peu rosâtre, assez agréable quoique sensiblement acidulée. — *Noyau :* petit, arrondi, ayant les joues presqu'aplaties et l'arête dorsale bien développée.

Griotte à Bouquet.

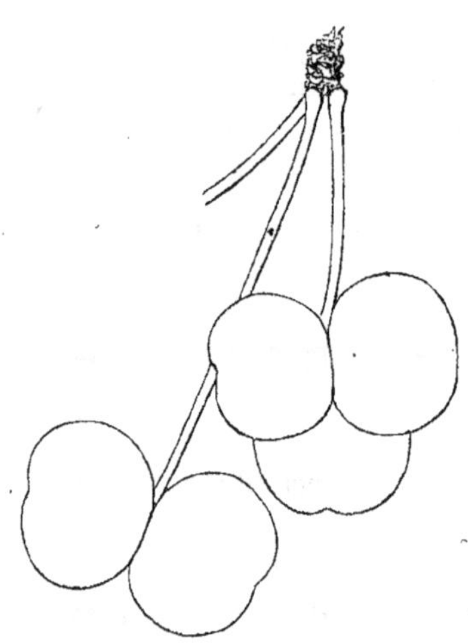

MATURITÉ. — Fin juin.

QUALITÉ. — Deuxième.

Historique. — Comestible, très-curieuse et du plus bel effet dans les jardins ou les vergers, cette griotte est cependant assez rare, quoique fort ancienne et bien connue des pomologues et des pépiniéristes, surtout en France. Mais chez les Allemands il ne paraît pas en être ainsi, puisqu'on l'y croyait encore, en 1840, variété moderne; témoin ce passage de George Dittrich :

« La Cerise *à Bouquet* — écrit cet auteur — semble un gain moderne, car elle n'est pas mentionnée dans l'ouvrage spécial de Truchsess (1819). Elle provient de Hohenheim, village du Wurtemberg. » (*Systematisches Handbuch der Obstkunde,* 1840, t. II, p. 33, n° 21.)

Par quelques citations, prouvons que Dittrich, contre son habitude, émet ici une opinion complétement erronée; ce qui d'autant plus nous étonne, que ses compatriotes Mayer, en 1776, et J. V. Sickler, en 1804, avaient déjà décrit et figuré la griotte à Bouquet, le premier dans la *Pomona franconica* (t. II, p. 38, pl. 20), le second dans le *Teutscher Obstgärtner* (t. XXI, p. 126, pl. 21).

Le médecin Jacques Daléchamp, qui chez nous signala ce fruit, le fit en 1586, très-brièvement et sans lui appliquer aucun nom :

« Il y a — dit-il — d'autres Cerises qui croissent trois à trois, quatre à quatre, ou cinq à cinq, attachées sur un seul et même pédoncule. » (*Historia generalis plantarum*, 1586, t. I, p. 262.)

Vint ensuite — avant 1613 — le naturaliste Jean Bauhin, d'Amiens, passionné pour l'étude des fruits, et dont l'attention, en conséquence, se porta tout particulièrement sur cette étrange variété :

« On cultive à Stuttgardt — écrivit-il — dans le jardin de l'illustrissime et très-savant duc de Wurtemberg, une espèce de Cerisier dont les produits, d'un beau rouge, sont groupés tantôt par deux, tantôt par trois, souvent aussi par quatre ou cinq sur un seul pédoncule où les précèdent des fleurs réputées offrir cette même disposition. Des rameaux de ce Cerisier ont été, par mes soins, greffés à Montbéliard dans le jardin du prince. J'en ai aussi mangé des fruits, qu'on m'a dit cueillis à Winterthur, au pays de Zurich, et les ai trouvés de saveur agréable. » (*Historia plantarum universalis*, t. I, p. 223.)

Ainsi donc, dès le XVIe siècle la griotte qui nous occupe était cultivée non-seulement à Stuttgardt (Wurtemberg) et à Winterthur (Suisse), mais même à Montbéliard (Franche-Comté), alors aux mains des ducs de Wurtemberg; d'où suit que de cette dernière contrée elle gagna bientôt le centre de la France. Je la rencontre, effectivement, chez les Orléanais en 1628, où le Lectier, page 32 du *Catalogue de son verger,* en fait cette trop concise description : « Cerise à trochets « jusques à quatorze sur même queuë. » Voilà certes notre griottier, seulement on exagérait un peu sa fertilité, car il est très-rare de trouver ses fruits réunis par plus de cinq ou six sur un pédoncule, quoique Duhamel ait affirmé (t. II) que les vieux arbres en donnent des bouquets de huit à douze par pédoncule. Dans la première édition de sa Pomologie, qui remonte à 1667, Merlet, également, parla de cette espèce et montra qu'il l'avait bien observée :

« La *Cerise à Bouquet*, ou *Gemelle* — dit-il — est plus curieuse que bonne, ne vient pas si grosse que les autres, et coule davantage. » (*L'Abrégé des bons fruits*, 1667, p. 26.)

Remarque qu'il compléta de la sorte, en 1690 :

« Ce fruit est admirable quand il nouë bien, donnant plusieurs Cerises sur une même queuë, et quelques fois jusques à six et sept. » (*Ibid.*, 1690, p. 12.)

Si maintenant on demande d'où le Griottier à Bouquet est originaire, je répondrai : La plus ancienne mention qu'on en trouve — dans Bauhin, avant 1613 — le montrant cultivé chez les Wurtembergeois, et presqu'aussitôt chez les Suisses, il semble assez naturel de penser que l'Allemagne méridionale puisse être son pays natal, ou tout au moins la Flandre, car il existait aussi à cette même date, en ce comté, selon le botaniste anglais Parkinson, qui le nomme cerisier Cluster, *de Flandres*, dans un ouvrage publié en 1629 sous le titre *Paradisi in sole Paradisus terrestris.*

Observations. — Souvent on a vendu le Griottier à Bouquet sous le nom, très-fautif, de *Cerisier à Grappes*, qu'on ne saurait placer parmi les synonymes de ladite espèce sans s'exposer à la faire confondre avec le Griottier de la Toussaint, dont c'est un des surnoms les plus connus. Ceci posé, je renvoie pour tous autres détails à l'article Griotte de la Toussaint, où j'établirai en outre que le *Padus*

Communis, vulgairement appelé Merisier à Grappes et Faux-Bois de Sainte-Lucie, a reçu parfois, aussi, la dénomination de Cerisier à Grappes ; double erreur des anciens pomologues, qui longtemps m'a tenu dans un complet désarroi synonymique.

CERISE GRIOTTE BOUQUET AMARELLE. — Synonyme de *Griotte à Bouquet*. Voir ce nom.

CERISE GRIOTTE BRETONNEAU. — Synonyme de cerise *Montmorency de Bourgueil*. Voir ce nom.

CERISES : GRIOTTE BRUNE DE BRUXELLES,

— GRIOTTE BRÜSSELER BRAUNE,

Synonymes de *Griotte à Ratafia* (*Grosse-*). Voir ce nom.

CERISE GRIOTTE BÜSCHEL. — Synonyme de *Griotte à Bouquet*. Voir ce nom.

CERISES : GRIOTTE BÜTTNER'S OCTOBER,

— GRIOTTE BÜTTNER'S OCTOBER ZUCKER,

— GRIOTTE BÜTTNER'S SEPTEMBER UND OCTOBER,

— GRIOTTE BÜTTNER'S SPÄTE,

Synonymes de *Bigarreau tardif Büttner*. Voir ce nom.

CERISES GRIOTTE DE CAUX. — Synonymes de *Griotte d'Allemagne* et de *Griotte de Portugal*. Voir ces noms.

CERISE GRIOTTE DE CHAUX. — Synonyme de *Griotte d'Allemagne*. Voir ce nom.

CERISE GRIOTTE CHEVREUSE MALE. — Synonyme de *Griotte à Bouquet*. Voir ce nom.

CERISE GRIOTTE DE CHOISY. — Synonyme de cerise *Ambrée* (*Grosse-*). Voir ce nom.

CERISE GRIOTTE DE CHOUX. — Synonyme de *Griotte d'Allemagne*. Voir ce nom.

CERISE GRIOTTE CLAIRE. — Synonyme de cerise *à Trochet*. Voir ce nom.

---

70. CERISE GRIOTTE COMMUNE.

Synonymes. — 1. CERISE AGRIOTTE (*le Grant herbier en françoys*, 1485-1520, f^ot 38, verso). — 2. CERISE DAMACÈNE (*Ibidem.*). — 3. CERISE GRUOTTE (Claude Mollet, *le Théâtre des jardinages*, 1652-1678, p. 66). — 4. CERISE AIGRIOTTE (Liger, *Culture parfaite du jardin fruitier et potager*, 1714, p. 437). — 5. CERISE GRIOTTE (Duhamel, *Traité des arbres fruitiers*, 1768, t. I, pp. xviij et 187). — 6. CERISE AIGRE (Herman Knoop, *Fructologie*, 1771, pp. 35, 36 et 39). — 7. CERISE DE COLOGNE (*Id. ibid.*). — 8. CERISE COMMUNE (*Id. ibid.*). — 9. CERISE KRIEK (*Id. ibid.*). — 10. CERISE DU RHIN (*Id. ibid.*). — 11. GRIOTTE SIMPLE (*Id. ibid.*) — 12. CERISIER LE RONDEAU (Pierre Leroy, d'Angers, *Catalogue de ses jardins et pépinières*, 1790, p. 28). — 13. CERISIER A FRUIT ROND (Fillassier, *Dictionnaire du jardinier français*, 1791, t. II, p. 576). — 14. CERISE BELLE DE CHATENAY TARDIVE (le Lieur, *la Pomone française*, 1842, p. 461). — 15. CERISE CHATENAY (Thompson, *Catalogue of fruits cultivated in the garden of the horticultural Society of London*, 1842, p. 52, nº 7). — 16. GRIOTTE BELLE MAGNIFIQUE (A. J. Downing, *the Fruits and fruit trees of America*, 1849, p. 193, nº 62). — 17. GRIOTTE BELLE ET MAGNIFIQUE (*Id. ibid.*). — 18. CERISE BELLE CHATENAY MAGNIFIQUE (d'Albret, *Cours théorique et pratique de la taille des arbres fruitiers*, 1851, p. 325). — 19. CERISE D'ESPA (*Id. ibid.*). — 20. BIGARREAU DE SPA (Couverchel, *Traité complet des fruits*, 1852, p. 354). — 21. CERISE BELLE DE SCEAUX (Thompson, *Journal of the horticultural Society of London*, 1853, t. VIII, p. 251, nº 7). — 22. CERISE MAGNIFIQUE DE SCEAUX (*Id. ibid.*). — 23. CERISE BELLE DE MAGNIFIQUE (L. de Bavay, *Annales de pomologie belge et étrangère*, 1853, t. I, p. 61). — 24. GROSSE CERISE DE SCEAUX (Langethal, *Deutsches Obstcabinet*, 1854, t. III). — 25. CERISE D'AGEN (Dochnahl, *Obstkunde*, 1858, t. III, p. 55, nº 184). — 26. CERISE DE SPA (*Id. ibid.*). — 27. CERISE BELLE DE CHATENAY (*Id. ibid.*). — 28. CERISE CRÉVÉ (*Id. ibid.*). — 29. CERISE PRÄCHTIGE GLAS (*Id. ibid.*). — 30. GRIOTTE GROSSE-MORELLE (Oberdieck, *Illustrirtes Handbuch der Obstkunde*, 1861, t. III, p. 515, nº 95). — 31. CERISE BELLE DE SPA (Robert Hogg, *the Fruit manual*, 1862).

Description de l'arbre. — *Bois :* fort. — *Rameaux :* assez nombreux, étalés, de grosseur et longueur moyennes, non géniculés, rugueux et d'un brun clair amplement lavé de gris cendré. — *Lenticelles :* peu abondantes, larges, arrondies. — *Coussinets :* modérément ressortis. — *Yeux :* volumineux, renflés, ovoïdes-pointus, écartés du bois, aux écailles brunes et disjointes. — *Feuilles :* rarement nombreuses, moyennes, vert clair, ovales ou obovales, acuminées, canaliculées et parfois contournées, ayant les bords régulièrement dentés. — *Pétiole :* de longueur moyenne, bien nourri, très-rigide, à peine lavé de carmin, portant de petites glandes allongées ou arrondies et légèrement rougeâtres. — *Fleurs :* assez tardives, s'épanouissant successivement, et ponctuées de rose lorsqu'elles commencent à passer.

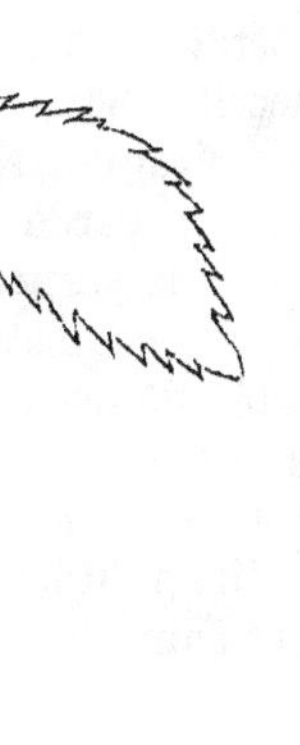

FERTILITÉ. — Ordinaire.

CULTURE. — Quoiqu'il réussisse bien sous toutes les formes, la basse-tige sur Mahaleb lui convient mieux que la haute-tige plein-vent, car elle le rend plus productif.

Description du fruit. — *Comment attaché :* par deux ou par un, le plus habituellement. — *Grosseur :* volumineuse. — *Forme :* globuleuse très-comprimée autour du pédoncule, à sillon généralement bien apparent. — *Pédoncule :* de longueur moyenne, assez fort, inséré dans une vaste cavité. — *Point pistillaire :* saillant ou faiblement enfoncé. — *Peau :* luisante, lisse et mince, d'un rouge-grenat qui passe au rouge noirâtre foncé à la complète maturité. —

Chair : un peu ferme, filamenteuse et rouge-brun. — *Eau :* abondante, rouge violâtre, vineuse, assez sucrée, douée d'une saveur aigrelette et d'une pointe d'amertume qui la rendent fort agréable. — *Noyau :* de grosseur moyenne, ovoïde-arrondi, légèrement bombé, ayant l'arête dorsale large et peu saillante.

MATURITÉ. — Commencement et courant de juillet.

QUALITÉ. — Première.

Historique. — Dans l'article consacré ci-dessus (pp. 273-275) aux termes *Griotte, Griottier,* j'ai prouvé qu'il est impossible de prétendre que notre Griotte Commune, à peau noirâtre, soit identique avec la cerise Apronienne dont Pline a dit, pour toute description : « C'est la plus rouge du genre. » Mais il m'a été facile d'en montrer, néanmoins, la grande ancienneté, puisque les botanistes, soit chez nous, soit à l'étranger, l'ont mentionnée dès la naissance de l'imprimerie. Ainsi vers 1485 on lisait dans *le Grant herbier en françoys :* « Les Cerises qui sont aigres « et tirent à saveur amère,..... que aucuns appellent *Damacenes,* les autres « *Agriotes.* » (F[ets] 38 et 39.) Vint ensuite Charles Estienne : « *Agriottes* meurissent — écrivit-il — « toutes les dernieres [des Cerises],..... sont aigres..... et propres « à confire. » (*Maison rustique*, f[et] 211.) Enfin Olivier de Serres (1608) en parla de la sorte : « Les Grosses Cerizes Aigres, à mesure qu'elles se meurissent, se « noircissent..... De trois ou quatre *Grosses Agriotes Noires* de maturité, en sera « exprimé le jus dans l'Agriotat, dont il s'en rendra plus agréable. » (*Théâtre d'agriculture*, pp. 776-777.) Le volume et la bonté de cette griotte, ainsi que l'universalité de sa culture, l'ont fait baptiser et rebaptiser dans tous les pays; aussi pourrait-on aisément grossir le nombre des synonymes — trente-et-un — que j'ai pu lui reconnaître; je pense toutefois avoir cité les principaux. Si l'origine du Griottier Commun n'est pas facile à préciser, on peut croire, cependant, qu'au moyen âge ce ne fut pas sans motif sérieux qu'on appela indistinctement Agriottes ou Cerises *Damascènes,* les produits de cet arbre fruitier. Comme le Prunier de Damas, serait-il donc provenu de la Syrie, rapporté chez nous par quelque Croisé? Rien, selon moi, n'empêche de le supposer, en présence, surtout, de ce nom primitif, plus significatif qu'étrange, inscrit dès 1485, on l'a vu, dans *le Grant Herbier.*

Observations. — En 1866 M. Paul de Mortillet (*les Meilleurs fruits,* t. II, p. 147) a dit erronément qu'Oberdieck avait décrit (1861, t. III, p. 493, n° 84) cette variété sous la dénomination Muscate de Prague. Non, ce pomologue n'a pas commis une telle méprise; il s'est même bien gardé de placer parmi les synonymes qu'il attribue à la *Pragische Muskateller,* le surnom Cerise ou Griotte Commune. Du reste, pouvait-il le faire, quand son compatriote Dittrich s'était attaché, dès 1840, à caractériser ces deux variétés, l'une, la Griotte Commune, page 100, l'autre, la Muscate de Prague, page 101 du *Systematisches Handbuch der Obstkunde?* (t. II, n°s 125 et 128). — Mais il est certain, par exemple, que le griottier Grosse-Morelle, décrit par Oberdieck (t. III, p. 515, n° 95) puis par M. de Mortillet (t. II, p. 184), ne diffère en rien, arbre et fruit, du Griottier Commun.

CERISE GRIOTTE COPALE. — Synonyme de cerise *Ambrée* (*Grosse-*). Voir ce nom.

---

71. CERISE GRIOTTE A COURTE QUEUE.

Synonymes. — 1. CERISE AGRIOTE A COURTE QUEUE (Olivier de Serres, *le Théâtre d'agriculture et ménage des champs*, 1608, p. 622). — 2. CERISE GUINDOULE (Fillassier, *Dictionnaire du jardinier français*, 1791, t. II, p. 579). — 3. GRIOTTE DU POITOU (*Id. ibid.*). — 4. GUINDOUX DE POITOU (Couverchel, *Traité complet des fruits*, 1852, p. 350). — 5. GRIOTTE DOUBLE-MARMOTTE (Thompson, *Journal of the horticultural Society of London*, 1853, t. VIII, p. 251). — 6. GRIOTTE IMPÉRIALE (Charles Downing, *the Fruits and fruit trees of America*, 1863, p. 279; — et Paul de Mortillet, *les Meilleurs fruits*, 1866, t. II, p. 190). — 7. GRIOTTE IMPÉRIALE DOUBLE-MARMOTTE (Charles Baltet, *Revue horticole*, 1864, p. 134).

Description de l'arbre. — *Bois :* fort. — *Rameaux :* très-nombreux, étalés, grêles, assez longs, lisses, non géniculés et d'un brun clair amplement lavé de gris cendré. — *Lenticelles :* abondantes, fines, arrondies. — *Coussinets :* bien accusés. — *Yeux :* volumineux, ovoïdes ou coniques, brunâtres, écartés du bois et très-souvent se développant en brindilles à la base du rameau. — *Feuilles :* assez nombreuses, petites ou moyennes, vert cendré, ovales ou ovales-allongées, longuement acuminées, planes ou canaliculées, à bords faiblement crénelés. — *Pétiole :* gros et très-court, des plus rigides, quelque peu carminé, à petites glandes aplaties, arrondies ou elliptiques, et légèrement rougeâtres. — *Fleurs :* assez tardives, s'épanouissant successivement.

FERTILITÉ. — Grande et constante.

CULTURE. — Le plein-vent sur Merisier lui conviendrait beaucoup, s'il n'y faisait des arbres manquant généralement d'avenir et à tête trop touffue; il est donc préférable de l'élever sur Mahaleb, pour les formes basse-tige, qui lui sont très-favorables sous le double rapport de la production et de la régularité.

Description du fruit. — *Comment attaché :* par un, le plus habituellement. — *Grosseur :* volumineuse. — *Forme :* ovoïde plus ou moins arrondie, à sillon peu prononcé. — *Pédoncule :* court et de moyenne force, inséré dans une vaste cavité. — *Point pistillaire :* légèrement enfoncé. — *Peau :* rouge intense, très-finement ponctuée de gris-fer. — *Chair :* assez tendre, faiblement adhérente au noyau, un peu filamenteuse et rouge-grenat. — *Eau :* abondante, violâtre, assez sucrée, quoique sensiblement acidulée. — *Noyau :* moyen, ovoïde-arrondi, ayant les joues aplaties, l'arête dorsale large et peu tranchante.

MATURITÉ. — Fin juin ou commencement de juillet.

QUALITÉ. — Deuxième.

Historique. — Connue dès le XVIe siècle, cette variété fut en 1608 mentionnée de la sorte par Olivier de Serres :

« La *Grosse Agriote* aiant la *queuë courte* — dit-il — le noiau petit, estant de couleur rouge-brun, surpasse les autres en valeur [pour confire]. » (*Le Théâtre d'agriculture et ménage des champs*, 1608, p. 622.)

Cultivée de temps immémorial dans la province où naquit Olivier de Serres — le Languedoc, dont elle paraît originaire — la Griotte à Courte Queue passa ensuite de la Guyenne dans le Poitou, et porta même, au cours du XVIIe siècle et du XVIIIe, le nom de cette dernière contrée. Guindoux, Guindoule du Poitou, telles étaient alors, chez les Poitevins et leurs voisins, les dénominations très-impropres de ce fruit acide. La Quintinye, du reste, l'a constaté : « Dans le Poitou « et l'Angoumois — disait-il en 1690 — on appelle GUINDOUX ce que nous appelons « [à Versailles et Paris], GRIOTTES. » (*Instructions pour les jardins fruitiers et potagers*, t. I, p. 493.)

Enfin de nos jours — et quoique le besoin ne s'en fît nullement sentir — deux nouveaux surnoms furent appliqués à cette griotte, dans le but de la classer parmi les variétés de récente obtention : on la nomma Griotte *Impériale* (1853), puis *Impériale Double-Marmotte* (1863). Mon spirituel confrère Charles Baltet, en signalant dans la *Revue horticole* (1864, p. 134) ce dernier synonyme, ajouta plaisamment : « Je demande le parrain!.... » Mais jugeant prudent de se dérober aux félicitations qu'on lui réservait, celui-ci ne répondit pas à l'appel.

Observations. — Vers 1862 M. Galopin, pépiniériste à Liége (Belgique), m'adressait un cerisier portant son nom et qui s'est montré identique, arbre et fruit, avec la Griotte à Courte Queue. Ce fait, reconnu, ayant interrogé M. Galopin sur la provenance de sa variété, il m'a transmis les renseignements suivants :

« Liége, 29 mai 1875.

« Monsieur, la cerise *Galopin*, semée par moi en 1852, a produit en 1858, et je l'ai mise au commerce en 1860. Elle est grosse, arrondie, d'un rose-cerise, plus acidulée que la variété Reine-Hortense, dont elle provient. »

Ce fruit *rose-cerise* n'étant pas le mien, qui toujours devient *rouge foncé*, il faut donc admettre qu'une erreur eut lieu quand on m'expédia, de Liége, cette nouveauté. Si la chose est possible, je dois alors la signaler, afin que ceux qui possèdent la cerise Galopin soient à même, désormais, d'en vérifier l'identité.

CERISE GRIOTTE CROWN MORELLO. — Synonyme de *Griotte à Ratafia (Grosse-)*. Voir ce nom.

CERISE GRIOTTE DAMACÈNE. — Synonyme de *Griotte Commune*. Voir ce nom.

CERISE GRIOTTE DAUPHINE. — Synonyme de *Griotte de Portugal*. Voir ce nom.

CERISE GRIOTTE DONA MARIA. — Voir cerise *Reine-Hortense*, au paragraphe OBSERVATIONS.

CERISE GRIOTTE DOUBLE. — Synonyme de *Griotte Acher*. Voir ce nom.

CERISE GRIOTTE DOUBLE-MARMOTTE. — Synonyme de *Griotte à Courte Queue*. Voir ce nom.

CERISE GRIOTTE DOUBLE DE VERRE. — Synonyme de cerise *Hâtive*. Voir ce nom.

CERISE GRIOTTE DOUCE (GROSSE-). — Synonyme de cerise *Ambrée* (*Grosse-*). Voir ce nom.

CERISE GRIOTTE DOUCE ROYALE. — Synonyme de *Griotte de Portugal.* Voir ce nom.

CERISE GRIOTTE DUTCH MORELLO. — Synonyme de *Griotte à Ratafia* (*Grosse-*). Voir ce nom.

CERISE GRIOTTE EARLY PURPLE. — Synonyme de *Guigne Pourpre hâtive.* Voir ce nom.

CERISE GRIOTTE A EAU-DE-VIE. — Synonyme de *Griotte à Ratafia* (*Grosse-*). Voir ce nom.

CERISE GRIOTTE D'ESPAGNE. — Synonyme de *Bigarreau Noir d'Espagne.* Voir ce nom.

72. CERISIER GRIOTTIER A FEUILLES CUCULLÉES.

Description de l'arbre. — *Bois :* assez fort. — *Rameaux :* très-nombreux, étalés, grêles, de longueur moyenne, non géniculés, rugueux et marron foncé amplement cendré. — *Lenticelles :* assez abondantes, petites, arrondies. — *Coussinets :* bien accusés. — *Yeux :* gros, coniques-raccourcis, grisâtres, écartés du bois. — *Feuilles :* très-nombreuses, petites, lisses, vert foncé, souvent elliptiques, souvent aussi ovales ou obovales, mais toujours acuminées, contournées, cucullées et finement dentées. — *Pétiole :* grêle, des plus courts, rigide, faiblement carminé, à petites glandes aplaties ou saillantes et quelque peu rougeâtres. — *Fleurs :* assez tardives, s'épanouissant successivement.

FERTILITÉ. — Médiocre.

CULTURE. — Le plein-vent ne saurait lui convenir; les formes naines, sur Mahaleb, sont les seules qu'on doive lui donner.

Description du fruit. — *Comment attaché :* par un. — *Grosseur :* petite. — *Forme :* globuleuse très-comprimée aux pôles, à sillon imperceptible. — *Pédoncule :* très-court, peu nourri, planté dans une cavité de dimensions variables. — *Point pistillaire :* occupant le centre d'une vaste dépression. — *Peau :* rouge assez clair, même à la complète maturité. — *Chair :* tendre ou mi-tendre et d'un blanc rosé. — *Eau :* abondante, légèrement colorée, acide, peu sucrée. — *Noyau :* très-petit, arrondi, plus ou moins bombé, faiblement marbré de rose, ayant l'arête dorsale modérément prononcée.

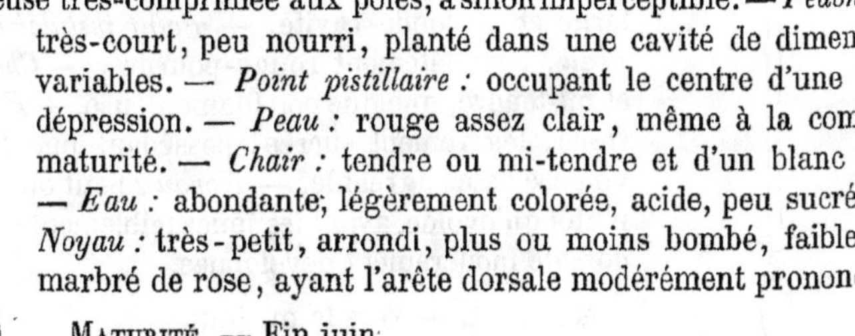

MATURITÉ. — Fin juin.

QUALITÉ. — Troisième.

Historique. — Cette variété, qui n'a d'autre mérite que la forme généralement cucullée de ses feuilles, me fut donnée vers 1856 par le docteur Bretonneau, de Tours. D'où lui venait-elle?... D'un correspondant amateur de fruits, mais dont je ne puis indiquer ni le nom ni la nationalité, ayant négligé de noter à temps ce renseignement. Je ne connais aucune description, aucune mention, même, du Griottier à Feuilles cucullées, qui d'ailleurs doit être peu répandu, sauf chez les collectionneurs.

73. CERISIER GRIOTTIER A FEUILLES DE SAULE.

Synonymes. — 1. GRIOTTE HINTEROSE (Louis Bosc, *Dictionnaire raisonné d'agriculture*, 1809, t. III, p. 269). — 2. CERISIER A FEUILLES DE PÊCHER (Hervy, *Catalogue des arbres fruitiers de la pépinière du Jardin du Luxembourg*, 1809, p. 23, n° 46; — et Thompson, *Transactions of the horticultural Society of London*, 2e série, 1832, t. I, p. 283). — 3. CERISIER FERN-LEAVED (Thompson, *Catalogue of fruits cultivated in the garden of the horticultural Society of London*, 1826, p. 18, n° 41; et *Transactions* de la même Société, 2e série, 1832, t. I, p. 283). — 4. CERISIER DE HOLLANDE A FEUILLES DE SAULE (Idem, *Catalogue, etc.*, p. 24, n° 144; et *Transactions, etc., ibid.*). — 5. CERISIER WILLOW-LEAVED MAY DUKE (Idem, *Catalogue, etc.*, p. 20, n° 77; et *Transactions, etc., ibid.*). — 6. CERISIER A FEUILLES DE BALSAMINE (Idem, *Transactions, etc., ibid.*). — 7. CERISIER A FEUILLES DE SAULE (Louis Noisette, *le Jardin fruitier*, 1839, p. 88, n° 30). — 8. CERISIER NAIN A FEUILLES DE SAULE (Dittrich, *Systematisches Handbuch der Obstkunde*, 1840, t. II, p. 128, n° 162).

Description de l'arbre. — *Bois :* faible. — *Rameaux :* nombreux, courts et grêles, très-étalés, non géniculés, lisses et d'un brun verdâtre. — *Lenticelles :* très-rares, très-fines et grisâtres. — *Coussinets :* aplatis. — *Yeux :* très-petits, aigus, ovoïdes-allongés, sensiblement écartés du bois, aux écailles brunes et mal soudées. — *Feuilles :* assez abondantes, d'un beau vert, moyennes, étroites, lancéolées et très-longuement acuminées, ondulées ou contournées en vrille, à bords unis ou quelque peu dentés. — *Pétiole :* de longueur moyenne, grêle, flexible, portant parfois de très-petites glandes arrondies, saillantes et carminées. — *Fleurs :* assez tardives, ponctuées de rose à la pointe des pétales et s'épanouissant successivement.

FERTILITÉ. — Médiocre.

CULTURE. — Sa végétation est trop lente pour qu'il soit possible de le destiner à la haute-tige; il faut le greffer sur Mahaleb, pour pyramides, gobelets ou buissons.

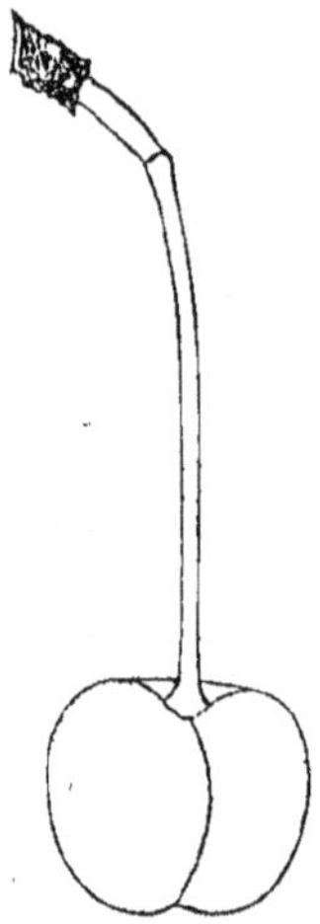

Description du fruit. — *Comment attaché :* par un, le plus habituellement. — *Grosseur :* moyenne. — *Forme :* globuleuse plus ou moins comprimée aux pôles, à sillon très-prononcé. — *Pédoncule :* long, bien nourri, inséré dans une large et profonde cavité. — *Point pistillaire :* enfoncé. — *Peau :* complétement rouge-pourpre. — *Chair :* rougeâtre et mi-tendre, quelque peu filamenteuse. — *Eau :* abondante, rosée, légèrement sucrée, possédant une saveur acide et vineuse assez agréable. — *Noyau :* petit ou moyen, arrondi plutôt qu'ovoïde, ayant les joues faiblement renflées et l'arête dorsale modérément développée.

MATURITÉ. — Vers la mi-juin.

QUALITÉ. — Deuxième.

Historique. — Duhamel (1768) n'a pas connu ce curieux griottier, qui dans les dernières années du XVIIIe siècle fut, avec beaucoup d'autres variétés de cerisier, envoyé de Bettenbourg (Bavière), par le baron von Truchsess à André Thouin, alors professeur de culture au Jardin des Plantes de Paris. Aussi Louis Bosc, inspecteur, sous Napoléon Ier, des pépinières du gouvernement, en fit-il mention dès 1809 dans le *Dictionnaire raisonné d'agriculture* (t. III, p. 269), l'appelant griottier à Feuilles de Saule, ou *Hinterose*. Quant au baron von Truchsess, il déclara (1819, *Classifik. der Kirschensorten*, p. 531) l'avoir tiré des pépinières de Laffert, à Mecklemburg. Tout semble donc indiquer que cette griotte date environ de la seconde moitié du XVIIIe siècle et doit appartenir au Mecklembourg, ou bien encore à la Hollande, royaume dont elle a longtemps porté le nom.

CERISE GRIOTTE FLANDRISCHE. — Synon. de *Griotte à Bouquet*. Voir ce nom.

CERISE GRIOTTE FLORENTINER. — Synonyme de *Griotte à Ratafia* (*Grosse-*). Voir ce nom.

CERISE GRIOTTE FRÜHE. — Synonyme de *Bigarreau Baumann*. Voir ce nom.

CERISES : GRIOTTE FRÜHE,
— GRIOTTE FRÜHE KÖNIGS, } Synonymes de cerise *Royale hâtive*. Voir ce nom.

CERISIER GRIOTTIER FRÜHE ZWERG. — Synonyme de *Griottier Nain précoce*. Voir ce nom.

CERISE GRIOTTE GEMEINE AMARELLE. — Synon. de cerise *de Montmorency*. Voir ce nom.

CERISE GRIOTTE DE GOTHA. — Synonyme de *Griotte d'Allemagne*. Voir ce nom.

CERISIER GRIOTTIER A GROS FRUIT NOIR DE PIÉMONT. — Synonyme de *Griotte Noire de Piémont*. Voir ce nom.

CERISIER GRIOTTIER A GROS FRUIT ROUGE PALE. — Synonyme de cerise *Rouge pâle* (*Grosse-*). Voir ce nom.

CERISIER GRIOTTIER A GROS FRUIT ROUGE DE PIÉMONT. — Synonyme de *Griotte Rouge de Piémont*. Voir ce nom.

CERISE GRIOTTE GROSSE-MORELLE. — Synon. de *Griotte Commune*. Voir ce nom.

CERISE GRIOTTE GROSSE SPANISCHE BELZ. — Synonyme de *Griotte de Portugal*. Voir ce nom.

CERISE GRIOTTE-GUIGNE. — Synonyme de cerise *Cerise-Guigne*. Voir ce nom.

CERISE GRIOTTE GUINDOUX DE POITOU. — Synonyme de *Griotte à Courte Queue*. Voir ce nom.

Cerisier GRIOTTIER HATIF. — Synonyme de *Griottier Nain précoce.* Voir ce nom.

Cerisier GRIOTTIER HINTEROSE. — Synonyme de *Griottier à Feuilles de Saule.* Voir ce nom.

Cerise GRIOTTE DE HOLLANDE. — Synonyme de *Griotte à Ratafia* (*Grosse-*). Voir ce nom.

Cerisier de HOLLANDE A FEUILLES DE SAULE. — Synonyme de *Griottier à Feuilles de Saule.* Voir ce nom.

Cerise GRIOTTE HOLLANDISCHE. — Synonyme de *Griotte à Ratafia* (*Grosse-*). Voir ce nom.

Cerises : GRIOTTE IMPÉRIALE,

— GRIOTTE IMPÉRIALE DOUBLE-MARMOTTE,

} Synonymes de *Griotte à Courte Queue.* Voir ce nom.

Cerisier GRIOTTIER INDULLE. — Synonyme de *Griottier Nain précoce.* Voir ce nom.

Cerise GRIOTTE DE KLEPARAY. — Synonyme de *Griotte de Kleparow.* Voir ce nom.

---

74. Cerise GRIOTTE DE KLEPAROW.

Synonymes. — 1. Griotte Bonne-Polonaise (Thompson, *Catalogue of fruits cultivated in the garden of the horticultural Society of London*, 1826, p. 26, n° 194). — 2. Griotte Pohlnische (Idem, *Transactions of the horticultural Society of London*, 2e série, 1832, t. I, p. 284, n° 47). — 3. Griotte Kleparower (Idem, *Transactions*, ibid.). — 4. Cerise Polnische (Dittrich, *Systematisches Handbuch der Obstkunde*, 1840, t. II, p. 145, n° 190). — 6. Griotte de Kleparay (Loiseleur-Deslongchamps, *Revue horticole*, 1848, p. 431). — 7. Griotte Belle-Polonaise (Dochnahl, *Obstkunde*, 1858, t. III, p. 60, n° 202). — 8. Griotte Kleparowka (*Id. ibid.*).

Description de l'arbre. — *Bois :* fort. — *Rameaux :* très-nombreux, légèrement étalés, grêles, de longueur moyenne, non géniculés, bien rugueux et d'un brun foncé lavé de gris cendré. — *Lenticelles :* assez grandes, clair-semées, grisâtres, arrondies. — *Coussinets :* presque nuls. — *Yeux :* volumineux, coniques-pointus, très-écartés du bois. — *Feuilles :* abondantes, moyennes, d'un beau vert, ovales ou obovales, sensiblement acuminées, planes ou canaliculées, ayant les bords faiblement crénelés ou dentés. — *Pétiole :* gros, peu long, roide, carminé à la base, portant à la naissance de la feuille de très-petites glandes de forme inconstante. — *Fleurs :* assez tardives et s'épanouissant successivement.

Fertilité. — Ordinaire.

Culture. — Haute-tige sur Merisier, basse-tige sur Mahaleb lui conviennent également bien, vu son active végétation.

Description du fruit. — *Comment attaché :* par deux, généralement. — *Grosseur :* moyenne. — *Forme :* en cœur plus ou moins obtus et raccourci, à sillon rarement bien marqué. — *Pédoncule :* peu fort, assez long, inséré dans une vaste cavité. — *Point pistillaire :* presque saillant ou légèrement enfoncé. — *Peau :* complétement rouge clair. — *Chair :* mi-tendre, filamenteuse et d'un blanc rosé. — *Eau :* abondante, faiblement rosâtre, acide, mais cependant sucrée. — *Noyau :* petit, ovoïde fortement arrondi, ayant les joues bombées, l'arête dorsale large et non tranchante.

Griotte de Kleparow.

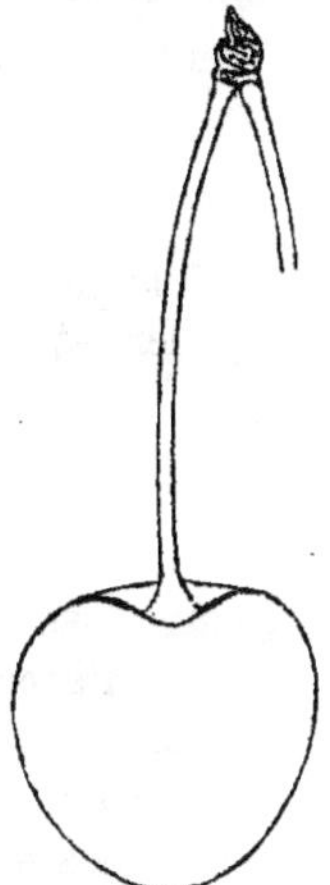

MATURITÉ. — Derniers jours de juillet.

QUALITÉ. — Deuxième.

Historique. — Les pomologues allemands Dochnahl, en 1858 (*Obstkunde*, t. III, p. 60, n° 202) et Oberdieck, en 1867 (*Illustrirtes Handbuch der Obstkunde,* t. VI, p. 69, n° 144), regardèrent avec raison ce fruit comme étant d'origine polonaise. Feu Robert Thompson, ancien secrétaire de la Société d'Horticulture de Londres, déclarait effectivement, dès 1832, que cette griotte appartenait à la Pologne :

« Je l'ai reçue pour notre Jardin fruitier — écrivait-il — de MM. Baumann, pépiniéristes à Bollwiller (Haut-Rhin), qui l'avaient tirée de Pologne, où elle a été obtenue, ainsi que dans leur *Taschenbuch* ils l'ont constaté. » (*Transactions of the horticultural Society of London,* 2e série, t. Ier, pp. 284-285, n° 47.)

Les frères Baumann n'ont pas dit de quelle localité provenait ce fruit, mais le nom qu'il porte aide suffisamment, quand on connaît la Pologne, à retrouver le lieu natal de la griotte de Kleparow. Elle doit sortir des environs de l'antique capitale de ce royaume, de Cracovie, dont un des quartiers est encore appelé *Kleparra,* dénomination qui, germanisée, a fait le mot Kleparow actuellement accepté dans la nomenclature pomologique.

CERISES : GRIOTTE KLEPAROWER,
— GRIOTTE KLEPAROWKA,
} Synonymes de *Griotte de Kleparow.* Voir ce nom.

CERISES : GRIOTTE LARGE MORELLO,
— GRIOTTE LATE MORELLO,
} Synonymes de *Griotte à Ratafia* (*Grosse-*). Voir ce nom.

---

75. CERISE GRIOTTE LODIGIANA.

Description de l'arbre. — *Bois :* très-fort. — *Rameaux :* nombreux, sensiblement érigés, grêles et des plus courts, lisses et d'un brun verdâtre amplement lavé de gris cendré. — *Lenticelles :* assez abondantes, grisâtres et arrondies. — *Coussinets :* bien accusés. — *Yeux :* gros, coniques-arrondis, légèrement écartés du bois, aux écailles brunes et disjointes. — *Feuilles :* nombreuses, de grandeur moyenne, d'un beau vert, obovales ou elliptiques, longuement acuminées, canaliculées et régulièrement dentées. — *Pétiole :* fort et long, très-roide, quelque peu violâtre, à glandes moyennes, saillantes, de forme variable et faiblement lavées de carmin. — *Fleurs :* très-tardives, à épanouissement successif.

FERTILITÉ. — Modérée.

CULTURE. — La haute et la basse-tige lui conviennent parfaitement, la première sur Merisier, l'autre sur Mahaleb; ses arbres sont toujours très-réguliers et d'une vigueur satisfaisante.

Description du fruit. — *Comment attaché :* par un, presque toujours. — *Grosseur :* moyenne. — *Forme :* globuleuse, comprimée aux pôles, ayant le sillon peu marqué. — *Pédoncule :* de force et longueur moyennes, inséré dans une vaste cavité. — *Point pistillaire :* enfoncé. — *Peau :* complétement rouge vif. — *Chair :* tendre, un peu filamenteuse et d'un blanc jaunâtre. — *Eau :* abondante, incolore, assez sucrée, sensiblement acidulée et possédant un arrière-goût légèrement entaché d'amertume. — *Noyau :* moyen, arrondi, renflé; son arête dorsale est modérément développée.

Griotte Lodigiana.

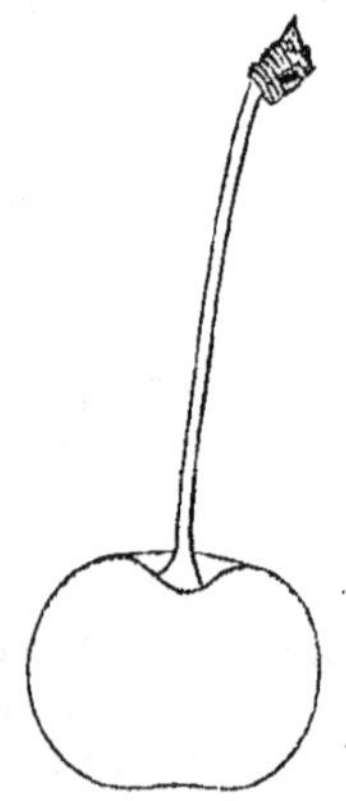

MATURITÉ. — Derniers jours de juin.

QUALITÉ. — Deuxième.

Historique. — Cette variété italienne fut, en 1864, rapportée par moi de Florence, où je l'avais remarquée dans le Jardin fruitier de la Société d'Horticulture. Je n'en connais aucune description, ni même aucune mention, mais le nom qu'elle porte, *visciola Lodigiana*, griotte de Lodi, en indique probablement l'origine.

---

76. CERISIER GRIOTTIER A LONGUES FEUILLES.

Description de l'arbre. — *Bois :* fort. — *Rameaux :* des plus nombreux, très-étalés, courts et grêles, non géniculés, lisses, d'un brun verdâtre légèrement lavé de gris cendré. — *Lenticelles :* petites et très-rares. — *Coussinets :* presque nuls. — *Yeux :* petits, ovoïdes-pointus, écartés du bois, aux écailles mal soudées. — *Feuilles :* assez abondantes, d'un beau vert, étroites mais très-longues, obovales ou lancéolées, sensiblement acuminées, canaliculées et parfois contournées, à bords profondément dentés. — *Pétiole :* de force et longueur moyennes, roide, quelque peu violâtre, à petites glandes arrondies, saillantes et faiblement lavées de vermillon. — *Fleurs :* assez précoces et s'épanouissant simultanément.

FERTILITÉ. — Modérée.

CULTURE. — Les formes naines, sur Mahaleb, lui sont très-avantageuses et doivent seules lui être appliquées.

Description du fruit. — *Comment attaché :* par un, très-habituellement. — *Grosseur :* au-dessus de la moyenne. — *Forme :* globuleuse plus ou moins régulière, souvent quelque peu comprimée aux pôles, à sillon faiblement creusé que parcourt une ligne d'un rouge très-clair. — *Pédoncule :* assez court, bien nourri, inséré dans une cavité prononcée. — *Point pistillaire :* à fleur de fruit ou légèrement enfoncé. — *Peau :* rouge vif, ponctuée de gris. — *Chair :* tendre, filamenteuse et d'un blanc jaunâtre. — *Eau :* très-abondante, incolore, acidulée, peu sucrée, quoiqu'assez savoureuse. — *Noyau :* moyen, ovoïde ou ovoïde-arrondi, bombé, ayant l'arête dorsale modérément ressortie.

Griottier à Longues Feuilles.

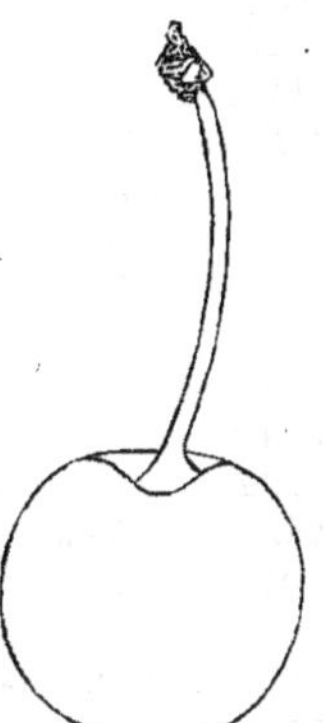

MATURITÉ. — Commencement de juillet.

QUALITÉ. — Deuxième.

Historique. — Ce griottier existe dans mon établissement depuis 1845, mais je ne saurais dire comment il y fut introduit. Laissé dans le plus complet oubli, il n'était même pas inscrit sur mon *Catalogue*, où sa première mention date seulement de 1868 (p. 13, nº 66). Je n'ai pu trouver sur lui aucun renseignement.

CERISE GRIOTTE DE MAI. — Synonyme de cerise *Royale hâtive*. Voir ce nom.

CERISE GRIOTTE MARTIN'S. — Synonyme de *Griotte de la Toussaint*. Voir ce nom.

CERISIER GRIOTTIER MILLE-CERISES. — Synonyme de cerisier *à Trochet*. Voir ce nom.

CERISE GRIOTTE MONAT'S. — Synonyme de *Griotte de la Toussaint*. Voir ce nom.

CERISE GRIOTTE DE MONTMORENCY. — Synonyme de cerise *à Trochet*. Voir ce nom.

CERISES : GRIOTTE VON MONTMORENCY,

— GRIOTTE DE MONTMORENCY (GROSSE-),

Synonymes de cerise *de Montmorency à Courte Queue*. Voir ce nom.

CERISE GRIOTTE MORELLE (GROSSE-). — Synonyme de *Griotte Commune*. Voir ce nom.

CERISE GRIOTTE MORELLO DE CHARMEUX. — Voir *Griotte à Ratafia (Grosse-)*, au paragraphe OBSERVATIONS.

---

77. CERISIER GRIOTTIER NAIN PRÉCOCE.

Synonymes. — 1. CERISIER NAIN (Charles Estienne, *Seminarium*, 1540, p. 76; — et Herman Knoop, *Fructologie*, 1771, pp. 36 et 41). — 2. CERISE PRÉCOCE (la Quintinye, *Instruction pour les jardins fruitiers et potagers*, 1690, t. I, p. 429). — 3. CERISE SMALL MAY (Stephen Switzer, *the Practical fruit-gardener*, 1724, p. 139; — et Thompson, *Transactions of the horticultural Society of London*, 2e série, 1832, t. I, pp. 291-292). — 4. CERISIER NAIN A FRUIT ROND PRÉCOCE (Duhamel, *Traité des arbres fruitiers*, 1768, t. I, p. 168). — 5. CERISE EARLY MAY (Philip Miller, *the Gardener's and botanit's dictionary*, 1768, no 2; — et Thompson, *Transactions, etc., ibid.*). — 6. CERISE DE MAI (Société économique de Berne, *Traité des arbres fruitiers*, 1768, t. II, p. 146). — 7. CERISE TURQUE (Herman Knoop, *Fructologie*, 1771, pp. 36 et 41). — 8. GRIOTTE AMARELLE (Mayer, *Pomona franconica*, 1776, t. II, p. 36, no 11). — 9. PETITE CERISE ROUGE PRÉCOCE (*Id. ibid.*). — 10. CERISIER NAIN PRÉCOCE (le Berriays, *Traité des jardins*, 1785, t. I, p. 250). — 11. CERISE DE MAI PRINTANIÈRE (de Chazelles, traduction du *Dictionnaire des jardiniers*, de Philip Miller, 1786, t. II, p. 268). — 12. CERISE INDUL (Pierre Leroy, d'Angers, *Catalogue de ses jardins et pépinières*, 1790, p. 28). — 13. CERISE KÖNIGLICHE AMARELLE (Thompson, *Transactions, etc., ibid.*). — 14. GRIOTTE FRÜHE ZWERG (*Id. ibid.*). — 15. CERISE INDULLE (Thompson, *Catalogue of fruits cultivated in the garden of the horticultural Society of London*, 1842, p. 60, no 53). — 16. CERISE PRÉCOCE DE MONTREUIL (*Id. ibid.*). — 17. GRIOTTIER HATIF (*Id. ibid.*). — 18. GRIOTTIER PRÉCOCE (*Id. ibid.*). — 19. CERISE INDULLE D'ORLÉANS (Idem, *Journal of the horticultural Society of London*, 1853, t. VIII, p. 251). — 20. CERISE SMALL EARLY MAY (Robert Hogg, *the Fruit manual*, 1875, p. 203).

Description de l'arbre. — *Bois :* très-faible. — *Rameaux :* très-nombreux et des plus étalés, souvent arqués, grêles, de longueur moyenne, très-géniculés, rugueux et d'un brun verdâtre légèrement lavé de gris cendré. — *Lenticelles :* arrondies, très-rares, excessivement fines. — *Coussinets :* aplatis. — *Yeux :* petits et ovoïdes-pointus, sensiblement écartés du bois, aux écailles brunes et très-disjointes. — *Feuilles :* abondantes, très-petites, vert foncé, obovales ou elliptiques, longuement acuminées, faiblement canaliculées, ayant les bords irrégulièrement et peu profondément dentés. — *Pétiole :* court, grêle, très-roide, non glanduleux, non carminé. — *Fleurs :* très-précoces, s'épanouissant simultanément.

FERTILITÉ. — Satisfaisante, mais uniquement sur les sujets en espalier.

CULTURE. — Le plein-vent haute ou basse-tige ne lui convient pas, il ne réussit bien qu'à l'espalier, greffé sur Mahaleb et planté au midi.

Description du fruit. — *Comment attaché :* par deux, assez généralement. — *Grosseur :* petite. — *Forme :* globuleuse plus ou moins comprimée aux pôles, à

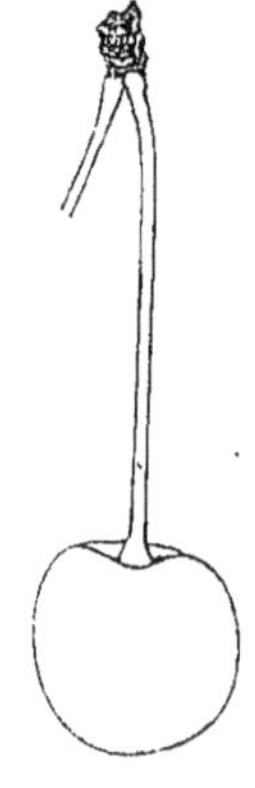

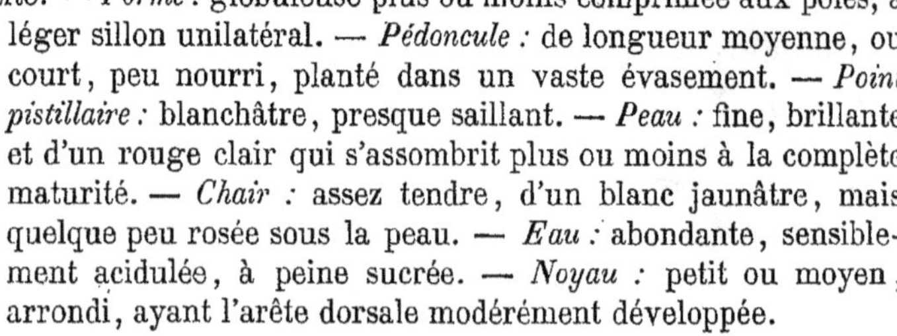

léger sillon unilatéral. — *Pédoncule :* de longueur moyenne, ou court, peu nourri, planté dans un vaste évasement. — *Point pistillaire :* blanchâtre, presque saillant. — *Peau :* fine, brillante et d'un rouge clair qui s'assombrit plus ou moins à la complète maturité. — *Chair :* assez tendre, d'un blanc jaunâtre, mais quelque peu rosée sous la peau. — *Eau :* abondante, sensiblement acidulée, à peine sucrée. — *Noyau :* petit ou moyen, arrondi, ayant l'arête dorsale modérément développée.

MATURITÉ. — Vers la moitié du mois de mai.

QUALITÉ. — Troisième.

Historique. — Les Romains ont-ils réellement cultivé notre griottier Nain précoce?... Je pense qu'on est en droit de le supposer, devant ce passage du naturaliste Pline :

« Les cerises Macédoniennes naissent sur de très-petits arbres qui rarement s'élèvent à plus de trois coudées (quatre pieds et demi) ; mais il est un cerisier moins grand encore, appelé CHAMÆCERASUS (*Cerisier Nain*), et dont annuellement les produits sont une des primeurs que le colon cueille avec le plus de plaisir. » (*Historia naturalis*, livre XV, chap. XXX.)

On a donc, ici, l'embarras du choix; d'où suit qu'il faut se demander lequel, du cerisier Macédonien ou du Chamæcerasus, peut bien être devenu le griottier Nain précoce?... A mon sens, c'est le second, la description que Pline en a donnée s'appliquant parfaitement audit griottier. Mais, quoi qu'il en soit de cette identité soupçonnée, le Nain précoce n'en reste pas moins une variété connue chez nous de temps immémorial. Dès 1540 Charles Estienne l'y caractérisait dans son *Seminarium* (p. 76), et depuis lors nos principaux pomologues ont toujours eu soin de la mentionner. Chez les Hollandais, Herman Knoop disait en 1771 (*Fructologie*, p. 41) : « Cet arbre croît naturellement et sans culture dans plusieurs endroits de l'Allemagne, de la Bohême et de la Hongrie; » ce qui, pourtant, n'a pas empêché le savant docteur Jahn d'émettre, cent ans plus tard, l'opinion suivante : « Le griottier Nain précoce — disait-il en 1861 — est probablement « une ancienne espèce française propagée déjà depuis longtemps en Allemagne. » (Voir l'*Illustrirtes Handbuch der Obstkunde*, t. III, p. 181.) Les fruits de ce griottier n'ont généralement, au naturel, qu'une très-médiocre saveur, mais il n'en est pas de même quand on les mange cuits en compote ou glacés de sucre : alors ils sont délicieux et recommandent ainsi la culture du charmant petit arbre qui les produit.

Observations. — Dans la *Pomona* des Iles-Britanniques, le botaniste Langley a décrit et figuré cette griotte en 1729 (p. 86, pl. 17, fig. 2), et de plus a raconté que le 25 avril 1727 il l'avait mangée très-mûre. Jamais je n'ai vu, dans l'Anjou, sa maturité commencer avant le 15 ou le 20 mai. Or, comme cette maturation au 25 avril ne peut réellement s'être produite à l'air libre, sous le ciel brumeux de la Grande-Bretagne, il faut donc admettre que Langley, qui certes n'a pas voulu tromper ses lecteurs, aura seulement négligé de leur expliquer que lesdites griottes avaient mûri en serre, et sur un arbre en pot. Les riches Anglais ont effectivement recours, depuis fort longtemps, à ce mode de culture pour amener à bonne et hâtive fructification les variétés naines de tout genre, qu'ensuite ils font servir, arbre et fruit, à l'ornement d'un dessert.

---

78. CERISE GRIOTTE NOIRE DE PIÉMONT.

Synonyme. — GRIOTTIER A GROS FRUIT NOIR DE PIÉMONT (les frères Simon-Louis, pépiniéristes à Metz, *Catalogue de 1866*, p. 4).

Description de l'arbre. — *Bois* : très-fort. — *Rameaux* : des plus nombreux, légèrement étalés, assez longs, de moyenne grosseur, non géniculés, lisses, brun clair lavé de gris cendré. — *Lenticelles* : abondantes, petites, arrondies. — *Coussinets* : peu saillants. — *Yeux* : moyens, coniques-arrondis, bruns, écartés du bois, souvent sortis en éperon ou développés en brindilles vers la base du rameau. — *Feuilles* : très-nombreuses, moyennes, vert terne, obovales ou ovales-allongées, acuminées et canaliculées, à bords faiblement dentés. — *Pétiole* : bien nourri, très-court et très-roide, un peu violacé, portant de petites glandes arrondies ou allongées, saillantes et bien vermillonnées. — *Fleurs :* des plus tardives, à épanouissement successif.

FERTILITÉ. — Modérée.

CULTURE. — Sur Merisier il fait des plein-vent fort remarquables par l'extrême régularité de leur tête; sur Mahaleb, toute espèce de forme naine lui convient et ce sujet le rend beaucoup plus fertile.

Description du fruit. — *Comment attaché :* par deux, généralement. — *Grosseur :* au-dessus de la moyenne et parfois plus volumineuse. — *Forme :* globuleuse comprimée aux pôles, à sillon peu marqué. — *Pédoncule :* assez long, fort, inséré dans une cavité prononcée. — *Point pistillaire :* sensiblement enfoncé. — *Peau :* unicolore, d'un rouge noirâtre. — *Chair :* tendre et rougeâtre. — *Eau :* très-abondante, colorée, acide, peu sucrée. — *Noyau :* moyen, ovoïde-arrondi, assez bombé, ayant l'arête dorsale large mais rarement bien saillante.

Griotte Noire de Piémont.

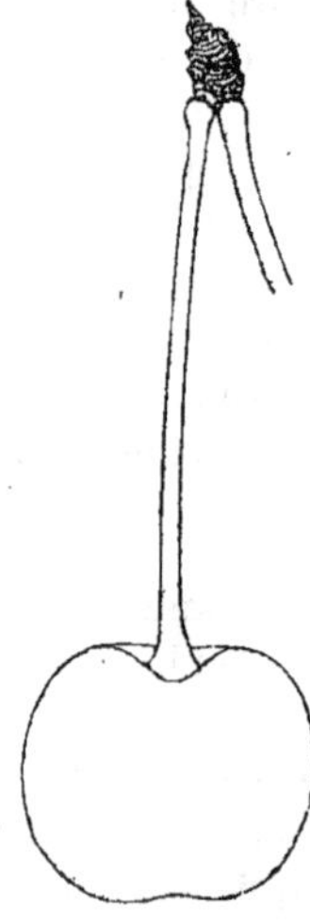

MATURITÉ. — Mi-juin.

QUALITÉ. — Deuxième.

Historique. — Les frères Simon-Louis, de Metz, me procurèrent cette griotte en 1864; elle était alors dans toute sa nouveauté, puisqu'en 1866 ils la classaient, page 4 de leur *Catalogue*, parmi les variétés nouvelles ou peu répandues. Le nom qu'elle porte la fait croire originaire du Piémont, et d'autant mieux qu'on ne lui connaît encore aucun surnom différent. Elle convient essentiellement pour les usages culinaires et pour ceux de la confiserie.

CERISE GRIOTTE NOIRE TARDIVE. — Synonyme de *Griotte à Ratafia* (*Grosse-*). Voir ce nom.

CERISES : GRIOTTE DU NORD, — GRIOTTE ORDINAIRE DU MOREL, } Synonymes de *Griotte à Ratafia* (*Grosse-*). Voir ce nom.

---

79. CERISE GRIOTTE D'OSTHEIM.

Synonymes. — 1. CERISE D'OSLHEIN (Calvel, *Traité sur les pépinières*, 1805, t. II, p. 152). — 2. CERISE FRÄNKISCHE WUCHER (Thompson, *Catalogue of fruits cultivated in the garden of the horticultural Society of London*, 1842, p. 62, nº 64). — 3. GRIOTTE OSTHEIMER (*Id. ibid.*). — 4. GRIOTTE D'ATHÈNES (André Leroy, *Catalogue de cultures*, 1846, p. 15). — 5. CERISE D'OLSHEIM (Oberdieck, *Illustrirtes Handbuch der Obstkunde*, 1861, t. III, p. 187, nº 68). — 6. GROSSE GRIOTTE D'OSTHEIM (*Id. ibid.*). — 7. PETITE GRIOTTE D'OSTHEIM (*Id. ibid.*).

Description de l'arbre. — *Bois :* très-faible. — *Rameaux :* nombreux, très-étalés, grêles, peu longs, non géniculés, lisses et d'un brun intense amplement lavé de gris cendré. — *Lenticelles :* rares, très-fines, arrondies. — *Coussinets :*

aplatis. — *Yeux :* petits, coniques-pointus, renflés, écartés du bois, aux écailles brunes ou grises. — *Feuilles :* nombreuses, des plus petites, vert pâle, ovales ou obovales, longuement acuminées, planes ou contournées, à bords finement dentés. — *Pétiole :* grêle, très-court, assez rigide, à petites glandes arrondies et saillantes. — *Fleurs :* précoces, s'épanouissant simultanément.

FERTILITÉ. — Très-grande.

CULTURE. — La haute-tige sur Merisier, pour plein-vent, lui convient peu, jamais il n'y est d'un bel aspect, par ses branches trop retombantes qui en font un vrai pleureur; mieux vaut donc le greffer sur Mahaleb, car les formes naines lui sont très-favorables.

Description du fruit. — *Comment attaché :* par un, le plus habituellement. — *Grosseur :* moyenne. — *Forme :* sphérique, à sillon rarement bien apparent. — *Pédoncule :* de longueur moyenne, assez grêle, inséré dans une cavité prononcée. — *Point pistillaire :* légèrement enfoncé. — *Peau :* brillante, passant, à la maturité, du brun noir au noir intense. — *Chair :* un peu ferme, noirâtre et remplie de filaments rosés. — *Eau :* abondante, rouge-sang, faiblement sucrée, fortement acidulée. — *Noyau :* petit et arrondi, très-bombé, ayant l'arête dorsale large, aplatie.

Griotte d'Ostheim.

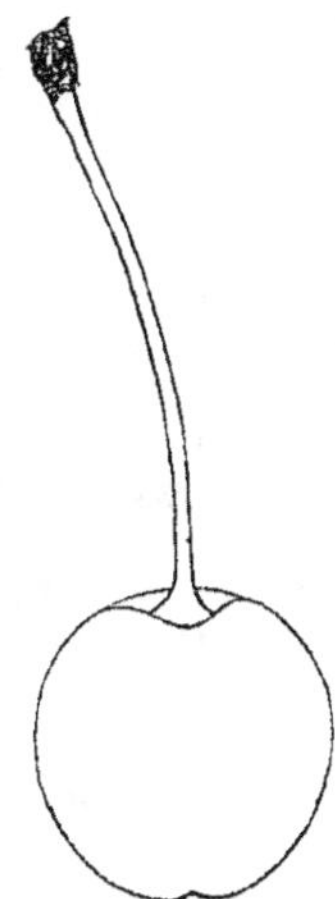

MATURITÉ. — Vers la mi-juillet.

QUALITÉ. — Deuxième.

Historique. — Dans les dernières années du XVIIIe siècle cette griotte fut envoyée de Bettenbourg (Bavière) au Jardin des Plantes de Paris, par le baron von Truchsess, grand amateur d'arboriculture fruitière. Dès 1809 elle figurait sur le *Catalogue de la pépinière du Jardin du Luxembourg* (p. 22, n° 31), sous son présent nom, d'Ostheim, dont Calvel en 1805 avait erronément fait OSLHEIN (*Traité sur les pépinières*, t. II, p. 152), et que quarante ans plus tard (*Catalogue 1846*, p. 15) je devais à mon tour, par suite d'une mauvaise lecture, changer en griotte d'ATHÈNES. Ce fruit n'est pas originaire d'Allemagne, mais de la Sierra-Moréna, chaîne de montagnes du sud de l'Espagne, d'où le docteur Klinghammer, nous apprend Oberdieck (*Illustrirtes Handbuch der Obstkunde,* 1861, t. III, p. 187), le rapporta pendant la guerre dite de la Succession (1701 à 1713). Cultivé d'abord dans le duché de Saxe-Weimar, il s'y répandit surtout aux environs de la ville d'Ostheim, et cette particularité lui valut le nom sous lequel il est aujourd'hui le plus généralement connu.

CERISES : GRIOTTE D'OSTHEIM (GROSSE-),

— GRIOTTE D'OSTHEIM (PETITE-),

— GRIOTTE OSTHEIMER,

} Synonymes de *Griotte d'Ostheim*. Voir ce nom.

CERISE GRIOTTE DE LA PALEMBRE. — Synonyme de cerise *Ambrée* (*Grosse-*). Voir ce nom.

CERISIER GRIOTTIER A PETIT FRUIT NOIR,

CERISE GRIOTTE PICARDE,

Synonymes de *Griotte à Ratafia* (*Grosse-*). Voir ce nom.

CERISE GRIOTTE POHLNISCHE. — Synonyme de *Griotte de Kleparow*. Voir ce nom.

CERISE GRIOTTE DU POITOU. — Synonyme de *Griotte à Courte Queue*. Voir ce nom.

---

80. CERISE GRIOTTE DE PORTUGAL.

Synonymes. — 1. CERISE DE PORTUGAL (Merlet, *l'Abrégé des bons fruits,* 1667, pp. 26-27). — 2. GRIOTTE ARCHIDUC (Duhamel, *Traité des arbres fruitiers,* 1768, t. I, p. 191). — 3. GRIOTTE ROYALE (*Id. ibid.*). — 4. GRIOTTE ROYALE DE HOLLANDE (*Id. ibid.*). — 5. CERISE D'ARCHIDUC (Société économique de Berne, *Traité des arbres fruitiers,* 1768, t. II, p. 146). — 6. GRIOTTE GROSSE SPANISCHE (Mayer, *Pomona franconica,* 1776, t. II, p. 40, n° 21). — 7. CERISE DE L'ARCHIDUC (Fillassier, *Dictionnaire du jardinier français,* 1791, t. II, p. 582). — 8. CERISE ROYALE DE HOLLANDE (*Id. ibid.*). — 9. GRIOTTE DAUPHINE (Calvel, *Traité sur les pépinières,* 1805, t. II, pp. 141-142). — 10. GRIOTTE DE CAUX (Pirolle, *l'Horticulteur français,* 1824, p. 329). — 11. GRIOTTE ARCH-DUC (Robert Thompson, *Catalogue of fruits cultivated in the garden of the horticultural Society of London,* 1826, p. 26, n° 197). — 12. CERISE ARCHDUKE (George Lindley, *Guide to the orchard and kitchen garden,* 1831, p. 141, n° 2). — 13. CERISE PORTUGAL DUKE (*Id. ibid.*). — 14. CERISE DOCTOR (Dittrich, *Systematisches Handbuch der Obstkunde,* 1840, t. II, p. 102). — 15. CERISE COURTE-QUEUE DE BRUGES (L. de Bavay, *Annales de pomologie belge et étrangère,* 1853, t. I, p. 81). — 16. GRIOTTE DOUCE-ROYALE (*Id. ibid.*). — 17. CERISE PORTUGAISE (*Id. ibid.*). — 18. CERISE BRUNE DE BRUGES (Pépinières belges de la Société Van Mons, *Catalogue général et descriptif,* 1855, t. I, p. 81). — 19. CERISE GEWÖHNLICHE MUSKATELLER (Oberdieck, *Illustrirtes Handbuch der Obstkunde,* 1861, t. III, p. 497). — 20. CERISE MUSCATE COMMUNE (*Id. ibid.*).

Description de l'arbre. — *Bois :* fort. — *Rameaux :* très-nombreux, légèrement étalés, grêles et de longueur moyenne, très-géniculés, lisses et d'un brun clair taché de gris cendré. — *Lenticelles :* rares, petites, arrondies. — *Coussinets :* saillants et souvent se prolongeant en arête. — *Yeux :* moyens, coniques, bien arrondis, grisâtres, écartés du bois et quelquefois même développés en brindilles. — *Feuilles :* abondantes, petites, vert cendré, obovales, accuminées, canaliculées, parfois contournées, finement dentées et crénelées sur les bords, puis portant à leur base de petites glandes arrondies ou allongées, saillantes et très-faiblement lavées de rouge pâle. — *Pétiole :* peu nourri, très-court, rigide et violacé. — *Fleurs :* assez tardives, à épanouissement successif.

FERTILITÉ. — Très-grande.

CULTURE. — Il fait sur Merisier des plein-vent haute-tige très-réguliers et de beaucoup d'avenir. Pour formes naines, et afin d'appauvrir un peu sa riche végétation, on le greffe sur Mahaleb.

Description du fruit. — *Comment attaché :* par trois, généralement. — *Grosseur :* volumineuse. — *Forme :* globuleuse légèrement comprimée aux pôles, à sillon plus ou moins apparent. — *Pédoncule :* assez long et assez fort, inséré dans une faible cavité. — *Point pistillaire :* presque à fleur de fruit. — *Peau :* dure, épaisse et d'un rouge très-noirâtre. — *Chair :* mi-tendre, peu fine, rouge-grenat foncé. — *Eau :* abondante, bien colorée, acide et faiblement sucrée, possédant une amertume assez agréable. — *Noyau :* moyen, ovoïde-arrondi, peu bombé, ayant l'arête dorsale modérément développée.

Griotte de Portugal.

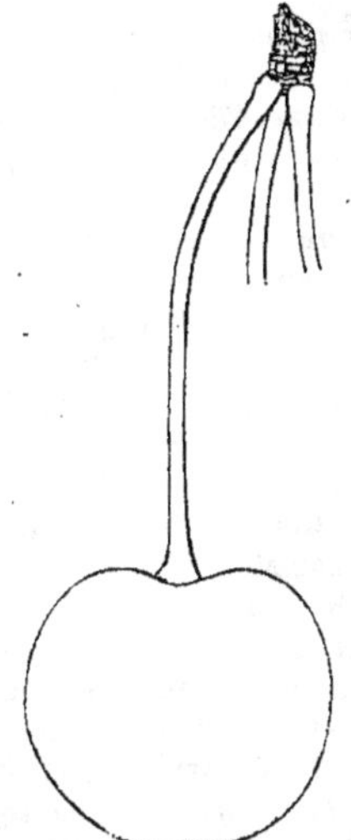

MATURITÉ. — Courant et fin de juillet.

QUALITÉ. — Deuxième.

Historique. — « En Belgique, » a dit Pline (livre XV, c. 30) vers l'an 80 de J. C., « les cerises qu'on préfère, « sont celles de Lusitanie [le Portugal]; » mais il n'en a donné, malheureusement, aucune description, ce qui ne permet pas de classer le nom cerise de Lusitanie parmi les synonymes de la griotte de Portugal. Toutefois il est très-probable que ce fut bien cette dernière variété que mentionna Pline, car les Belges la cultivent réellement depuis nombre de siècles, l'utilisent pour les ratafias et l'ont propagée de divers côtés, notamment chez les Allemands et les Hollandais, puis aussi chez nous, où Merlet la signalait ainsi en 1667 :

« La plus grosse et la plus belle de toutes les cerises — écrivait-il — vient DE PORTUGAL, qui est icy [Paris] fort curieuse et recherchée. » (*L'Abrégé des bons fruits,* 1re édition, pp. 26-27.)

Observations. — On a souvent confondu la griotte de Portugal, en raison de ses deux synonymes les plus connus, *Griotte* et *Cerise de Hollande,* avec la vraie Cerise de Hollande, variété qui pénétra vers 1740 dans nos jardins, et dont récemment (1864) on essayait de faire une nouveauté, en l'appelant *Belle d'Orléans.* Il est facile, cependant, de reconnaître ces deux espèces, la chair de la cerise de Hollande étant à peine colorée, tandis que celle de la griotte de Portugal est d'un rouge-grenat très-intense. — Le synonyme *the Doctor* lui ayant été donné par Dittrich et autres pomologues allemands, nous l'avons reproduit, mais nous avertissons qu'il existe chez les Américains une guigne the Doctor qui n'a de commun, que le nom, avec ce synonyme de la griotte de Portugal.

CERISIER GRIOTTIER PRÉCOCE. — Synonyme de *Griottier Nain précoce.* Voir ce nom.

CERISE GRIOTTE DE PRUSSE. — Synonyme de cerise *Lemercier.* Voir ce nom.

CERISE GRIOTTE DE RATAFIA. — Synonyme de *Griotte à Ratafia (Grosse-).* Voir ce nom.

---

81. CERISE GRIOTTE A RATAFIA (GROSSE-).

Synonymes. — 1. GRIOTTE NOIRE TARDIVE (Jean Bauhin, *Historia plantarum universalis*, 1598-1650, t. I, pp. 221-222). — 2. CERISE MORELLO (Langley, *Pomona*, 1729, p. 85, pl. XVI). — 3. CERISE LA MORELLE (Nolin et Blavet, *Essai sur l'agriculture moderne*, 1755, p. 157). — 4. CERISIER A PETIT FRUIT NOIR (Duhamel, *Traité des arbres fruitiers*, 1768, t. I, p. 189). — 5. GROSSE CERISE A RATAFIA (*Id. ibid.*). — 6. CERISE A RATAFIA (le Berriays, *Traité des jardins*, 1785, t. I, p. 255). — 7. CERISE DE MILAN (Forsyth, *Treatise on the culture and management of fruit trees*, 1802 ; traduction française de Pictet-Mallet, 1805, p. 74). — 8. CERISE DU NORD TARDIVE (Thompson, *Transactions of the horticultural Society of London*, 2e série, 1832, t. I, p. 290). — 9. CERISE DE SAINT-MARTIN (*Id. ibid.*). — 10. GRIOTTE AMARELLE DU NORD (*Id. ibid.*). — 11. GRIOTTE BLACK MORELLO (*Id. ibid.*, pp. 277-278 ; — et Congrès pomologique, *Pomologie de la France*, 1863, t. VII, no 15). — 12. GRIOTTE BRÜSSELER BRAUNE (Thompson, *ibid.*, p. 290). — 13. GRIOTTE DUTCH MORELLO (Thompson, *ibid.*, pp. 277-278 ; — et Congrès pomologique, *ibid.*). — 14. GRIOTTE FLORENTINER (Thompson, *ibid.*, p. 290). — 15. GRIOTTE DE HOLLANDE (*Id. ibid.*). — 16. GRIOTTE HOLLANDISCHE (*Id. ibid.*). — 17. GRIOTTE LARGE MORELLO (*Id. ibid.*, pp. 277-278 ; — et Congrès pomologique, *ibid.*). — 18. GRIOTTE LATE MORELLO (*Iid. iibid.*). — 19. GRIOTTE DE RATAFIA (Thompson, *ibid.*, p. 290). — 20. GRIOTTE RONALDS'S LARGE MORELLO (*Id. ibid.*, pp. 277-278 ; — et Congrès pomologique, *ibid.*). — 21. GROSSE GRIOTTE DE SEPTEMBRE (Thompson, *ibid.*). — 22. GRIOTTE SMALL MORELLO (*Id. ibid.*). — 23. CERISE DE PRUSSE (Godefroy, *Annales de la Société d'Horticulture de Paris*, 1836, t. XIX, p. 316). — 24. GRIOTTE BRUNE DE BRUXELLES (Thompson, *Catalogue of fruits cultivated in the garden of the horticultural Society of London*, 1842, p. 63, no 66). — 25. GRIOTTE WILD RUSSIAN (*Id. ibid.*). — 26. CERISE CASSIS (Poiteau, *Pomologie française*, 1846, t. II, no 17). — 27. CERISE MARASQUE (*Id. ibid.*). — 28. GRIOTTE A EAU-DE-VIE (Thompson, *Journal of the horticultural Society of London*, 1853, t. VIII, p. 251). — 29. GRIOTTE PICARDE (du Breuil, *Cours d'horticulture*, 1854, t. II, p. 717). — 30. GRIOTTE TARDIVE (*Id. ibid.*). — 31. CERISE DOPPELTE SCHATTENMORELLE (Oberdieck, *Illustrirtes Handbuch der Obstkunde*, 1861, t. III, p. 523, no 99). — 32. CERISE GROSSE LANGE LOTH (*Id. ibid.*). — 33. GROSSE CERISE DE SEPTEMBRE (Congrès pomologique, *Pomologie de la France*, 1863, t. VII, no 15). — 34. CERISE DU NORD (*Id. ibid.*). — 35. GRIOTTE DU NORD (Paul de Mortillet, *les Meilleurs fruits*, 1866, t. II, p. 188). — 36. CERISE DU MORELLE (Robert Hogg, *the Fruit manual*, 1875, p. 214). — 37. GRIOTTE AGNATE OR MURILLO (*Id. ibid.*). — 38. GRIOTTE CROWN MORELLO (*Id. ibid.*). — 39. GRIOTTE ORDINAIRE DU MOREL (*Id. ibid.*).

Description de l'arbre. — *Bois* : très-fort. — *Rameaux* : des plus nombreux, minces, assez longs, légèrement étalés, flexueux, lisses, brun clair quelque peu taché de gris cendré. — *Lenticelles* : rares, jaunâtres, fines, arrondies. — *Coussinets* : saillants. — *Yeux* : assez volumineux, ovoïdes-pointus, très-écartés du bois, souvent même sortis en brindilles, ayant les écailles grises ou brunes et mal soudées. — *Feuilles* : très-abondantes, moyennes, vert pâle, ovales ou obovales, sensiblement accuminées, planes ou canaliculées, parfois contournées, à bords finement dentés. — *Pétiole* : peu fort, assez court, faiblement lavé de carmin, très-largement cannelé, à petites glandes bien apparentes, variant de forme et plus ou moins vermillonnées. — *Fleurs* : assez tardives, à épanouissement successif.

FERTILITÉ. — Remarquable.

CULTURE. — Sur Mahaleb comme sur Merisier il fait des arbres d'une grande vigueur et de forme régulière, mais dont les rameaux sont généralement assez pendants, surtout chez les sujets plein-vent et déjà d'un certain âge.

Description du fruit. — *Comment attaché* : par trois et par deux. — *Grosseur* : moyenne. — *Forme* : ovoïde fortement arrondie, ou globuleuse plus ou moins comprimée aux pôles, à sillon à peine marqué. — *Pédoncule* : long ou très-long, peu nourri, inséré dans une assez faible cavité. — *Point pistillaire* : presque à fleur de fruit. — *Peau:* épaisse, brillante, d'abord vert tendre, puis d'un rouge vif qui passe au pourpre et devient noirâtre quand s'accomplit la maturité. — *Chair:* mi-tendre et rouge-grenat. — *Eau:* abondante, rouge sombre, acide, faiblement sucrée, douée d'une certaine saveur amère qui, peu prononcée, plaît assez généralement. — *Noyau:* petit ou moyen, ovoïde-arrondi, bombé, ayant l'arête dorsale peu saillante.

Grosse Griotte à Ratafia.

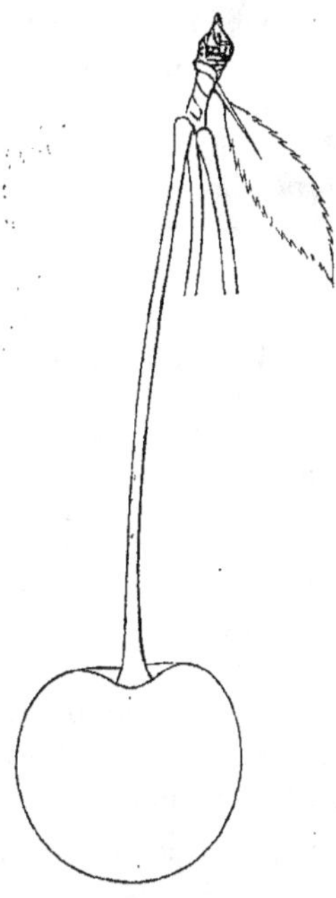

MATURITÉ. — Commencement et courant d'août; parfois même, selon l'exposition de l'arbre, elle n'a lieu qu'en septembre.

QUALITÉ. — Deuxième, crue; mais première pour ratafias, conserves, vin de cerise, confitures, etc.

Historique. — Les auteurs du *Nouveau Duhamel* (t. I, p. 109) ont dit en 1816 que cette griotte, anciennement cultivée en Hollande, passait pour y avoir été apportée de Russie. Plus tard (1863), notre Congrès pomologique (t. VII, n° 15), l'étudiant à son tour, la qualifiait de très-ancienne, puis ajoutait que chez nous elle poussait spontanément dans plusieurs départements. La regarder comme originaire de Russie, et ce sans aucun texte à l'appui, me semble impossible, d'autant mieux que le surnom griotte du Nord, qui dut faire naître cette supposition, est assez moderne. Il date de 1807 et lui fut appliqué par Louis Noisette, pépiniériste parisien, qui, la croyant inconnue des horticulteurs français, la rapporta de Hollande et s'empressa de la baptiser, pour la propager (voir son *Jardin fruitier,* édit. 1821, t. II, p. 19). Quant à répéter avec le Congrès : « Chez nous elle pousse spontanément dans plusieurs départements, » cela serait imprudent, le Congrès ayant négligé d'indiquer les lieux où il avait constaté le fait, ce qui ne permet pas d'en vérifier l'exactitude. Peut-être, aussi, a-t-il uniquement voulu dire que l'arbre de la griotte du Nord, ou Morelle, ou Grosse Griotte à Ratafia, se reproduisait naturellement de drageons — chose positive — quand, franc de pied, il n'avait été greffé ni sur Mahaleb ni sur Merisier. En tout cas l'importation, à Paris, de cette variété, loin d'avoir eu lieu dans l'année 1807, dès 1755 au contraire, et même avant, était effectuée, car deux abbés pépiniéristes — Nolin et Blavet — jadis vendant arbres dans la Capitale (cloître Saint-Marcel), la mentionnèrent alors, mais non comme *nouveauté,* sous un de ses surnoms primitifs les plus connus :

« La *Morelle* — écrivaient-ils — cerise ANGLAISE à grosse et très-longue queue, n'est mangeable qu'en confitures et en compotes; on peut planter l'arbre en espalier au nord. » (*Essai sur l'agriculture moderne,* 2e partie, *Catalogue des fruits,* p. 157.)

La qualification de cerise *anglaise,* ici donnée à cette variété, indique évidemment que l'Angleterre fut le pays d'où les Parisiens la reçurent. Et, de fait, on l'y cultivait dès 1600, témoin ce passage de Robert Thompson, remontant à 1832 :

« La griotte *Morelle,* ou cerise *du Nord,* est abondamment répandue dans les environs de Londres, depuis un très-long temps; Parkinson l'y décrivit en 1629, et dit : « Elle doit sa « dénomination à la couleur de son jus, semblable à celui des fruits du Morus, ou Mûrier; « dénomination que probablement elle portait déjà, quand de la Hollande ou de quelque

« contrée de l'Allemagne, on l'importa en Angleterre. » (*Transactions of the horticultural Society of London*, 2e série, 1832, t. I, pp. 278-279.)

Si ce griottier fut apporté de Londres à Paris, au cours du XVIIe siècle ou du XVIIIe, il ne s'ensuit pas, pour cela, qu'auparavant on ne put le rencontrer en France. Je vais, en effet, montrer que vers 1590 le docteur Jean Bauhin l'avait introduit à Montbéliard dans le jardin qu'y possédait le duc de Wurtemberg, alors seigneur suzerain de cette partie de la Franche-Comté; et c'est Bauhin même qui va nous en fournir la preuve, à l'aide de son *Historia plantarum universalis*, composée de 1585 à 1590, mais publiée seulement en 1650, œuvre dans laquelle il s'exprime ainsi, au chapitre Cerisier :

« ..... La *Griotte Noire tardive* est de forme légèrement allongée, à peau noire ou rouge-brun foncé, à grand pédoncule, à jus colorant, à chair assez ferme, fort acide, fort astringente. Avant qu'elle soit mangeable, cette griotte prend généralement quatre différentes nuances : d'abord verte, bientôt ensuite elle rougit, devenant en même temps amère et très-acide; puis elle passe au rouge sombre ou brunâtre, pour tourner enfin complétement au noir, surtout quand est parfaite sa maturité..... A Bâle (Suisse), ainsi qu'en divers lieux de l'Allemagne, on n'a pas l'habitude de planter ce Griottier dans les jardins. A Montbéliard il serait donc très-rare si je ne l'y multipliais abondamment dans le jardin ducal..... Ses racines sont rampantes et donnent naissance, comme celles du Cerisier à fruit aigre et rouge, à des rejetons reproduisant l'espèce..... » (Tome Ier, pp. 221-222.)

Et maintenant, de tout ce qui précède que faut-il induire quant à l'origine du fruit actuellement appelé Grosse Griotte à Ratafia?... On doit, il me semble, comme le fit Parkinson en 1629, le croire sorti de la Hollande ou de l'Allemagne.

Observations. — Les pomologues français qui depuis 1820 ont parlé de la griotte du Nord, n'ont pas soupçonné, je le suppose, qu'elle pût être la même que la *Grosse Cerise à Ratafia* décrite en 1768 par Duhamel (t. I, p. 189), puisqu'aucun d'eux n'a cité dans son article le nom de cet auteur. Un tel oubli montre une fois de plus combien il importe, en pareil sujet, de remonter aux sources. — *Morello* est un des plus anciens, un des principaux synonymes de cette variété, mais c'est également, paraît-il, le nom d'une griotte obtenue de nos jours par M. *Charmeux*, horticulteur à Thomery, gain que je n'ai pas cru devoir propager vu sa grande ressemblance avec la griotte du Nord ou Grosse Griotte à Ratafia. M. Eugène Forney l'a décrite en ces termes dans son *Jardinier fruitier* (1863, t. II, p. 204) : « Fruit en cœur, longuement pédonculé, d'un rouge foncé presque « noirâtre, à chair juteuse, légèrement acidulée et assez agréable, mûrissant fin « août et commencement de septembre. » En le signalant ici, j'ai donc surtout pour but de montrer combien il serait aisé de faire quelque confusion entre ces deux griottes.

---

82. CERISE GRIOTTE A RATAFIA (PETITE-).

Synonymes. — 1. PETITE CERISE A RATAFIA (Duhamel, *Traité des arbres fruitiers*, 1768, t. I, p. 190). — 2. CERISIER A TRÈS-PETIT FRUIT NOIR (*Id. ibid.*). — 3. PETITE CERISE A LA FEUILLE (le Berriays, *Traité des jardins*, 1785, t. I, pp. 254-255). — 4. CERISE MARASCO (Dittrich, *Systematisches Handbuch der Obstkunde*, 1841, t. III, p. 273). — 5. CERISE MARASCA (*Id. ibid.*). — 6. CERISIER PRUNUS MARASCO (*Id. ibid.*). — 7. CERISE MARASCHINO (*Id. ibid.*). — 8. CERISE MARASQUIN (veuve Leroy et fils, d'Angers, *Catalogue des espèces fruitières de leurs pépinières*, 1837, p. 1). — 9. CERISE AMARASCA (Société horticole de Florence, *Catalogue de son Jardin fruitier*, 1862, p. 12).

Description de l'arbre. — *Bois* : très-fort. — *Rameaux* : excessivement nombreux, érigés, grêles, assez longs, légèrement géniculés, lisses, gris cendré. — *Lenticelles :* petites et rares. — *Coussinets :* aplatis. — *Yeux :* assez petits, grisâtres, ovoïdes-pointus, faiblement écartés du bois à la partie supérieure du rameau et souvent sortis en brindilles dans la moitié inférieure. — *Feuilles :* abondantes, peu grandes, vert cendré, ovales ou obovales, acuminées et canaliculées, à bords finement dentés et crénelés, munies à leur base de quelques glandes arrondies et très-petites. — *Pétiole :* mince, excessivement court, à peine coloré, très-ovoïde, non glanduleux. — *Fleurs :* assez tardives, s'épanouissant successivement.

FERTILITÉ. — Ordinaire.

CULTURE. — Sur Mahaleb il fait des pyramides, buissons et basses-tiges de forme irréprochable; à haute-tige, sur Merisier, il réussit également très-bien, mais il est rare qu'on l'élève ainsi, vu la mauvaise qualité de ses produits.

Description du fruit. — *Comment attaché :* par deux, généralement. — *Grosseur :* petite. — *Forme :* ovoïde-arrondie, sensiblement comprimée aux pôles, à sillon presque nul. — *Pédoncule :* long et grêle, inséré dans une cavité assez développée. — *Point pistillaire :* occupant le centre d'une forte dépression. — *Peau :* rouge foncé, passant au noir à la complète maturité du fruit. — *Chair :* mi-tendre et d'un rouge grenat très-intense. — *Eau :* suffisante, rouge-brun, à peine sucrée, très-acide, âcre et amère. — *Noyau :* moyen, arrondi, ayant les joues bombées et l'arête dorsale légèrement coupante.

Petite Griotte à Ratafia.

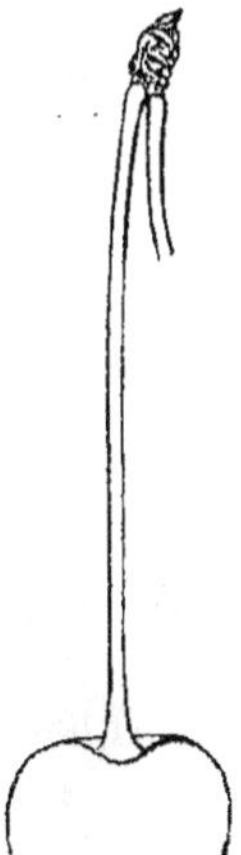

MATURITÉ. — Fin juillet.

QUALITÉ. — Troisième crue, première pour ratafia et usages culinaires.

Historique. — L'espèce ici décrite est originaire de la contrée la plus méridionale de l'Autriche, la Dalmatie, dont Zara, la capitale, fabrique à l'aide des fruits de ce griottier l'exquise liqueur si recherchée qu'on nomme *Marasquin* ou *Rosolio de Zara.* C'est uniquement à cette liqueur que la Petite Griotte à Ratafia dut son introduction dans nos jardins, vers 1758, et l'honneur, quelques années plus tard (1768), d'avoir eu Duhamel pour descripteur (*Traité des arbres fruitiers*, t. I, p. 190). J'ai longtemps feuilleté sans résultat les Pomologies allemandes pour me procurer des renseignements précis sur ce griottier. J'allais même y renoncer, quand un nouveau recueil spécial — celui de M. Dittrich — me fut envoyé de Leipsick, et cette fois ma curiosité se trouva complétement satisfaite. J'y pus lire en effet, sur une traduction littérale, le passage suivant :

« On a été — écrivait M. Dittrich en 1841 — de longues années avant de savoir si la fameuse liqueur *Maraschino* ou *Marasco* était, ou non, préparée avec les cerises du Mahaleb ou avec celles de quelqu'autre espèce. Vu leur saveur amère, les produits du Mahaleb étaient soupçonnés de servir à cette préparation; toutefois je suis aujourd'hui fixé sur ce point, grâce aux communications que m'a faites M. François-Jules Fras, directeur de l'École militaire de Karlstadt (Illyrie). La cerise ainsi utilisée, m'apprend-il, est la variété appelée partout, chez les Dalmates, cerise *Marasco, Maraschino*; et quelquefois aussi, par les botanistes, *Cerasus Hortensis, Cerasus Marasca* ou *Prunus Marasca*, variété non identique avec le cerisier Mahaleb. En Dalmatie, l'arbre de la Marasca pousse dans un terrain chaud, profond et léger. Il réussit assez bien, même dans les mauvaises prairies, et croît mieux, généralement, dans les vallées ou les sols frais, que sur les collines et les montagnes ; c'est pourquoi ces dernières en sont dépourvues. Quant aux soins à lui donner, il en exige moins que le Cerisier Ordinaire, n'a besoin d'aucune fumure et demande seulement qu'on le débarrasse de la gomme, qui lui est particulièrement pernicieuse... On le multiplie par le drageonnage, le semis ou la greffe.... De son fruit les habitants préparent deux espèces de liqueurs : le Marasco-Rosolio, et le Rosolio de noyau de Marasco ; mais par quels procédés ? Voilà ce qu'il est difficile de savoir,... les liquoristes de Zara gardant un profond secret sur leur recette. Les *vrais* Marasco-Rosolio proviennent de Zara....... Les diverses recettes connues n'indiquent donc que le procédé vulgaire employé à Trieste (Illyrie), Pettau (Styrie) et autres lieux de l'empire d'Autriche ; aussi les liqueurs préparées de la sorte sont-elles très-inférieures en goût à celles qui sortent de Zara. » (*Systematisches Handbuch der Obstkunde*, t. III, p. 273-275.)

CERISE GRIOTTE RONALDS'S LARGE MORELLO. — Synonyme de *Griotte à Ratafia* (*Grosse-*). Voir ce nom.

CERISE GRIOTTE ROUGE PALE (GROSSE-). — Synonyme de cerise *Rouge pâle* (*Grosse-*). Voir ce nom.

---

83. CERISE GRIOTTE ROUGE DE PIÉMONT.

Synonyme. — GRIOTTIER A GROS FRUIT ROUGE DE PIÉMONT (les frères Simon-Louis, pépiniéristes à Metz, *Catalogue de 1866*, p. 4).

Description de l'arbre. — *Bois :* fort. — *Rameaux :* très-nombreux et légèrement étalés, grêles, assez longs, coudés, brun foncé lavé de gris cendré. — *Lenticelles :* rares, grandes, arrondies et grisâtres — *Coussinets :* saillants. — *Yeux :* volumineux, ovoïdes-arrondis, écartés du bois, aux écailles brunes et disjointes. — *Feuilles :* abondantes, moyennes, vert clair, ovales ou obovales, sensiblement acuminées, canaliculées, régulièrement dentées sur leurs bords et portant généralement à la base de petites glandes arrondies et carminées. — *Pétiole :* court, bien nourri, roide, violacé, rarement glanduleux. — *Fleurs :* tardives, à épanouissement successif.

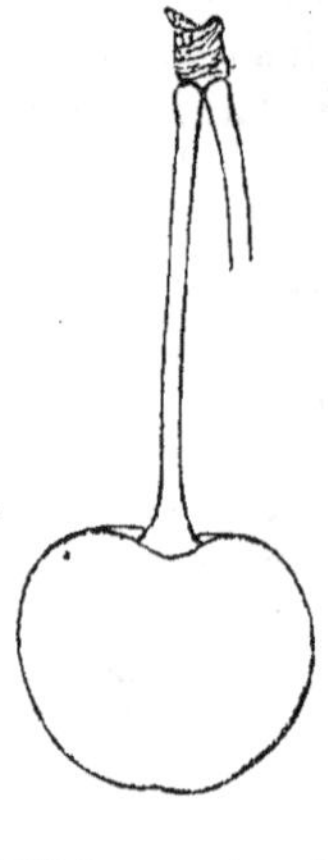

FERTILITÉ. — Médiocre.

CULTURE. — Sa vigueur et sa riche ramification permettent de l'élever sous n'importe quelle forme et sur toute espèce de sujet.

Description du fruit. — *Comment attaché :* par deux, très-habituellement. — *Grosseur :* au-dessus de la moyenne. — *Forme :* globuleuse comprimée aux pôles, à sillon peu marqué. — *Pédoncule :* assez court, fort, surtout à ses extrémités, inséré dans une cavité peu développée. — *Point pistillaire :* enfoncé. — *Peau :* d'un beau rouge vif assez clair. — *Chair :* blanchâtre, tendre, non filamenteuse. — *Eau :* abondante, acide, légèrement amère et sucrée. — *Noyau :* moyen, ovoïde-arrondi, bombé, ayant l'arête dorsale modérément accusée.

MATURITÉ. — Derniers jours de juin.

QUALITÉ. — Deuxième.

Historique. — Comme la griotte Noire de Piémont, cette variété me fut envoyée, en 1864, des pépinières des frères Simon-Louis, de Metz, qui chez nous ont été les propagateurs de ces deux fruits, que leur unique nom rattache à l'Italie. Pline, citant il y a dix-huit siècles les cerises Aproniennes dans son *Historia naturalis,* disait : « Ce sont les plus *rouges de toutes* » (livre XV, chap. XXV). S'il est impossible, sur ce seul renseignement, de reconnaître aujourd'hui les Aproniennes, on ne saurait du moins — la griotte Rouge de Piémont existant en Italie depuis d'innombrables années — s'empêcher de penser que c'est elle qui fut peut-être la cerise ainsi qualifiée par Pline. Et son éclatant coloris rend certainement admissible une telle supposition.

CERISE GRIOTTE ROUGE DE VILLÈNES. — Synonyme de cerise *Rouge pâle (Grosse-)*. Voir ce nom.

CERISES : GRIOTTE ROYALE,
— GRIOTTE ROYALE DE HOLLANDE, } Synonymes de *Griotte de Portugal.* Voir ce nom.

CERISE GRIOTTE KHERY-DUK TARDIVE. — Synonyme de cerise *Holman's Duke.* Voir ce nom.

CERISE GRIOTTE DE SEPTEMBRE (GROSSE-). — Synonyme de *Griotte à Ratafia (Grosse-)*. Voir ce nom.

CERISE GRIOTTE SIMPLE. — Synonyme de *Griotte Commune.* Voir ce nom.

CERISE GRIOTTE SMALL MORELLO. — Synonyme de *Griotte à Ratafia (Grosse-)*. Voir ce nom.

CERISE GRIOTTE SUCCINÉE. — Synonyme de cerise *Ambrée (Grosse-)*. Voir ce nom.

CERISES GRIOTTE TARDIVE. — Synonymes de *Griotte Acher* et de *Griotte à Ratafia (Grosse-)*. Voir ces noms.

---

84. CERISE GRIOTTE DE TOSCANE.

Description de l'arbre. — *Bois :* faible. — *Rameaux :* nombreux, érigés, grêles, très-courts, non géniculés, d'un brun verdâtre quelque peu lavé de gris cendré. — *Lenticelles :* clair-semées et des plus petites. — *Coussinets :* presque nuls. — *Yeux :* petits, ovoïdes-aigus, écartés du bois, aux écailles mal soudées.

— *Feuilles :* abondantes, moyennes, d'un beau vert, elliptiques ou ovales-allongées, très-acuminées, planes ou canaliculées, à bords dentés et crénelés. — *Pétiole :* assez fort, court et roide, légèrement violacé, à larges glandes peu saillantes et peu vermillonnées. — *Fleurs :* assez tardives et s'épanouissant successivement.

FERTILITÉ. — Médiocre.

CULTURE. — Cet arbre est de vigueur trop modérée pour que le plein-vent puisse lui convenir; on doit le greffer sur Mahaleb et le destiner aux formes naines.

Description du fruit. — *Comment attaché :* par un, presque toujours. — *Grosseur :* volumineuse. — *Forme :* globuleuse plus ou moins comprimée aux pôles, à sillon très-peu marqué. — *Pédoncule :* assez long, bien nourri, inséré dans une cavité prononcée. — *Point pistillaire :* enfoncé. — *Peau :* d'un rouge intense qui devient noirâtre à la maturité. — *Chair :* grenat, tendre et non filamenteuse. — *Eau :* abondante et rougeâtre, à saveur faiblement amère, mais assez sucrée, quoique sensiblement acidulée. — *Noyau :* moyen, arrondi, bombé, ayant l'arête dorsale presque aplatie.

Griotte de Toscane.

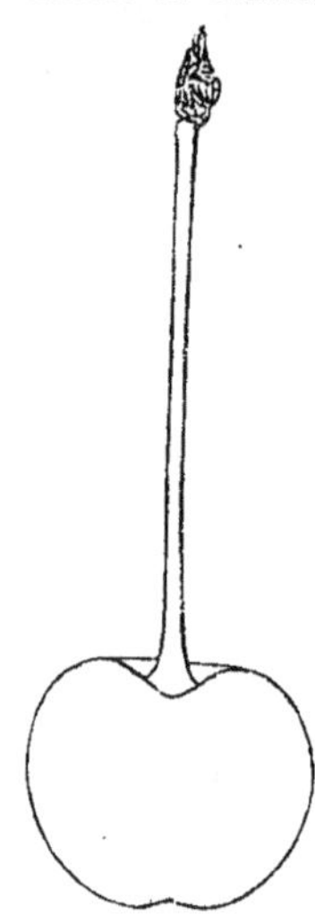

MATURITÉ. — Fin juin ou commencement de juillet.

QUALITÉ. — Deuxième.

Historique. — Le griottier de Toscane appartient à la contrée de l'Italie dont il porte le nom; j'ignore depuis quelle époque on l'y cultive. Je n'en connais aucune description et me le suis procuré à Florence, en 1864.

---

85. CERISE GRIOTTE DE LA TOUSSAINT.

Synonymes. — 1. CERISE A GRAPPES (Merlet, *l'Abrégé des bons fruits,* 1re édition, 1675, p. 21). — 2. CERISE DE LA SAINT-MARTIN (Duhamel, *Traité des arbres fruitiers,* 1768, t. I, p. 178). — 3. CERISE TROS KERS (Herman Knoop, *Fructologie,* 1771, p. 36). — 4. CERISE TARDIVE (Mayer, *Pomona franconica,* 1776, t. II, p. 38). — 5. CERISE DE LA TOUSSAINT (Fillassier, *Dictionnaire du jardinier français,* 1791, t. II, p. 585). — 6. CERISE ALLERHEILIGEN (J. V. Sickler, *Teutscher Obstgärtner,* 1800, t. XIV, p. 93). — 7. CERISE ACIDE DE LA TOUSSAINT (Tatin, *Principes raisonnés et pratiques de la culture des arbres fruitiers,* 1819, t. II, p. 40). — 8. CERISE ALL SAINTS' (Thompson, *Catalogue of fruits cultivated in the garden of the horticultural Society of London,* 1826, p. 28, nº 238). — 9. CERISE MONAT'S AMARELLE (Idem, *Transactions of the horticultural Society of London,* 2e série, 1832, t. I, p. 287). — 10. CERISIER PLEURANT (*Id. ibid.*, p. 288). — 11. CERISE SAINT-MARTIN'S AMARELLE (*Id. ibid.*, p. 287). — 12. CERISE WEEPING (*Id. ibid.*). — 13. GRIOTTE MARTIN'S (*Id. ibid.*). — 14. CERISIER TOUJOURS FLEURI (L. de Bavay, *Annales de pomologie belge et étrangère,* 1853, t. I, p. 103). — 15. CERISE AUTUMN-BEARING CLUSTER (Robert Hogg, *the Fruit manual,* 1862). — 16. CERISE MARBŒUF (*Id. ibid.*, édition de 1875, p. 186). — 17. CERISE OCTOBER'S (*Id. ibid.*). — 18. CERISIER PLEUREUR (*Id. ibid.*). — 19. CERISIER TARDIF A GRAPPES (*Id. ibid.*). — 20. GRIOTTE MONAT'S (*Id. ibid.*).

Description de l'arbre. — *Bois :* faible. — *Rameaux :* très-nombreux, des plus étalés et souvent arqués, grêles, assez longs, géniculés, rugueux, d'un brun foncé lavé et taché de gris cendré. — *Lenticelles :* clair-semées, petites, arrondies. — *Coussinets :* saillants. — *Yeux :* volumineux, ovoïdes sensiblement arrondis, très-écartés du bois, parfois même sortis en brindilles à la base du rameau, ayant les écailles brunes et disjointes. — *Feuilles :* très-nombreuses et petites, vert sombre, elliptiques ou obovales, ou bien encore ovales-allongées, longuement acuminées, canaliculées et finement dentées. — *Pétiole :* court, bien nourri, très-roide, légèrement violacé, à très-petites glandes arrondies et quelque peu lavées de vermillon. — *Fleurs :* très-tardives, à épanouissement successif et très-prolongé.

Griotte de la Toussaint.

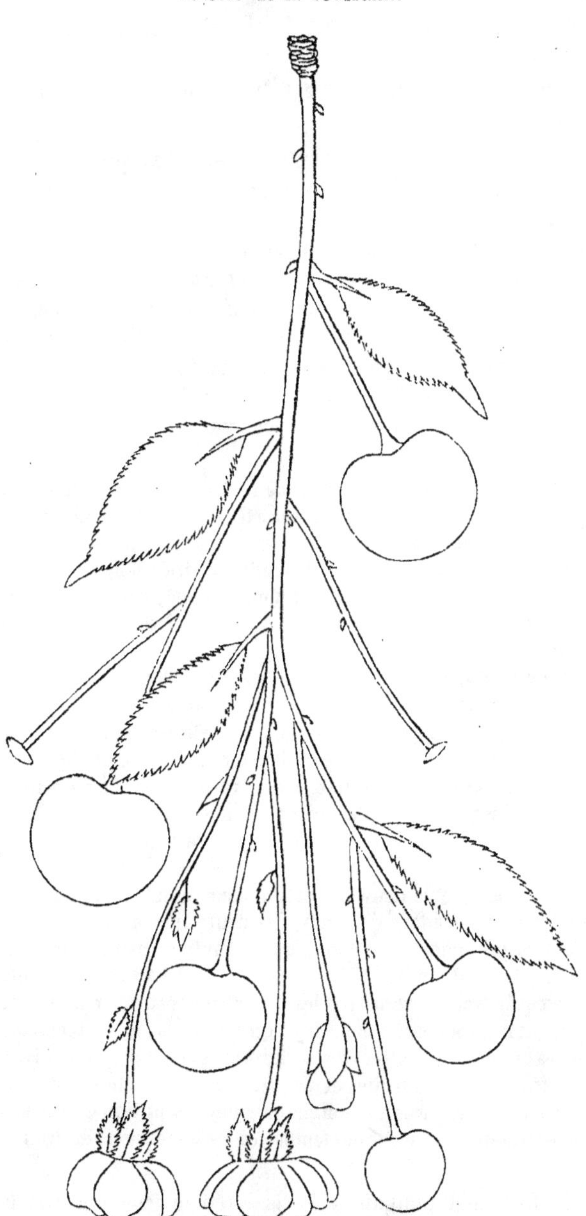

FERTILITÉ. — Médiocre.

CULTURE. — Greffé pour haute-tige, sur Merisier, il devient assez remarquable, surtout par ses rameaux pendants qui lui donnent l'aspect d'un saule pleureur. Mais sur Mahaleb, pour formes naines, l'espalier excepté, qui ne lui convient pas, il est vraiment très-beau avec ses longues grappes où les fleurs épanouies se mêlent aux fleurs entr'ouvertes et à celles en bouton, et les fruits rouges aux fruits jaunâtres et aux fruits à peine noués.

Description du fruit. — *Comment attaché :* par très-longues grappes portant de sept à dix griottes ayant chacune son pédoncule particulier. — *Grosseur :* moyenne ou petite. — *Forme :* globuleuse assez irrégulière, à sillon plus ou moins apparent. — *Pédoncule :* plutôt court que long, muni souvent de petits yeux et inséré dans une vaste dépression. — *Point pistillaire :* placé de côté, généralement, et presque à fleur de fruit. — *Peau :* unicolore, d'un beau rouge vif. — *Chair :* jaunâtre, molle, à filaments blanchâtres. — *Eau :* très-abondante, incolore fort acide et peu sucrée, mais sans amertume. — *Noyau :* assez gros, arrondi, bien bombé, ayant l'arête dorsale large, unie, émoussée.

Maturité. — Successive : depuis août jusqu'à la fin d'octobre, et parfois atteignant le mois de novembre.

Qualité. — Deuxième plutôt que troisième, vu l'extrême tardiveté de la maturation.

Historique. — Ce griottier, si curieux par les phénomènes exceptionnels de sa végétation et les caractères tout particuliers de son arbre, appartient à la fois aux espèces à fruits comestibles et aux espèces ornementales. Il occupe même, parmi ces dernières, un des premiers rangs, tellement son aspect est agréable dans un jardin, alors qu'on l'y voit, pendant plusieurs mois, chargé de ses longues grappes où s'entremêlent les fleurs et les fruits. Nous regretterions donc beaucoup — nos descriptions d'arbres, on le sait, étant rigoureusement faites sur des sujets de deux ans de greffe — de n'avoir pu le caractériser tel qu'il se montre quand il est plus âgé, si Duhamel n'était là pour nous suppléer. Dès 1768, en effet, ce savant l'étudiait consciencieusement et le décrivait comme suit dans son *Traité des arbres fruitiers :*

« Le port, la taille, les branches nombreuses du Cerisier *de la Toussaint* l'approchent du Cerisier à Bouquet plus que de tout autre ; mais il a des caractères très-singuliers. On n'y trouve que des boutons à bois et des boutons à fruit. Les boutons à bois produisent des bourgeons foibles, menus, de médiocre longueur, garnis de feuilles alternes longues de deux à trois pouces, larges de douze à seize lignes, terminées en pointe aiguë, dentelées et surdentelées, d'un vert assez foncé en dedans, d'un vert clair en dehors, fortes et soutenues ferme sur des queues longues de douze à quinze lignes.

« Les boutons à fruit, au lieu de fleurs, donnent au printemps de petites branches, dont les trois ou quatre premières feuilles portent sous leurs aisselles des boutons à fruit destinés à produire au printemps suivant de petites branches semblables à celles-ci. Après ces trois ou quatre premières feuilles, la branche continue de s'allonger ; et à mesure qu'il se développe une nouvelle feuille, il sort de son aisselle une et quelquefois deux fleurs dont le pédicule s'allonge considérablement jusqu'à ce qu'elles soient épanouies.

« ..... Comme les premières fleurs ne s'épanouissent qu'en juin, le fruit noue ordinairement fort bien.....

« ..... La branche à fruit ne cesse de faire de nouvelles productions jusqu'à la fin de l'été : de sorte qu'on y voit en même temps des boutons de fleurs, des fleurs épanouies, des fruits qui nouent, d'autres verts, d'autres qui commencent à rougir, et d'autres qui sont mûrs..... Comme il naît un grand nombre de ces branches à fruit, ce qui rend l'arbre plus touffu qu'aucun autre Cerisier, il y en a qui, trop couvertes par les autres, font peu de progrès et ne donnent point de fruit ; d'autres qui ne produisent que trois ou quatre fruits, et s'arrêtent dès la fin de juillet. Toute la partie des branches qui a fructifié, se dessèche et périt pendant l'hiver.

« Les feuilles des branches à fruit sont très-petites et peu allongées ;..... elles sont dentelées profondément, et surdentelées ; leur queue est longue de cinq à sept lignes. Un bon terrain bien cultivé augmente beaucoup la grandeur des feuilles et les dimensions du fruit. » (Tome Ier, pp. 178-180, n° 9.)

En 1768, date à laquelle Duhamel publiait à Paris l'article ici transcrit, la griotte dite de la Toussaint pour l'époque la plus tardive de sa maturité, n'était déjà plus un fruit nouveau chez nous ; Jacques Daléchamp dès 1586 l'y avait signalée dans son *Historia plantarum* (t. I, p. 262), mais sans lui donner aucun nom, ce qui porte à croire qu'alors on commençait seulement à la cultiver : « Il y a, disait-il, des Cerises que leur façon de se développer fait ressembler à des

« grappes de raisin. » Mais elle fut lente à se répandre dans nos jardins, puisque Merlet, en 1675, la qualifiait d'espèce de grande rareté :

« Il y a — expliquait-il — une autre espece de Cerise comme gémelle, qui est rare et fort particuliere, et qui en donne plusieurs, ne sortans pas de l'œil comme la Gémelle, mais de la queuë, les unes apres les autres, comme en grape. » (*L'Abrégé des bons fruits*, 2e édition, pp. 21-22.)

Le griottier de la Toussaint est-il né en terre française? On le supposerait volontiers en voyant, au XVIe siècle, notre compatriote Daléchamp être le premier à le signaler. Si je ne puis, toutefois, prouver qu'il appartient à la France, du moins suis-je fondé à certifier que nous n'en sommes pas redevables à l'Angleterre, comme l'avait dit M. de Calonne en 1779 :

« ..... Sur le terrain de Villebois et de Palaiseau (Seine-et-Oise) — écrivait-il — toutes les especes de Cerise sont rassemblées. On y connoît d'abord le Cerisier Précoce..... puis le Cerisier de Montmorency;..... enfin une autre Cerise dont l'arbre porte *deux fois l'an*, la premiere au mois de juin, l'autre vers le tems de *la Toussaint*, dont elle à retenu le nom..... et qui a été tirée d'Angleterre. » (*Essais d'agriculture en forme d'entretiens*, pp. 111-113.)

Une double erreur existe ici : non-seulement aucun pomologue anglais n'a classé parmi les fruits gagnés en son pays, la Griotte de la Toussaint, qui n'y pénétra qu'après 1768, quand déjà nous la possédions depuis plusieurs siècles, mais encore il me faut déclarer qu'il est complétement inexact que cette variété donne deux récoltes chaque année.

Observations. — Les noms Cerisier *à Grappes* et Cerisier *Faux-Bois de Sainte-Lucie* sont uniquement synonymes de CERASUS PADUS COMMUNIS, du *Merisier à Grappes*, arbuste souvent confondu par les anciens pomologues avec le Griottier de la Toussaint, ce qui doit engager les modernes à ne pas reproduire cette erreur de leurs devanciers. Le LAURUS LUSITANICA porte également le surnom Cerisier à Grappes, mais comme ses feuilles sont persistantes, on ne saurait le prendre pour le PADUS, espèce à feuilles caduques. — Thompson, dans les *Transactions* de la Société d'Horticulture de Londres (2e série, t. I, p. 288), réunit le *Guignier à Rameaux pendants* au Griottier de la Toussaint. Il se trompe et M. Jahn l'a dit avant moi dans l'*Illustrirtes Handbuch der Obstkunde* (1861, t. III, p. 81), en y classant ce guignier parmi les synonymes du *Bigarreautier à Rameaux pendants*.

CERISE GRIOTTE TRAUBEN AMARELLE. — Synonyme de *Griotte à Bouquet*. Voir ce nom.

CERISE GRIOTTE A TROCHET. — Synonyme de cerise *à Trochet*. Voir ce nom.

CERISE GRIOTTE DE VILLENNES. — Synonyme de cerise *Rouge pâle* (*Grosse*-). Voir ce nom.

CERISE GRIOTTE WEICHSELBAUM VON MONTMORENCY. — Synonyme de cerise *de Montmorency*. Voir ce nom.

CERISE GRIOTTE WILD RUSSIAN. — Synonyme de *Griotte à Ratafia* (*Grosse*-). Voir ce nom.

CERISE GROS BIGARREAU BLANC. — Voir *Bigarreau Blanc* (*Gros-*).

CERISE GROS BIGARREAU NOIR. — Voir *Bigarreau Noir* (*Gros-*).

CERISE GROS BIGARREAU ROUGE. — Voir *Bigarreau Rouge* (*Gros-*).

CERISE GROS-CŒURET. — Voir *Bigarreau Gros-Cœuret.*

CERISE GROS-FRUIT. — Synonyme de cerise de *Montmorency à Courte Queue.* Voir ce nom.

CERISIERS A GROS FRUIT ROUGE PALE. — Synonymes de cerisier *Reine-Hortense* et de cerise *Rouge pâle* (*Grosse-*). Voir ces noms.

CERISES : GROS-GOBET,

— GROS-GOBET A COURTE QUEUE,

— GROS-GOBET DE MONTMORENCY,

Synonymes de cerise *de Montmorency à Courte Queue.* Voir ce nom.

CERISE GROSSE-AMARELLE. — Synonyme de cerise *Rouge pâle* (*Grosse-*). Voir ce nom.

CERISE GROSSE-AMBRÉE. — Voir *Ambrée* (*Grosse-*).

CERISIER A GROSSES CERISES. — Synon. de *Bigarreau Rouge* (*Gros-*). V. ce nom.

CERISE GROSSE GEMEINE MARMOR. — Synonyme de *Bigarreau Blanc* (*Gros-*). Voir ce nom.

CERISE GROSSE GLAS. — Synonyme de cerise *Rouge pâle* (*Grosse-*). Voir ce nom.

CERISE GROSSE GUIGNE BLANCHE. — Voir *Guigne Blanche* (*Grosse-*).

CERISE GROSSE GUINDOLLE. — Synonyme de cerise *Rouge pâle* (*Grosse-*). Voir ce nom.

CERISE GROSSE LANGE LOTH. — Synonyme de *Griotte à Ratafia* (*Grosse-*). Voir ce nom.

CERISE GROSSE-MAI. — Synonyme de cerise *Royale hâtive.* Voir ce nom.

CERISE GROSSE MAY. — Synonyme de *Bigarreau Baumann.* Voir ce nom.

CERISE GROSSE MERISE BLANCHE. — Synonyme de cerise *Ambrée* (*Grosse-*). Voir ce nom.

CERISE GROSSE WEISSE MARMOR. — Synonyme de *Bigarreau Blanc* (*Gros-*). Voir ce nom.

CERISE GRUOTTE. — Synonyme de *Griotte Commune*. Voir ce nom.

CERISE DE GUBEN. — Voir *Bigarreau Rouge de Guben.*

GUIGNE, GUIGNIER. — Par son bois le Guignier ressemblant au Bigarreautier, les caractères qui séparent ces deux espèces résident uniquement dans leurs produits; ainsi la Guigne offre une chair tendre ou flasque, tandis que le Bigarreau en possède une ferme ou croquante.

Le Guignier fut connu des Romains. On peut l'affirmer, en présence du passage suivant, extrait de l'*Historia naturalis* de Pline :

« Les cerises *Juniennes* (JUNIANIS) — a dit cet auteur — ont bon goût, mais la chair tellement tendre, qu'on ne saurait les faire voyager ; il faudrait presque les manger sur l'arbre. » (Livre XV, chapitre 25.)

Du reste les botanistes, aujourd'hui, s'accordent pour assurer que le *Prunus Avium*, ou Merisier, est la souche de nos Guigniers, et qu'indigène à la France, de tout temps il y poussa spontanément dans les grandes forêts; entr'autres dans celles de Compiègne, d'Orléans, des Vosges, des Ardennes, de la Champagne et de la Franche-Comté. Aussi la culture du Guignier remonte-t-elle chez nous aux époques les plus reculées. Quant au nom Guigne, qu'on a successivement écrit guine, guynne, guigne, il avait déjà cours pendant le moyen âge, ainsi que son synonyme guindole ou guindoule, les textes ci-après vont le démontrer :

« *Moust pour Hetoudeaux** [*gros poulet qui n'est pas encore chapon]. — Qui veult faire ce moust dez la saint Jehan — écrivait-on vers 1393 — et avant que l'on trouve aucuns roisins, faire le convient de CERISES, MERISES, GUINES, vin de Meures,..... etc. (*Le Menagier de Paris*, manuscrit du XIVe siècle, édité en 1846, t. II, p. 235.)

« Les Cerises vulgairement appelées *Guines* ou *Guindoles* — écrivait Ruel en 1536 — ont la chair fort douce et de goût agréable. » (*De Natura stirpium*, p. 182.)

« Parmi les Cerises qui naissent ès Cerisiers — disait Charles Estienne en 1540 et 1589 — sont les *Guynnes*, longues, fort douces. » (*Seminarium*, p. 78, et *Maison rustique*, p. 211 v°.)

« En outre des Cerises aigres, il s'en voit — expliquait Daléchamp en 1586 — dont la chair est fort douce et de bon goût;..... on les appelle communément *Guignes* et *Guindoules*;.... elles sont bien plus tôt tournées, que les aigres. » (*Histoire des plantes*, t. I, p. 262.)

Il est donc bien établi que dès le moyen âge les mots Guine et Guindole servirent, en France, à désigner la cerise douce, à chair tendre, qui présentement y porte encore ce nom. Comment, alors, excuser nos pomologues et nos horticulteurs d'avoir, dès le XVIIe siècle, à tel point méconnu le sens caractéristique des termes Guignes et Guindoule, qu'ils furent jusqu'à nommer Griottes, les produits du Guignier, et Guignes ceux du Griottier?... C'est ce qu'on ne peut s'expliquer. Je l'ai dit dans mon historique des termes *Griotte, Griottier* (pp. 273-275), et dois le répéter ici, en me bornant à renvoyer à cet article, où les preuves du fait sont rigoureusement établies.

Les Guignes n'ont jamais été très-recherchées; leur eau mielleuse, leur promptitude à se décomposer, et les vers qui par suite les envahissent, justifient certes l'abandon presque complet dans lequel elles tombèrent depuis le milieu du XVIIe siècle jusqu'au commencement du XIXe. La Quintinye (1690) les traita surtout de façon fort impertinente :

« Les *Guignes* — déclara-t-il — sont véritablement hâtives, mais elles sont trop fades, LES HONNÊTES GENS N'EN MANGENT GUÈRES..... Peut-être me résoudrois-je de planter [dans le verger de Louis XIV à Versailles] une couple de Guignes Blanches rougeâtres, si j'avois jusqu'à quatre douzaines de Cerisiers à planter : on ne passe guères ce nombre là..... » (*Instruction pour les jardins fruitiers et potagers*, 1re édition, t. I, pp. 492 et 493.)

En 1755 ce mépris n'avait pas diminué, témoin le passage suivant, que j'emprunte à la *Nouvelle Maison rustique :*

« Les *Guignes* sont trop fades pour être présentées SUR LES TABLES FINES, SI CE N'EST POUR LA PARADE et à cause de la primeur, car on en a dès la fin de juin. Les Blanches sont des plus estimées ; il ne faut des unes et des autres que pour attendre la Cerise Royale. » (Édition de 1755, t. II, p. 189.)

Même en 1768 la culture du Guignier était peu commune dans l'Ile-de-France, puisque Duhamel (t. I, p. 161) fit alors observer que la Grosse Guigne Blanche et la Grosse et la Petite Guigne Noire étaient les seules qu'on rencontrât dans les jardins des environs de Paris.

De nos jours, grâce au mérite réel de quelques-unes des variétés du Guignier, la propagation de cette espèce est devenue plus générale. S'il faut le reconnaître il faut reconnaître également, cependant, que les meilleures Guignes valent à peine les Cerises et les Bigarreaux de deuxième qualité, et ne peuvent en outre, comme le font aisément leurs congénères, supporter sans se meurtrir ni se flétrir le moindre transport.

L'étymologie du mot Guigne a fort exercé les érudits et les pomologistes. Les uns, comme Charles Estienne (1540), Jean Liébault (1589), Olivier de Serres (1600), ont cru que *Guynne*, nom primitif de l'espèce, avait été fait de Guyenne, en latin *Aquitania*, par le motif que la Guyenne passait pour être la patrie de cette sorte de cerise. D'autres — Philibert Monet (1643), Antoine Furetière (1688) — la supposant, au contraire, provenue du comté de Guines, en Picardie, jugèrent très-naturelle, aussi, sa dénomination. Ménage (1694), lui, combattit ces deux opinions et tira guindole, et guigne, de l'espagnol *guinda*, puis du hongrois *wisna*, synonymes de l'expression dont il s'agit ici. Enfin le Berriays (1785, t. I, p. 261), sachant que *guin*, ou *gouin*, signifie vin, en bas-breton, à son tour se flatta d'avoir trouvé la véritable origine de ce même terme, appliqué, disait-il, « au Cerisier, parce qu'avec les Cerises on fait une liqueur forte et « vineuse. » J'ajouterai que ces derniers temps (1855) M. Alphonse de Candolle me paraît s'être rallié à l'opinion de le Berriays, car il s'exprime ainsi dans sa *Géographie botanique raisonnée :* « Le mot français, *guigne*, vient du celte ; en « Bretagne la cerise se nomme *kignez.* » (T. II, p. 878.) Pour moi, après avoir rapporté ces diverses étymologies, je demande, sous forme de conclusion, si notre terme guigne, qui d'abord s'écrivit *guine*, ne pourrait pas être venu tout simplement, par corruption ou par abréviation, du nom *Junianum*, que plus haut on a vu Pline appliquer à la variété Junienne, et qui lui fut donné, sans doute, du mois de juin, *junius*, mois dans lequel on la mange? (Voir aussi nos articles *Bigarreau*, *Cœuret*, *Griotte* et *Guindolle*.)

CERISE GUIGNE ADAMS'. — Synonyme de *Guigne Adams' Crown*. Voir ce nom.

---

86. CERISE GUIGNE ADAMS' CROWN.

Synonyme. — GUIGNE ADAMS' (Oberdieck, *Illustrirtes Handbuch der Obstkunde*, 1861, t. III, p. 99, nº 25 bis).

Description de l'arbre. — *Bois* : très-fort. — *Rameaux* : peu nombreux, étalés, très-longs, assez gros, rugueux, sensiblement géniculés, brun clair lavé et taché de gris cendré. — *Lenticelles* : assez abondantes, grisâtres, larges, arrondies ou linéaires. — *Coussinets* : bien accusés. — *Yeux* : très-gros, coniques, écartés du bois, aux écailles grises et légèrement disjointes. — *Feuilles* : peu nombreuses, de grandeur moyenne, vert jaunâtre, ovales-allongées, acuminées, planes ou contournées, à bords régulièrement dentés. — *Pétiole* : très-long, de moyenne force, flexible, très-carminé au point d'attache, portant de larges glandes aplaties, peu colorées et de forme variable. — *Fleurs* : très-précoces, à épanouissement successif.

FERTILITÉ. — Médiocre.

CULTURE. — Il fait, sous toutes formes et sur tous sujets, des arbres d'une remarquable beauté.

Description du fruit. — *Comment attaché* : par deux, généralement. — *Grosseur* : moyenne. — *Forme* : en cœur arrondi, assez irrégulière, à sillon peu marqué. — *Pédoncule* : long et grêle, surtout à son milieu, inséré dans une vaste cavité. — *Point pistillaire* : presque saillant ou légèrement enfoncé. — *Peau* : rouge clair sur le côté de l'insolation, rosée sur l'autre face, ponctuée puis tachetée de gris-blanc et de carmin foncé. — *Chair* : blanchâtre, tendre, filamenteuse. — *Eau* : abondante, incolore, sucrée, à peine acidule, de saveur agréable. — *Noyau* : petit, ovoïde-arrondi, bombé, ayant l'arête dorsale large mais émoussée.

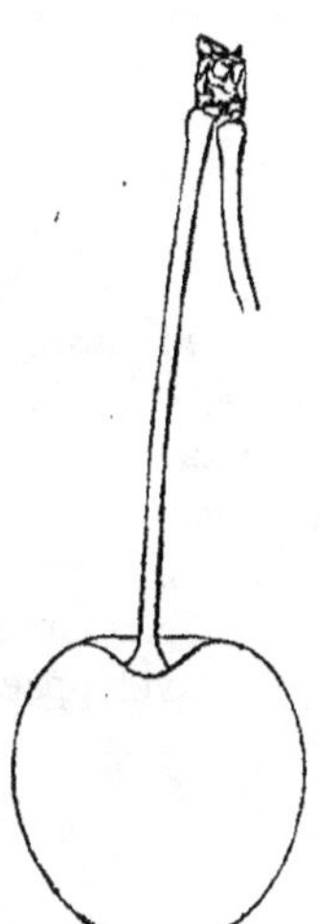

MATURITÉ. — Commencement de juin.

QUALITÉ. — Première.

Historique. — C'est une guigne d'origine anglaise et dont le nom, chez nos voisins, n'apparaît pas avant 1826, date à laquelle Thompson l'inscrivit à la page 17 de la première édition du *Catalogue* des variétés cultivées dans le Jardin fruitier de la Société d'Horticulture de Londres. Le docteur Robert Hogg en a tout récemment (1875) établi la provenance :

« Ce Guignier — a-t-il dit — est des plus répandus aux alentours de Rainham, Sittingbourne et Faversham, d'où ses produits vont alimenter les marchés de Londres. Il n'a pas une grande ancienneté, comme je l'ai su dans les environs de Sittingbourne d'habitants se rappelant parfaitement l'époque de son obtention. Ce fut, assure-t-on, un nommé Adams qui le gagna de semis dans le voisinage de cette dernière localité. » (*The Fruit manual*, p. 186.)

La guigne Adams' Crown, vu sa bonté, s'est rapidement propagée. Elle me fut offerte en 1846. Les Allemands, qui l'eurent un peu plus tard mais la caractérisèrent dès 1861, pensent que son nom, *Couronne d'Adam*, indique qu'elle a été le gain le plus méritant du semeur Adams (voir Oberdieck, t. III, p. 99); et cette supposition paraît très-vraisemblable.

---

87. CERISE GUIGNE AIGLE NOIR.

Synonyme. — GUIGNE BLACK EAGLE (Thompson, *Catalogue of fruits cultivated in the garden of the horticultural Society of London*, 1842, p. 53, nº 15).

Description de l'arbre. — *Bois :* fort. — *Rameaux :* assez nombreux, étalés, gros et longs, non géniculés, des plus rugueux, rouge-brun jaunâtre lavé et taché de gris. — *Lenticelles :* abondantes, moyennes, grisâtres, arrondies ou linéaires. — *Coussinets :* saillants. — *Yeux :* gros, ovoïdes, légèrement écartés du bois, aux écailles grises et quelque peu disjointes. — *Feuilles :* abondantes et grandes, vert jaunâtre, obovales ou ovales-allongées, sensiblement acuminées, planes ou contournées, ayant les bords profondément dentés. — *Pétiole :* long et bien nourri, flexible, violacé, à très-larges glandes aplaties ou globuleuses et vermillonnées. — *Fleurs :* précoces, à épanouissement simultané.

FERTILITÉ. — Satisfaisante.

CULTURE. — Ce guignier pousse toujours très-bien, soit à haute-tige sur Merisier, soit à basse-tige sur Mahaleb.

Description du fruit. — *Comment attaché :* par trois, le plus souvent. — *Grosseur :* volumineuse. — *Forme :* en cœur raccourci, bien régulière, à sillon large mais peu creusé. — *Pédoncule :* gros et court, inséré dans une étroite et assez profonde cavité. — *Point pistillaire :* placé au centre d'une légère dépression. — *Peau :* épaisse et dure, d'un noir rougeâtre plus ou moins nuancé de violet obscur. — *Chair :* assez tendre, non filamenteuse et pourpre foncé. — *Eau :* abondante, très-colorée, douce, bien sucrée, possédant une saveur exquise. — *Noyau :* petit, arrondi et légèrement bombé, ayant l'arête dorsale peu développée.

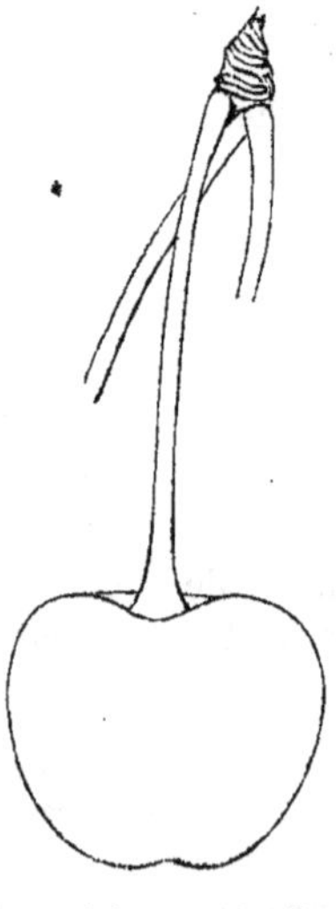

MATURITÉ. — Vers la mi-juin.

QUALITÉ. — Première.

Historique. — Les *Transactions* ou Procès-Verbaux de la Société d'Horticulture de Londres rapportent (2ᵉ série, t. I, p. 258, t. II, pp. 137-139 et 208-211) que la guigne Black Eagle, notre Aigle noir, fut gagnée vers 1806 par la fille du célèbre botaniste et pomologue Thomas-André Knight, alors président de ladite Société. Elle l'obtint, à leur château de Downton, de noyaux d'un bigarreautier Graffion dont les fleurs avaient été fécondées par le pollen d'un cerisier May Duke. Cette délicieuse guigne est en France depuis le mois de mars 1828, le baron de Férussac l'a constaté dans son *Bulletin des sciences agricoles* (1829, t. XII, p. 367). Ce fut M. Knight même qui la fit parvenir, à Paris, à M. Henri du Trochet, membre de l'Académie des Sciences.

CERISE GUIGNE BELLE-AGATHE. — Synonyme de *Bigarreau de Fer*. Voir ce nom.

---

88. CERISE GUIGNE BELLE D'ORLÉANS.

Synonymes. — 1. CERISE DAUPHINE (Charles Baltet, *l'Horticulteur français*, Revue mensuelle de F. Hérincq, 1860, p. 69). — 2. GUIGNE NOUVELLE D'ORLÉANS (Oberdieck, *Illustrirtes Handbuch der Obstkunde*, 1867, t. VI, p. 16).

Description de l'arbre. — *Bois :* fort. — *Rameaux :* assez nombreux, légèrement étalés, gros et longs, quelque peu géniculés, brun violâtre sur le côté frappé par le soleil et complétement gris cendré sur le côté opposé. — *Lenticelles :* abondantes, petites, grisâtres, arrondies ou linéaires. — *Coussinets :* bien ressortis. — *Yeux :* volumineux, coniques, écartés du bois, ayant les écailles brunes et disjointes. — *Feuilles :* peu nombreuses, grandes, vert jaunâtre, obovales ou ovales-allongées, acuminées, planes ou contournées, à bords dentés et crénelés. — *Pétiole :* grêle, très-long, flasque, sensiblement carminé, à glandes ovoïdes ou arrondies, peu saillantes et d'un beau rouge. — *Fleurs :* les plus précoces du genre et s'épanouissant successivement.

FERTILITÉ. — Grande.

CULTURE. — Sur Merisier, à haute-tige, cet arbre fait de beaux et très-fertiles plein-vent; sur Mahaleb il se prête à toute espèce de forme naine. Celle qui lui convient le mieux, est l'espalier au midi, elle augmente la précocité et le volume de ses produits.

Description du fruit. — *Comment attaché :* par deux, assez habituellement. — *Grosseur :* au-dessus de la moyenne. — *Forme :* irrégulièrement globuleuse, à sillon prononcé. — *Pédoncule :* grêle, de longueur moyenne, inséré dans une vaste cavité. — *Point pistillaire :* enfoncé. — *Peau :* à fond blanchâtre très-amplement lavé de rose tendre. — *Chair :* légèrement rosée, fine et fondante. — *Eau :* abondante, presque incolore, bien sucrée, à peine acidule, des plus savoureuses.

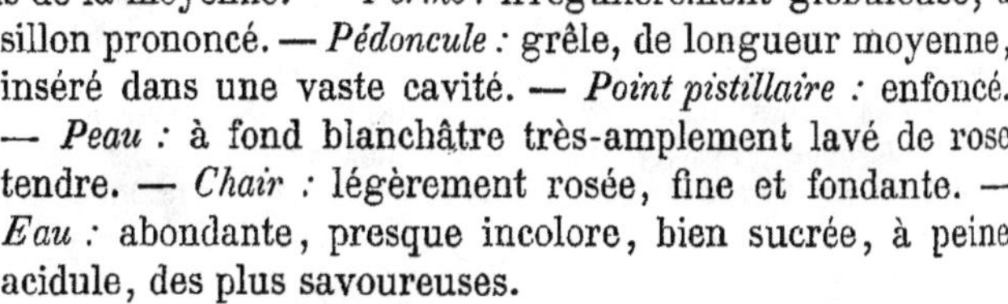

MATURITÉ. — Fin mai.

QUALITÉ. — Première.

Historique. — Cette variété, dont on ne saurait trop recommander la culture, me vint en 1849 de chez mon confrère Désiré Dauvesse, d'Orléans, qui en fut le premier propagateur. Alors dans toute sa nouveauté, elle provenait des environs de cette ville, comme l'indique son nom; mais je n'ai pu, lorsque ces derniers temps je me suis occupé d'en rechercher l'obtenteur, recueillir sur ce point le moindre renseignement. La guigne Belle d'Orléans gagna vite l'Angleterre, où dès 1852 le fameux pépiniériste Thomas Rivers la multipliait abondamment, à Sawbridgeworth, dans le comté de Herts; aussi plusieurs pomologues lui en ont-ils erronément attribué l'obtention. Les Américains, les Allemands et les Belges ne tardèrent pas non plus à la cultiver, tandis qu'en France sa propagation s'est peu généralisée. Cela tient sans doute à ce fait, qu'une très-médiocre variété y fut, vers 1855, rebaptisée Belle d'Orléans, puis longtemps vendue pour la vraie guigne de ce nom; méprise ou fraude aujourd'hui bien connue de nos horticulteurs.

Cerise GUIGNE BIGARRÉE GROSSE DE LOUDEWIG. — Synonyme de *Guigne Ludwig's.* Voir ce nom.

Cerise GUIGNE BIGAUDELLE. — Synonyme de *Guigne Noire commune.* Voir ce nom.

Cerise GUIGNE BLANCHE. — Synonyme de *Guigne Blanche* (*Grosse-*). Voir ce nom.

Cerise GUIGNE BLANCHE DE BORDAN. — Synonyme de *Bigarreau Bordan.* Voir ce nom.

---

89. Cerise GUIGNE BLANCHE (GROSSE-).

Synonymes. — 1. Guigne Blanche (le Lectier, d'Orléans, *Catalogue des arbres cultivés dans son verger et plant,* 1628, p. 32). — 2. Guigne Blanche rougeatre (la Quintinye, *Instructions pour les jardins fruitiers et potagers,* 1690, t. I, p. 493). — 3. Guignier a Gros Fruit blanc (Duhamel, *Traité des arbres fruitiers,* 1768, t. I, p. 161). — 4. Cerise Gelbe (Mayer, *Pomona franconica,* 1776, t. II, p. 33, n° 5). — 5. Cerise Gold (*Id. ibid.*). — 6. Cerise Leder (*Id. ibid.*). — 7. Cerise Wachs (*Id. ibid.*). — 8. Guigne de Cire (*Id. ibid.*). — 9. Guigne Jaune (*Id. ibid*). — 10. Grosse Guigne Blonde (Pierre Leroy, d'Angers, *Catalogue de ses jardins et pépinières,* 1790, p. 28). — 11. Guignier a Fruit Blanc (Fillassier, *Dictionnaire du jardinier français,* 1791, t. II, p. 574). — 12. Guignier a Gros Fruit Blanc et Rouge (Kraft, *Pomona austriaca,* 1797, t. I, p. 3). — 13. Cerise Schwefel (J. V. Sickler, *Teutscher Obstgärtner,* 1797, t. VIII, p. 234, n° 10). — 14. Cerise Jaune a Cœur (Calvel, *Traité complet sur les pépinières,* 1805, t. II, p. 151). — 15. Cerise de Soufre (*Id. ibid.*). — 16. Cerise Blanche de la Saint-Jean (de Launay, *le Bon-Jardinier,* 1808, p. 103). — 17. Bigarreau Drogans gelbe (Oberdieck, *Illustrirtes Handbuch der Obstkunde,* 1861, t. III, p. 147, n° 48). — 18. Bigarreau Drogans grosse gelbe (*Id. ibid.*). — 19. Bigarreau Jaune de Drogan (*Id. ibid.*). — 20. Bigarreau Blanc Drogan (*Id. ibid.*, 1867, t. VI, p. 55, n° 137).

Description de l'arbre. — *Bois :* très-fort. — *Rameaux :* assez nombreux, sensiblement étalés, gros, de longueur moyenne, légèrement coudés, marron clair lavé de gris cendré. — *Lenticelles :* petites et rares. — *Coussinets :* presque nuls. — *Yeux :* moyens ou volumineux, coniques-renflés, faiblement écartés du bois, aux écailles brunes et mal soudées. — *Feuilles :* assez nombreuses, grandes, vert clair, ovales, très-acuminées, planes ou contournées, à bords finement dentés. — *Pétiole :* un peu court, bien nourri, roide, parfois arqué, légèrement carminé, à glandes moyennes, globuleuses, saillantes et d'un blanc jaunâtre. — *Fleurs :* assez tardives, à épanouissement successif.

Fertilité. — Satisfaisante.

Culture. — Il prospère très-bien sur toute espèce de sujet ainsi que sous toute espèce de forme.

Description du fruit. — *Comment attaché :* par deux, quelquefois, mais par un le plus ordinairement. — *Grosseur :* volumineuse. — *Forme :* en cœur, à sillon presque nul. — *Pédoncule :* de force et longueur moyennes, inséré dans une assez vaste cavité. — *Point pistillaire :* saillant. — *Peau :* jaune blanchâtre, souvent quelque peu nuancée, à bonne exposition solaire, de rose ou de carmin. — *Chair :* blanchâtre, tendre et fine. — *Eau :* suffisante, incolore, légèrement acidule et plus ou moins sucrée. — *Noyau :* gros, ovoïde, ayant les joues renflées et l'arête dorsale prononcée.

Grosse Guigne Blanche.

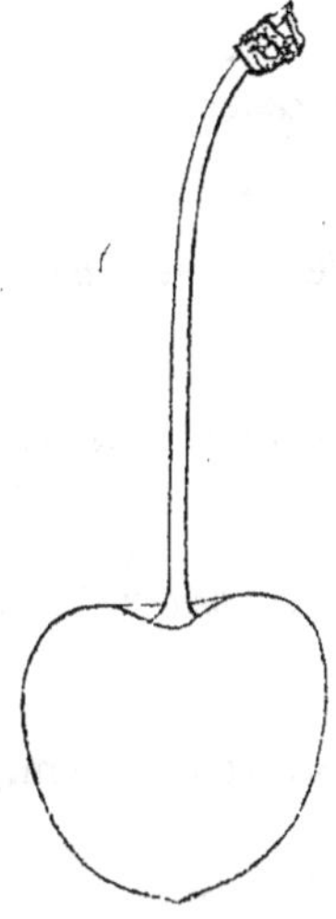

MATURITÉ. — Derniers jours de juin.

QUALITÉ. — Deuxième.

Historique. — La Grosse Guigne Blanche, variété d'origine française, est connue chez nous depuis la fin du XVIe siècle et me paraît de provenance mancelle. Dès 1667 Merlet disait effectivement :

« Les plus belles *Guignes Blanches* viennent du pays du Mayne, où l'on en fait secher au four et aussi mettre par bouquets. » (*L'Abrégé des bons fruits*, p. 25.)

Ce passage suffit pour montrer qu'alors elle était assez ancienne, déjà, dans cette province, et ne dut pas y demeurer longtemps localisée, puisqu'en 1628 le Lectier la cultivait à Orléans, et la Quintinye à Versailles en 1650, dans les jardins de Louis XIV. Mais ce dernier arboriculteur n'aida guère à la propager :

« Peut-être — écrivit-il — me RÉSOUDROIS-JE de planter une couple de *Guignes Blanches rougeâtres*, si j'avois jusqu'à quatre douzaines de Cerisiers à planter; on ne passe guères ce nombre-là, à moins que d'avoir dessein d'en élever pour en vendre. » (*Instructions pour les jardins fruitiers et potagers*, 1690, t. I, p. 493.)

Parfois finement nuancée de rose et parfois dépourvue de tout coloris, cette guigne a trompé par là maints pomologues. C'est ainsi qu'on a cru posséder une guigne Blanche rougeâtre et une guigne *Jaune*, ou de *Cire*, qui réellement ne forment bien qu'une même variété, dont le soleil modifie seul l'aspect extérieur. Il suffit, pour s'en convaincre, d'examiner attentivement un guignier à Gros Fruit Blanc, quand ses produits arrivent à maturité parfaite : on en voit alors de blanchâtres plus ou moins rosés, puis de complétement unicolores dans une nuance variant du jaune pâle au blanc verdâtre.

Observations. — En 1860 on m'envoya d'Allemagne, entr'autres espèces de cerises, deux variétés de guigne, prétendues nouvelles, étiquetées Jaune de Drogan et Blanche de Drogan. Après les avoir propagées pendant plusieurs années, je les réunis à la Grosse Guigne Blanche, certain qu'elles sont identiques, tant par le fruit que par l'arbre.

CERISE GUIGNE BLANCHE PRÉCOCE. — L'unique sujet que je possédais de cette variété, qui me vint d'Allemagne en 1860, est mort ces derniers temps. Ne l'ayant pas remplacé, je n'en parle ici que pour mémoire. Mais une telle lacune n'a rien de regrettable, la guigne Blanche précoce manquant de volume et de qualité. Elle a trois synonymes bien connus : *Cerise Kleine weisse frühe, Cerise Bunte frühe, Petit Bigarreau hâtif.*

CERISE GUIGNE BLANCHE ET ROUGE TRÈS-PRÉCOCE. — Synonyme de *Bigarreau Blanc* (*Petit-*). Voir ce nom.

CERISE GUIGNE BLANCHE ROUGEATRE. — Synonyme de *Guigne Blanche* (*Grosse-*). Voir ce nom.

CERISE GUIGNE BLANCHE DE WINKLER. — Synonyme de *Guigne Carnée Winkler.* Voir ce nom.

CERISE GUIGNE BLONDE (GROSSE-). — Synonyme de *Guigne Blanche* (*Grosse-*). Voir ce nom.

CERISE GUIGNE DES BŒUFS. — Synonyme de *Bigarreau Gros-Cœuret.* Voir ce nom.

CERISE GUIGNE BORDANS. — Synonyme de *Bigarreau Bordan.* Voir ce nom.

CERISES : GUIGNE BÜTTNER'S NEUE SCHWARZE, — GUIGNE BÜTTNER'S SCHWARZE, } Synonymes de *Bigarreau Noir Büttner.* Voir ce nom.

---

90. CERISE GUIGNE CARNÉE WINKLER.

Synonymes. — 1. CERISE LUCIE (le baron von Truchsess, *Systematische Classifikation und Beschreibung der Kirschensorten,* 1819, p. 228 ; — et Dittrich, *Systematisches Handbuch der Obstkunde,* 1840, t. II, p. 58). — 2. GUIGNE WINKLER'S WEISSE (Van Mons, *Catalogue descriptif de partie des arbres fruitiers qui de 1798 à 1823 ont formé sa collection,* p. 57, nº 250). — 3. GUIGNE LUCIE (*Id. ibid.*). — 4. BIGARREAU BLANC WINKLER (de quelques pépiniéristes). — 5. CERISE LUCIEN (A. Mas, *le Verger,* 1873, t. VIII, p. 79, nº 38). — 6. GUIGNE BLANCHE DE WINKLER (*Id. ibid.,* p. 161, nº 79).

Description de l'arbre. — *Bois :* très-fort. — *Rameaux :* assez nombreux, légèrement étalés, gros et longs, à peine géniculés, brun clair amplement lavé de gris cendré. — *Lenticelles :* très-abondantes, d'un beau gris, arrondies ou linéaires. — *Coussinets :* saillants et se prolongeant en arête. — *Yeux :* moyens ou volumineux, ovoïdes ou coniques-aigus, écartés du bois, aux écailles grises et bien soudées. — *Feuilles :* assez nombreuses, très-grandes, vert jaunâtre, ovales-allongées, sensiblement acuminées, planes ou contournées, régulièrement et profondément dentées sur leurs bords. — *Pétiole :* de longueur moyenne, gros et roide, violacé, à glandes de forme variable, saillantes, plus ou moins carminées. — *Fleurs :* tardives, à épanouissement successif.

FERTILITÉ. — Grande.

CULTURE. — Sa remarquable vigueur fait qu'il se prête admirablement à toutes les formes, soit haute-tige sur Merisier, soit basse-tige sur Mahaleb.

Description du fruit. — *Comment attaché :* par deux, le plus souvent, mais quelquefois aussi par un. — *Grosseur :* assez volumineuse. — *Forme :* en cœur arrondi ou très-raccourci, à surface généralement un peu bossuée, sillon régnant parfois sur les deux faces et bien marqué. — *Pédoncule :* long ou très-long, quelquefois même atteignant huit centimètres, grêle ou de moyenne force, inséré dans une vaste avité. — *Point pistillaire :* à fleur de fruit. — *Peau :* assez épaisse, d'un blanc laiteux avant la maturité, mais passant plus tard, à bonne exposition solaire, au jaune pâle plus ou moins rosé; elle est en outre très-finement ponctuée de gris-blanc. — *Chair :* blanchâtre, assez tendre, un peu filamenteuse. — *Eau :* abondante, incolore, acidule, très-sucrée, très-savoureuse. — *Noyau :* gros ou moyen, ovoïde-arrondi, courtement mucroné, ayant les joues aplaties et l'arête dorsale large, émoussée.

Guigne Carnée Winkler.

Premier Type. *Deuxième Type.*

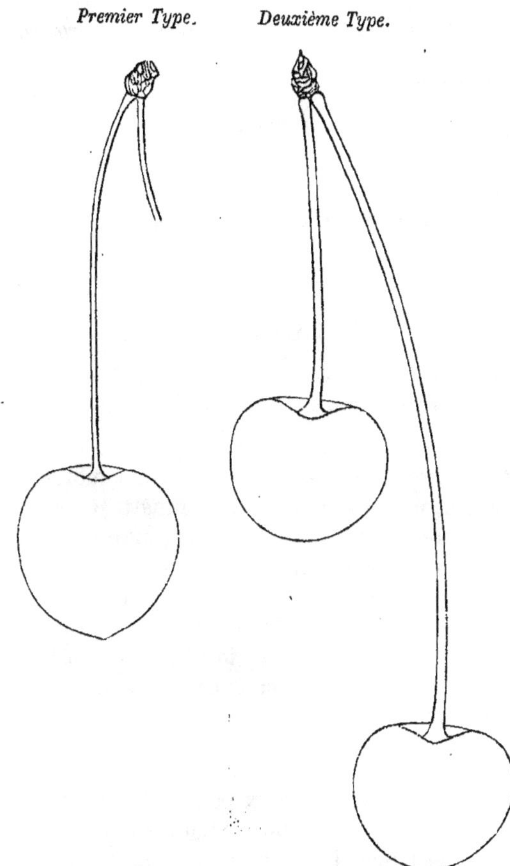

MATURITÉ. — Derniers jours de juin.

QUALITÉ. — Première.

Historique. — Les Allemands sont les obtenteurs de cette excellente variété, qui chez eux est l'objet, depuis longtemps déjà, d'une erreur provenant de sa mise au commerce sous deux noms différents. A diverses reprises nous avons, en effet, reçu d'Allemagne une guigne Lucien ou Lucie, puis une guigne Blanche ou Carnée de Winkler ayant entr'elles, ainsi que leurs arbres, une complète ressemblance. Aussi pour peu qu'on étudie les Pomologies allemandes, on la voit d'abord appelée *Lucienkirsche,* par Truchsess, dès 1819, qui la tenait, disait-il (p. 228), du receveur général Uelner; lequel, après l'avoir découverte sur sa terre d'Alt-Lunebourg (duché de Brême), la lui offrit en 1806. Enfin quatorze ans plus tard, vers 1820, gratifiée du surnom *Winklers weisse Herzkirsche,* elle reparaît dans la culture, comme nouveauté, avec la mention : « Obtenue à Guben, par M. Winkler. » (Dittrich, 1840, t. II, p. 67.) Et ce faux bulletin d'état civil trompa malheureusement les plus habiles, les plus consciencieux pomologues, puisqu'Alphonse Mas, dans le tome VIII du *Verger,* a décrit en 1873 la cerise Lucien au nº 38, et la guigne Blanche de Winkler au nº 79. Quant à moi, qui pendant plusieurs années me suis également mépris sur son compte, j'ai voulu qu'elle portât en cet ouvrage celui de ses surnoms dont la signification rappelait le mieux le véritable et charmant coloris de sa peau — guigne *Carnée* — plus précis que les noms guigne Blanche et guigne Rose, sous lesquels on me l'a parfois envoyée.

CERISE GUIGNE CIRCASSIENNE. — Synonyme de *Bigarreau Noir de Tartarie*. Voir ce nom.

CERISE GUIGNE DE CIRE. — Synonyme de *Guigne Blanche* (*Grosse-*). Voir ce nom.

CERISE GUIGNE A CLAFOUTIS. — Synonyme de *Guigne Noire des Bois*. Voir ce nom.

91. CERISE GUIGNE COÉ.

Synonymes. — 1. GUIGNE COE'S TRANSPARENT (Charles Downing, *the Fruits and fruit-trees of America*, 1863, pp. 250-251). — 2. GUIGNE TRANSPARENTE DE COÉ (A. Mas, *le Verger*, 1865, t. VIII, p. 45, nº 21).

Description de l'arbre. — *Bois :* assez faible. — *Rameaux :* peu nombreux, étalés, gros et courts, coudés, rugueux et d'un rouge-brun jaunâtre çà et là tacheté de gris cendré. — *Lenticelles :* très-abondantes, grisâtres, arrondies ou linéaires. — *Coussinets :* saillants, prolongés en arête. — *Yeux :* volumineux et coniques-pointus, faiblement écartés du bois, aux écailles grises et bien soudées. — *Feuilles :* peu nombreuses, grandes, vert jaunâtre, ovales-allongées, acuminées, régulièrement dentées sur leurs bords. — *Pétiole :* long, fort, très-flexible et carminé, à grosses glandes arrondies ou ovoïdes entièrement vermillonnées. — *Fleurs :* précoces, à épanouissement simultané.

FERTILITÉ. — Ordinaire.

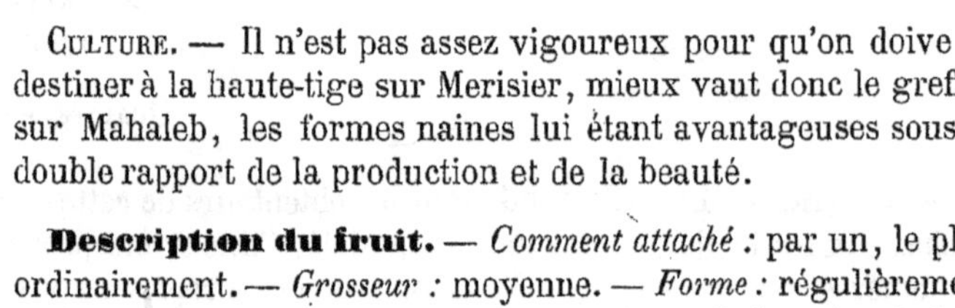

CULTURE. — Il n'est pas assez vigoureux pour qu'on doive le destiner à la haute-tige sur Merisier, mieux vaut donc le greffer sur Mahaleb, les formes naines lui étant avantageuses sous le double rapport de la production et de la beauté.

Description du fruit. — *Comment attaché :* par un, le plus ordinairement. — *Grosseur :* moyenne. — *Forme :* régulièrement globuleuse, à sillon faiblement marqué. — *Pédoncule :* de longueur et force moyennes, inséré dans une assez vaste cavité. — *Point pistillaire :* saillant. — *Peau :* luisante, rouge très-clair sur le côté de l'ombre, rouge un peu plus foncé à l'insolation. — *Chair :* blanchâtre, tendre, légèrement filamenteuse. — *Eau :* abondante, incolore, complétement douce, très-sucrée, des plus agréables. — *Noyau :* petit, arrondi, ayant les joues renflées et l'arête dorsale bien développée.

MATURITÉ. — Vers la mi-juin.

QUALITÉ. — Première.

Historique. — Le pomologue américain Charles Downing, qui le premier l'a signalée, déclarait en 1863, dans les *Fruits of America* (p. 250), qu'elle provenait de Middletown, localité du Connecticut, et portait le nom de son obtenteur, M. Curtis Coé. Elle est chez moi depuis 1864.

CERISE GUIGNE COE'S TRANSPARENT. — Synonyme de *Guigne Coé*. Voir ce nom.

CERISE GUIGNE CŒUR DE PIGEON NOIR. — Synonyme de *Guigne Noire commune*. Voir ce nom.

CERISE GUIGNE CŒURET DE HARRISSON. — Synonyme de *Bigarreau Blanc (Gros-)*. Voir ce nom.

CERISE GUIGNE CORBIN. — Synonyme de *Guigne Noire commune*. Voir ce nom.

92. CERISE GUIGNE COURTE-QUEUE D'OULLINS.

Description de l'arbre. — *Bois :* fort. — *Rameaux :* assez nombreux, étalés, gros et longs, géniculés, jaune verdâtre sur le côté de l'ombre, brun clair à l'insolation et amplement lavés de gris. — *Lenticelles :* des plus rares, petites, arrondies. — *Coussinets :* presque nuls. — *Yeux :* moyens, coniques-pointus et très-écartés du bois, aux écailles grises et bien soudées. — *Feuilles :* peu nombreuses, grandes, coriaces, vert brillant en dessus, vert terne en dessous, ovales-allongées, sensiblement acuminées, irrégulièrement et faiblement dentées et crénelées. — *Pétiole :* très-long, de grosseur moyenne, flasque, plus ou moins violacé, étroitement et profondément cannelé, à petites glandes ovoïdes et carminées. — *Fleurs :* précoces, à épanouissement simultané.

FERTILITÉ. — Grande.

CULTURE. — Très-vigoureux, il fait sur Merisier de superbes plein-vent; la basse-tige sur Mahaleb ne lui est pas moins favorable.

Description du fruit. — *Comment attaché :* par trois, assez généralement. — *Grosseur :* moyenne. — *Forme :* ovoïde plus ou moins en cœur, légèrement comprimée sur ses côtés, à sillon peu marqué. — *Pédoncule :* court ou très-court, assez nourri, inséré dans une très-faible dépression. — *Point pistillaire :* petit, grisâtre et saillant. — *Peau :* épaisse, brillante, rouge-brun nuancé de noir à la complète maturité. — *Chair :* rouge, tendre, non filamenteuse. — *Eau :* abondante, rougeâtre, acidule et sucrée. — *Noyau :* petit ou moyen, ovoïde-allongé, ayant les joues peu bombées et l'arête dorsale modérément développée.

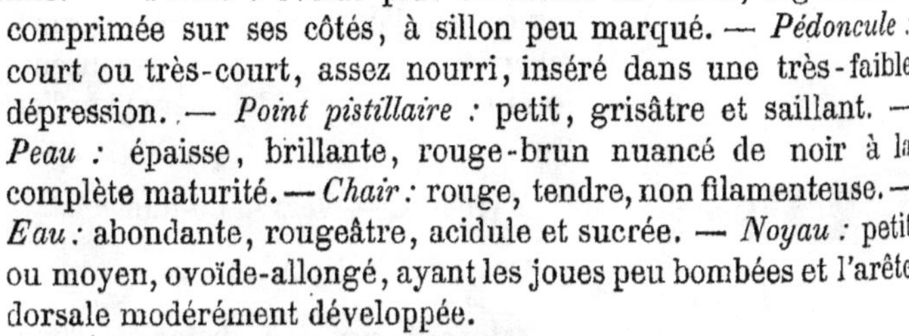

MATURITÉ. — Vers la moitié du mois de juin.

QUALITÉ. — Première.

Historique. — La Courte-Queue d'Oullins [près Lyon] m'a été donnée en 1873 par M. Paul de Mortillet, pomologue qui en a publié la première description (1866, t. II, p. 62). Cette variété date de 1855 environ. Son nom paraît indiquer le lieu où elle fut gagnée; mais il me reste des doutes sur ce point, ayant vainement interrogé un pépiniériste d'Oullins pour connaître l'obtenteur du pied-type.

CERISE GUIGNE THE DOCTOR. — Voir *Griotte de Portugal*, au paragraphe OBSERVATIONS.

93. CERISE GUIGNE DE DOWNTON.

Synonyme. — CERISE DOWNTON (André Knight, *Transactions of the horticultural Society of London*, 1re série, 1821, t. V, p. 262).

Description de l'arbre. — *Bois :* très-fort. — *Rameaux :* nombreux, des plus étalés, souvent arqués, gros, très-longs, assez lisses, géniculés, d'un rouge sombre et jaunâtre à l'insolation, mais entièrement lavé de gris sur le côté de l'ombre. — *Lenticelles :* abondantes, grises, moyennes ou petites, arrondies ou allongées. — *Coussinets :* ressortis et se prolongeant en arête. — *Yeux :* assez faiblement écartés du bois, volumineux et renflés, grisâtres, ovoïdes-pointus. — *Feuilles :* peu nombreuses, excessivement grandes, vert clair, ovales-allongées, très-acuminées, planes ou contournées, régulièrement dentées sur leurs bords. — *Pétiole :* de longueur moyenne, violacé, bien nourri, flexible, à larges glandes généralement globuleuses et carminées. — *Fleurs :* précoces, à épanouissement simultané.

FERTILITÉ. — Abondante.

CULTURE. — La remarquable vigueur et les rameaux étalés de ce guignier, le recommandent tout particulièrement pour la haute-tige sur Merisier. On peut aussi le greffer sur Mahaleb, pour basse-tige, et sa fertilité n'en devient même que plus grande, seulement il faut s'attendre à le trouver de vilain aspect et moins vigoureux.

Description du fruit. — *Comment attaché :* par deux, le plus souvent. — *Grosseur :* au-dessus de la moyenne. — *Forme :* globuleuse, à sillon bi-latéral et bien marqué. — *Pédoncule :* assez long et assez fort, inséré dans une vaste cavité. — *Point pistillaire :* un peu saillant. — *Peau :* brillante, jaune d'ambre, fouettée de carmin à l'insolation. — *Chair :* mi-tendre, jaunâtre au centre, légèrement rosée à la surface. — *Eau :* fort abondante, douce, sucrée, savoureuse. — *Noyau :* petit ou moyen, arrondi, bombé, ayant l'arête dorsale étroite et coupante.

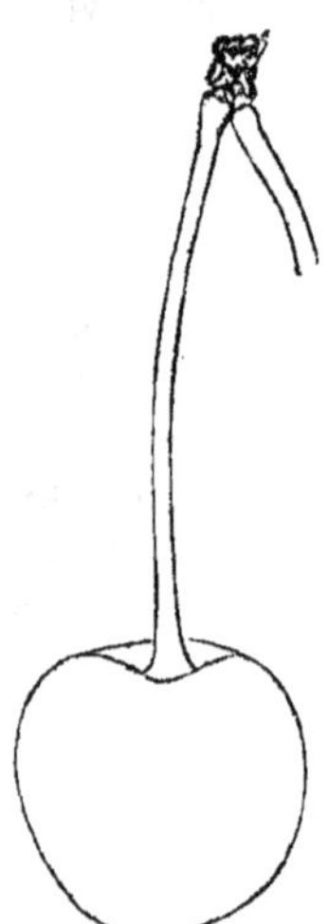

MATURITÉ. — Vers la mi-juin.

QUALITÉ. — Première.

Historique. — Le botaniste Thomas-André Knight, jadis président de la Société d'Horticulture de Londres, fut l'obtenteur de ce bon fruit assez hâtif (voir *Transactions*, t. V, p. 262), qu'il gagna vers 1820, dans sa terre de Downton, d'un semis provenu de noyaux du bigarreau d'Elton. Sa propagation date de 1822, et s'est faite si rapidement, qu'aujourd'hui cette jolie guigne a presque pénétré partout, à l'étranger.

CERISE GUIGNE EARLY PURPLE. — Synonyme de *Guigne Pourpre hâtive.* Voir ce nom.

CERISE GUIGNE ELTON. — Synonyme de *Bigarreau d'Elton.* Voir ce nom.

CERISE GUIGNE DE FER. — Synonyme de *Bigarreau de Fer.* Voir ce nom.

CERISIER GUIGNIER A FEUILLES DE TABAC. — Synonyme de *Bigarreautier à Feuilles de Tabac.* Voir ce nom.

CERISES : GUIGNE FLAMANDE,

— GUIGNE LE FLAMENTIN,

— GUIGNE FLAMENTINE,

— GUIGNE FLAMENTINER,

Synonymes de *Bigarreau Blanc* (*Petit-*). Voir ce nom.

CERISE GUIGNE FRASER'S TARTARISCHE SCHWARZE. — Synonyme de *Bigarreau Noir de Tartarie.* Voir ce nom.

---

94. CERISE GUIGNE FROMM.

Synonymes. — 1. GUIGNE FROMM'S SCHWARZE (le baron von Truchsess, *Systematische Classification und Beschreibung der Kirschensorten,* 1819, p. 164, et Supplément, p. 674). — 2. GUIGNE NOIRE DE FROMM (Dittrich, *Systematisches Handbuch der Obstkunde,* 1840, t. II, p. 24).

Description de l'arbre. — *Bois :* assez fort. — *Rameaux :* nombreux, très-étalés, courts, de moyenne grosseur, flexueux, légèrement ridés, brun clair lavé et taché de gris. — *Lenticelles :* très-rares, linéaires et des plus petites. — *Coussinets :* saillants et prolongés en arête. — *Yeux :* petits, ovoïdes-arrondis, brun clair, écartés du bois. — *Feuilles :* abondantes, assez grandes, d'un vert brillant, ovales-allongées, sensiblement acuminées, ondulées, à bords profondément dentés et surdentés. — *Pétiole :* de force et longueur moyennes, flasque et muni parfois de petites glandes aplaties. — *Fleurs :* assez précoces et s'épanouissant simultanément.

FERTILITÉ. — Satisfaisante.

CULTURE. — Il fait sur Merisier d'assez beaux plein-vent à tête très-large et touffue, mais peu élevée. Sur Mahaleb, pour formes naines, il est plus régulier et beaucoup plus productif.

Guigne Fromm.

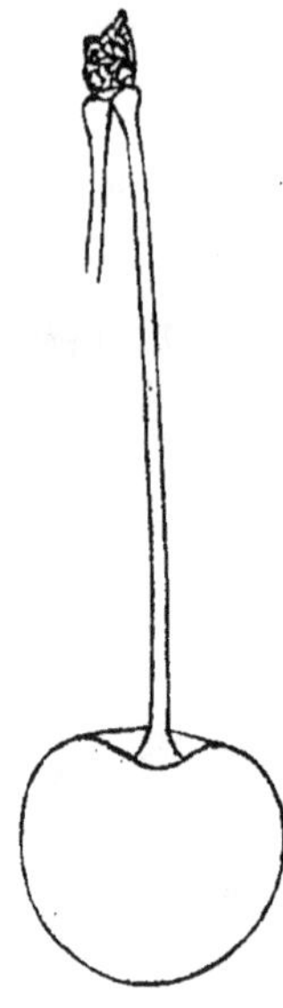

Description du fruit. — *Comment attaché :* par deux, généralement. — *Grosseur :* moyenne. — *Forme :* en cœur raccourci, portant souvent à l'opposé du sillon, qui n'est pas très-marqué, une arête ou côte assez sensible. — *Pédoncule :* long, de moyenne force, inséré dans une cavité bien développée. — *Point pistillaire :* très-petit et presque saillant. — *Peau :* rouge noirâtre, très-finement ponctuée de rouge clair. — *Chair :* ferme et grenat foncé. — *Eau :* assez abondante, sucrée, acidule, quelque peu parfumée. — *Noyau :* gros, arrondi, très-bombé, ayant l'arête dorsale large, saillante, émoussée.

MATURITÉ. — Vers la mi-juin.

QUALITÉ. — Deuxième.

Historique. — Variété allemande, la guigne Fromm, ainsi appelée du nom de son obtenteur, fut gagnée de semis en 1806, dans le Jardin de la Société pomologique de Guben (Prusse). Elle est très-estimée des Allemands, aussi leurs principaux pomologues l'ont-ils, depuis 1819, généralement décrite et figurée.

CERISE GUIGNE FROMM'S SCHWARZE. — Synonyme de *Guigne Fromm.* Voir ce nom.

CERISE GUIGNE FRÜHE MAI. — Synonyme de *Bigarreau Baumann.* Voir ce nom.

CERISES GUIGNE FRÜHE SCHWARZE. — Synonymes de *Guigne Noire commune* et de *Guigne Noire hâtive.* Voir ces noms.

CERISIER GUIGNIER A FRUIT BLANC. — Synonyme de *Guigne Blanche (Grosse-).* Voir ce nom.

CERISIER GUIGNIER A FRUIT NOIR. — Synonyme de *Guigne Noire commune.* Voir ce nom.

CERISIER GUIGNIER A FRUIT ROUGE TARDIF. — Synonyme de *Bigarreau de Fer.* Voir ce nom.

CERISE GUIGNE GADEROPSE. — Synonyme de *Bigarreau Noir (Gros-).* Voir ce nom.

CERISES GUIGNE DE GASCOGNE TRÈS-HATIVE. — Synonymes de *Guigne Noire hâtive* et de *Guigne Rouge hâtive.* Voir ces noms.

---

95. CERISE GUIGNE GOUVERNEUR WOOD.

Description de l'arbre. — *Bois :* fort. — *Rameaux :* assez nombreux, étalés, gros et longs, brun foncé au soleil, jaune grisâtre à l'ombre, ayant les mérithalles éloignés et inégaux. — *Lenticelles :* clair-semées, linéaires et blanchâtres. — *Coussinets :* bien saillants. — *Yeux :* moyens, ovoïdes-pointus, écartés du bois, aux écailles mal soudées. — *Feuilles :* abondantes, grandes, vert-pré en dessus, vert blanchâtre en dessous, ovales-allongées, courtement acuminées en vrille, très-largement et très-profondément dentées et surdentées. — *Pétiole :* long et assez flexible, duveteux, violet foncé, à grosses glandes réniformes et d'un jaune rougeâtre. — *Fleurs :* précoces, s'épanouissant simultanément.

FERTILITÉ. — Abondante.

CULTURE. — Ce guignier fait sous toute forme, et sur tout sujet, d'assez jolis arbres, quoiqu'il soit généralement un peu dégingandé.

Description du fruit. — *Comment attaché :* par deux, presque toujours. — *Grosseur :* volumineuse. — *Forme :* en cœur plus ou moins raccourci, à sillon peu marqué. — *Pédoncule :* de longueur moyenne, assez fort, inséré dans une très-vaste cavité. — *Peau :* dure, épaisse et jaune d'ambre, en partie lavée de rouge vif à l'insolation. — *Chair :* jaunâtre, demi-tendre. — *Eau :* abondante, incolore, bien sucrée, douce et parfumée. — *Noyau :* moyen et arrondi, bombé, ayant l'arête dorsale large mais peu ressortie.

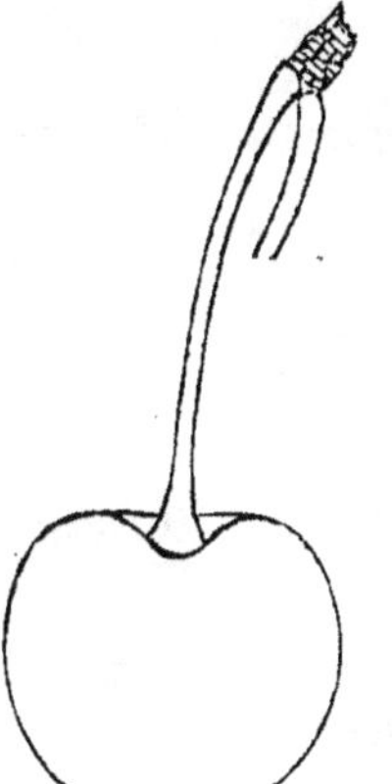

MATURITÉ. — Commencement de juin.

QUALITÉ. — Première.

Historique. — Gagné de semis en 1842 par le professeur Kirtland, à Cleveland, état de l'Ohio (Amérique), ce bon fruit fut décrit pour la première fois par le pomologue Elliott (1854, *Fruit book,* p. 196). Le nom qu'il porte est celui d'un ancien gouverneur de la contrée même où poussa le pied-type de cette très-recommandable variété.

CERISIERS : GUIGNIER A GROS FRUIT BLANC, — GUIGNIER A GROS FRUIT BLANC ET ROUGE, } Synon. de *Guigne Blanche* (*Grosse-*). Voir ce nom.

CERISIER GUIGNIER A GROS FRUIT NOIR. — Synonyme de *Guigne Noire commune*. Voir ce nom.

CERISIER GUIGNIER A GROS FRUIT NOIR HATIF. — Synonyme de *Guigne Noire hâtive*. Voir ce nom.

CERISIER GUIGNIER A GROS FRUIT NOIR LUISANT. — Synonyme de *Guigne Noire luisante* (*Grosse-*). Voir ce nom.

CERISE GUIGNE GROSSE FRÜHE MAI. — Synonyme de *Bigarreau Baumann*. Voir ce nom.

CERISES GUIGNE GROSSE SCHWARZE. — Synonymes de *Bigarreau Noir d'Espagne* et de *Bigarreau Noir* (*Gros-*). Voir ces noms.

CERISE GUIGNE GUINDOLE. — Synonyme de *Bigarreau Blanc* (*Petit-*). Voir ce nom.

CERISIER GUIGNIER HATIF DE MAI A GROS FRUIT NOIR. — Synonyme de *Bigarreau Baumann*. Voir ce nom.

CERISE GUIGNE HATIVE DE BOUTAMAND. — Synonyme de *Guigne Pourpre hâtive*. Voir ce nom.

CERISE GUIGNE HILDESHEIMER SPÄTE. — Synonyme de *Bigarreau de Fer*. Voir ce nom.

CERISE GUIGNE DE L'ILE MINORQUE. — Synonyme de *Bigarreau à Rameaux pendants*. Voir ce nom.

CERISE GUIGNE JAUNE. — Synonyme de *Guigne Blanche* (*Grosse-*). Voir ce nom.

CERISE GUIGNE JAUNE DE DÖNNISSEN. — Synonyme de *Bigarreau Dönnissen*. Voir ce nom.

CERISE GUIGNE AUS KOBURG. — Synonyme de *Guigne Noire commune*. Voir ce nom.

CERISE GUIGNE KÖNIGLICHE. — Synonyme de *Bigarreau Double royal*. Voir ce nom.

CERISE GUIGNE LAMPEN'S SCHWARZE. — Synonyme de *Bigarreau Noir Lampé*. Voir ce nom.

CERISE GUIGNE LÈME. — Synonyme de *Guigne Noire luisante* (*Grosse-*). Voir ce nom.

CERISE GUIGNE A LONGUE QUEUE. — Synonyme de *Guigne Rouge pâle* (*Grosse-*). Voir ce nom.

CERISE GUIGNE LUCIE. — Synonyme de *Guigne Carnée Winkler*. Voir ce nom.

---

96. CERISE GUIGNE LUDWIG.

Synonymes. — 1. GUIGNE BIGARRÉE GROSSE DE LOUDEWIG (Eugène Glady, *Revue horticole*, année 1865, p. 431). — 2. BIGARREAU DE LUDWIG (Oberdieck, *Illustrirtes Handbuch der Obstkunde*, 1869, t. VI, p. 347). — 3. GUIGNE LUDWIG'S BUNTE (*Id. ibib.*).

Description de l'arbre. — *Bois :* assez fort. — *Rameaux :* nombreux, légèrement étalés, longs, un peu grêles, flexueux, lisses, marron foncé taché de gris cendré. — *Lenticelles :* rares, petites, arrondies ou linéaires. — *Coussinets :* ressortis modérément mais se prolongeant en arête. — *Yeux :* volumineux, coniques, faiblement écartés du bois, aux écailles brunes et mal soudées. — *Feuilles :* peu abondantes, grandes, vert pâle, ovales ou obovales, sensiblement acuminées, planes ou contournées, à bords profondément dentés. — *Pétiole :* de grosseur et longueur moyennes, flasque, carminé, à larges glandes de forme variable et lavées de rouge brillant. — *Fleurs :* tardives, très-grandes, s'épanouissant simultanément.

FERTILITÉ. — Ordinaire.

CULTURE. — On le greffe sur Merisier ou sur Mahaleb ; il croît admirablement sous n'importe quelle forme, est presque pyramidal et toujours très-régulier.

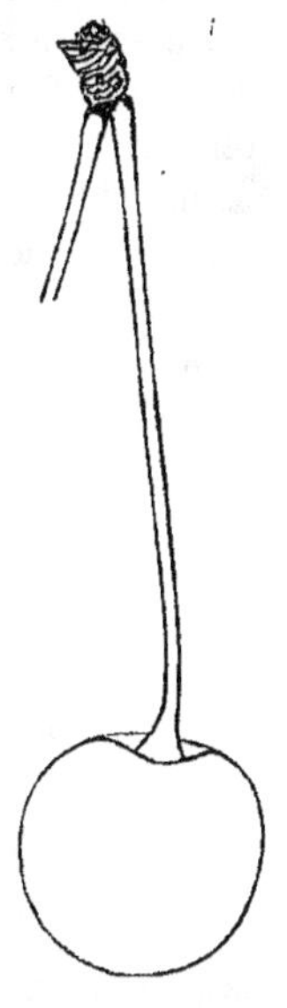

Description du fruit. — *Comment attaché :* par deux. — *Grosseur :* moyenne. — *Forme :* globuleuse plus ou moins comprimée aux pôles. — *Pédoncule :* grêle, très-long, excessivement renflé à la base, inséré dans une vaste cavité. — *Point pistillaire :* saillant. — *Peau :* à fond jaune d'ambre, amplement lavée de rouge clair et de rouge intense. — *Chair :* jaune blanchâtre, mi-tendre, non filamenteuse. — *Eau :* abondante, incolore, faiblement acidule, sucrée, assez agréable. — *Noyau :* petit, arrondi, bombé, ayant l'arête dorsale large et des plus prononcées.

MATURITÉ. — Fin juin.

QUALITÉ. — Deuxième.

Historique. — D'origine anglaise, la guigne Ludwig fut obtenue de semis, vers 1860, par le pépiniériste Thomas Rivers, de Sawbridgeworth, près Londres. Son acte de naissance m'apparaît, signé du docteur Robert Hogg, dans une revue très-répandue : *the Florist and Pomologist* (1866, nº de décembre). Nos horticulteurs ont été des premiers à propager cette variété, car en 1864 elle était déjà chez plusieurs de mes confrères et chez moi.

CERISE GUIGNE LUDWIG'S BUNTE. — Synonyme de *Guigne Ludwig*. Voir ce nom.

---

97. CERISE GUIGNE MAGGÈSE.

Description de l'arbre. — *Bois :* fort. — *Rameaux :* peu nombreux, étalés, gros et longs, non géniculés, rugueux, marron foncé lavé de gris clair. — *Lenticelles :* rares, variables de forme et de dimension. — *Coussinets :* peu ressortis et se prolongeant souvent en arête. — *Yeux :* volumineux, ovoïdes-pointus, renflés à la base, légèrement écartés du bois, aux écailles brunes et disjointes. — *Feuilles :* assez abondantes, grandes, vert jaunâtre, ovales-allongées, très-acuminées, crénelées et dentées sur leurs bords. — *Pétiole :* bien nourri, de longueur moyenne, violâtre, à larges glandes vermillonnées et peu saillantes. — *Fleurs :* assez tardives, s'épanouissant successivement.

FERTILITÉ. — Satisfaisante.

CULTURE. — Il fait sur Merisier des plein-vent dont la ramification est toujours très-pauvre ; la basse-tige sur Mahaleb lui convient mieux, il s'y montre plus vigoureux, plus fertile.

Description du fruit. — *Comment attaché :* par trois et par deux, généralement. — *Grosseur :* volumineuse. — *Forme :* parfois globuleuse et bossuée, mais le plus souvent en cœur raccourci, à sillon peu profond quoique très-apparent, un filet rouge intense le parcourant d'une extrémité à l'autre. — *Pédoncule :* gros, assez court, inséré dans une vaste cavité. — *Point pistillaire :* saillant. — *Peau :* à fond blanc rosé, presque entièrement lavée de carmin clair. — *Chair :* jaunâtre, tendre ou mi-tendre. — *Eau :* abondante, à peine colorée, très-sucrée, acidule, fort savoureuse. — *Noyau :* petit, arrondi, assez bombé, ayant l'arête dorsale un peu tranchante.

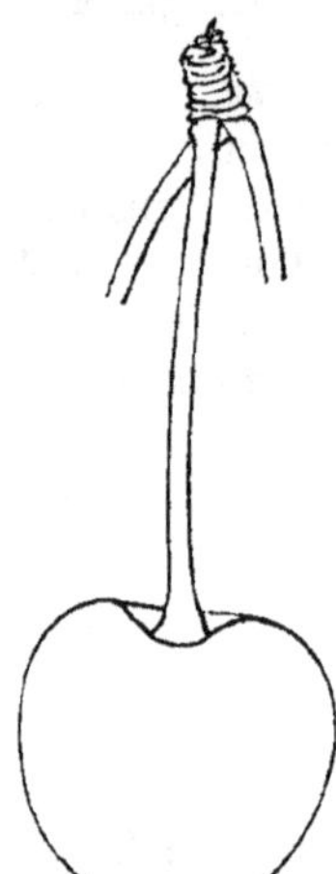

MATURITÉ. — Commencement de juin.

QUALITÉ. — Première.

Historique. — J'ai rapporté du Jardin fruitier de la Société d'Horticulture de Florence, en 1864, cette excellente et jolie guigne, qui chez nous est mûre dès le 5 juin, et beaucoup plus tôt dans sa terre natale, d'où vient qu'on l'y nomme *ciliegia Maggese :* cerise de Mai.

CERISES : GUIGNE DE MAI HATIVE,

— GUIGNE DE MAI PRÉCOCE (GRANDE-),

} Synonymes de *Bigarreau Baumann*. Voir ce nom.

CERISES : GUIGNE MUSCATE DES CARMES,

— GUIGNE MUSCATE DES LARMES DE L'ILE DE MINORQUE,

} Syn. de *Bigarreautier à Rameaux pendants*. V. ce nom.

CERISE GUIGNE NEUE SCHWARZE. — Synonyme de *Bigarreau Noir Büttner*. Voir ce nom.

CERISES GUIGNE NOIRE. — Synonymes de *Bigarreau Noir d'Espagne* et de *Guigne Noire commune*. Voir ces noms.

CERISE GUIGNE NOIRE DES BOIS, *ou* GUIGNE A CLAFOUTIS, *ou* MERISE NOIRE DES ALLEMANDS. — Très-recherchée dans le département de la Creuse pour faire le Clafoutis, genre de tarte excellent mais qui ne convient guère aux estomacs débiles, cette guigne était complétement inconnue des horticulteurs de l'Ouest de la France, quand je l'introduisis chez moi en 1869. Elle me fut envoyée du bourg de Saint-Vaury, où elle est cultivée depuis un temps immémorial. La variété appelée Merise Noire, en Allemagne, ne diffère aucunement de celle-ci, dont les produits sont trop insignifiants pour mériter une longue note. Petits, ovoïdes et d'un noir brillant, ils ont la chair douce et mi-tendre, mûrissent fin juin et doivent être classés au troisième rang. Quant à leur arbre, excessivement fertile et très-vigoureux, il fait des plein-vent de toute beauté.

CERISE GUIGNE NOIRE DE BÜTTNER. — Synonyme de *Bigarreau Noir Büttner*. Voir ce nom.

CERISE GUIGNE NOIRE CARTILAGINEUSE. — Synonyme de *Bigarreau Noir (Gros-)*. Voir ce nom.

CERISE GUIGNE NOIRE DE CIRCASSIE. — Synonyme de *Bigarreau Noir de Tartarie*. Voir ce nom.

---

98. CERISE GUIGNE NOIRE COMMUNE.

Synonymes. — 1. GUIGNE NOIRE (Merlet, *l'Abrégé des bons fruits*, 1667, p. 25). — 2. GUIGNIER A FRUIT NOIR (Duhamel, *Traité des arbres fruitiers*, 1768, t. I, p. 158). — 3. CERISE NOIRE DE CŒUR (Société économique de Berne, *Traité des arbres fruitiers*, 1768, t. II, p. 53, nº 16). — 4. GUIGNE BIGAUDELLE (le Berriays, *Traité des jardins*, 1785, t. I, p. 241). — 5. GUIGNIER A GROS FRUIT NOIR (Fillassier, *Dictionnaire du jardinier français*, 1791, t. II, p. 574 ; — et Sickler, *Teutscher Obstgärtner*, 1795, t. IV, p. 303). — 6. BIGARREAU BLACK (Sickler, *ibidem*). — 7. GUIGNE SCHWARZES TAUBENHERZ (*Id. ibid.*, p. 307). — 8. CERISE NOIRE DE LA SAINT-JEAN (de Launay, *le Bon-Jardinier*, 1808, p. 102). — 9. GUIGNE FRÜHE SCHWARZE AUS COBURG (Dittrich, *Systematisches Handbuch der Obstkunde*, 1840, t. II, p. 22). — 10. GUIGNE NOIRE PRÉCOCE DE COBOURG (*Id. ibid.*). — 11. CERISE GUINDOULLE NOIRE (Couverchel, *Traité complet des fruits de toute espèce*, 1852, p. 352). — 12. GUIGNE CORBIN (*Id. ibid.*). — 13. BIGARREAU FRÜHE SCHWARZE (Jahn, *Illustrirtes Handbuch der Obstkunde*, 1861, t. III, p. 473). — 14. GUIGNE CŒUR DE PIGEON NOIR (Société pomologique de France, *Bulletin*, année 1874, nº 6, p. 113).

Description de l'arbre. — *Bois :* très-fort. — *Rameaux :* nombreux, légèrement étalés, gros, assez longs, non géniculés, lisses, brun clair amplement lavé de gris cendré, surtout à la base. — *Lenticelles :* abondantes, petites, d'un beau gris, arrondies ou linéaires. — *Coussinets :* ressortis et se prolongeant en arête. — *Yeux :* volumineux, coniques-aigus, renflés, faiblement écartés du bois, aux écailles grises ou brunes. — *Feuilles :* peu nombreuses, grandes, vert pâle, ovales ou ovales-allongées, sensiblement acuminées, à bords irrégulièrement dentés. — *Pétiole :* long, grêle et flasque, à peine coloré, muni de larges glandes allongées, aplaties et carminées. — *Fleurs :* tardives, s'épanouissant successivement.

Fertilité. — Modérée.

Culture. — Toutes les formes naines, sur Mahaleb, lui conviennent parfaitement et rendent plus grande sa fertilité. On peut aussi l'élever pour plein-vent haute-tige, sur Merisier, car s'il y est moins productif il y fait, par contre, d'admirables sujets à tête régulière et touffue.

Description du fruit. — *Comment attaché :* quelquefois par trois, mais le plus souvent par deux. — *Grosseur :* moyenne. — *Forme :* en cœur plus ou moins obtus, à sillon peu marqué. — *Pédoncule :* de force et longueur moyennes, inséré dans une vaste cavité. — *Point pistillaire :* occupant le centre d'une légère dépression. — *Peau :* rouge-noir brillant, très-finement ponctuée de rouge assez clair. — *Chair :* grenat foncé, mi-tendre, très-filamenteuse. — *Eau :* suffisante, pourpre, acidule et sucrée. — *Noyau :* petit ou moyen, ovoïde, bombé, très-lisse, même sur l'arête dorsale, qui n'est presque pas développée.

Guigne Noire commune.

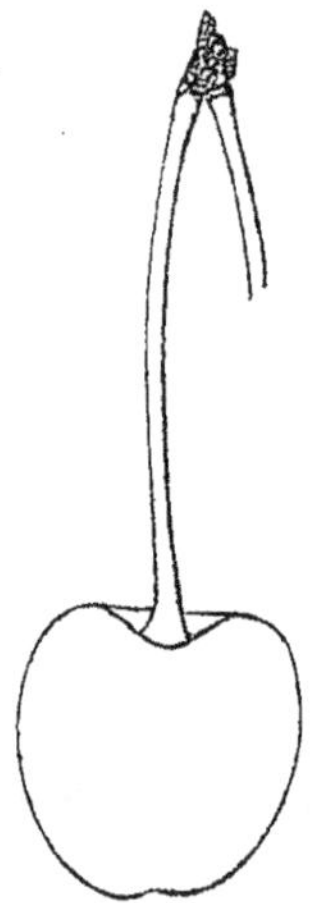

Maturité. — Fin juin.

Qualité. — Deuxième.

Historique. — Les pomologues allemands ont beaucoup contribué, depuis un demi-siècle, à grossir la liste des synonymes de ce fruit. J'en trouve la preuve dans le passage suivant du *Systematisches Handbuch der Obstkunde,* de Dittrich :

« Ma *Guigne Noire précoce de Cobourg* — disait cet auteur en 1840 — je la dois à l'obligeance de M. Hofmann, conseiller d'État, habitant cette dernière localité, dans laquelle il l'a trouvée chez un boulanger nommé Wittich. Son arbre, âgé de dix ou douze ans, est sorti de l'établissement des frères Baumann, pépiniéristes à Bollwiller (Haut-Rhin); mais comme M. Wittich ne se rappelait plus la dénomination que portait ce guignier, quand on le lui vendit, il l'a rebaptisé. Voilà donc un nouveau synonyme créé par suite du manque de mémoire du boulanger cobourgeois. » (T. II, p. 22.)

Or, la variété française dont parlait ainsi Dittrich, en 1840, c'était la guigne Noire commune, que Sickler, dès 1795, avait décrite et figurée (t. IV, p. 303) sous le nom *Grosse schwarze Herzkirsche,* et qu'il réunissait judicieusement à la *Grosse Guigne Noire* de Duhamel, au *Black Heart* des Anglais. Enfin elle ne diffère en rien, non plus, du bigarreau *Frühe schwarze*, de Jahn. Aujourd'hui, quoique ces diverses synonymies étrangères soient, ou peu s'en faut, connues des principaux arboriculteurs, je n'en ai pas moins cru devoir soigneusement les mentionner, crainte que plus tard elles ne devinssent une cause d'embarras pour nos propres pomologues. Quant à l'ancienneté de la guigne Noire commune, elle est très-grande, puisque sous Louis XIII on cultivait déjà ce guignier, notamment dans le Maine et l'Anjou, provinces dans l'une desquelles il pourrait même fort bien avoir pris naissance. Merlet déclarait effectivement, en 1667, que « les « plus belles Guignes Noires venoient du Mayne, » où souvent, expliquait-il, « on les séchoit au four et mettoit par bouquets. » (*L'Abrégé des bons fruits,* 1re édition, p. 25). Guignes *Guindoulle* est le nom que leur donnent généralement les paysans du Midi de la France, tandis qu'en Italie, surtout chez les Toscans, elles sont appelées *Corbini* [Corbeau], par allusion à la couleur de leur peau.

CERISE GUIGNE NOIRE DE FROMM. — Synonyme de *Guigne Fromm.* Voir ce nom.

CERISE GUIGNE NOIRE (GROSSE-). — Synonyme de *Bigarreau Noir d'Espagne.* Voir ce nom.

---

99. CERISE GUIGNE NOIRE HATIVE.

Synonymes. — 1. GUIGNE DE GASCOGNE TRÈS-HATIVE (le Lectier, d'Orléans, *Catalogue des arbres cultivés dans son verger et plant,* 1628, p. 32). — 2. CERISE GUINDOUX (Merlet, *l'Abrégé des bons fruits,* 1690, p. 14). — 3. CERISE GUINDOUX DE GASCOGNE (*Id. ibid.*). — 4. GUIGNE FRÜHE SCHWARZE (Dittrich, *Systematisches Handbuch der Obstkunde,* 1840, t. II, p. 28). — 5. GUIGNE NOIRE HATIVE DE KNIGHT (Thompson, *Catalogue of fruits cultivated in the garden of the horticultural Society of London,* 1842, p. 60, nº 58). — 6. GUIGNIER A GROS FRUIT NOIR HATIF (Congrès pomologique, *Pomologie de la France,* 1863, t. VII, nº 25).

Description de l'arbre. — *Bois :* fort. — *Rameaux :* assez nombreux, étalés, gros et longs, non géniculés, très-rugueux, rouge-brun jaunâtre lavé et taché de gris cendré. — *Lenticelles :* abondantes, grises, arrondies ou linéaires. — *Coussinets :* bien accusés. — *Yeux :* gros, ovoïdes, à peine écartés du bois, aux écailles grisâtres et bien soudées. — *Feuilles :* nombreuses, grandes, vert jaunâtre, obovales ou ovales-allongées, sensiblement acuminées, planes ou contournées, à bords profondément dentés. — *Pétiole :* long, bien nourri, flexible, rouge violacé, à très-larges glandes de forme variable et lavées de carmin brillant. — *Fleurs :* précoces, s'épanouissant simultanément.

FERTILITÉ. — Satisfaisante.

CULTURE. — Tout sujet lui convient ; il se prête aussi à toutes les formes.

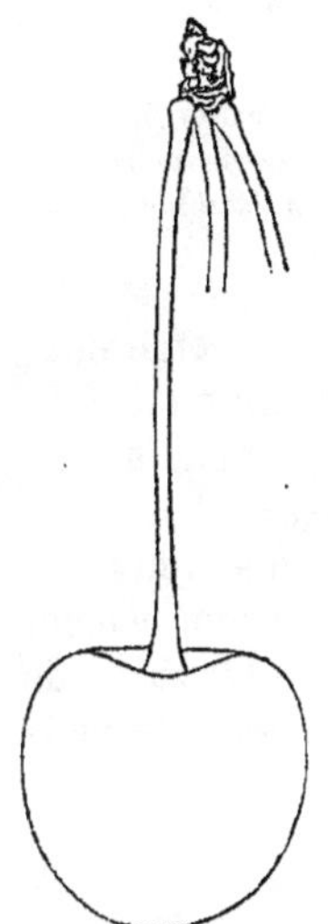

Description du fruit. — *Comment attaché :* par trois, le plus ordinairement. — *Grosseur :* volumineuse. — *Forme :* ovoïde sensiblement arrondie, ou en cœur, souvent aussi irrégulière et bossuée, à sillon peu prononcé. — *Pédoncule :* long, assez fort, inséré dans une vaste cavité. — *Point pistillaire :* presque saillant. — *Peau :* rouge intense nuancé de rouge noirâtre. — *Chair :* grenat foncé, filamenteuse et mi-tendre. — *Eau :* abondante, violâtre, acidule et sucrée. — *Noyau :* gros ou moyen, ovoïde-arrondi, bombé, ayant l'arête dorsale bien développée.

MATURITÉ. — Fin mai.

QUALITÉ. — Deuxième.

Historique. — Originaire du Midi de la France, cette guigne Noire hâtive est des plus anciennes et fut primitivement appelée Guindoux. Son actuel surnom ne lui vint qu'au moment où, vers la fin du XVIe siècle, on commença dans nos provinces du Centre à la cultiver. Ainsi je constate par le *Catalogue* de le Lectier (p. 32), qu'en 1628 ce pomologue orléanais l'avait dans sa riche collection, où elle était étiquetée « Guindoux ou Guigne de Gascongne « très-hastive. » Un peu plus tard les Parisiens la possédèrent, mais elle mit un assez long temps à se répandre dans leurs principaux jardins, puisque Merlet, qui l'a signalée seulement en 1690, disait alors : « Les Guindoux sont des Cerises « *peu connues en ce païs* [Paris], mais fort communes en Languedoc, en Gascogne « et païs d'Aunis; elles sont plus grosses que les Griottes et moins noires dehors, « et dedans très-douces et agreables. » (*L'Abrégé des bons fruits,* 3e édit., p. 14.)

Observations. — L'arbre de cette variété ressemble beaucoup à celui de la guigne Aigle noir, décrite ci-dessus (p. 313), mais leurs fruits sont loin de se ressembler. — Le nom *Early Black Heart* [bigarreau Noir hâtif], parfois donné comme synonyme de Guigne Noire hâtive, ne s'y rapporte pas; il appartient uniquement au bigarreau Noir d'Espagne, ainsi que l'établissait, dès 1842, le pomologue anglais Thompson (*Catal.*, p. 53, n° 16).

CERISE GUIGNE NOIRE HATIVE DE COBOURG. — Voir *Guigne Pourpre hâtive,* au paragraphe OBSERVATIONS.

CERISE GUIGNE NOIRE HATIVE DE KNIGHT. — Synonyme de *Guigne Noire hâtive.* Voir ce nom.

CERISE GUIGNE NOIRE LUISANTE A COURTE QUEUE (GROSSE-). — Synonyme de *Guigne Noire Spitz.* Voir ce nom.

---

100. CERISE GUIGNE NOIRE LUISANTE (GROSSE-).

Synonymes. — 1. GUIGNIER A GROS FRUIT NOIR LUISANT (Duhamel, *Traité des arbres fruitiers,* 1768, t. I, p. 162). — 2. GUIGNE REINETTE NOIRE (Pierre Leroy, d'Angers, *Catalogue de ses jardins et pépinières,* 1790, p. 28). — 3. CERISE CŒUR HATIVE (de Launay, *le Bon-Jardinier,* 1808, p. 103). — 4. GUIGNE LÈME (Paul de Mortillet, *les Meilleurs fruits,* 1866, t. II, p. 72).

Description de l'arbre. — *Bois :* assez fort. — *Rameaux :* peu nombreux, étalés et arqués, longs et grêles, légèrement coudés, d'un brun clair taché de gris cendré. — *Lenticelles :* rares, petites et linéaires. — *Coussinets :* aplatis mais se prolongeant en arête. — *Yeux :* petits, ovoïdes-pointus, écartés du bois, aux écailles brunes et mal soudées. — *Feuilles :* assez abondantes, grandes, minces, vert clair en dessus, vert jaunâtre en dessous, ovales-allongées, très-longuement acuminées, largement dentées à la base et crénelées au sommet. — *Pétiole :* de force et grosseur moyennes, très-flasque et très-carminé, à petites glandes réniformes et quelque peu rougeâtres. — *Fleurs :* assez précoces et s'épanouissant simultanément.

FERTILITÉ. — Grande.

CULTURE. — Le plein-vent haute-tige sur Merisier lui convient mieux que toute autre forme; il est trop dégingandé pour jamais faire de beaux sujets nains.

Description du fruit. — *Comment attaché :* par trois, habituellement. — *Grosseur :* volumineuse. — *Forme :* inconstante ; souvent en cœur-raccourci, mais plus souvent encore globuleuse-cylindrique comprimée aux pôles, puis bossuée et légèrement côtelée, à sillon peu prononcé. — *Pédoncule :* long, de moyenne force, inséré dans un vaste bassin. — *Point pistillaire :* saillant ou faiblement enfoncé. — *Peau :* dure, épaisse, luisante, pourpre noirâtre à l'insolation, rouge-brun moins sombre sur l'autre face. — *Chair :* grenat foncé, mi-ferme, quoique bien fondante. — *Eau :* abondante, violâtre, à peine acidule et sans amertume, très-sucrée, très-savoureuse. — *Noyau :* petit ou moyen, ovoïde-arrondi ou cordiforme, assez bombé, ayant l'arête dorsale large et tranchante.

Guigne Noire luisante (Grosse-).

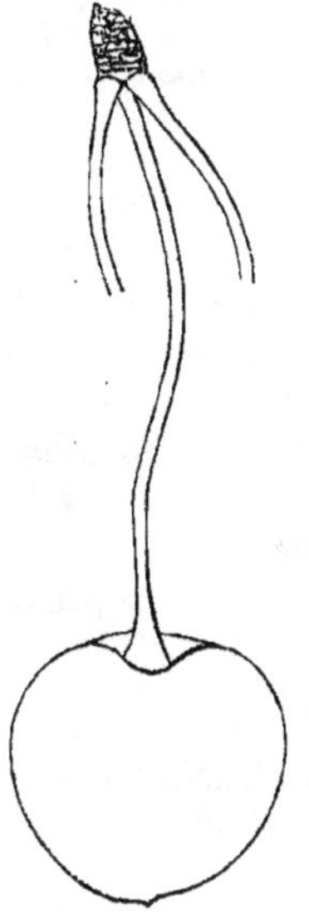

MATURITÉ. — Derniers jours de juin.

QUALITÉ. — Première.

Historique. — La Grosse Guigne Noire luisante fut signalée par Duhamel, en 1768 ; et tant il l'apprécia, qu'il dit : « Cette variété mériteroit, si elle étoit plus « hâtive, d'être cultivée à l'exclusion de toutes les au- « tres. » (T. I, p. 162.) Je la crois originaire du Maine ou de l'Anjou, provinces dans lesquelles, bien avant 1780, on l'appelait guigne Reinette Noire. Mon grand-père Pierre Leroy, sur ses *Catalogues,* ne la nommait pas autrement. Aujourd'hui quelques pépiniéristes angevins conservent encore cette dénomination locale. Pour moi, qui la trouve réellement trop bizarre, je l'inscris parmi les synonymes et j'adopte le surnom si convenable que m'offre Duhamel.

Observations. — Les noms *Ox Heart* et *Guigne des Bœufs* parfois ont été donnés comme synonymes de Grosse Guigne Noire luisante. Méprise complète, tous les deux, au contraire, nous l'avons démontré plus haut (p. 208), se rapportent uniquement au bigarreau Gros-Cœuret, fruit à peau jaune d'ambre nuancée de rouge assez vif à l'insolation. Une telle erreur, qui maintenant tromperait difficilement un arboriculteur, vint probablement du passage suivant, publié par Louis Noisette, il y a cinquante-cinq ans, dans la première édition de son *Jardin fruitier :*

« BIGARREAU GROS-CŒURET. — Chez la plupart des cultivateurs ce bigarreau n'a encore reçu [en 1821] aucune dénomination : celle de *Grosse Guigne Noire luisante,* sous laquelle on l'a désigné jusqu'à présent, à l'École du Jardin du Roi, de Paris, ne lui convient pas autant que celle de *Bigarreau Cœuret,* qu'on lui donne à la Pépinière du Luxembourg..... Il est très-gros; d'abord d'un rouge obscur,..... il passe ensuite au noir luisant et foncé.....» (T. II, pp. 17-18.)

CERISE GUIGNE NOIRE PRÉCOCE DE COBOURG. — Synonyme de *Guigne Noire commune.* Voir ce nom.

CERISE GUIGNE NOIRE DE RUSSIE. — Synonyme de *Bigarreau Noir de Tartarie.* Voir ce nom.

---

101. CERISE GUIGNE NOIRE SPITZ.

Synonymes. — 1. BIGARREAU SPITZEN SCHWARZE (le baron von Truchsess, *Systematische Classification und Beschreibung der Kirschensorten*, 1819, p. 160; — et Van Mons, *Catalogue descriptif de partie des arbres fruitiers qui de 1798 à 1823 ont formé sa collection*, p. 59, n° 445). — 2. GROSSE GUIGNE NOIRE LUISANTE A COURTE QUEUE (André Thoüin, *Dictionnaire d'agriculture*, 1809, t. III, p. 265). — 3. GUIGNE SPITZEN'S SCHWARZE (Dittrich, *Systematisches Handbuch der Obstkunde*, 1840, t. II, p. 32). — 4. GUIGNE SPITZEN'S (Oberdieck, *Illustrirtes Handbuch der Obstkunde*, 1861, t. III, p. 71).

Description de l'arbre. — *Bois :* très-fort. — *Rameaux :* peu nombreux, presque érigés, longs, des plus gros, non géniculés, rugueux, brun clair jaunâtre légèrement lavé de gris cendré. — *Lenticelles :* abondantes, grandes, linéaires et d'un gris sale. — *Coussinets :* saillants. — *Yeux :* volumineux, coniques, faiblement écartés du bois, aux écailles brunes et disjointes. — *Feuilles :* assez nombreuses, très-grandes, vert clair, ovales, acuminées, parfois contournées, à bords profondément dentés. — *Pétiole :* de longueur moyenne, épais et rigide, rarement bien carminé, à larges glandes finement nuancées de vermillon, aplaties ou globuleuses. — *Fleurs :* assez précoces, elles ont le calice d'un jaune pâle presque blanc et s'épanouissent successivement.

FERTILITÉ. — Satisfaisante.

CULTURE. — Il fait sur Merisier de jolis plein-vent et sur Mahaleb de convenables basse-tige, qui demanderaient cependant une plus riche ramification.

Description du fruit. — *Comment attaché :* par deux, ordinairement. — *Grosseur :* volumineuse. — *Forme :* en cœur sensiblement arrondi, à sillon bien marqué. — *Pédoncule :* court et très-nourri, inséré dans une vaste cavité. — *Point pistillaire :* enfoncé. — *Peau :* rouge fortement noirâtre, nuancée, dans le sillon surtout, de rouge un peu moins sombre. — *Chair :* assez tendre et rouge-grenat, mais traversée de filaments blanchâtres. — *Eau :* abondante, très-colorée, ayant une saveur acidule et sucrée des plus délicates.

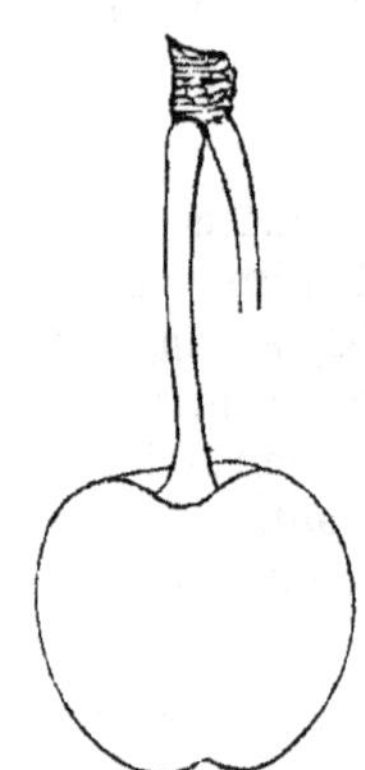

MATURITÉ. — Successive : elle commence vers la mi-juin et se prolonge jusqu'à la fin de ce mois.

QUALITÉ. — Première.

Historique. — Le baron von Truchsess, qui déjà possédait en 1810 cette très-bonne et volumineuse guigne, l'a caractérisée dans le remarquable ouvrage qu'un peu plus tard (1819) il fit paraître sur le Cerisier (p. 160). Gagnée de semis à Guben (Prusse), vers 1790, elle porte le nom de son obtenteur. Je ne sais qui l'introduisit chez nous, mais j'ai la conviction que c'était d'elle dont parlait André Thoüin, du Jardin des Plantes de Paris, quand il disait en 1809 : « On cultive beaucoup, aux environs de Lyon, une guigne appelée Grosse-Noire « luisante à Courte Queue. » (*Diction. d'agric.*, t. III, p. 265.) Sous ce même nom, et sortant de cette même contrée, je recevais en effet, il y a de très-longues années, une variété de guigne de laquelle ne diffère aucunement la *Spitzen's schwarze* [Noire de Spitz], qui m'est venue des pépinières des frères Simon-Louis, de Metz, en 1866.

CERISE GUIGNE NOIRE DE STASS. — Synonyme de cerise *Reine-Hortense*. Voir ce nom.

CERISES GUIGNE NOIRE TARDIVE. — Synonymes de *Bigarreau de Fer* et de *Bigarreau Noir* (*Gros-*). Voir ces noms.

CERISE GUIGNE NOIRE DE TARTARIE DE FRASER. — Synonyme de *Bigarreau Noir de Tartarie*. Voir ce nom.

CERISE GUIGNE NOUVELLE HATIVE. — Synonyme de *Bigarreau Baumann*. Voir ce nom.

CERISE GUIGNE NOUVELLE D'ORLÉANS. — Synonyme de *Guigne Belle d'Orléans*. Voir ce nom.

CERISES GUIGNE OCHSEN. — Synonymes de *Bigarreau Gros-Cœuret* et de *Bigarreau Noir* (*Gros-*). Voir ces noms.

CERISE GUIGNE OHIO'S BEAUTY. — Synonyme de *Bigarreau Beauté de l'Ohio*. Voir ce nom.

CERISES : GUIGNE PANACHÉE PRÉCOCE,
— GUIGNE PANACHÉE TRÈS-PRÉCOCE,
} Synonymes de *Bigarreau Ambré*. Voir ce nom.

CERISE GUIGNE DE LA PENTECÔTE. — Synonyme de *Bigarreau Blanc* (*Petit-*). Voir ce nom.

CERISE GUIGNE DE PERLE. — Synonyme de *Bigarreau Commun*. Voir ce nom.

CERISE GUIGNE DE PETIT-BRIE. — Synonyme de cerise *Reine-Hortense*. Voir ce nom.

102. CERISE GUIGNE POURPRE HATIVE.

Synonymes. — 1. GRIOTTE EARLY PURPLE (Thompson, *Transactions of the horticultural Society of London*, 2e série, 1830, t. I, pp. 144 et 259). — 2. CERISE EARLY PURPLE GEAN (Robert Hogg, *the Fruit manual*, 1862). — 3. CERISE GERMAN MAY DUKE (*Id. ibid.*). — 4. GUIGNE HATIVE DE BOUTAMAND (*Id. ibid.*, 1875, pp. 203-204).

Description de l'arbre. — *Bois :* assez fort. — *Rameaux :* peu nombreux, étalés et souvent arqués, longs, de moyenne grosseur, géniculés, rugueux, d'un rouge-brun jaunâtre légèrement lavé de gris cendré, surtout sur le côté de l'ombre. — *Lenticelles :* assez abondantes, grandes, arrondies. — *Coussinets :* ressortis. — *Yeux :* volumineux, coniques-pointus, faiblement écartés du bois, aux écailles grises et bien soudées. — *Feuilles :* peu nombreuses, grandes, vert jaunâtre, ovales-allongées, acuminées, contournées et canaliculées, à bords profondément dentés. — *Pétiole :* très-long, bien nourri, flasque, carminé, à larges glandes lavées de rouge vif et généralement aplaties plutôt que globuleuses. — *Fleurs :* assez précoces, elles ont le calice d'un rouge intense et leur épanouissement est simultané.

Fertilité. — Ordinaire.

Culture. — Pendant les premières années qui suivent son greffage, cet arbre pousse très-vigoureusement, soit sur Merisier, soit sur Mahaleb, mais outre qu'il est toujours dégingandé, la gomme l'envahit bientôt et le fait périr branche par branche. Il ne saurait donc devenir ni grand, ni beau.

Description du fruit. — *Comment attaché :* par deux, le plus souvent. — *Grosseur :* volumineuse. — *Forme :* irrégulière; en cœur raccourci ou légèrement allongé, obtus et bossué, à sillon peu marqué. — *Pédoncule :* long ou très-long, fort, surtout à ses extrémités, inséré dans une étroite et profonde cavité. — *Point pistillaire :* enfoncé. — *Peau :* pourpre noirâtre très-faiblement ponctuée de gris-blanc. — *Chair :* rouge-grenat, tendre ou mi-tendre. — *Eau :* abondante, rouge bleuâtre, acidule, bien sucrée, douée d'une saveur particulière qui la rend fort agréable.

Guigne Pourpre hâtive.

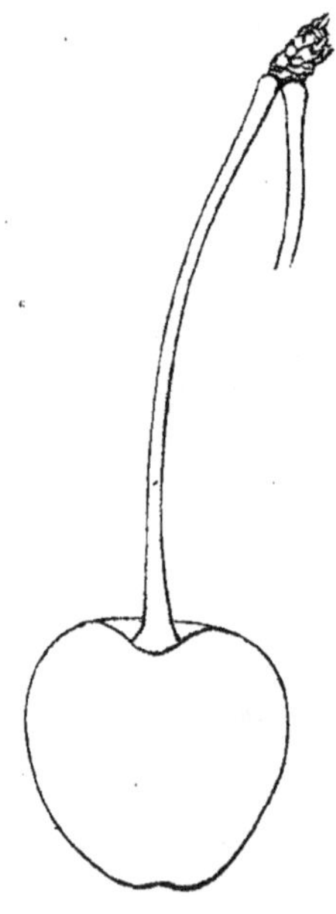

Maturité. — Fin mai ou commencement de juin.

Qualité. — Première.

Historique. — Il devient très-difficile, aujourd'hui, d'établir l'origine de cette guigne, dont le nom primitif, perdu depuis un demi-siècle, est encore inconnu. Celui qu'elle porte actuellement lui fut appliqué par le pomologue anglais Robert Thompson, en 1822, et pour les motifs suivants, qu'il consigna dans les Procès-Verbaux de la Société d'Horticulture de Londres :

« Probablement né sur le Continent — écrivait-il le 1er juin 1830 — ce guignier doit être de récente obtention; aussi le hasard seul a-t-il fait que notre Société d'Horticulture a pu l'introduire si promptement chez nous. On l'y recevait en 1822 — avec la collection de Cerisiers que nous expédia de Genève M. de Candolle — et sous l'étiquette Griottier de Chaux, qui est le nom d'une espèce à fruits tardifs de la nature des Morelles; d'où vint que, n'ayant pas retrouvé la dénomination étrangère de cette variété, nous l'appelâmes, dans le Jardin Social, *Early Purple* [Pourpre Hâtive], et la répandîmes sous ce surnom..... M. de Candolle l'avait tirée de l'établissement des frères Baumann, pépiniéristes à Bollwiller (Haut-Rhin). » (*Transactions of the horticultural Society of London*, 2e série, t. I, pp. 144-145.)

Observations. — Donner à cette guigne, comme parfois on l'a fait, le synonyme *Trempée précoce*, est une erreur, il appartient au bigarreau Baumann. Il ne faut pas non plus la réunir à la *cerise de Mai* ou *guigne Noire des Cobourgeois*, de laquelle elle s'éloigne entièrement. Enfin je l'ai reçue, de divers côtés, sous la fausse étiquette *guigne Noire hâtive de Werder*, surnom d'un bigarreau dont la description se trouve ci-devant (p. 251). Quant à l'avoir possédée sous le synonyme *guigne hâtive de Pontarnau*, ainsi que l'a dit M. Mas en 1873 (*Verger*, t. VIII, p. 129), je n'en ai pas la moindre souvenance, et mes Catalogues n'ont jamais contenu semblable nom. Sur ce point M. Mas a donc réellement pris une note inexacte. — En Angleterre, ces derniers temps, lisons-nous dans *l'Illustration horticole* (1872, p. 173), le pépiniériste Thomas Rivers, de Sawbridgeworth, près Londres, a fait un semis fort abondant de noyaux de la guigne Pourpre hâtive, d'où lui sont venues des centaines de jeunes plants ayant tous donné des fruits complétement identiques avec ceux de la variété-mère; les arbres seuls différaient les uns des autres et s'éloignaient du type. A mon tour je signale cette particularité, mais avec le regret de n'en pouvoir contrôler l'exactitude, soit *de visu*, soit par correspondance.

CERISES GUIGNE PRÉCOCE. — Synonymes de *Bigarreau Baumann* et de *Bigarreau Blanc* (*Petit-*). Voir ces noms.

CERISES : GUIGNE PRÉCOCE DE BALE,

— GUIGNE PRÉCOCE DE BOULBON,

Synonymes de *Guigne Précoce de Tarascon*. Voir ce nom, surtout au paragraphe OBSERVATIONS.

CERISE GUIGNE PRÉCOCE DE MAI. — Synonyme de *Bigarreau Baumann*. Voir ce nom.

---

103. CERISE GUIGNE PRÉCOCE DE TARASCON.

Synonymes. — 1. GUIGNE TARASCON (Langethal, *Deutsches Obstcabinet*, 1860, t. III). — 2. CERISE DE BALE (Paul de Mortillet, *les Meilleurs fruits*, 1866, t. II, p. 59). — 3. GUIGNE PRÉCOCE DE BOULBON (*Id. ibid.*).

Description de l'arbre. — *Bois :* fort. — *Rameaux :* peu nombreux, érigés, gros et longs, non géniculés, ridés, brun clair à l'insolation et jaune verdâtre maculé de gris sur le côté de l'ombre. — *Lenticelles :* abondantes, assez grandes, arrondies ou linéaires. — *Coussinets :* presque nuls. — *Yeux :* volumineux et ovoïdes-obtus, légèrement écartés du bois, aux écailles rousses et peu disjointes. — *Feuilles :* abondantes, moyennes, vert pâle en dessus, vert blanchâtre en dessous, ovales, courtement acuminées, dentées profondément et surdentées. — *Pétiole :* gros et long, arqué, très-rugueux, carminé, à fortes glandes saillantes, oblongues ou arrondies. — *Fleurs :* assez tardives et s'épanouissant successivement.

FERTILITÉ. — Abondante.

CULTURE. — Il réussit bien sous toute forme et sur tout sujet, mais sa grande précocité lui rend l'espalier très-avantageux.

Description du fruit. — *Comment attaché :* par quatre, habituellement. — *Grosseur :* moyenne ou au-dessous de la moyenne. — *Forme :* en cœur plus ou moins allongé et bossué, à sillon peu marqué. — *Pédoncule :* assez long, très-nourri, vert clair, inséré dans une cavité généralement bien développée. — *Point pistillaire :* blanchâtre et à fleur de fruit. — *Peau :* rouge intense nuancé de rouge brunâtre. — *Chair :* rouge et mi-tendre, non filamenteuse. — *Eau :* abondante, très-colorée et très-sucrée, complétement douce. — *Noyau :* très-petit, lisse, allongé, peu bombé, ayant l'arête dorsale faiblement accusée.

Guigne Précoce de Tarascon.

MATURITÉ. — Derniers jours de juin.

QUALITÉ. — Première.

Historique. — La Précoce de Tarascon est une guigne née dans le département des Bouches-du-Rhône, chez les frères Audibert, pépiniéristes dont l'établissement jouit depuis longtemps d'une juste renommée. Dès 1856 le Congrès pomologique s'occupait de cette variété, alors toute nouvelle et peu répandue, mais qu'actuellement nos principaux horticulteurs s'empressent de multiplier. Les Allemands, qui furent des premiers à la posséder, l'ont parfois confondue avec la guigne Noire commune, décrite ci-dessus (pp. 328-330). J'ajouterai que longtemps on a vendu, sous le nom de cette variété, une guigne de qualité médiocre, mûrissant vers le 20 juin, gros fruit en cœur excessivement obtus, à très-long pédoncule, à peau rouge brillant et foncé, à chair peu colorée, veinée de rose et de blanc. Quelle était la vraie dénomination de cette fausse variété ? On l'ignore encore.

Observations. — La guigne Précoce de Tarascon, dite aussi Précoce de Boulbon, n'a rien de commun avec une *cerise Hâtive de Boulebonne,* ou *Précoce de Mazan,* que cultivent les Belges ; je m'en suis assuré dans l'*Album de pomologie* d'Alexandre Bivort, où cette dernière fut décrite et figurée en 1850 (t. III, p. 109). — Le nom cerise de Bâle, un des synonymes de la guigne Précoce de Tarascon, pourrait amener également quelque confusion entr'elle et certaine *guigne Précoce de Bâle* caractérisée dans le *Deutsches Obstcabinet* (t. III), si nous n'affirmions que ces deux fruits sont loin de se ressembler.

CERISE GUIGNE PRÉCOCE DE WERDER. — Synonyme de *Bigarreau Werder.* Voir ce nom.

CERISIER GUIGNIER A RAMEAUX PENDANTS. — Synonyme de *Bigarreautier à Rameaux pendants.* Voir ce nom ; voir aussi *Griotte de la Toussaint,* au paragraphe OBSERVATIONS.

CERISE GUIGNE REINETTE NOIRE. — Synonyme de *Guigne Noire luisante* (*Grosse-*). Voir ce nom.

CERISE GUIGNE RIVAL. — Synonyme de *Bigarreau Rival.* Voir ce nom.

CERISE GUIGNE DE LA ROCHELLE. — Synonyme de cerise *Rouge pâle* (*Grosse*-). Voir ce nom.

CERISE GUIGNE DE ROQUEMONT. — Synonyme de *Bigarreau Commun*. Voir ce nom.

CERISE GUIGNE ROSE DE BORDAN. — Synonyme de *Bigarreau Bordan*. Voir ce nom.

CERISE GUIGNE ROTHE MAI. — Synonyme de *Guigne Rouge hâtive*. Voir ce nom.

CERISE GUIGNE ROUGE BÜTTNER. — Voir *Bigarreau Rouge Büttner*, au paragraphe OBSERVATIONS.

---

104. CERISE GUIGNE ROUGE HATIVE.

Synonymes. — 1. GUIGNE DE GASCOGNE TRÈS-HATIVE (le Lectier, d'Orléans, *Catalogue des arbres cultivés dans son verger et plant*, 1628, p. 32 ; — Thompson, *Catalogue of fruits cultivated in the garden of the horticultural Society of London*, 1842, p. 57, nº 38 ; — et Robert Hogg, *the Fruit manual*, 1875, p. 206). — 2. BIGARREAU BLEEDING (Langley, *Pomona*, 1729, p. 86, pl. XVII, fig. 5 ; — et Thompson, *ibidem*). — 3. BIGARREAU HEREFORDSHIRE (Thompson, *Transactions of the horticultural Society of London*, 2e série, 1831, t. I, p. 270). — 4. GUIGNE ROTHE MAI (Dittrich, *Systematisches Handbuch der Obstkunde*, 1840, t. II, p. 24). — 5. BIGARREAU DE GASCOGNE (Thompson, *Catalogue of fruits, etc.*, *ibid.*). — 6. BIGARREAU GASCOIGNE'S (*Id. ibid.*). — 7. BIGARREAU ROUGE (*Id. ibid.*). — 8. BIGARREAU CURAN (Robert Hogg, *the Fruit manual*, 1875, p. 206).

Description de l'arbre. — *Bois :* assez fort. — *Rameaux :* peu nombreux, très-étalés, souvent arqués, gros et des plus longs, bien géniculés, rugueux, brun clair maculé de gris cendré. — *Lenticelles :* très-abondantes, larges, grisâtres, arrondies ou linéaires. — *Coussinets :* modérément accusés et se prolongeant en arête. — *Yeux :* volumineux, coniques-aigus, presque collés sur le bois, aux écailles grises et mal soudées. — *Feuilles :* assez nombreuses, très-grandes, vert jaunâtre, ovales-allongées, sensiblement acuminées, dentées et crénelées. —

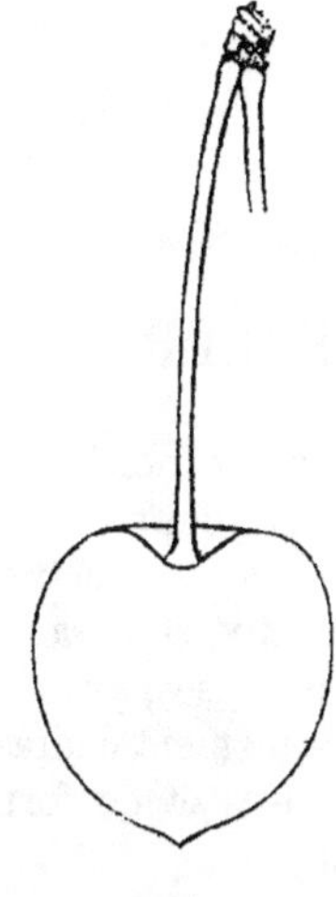

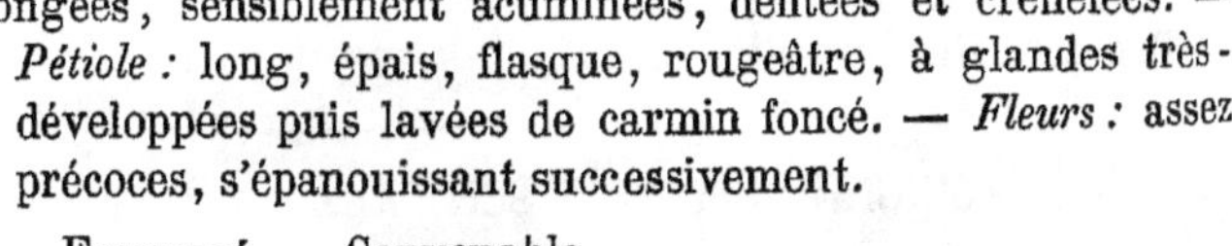

Pétiole : long, épais, flasque, rougeâtre, à glandes très-développées puis lavées de carmin foncé. — *Fleurs :* assez précoces, s'épanouissant successivement.

FERTILITÉ. — Convenable.

CULTURE. — Cet arbre serait irréprochable s'il n'était pas toujours, quelle que soit sa forme, un peu dégarni.

Description du fruit. — *Comment attaché :* par deux, le plus souvent. — *Grosseur :* volumineuse. — *Forme :* en cœur légèrement allongé, à sillon rarement bien marqué. — *Pédoncule :* de force et longueur moyennes, inséré dans une cavité prononcée. — *Point pistillaire :* saillant et formant un léger mucron. — *Peau :* à fond jaune amplement lavé de rouge clair. — *Chair :* blanchâtre et mi-tendre. — *Eau :* suffisante, douce, peu sucrée. — *Noyau :* lenticulaire, assez gros, ayant l'arête dorsale large et coupante.

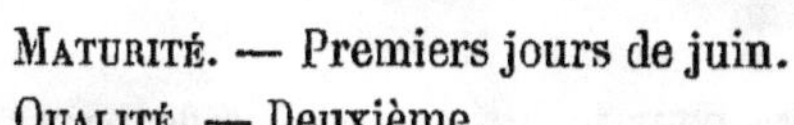

MATURITÉ. — Premiers jours de juin.

QUALITÉ. — Deuxième.

Historique. — Très-ancienne, cette variété fut d'abord appelée *guigne de Gascogne,* du nom sans doute de la contrée dont elle provenait, auquel on ajouta *très-hâtive,* vu sa précocité. C'était ainsi qu'en 1628, notamment, le Lectier la signalait, page 32 du Catalogue de son verger d'Orléans. De nos jours les Anglais, chez lesquels elle fut importée dès le XVIIe siècle, lui reconnaissent encore cette dénomination primitive, qui chez nous est oubliée depuis longtemps. Je crois même qu'on l'y rejeta très-vite, Merlet, dans son *Abrégé des bons fruits,* édition de 1667, mentionnant une guigne Rouge plus précoce que la cerise Hâtive (pp. 24-25), et ne parlant aucunement de la guigne de Gascogne.

Observations. — M. Paul de Mortillet décrit (1866, t. II, p. 82) une guigne Rouge hâtive, petite, très-précoce et très-fertile, qui diffère entièrement de celle ici caractérisée ; mais en disant « qu'il existe une autre guigne Rouge plus grosse « et moins précoce, » ce pomologue a montré qu'il connaissait la vieille variété. — Il ne faut pas confondre cette même Rouge hâtive avec une *Early Purple Gean* [Guigne Pourpre hâtive] que les Anglais cultivent abondamment, et qui certes ne lui ressemble pas, comme on peut s'en convaincre, puisque nous l'avons également décrite (voir pp. 334-336).

CERISE GUIGNE ROYALE NOUVELLE. — Voir cerise *Cerise-Guigne,* au paragraphe OBSERVATIONS.

CERISE GUIGNE DE SAINT-GILLES. — Synonyme de *Bigarreau de Fer.* Voir ce nom.

CERISE GUIGNE SAÜRE. — Synonyme de *Griotte d'Allemagne.* Voir ce nom.

CERISE GUIGNE SCHWARZES TAUBENHERZ. — Synonyme de *Guigne Noire commune.* Voir ce nom.

CERISES : GUIGNE SPITZEN'S,
— GUIGNE SPITZEN'S SCHWARZE,
} Synonymes de *Guigne Noire Spitz.* Voir ce nom.

---

105. CERISE GUIGNE SUCRÉE LÉON LECLERC.

Description de l'arbre. — *Bois :* fort. — *Rameaux :* assez nombreux, légèrement étalés, longs, de grosseur moyenne, géniculés, rugueux et brun jaunâtre très-amplement lavé de gris cendré. — *Lenticelles :* rares, très-petites, arrondies et grisâtres. — *Coussinets :* aplatis. — *Yeux :* volumineux, coniques ou ovoïdes-pointus, presque collés sur le bois. — *Feuilles :* peu nombreuses, grandes, vert jaunâtre, ovales-allongées, sensiblement acuminées et profondément dentées. — *Pétiole :* épais, assez long, carminé, à glandes vermillonnées et de forme variable. — *Fleurs :* assez tardives, à épanouissement successif.

FERTILITÉ. — Très-abondante.

CULTURE. — Sur Merisier, à haute-tige pour plein-vent, il fait de beaux et grands arbres ; sur Mahaleb, il prospère non moins bien et se prête à toutes les formes.

Description du fruit. — *Comment attaché :* par trois ou par deux, le plus ordinairement. — *Grosseur :* moyenne. — *Forme :* ovoïde ou en cœur excessivement obtus, à sillon presque nul. — *Pédoncule :* grêle et très-long, inséré dans une cavité moyenne. — *Point pistillaire :* petit et à fleur de fruit. — *Peau :* d'un beau rouge à l'insolation et d'un rouge pâle sur le côté de l'ombre, elle est en outre tachée de carmin puis ponctuée de gris, surtout auprès de l'œil. — *Chair :* tendre et blanchâtre. — *Eau :* abondante, incolore, douce, très-sucrée et délicieusement parfumée. — *Noyau :* moyen, ovoïde, peu bombé, se détachant en partie de la chair et ayant l'arête dorsale à peine développée.

Guigne Sucrée Léon Leclerc.

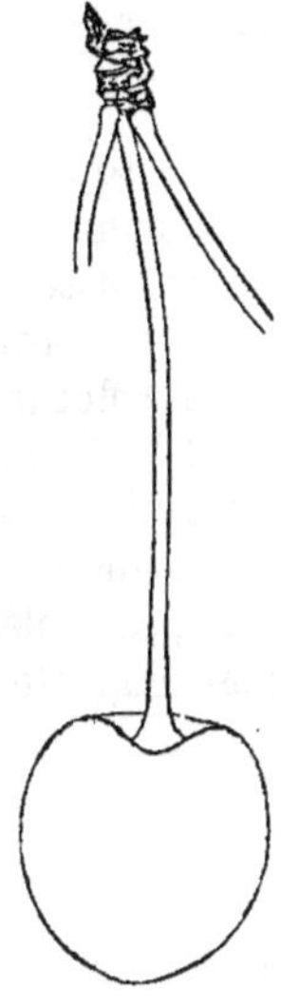

MATURITÉ. — Vers la mi-juin.

QUALITÉ. — Première.

Historique. — Léon Leclerc, ancien député de Laval (Mayenne) et grand amateur d'arboriculture fruitière, est l'obtenteur de cette savoureuse guigne, qui n'a contre elle que son volume un peu faible, défaut amplement compensé, toutefois, par l'extrême fertilité de l'arbre. Elle date de 1853 et fut un des derniers gains de cet heureux semeur, qui mourut en 1858.

CERISE GUIGNE TABASCON. — Synonyme de *Guigne Précoce de Tarascon.* Voir ce nom.

CERISIERS : GUIGNIER THRÄNEN-MUSKATELLER, } Synonymes de *Bigarreautier à Rameaux pendants.* V. ce nom.

— GUIGNIER THRÄNEN-MUSKATELLER AUS MINORKA, } Synonymes de *Bigarreautier à Rameaux pendants.* V. ce nom.

CERISE GUIGNE TRANSPARENTE DE COÉ. — Synonyme de *Guigne Coé.* Voir ce nom.

CERISE GUIGNE TREMPÉE PRÉCOCE. — Synonyme de *Bigarreau Baumann.* Voir ce nom.

---

106. CERISE GUIGNE TROPRICHTZ.

Synonyme. — BIGARREAU NOIR DE TROPRICHTER [*par erreur*] (Eugène Glady, *Revue horticole*, année 1865, p. 432).

Description de l'arbre. — *Bois :* fort. — *Rameaux :* assez nombreux, très-étalés, gros et longs, très-flexueux, ridés, brun foncé taché de gris cendré. — *Lenticelles :* abondantes, assez grandes, grisâtres, linéaires. — *Coussinets :* saillants.

— *Yeux :* très-gros, coniques-aigus, faiblement écartés du bois, aux écailles grises et disjointes. — *Feuilles :* assez nombreuses, grandes, vert pâle, obovales ou ovales-allongées, acuminées, profondément crénelées et dentées. — *Pétiole :* mince, très-long, flasque, violacé, à glandes énormes, carminées, aplaties ou globuleuses. — *Fleurs :* précoces et s'épanouissant successivement.

FERTILITÉ. — Ordinaire.

CULTURE. — Cet arbre se comporte non moins bien sur Mahaleb pour les formes basse-tige, que sur Merisier pour plein-vent haute-tige.

Description du fruit. — *Comment attaché :* par deux, le plus souvent. — *Grosseur :* volumineuse. — *Forme :* ovoïde sensiblement arrondie, à sillon large mais peu profond. — *Pédoncule :* bien nourri, assez long, inséré dans une faible cavité. — *Point pistillaire :* presque ressorti. — *Peau :* rose clair, nuancée de rose plus intense et semée de nombreux points jaunâtres et lenticulés. — *Chair :* blanchâtre, fondante ou mi-fondante. — *Eau :* abondante, presque incolore, douce, très-sucrée, très-savoureuse. — *Noyau :* assez gros, ovoïde, sensiblement bombé, ayant l'arête dorsale large et non coupante.

Guigne Troprichtz.

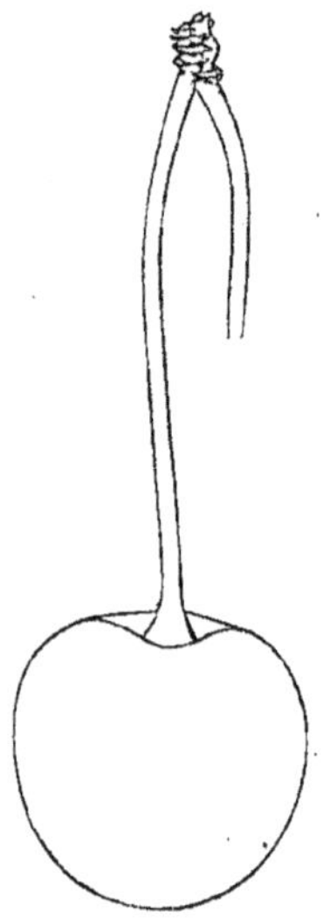

MATURITÉ. — Commencement de juin.

QUALITÉ. — Première.

Historique. — M. Adrien Senéclauze, pépiniériste à Bourg-Argental (Loire), est le propagateur de cette remarquable variété, qui lui fut adressée de Crimée, en 1858, par M. de Hartwich, directeur des vignobles impériaux de Margareth et de Nikita, lequel l'avait tirée du Nord de l'Allemagne, contrée dont elle est originaire. Son obtention doit remonter aux premières années de ce siècle, époque où les Allemands mirent aussi dans le commerce certain *bigarreau Noir de Troprichter*, que plus haut (p. 230), par erreur, j'ai dit synonyme de cette jolie guigne rose. Du reste, ces noms Troprichtz et Troprichter me semblent avoir été quelque peu défigurés par nos pomologues et nos horticulteurs. Je vois effectivement, dès 1809, le baron von Truchsess caractériser (p. 206) un bigarreau Noir de *Tropp-Richter*, plus tard (1840) décrit de nouveau par Dittrich (t. II, p. 43), et ce Tropp-Richter me fait croire que mon guignier Troprichtz n'était pas très-correctement étiqueté, quand on me l'adressa.

CERISES : GUIGNE WERDER'S EARLY BLACK,

— GUIGNE WERDER'SCHE FRÜHE,

— GUIGNE WERDER'SCHE FRÜHE SCHWARZE,

Synonymes de *Bigarreau Werder*. Voir ce nom.

CERISE GUIGNE WINKLER'S WEISSE. — Synonyme de *Guigne Carnée Winkler*. Voir ce nom.

CERISE GUIGNEAU DE LA ROCHELLE. — Synonyme de cerise *Rouge pâle* (*Grosse-*). Voir ce nom.

CERISES GUINDOLE. — Nom donné jadis aux variétés de cerise à chair douce et tendre (aujourd'hui nos *Guignes*), mais qui fut assez souvent, dans les premiers temps de son apparition, confondu avec le nom de la Cerise proprement dite, ainsi qu'avec celui de la Griotte. (Voir, pour l'historique et l'étymologie, aux articles *Griotte*, *Griottier* (pp. 273-275) et *Guigne, Guignier* (pp. 310-311).

CERISE GUINDOULE. — Synonyme de *Griotte à Courte Queue.* Voir ce nom.

CERISE GUINDOULE NOIRE. — Synonyme de *Guigne Noire commune.* Voir ce nom.

CERISES GUINDOUX. — Voir à l'article *Guigne*, *Guignier*, puis au mot *Guindole.*

CERISE GUINDOUX BLANC. — Synonyme de cerise *Ambrée* (*Grosse-*). Voir ce nom.

CERISES : GUINDOUX DE GASCOGNE, — GUINDOUX HATIF, } Synonymes de *Guigne Noire hâtive.* Voir ce nom.

CERISE GUINDOUX DE LA ROCHELLE, — GUINDOUX ROUGE, } Synonymes de cerise *Rouge pâle* (*Grosse-*). Voir ce nom.

CERISE GUINE. — Voir cerise *Cerise-Guigne.*

CERISE GULDEMONDS. — Synonyme de cerise *de Montmorency à Courte Queue.* Voir ce nom.

H

Cerise HALMANS DUKE. — Synonyme de cérise *Holman's Duke*. Voir ce nom.

Cerisier HATIF. — Synonyme de cerise *Hâtive*. Voir ce nom.

---

107. Cerise HATIVE.

Synonymes. — 1. Cerise The True Kentish (Langley, *Pomona*, 1729, pl. xviii, fig. 1). — 2. Cerisier Hatif (Duhamel, *Traité des arbres fruitiers*, 1768, t. I, p. 170). — 3. Cerise de Volger (Herman Knoop, *Fructologie*, 1771, p. 43). — 4. Cerise Montmorency ordinaire (de quelques pépiniéristes). = Griotte Amarelle Double de Verre — *et* Griotte Double de Verre (*par erreur*; voir, ci-après, au paragraphe Observations).

Description de l'arbre. — *Bois :* fort. — *Rameaux :* des plus nombreux, légèrement étalés, longs, grêles, quelque peu coudés, assez lisses, brun clair lavé de gris cendré. — *Lenticelles :* rares, petites, arrondies. — *Coussinets :* bien accusés. — *Yeux :* gros, coniques-obtus, écartés du bois, souvent même sortis en brindilles, ayant les écailles brunes et mal soudées — *Feuilles :* nombreuses, moyennes, vert clair jaunâtre, ovales ou obovales, acuminées, canaliculées ou planes, à bords finement dentés et crénelés. — *Pétiole :* épais, très-court et très-rigide, violâtre, quelquefois pourvu de petites glandes globuleuses et carminées. — *Fleurs :* assez tardives, s'épanouissant successivement.

Fertilité. — Très-grande.

Culture. — Sur Merisier, pour plein-vent haute-tige, il croît parfaitement, mais ses arbres, dont les rameaux sont trop retombants, ont une tête irrégulière et qui semble dégarnie. Sur Mahaleb, où sa rare fertilité augmente encore, il est très-beau sous toute espèce de forme naine.

Description du fruit. — *Comment attaché :* par deux ou par un. — *Grosseur :* moyenne. — *Forme :* globuleuse plus ou moins comprimée aux pôles, à sillon faiblement accusé. — *Pédoncule :* court et grêle, inséré dans une vaste cavité. — *Point pistillaire :* enfoncé. — *Peau :* très-mince, transparente, unicolore, d'un rouge clair et brillant devenant un peu plus foncé à l'insolation, quand est parfaite la maturité. — *Chair :* très-tendre, jaunâtre. — *Eau :* excessivement abondante, presque incolore, peu sucrée et fortement acidulée, surtout si la maturation est encore incomplète. — *Noyau :* assez petit, arrondi, bombé, ayant l'arête dorsale bien développée.

Cerise Hâtive.

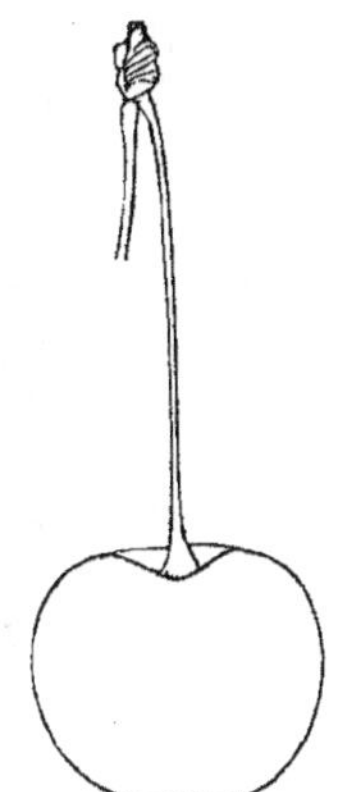

MATURITÉ. — Commencement de juin.

QUALITÉ. — Deuxième, crue, mais première pour confitures, compotes et autres usages culinaires.

Historique. — Voilà, certes, l'auteur commun de nos deux anciennes variétés si connues, les Montmorency à Longue, puis à Courte Queue; et, sans plus tarder, je le prouve à l'aide du témoignage de Merlet, ce doyen des pomologues français :

« La *Cerise Hâtive* — écrivait-il en 1667 — vient du costé de Nanterre, sur des Cerisiers greffez qui demeurent toûjours nains, et s'étalent beaucoup plus qu'ils ne poussent en hauteur. Ce Plant est le meilleur et le plus franc, qui retient mieux son fruit, et fait une autre espece de Cerise plus grosse, plus rouge, qui a *la queuë longue*, le noyau fort petit, et beaucoup de chair. Il y en a encore d'une autre espece qui vient en mesme temps, qui est grosse, a *la queue courte*, et est douce. » (*L'Abrégé des bons fruits*, 1667, 1re édition, pp. 25-26.)

Que le cerisier Hâtif soit né chez nous, aux environs de Paris, la chose est très-probable ; seulement il naquit avant 1600, car ses descendants directs, les deux cerisiers de Montmorency, étaient déjà connus à Paris sous Henry IV (voir, pp. 362-366, l'article *C. de Montmorency*) ; et d'ailleurs George Lindley (1831, p. 144) dit que le cerisier *de Kent*, identique avec ce même Hâtif, pénétra en Angleterre sous Henri VIII (1509-1547), rapporté de Flandre, *suppose-t-on*, par Richard Haines, jardinier de ce monarque..... Mais au lieu de discuter une version qu'aucun texte probant n'appuie, je signalerai, quant à la Kentish cherry, une erreur manifeste qui chez nous règne depuis plus d'un siècle : Lorsque Duhamel, en 1768, décrivit la Montmorency à Courte Queue, il dit : « En Angleterre « elle est très-commune dans la province *de Kent*, dont elle porte le nom « (t. I, pp. 180-181) ; » assertion de tout point inexacte. Toutefois M. Mas (*le Verger*, 1865, t. VIII, p. 25) ayant relevé cette méprise de Duhamel, ce n'est pas elle que je veux remettre en évidence. Je veux affirmer — personne encore ne l'a fait — que les Anglais ont possédé DEUX Kentish cherries, l'une mûrissant chez eux au commencement de juin, et l'autre en juillet. Or, des deux, c'est la *fausse* variété — notre Montmorency à Longue Queue — que présentement ils cultivent sous ce nom. Quant à la vraie, de laquelle ils ne parlent plus, celle qui mûrit aux premiers jours de juin — notre cerise Hâtive — en 1729 Batty Langley, dans la *Pomona or the Fruit-Garden illustrated*, la figurait avec ces mots gravés en tête : *the* TRUE *Kentish cherry* [la VÉRITABLE cerise de Kent], note qui démontre bien que même à cette époque — et de là vint l'erreur de Duhamel — les horticulteurs anglais multipliaient plusieurs Kentish cherries..... Maintenant, au cas où l'on penserait que l'antique cerise Hâtive caractérisée par Merlet dès 1667, a pu naître dans les Flandres, et de là gagner Nanterre, je répondrais : Rien ne m'est apparu qui m'autorise à l'avancer. Au contraire, la *Fructologie* hollandaise de Knoop (pp. 35 et 43) fournit des arguments pour la négative, puisqu'en 1771 ce pomologue regardait l'espèce nommée Volger aux Pays-Bas, espèce identique avec la Hâtive qui nous occupe, comme ayant produit les variétés françaises appelées, expliquait-il, cerise de Montmorency et cerise à Courte Queue. Au reste, voici la description qu'il a donnée de cette Volger, on va voir combien est frappante la ressemblance des deux variétés :

« *Cerise de Volger.* — Cette cerise est ronde et un peu aplatie du côté de la queuë ; sa couleur est d'incarnat, reluisante et diaphane ; elle n'est pas trop charnuë, mais pleine d'un suc aqueux. C'est pourquoi on la cultive très-peu, à moins que ce ne fût pour en faire des Confitures ou pour les étuver, à quoi elle est fort bonne à cause de sa couleur..... L'arbre croît bien, mais donne du bois menu, croissant de côté et pêle-mêle ; il ne devient pas grand, mais est très-fertile..... » (Page 43.)

Observations. — Les noms *griotte Amarelle Double de Verre* et *griotte Double de Verre* ne sont pas, comme souvent on l'a dit, synonymes de la vraie Kentish, ou cerise Hâtive ; ils le sont uniquement de Grosse Cerise Rouge pâle ; nous l'affirmons avec le consciencieux Oberdieck (t. III, p. 163, n° 56).

CERISE HATIVE D'ANGLETERRE. — Synonyme de cerise *Royale hâtive*. Voir ce nom.

CERISE HATIVE DE BOULEBONNE. — Voir *Guigne Précoce de Tarascon*, au paragraphe OBSERVATIONS.

CERISE HATIVE D'ESPAGNE NOIRE. — Synonyme de *Bigarreau Noir d'Espagne*. Voir ce nom.

CERISES : HATIVE MALGRÉ TOUT,

— HATIVE ET TARDIVE,

} Synonymes de cerise *Royale hâtive*. Voir ce nom.

HEAUME, HEAUMIER. — Nom donné jadis, de leur forme en casque sans cimier, à quelques variétés de Bigarreaux, dont le Gros-Cœuret est le type. Le Berriays voulut faire, en 1784 (t. I, p. 246), de ce petit groupe une espèce différente du Bigarreau, mais il fut le seul, croyons-nous, qui tenta sérieusement d'établir cette classification. Aujourd'hui, les dénominations Heaume, Heaumée, Heaumier sont radicalement bannies de la nomenclature. (Voir aussi l'article *Bigarreau*, pp. 173-174.)

CERISES : HEAULME,

— HEAULMÉE,

— HEAUME BLANC,

} Synonymes de *Bigarreau Gros-Cœuret*. Voir ce nom.

CERISE HEAUME NOIRE. — Synonyme de *Bigarreau Noir* (*Gros-*). Voir ce nom.

CERISE HEAUME ROUGE. — Synonyme de *Bigarreau Turca*. Voir ce nom.

CERISE HECK. — Synonyme de *Griotte à Bouquet*. Voir ce nom.

CERISE HERZOGINE VON ANGOULÊME. — Synonyme de cerise *Rouge pâle* (*Grosse-*). Voir ce nom.

CERISE DE HOLLANDE. — Je ne possède plus cette variété hollandaise, qui fut importée chez nous vers 1740, et de laquelle j'ai déjà parlé plus haut (voir p. 298, paragraphe OBSERVATIONS), en m'occupant de la *griotte de Portugal*, avec laquelle on l'a mainte fois confondue. Elle a pour *Synonymes :* 1. CERISE COULARDE (Duhamel, *Traité des arbres fruitiers*, 1768, t. I, p. 184). — 2. CERISE D'ESPAGNE (Calvel, *Traité sur les pépinières*, 1805, t. II, p. 146). — 3. CERISE DE MONTREUIL (Pirolle, *l'Horticulteur français*, 1824, p. 328). — Nous ferons remarquer, en outre, que la cerise Royale de Duhamel ayant été souvent surnommée de Hollande, il faut s'appliquer à ne pas commettre quelque méprise à l'égard de ces deux variétés. Du reste, le cerisier de Hollande est devenu fort rare en pépinière ; sa fleur, très-sujette à couler, n'engage nullement à le multiplier. Ses fruits, cependant, sont excellents et hâtifs : ils mûrissent à la mi-juin.

CERISE DE HOLLANDE. — Synonyme de cerise *Royale*. Voir ce nom.

CERISE HOLLANDISCHE GROSSE PRINZESSIN. — Synonyme de *Bigarreau Blanc* (*Gros-*). Voir ce nom.

---

108. CERISE HOLMAN'S DUKE.

Synonymes. — 1. GRIOTTE ROYALE KHERY-DUK TARDIVE (André Thoüin, *Dictionnaire d'agriculture*, 1809, t. III, p. 270). — 2. CERISE ARCH DUKE (Thompson, *Catalogue of fruits cultivated in the garden of the horticultural Society of London*, 1842, p. 60). — 3. CERISE LATE DUKE (*Id. ibid.*). — 4. CERISE HALMANS DUKE (Loiseleur-Deslongchamps, *Revue horticole*, année 1848, p. 431). — 5. CERISE ANGLAISE TARDIVE (Robert Hogg, *the Fruit manual*, 1866, p. 85).

Description de l'arbre. — *Bois :* très-fort. — *Rameaux :* très-nombreux, presque érigés, grêles, assez courts, géniculés, d'un brun clair légèrement lavé de gris cendré. — *Lenticelles :* rares, arrondies, des plus petites. — *Coussinets* : peu ressortis et souvent se prolongeant en arête. — *Yeux :* volumineux, ovoïdes arrondis, écartés du bois, aux écailles grises ou brunes. — *Feuilles :* nombreuses, petites ou moyennes, vert jaunâtre, ovales ou obovales, très-acuminées, planes ou relevées en gouttière, irrégulièrement et faiblement dentées et crenelées, puis portant parfois à leur base de très-petites glandes. — *Pétiole :* très-court, bien nourri, assez rigide, un peu rougeâtre, non glanduleux. — *Fleurs :* tardives, à épanouissement successif.

FERTILITÉ. — Remarquable.

CULTURE. — Il fait, sur Merisier, des plein-vent de toute beauté; on peut également, sur Mahaleb, le destiner aux formes buisson, espalier, basse-tige ou pyramide, sa vigueur est assez grande pour qu'il y croisse parfaitement, il s'y montre même encore plus fertile que sur Merisier.

Description du fruit. — *Comment attaché :* par deux, ordinairement. — *Grosseur :* volumineuse ou très-volumineuse. — *Forme :* en cœur plus ou moins raccourci, à sillon modérément accusé. — *Pédoncule :* de longueur et force moyennes, inséré dans une vaste cavité. — *Point pistillaire :* légèrement enfoncé. — *Peau :* rouge brunâtre ponctuée de gris. — *Chair :* blanc rosé, filamenteuse, assez tendre. — *Eau :* abondante, presque incolore, sucrée, agréablement acidulée. — *Noyau :* moyen, ovoïde, peu bombé, ayant l'arête dorsale faiblement ressortie.

Cerise Holman's Duke.

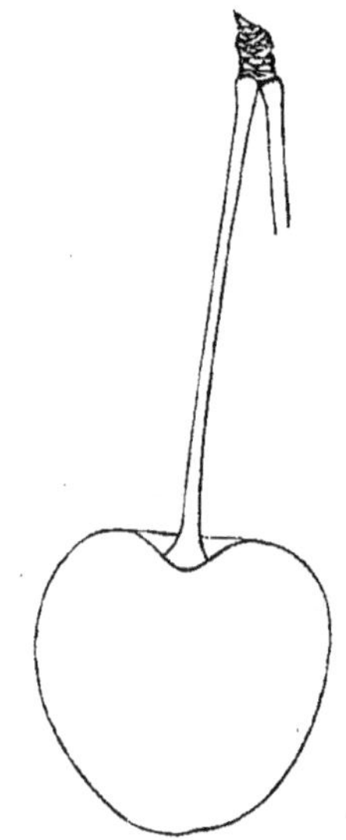

MATURITÉ. — Vers la mi-juillet.

QUALITÉ. — Première.

Historique. — Variété d'origine anglaise, elle remonte au commencement du XVIIIe siècle et fut signalée par Langley, en 1729, dans sa *Pomona* (pl. XVII, fig. 1). Très-souvent réunie ou confondue avec la May Duke, autre cerise également indigène à l'Angleterre, et qui chez nous est appelée Royale hâtive, elle s'en éloigne cependant par des caractères tellement tranchés, que George Lindley, botaniste et pomologue dont le nom fait autorité, l'a certifié de façon absolue :

« La *Holman's Duke* — a-t-il dit en 1831 — est une variété très-distincte de la May Duke, et que même on ne saurait confondre avec aucune autre. Ses rameaux sont courts, érigés, des plus grêles..... Son fruit, quand celui de la May Duke se trouve en pleine maturité, est encore tout vert et ne mûrit, n'importe à quelle exposition, qu'un mois au moins après ce dernier. » (*Guide to the orchard and kitchen garden*, p. 143.)

Promptement importée dans notre pays, puisque Duhamel l'y mentionna dès 1768 (t. I, p. 194), la Holman's Duke y est cependant assez rare, la *vraie,* cela s'entend, nombre d'horticulteurs demeurant persuadés qu'elle ferait, en leurs jardins, double emploi avec la May Duke. Et pourtant l'affirmation contraire figurait déjà dans les recueils spéciaux, en 1843, émanée d'un juge bien compétent, de Prévost, alors pépiniériste à Rouen :

« Je préviens — écrivait-il — les amateurs de Cerises, que celle que l'on vend depuis quatre ou cinq ans, à Vitry, sous le nom Duchesse d'Angoulême, n'est autre que la très-belle et très-bonne variété décrite, il y a plus de soixante ans, dans le *Traité des arbres fruitiers* de Duhamel, sous le nom *Holman's Duke*, variété CONFONDUE A TORT, par quelques pomologistes actuels, AVEC LA CERISE ROYALE, dite PRÉCOCE D'ANGLETERRE, dont elle diffère notablement par..... etc., etc..... » (*Annales de Flore et de Pomone*, 1843-1844, pp. 48-49.)

CERISE HORTENSE. — Synonyme de cerise *Reine-Hortense*. Voir ce nom.

CERISE HORTENSE LAROSE. — Voir c. *Reine-Hortense,* parag. OBSERVATIONS.

CERISE HYBRIDE DE LAEKEN. — Syn. de cerise *Reine-Hortense*. Voir ce nom.

I

109. Cerise IMPÉRATRICE EUGÉNIE.

Synonymes. — 1. Cerise Empress Eugenie (Charles Downing, *the Fruits and fruit trees of America*, édit. de 1869, p. 480). — 2. Cerise Silva de Palluau (Société pomologique de France, *Bulletin*, année 1874, nº 6, p. 115).

Description de l'arbre. — *Bois :* un peu faible. — *Rameaux :* assez nombreux, érigés, courts et de force moyenne, non géniculés, rugueux et d'un brun clair amplement maculé de gris cendré. — *Lenticelles :* abondantes, jaunâtres, fines, arrondies. — *Coussinets :* modérément accusés. — *Yeux :* gros, ovoïdes et renflés, écartés du bois, aux écailles brunâtres et bordées de gris. — *Feuilles :* nombreuses, moyennes, vert intense, obovales ou ovales-allongées, sensiblement acuminées, planes ou canaliculées, ayant les bords faiblement dentés et surdentés. — *Pétiole :* de grosseur et longueur moyennes, roide, rouge violacé, quelquefois muni de petites glandes saillantes nuancées de carmin. — *Fleurs :* assez tardives, s'épanouissant successivement.

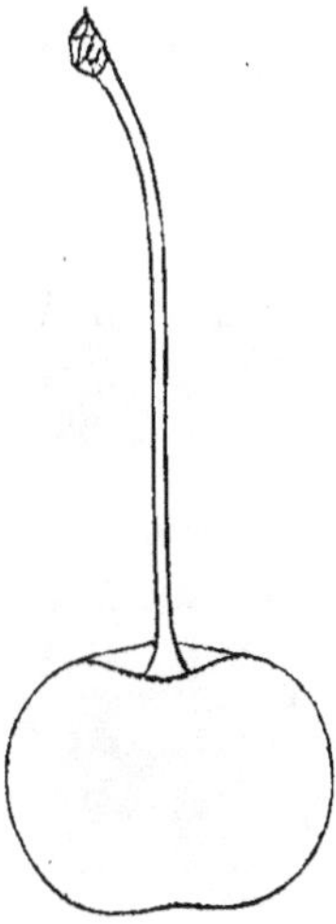

Fertilité. — Très-grande.

Culture. — Quoique sa vigueur laisse à désirer, on doit cependant le recommander pour les formes naines sur Mahaleb, car il s'y montre régulier et d'une excessive fertilité. Le plein-vent sur Merisier lui est moins favorable.

Description du fruit. — *Comment attaché* : par un, le plus habituellement. — *Grosseur :* volumineuse. — *Forme :* globuleuse comprimée aux pôles et légèrement bossuée, à sillon généralement assez marqué. — *Pédoncule :* long, de moyenne force, inséré dans une très-large mais peu profonde cavité. — *Point pistillaire :* enfoncé. — *Peau :* mince, unicolore, rouge-pourpre à la parfaite maturité. — *Chair :* d'un blanc carné, filamenteuse et très-tendre. — *Eau :* abondante, rosée, savoureusement acidulée et sucrée. — *Noyau :* petit ou moyen, très-arrondi, rarement bien bombé, ayant l'arête dorsale très-émoussée.

Maturité. — Vers la mi-juin.

Qualité. — Première.

Historique. — Le pied-type qui donna naissance à cette variété, poussa spontanément, en 1845, chez M. Varenne, propriétaire-cultivateur à Belleville-lez-Paris, et se mit à fruit en 1850. Quatre ans plus tard la Société d'Horticulture de Paris, appelée à se prononcer sur le mérite et l'authenticité du nouveau cerisier, le trouva très-digne d'être multiplié, et le nomma, pour en faciliter encore la propagation, cerisier Impératrice Eugénie. Voici les principaux passages du *Rapport* de la Commission qui fut chargée de cet examen :

« ..... Messieurs, le 16 juin 1854 votre Commission s'est rendue dans une des propriétés de M. Varenne, située dans le haut de Belleville, où il nous a fait voir dans une vigne un cerisier franc de pied, de l'âge de huit à neuf ans et de trois mètres environ de hauteur. Autour de ce cerisier nous avons vu plus d'une centaine de drageons, d'une taille de cinquante centimètres à deux mètres. M. Varenne nous a dit que ce cerisier avait levé de noyau dans sa vigne, qu'il drageonnait beaucoup..... et avait produit des fruits pour la première fois il y a quatre ans..... Votre Commission a reconnu la vérité de ce que M. Varenne lui a dit, puisqu'elle a vu le *pied-mère* ainsi que tous les drageons chargés d'une grande quantité de très-belles et bonnes cerises..... ayant beaucoup de rapports avec la Royale anglaise,..... mais d'un goût vineux plus agréable et de quinze jours au moins plus hâtives ..... Elle l'a nommé IMPÉRATRICE EUGÉNIE. » (*Annales de la Société d'Horticulture de Paris*, 1854, t. XLV, pp. 316-317.)

Comme dernier renseignement, j'ajouterai que M. Armand Gontier, pépiniériste à Fontenay-aux-Roses, acheta de M. Varenne la propriété de ce cerisier, et qu'il en fut ainsi le promoteur. Il le mit au commerce en 1855.

CERISIERS : INDUL OU INDULLE, — INDULLE D'ORLÉANS, } Synonymes de *Griottier Nain précoce*. Voir ce nom.

CERISE D'ITALIE. — Voir *Bigarreau d'Italie.*

CERISE D'ITALIE. — Synonyme de cerise *de Planchoury*. Voir ce nom.

CERISE D'ITALIE BLANCHE. — Synonyme de *Bigarreau Blanc* (*Gros-*). Voir ce nom.

J

CERISES : JABOULAISE,

— DE JABOULAY,

Synonymes de *Bigarreau Jaboulay*. Voir ce nom.

CERISE JARDINE DE MONS. — Synonyme de *Bigarreau de Fer*. Voir ce nom.

CERISE DES JARDINS. — Synonyme de cerise *de Montmorency*. Voir ce nom.

CERISE JAUNE A CŒUR. — Synonyme de *Guigne Blanche* (*Grosse-*). Voir ce nom.

CERISES : JEFFREY'S DUKE,

— JEFFREY'S ROYAL,

— JEFFREY'S ROYAL CAROON,

— JEFFRIE'S DUKE,

Synonymes de cerise *Royale*. Voir ce nom.

K

CERISE DE KALB. — Synonyme de cerise *de Montmorency*. Voir ce nom.

CERISES : DE KENT,

— KENTISH,

— KENTISH RED,

— KENTISH (THE TRUE),

Synonymes de cerises *Hâtive* et *de Montmorency*. Voir ces noms; voir aussi cerise *de Montmorency à Courte Queue*, au paragraphe OBSERVATIONS.

CERISIER KLEINE FRÜHE AMARELLE. — Synonyme de *Griottier Nain précoce*. Voir ce nom.

CERISE KLEINE GLAS VON MONTMORENCY. — Synonyme de cerise *de Montmorency*. Voir ce nom.

CERISE KLEINE WEISSE FRÜHE. — Synonyme de *Guigne Blanche précoce*. Voir ce nom.

CERISES KÖNIGLICHE AMARELLE. — Synonymes de cerise *de Montmorency* et de *Griottier Nain précoce*. Voir ces noms.

CERISE KRIEK. — Synonyme de *Griotte Commune*. Voir ce nom.

L

Cerise LABERMANN. — Synonyme de *Bigarreau Labermann.* Voir ce nom.

Cerise LAMPÉ NOIRE. — Voir *Bigarreau Noir Lampé.*

Cerise LARGE MAY DUKE. — Synonyme de cerise *Royale hâtive.* Voir ce nom.

110. Cerise LAROSE.

Synonymes. — 1. Cerise Larose Glas (Oberdieck, *Illustrirtes Handbuck der Obstkunde,* 1861, t. III, pp. 177-178, n° 63). — 2. Cerise de Saxe (*Id. ibid.*).

Description de l'arbre. — *Bois :* fort. — *Rameaux :* nombreux, légèrement étalés à la base, gros, assez longs, peu géniculés, brun clair lavé et tacheté de gris cendré. — *Lenticelles :* rares, arrondies et d'un blanc jaunâtre. — *Coussinets :* modérément accusés. — *Yeux :* moyens ou volumineux, coniques-obtus, faiblement écartés du bois. — *Feuilles :* nombreuses, de grandeur moyenne, d'un beau vert, obovales ou ovales-allongées, acuminées, planes ou relevées en gouttière, à bords régulièrement dentés. — *Pétiole :* un peu court, bien nourri, violâtre, à glandes saillantes et carminées. — *Fleurs :* précoces, s'épanouissant successivement.

Fertilité. — Modérée.

Culture. — Sous toute forme et sur tout sujet il fait de jolis arbres très-réguliers et très-rustiques.

Description du fruit. — *Comment attaché :* par un et quelquefois par deux. — *Grosseur :* volumineuse. — *Forme :* en cœur très-obtus, à sillon faiblement marqué. — *Pédoncule :* assez court, de moyenne force, inséré dans une large et profonde cavité. — *Point pistillaire :* à fleur de fruit. — *Peau :* rouge vif, finement ponctuée de gris-blanc. — *Chair :* jaunâtre, tendre, un peu filamenteuse. — *Eau :* abondante, vineuse, légèrement sucrée, acidule, fort agréable. — *Noyau :* assez gros, ovoïde, ayant les joues faiblement renflées et l'arête dorsale bien développée.

Maturité. — Commencement de juillet.

Qualité. — Première.

Historique. — Depuis une dizaine d'années j'ai perdu cette variété, et je n'ai pu, tellement elle est rare en pépinière, la retrouver chez mes principaux confrères. Cela tient surtout à ce qu'on la croit, mais bien à tort, identique avec la cerise Reine-Hortense. Aussi l'ayant décrite et dégustée lors de son introduction chez moi, la fais-je figurer dans cet ouvrage afin de mettre les incrédules à même de reconnaître, par l'examen comparatif des deux cerisiers et de leurs produits, que grande en est la dissemblance. Les Allemands — voir Dittrich (1841), Dochnahl (1858), Oberdieck (1861) — ont cultivé des premiers le cerisier Larose, car le pépiniériste Louis Noisette l'envoya de Paris, vers 1834, à Meiningen (Saxe), chez un amateur de nouveautés. D'où vient le surnom cerise de Saxe donné dans maintes contrées de l'Allemagne aux fruits de notre Larose, sorti d'un semis fait en 1826, à Neuilly, par Girault dit Larose, jardinier très-connu dont nous parlerons plus longuement à l'article cerisier *Reine-Hortense* (pp. 379-382).

Cerise LAROSE GLAS. — Synonyme de cerise *Larose*. Voir ce nom.

Cerise LATE DUKE. — Synonyme de cerise *Holman's Duke*. Voir ce nom.

Cerise LATE KENTISH. — Voir cerise *de Montmorency*, au paragraphe Observations.

Cerises : LAUERMANN,
— LAUERMANN (CROSSE-),
} Synonymes de *Bigarreau Napoléon Ier*. Voir ce nom.

Cerise LEDER. — Synonyme de *Guigne Blanche* (*Grosse-*). Voir ce nom.

---

111. Cerise LEMERCIER.

Synonymes. — 1. Bigarreau Gant noir (André Leroy, *Catalogue descriptif et raisonné des arbres fruitiers et d'ornement*, 1863, p. 13, n° 31). — 2. Cerise Gant noir (de quelques pépiniéristes). = Griotte de Prusse (*par erreur;* voir ci-après, au paragraphe Observations).

Description de l'arbre. — *Bois :* fort. — *Rameaux :* nombreux, érigés, gros et longs, légèrement flexueux, d'un brun jaunâtre très-amplement lavé de gris cendré. — *Lenticelles :* rares, grandes, arrondies, grisâtres. — *Coussinets :* aplatis. — *Yeux :* volumineux, coniques-obtus, à large base, écartés du bois, aux écailles brunes et mal soudées. — *Feuilles :* nombreuses, moyennes, d'un beau vert en dessus, d'un vert grisâtre en dessous, ovales ou obovales, courtement acuminées, régulièrement et profondément dentées et surdentées, puis munies parfois, à leur base, de deux petites glandes globuleuses et carminées. — *Pétiole :* court, gros, roide, violacé, portant assez souvent, quand les feuilles en sont dépourvues, une ou deux glandes. — *Fleurs :* tardives et s'épanouissant successivement, elles sont ponctuées de rose violâtre.

Fertilité. — Modérée.

Culture. — On le greffe indistinctement sur Mahaleb ou Merisier, sa végétation s'accommodant très-bien de l'un et l'autre de ces sujets, n'importe sous quelle forme on veuille l'y cultiver.

Description du fruit. — *Comment attaché :* par deux, généralement. — *Grosseur :* volumineuse. — *Forme :* en cœur très-obtus, et parfois même presque globuleuse, à sillon plus ou moins apparent. — *Pédoncule :* assez long, de moyenne force, inséré dans une profonde cavité. — *Point pistillaire :* légèrement enfoncé. — *Peau :* d'un beau rouge intense nuancé de brun à la parfaite maturité. — *Chair :* mi-tendre et rosée. — *Eau :* abondante, colorée, acidule quoique très-sucrée. — *Noyau :* gros ou moyen, ovoïde-arrondi, bombé, ayant l'arête dorsale large et presque émoussée.

Cerise Lemercier.

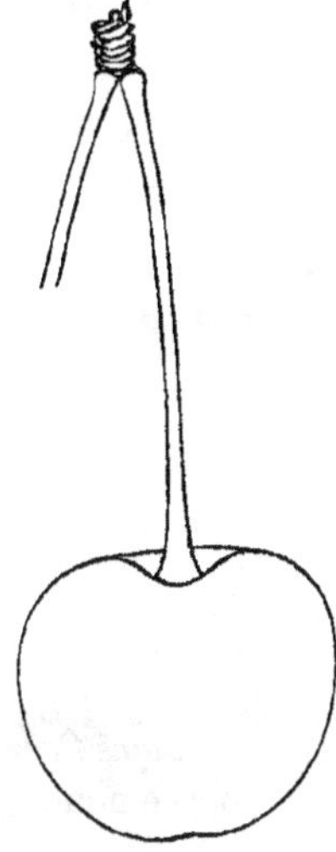

MATURITÉ. — Successive : depuis la fin de juillet jusqu'à la moitié d'août.

QUALITÉ. — Deuxième, plutôt que première.

Historique. — La variété ici décrite me fut envoyée de Belgique en 1852, époque où Laurent de Bavay commençait à la multiplier dans ses pépinières de Vilvorde-lez-Bruxelles. Bientôt confondue avec la Reine-Hortense elle donna lieu à nombre de méprises, et pourtant plusieurs pomologues s'étaient empressés de les déclarer très-dissemblables. Ainsi, pour n'en citer qu'un, M. Auguste Hennau, professeur à l'Université de Liége, caractérisant dès 1854 la cerise Lemercier dans les *Annales de pomologie belge et étrangère,* s'exprima de la sorte, quant au cas en question :

« Beaucoup — écrivit-il — ont pensé que la cerise LEMERCIER, *dont nous sommes redevables à M. C. Jamin, de Paris,* était une espèce identique, ou à peu près, à la Reine Hortense sous un nom de nouvelle création. Il n'en est rien, et sur ce point plus d'incertitude possible, après une lecture tant soit peu attentive de ma description : époques de la feuillaison, de la floraison, de la maturité — coloris et volume du fruit — saveur plus acidule — teintes et mouchetures de l'épiderme cortical — configuration des rameaux et des feuilles..... ce sont là autant de caractères saillants qui les différencient, et rendent le doute impossible. » (T. II, pp. 19-20.)

Si M. Hennau fait connaître la provenance du cerisier Lemercier, il ne dit rien du personnage auquel on l'a dédié. Je dois garder le même silence, n'ayant pu me procurer sur lui le moindre renseignement.

Observations. — Le nom *griotte de Prusse* ne saurait être classé parmi les synonymes de la cerise Lemercier, l'arbre qui l'a reçu différant essentiellement, ainsi que ses produits, de l'arbre et des fruits de cette dernière variété. Il en est de même du surnom *Belle-Audigeoise,* qui n'appartient qu'à la Grosse Cerise Ambrée. — Enfin nous rappelons que la cerise *Précoce Lemercier* décrite en 1866 par M. de Mortillet (t. II, p. 142), et qu'il assimilait à la Lemercier des Belges, ici caractérisée, ne s'y rapporte aucunement, puisqu'elle mûrit vers la mi-juin, six ou sept semaines avant l'autre; c'est uniquement la *vraie* Duchesse de Palluau, comme nous l'avons établi plus haut (p. 262).

CERISIERS : LITTLE MAY,

— LITTLE MAY DUKE,

Synonymes de *Griottier Nain précoce*. Voir ce nom.

CERISE A LONGUE QUEUE. — Synonyme de cerise *de Montmorency*. Voir ce nom.

CERISES : LOUIS,

— LOUIS XVIII,

— LOUIS-PHILIPPE,

Synonymes de cerise *Reine-Hortense*. Voir ce nom.

CERISIER LUCIE. — Synonyme de cerisier *Mahaleb*. Voir ce nom.

CERISES : LUCIE,

— LUCIEN,

Synonymes de *Guigne Carnée Winkler*. Voir ce nom.

CERISE LYONNAISE. — Synonyme de *Bigarreau Rouge* (*Gros-*). Voir ce nom.

M

Cerises : MACALEB, — MAGALET, } Synonymes de cerise *Mahaleb*. Voir ce nom.

Cerise MAGGESE. — Voir *Guigne Maggese*.

Cerise MAGNIFIQUE DE SCEAUX. — Synonyme de *Griotte Commune*. Voir ce nom.

---

112. Cerise MAHALEB.

Synonymes. — 1. C. Magalet (Liger, *la Nouvelle maison rustique*, édition de 1755, t. II, p. 190). — 2. C. Bois de Sainte-Lucie (*Id. ibid.*). — 3. C. des Vosges (la Bretonnerie, *l'École du jardin fruitier*, 1784, t. II, p. 186). — 4. C. de Sainte-Lucie (Fillassier, *Dictionnaire du jardinier français*, 1791, t. II, p. 588, et t. III, p. 264). — 5. C. Lucie (Sickler, *Teutscher Obstgärtner*, 1794, t. I, p. 167). — 6. C. Odorant (Lamarck, *Encyclopédie méthodique*, 1804, Botanique, t. V, p. 665). — 7. C. Common Mahaleb (Thompson, *Catalogue of fruits cultivated in the garden of the horticultural Society of London*, 1826, p. 29, nº 239). — 8. C. Common Perfumed (*Id. ibid.*). — 9. C. Macaleb (Karl Koch, *Dendrologie*, 1869, t. I, p. 116).

Le Mahaleb, aux très-petits fruits des plus amers, non comestibles, globuleux et noir rougeâtre, est le meilleur porte-greffe pour la multiplication, sous forme basse-tige, des espèces ou des variétés du genre qui nous occupe. Sa hauteur atteint cinq ou six mètres, et son port rappelle celui du Cerisier proprement dit, mais à tête plus arrondie. Très-touffu, il a de petites feuilles cordiformes, pétiolées, glanduleuses. Ses fleurs, blanchâtres, excessivement petites et disposées en très-courtes grapes, s'ouvrent dès l'apparition du printemps. C'est de semis que les pépiniéristes obtiennent cet arbre, mais on peut aussi le propager à l'aide de ses drageons, ou par la greffe sur Merisier. On le rencontre à l'état sauvage en différents pays : Allemagne, Autriche, Piémont, Crimée, Tartarie, et chez nous également, surtout aux environs de Commercy, puis de Sainte-Lucie (Meuse), hameau qui possédait avant la Révolution un couvent de Minimes dont les religieux s'étaient appliqués, jadis, à propager en France cette précieuse espèce; d'où vint qu'elle fut, au début, communément appelée cerisier *de Sainte-Lucie;* surnom qui, trompant aussitôt nombre d'auteurs, fit qu'on déclara le Mahaleb originaire de l'île de Sainte-Lucie, l'une des Antilles. Et de cette méprise, ajouterai-je, dut naître l'opinion que les cerisiers Sainte-Lucie et Mahaleb n'étaient pas identiques; opinion qui régnait encore en 1780 (voir Mayer, *Pomona franconica,* 1779, t. II, p. 5). Mais si Duhamel, lui-même, alors la partagea dans son *Traité des arbres et arbustes cultivés en France en pleine terre* (t. Ier, pp. 148, 150 et 151), aujourd'hui nos arboriculteurs reconnaissent tous la parfaite identité de ces deux cerisiers. Insister sur ce point, serait donc inutile. Disons plutôt, pour terminer, que le nom Mahaleb appartient à la langue arabe, et que le bois, très-odorant, de l'arbre qui le porte, sert à fabriquer maints objets de luxe : boîtes, coffrets, étuis, tabatières, etc., ainsi que d'élégants petits meubles d'un prix souvent assez élevé. Quant aux feuilles du Mahaleb, également odoriférantes, elles sont utilisées chez les parfumeurs, et même chez les cuisinières, nul ingrédient ne donnant meilleur fumet au gibier, goût plus savoureux à certaines sauces, à certaines crèmes. Enfin le Mahaleb sert avantageusement à la décoration de nos jardins paysagers, soit groupé dans les massifs, allées ou berceaux, soit isolé sur les gazons. = Il en existe une variété à *feuilles panachées.*

CERISES DE MAI. — Synonymes de cerise *Royale hâtive* et de *Griottier Nain précoce.* Voir ces noms.

CERISE DE MAI DE COBOURG. — Voir *Guigne Pourpre hâtive*, au paragraphe OBSERVATIONS.

CERISE DE MAI PRINTANIÈRE. — Synonyme de *Griottier Nain précoce.* Voir ce nom.

CERISE MALACCORD. — Synonyme de cerise *Reine-Hortense.* Voir ce nom.

CERISE MALGRÉ-TOUT. — Synonyme de cerise *Royale hâtive.* Voir ce nom.

CERISES : MARASCA,

— MARASCHINO,

— MARASCO,

Synonymes de *Griotte à Ratafia* (*Petite-*). Voir ce nom.

CERISE MARASQUE (GROSSE-). — Synonyme de *Griotte à Ratafia* (*Grosse-*). Voir ce nom.

CERISE MARASQUIN. — Synonyme de *Griotte à Ratafia* (*Petite-*). Voir ce nom.

CERISE MARBŒUF. — Synonyme de *Griotte de la Toussaint.* Voir ce nom.

CERISE MARCHANE. — Synonyme de *Bigarreau Commun.* Voir ce nom.

---

113. CERISE MARIE-THÉRÈSE.

Description de l'arbre. — *Bois :* fort. — *Rameaux :* nombreux, étalés, très-longs, un peu géniculés, brun clair à la base, vert pâle au sommet. — *Lenticelles :* assez abondantes, grandes, allongées, proéminentes. — *Coussinets :* saillants et se prolongeant en arête. — *Yeux :* de grosseur moyenne, grisâtres, ovoïdes-pointus, écartés du bois, souvent même sortis en brindilles à la base du rameau. — *Feuilles :* peu nombreuses, assez petites, vert jaunâtre en dessus, cotonneuses et vert blanchâtre en dessous, ovales-allongées, sensiblement acuminées, irrégulièrement et très-profondément dentées sur leurs bords, qui sont plus ou moins ondulés. — *Pétiole :* gros, court et roide, violâtre à la base, portant plusieurs glandes globuleuses et carminées. — *Fleurs :* assez précoces, à épanouissement successif.

FERTILITÉ. — Ordinaire.

CULTURE. — Il fait de très-beaux arbres sous toute forme et sur tout sujet.

Description du fruit. — *Comment attaché :* par un, le plus généralement. — *Grosseur :* au-dessus de la moyenne. — *Forme :* globuleuse très-comprimée aux pôles, à sillon bi-latéral fort large mais peu profond. — *Pédoncule :* assez long, grêle, inséré dans une faible cavité. — *Point pistillaire :* petit, grisâtre, enfoncé. — *Peau :* fine et ferme, transparente, rouge clair sur le côté de l'ombre, rouge-cornaline à l'insolation, puis ponctuée de gris-blanc. — *Chair :* jaunâtre, compacte, fondante. — *Eau :* des plus abondantes, incolore, bien sucrée, délicieusement acidulée et parfumée. — *Noyau :* moyen, arrondi, bombé, ayant l'arête dorsale large et peu tranchante.

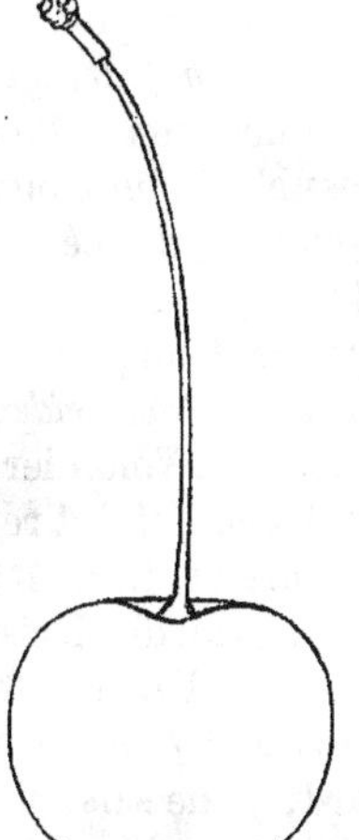

MATURITÉ. — Derniers jours de juin.

QUALITÉ. — Première.

Historique. — L'exquise cerise ici décrite est encore inconnue. L'arbre qui l'a produite, venu de semis dans le domaine de Luigné, près Châteaugontier (Mayenne), compte au plus une vingtaine d'années. M. de Luigné, son heureux obtenteur, l'a récemment dédié à sa fille Marie-Thérèse. Des fruits et des greffons m'en ayant été offerts en 1873, j'ai trouvé trop méritante cette nouvelle variété, pour ne pas m'efforcer d'aider activement à sa propagation. Elle est donc maintenant dans mes pépinières, où déjà même elle a fructifié.

CERISE MAY CLUSTER DE VIRGINIE. — Synonyme de cerise *de Montmorency.* Voir ce nom.

CERISES : MAY DUKE, } Synonymes de cerise *Royale hâtive.* Voir ce nom.

— MAY KERZOG, }

CERISE MERISE NOIRE. — Voir *Merisier.*

---

114. CERISIER MERISIER.

Cet arbre est avec le Mahaleb (voir ce mot, p. 356) le meilleur sujet qu'on puisse choisir pour greffer les variétés des diverses espèces du Cerisier, et particulièrement celles qui réclament la haute-tige plein-vent. Doué d'un port superbe il se développe vite, atteignant souvent une élévation de huit ou dix mètres, surtout dans nos forêts, où il pousse naturellement, et, grâce à ses noyaux, très-abondamment; ce dont les tourneurs, les ébénistes, les charpentiers et les chaisiers sont loin de se plaindre, car chaque jour ils en emploient des quantités considérables. Deux fois plus longues que larges, retombantes et dentées irrégulièrement, ses feuilles sont d'un vert blanchâtre en dessous mais d'un beau vert brillant en dessus; leur pétiole est grêle et flasque. Assez petites, et toujours plusieurs sur le même bouton, ses fleurs ont les pétales d'un blanc pur. Quant à ses fruits, noirs pour la plupart et peu volumineux, leur saveur, sans être amère, n'a cependant rien d'agréable; aussi, chez nous, les dédaigne-t-on généralement, au grand profit des oiseaux, qui s'en montrent très-friands. En Allemagne, au contraire, chacun s'ingénie à les utiliser: « Nous en faisons — « écrivait Mayer en 1776 — plus de cas qu'en France; presque toutes les espèces « se mangent avec plaisir par les gens de la campagne; on les sèche, on les confit, « et les liquoristes s'en servent beaucoup pour en tirer du *Kirschwasser*, puis pour « colorer les ratafias et corriger l'âcreté de l'eau-de-vie. » (*Pomona franconica*, t. II, pp. 28-29.) Cette espèce se multiplie par le semis ou de drageon; elle est connue de toute antiquité, sans néanmoins qu'il m'ait été possible de lui trouver des synonymes, sauf le surnom *Corbine*, qui lui fut, au moyen âge, donné dans quelques contrées « par ce fait — disait Mathiolus en 1561 — que les Merises « teignent en noir les mains, les dents et les lèvres; désagrément auquel elles « doivent d'être à peu près bannies de nos desserts. » (*Commentarii in Dioscoridem.*) Ménage n'a pu déterminer de façon précise l'origine du mot Merisier. Volontiers il eût dérivé ce terme, d'*amarus*, amer; mais, les Merises étant douces, il dut rejeter cette étymologie. De nos jours le Héricher, dans son *Glossaire* (t. II, p. 455), en propose une nouvelle et qui ralliera, je crois, toutes les opinions: il dit Merisier venu, par contraction, de *mé-cerisier*: mauvais cerisier; *mé*, dans l'ancien dialecte normand, signifiant mal, et mauvais. = Il existe un *Merisier à fleur double*, gagné par les soins de l'homme ou dû simplement au hasard, je ne sais, mais déjà cultivé en 1628, date à laquelle le pomologue le Lectier, d'Orléans, l'inscrivait sur le *Catalogue de son verger* (p. 32). Ce bel arbre, fort recherché pour l'ornementation des jardins, fleurit successivement pendant une quinzaine et paraît alors couvert de neige, tant ses fleurs, qui conservent beaucoup d'étamines et dont le pistil est monstrueux, sont abondantes et blanches.

CERISE MERISE NOIRE DES ALLEMANDS. — Synonyme de *Guigne Noire des Bois*. Voir ce nom.

CERISES: DE MERMER,

— DE MERUER,

— MERVEILLE DE HOLLANDE,

} Synonymes de cerise *Reine-Hortense*. Voir ce nom.

Cerise MERVEILLE DE SEPTEMBRE. — Synonyme de *Bigarreau de Fer*. Voir ce nom.

Cerise de MILAN. — Synonyme de *Griotte à Ratafia* (*Grosse-*). Voir ce nom.

Cerise MONAT'S AMARELLE. — Synonyme de *Griotte de la Toussaint*. Voir ce nom.

Cerise de MONSIEUR DE BIRON. — Synonyme de cerise *Cerise-Guigne*. Voir ce nom.

Cerise de MONSIEUR LE COMTE DE SAINT-MAURE. — Synonyme de *Griotte d'Allemagne*. Voir ce nom.

Cerise MONSTROSE MARMOR. — Synonyme de *Bigarreau de Mezel*. Voir ce nom.

115. Cerise MONSTROUS DUKE.

Description de l'arbre. — *Bois :* de moyenne force. — *Rameaux :* assez nombreux, très-étalés, peu longs et peu gros, légèrement coudés, brun verdâtre lavé de gris cendré, surtout à la base. — *Lenticelles :* clair-semées, jaunâtres, petites, arrondies. — *Coussinets :* aplatis. — *Yeux :* volumineux, coniques, écartés du bois, aux écailles brunes et disjointes. — *Feuilles :* peu nombreuses et moyennes, vert pâle, ovales-allongées, sensiblement acuminées et finement dentées. — *Pétiole :* épais, assez long, roide, violacé, à petites glandes arrondies, plates et faiblement vermillonnées. — *Fleurs :* assez tardives, s'épanouissant successivement.

Fertilité. — Ordinaire.

Culture. — Sa vigueur très-modérée le recommande particulièrement pour le buisson et la basse-tige, formes sous lesquelles il fait, sur Mahaleb, de petits arbres assez bien ramifiés.

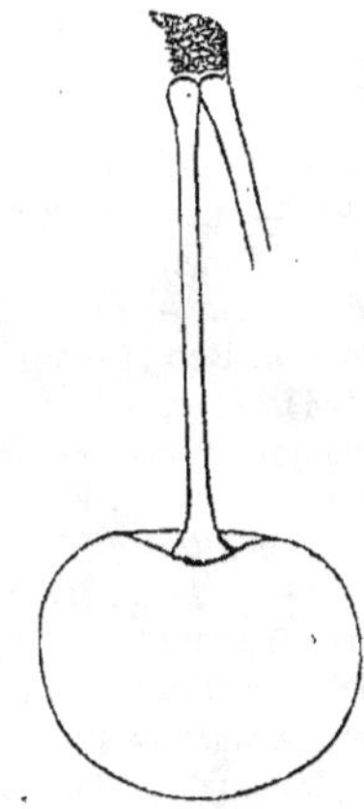

Description du fruit. — *Comment attaché :* par deux, très-habituellement. — *Grosseur :* assez volumineuse. — *Forme :* globuleuse comprimée à la base et rarement ayant le sillon bien marqué. — *Pédoncule :* gros, un peu court, inséré dans une vaste cavité. — *Point pistillaire :* large et saillant. — *Peau :* très-mince, transparente, à fond jaune d'ambre, en partie recouvert de rouge clair. — *Chair :* d'un blanc jaunâtre, molle et quelque peu filamenteuse. — *Eau :* excessivement abondante, sucrée et très-agréable, quoique sensiblement acidulée. — *Noyau :* petit, arrondi, bien bombé, se détachant de la chair mais restant fixé au pédoncule; son arête dorsale est large et peu tranchante.

Maturité. — Derniers jours de juin.

Qualité. — Première.

Historique. — MM. Simon-Louis, pépiniéristes à Metz, ont été chez nous les propagateurs de cette variété, qu'en 1866 leur *Catalogue* (pp. 2 et 5) disait « nouvelle, et sortie de l'Anglaise hâtive, » sans toutefois en indiquer la véritable provenance, que je n'ai pu découvrir. Très-bonne, la Monstrous Duke, qui semble par son nom se rattacher à l'Amérique ou bien à l'Angleterre, mérite certes la culture, mais ne mérite pas la qualification de monstrueuse, car depuis neuf ans je l'ai rarement vue dépasser quelque peu le volume du type ici figuré.

CERISE MONSTRUEUSE DE BAVAY. — Synonyme de cerise *Reine-Hortense.* Voir ce nom.

CERISE MONSTRUEUSE DE BOURGUEIL. — Synonyme de cerise *Montmorency de Bourgueil.* Voir ce nom.

CERISE MONSTRUEUSE A COURTE QUEUE. — Synonyme de cerise *de Montmorency à Courte Queue.* Voir ce nom.

CERISE MONSTRUEUSE DE JODOIGNE. — Synonyme de cerise *Reine-Hortense.* Voir ce nom.

CERISE MONSTRUEUSE A LONGUE QUEUE. — Synonyme de cerise *de Montmorency.* Voir ce nom.

CERISE MONSTRUEUSE DE VILVORDE. — Synonyme de cerise *Reine-Hortense.* Voir ce nom.

CERISE DE MONTMORENCY. — Synonyme de cerise *de Montmorency à Courte Queue.* Voir ce nom.

---

116. CERISE DE MONTMORENCY.

Synonymes. — 1. CERISE DE CINQ POUCES DE TOUR A LONGUE QUEUE (le Lectier, d'Orléans, *Catalogue des arbres cultivés dans son verger et plant,* 1628, p. 32). — 2. C. MONSTRUEUSE A LONGUE QUEUE (*Id. ibid.*). — 3. C. COULARDE A LONGUE QUEUE (Merlet, *l'Abrégé des bons fruits,* 1667, p. 27 ; et 1675, p. 23). — 4. C. A CONFIRE (la Quintinye, *Instruction pour les jardins fruitiers et potagers,* 1690, t. I, p. 493). — 5. C. COULARDE (*Id. ibid.*). — 6. C. A LONGUE QUEUE (dom Gentil, *le Jardinier solitaire,* 1705, p. 93). — 7. C. DES JARDINS (Société économique de Berne, *Traité des arbres fruitiers,* 1768, t. II, pp. 145-146). — 8. C. ROUGE COMMUNE (*Id. ibid.*). — 9. C. PETIT-GOBET (Mayer, *Pomona franconica,* 1776, t. II, p. 39, n° 19). — 10. GRIOTTE WEICHSELBAUM VON MONTMORENCY (Kraft, *Pomona austriaca,* 1797, t. I, p. 6). — 11. CERISE AMARELLE ROYALE HATIVE (*Feuille du cultivateur,* année 1803, p. 149). — 12. C. COMMUNE (Thompson, *Catalogue of fruits cultivated in the garden of the horticultural Society of London,* 1826, p. 24, n° 150). — 13. C. MONTMORENCY A LONGUE QUEUE (*Id. ibid.*). — 14. C. PIE (William Coxe, *Cultivation of fruit trees,* 1817, p. 249, n° 8). — 15. C. COMMON RED (Thompson, *Transactions of the horticultural Society of London,* 2e série, 1831, t. I, p. 285). — 16. C. COMMUNE A TROCHET [de quelques pépiniéristes] (*Id. ibid.* ; — et Congrès pomologique, *Pomologie de la France,* 1863, t. VII, n° 21). — 17. C. EARLY RICHMOND (Thompson, *ibid.*). — 18. C. KENTISH (Thompson, *ibid.* ; — Congrès pomologique, *ibid.* ; — et Charles Downing, *the Fruits and fruit trees of America,* 1869, p. 481). — 19. KENTISH RED (Thompson, *ibid.*). — 20. C. MUSCATE DE PRAGUE (*Id. ibid.*). — 21. C. SUSSEX (*Id. ibid.*). — 22. C. VIRGINIAN MAY (*Id. ibid.*). — 23. C. KLEINE GLAS VON MONTMORENCY (Dittrich, *Systematisches Handbuch der Obstkunde,* 1841, t. III, p. 269). — 24. C. FLEMISH [de quelques pépiniéristes] (Thompson, *Catalogue of fruits, etc.,* édition de 1842, p. 60, n° 55). — 25. GRIOTTE GEMEINE AMARELLE (Dochnahl, *Obstkunde,* 1858, t. III, p. 69, n° 248). — 26. C. FRÜHE KÖNIGLICHE AMARELLE (Jahn, *Illustrirtes Handbuch der Obstkunde,* 1861, t. III, p. 533, n° 104). — 27. C. KÖNIGLICHE AMARELLE (*Id. ibid.*). — 28. C. CLUSTER DE VIRGINIE (Charles Downing, *the Fruits and fruit trees of America,* 1869, p. 481). — 29. C. DE KALB (*Id. ibid.*). — 30. C. MAY CLUSTER DE VIRGINIE (*Id. ibid.*).

Description de l'arbre. — *Bois* : fort. — *Rameaux :* très-nombreux, légèrement étalés, longs, de moyenne grosseur, non géniculés, lisses, d'un brun clair lavé de gris cendré ; leurs mérithalles sont inégaux et des plus longs. — *Lenticelles :* très-rares, arrondies et très-fines. — *Coussinets :* généralement peu ressortis. — *Yeux :* petits ou moyens, coniques-aigus ou coniques-arrondis, sensiblement écartés du bois et souvent même développés en brindilles à la base du rameau, ayant les écailles brunes et mal soudées. — *Feuilles :* très-nombreuses, de grandeur moyenne, vert clair, obovales, très-courtement acuminées en vrille, planes ou canaliculées, irrégulièrement et profondément dentées et surdentées. — *Pétiole :* court, très-fort, roide, carminé, à petites glandes arrondies, saillantes et lavées de vermillon. — *Fleurs :* assez précoces, s'épanouissant successivement.

FERTILITÉ. — Médiocre.

CULTURE. — Sur Merisier, pour plein-vent, il fait de beaux arbres à tête sphérique, régulière et touffue. Sur Mahaleb, pour buisson, basse-tige et pyramide, il prend une forme admirable et sa fertilité s'accroît sensiblement.

Description du fruit. — *Comment attaché :* par un ou par deux, mais le plus souvent par un. — *Grosseur :* volumineuse. — *Forme :* globuleuse très-comprimée aux pôles, à sillon faiblement marqué. — *Pédoncule :* assez long ou de longueur moyenne, bien nourri, inséré dans une très-vaste cavité. — *Point pistillaire :* à fleur de fruit. — *Peau :* mince, se détachant aisément de la chair, d'un rouge vif et foncé à parfaite maturité. — *Chair :* jaune blanchâtre, tendre et filamenteuse. — *Eau :* abondante et légèrement carminée, sucrée, possédant une saveur acide fort agréable et des plus rafraîchissantes. — *Noyau :* très-petit, arrondi, ayant les joues renflées et l'arête dorsale saillante mais émoussée.

Cerise de Montmorency.

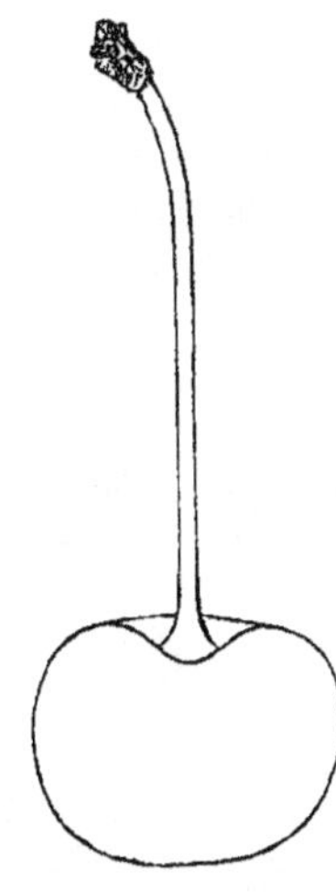

MATURITÉ. — Derniers jours de juin ou commencement de juillet.

QUALITÉ. — Première, pour les amateurs de cerises aigres.

Historique. — Parmi nos anciennes cerises françaises, les deux variétés à juste titre le plus estimées, sont évidemment la Montmorency à Longue Queue, dont il s'agit ici, puis la Montmorency à Courte Queue, de laquelle il sera question plus loin. Fruits de luxe par leur excellence, et surtout par leur rareté, qui tient au manque de fertilité de leurs arbres, les cerises de Montmorency, dans la famille du Cerisier, jouissent de la flatteuse réputation acquise, dans celle du Poirier, au Bon-Chrétien d'Hiver, sauf qu'elles sont de beaucoup plus jeunes que lui. Il serait impossible, en effet, de les déclarer âgées de plus de trois siècles, aucun auteur, aucun document n'en montrant trace qu'à partir du règne d'Henri IV. Et c'est précisément Claude Mollet, le jardinier de cet illustre monarque, puis de Louis XIII, qui me fournit sur elles les premiers renseignements :

« Les *Cerises* qu'on apporte de la *Vallée de Montmorency* à Paris — dit-il — sont greffées sur des Merisiers tardifs ; c'est assez d'en avoir cinq ou six [arbres] en une maison, parce que ce n'est que la curiosité d'avoir des Cerises lorsque les autres sont faillies : elles sont fort propres à faire des confitures pour les malades. » (*Théâtre des jardinages*, édition POSTHUME de 1678, p. 66.)

Ainsi donc, à la fin du XVIe siècle, et même au commencement du XVIIe, ces deux variétés n'étaient pas encore appelées cerises de Montmorency à Longue, puis à Courte Queue ; cette désignation leur vint seulement vers 1660, et fut officiellement consacrée, en 1667 et 1675, par Merlet, notre vieux pomologue, qui eut également soin de faire connaître l'auteur commun de l'espèce nouvelle ainsi baptisée :

« La *Cerise Hâtive* — expliqua-t-il en 1667 — vient du costé de Nanterre, sur des Cerisiers greffez qui demeurent toûjours nains, et s'étalent beaucoup plus qu'ils ne poussent en hauteur. Ce Plant est le meilleur et le plus franc, qui retient mieux son fruit et FAIT UNE AUTRE ESPECE de Cerise plus grosse, plus rouge, qui *a la queue longue,* le noyau fort petit, et beaucoup de chair. IL Y EN A ENCORE D'UNE AUTRE ESPECE qui vient en mesme temps, qui est grosse, *a la queuë courte,* et est douce. » (*L'Abrégé des bons fruits*, 1re édition, 1667, pp. 25-26.)

Ce passage, quoique très-concluant, a besoin néanmoins, pour devenir irréfutable, d'être corroboré par le suivant, du même auteur :

« La *Cerise de Montmorency* — écrivit Merlet en 1675 — est grosse et tardive; elle charge moins que les autres : elle est admirable à manger et à confir, ayant une douceur et une fermeté particulière. Il y en a de DEUX SORTES, l'une A LONGUE QUEUE et l'autre A COURTE QUEUE; celle-cy est plus estimée et recherchée : on les nomme dans le païs, COULARS. » (*L'Abrégé des bons fruits,* 2e édition, 1675, p. 23.)

Un autre pomologue, contemporain de Merlet, et fort célèbre, la Quintinye, créateur des jardins de Louis XIV, à Versailles, dit également son mot sur ces deux variétés, dont chacun s'appliquait alors à récolter d'énormes fruits — aussi les avait-on déjà surnommées cerises Monstrueuses, cerises de Cinq Pouces de Tour — et l'éloge qu'il en fit, fut si complet, que bientôt elles devinrent les favorites des jardiniers de la noblesse et de la bourgeoisie :

« Dans la my-Juin — précisait la Quintinye — commencent les Fruits rouges, et durent au moins jusqu'à la fin de Juillet : parmy ces fruits rouges je compte principalement les Cerises, les Griottes et les Bigarreaux........ Je ne fais particulierement cas que des grosses Cerises tardives, qu'on appelle *de Monmorancy*........ Les veritablement bonnes et belles Cerises qu'on appelle vulgairement Cerises à Confire, sont ces Cerises de Monmorancy : il en vient sur des Arbres qui font le bois gros, et toûjours montans droit, ce sont les plus grosses : mais ces sortes d'Arbres en donnent peu, on les appelle la Cerise Coularde. » (*Instruction pour les jardins fruitiers et potagers,* 1690, t. I, pp. 492-493.)

Par tout ce qui précède, il reste donc avéré, qu'issues du cerisier Hâtif et provenues, sous Henri IV, de la vallée de Montmorency, les variétés dites à Longue, puis à Courte Queue, ne tardèrent pas à se voir appliquer le nom même de leur lieu natal. On ne saurait, en conséquence, répéter après Bernardin de Saint-Pierre : « Je ne connois point dans la maison DE MONTMORENCI de monument « plus durable et plus cher au peuple, que la Cerise qui en porte le nom (*Études de la nature*, édit. de 1793, t. VI, p. 266) ; » car ces deux cerisiers n'ont jamais été dédiés à l'un des Montmorency : ils doivent uniquement leur nom au val qui les vit naître, et fructifier; ayant, du reste, cela de commun avec les premiers seigneurs de Montmorency, qui prirent le leur, au xe siècle, de la ville et baronnie ainsi appelée, et pour lors tellement puissante, que six cents fiefs en relevaient.

Aujourd'hui — le croira-t-on? — les cerises de Montmorency sont bannies de la contrée même qui fut leur berceau ; plusieurs écrivains l'attestent, dont l'un surtout, le botaniste Poiteau, voulut s'en assurer *de visu,* et constata comme suit le résultat de ses investigations :

« La vraie cerise *de Montmorency* — déclara-t-il en 1846 — est très-rare à Paris, comparativement à d'autres, et plus rare encore dans la commune dont elle porte le nom, parce que l'arbre qui la produit est très-peu fertile, qu'il devient fort grand, couvre beaucoup de terrain, et que le cultivateur trouve qu'il y a de la perte à le cultiver. Quand, il y a plus de vingt ans [vers 1826], je suis allé à Montmorency pour étudier cette espèce, à peine pus-je en trouver trois individus dans toute la commune; ils étaient fort anciens, et personne ne s'occupait de leur préparer des successeurs...... En ce pays, on trouve mieux son compte avec la quantité, qu'avec la qualité...... » (*Pomologie française*, t. II, nº 14.)

Observations. — Avec la majorité des pomologues, j'ai classé le nom KENTISH parmi les synonymes de la cerise de Montmorency, mais les Anglais, je le répète, ont cultivé deux KENTISH CHERRIES dont l'une, la vraie, l'ancienne, n'est autre que notre cerise *Hâtive* (voir p. 344), et dont la seconde ne diffère en rien de la présente variété. Les Américains possèdent une *Late Kentish* [Kentish tardive], qui sous-variété de la Kentish moderne, ou Montmorency à Longue Queue, mûrit fin juillet. Comme ce fruit est très-répandu, et que plusieurs des surnoms qu'il porte aux États-Unis (PIE, COMMON RED, KENTISH RED), appartiennent également à la Montmorency, on comprend qu'il soit urgent d'en prendre note, afin de ne commettre à leur égard aucune confusion. Il existe aussi en Amérique, et native de ce pays, une cerise *Sweet Montmorency* [Montmorency douce], gain assez récent d'un M. Allen, habitant le Massachusetts; elle m'est inconnue, mais je la signale crainte que son nom ne donne lieu, chez nous, à quelque méprise synonymique. Sa maturité s'effectue vers la mi-juillet.

CERISE MONTMORENCY DE BOURGOGNE. — Synonyme de cerise *Montmorency de Bourgueil*. Voir ce nom.

---

117. CERISE MONTMORENCY DE BOURGUEIL.

Synonymes. — 1. CERISE MONTMORENCY DE BOURGOGNE (Congrès pomologique, session de 1860, *Procès-Verbaux*, p. 12). — 2. CERISE MONTMORENCY-BRETONNEAU (*Idem*, session de 1861, *Procès-Verbaux*, p. 6, nº 28). — 3. CERISE DE BOURGUEIL (Paul de Mortillet, *les Meilleurs fruits*, 1866, t. II, p. 205). — 4. CERISE MONSTRUEUSE DE BOURGUEIL (*Id. ibid.*). — 5. GRIOTTE BRETONNEAU (de quelques pépiniéristes).

Description de l'arbre. — *Bois :* assez fort. — *Rameaux :* très-nombreux et très-étalés, longs, grêles, non géniculés, lisses, brun foncé lavé de gris cendré. — *Lenticelles :* assez abondantes, petites, arrondies et saillantes. — *Coussinets :* ressortis et se prolongeant en arête. — *Yeux :* moyens, ovoïdes-arrondis ou coniques, écartés du bois, aux écailles brunâtres et mal soudées. — *Feuilles :* assez nombreuses, de grandeur moyenne, vert très-intense, obovales, très-longuement acuminées, planes ou contournées et canaliculées, à bords finement dentés et crénelés. — *Pétiole :* épais, court et rigide, légèrement carminé, souvent chargé de très-petites glandes arrondies, peu saillantes et vermillonnées. — *Fleurs :* des plus tardives et s'épanouissant successivement.

FERTILITÉ. — Médiocre.

CULTURE. — Il fait à haute-tige, sur Merisier, d'admirables plein-vent, mais qui donnent de maigres récoltes; la pyramide ou la basse-tige, sur Mahaleb, lui convient mieux sous le rapport de la fertilité. On n'en saurait dire autant de l'espalier, cette forme le rendant encore moins productif.

Description du fruit. — *Comment attaché :* par deux ou par un. — *Grosseur :* volumineuse. — *Forme :* globuleuse comprimée aux deux pôles ou seulement auprès du pédoncule, à sillon étroit et profond. — *Pédoncule :* court et bien nourri, rigide, vert herbacé, inséré dans une vaste cavité. — *Point pistillaire :* petit, enfoncé. — *Peau :* mince, légèrement transparente et d'un beau rouge vif. — *Chair :* jaune blanchâtre, molle et filamenteuse. — *Eau :* très-abondante, incolore, peu sucrée, sensiblement acidulée. — *Noyau :* petit ou moyen, ovoïde-arrondi, bombé, ayant l'arête dorsale des plus saillantes.

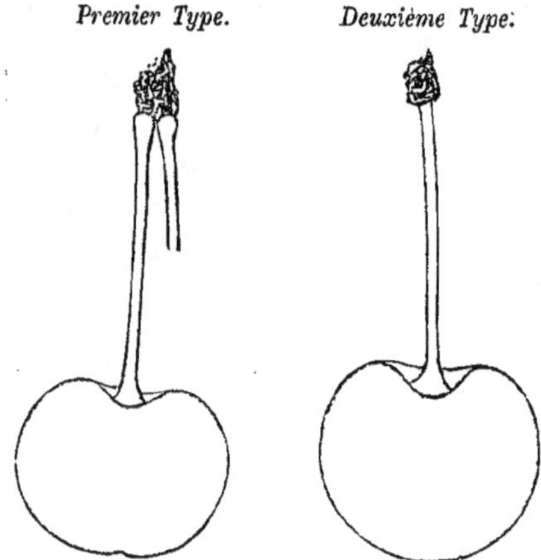
Cerise Montmorency de Bourgueil.

Premier Type. *Deuxième Type.*

MATURITÉ. — Commencement de juillet.

QUALITÉ. — Deuxième.

Historique. — En 1846 je signalais pour la première fois cette variété (*Catalogue*, p. 15), dont mon ami le docteur Bretonneau, de Tours, m'avait envoyé quelques greffes au mois de mars 1844. Il l'avait rencontrée, inédite, à Bourgueil (Indre-et-Loire) ou dans les environs de ce lieu. De là le nom cerise de Bourgueil, sous lequel elle fut d'abord propagée. Mais plus tard (1850, *Revue horticole*, p. 306) on l'appela généralement cerise Montmorency de Bourgueil, par ce motif qu'on la regardait comme sous-variété de la Montmorency à Longue Queue. Enfin plusieurs pépiniéristes la vendent actuellement sous la dénomination cerise Montmorency-Bretonneau, souvenir de son promoteur. Longtemps elle divisa notre défunt Congrès pomologique, qui ne savait au juste s'il lui fallait la rejeter ou l'accepter. Cependant ses dépréciateurs ayant un jour (1868, *Procès-Verbaux*, pp. 29-30) été les plus nombreux dans l'assemblée, obtinrent sa radiation en affirmant — *dire complétement inexact* — qu'elle est identique avec la Montmorency (voir p. 361 la description de cette dernière). Somme toute, la Montmorency-Bretonneau n'a qu'un mérite fort secondaire : celui de plaire infiniment aux amateurs de fruits aigres ; mérite, au reste, bien atténué par un manque constant de fertilité.

CERISE MONTMORENCY-BRETONNEAU. — Synonyme de cerise *Montmorency de Bourgueil.* Voir ce nom.

---

118. CERISE DE MONTMORENCY A COURTE QUEUE.

Synonymes. — 1. CERISE DE CINQ POUCES DE TOUR A COURTE QUEUE (le Lectier, d'Orléans, *Catalogue des arbres cultivés dans son verger et plant*, 1628, p. 32). — 2. C. MONSTRUEUSE A COURTE QUEUE (*Id. ibid.*). — 3. C. LA COULARDE A COURTE QUEUE (Merlet, *l'Abrégé des bons fruits*, édit. de 1667, p. 27 ; édit. de 1675, p. 23). — 4. C. A CONFIRE (la Quintinye, *Instruction pour les jardins fruitiers et potagers*, 1690, t. I, p. 493). — 5. C. COULARDE (*Id. ibid.*). — 6. C. A COURTE QUEUE (dom Gentil, chartreux, *le Jardinier solitaire*, 1705, p. 93). — 7. C. DE MONTMORENCY (les Chartreux de Paris, *Catalogue de leurs pépinières*, 1736, p. 12). — 8. C. GOBET A COURTE

QUEUE (Duhamel, *Traité des arbres fruitiers,* 1768, t. I, p. 180). — 9. C. GROS-GOBET (*Id. ibid.*). — 10. CERISIER MONTMORENCY A GROS FRUIT (*Id. ibid.*). — 11. C. COURTE-QUEUE D'ANGUYEN (Chaillou, *Catalogue ou l'Abrégé des bons fruits de ses pépinières de Vitry-sur-Seine,* 1755, p. 2). — 12. C. DE PROVENCE (*Id. ibid.*; — et Thompson, *Catalogue of fruits cultivated in the garden of the horticultural Society of London*, 1842, p. 57, nº 36). — 13. C. GOBET (le Berriays, *Traité des jardins,* 1785, t. I, p. 252). — 14. GRIOTTE VON MONTMORENCY (J. V. Sickler, *der Teutsche Obstgärtner*, 1799, t. XI, p. 340). — 15. C. GROS-GOBET A COURTE QUEUE (Calvel, *Traité sur les pépinières,* 1805, t. II, p. 153). — 16. GROSSE GRIOTTE DE MONTMORENCY (de Launay, *le Bon-Jardinier,* 1808, p. 101). — 17. C. DE VILAINE (Thoüin, *Dictionnaire d'agriculture,* 1809, t. III, p. 269). — 18. C. GROS-GOBET DE MONTMORENCY (Louis du Bois, *Pratique simplifiée du jardinage,* 1821, p. 149). — 19. C. A COURTE QUEUE DE PROVENCE (Thompson, *Catalogue of fruits cultivated in the garden, of the horticultural Society of London,* 1826, p. 24, nº 149). — 20. C. DOUBLE VOLGERS (Idem, *Transactions of the horticultural Society of London,* 2e série, 1831, t. I, p. 285). — 21. C. FLEMISH (*Id. ibid.*). — 22. C. YELLOW RAMONDE (*Id. ibid.*). — 23. C. DE SOISSONS (Dittrich, *Systematisches Handbuch der Obstkunde,* 1840, t. II, p. 105). — 24. C. GROSSE-COMMUNE (Poiteau, *Pomologie française*, 1846, t. II, nº 15). — 25. C. FLEMISH MONTMORENCY (P. Barry, *the Fruit garden,* 1852, p. 326, nº 40). — 26. C. EXCELLENTE PORTUGAISE A COURTE QUEUE Oberdieck, *Illustrirtes Handbuch der Obstkunde,* 1861, t. III, p. 543). — 27. C. DE LA REINE (*Id. ibid.*). — 28. C. GROS-FRUIT (Congrès pomologique, *Pomologie de la France,* 1863, t. VII, nº 11). — 29. C. BELLE DE SOISSONS (André Leroy, *Catalogue descriptif et raisonné des arbres fruitiers et d'ornement,* 1868, p. 12). — 30. C. GLIMMERT (Robert Hogg, *the Fruit manual,* 1875, pp. 207-208). — 31. C. GRANDE GLIMMERT (*Id. ibid.*). — 32. C. GRANDE ZÉELANDOISE (*Id. ibid.*). — 33. C. GULDEMONDS (*Id. ibid.*). — 34. C. ROSE NOBLE (*Id. ibid.*). — 35. C. ZÉELANDOISE (*Id. ibid.*).

Description de l'arbre. — *Bois :* très-fort. — *Rameaux :* des plus nombreux, légèrement étalés, courts et grêles, non géniculés et d'un brun clair maculé de gris cendré. — *Lenticelles :* rares, petites, grises, arrondies. — *Coussinets :* aplatis. — *Yeux :* gros, ovoïdes-arrondis, écartés du bois, ayant les écailles brunes et bien soudées. — *Feuilles :* très-nombreuses, petites, vert terne, obovales ou ovales-allongées, courtement acuminées, finement dentées et portant à leur base de très-petites glandes difformes, saillantes et vermillonnées. — *Pétiole :* grêle, très-court, rigide, violacé, à cannelure étroite et profonde. — *Fleurs :* assez précoces et s'épanouissant simultanément.

FERTILITÉ. — Médiocre.

CULTURE. — Sa végétation régulière le rend propre à toutes les formes, soit sur Merisier pour la haute-tige, soit sur Mahaleb pour arbres nains.

Description du fruit. — *Comment attaché :* par deux, presque toujours. — *Grosseur :* volumineuse. — *Forme :* globuleuse comprimée aux pôles, à sillon bien développé. — *Pédoncule :* excessivement court et très-gros, inséré dans une assez vaste cavité. — *Point pistillaire :* enfoncé. — *Peau :* mince, très-lisse, d'un rouge légèrement brunâtre. — *Chair :* fine, transparente, grisâtre, un peu filamenteuse. — *Eau :* très-abondante, incolore, sucrée, agréablement acidulée. — *Noyau :* petit, arrondi, blanc, ayant l'arête dorsale large mais émoussée.

Cerise de Montmorency à Courte Queue.

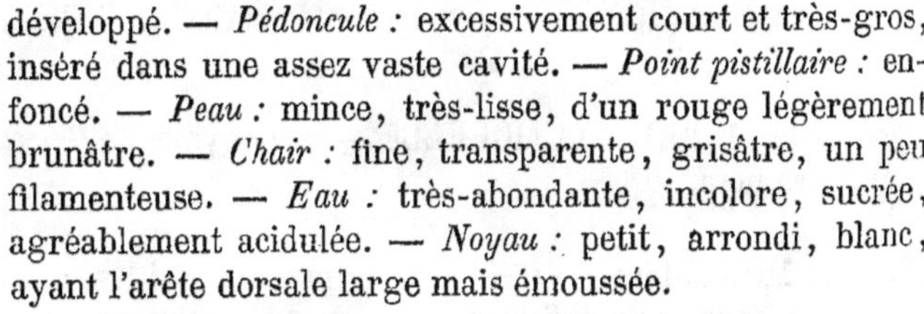

MATURITÉ. — Fin juin.

QUALITÉ. — Première.

Historique. — La Montmorency à Courte Queue ayant même origine, même passé que la cerise de Montmorency dite à Longue Queue, dont j'ai très-amplement parlé plus haut (pp. 361-364), pour ne pas me répéter, je renvoie le lecteur à ce précédent article.

Observations. — Duhamel (1768), nous l'avons expliqué en étudiant la cerise Hâtive (p. 344), se trompa lorsqu'il prétendit (t. I, p. 181) que la *Kent* ou *Kentish cherry* était identique avec le Gros-Gobet ou Montmorency à Courte Queue. La *vraie*, l'ancienne Kentish est notre cerise Hâtive ; mais le fruit qui maintenant porte ce nom, chez les Anglais, c'est uniquement, redisons-le, la Montmorency à Longue Queue. — M. Paul de Mortillet (1866, t. II, p. 195) décrit la Montmorency à Courte Queue sous le seul nom cerise Montmorency, et lui donne erronément pour synonyme, *Montmorency ordinaire*, surnom qui revient à la cerise Hâtive (voir p. 343). Cet auteur prétend aussi que la variété appelé *Duchesse d'Angoulême*, en Allemagne, n'est autre que la Montmorency à Courte Queue ; et sur ce point il me semble dans le vrai, comme déjà je l'ai déclaré page 261 où je me suis occupé de la très-problématique cerise Duchesse d'Angoulême. — La cerise *Flemish* est dite, par Thompson (1831, *Transactions*, t. I, p. 285), semblable à la Montmorency à Courte Queue, et nombre de pomologues l'ont assuré après lui. S'il en est ainsi, qu'a donc pu devenir certaine Flemish caractérisée en 1729 par Langley, dans sa *Pomona*, et qui, mûrissant au COMMENCEMENT de juin, était de FAIBLE VOLUME et possédait un très-grêle, un TRÈS-LONG PÉDONCULE ??...

Cerise MONTMORENCY ÉPISCOPALE. — Synonyme de cerise *Épiscopale.* Voir ce nom.

Cerise MONTMORENCY A GROS FRUIT. — Synonyme de cerise *de Montmorency à Courte Queue*. Voir ce nom.

Cerise MONTMORENCY HATIVE DE SAINT-LAUD. — Synonyme de cerise *à Trochet.* Voir ce nom.

Cerise MONTMORENCY A LONGUE QUEUE. — Synonyme de cerise *de Montmorency.* Voir ce nom.

Cerise MONTMORENCY ORDINAIRE. — Synonyme de cerise *Hâtive.* Voir ce nom.

Cerise de MONTREUIL. — Synonyme de cerise *de Hollande*. Voir ce nom.

Cerises de MOREL *et* la MORELLE. — Synonymes de *Griotte à Ratafia* (*Grosse-*). Voir ce nom.

Cerises MORELLES. — C'est le nom qu'ont choisi les Anglais, les Américains et les Allemands pour désigner le groupe, si nombreux, de leurs Griottes à peau noire ou brunâtre. Ce terme vient évidemment du latin *Morum*, Mûre, et n'a certes pas été mal appliqué, le jus et la peau desdites griottes ayant bien même coloration que le jus et la peau des fruits du Mûrier.

Cerise MORELLO. — Synonyme de *Griotte à Ratafia* (*Grosse-*). Voir ce nom.

CERISE MORESTIN *et* MORESTOIN.—Synonymes de cerise *Reine-Hortense*. Voir ce nom.

CERISE MORRIS DUKE. — Synonyme de cerise *Royale hâtive*. Voir ce nom.

CERISE MOUSTIER. — Synonyme de cerise *Reine-Hortense*. Voir ce nom.

CERISE MUSCADET DE PRAGUE. — Synonyme de cerise *Cerise-Guigne*. Voir ce nom.

CERISE MUSCADÈTE. — Synonyme de cerise *Royale*. Voir ce nom.

CERISE MUSCATE COMMUNE. — Synonyme de *Griotte de Portugal*. Voir ce nom.

CERISE MUSCATE DE PRAGUE. — Synonyme de cerise *de Montmorency*. Voir ce nom ; voir aussi *Griotte Commune*, au paragraphe OBSERVATIONS.

CERISE MUSCATE ROUGE. — Synonyme de cerise *Cerise-Guigne*. Voir ce nom.

N

CERISIER NAIN. — Synonyme de *Griottier Nain précoce.* Voir ce nom.

CERISIER NAIN A FEUILLES DE SAULE. — Synonyme de *Griottier à Feuilles de Saule.* Voir ce nom.

CERISIERS : NAIN A FRUIT ROND PRÉCOCE,
— NAIN PRÉCOCE,
} Synonymes de *Griottier Nain précoce.* Voir ce nom.

CERISE NAPOLÉON Ier. — Voir *Bigarreau Napoléon Ier.*

CERISE NAPOLÉON III NOIRE. — Voir *Bigarreau Noir Napoléon III.*

CERISE NOIRE DES BOIS. — Voir *Guigne Noire des Bois.*

CERISE NOIRE BÜTTNER. — Voir *Bigarreau Noir Büttner.*

CERISE NOIRE DE CŒUR. — Synonyme de *Guigne Noire commune.* Voir ce nom.

CERISE NOIRE EN CŒUR DE RONALD (GROSSE-). — Synonyme de *Bigarreau Noir de Tartarie.* Voir ce nom.

CERISE NOIRE COMMUNE. — Voir *Guigne Noire commune.*

CERISE NOIRE D'ESPAGNE. — Voir *Bigarreau Noir d'Espagne.*

CERISE NOIRE (GROSSE-). — Voir *Bigarreau Noir* (*Gros-*).

CERISE NOIRE HATIVE. — Voir *Guigne Noire hâtive.*

CERISE NOIRE HATIVE D'ESPAGNE. — V. cerise *Royale hâtive,* au paragraphe OBSERVATIONS.

CERISE NOIRE LAMPÉ. — Voir *Bigarreau Noir Lampé.*

CERISE NOIRE LUISANTE. — Voir *Guigne Noire luisante.*

CERISE NOIRE NAPOLÉON III. — Voir *Bigarreau Noir Napoléon III.*

CERISE NOIRE OSSEUSE (GRANDE-). — Synonyme de *Bigarreau Noir* (*Gros-*). Voir ce nom.

CERISE NOIRE DE PIÉMONT. — Voir *Griotte Noire de Piémont.*

CERISE NOIRE PRÉCOCE DE STRASS. — Synonyme de cerise *Reine-Hortense.* Voir ce nom.

CERISE NOIRE DE LA SAINT-JEAN. — Synonyme de *Guigne Noire commune.* Voir ce nom.

CERISE NOIRE DE SAINT-WALPURGIS. — Synonyme de *Bigarreau de Walpurgis.* Voir ce nom.

CERISE NOIRE SPITZ. — Voir *Guigne Noire Spitz.*

CERISE NOIRE DE TARTARIE. — Voir *Bigarreau Noir de Tartarie.*

CERISE NOIRE TILGNER. — Voir *Bigarreau Noir Tilgner.*

CERISE NOIRE WINKLER. Voir *Bigarreau Noir Winkler.*

CERISES DU NORD. — Synonymes de *Bigarreau Tardif Büttner* et de *Griotte à Ratafia* (*Grosse-*). Voir ces noms.

CERISE DU NORD NOUVELLE. — Synonyme de *Bigarreau Tardif Büttner.* Voir ce nom.

CERISE DU NORD TARDIVE. — Synonyme de *Griotte à Ratafia* (*Grosse-*). Voir ce nom.

CERISE DE NORVÉGE. — Synonyme de *Bigarreau Noir* (*Gros-*). Voir ce nom.

CERISE NOUVELLE D'ANGLETERRE. — Synonyme de cerise *Cerise-Guigne.* Voir ce mot ; voir aussi cerise *Ambrée* (*Grosse-*), au paragraphe OBSERVATIONS.

CERISE NOUVELLE ROYALE. — Synonyme de cerise *Cerise-Guigne.* Voir ce nom.

CERISE A NOYAU TENDRE. — Synonyme de cerise *Ambrée* (*Grosse-*). Voir ce nom, surtout au paragraphe OBSERVATIONS.

O

Cerise OCTOBER'S. — Synonyme de *Griotte de la Toussaint.* Voir ce nom.

Cerisier ODORANT. — Synonyme de cerisier *Mahaleb.* Voir ce nom.

Cerise d'OLSHEIM. — Synonyme de *Griotte d'Ostheim.* Voir ce nom.

Cerise d'OMBRE. — Synonyme de cerise *Ambrée* (*Grosse-*). Voir ce nom.

Cerise ONCE (D'UNE). — Voir *Bigarreautier à Feuilles de Tabac,* au paragraphe Observations.

Cerises ORANGE *et* d'ORANGE. — Synonymes de cerise *Rouge pâle* (*Grosse-*). Voir ce nom.

Cerise D'OSLHEIM. — Synonyme de *Griotte d'Ostheim.* Voir ce nom.

P

Cerise de la PALAMBE. — Synonyme de cerise *Ambrée* (*Grosse-*). Voir ce nom.

Cerise du PALATINAT. — Synonyme de cerise *Cerise-Guigne*. Voir ce nom.

Cerises : de PALEMBRE, — de la PALINGRE, — Synonymes de cerise *Ambrée* (*Grosse-*). Voir ce nom.

Cerise PANACHE. — Synonyme de *Bigarreau Ambré*. Voir ce nom.

Cerise du PAPE. — Synonyme de cerise *de Planchoury*. Voir ce nom.

Cerise PERLE. — Synonyme de *Bigarreau Commun*. Voir ce nom.

Cerise PETIT BIGARREAU BLANC. — Voir *Bigarreau Blanc* (*Petit-*).

Cerise PETIT BIGARREAU ROUGE HATIF. — Voir *Bigarreau Rouge hâtif* (*Petit-*).

Cerisier a PETIT FRUIT NOIR. — Synonyme de *Griotte à Ratafia* (*Grosse-*). Voir ce nom.

CERISE PETIT-GOBET. — Synonyme de cerise *de Montmorency*. Voir ce nom.

CERISE PETITE-AMBRÉE. — Voir cerise *Ambrée* (*Petite-*).

CERISE PETITE GRIOTTE A RATAFIA. — Voir *Griotte à Ratafia* (*Petite-*).

CERISE PIE. — Synonyme de cerise *de Montmorency*. Voir ce nom, surtout au paragraphe OBSERVATIONS.

CERISIER DE PIED. — Synonyme de cerise *à Trochet*. Voir ce nom.

CERISE DE PIÉMONT (NOIRE). — Voir *Griotte Noire de Piémont*.

CERISE DE PIÉMONT (ROUGE). — Voir *Griotte Rouge de Piémont*.

CERISES : PINGARREAU,
— PINGUEREAU,
— PIUGARREAU,

Synonymes de *Bigarreau*. Voir ce nom.

---

119. CERISE DE PLANCHOURY.

Synonymes. — 1. CERISE D'ITALIE (Couverchel, *Traité des fruits*, 1852, p. 348). — 2. CERISE DU PAPE (*Id. ibid.*). — 3. CERISE DES CHARMEUX (de quelques pépiniéristes).

Description de l'arbre. — *Bois :* très-fort. — *Rameaux :* des plus nombreux, presque érigés, grêles, de longueur moyenne, géniculés, rugueux et d'un brun clair légèrement lavé de gris cendré. — *Lenticelles :* rares, très-petites, arrondies. — *Coussinets :* aplatis mais souvent prolongés en arête. — *Yeux :* volumineux et ovoïdes-arrondis, écartés du bois, aux écailles grises ou brunes. — *Feuilles :* nombreuses, petites ou moyennes, vert jaunâtre, ovales ou obovales, longuement acuminées, planes ou canaliculées, irrégulièrement et faiblement crénelées et dentées, puis portant parfois, à leur base, de très-petites glandes arrondies ou réniformes. — *Pétiole :* très-court, bien nourri, assez roide, peu carminé, non glanduleux. — *Fleurs :* tardives et s'épanouissant successivement.

FERTILITÉ. — Très-grande.

CULTURE. — Greffé à tige sur Merisier, pour plein-vent, cet arbre devient de toute beauté. Sur Mahaleb il se prête parfaitement aux diverses formes naines, et voit encore s'accroître sa remarquable fertilité.

Description du fruit. — *Comment attaché :* par deux, le plus ordinairement. — *Grosseur :* volumineuse. — *Forme :* en cœur plus ou moins raccourci, à sillon bien marqué, surtout près de la cavité pédonculaire. — *Pédoncule :* long et quelquefois même très-long, assez fort, inséré dans une étroite et profonde cavité. — *Point pistillaire :* à fleur de fruit. — *Peau :* lisse, unicolore, d'un beau rouge vif et brillant. — *Chair :* demi-tendre, grisâtre au centre et rosée sous la peau. — *Eau :* fort abondante, quelque peu colorée, délicieusement acidulée et sucrée. — *Noyau :* moyen, arrondi, ayant les joues légèrement renflées et l'arête dorsale non coupante mais assez large.

Cerise de Planchoury.

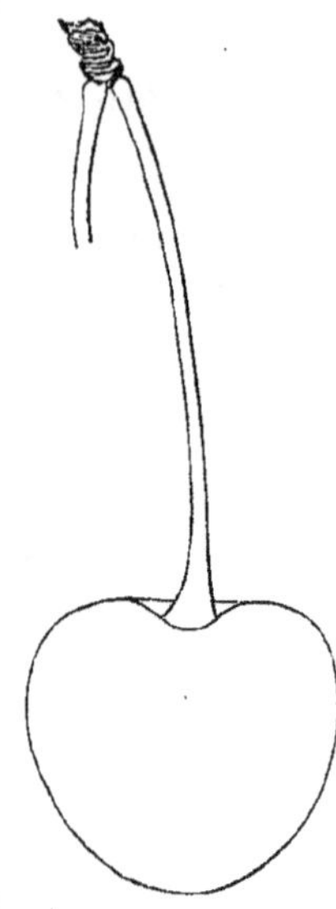

MATURITÉ. — Vers la mi-juillet.

QUALITÉ. — Première.

Historique. — En 1858 M. Auguste Royer, pomologue belge des plus estimés, décrivait et figurait la cerise de Planchoury, qui pour lors était encore très-rare, et lui attribuait l'origine suivante :

« D'après nos informations — disait-il — cette variété nouvelle a pris naissance sur les rives de la Loire, dans ce jardin de la France où l'on s'occupe avec tant d'ardeur de l'amélioration des fruits ; elle a été introduite ou recommandée par le docteur Bretonneau, de Tours, pomologue distingué. » (*Annales de pomologie belge et étrangère,* 1858, t. VI, p. 71.)

Deux ans plus tard — en 1860 — notre Congrès pomologique appelé à se prononcer, après étude, sur le mérite et sur la nouveauté de ce même fruit, l'admettait sans opposition et lui donnait, comme M. Royer, le docteur Bretonneau pour propagateur (voir *Procès-Verbaux*, session de 1860, p. 11). Si ces renseignements ne manquent pas d'exactitude, ils laissent toutefois subsister, dans l'acte de naissance de cette belle et bonne cerise, certaines lacunes que nous allons combler. Le docteur Bretonneau fut en effet le promoteur et le parrain de la Planchoury, qu'il découvrit innommée, en 1844 ou 1845, dans les jardins du château de Planchoury, domaine situé sur le territoire de Saint-Michel, commune de l'arrondissement de Chinon (Indre-et-Loire). Il m'offrit aussitôt des greffons du pied-type, et dès 1846 mon *Catalogue* (p. 16) annonça la mise au commerce de la variété ainsi conquise.

Observations. — Nombre de méprises ont eu lieu à l'égard de la Planchoury ; les uns se sont dit : « C'est la *Montmorency de Bourgueil ;* » les autres : « C'est la *Belle de Châtenay,* » notre *Griotte Commune*... Rien de plus erroné, qu'une telle opinion ; ce dont chacun peut avoir la preuve en comparant ici même la description de la Planchoury avec les descriptions de la Griotte Commune (pp. 282-283) et de la Montmorency de Bourgueil (pp. 364-365). — Au reste, dès son apparition la Planchoury fut vite rebaptisée, car de 1850 à 1860 nous la reçûmes, de diverses contrées, sous trois différents surnoms : Cerise d'Italie, Cerise du Pape, Cerise des Charmeux.

CERISIERS : PLEURANT,

— PLEUREUR,

} Synonymes de *Griottier de la Toussaint*. Voir ce nom.

CERISE POLNISCHE. — Synonyme de *Griotte de Kleparow*. Voir ce nom.

CERISES : PORTUGAISE,

— DE PORTUGAL,

— PORTUGAL DUKE,

} Synonymes de *Griotte de Portugal*. Voir ce nom.

CERISE POURPRE HATIVE. — Voir *Guigne Pourpre hâtive*.

CERISE PRÄCHTIGE GLAS. — Synonyme de *Griotte Commune*. Voir ce nom.

CERISE DE PRAGUE TARDIVE. — Synonyme de cerise *Royale*. Voir ce nom.

CERISES PRÉCOCE. — Synonymes de cerise *Royale hâtive* et de *Griottier Nain précoce*. Voir ces noms.

CERISE PRÉCOCE D'ANGLETERRE. — Synonyme de cerise *Royale hâtive*. Voir ce nom.

CERISE PRÉCOCE D'ESPAGNE. — Voir cerise *Royale hâtive*, au paragraphe OBSERVATIONS.

CERISE PRÉCOCE LEMERCIER. — Synonyme de cerise *Duchesse de Palluau*. Voir ce nom.

CERISE PRÉCOCE DE MAI. — Synonyme de cerise *Royale hâtive*. Voir ce nom.

CERISE PRÉCOCE DE MAZAN. — Voir *Guigne Précoce de Tarascon*, au paragraphe OBSERVATIONS.

CERISES : PRÉCOCE DE MONTREUIL,

— PRÉCOCE ORDINAIRE,

} Synonymes de *Griottier Nain précoce*. Voir ce nom.

CERISE PRINCE ROYAL DE HANOVRE. — Voir *Bigarreau Prince Royal de Hanovre.*

CERISE PRINZESSIN. — Synonyme de *Bigarreau Blanc* (*Gros-*). Voir ce nom.

CERISE DE PROVENCE. — Synonyme de cerise *de Montmorency à Courte Queue.* Voir ce nom.

CERISE PRUNUS MARASCO. — Synonyme de *Griotte à Ratafia* (*Petite-*). Voir ce nom.

CERISES DE PRUSSE. — Synonymes de *Griotte à Ratafia* (*Grosse-*), et de *Bigarreau Tardif Büttner.* Voir ces noms.

Q

Cerises : QUATRE A LA LIVRE, — des QUATRE A LA LIVRE, — QUATRE A UNE LIVRE,	Synonymes de *Bigarreautier à Feuilles de Tabac*. Voir ce nom.

Cerise QUINDOUX. — Voir l'article *Guigne*, *Guignier*.

R

Cerise de RAISIN. — Synonyme de *Griotte à Bouquet.* Voir ce nom.

Cerisier a RAMEAUX PENDANTS. — Voir *Bigarreautier à Rameaux pendants.*

Cerises : a RATAFIA,
— a RATAFIA (GROSSE-),
Synonymes de *Griotte à Ratafia* (*Grosse-*). Voir ce nom.

Cerise a RATAFIA (PETITE-). — Synonyme de *Griotte à Ratafia* (*Petite-*). Voir ce nom.

Cerise de la REINE. — Synonyme de cerise *de Montmorency à Courte Queue.* Voir ce nom.

Cerise REINE DES CERISES. — Synonyme de cerise *Reine-Hortense.* Voir ce nom.

---

120. Cerise REINE-HORTENSE.

Synonymes. — 1. Guigne de Petit-Brie (Camuzet, *Annales de Flore et de Pomone,* 1841, p. 334). — 2. Cerise Louis XVIII (*Id. ibid.*, p. 333). — 3. C. Morestin (*Id. ibid.*, p. 332). — 4. C. Rouvroy (*Id. ibid.*, p. 334). — 5. C. d'Aremberg (*Id. ibid.*, 1843, p. 357). — 6. C. Belle de Bavay (*Id. ibid.*). — 7. C. Monstrueuse de Vilvorde (*Id. ibid.*). — 8. C. Belle-Suprême (Prévost, *ibidem,* 1843-1844, p. 49). — 9. Grosse Cerise de Wagnelée (Alexandre Bivort, *Album de pomologie,* 1850, t. III, p. 61). — 10. C. Belle de Laëken (Laurent de Bavay, *Annales de pomologie belge et étrangère,* 1833, t. I, p. 26). — 11. C. Hybride de Laëken (*Id. ibid.*). — 12. C. Monstrueuse de Bavay (*Id. ibid.*). — 13. C. Reine des Cerises (*Id. ibid.*). — 14. C. Belle de Jodoigne (Thompson, *Catalogue of fruits cultivated in the garden of the horticultural Society of London ;* Supplément de 1853, p. 252, nº 65). — 15. C. Monstrueuse de Jodoigne (*Id. ibid.*). — 16. C. Seize a la Livre (*Id. ibid.*) — 17. C. Hortense (Elliott, *Fruit book,* 1854, p. 196). — 18. C. Moustier (Société Van Mons, *Catalogue descriptif de ses pépinières,* 1855, t. I, p. 81). — 19. C. Rouvroye (*Id. ibid.*). — 20. C. Merveille de Hollande (Congrès pomologique, session de 1860, *Procès-Verbaux,* p. 11). — 21. C. d'Aremberg Fischbach (Oberdieck, *Illustrirtes Handbuch der Obstkunde,* 1861, t. III, p. 168, nº 58). — 22. C. Belle-Hortense (*Id. ibid.*). —

23. C. BELLE DE TRAPEAU (*Id. ibid.*). — 24. C. DONA MARIA (*Id. ibid.*). — 25. C. LOUIS-PHILIPPE (*Id. ibid.*). — 26. C. DE SPAA (*Id. ibid.*). — 27. C. BELLE DE PRAPEAU (Robert Hogg, *the Fruit manual,* 1862). — 28. C. DE MERUER (*Id. ibid.*). — 29. C. BELLE DE PAPELEU (Congrès pomologique, *Pomologie de la France,* 1863, t. VII, nº 12). — 30. C. FISBACH (*Id. ibid.*). — 31. CERISIER A GROS FRUIT ROUGE PALE (*Id. ibid.*). — 32. C. LOUIS (*Id. ibid.*). — 33. C. MALACCORD (*Id. ibid.*). — 34. C. DE MERMER (*Id. ibid.*). — 35. C. MORESTOIN (*Id. ibid.*). — 36. GUIGNE NOIRE DE STASS (*Id. ibid.*). — 37. C. DE ROUEN (*Id. ibid.*). — 38. C. NOIRE PRÉCOCE DE STRASS (Simon-Louis, de Metz, *Catalogue de ses pépinières,* 1866, p. 5). — 39. C. BELLE DE PETIT-BRIE (Robert Hogg, *the Fruit manual,* édition de 1875, p. 217). — 40. C. REINE-HORTENSE LAROSE (*Id. ibid.*).

Description de l'arbre. — *Bois :* très-fort. — *Rameaux :* des plus nombreux, presque érigés, grêles, assez longs, rugueux, géniculés, brun clair amplement maculé de gris cendré. — *Lenticelles :* rares, petites, d'un gris-blanc, arrondies ou linéaires. — *Coussinets :* modérément accusés. — *Yeux :* moyens, coniques-allongés, très-aigus, écartés du bois, aux écailles brunes et des plus mal soudées. — *Feuilles :* nombreuses, grandes, vert brun en dessus, vert clair en dessous, obovales ou elliptiques, très-longuement acuminées, planes ou canaliculées, irrégulièrement et profondément dentées et surdentées, puis presque toujours munies, à leur base, de deux ou trois glandes carminées, saillantes, arrondies ou réniformes. — *Fleurs :* précoces, elles ont le pédoncule et le calice d'un beau carmin, l'odeur de l'aubépine et s'épanouissent simultanément.

FERTILITÉ. — Très-modérée.

CULTURE. — Sa grande vigueur le rend très-propre au plein-vent sur Merisier ; mais il fait également, sur Mahaleb, de beaux buissons, de jolies basses-tiges, et particulièrement d'admirables espaliers, forme sous laquelle il réussit fort bien, et qui même permet à ses fruits d'acquérir un volume beaucoup plus considérable que celui qu'ils acquièrent sur plein-vent.

Description du fruit. — *Comment attaché :* par un, généralement. — *Grosseur :* volumineuse et souvent considérable. — *Forme :* ovoïde plus ou moins régulière, à sillon bien marqué. — *Pédoncule :* de longueur moyenne, assez gros, surtout à la base, inséré dans une vaste cavité. — *Point pistillaire :* saillant. — *Peau :* unicolore, rouge clair, le plus habituellement; mais quelquefois, aussi, d'un rose jaunâtre. — *Chair :* jaunâtre, fine et tendre. — *Eau :* abondante, sucrée, acidule, très-savoureuse à parfaite maturité du fruit. — *Noyau :* moyen, ovoïde-allongé, aplati, souvent assez rugueux, légèrement marbré de rose pâle, ayant l'arête dorsale large et complétement obtuse.

Cerise Reine-Hortense.

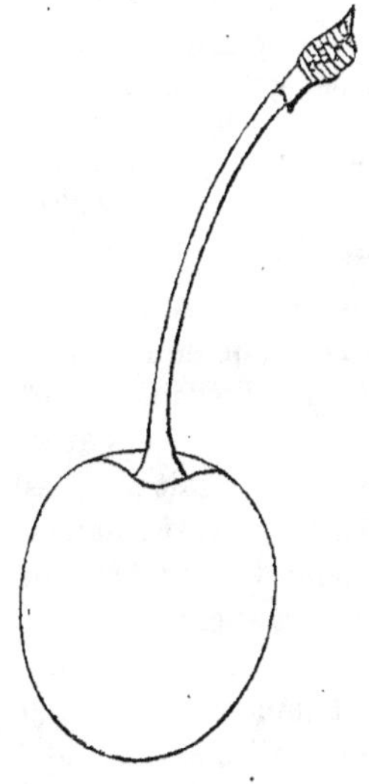

MATURITÉ. — Derniers jours de juin.

QUALITÉ. — Première.

Historique. — En novembre 1843 feu le pépiniériste Prévost, de Rouen, si connu par ses écrits pomologiques, signalait dans les *Annales de Flore* le synonyme BELLE SUPRÊME, appartenant à la cerise Reine-Hortense, puis se plaignant des nombreux surnoms que portait déjà ce fruit, il ajoutait :

« Cette kyrielle de noms prouve du moins une chose, c'est que la Cerise qui les a reçus, est éminemment remarquable. Il n'y a, en effet, que les belles et bonnes choses qui changent de nom en passant par les mains des ignorants et par celles des charlatans. Les premiers trouvent plus facile de donner un nom, que de rechercher le véritable, et les autres agissent de la même manière, dans des vues mercantiles aussi méprisables qu'elles sont fâcheuses pour ceux qui en sont les victimes. » (*Annales de Flore et de Pomone,* année 1843, livraison de novembre, pp. 47-48.)

Et des victimes, dirons-nous aujourd'hui (1876), combien n'en a-t-elle pas fait parmi les arboriculteurs, cette cerise Reine-Hortense, puisque authentiquement nous établissons ci-dessus qu'en moins de *trente-cinq ans* on l'a QUARANTE *fois rebaptisée!!!* — Hélas! oui. Aussi, ni les lieux de naissance, ni les parrains, ne lui firent défaut, surtout chez les Belges, qui successivement, à partir de 1841 — *trois ans après sa mise au commerce* — la signalèrent et la vendirent sous chacun des noms : Rouvroy, d'Aremberg, Belle ou Monstrueuse de Bavay, Monstrueuse de Vilvorde, Grosse Cerise de Wagnelée, Hybride ou Belle de Laëken, Belle ou Monstrueuse de Jodoigne; etc. etc..... Mais sans pousser plus loin cette enquête rétrospective, affirmons qu'actuellement pomologues et pépiniéristes belges reconnaissent tous l'identité de ces prétendues variétés avec notre cerise Reine-Hortense.

Ce fut en septembre 1838 que parut à Paris la première description et la première figure qui jamais aient été publiées, de cette variété, dont s'accomplissait alors la deuxième fructification. M. Doverge, botaniste et l'un des principaux rédacteurs des *Annales de Flore,* se chargea de présenter officiellement au monde horticole la merveilleuse et nouvelle cerise, et n'eut garde d'oublier d'en bien établir l'état civil :

« Dans un semis fait en 1826 — expliqua-t-il — de noyaux de la Cerise Anglaise, M. Larose, fleuriste-pépiniériste à Neuilly, après avoir été jardinier de l'impératrice Joséphine à la Malmaison, a obtenu une variété assez différente, et que l'on connaît aujourd'hui sous le nom de Cerise Larose. Les noyaux de cette nouvelle variété, *semés en 1832,* ont donné naissance à un Cerisier d'une belle apparence et qui a fixé l'attention. Soigné convenablement, et étudié dans son accroissement, ce jeune arbre a paru à M. Larose devoir être intéressant; et en effet, *en 1837 il a donné deux fruits* justifiant à peu près cette espérance..... Cette année 1838 une fructification plus abondante a récompensé le zèle de M. Larose et permis d'apprécier les fruits, au nombre de vingt,..... qui ont mûri dans les premiers jours de juillet et servi de modèle à la figure ci-jointe..... Leur volume est tel, qu'il n'en faut que quarante-huit ou cinquante pour peser une livre..... Cette Cerise, à laquelle un sentiment honorable pour M. Larose a fait donner le nom de *la Reine-Hortense,* est digne de trouver place dans tous les jardins d'amateurs de beaux et bons fruits, et ne peut manquer d'être vivement recherchée. — DOVERGE. » (*Annales de Flore et de Pomone,* n° de septembre 1838, pp. 357-358.)

Vivement recherchée, elle le fut, certes, et de si furieuse façon, qu'en 1841 non-seulement les Belges, comme nous l'avons rapporté, déjà la possédaient et lui créaient maints synonymes, mais que, même aux environs de Paris, divers arboriculteurs prétendirent également avoir été ses obtenteurs. L'un disait : « C'est mon cerisier *Louis XVIII,* ou *Morestin,* poussé spontanément, en 1816, dans la vallée de Montmorency. » L'autre : « Je reconnais là ma *Guigne de Petit-Brie*, qui date de 1826. » Mais toutes ces préventions tombèrent assez vite, aucun des réclamants, tant Français que Belges, n'ayant pu prouver que la prétendue variété l'emportât en ancienneté sur celle du jardinier Larose. Et jamais en effet, je l'affirme ici, je n'ai rencontré *qu'après 1840*, dans les recueils horticoles, les différents pseudonymes dont il vient d'être question.

Observations. — Pour les besoins des mauvaises causes soutenues contre le véritable obtenteur du cerisier Reine-Hortense, on a dit, ou laissé entendre, que cet arbre se reproduisait, de semis, sans nulle variation. Il n'en est rien; et si quelque cas contraire se produisait jamais, ce ne serait alors qu'un cas purement accidentel. — Rappelons qu'il ne faut pas confondre cette variété avec une autre, du même semeur, le cerisier *Larose*, décrit plus haut (pp. 352-353) et qui s'en éloigne notablement. — Même recommandation à l'égard de la cerise *Lemercier* (voir pp. 353-354), vendue souvent pour la Reine-Hortense. — Cette dernière possédant, d'après les Allemands, le synonyme *Dona Maria*, il importe également de ne pas la croire semblable à certaine Griotte de ce nom, décrite par les pomologues américains Elliott et Downing, ou bien encore au cerisier Royal Duke, des Anglais, qui porte aussi ce surnom. — Enfin en 1866 les frères Simon-Louis, pépiniéristes à Metz, m'expédièrent, étiquetée *Cerise Noire précoce de Strass*, une variété qui n'était autre que la Reine-Hortense; mais, je le crois, ces honorables arboriculteurs durent plus tard s'apercevoir du fait, car ce pseudonyme disparut de leur *Catalogue*. — J'ajoute qu'en 1875 la Société pomologique de France a parlé d'une cerise *Reine-Hortense hâtive* (*Bulletin* n° 13, p. 298), mûrissant au mois de mai, réputée très-fertile et très-grosse. Ne connaissant aucunement ce fruit, supposé nouveau, je ne puis que le mentionner. D'ailleurs la Société pomologique ne l'a pas, non plus, suffisamment examiné, car elle l'a maintenu dans la section des variétés à l'étude.

CERISE REINE-HORTENSE LAROSE. — Synonyme de cerise *Reine-Hortense*. Voir ce nom.

CERISE REVERCHON. — Voir *Bigarreau Reverchon*.

CERISE DU RHIN. — Synonyme de *Griotte Commune*. Voir ce nom.

CERISE RICHELIEU. — Voir *Bigarreau Richelieu*.

CERISE RIVAL. — Voir *Bigarreau Rival*.

CERISE ROCKPORT. — Voir *Bigarreau Rockport*.

CERISE ROI DE PRUSSE. — Synonyme de cerise *Lemercier*. Voir ce nom.

CERISE LE RONDEAU. — Synonyme de *Griotte Commune*. Voir ce nom.

CERISE ROSA. — Synonyme de *Bigarreau Rosa*. Voir ce nom.

CERISE ROSE NOBLE. — Synonyme de cerise *de Montmorency à Courte Queue*. Voir ce nom.

CERISE ROTHE MAI. — Synonyme de cerise *Royale hâtive*. Voir ce nom.

CERISE ROTHE MUSKATELLER. — Synonyme de cerise *Cerise-Guigne.* Voir ce nom.

CERISE ROTHE ORANIEN. — Synonyme de cerise *Rouge pâle (Grosse-).* Voir ce nom.

CERISE DE ROUEN. — Synonyme de cerise *Reine-Hortense.* Voir ce nom.

CERISE ROUGE DE BRUXELLES. — Synonyme de cerise *Rouge pâle (Grosse-).* Voir ce nom.

CERISE ROUGE BÜTTNER. — Voir *Bigarreau Rouge Büttner.*

CERISE ROUGE DE CŒUR. — Synonyme de *Bigarreau Commun.* Voir ce nom.

CERISE ROUGE COMMUNE. — Synonyme de cerise *de Montmorency.* Voir ce nom.

CERISE ROUGE (GROSSE-). — Voir *Bigarreau Rouge (Gros-).*

CERISE ROUGE HATIVE. — Voir *Guigne Rouge hâtive.*

CERISE ROUGE HATIVE (PETITE-). — Voir *Bigarreau Rouge hâtif (Petit-).*

CERISE ROUGE D'ORANGE. — Synonyme de cerise *Rouge pâle (Grosse-).* Voir ce nom.

---

121. CERISE ROUGE PALE (GROSSE-).

Synonymes. — 1. GUIGNE A LONGUE QUEUE (le docteur Venette, *de l'Usage des fruits des arbres,* 1683, pp. 42-43). — 2. GUIGNE DE LA ROCHELLE (*Id. ibid.*). — 3. CERISE GUIGNEAU DE LA ROCHELLE (*Id. ibid.*). — 4. CERISE GUINDOUX DE LA ROCHELLE (*Id. ibid.*). — 5. CERISE DE LA COMTESSE (de Lacour, *les Agréments de la campagne,* 1752, t. II, p. 63). — 6. CERISE ROUGE DE BRUXELLES (*Id. ibid.*). — 7. CERISIER A GROS FRUIT ROUGE PALE (Duhamel, *Traité des arbres fruitiers,* 1768, t. I, p. 182). — 8. CERISE DE BRUXELLES ROUGE (Hermann Knoop, *Fructologie,* 1771, p. 35). — 9. CERISE D'ORANGE (*Id. ibid.*). — 10. GROSSE CERISE BLANCHE (Mayer, *Pomona franconica,* 1776, t. II, p. 39, nº 18). — 11. CERISE GUINDOUX ROUGE (le Berriays, *Traité des jardins,* 1785, t. I, p. 262). — 12. CERISE DE VILLENNES (*Id. ibid.*). — 13. CERISE DOPPELTE GLAS (Sickler, *Teutscher Obstgärtner,* 1795, t. IV, p. 298). — 14. CERISE GROSSE-AMARELLE (*Id. ibid.*). — 15. CERISE GROSSE GLAS (*Id. ibid.*). — 16. CERISE DE VILLINES (Lamarck, *Encyclopédie méthodique,* Botanique, 1804, t. V, p. 671). — 17. GRIOTTE ROUGE DE VILLÈNES (de Launay, *le Bon-Jardinier,* 1808, p. 101). — 18. CERISE DE VILAINE (André Thoüin, *Dictionnaire d'agriculture,* 1809, t. III, p. 269). — 19. CERISE ROTHE ORANIEN (Dittrich, *Systematisches Handbuch der Obstkunde,* 1840, t. II, p. 153). — 20. CERISE ROUGE D'ORANGE (*Id. ibid.*). — 21. GRIOTTE GROSSE-ROUGE PALE (*Id. ibid.*). — 22. CERISE ROYALE ORDINAIRE (Poiteau, *Pomologie française,* 1846, t. II, nº 22). — 23. CERISE GROSSE-GUINDOLLE (Couverchel, *Traité des fruits,* 1852, p. 348). — 24. CERISE DUCHESSE D'ANGOULÊME (André Leroy, *Catalogue descriptif et raisonné des arbres fruitiers et d'ornement,* 1860, p. 14, nº 67). — 25. CERISE HERZOGINE VON ANGOULEME (Oberdieck, *Illustrirtes Handbuch der Obstkunde,* 1861, t. III, p. 535, nº 105). — 26. CERISE DOUBLE GLASS (Robert Hogg, *the Fruit manual,* 1866, p. 82). — 27. CERISE GREAT CORNELIAN (*Id. ibid.*). — 28. CERISE CARNATION (Paul de Mortillet, *les Meilleurs fruits,* 1866, t. II, pp. 163-164). — 29. GROSSE CERISE TRANSPARENTE (*Id. ibid.*).

Description de l'arbre. — *Bois :* assez fort. — *Rameaux :* nombreux, très-étalés, longs et grêles, géniculés, rugueux, brun foncé lavé de gris cendré. —

Lenticelles : clair-semées, petites, arrondies. — *Coussinets :* saillants. — *Yeux :* volumineux, coniques-aigus, écartés du bois, aux écailles grises ou brunes et mal soudées. — *Feuilles :* assez nombreuses, moyennes, d'un beau vert-pré, ovales-allongées, très-acuminées, canaliculées ou contournées, à bords peu profondément dentés et surdentés. — *Pétiole :* bien nourri, long, roide, parfois arqué, lavé de rouge violâtre, à petites glandes globuleuses et carminées. — *Fleurs :* assez précoces et s'épanouissant simultanément.

FERTILITÉ. — Satisfaisante.

CULTURE. — Il s'accommode de toutes les formes et de tous les sujets, mais la basse-tige sur Mahaleb en accroît particulièrement la fertilité.

Description du fruit. — *Comment attaché :* par deux, le plus habituellement. — *Grosseur :* volumineuse. — *Forme :* globuleuse plus ou moins comprimée à son pôle inférieur, à sillon faiblement marqué. — *Pédoncule :* de longueur et force moyennes, légèrement vermillonné, inséré dans une vaste cavité. — *Point pistillaire :* enfoncé. — *Peau :* mince, unicolore, rouge clair et finement ponctuée de gris-blanc. — *Chair :* assez transparente, jaunâtre au centre, rosée sous la peau, tendre, non filamenteuse. — *Eau :* des plus abondantes, presque incolore, acidulée mais très-sucrée, très-agréable. — *Noyau :* de moyenne grosseur, arrondi, peu bombé, ayant l'arête dorsale large et tranchante.

Grosse Cerise Rouge pâle.

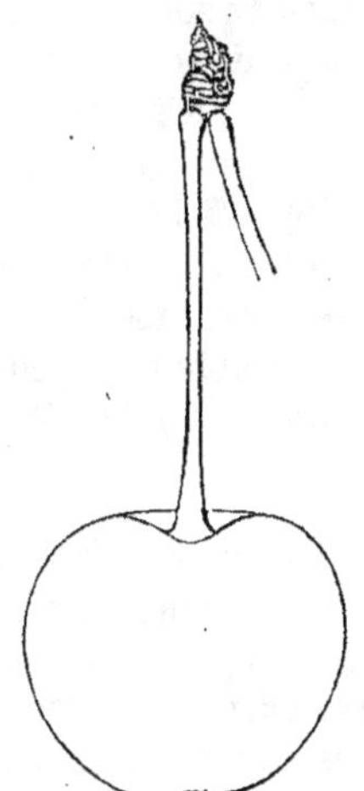

MATURITÉ. — Derniers jours de juin.

QUALITÉ. — Première.

Historique. — C'est là cette variété que j'ai vendue pendant une quinzaine d'années, comme nombre de mes confrères, sous la dénomination cerise *Duchesse d'Angoulême* (voir ce nom, p. 261), quand elle n'était autre qu'un ancien fruit rebaptisé. Je regrette aujourd'hui de ne plus savoir qui me l'avait envoyée, mais elle me vint en 1858 ou 1859, et figura pour la première fois en 1860 dans mon *Catalogue* (p. 14, n° 67). Quinze ans plus tard le minutieux examen auquel furent soumis, pour leur description dans ce *Dictionnaire*, les cerisiers de mon école, ayant permis de découvrir la fraude, je rayai du *Catalogue* ma cerise Duchesse d'Angoulême, qui certes y eût fait double emploi avec la Grosse Rouge pâle caractérisée par Duhamel, en 1768, dans les termes suivants :

« *Cerisier à Gros Fruit Rouge pâle.* — «..... Ses *Bourgeons* sont assez longs, gros, d'un brun foncé, tiquetés de très-petits points gris. Ses *Boutons* sont gros, longs, pointus, même ceux à fruit. Les *Supports* sont gros et saillants. Ses *Feuilles* sont longues de trois pouces, larges de dix-huit lignes ; elles se terminent par une pointe assez aiguë. Leur plus grande largeur est vers cette extrémité ; elles diminuent presque régulièrement vers la *Queuë*, qui est ferme et soutient bien la feuille. La dentelure et surdentelure sont obtuses et peu profondes. Le dedans des feuilles est d'un vert peu foncé, le dehors est d'un vert très-clair. La *Queuë*, longue de dix à treize lignes, et la grosse arrête, sont teintes d'un rouge assez foncé.

« Son *Fruit* est gros, bien arrondi par la tête, applati par l'autre extrémité ; très-peu applati sur son diamètre. Sa hauteur est de dix lignes, son grand diamètre de onze lignes et demie, son petit diamètre de onze lignes. La *Queue* est bien nourrie, sans être grosse, longue de dix à seize lignes, plantée dans une cavité étroite et assez profonde ; l'extrémité par laquelle

elle est attachée au fruit est d'un beau rouge, et souvent elle est légèrement teinte de cette couleur dans toute sa longueur du côté du soleil. La *Peau* est fine, d'un beau rouge vif, mais clair ou très-lavé, qui se charge très-peu, même dans l'extrême maturité du fruit. La *Chair* est un peu transparente, très-succulente, blanche, excepté le dessous de la peau, qui a un petit œil rougeâtre. L'*Eau* est blanche, abondante, très-agréable, relevée d'un aigrelet à peine sensible. Le *Noyau* est blanc, long de cinq lignes et demie, large de cinq lignes au plus, épais de trois lignes et demie..... Cette belle cerise, qui *mûrit* à la fin de juin, est une des plus excellentes à manger crue; elle est préférable à toutes les autres pour confire, étant non-seulement grosse, très-charnue et très-douce, mais d'une couleur claire qui rend les confitures agréables à la vue. Elle est *encore rare dans les environs de Paris*..... » (*Traité des arbres fruitiers*, t. I, pp. 182-184.)

On le voit, aucune différence ne saurait être relevée entre ma prétendue Duchesse d'Angoulême et la Grosse Cerise Rouge pâle, que Duhamel, en 1768, disait être *rare encore* dans les environs de Paris, où elle était principalement cultivée à Villennes, près Versailles, d'où vint que fréquemment on l'appelait aussi, cerise de Villennes. Ses noms primitifs, dont quelques-uns sont toujours appliqués, ont été cerise Guindoux, ou Guindoux rouge, ou Guigne à Longue Queue *de la Rochelle*, noms qui dès 1683 apparaissaient dans un rarissime petit traité du célèbre docteur Venette, opuscule intitulé *de l'Usage des fruits des arbres pour se conserver en santé ou se guérir lorsque l'on est malade* (pp. 42-43). De ceci faut-il conclure que le présent cerisier soit originaire de la Rochelle? Assurément non; mais le supposer est au moins permis, quand surtout — et c'est mon cas — on n'a pu trouver trace de cette variété avant 1683. La Grosse Rouge pâle pénétra de bonne heure dans les Flandres, d'où ensuite elle gagna la Hollande et l'Allemagne. Actuellement on la rencontre à peu près partout.

Observations. — C'est erronément que Thompson, Downing, Hogg, Mortillet puis Oberdieck ont dit la cerise *Carnation* et ses synonymes (Crown, Nouvelle d'Angleterre, Wax, etc.) identique avec la Grosse Cerise Rouge pâle, puisque celle-ci, de couleur rouge clair, mûrit fin juin, tandis que la Carnation, d'après tous ces pomologues, a la peau d'un blanc jaunâtre moucheté de rose plus ou moins vif, et fait sa maturité de juillet en août. Toutefois le fruit que M. Paul de Mortillet (t. II, p. 164) appelle *Carnation*, et caractérise, est bien la Grosse Cerise Rouge pâle de Duhamel, mais n'est aucunement, je le répète, la *vraie* Carnation des Américains ou des Anglais. — Sous le nom *Amarelle Double de Verre*, M. de Mortillet (t. II, p. 197) décrit un fruit qu'il réunit à la cerise Double de Verre des Allemands (Oberdieck, t. III, p. 163, n° 56), ce qui constitue une erreur manifeste, cette dernière étant positivement la Grosse Rouge pâle de Duhamel. Quant à la fausse Double de Verre de M. de Mortillet, on reconnaît de suite en elle, arbre et produits, la variété Montmorency commune, ou cerise Hâtive de Duhamel. — Enfin j'affirme que Poiteau (1846, t. II, n° 22) a décrit et figuré notre Grosse Rouge pâle sous le pseudonyme *Royale ordinaire*, et n'hésite pas à relever cette méprise, quoiqu'en 1849 le pomologue américain Downing ait cru pouvoir dire (p. 190, n° 57) que la Royale ordinaire de Poiteau était même fruit que la Royale ancienne de Duhamel.

CERISE ROUGE DE PIÉMONT. — Voir *Griotte Rouge de Piémont*.

CERISIER ROUGE PRÉCOCE (A PETIT FRUIT). — Synonyme de *Griottier Nain précoce*. Voir ce nom.

CERISE ROUGE SAUVAGE. — Synonyme de *Bigarreau de Fer*. Voir ce nom.

CERISES : ROUVROY, — ROUVROYE, } Synonymes de cerise *Reine-Hortense*. Voir ce nom.

CERISE ROYAL DUKE, *ou* DONA MARIA. — Voir cerise *Reine-Hortense,* au paragraphe OBSERVATIONS.

122. CERISE ROYALE.

Synonymes. — 1. CERISE D'ANGLETERRE (Lenormand, directeur du Potager du Roi, *Catalogue instructif des meilleurs fruits, avec les temps les plus ordinaires de leur maturité,* opuscule inséré dans le *Mercure de France,* année 1735, p. 1767). — 2. C. DUKE (les Chartreux, de Paris, *Catalogue de leurs pépinières,* 1736, p. 13 ; — Duhamel, *Traité des arbres fruitiers,* 1768, t. I, p. 193 ; — et George Lindley, *Guide tho the orchard and kitchen garden,* 1831, p. 144, nº 7). — 3. C. ARCHIDUC (Nolin et Blavet, *Essai sur l'Agriculture moderne,* 1755, pp. 155-156). — 4. C. DUC TARDIVE (*Iid. ibid.*). — 5. C. ROYALE DE HOLLANDE (*Iid. ibid.*). — 6. C. CHIRIDUC ANGLAISE (Chaillou, *Catalogue ou l'Abrégé des bons fruits de ses pépinières de Vitry-sur-Seine,* 1755, p. 2). — 7. C. DE HOLLANDE (Hermann Knoop, *Fructologie,* 1771, pp. 36 et 41). — 8. C. MUSCADÈTE (*Id. ibid.*). — 9. C. DE PRAGUE TARDIVE (*Id. ibid.*). — 10. C. ROYALE ANCIENNE (les Chartreux, de Paris, *Catalogue de leurs pépinières,* 1775, p. 25). — 11. C. DUCHERI DES ANGLAIS (la Bretonnerie, *l'École du jardin fruitier,* 1784, t. II, p. 188). — 12. GROSSE CERISE ROYALE (Fillassier, *Dictionnaire du jardinier français,* 1791, t. II, p. 578). — 13. CERISE ANGLAISE (de Launay, *le Bon-Jardinier,* 1808, p. 101). — 14. C. JEFFREY'S ROYAL (Thompson, *Transactions of the horticultural Society of London,* 2e série, 1831, t. I, p. 282). — 15. JEFFREY'S ROYAL CAROON (*Id. ibid.*). — 16. C. JEFFRIE'S DUKE (*Id. ibid.*). — 17. C. SPÄTE HERZOGEN (Dittrich, *Systematisches Handbuch der Obstkunde,* 1840, t. II, p. 107, nº 136). — 18. C. DE VAUX (Charles Baltet, *Revue horticole,* année 1864, p. 134. — 19. C. BELLE DE WORSERY (Paul de Mortillet, *les Meilleurs fruits,* 1866, t. II, pp. 161 et 181). — 20. C. JEFFREY'S DUKE (Downing, *the Fruits and fruit trees of America,* 1869, p. 481). = CERISE ROYALE TARDIVE (*par erreur ;* voir, ci-après, au paragraphe OBSERVATIONS).

Description de l'arbre. — *Bois :* assez fort. — *Rameaux :* très-nombreux, presque érigés, grêles, peu longs, légèrement coudés, lisses, verdâtres sur le côté de l'ombre, brun foncé à l'insolation et tachés de gris cendré. — *Lenticelles :* clair-semées, petites, arrondies. — *Coussinets :* modérément accusés. — *Yeux :* petits, coniques, écartés du bois, aux écailles brunes et disjointes. — *Feuilles :* assez nombreuses, moyennes, d'un beau vert, ovales ou obovales, acuminées, planes ou faiblement contournées et quelquefois glanduleuses à la base ; leurs bords sont régulièrement dentés et crénelés. — *Pétiole :* de longueur moyenne, mince et assez flexible, carminé, souvent pourvu de petites glandes difformes, colorées, aplaties ou globuleuses. — *Fleurs :* tardives, rosées, s'épanouissant successivement.

FERTILITÉ. — Médiocre.

CULTURE. — La végétation régulière de cet arbre et son abondante ramification font qu'il croît parfaitement sous toutes les formes et sur tous les sujets.

Description du fruit. — *Comment attaché ?* par deux, le plus habituellement. — *Grosseur* : au-dessus de la moyenne. — *Forme :* globuleuse assez régulière ou globuleuse légèrement aplatie aux pôles, à sillon peu marqué. — *Pédoncule :* de longueur moyenne, souvent grêle, mais souvent, aussi, bien nourri, inséré dans une cavité prononcée. — *Point pistillaire :* sensiblement enfoncé. — *Peau :* d'un beau rouge qui se nuance, à l'insolation, d'une faible teinte brunâtre quand s'accomplit la maturité. — *Chair :* tendre ou mi-tendre, rosée, filamenteuse. — *Eau :* abondante et légèrement colorée, douce, quoiqu'acidule, bien sucrée, très-agréable. — *Noyau :* ovoïde plus ou moins arrondi, marbré de rose, peu bombé, assez rugueux, fortement attaché au pédoncule, ayant l'arête dorsale large, émoussée.

Cerise Royale.

Premier Type. *Deuxième Type.*

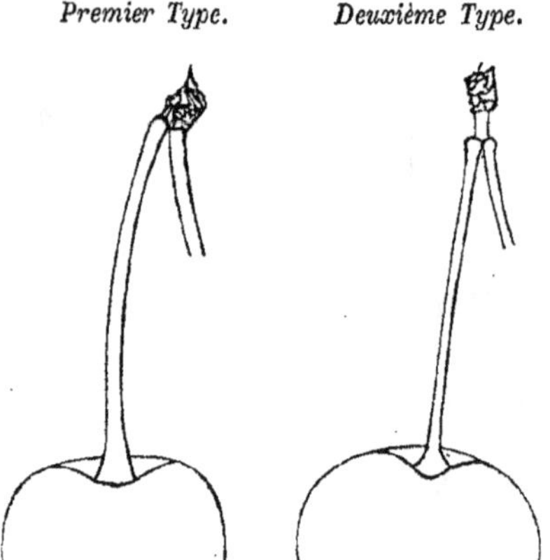

MATURITÉ. — Fin juin et souvent se prolongeant jusqu'en juillet.

QUALITÉ. — Première.

Historique. — Très-ancienne, et d'origine anglaise, cette variété fut importée chez nous vers 1730, et tout d'abord alla recevoir, dans le Potager de Versailles, les soins des jardiniers de Louis XV. D'où lui vint naturellement le premier surnom que nous lui connaissions, cerise Royale, sous lequel le directeur même de ce Potager, M. le Normand, s'empressa de la signaler au public, en 1735, et que depuis elle a presque toujours porté dans nos jardins. C'est un précieux opuscule pomologique, jadis inséré dans le *Mercure de France* (année 1735, n° d'août), qui m'a permis de suivre ainsi, dès son entrée sur notre territoire, la CHERRY DUKE des Anglais. Il est intitulé : « *Catalogue instructif des meilleurs fruits, avec les temps les plus ordinaires de leur maturité,* » se compose de trente-neuf pages, et débute par la courte pièce ci-après, qui lui donne toute l'autorité voulue :

« LETTRE *de M. Lefevre, Marchand Grainier, Fleuriste et Botaniste, à l'enseigne du Cocq de la bonne foy, au milieu du Quay de la Megisserie, à Paris.* — J'espere, Monsieur le Rédacteur, de vous mettre bientôt en état de rendre bon compte de ma conduite, au sujet de la petite fleur nommée *Oreille d'Ours ;* mais en attendant il sera plus utile pour le Public que je lui fasse part, dans cette saison, d'un *Catalogue nouveau des meilleurs fruits,* avec les temps justes de leur maturité ; ouvrage important, que M. le Normand, Directeur du Potager du Roy, qui en est l'auteur, et de qui je le tiens, ne trouvera pas mauvais que je communique au Public, qui lui sera redevable d'une instruction d'autant plus nécessaire, que presque tout le monde a des Fruits sans sçavoir ni leurs noms, ni dans quel temps on doit les manger..... Je suis, etc. » (*Mercure de France,* août 1735, p. 1750.)

Dans son Catalogue descriptif, le Normand n'indiquait pas le nom primitif, le nom anglais de cette belle variété, il se bornait à l'appeler Cerise Royale, ou *d'Angleterre* (p. 1767) ; mais un an plus tard — 1736 — parut la première édition du Catalogue des célèbres pépinières que possédaient à Paris les Chartreux, et cet oubli fut réparé :

« La Cerise *Royale* — y lisait-on — est grosse, assez ronde, d'un rouge noir, l'eau est douce sans acide, son bois est assez gros, sa feüille large et fort dentelée ; c'est une excellente Cerise, *elle n'est pas commune*, les Anglois la nomment CHERRY DUKE. » (*Catalogue des plus excellents fruits, les plus rares et les plus estimés, qui se cultivent dans les pépinières des révérends Pères Chartreux de Paris*, 1736, p. 13.)

Chez les Anglais, surtout au XVIIIe siècle, la *Cherry Duke* jouissait d'une très-grande réputation, aussi s'efforça-t-on, vers 1775, de l'y répandre plus encore en la rebaptisant et qualifiant de gain nouveau sorti des environs de Londres ; fraude qu'on fut assez longtemps sans découvrir, car Lindley, le premier, je crois, qui l'ait dénoncée, l'a fait seulement en 1831. Décrivant dans son *Guide to the orchard and kitchen garden*, certain cerisier *Jeffrey's Royal*, ce pomologue le réunit, effectivement, au Cherry-tree Duke anglais, ainsi qu'à notre variété dite Royale, puis ajoute en des termes significatifs : « Cette sorte fut propagée, « il y a cinquante ans environ [vers 1781], par un sieur *Jeffrey*, pépiniériste à « Brompton Park. » (Page 144, n° 7.) En France, assez récemment, semblable propagation me paraît avoir été tentée à l'aide d'une prétendue cerise *de Vaux*, trouvée, assurait-on, dans un clos de vigne du département de l'Yonne, quand elle n'est autre que l'ancienne Duke anglaise et l'ancienne Royale de le Normand et des Chartreux. Je puis l'affirmer, cette fausse nouveauté m'ayant été adressée par plusieurs de mes confrères.

Observations. — La cerise ici caractérisée est bien la variété que décrivit Duhamel (1768, t. I, p. 193) sous le n° 20 et les noms Royale ou Chery Duke, mais ce n'est pas celle qu'il appelait à la fin de ce même numéro, *Royale tardive* et disait être des plus acides et mûrir en septembre. Or, deux cerises fort dissemblables portant actuellement, dans les jardins français, la dénomination cerise Royale, on a, pour les distinguer, appliqué le déterminatif *Hâtive* à la plus précoce, mûre dès le commencement de juin (sa description va suivre), puis le déterminatif *Tardive* à celle qui nous occupe et dont la maturité — de juin en juillet — est si loin, on le voit, d'atteindre le mois de septembre. Cette dernière cerise n'a donc reçu le qualificatif Tardive, qu'aux dépens de la variété qui le portait si justement en 1768, variété qu'aujourd'hui je suppose très-rare dans la culture, n'ayant pu la rencontrer chez aucun de nos principaux pépiniéristes. Et je devais d'autant mieux m'expliquer sur ce point, qu'on a souvent essayé de vendre comme étant la Royale tardive de Duhamel, des variétés qui n'en avaient que l'étiquette, puisque leurs fruits se conservaient à peine jusqu'au 25 juillet.

CERISE ROYALE. — Synonyme de *Bigarreau Rouge* (*Gros-*). Voir ce nom.

CERISE ROYALE. — Synonyme de cerise *Cerise-Guigne*. Voir ce nom.

CERISE ROYALE AMBRÉE. — Synonyme de cerise *Ambrée* (*Grosse-*). Voir ce nom.

CERISES : ROYALE ANCIENNE, — ROYALE (GROSSE-), } Synonymes de cerise *Royale*. Voir ce mot.

---

123. CERISE ROYALE HATIVE.

Synonymes. — 1. CERISE DUC DE MAI (Nolin et Blavet, *Essai sur l'agriculture moderne*, 1755, p. 155; — et Duhamel, *Traité des arbres fruitiers*, 1768, t. I, p. 194). — 2. C. PRÉCOCE D'ANGLETERRE (Chaillou, *Catalogue ou l'Abrégé des bons fruits de ses pépinières de Vitry-sur-Seine*, p. 2; — et Thompson, *Catalogue of fruits cultivated in the garden of the horticultural Society of London*, 1842, p. 61, nº 61). — 3. C. MAY DUKE (Duhamel, *Traité des arbres fruitiers*, 1768, t. I, p. 194; — et Mas, *le Verger*, 1873, t. VIII, p. 133, nº 65). — 4. GRANDE CERISE D'ESPAGNE (Société économique de Berne, *Traité des arbres fruitiers*, 1768, t. II, p. 146; — et Thompson, *ibidem*). — 5. C. HATIVE D'ANGLETERRE (Fillassier, *Dictionnaire du jardinier français*, 1791, t. II, p. 574). — 6. C. FRÜHE HERZOGS (Dittrich, *Systematisches Handbuch der Obstkunde*, 1840, t. II, p. 92). — 7. C. FRÜHE MAI (*Id. ibid.*, p. 95). — 8. GRIOTTE FRÜHE (*Id. ibid.*). — 9. GRIOTTE FRÜHE KÖNIGS (*Id. ibid.*). — 10. GRIOTTE DE MAI (*Id. ibid.*). — 11. C. ANGLAISE *ou* D'ANGLETERRE, DE POITEAU (Poiteau, *Pomologie française*, 1846, t. II, nº 26). — 12. C. HATIVE MALGRÉ TOUT (Alexandre Bivort, *Album de pomologie*, 1851, t. IV, p. 135). — 13. C. HATIVE ET TARDIVE (*Id. ibid.*). — 14. C. MALGRÉ-TOUT (*Id. ibid.*). — 15. C. DE LA SAINT-JEAN (*Id. ibid.*). — 16. BIGARREAU MILLETT'S LATE DUKE (Elliott, *Fruit book*, 1854, p. 211). — 17. C. BUCHANAN'S EARLY DUKE (*Id. ibid.*). — 18. C. EARLY DUKE (*Id. ibid.*). — 19. C. LARGE MAY DUKE (*Id. ibid.*). — 20. C. MORRIS DUKE (*Id. ibid.*). — 21. C. THOMPSON'S DUKE (*Id. ibid.*). — 22. C. D'ÉCARLATE (Oberdieck, *Illustrirtes Handbuch der Obstkunde*, 1861, t. III, p. 151, nº 50). — 23. C. PRÉCOCE (*Id. ibid.*). — 24. C. PRÉCOCE DE MAI (*Id. ibid.*). — 25. C. ROTHE MAI (*Id. ibid.*). — 26. C. ANGLETERRE HATIVE (Robert Hogg, *the Fruit manual*, 1862). — 27. C. EARLY MAY DUKE (*Id. ibid.*). — 28. C. ANGLAISE HATIVE (Congrès pomologique, *Pomologie de la France*, 1863, t. VII, nº 24). — 29. C. GROSSE-MAI (*Id. ibid.*, nº 4). — 30. C. MAY HERZOG (*Id. ibid.*, nº 4). — 31. C. DE MAI (Paul de Mortillet, *les Meilleurs fruits*, 1866, t. II, p. 138).

Description de l'arbre. — *Bois :* très-fort. — *Rameaux :* des plus nombreux et très-érigés, longs, grêles, peu coudés, rugueux, brun clair légèrement cendré. — *Lenticelles :* assez abondantes, larges, arrondies. — *Coussinets :* modérément accusés. — *Yeux :* excessivement gros, renflés, coniques-arrondis, écartés du bois, aux écailles brunes et disjointes. — *Feuilles :* nombreuses, de grandeur moyenne, vert foncé, obovales ou ovales-allongées, acuminées, canaliculées ou contournées, faiblement dentées et crénelées, puis munies généralement, à la base, de très-petites glandes carminées. — *Pétiole :* court et bien nourri, très-roide, violacé, non glanduleux. — *Fleurs :* assez tardives, s'épanouissant successivement.

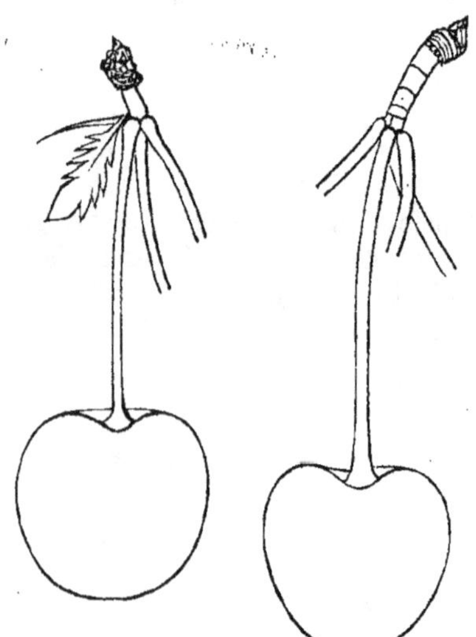
Premier Type. *Deuxième Type.*

FERTILITÉ. — Remarquable.

CULTURE. — Sur Merisier, pour plein-vent, et sur Mahaleb, pour formes naines, il fait des arbres de toute beauté.

Description du fruit. — *Comment attaché :* par trois ou par quatre, et quelquefois aussi par deux. — *Grosseur :* assez volumineuse. — *Forme :* ovoïde sensiblement arrondie ou en cœur plus ou moins raccourci, à sillon bien marqué. — *Pédoncule :* assez long ou de longueur moyenne, fort ou peu nourri, inséré dans une cavité large et profonde. — *Point pistillaire :* légèrement enfoncé. — *Peau :* d'un rouge très-intense et qui brunit plus ou moins, selon l'exposition, quand s'accomplit la maturité. — *Chair :* d'un rouge-grenat, tendre et filamenteuse. — *Eau :* abondante, vineuse, sucrée, très-savoureusement acidulée. — *Noyau :* moyen, arrondi, bombé, presque lenticulaire, ayant l'arête dorsale large et quelque peu tranchante.

MATURITÉ. — Commencement et courant de juin.

QUALITÉ. — Première.

Historique. — La Royale hâtive, ou May Duke, si connue chez nous sous les surnoms cerise Anglaise, cerise Anglaise hâtive, appartient à l'Angleterre, où le botaniste John Ray la mentionna en 1688 dans son *Historia plantarum;* mais, affirme Lindley, « à cette époque elle y était déjà très-répandue, car on l'y cultive « depuis un temps considérable. » (*Guide to the orchard,* 1831, p. 146.) L'abbé le Berriays, qui fut le principal rédacteur du fameux *Traité des arbres fruitiers* publié par l'académicien Duhamel (1768), a consigné dans un de ses ouvrages un curieux renseignement historique sur le May Duke :

« Il est fort rare — a-t-il dit en 1785 — je l'ai vu au Temple [à Paris], où il avoit été *apporté de Londres* par le jardinier anglais de feu M. le prince de Conti. » (*Traité des jardins,* 3e édit., t. I, p. 260.)

Cette importation du May Duke à Paris ne me paraît pas pouvoir remonter plus haut que 1740. Nolin et Blavet sont effectivement les premiers pomologues qui aient caractérisé la Royale hâtive, et ce fut seulement en 1755 qu'ils le firent :

« La *Royale hâtive* ou *Duc de Mai* — écrivaient-ils alors — est une Cerise assez grosse, presque ronde, d'un rouge foncé ; son eau est douce et fort agréable ; on peut la mettre en espalier au midi, si l'on veut la prématurer ; elle réussit à haute tige en plein vent, et mûrit en juin. » (*Essai sur l'agriculture moderne,* 1755, p. 155.)

Un de nos modernes pomologues a déclaré, mais sans preuve aucune à l'appui de son dire, que cette variété, selon un auteur anglais, serait née chez nous dans le *Médoc*, puis aurait gagné l'Angleterre, où le surnom May Duke lui vint comme étant la prononciation anglaise du nom français, Médoc. Les textes ici produits détruisent trop formellement cette assertion fantaisiste, pour qu'il soit besoin d'insister sur son manque absolu d'autorité. J'affirmerai néanmoins avoir scrupuleusement cherché dans les pomologies anglaises, l'acte de cette prétendue naissance de la May Duke sur terre française, et n'avoir rien trouvé qui même y fît la plus légère allusion. Laissons donc à nos voisins d'outre-Manche le droit incontestable d'inscrire dans leur Pomone indigène, la Royale hâtive ; avouer que nous leur en sommes redevables, est d'ailleurs un devoir, puisque nombre de nos jardiniers ont en elle une véritable variété aux fruits d'or. Témoin ces lignes d'un savant et spirituel pépiniériste, Charles Baltet, de Troyes :

« La plus méritante de toutes les cerises — écrivait-il le 1er mars 1876 — est l'*Anglaise hâtive*, classée tour à tour dans les *Royales* et les *Dukes* ;..... elle est la fortune des pays qui l'exploitent ; sa maturité se prolonge du 1er au 15 juin et même jusqu'à la fin du mois..... Si vous n'avez qu'un cerisier à planter, prenez l'Anglaise hâtive..... Depuis un certain nombre d'années, dans le département de l'Yonne, Saint-Bris et ses environs ont leurs vignes, leurs côteaux garnis de cerisiers *Anglaise hâtive,* tenus en buisson ; la vente, faite sur place à des courtiers, dépasse 150,000 francs et il n'y a pas de frais de culture. Nous retrouvons cette cerise dans la Charente, dans la Côte-d'Or, apportant l'aisance au cultivateur, et déjà sur plusieurs points du département de l'Aube. » (*Le Nord-Est agricole et horticole,* 1876, no 5, pp. 66-67.)

Observations. — Parmi les synonymes de cette variété, figure le nom cerise *de la Saint-Jean*, que j'ai admis d'après Bivort (1851, *Album*, t. IV, p. 135), mais il existe, paraît-il, certain autre cerisier de la Saint-Jean qui ne semble pas identique avec la Royale hâtive. Le Congrès pomologique l'étudia en 1861 (*Procès-Verbaux*, p. 6) puis le rejeta en 1866 (*ibid.*, p. 46), et la *Revue horticole*, de Paris, en parlait ainsi au mois d'octobre 1865 :

« Un cerisier précoce, issu du *Cerasus vulgaris fructu rotundo* décrit par Duhamel, s'est tellement répandu dans les environs d'Orléans, qu'il y croît spontanément. C'est le cerisier *de la Saint-Jean*, dont les fruits mûrissent vers le 24 juin. Lors de la session du Congrès pomologique à Orléans, cette cerise fut indiquée comme un bon fruit de localité, mais à la session suivante elle ne fut point jugée digne de figurer dans la liste des fruits de premier ordre. C'est cependant une cerise de grosseur moyenne, à chair juteuse et acidulée, qui tient une large place dans la consommation du pays. — J. A. BARRAL. » (Page 363.)

Ne possédant pas ce dernier cerisier de la Saint-Jean, j'ignore s'il peut être réuni à la variété Royale hâtive; aussi ne l'ai-je mentionné que dans le but d'appeler sur lui l'attention des pépiniéristes orléanais, si bien à même d'élucider le point en question. — Quelques pomologues s'obstinent encore à faire de la Royale hâtive et de la May Duke, dite aussi cerise de Mai, deux variétés distinctes. Répétons, après beaucoup d'autres, qu'ils sont à cet égard dans une complète erreur, venant sans doute de ce fait que fort souvent la Royale hâtive varie dans sa forme, comme le prouvent les deux types gravés ci-dessus, dont l'un est ovoïde-arrondi et l'autre cordiforme. Or, ils font du premier la Royale hâtive, et du second la cerise de Mai. C'est, en un mot, renouveler là l'histoire des prétendus Beurré Rouge, Beurré Vert, Beurré Doré, tous identiques avec le Beurré Gris, ou du Bon-Chrétien d'Auch, si longtemps séparé fautivement du Bon-Chrétien d'Hiver. — Enfin j'ajouterai que le surnom *Jeffrie's Duke* doit s'appliquer à la cerise Royale, ou Royale tardive nouvelle, et non pas à la Royale hâtive, des synonymes de laquelle il faut aussi rayer les dénominations cerise *Précoce d'Espagne* et cerise *Noire hâtive d'Espagne*.

CERISES ROYALE DE HOLLANDE. — Synonymes de cerise *Royale* et de *Griotte de Portugal*. Voir ces noms.

CERISES ROYALE ORDINAIRE. — Synonymes de cerise *Ambrée* (*Grosse-*) et de cerise *Rouge pâle* (*Grosse-*). Voir ces noms.

CERISE ROYALE TARDIVE. — Voir cerise *Royale*, au paragraphe OBSERVATIONS.

S

Cerise de la SAINT-JEAN. — Synonyme de cerise *Royale hâtive*. Voir ce nom, surtout au paragraphe Observations.

Cerises : de SAINT-MARTIN, — de la SAINT-MARTIN, } Synonymes de *Griotte à Ratafia (Grosse-)* et de *Griotte de la Toussaint*. Voir ces noms.

Cerise SAINT-MARTIN'S AMARELLE. — Synonyme de *Griotte de la Toussaint*. Voir ce nom.

Cerise de SAINT-WALPURGIS. — Voir *Bigarreau de Saint-Walpurgis*.

Cerisier de SAINTE-LUCIE. — Synonyme de cerisier *Mahaleb*. Voir ce nom.

Cerise de SAXE. — Synonyme de cerise *Larose*. Voir ce nom.

Cerise de SCEAUX (GROSSE-). — Synonyme de *Griotte Commune*. Voir ce nom.

Cerise SCHÖNE VON CHOISY. — Synonyme de cerise *Ambrée (Grosse-)*. Voir ce nom.

Cerise SCHWARZE SPANISCHE FRÜHE. — Synonyme de *Bigarreau Noir d'Espagne*. Voir ce nom.

Cerise SCHWARZE UNGARISCHE. — Synonyme de cerise *Hongroise noire*. Voir ce nom.

CERISE SCHWEFEL. — Synonyme de *Guigne Blanche* (*Grosse-*). Voir ce nom.

CERISE SEIZE A LA LIVRE. — Synonyme de cerise *Reine-Hortense*. Voir ce nom.

CERISE DE SEPTEMBRE (GROSSE-). — Synonyme de *Griotte à Ratafia* (*Grosse-*). Voir ce nom.

---

124. CERISE DE SIBÉRIE.

Étienne Calvel, en 1805, fut le premier descripteur de cette variété (*Traité sur les pépinières*, t. II, p. 144), alors nouvellement importée, et dont il fit un éloge immérité. Poiteau, qui plus tard (1846) voulut aussi l'étudier, l'apprécia de toute autre façon :

« S'il est vrai — dit-il — que la culture change l'acide des fruits en suc savoureux, elle n'a pas encore réussi à rendre assez douce la cerise *de Sibérie* pour que nous la mettions au rang de nos espèces cultivées....... En attendant, c'est un charmant arbrisseau qui figure très-bien dans les jardins paysagers....... Il se couvre, dans la saison, de petites fleurs blanches auxquelles succèdent de petites Cerises du plus beau rouge. » (*Pomologie française*, t. II, nº 20.)

Il est exact, en effet, que les fruits du cerisier de Sibérie, espèce naine atteignant rarement une hauteur de deux mètres, sont à peine mangeables, ce qui nous porte à ne leur consacrer qu'une simple note. Ils mûrissent au début de juin. Doit-on les croire originaires de Sibérie? Je n'ose répondre oui, sachant surtout qu'en 1805 Calvel les appelait cerises de Sibérie ou d'*Amérique*. Toutefois les pomologues de ce dernier pays n'en font aucune mention.

CERISE SILVA DE PALLUAU. — Synonyme de cerise *Impératrice Eugénie*. Voir ce nom.

CERISIERS : SMALL EARLY MAY,
— SMALL MAY,
} Synonymes de *Griottier Nain précoce*. Voir ce nom.

---

125. CERISE DE SOISSONS.

Synonymes. — 1. CERISE ADMIRABLE DE SOISSONS (Charles Downing, *the Fruits and fruit trees of America*, 1869, p. 476). — 2. CERISE BELLE DE SOISSONS (*Id. ibid.*).

Existe-t-il réellement un fruit de ce nom?... Oui, s'il faut en croire les Anglais Thompson (1831) et Hogg (1862), et l'Américain Downing (1869), qui tous trois l'ont décrit, mais sans donner sur lui le moindre renseignement historique. Thompson indiqua seulement en 1831, dans les *Transactions of the horticultural*

Society of London, que le pépiniériste Baumann, de Bollwiller (Haut-Rhin), cultivait aussi cette variété, puis la caractérisa de la sorte :

« **Arbre.** — *Rameaux* : érigés. — *Feuilles* : elliptiques, retombantes, peu profondément dentées. — *Pétiole* : court et de moyenne force. — *Fleurs* : précoces, à pétales étroits et ovales. = **Fruit.** — Il ressemble pour la *grosseur* et la *forme*, à notre cerise Kentish, mais il en diffère par sa *chair*, qui est rouge, moins tendre et moins acide, approchant plus de celle de la May Duke, à laquelle, cependant, elle est inférieure. — *Maturité* : depuis la mi-juillet jusqu'à la fin de ce même mois. — *Fertilité* : modérée. » (*Transactions*, 2e série, t. I, p. 285.)

Pour moi, j'ai vainement essayé de me procurer cette cerise des Anglais et des Américains. Je reçus bien, il est vrai, des greffes étiquetées *Belle de Soissons*, *Admirable de Soissons*, mais la Montmorency à Courte Queue sortit des premières et la Duchesse de Palluau, des secondes.

CERISE DE SOISSONS. — Synonyme de cerise *de Montmorency à Courte Queue*. Voir ce nom.

CERISE DE SOUFRE. — Synonyme de *Guigne Blanche* (*Grosse-*). Voir ce nom.

CERISE DE SPA. — Synonyme de *Griotte Commune*. Voir ce nom.

CERISE DE SPAA. — Synonyme de cerise *Reine-Hortense*. Voir ce nom.

CERISE SPÄTE HERZOGEN. — Synonyme de cerise *Royale*. Voir ce nom.

CERISE SPÄTE HILDESHEIMER MARMOR. — Synonyme de *Bigarreau de Fer*. Voir ce nom.

CERISE SUCRÉE LÉON LECLERC. — Voir *Guigne Sucrée Léon Leclerc*.

CERISE SUISSE. — Synonyme de *Bigarreau Ambré*. Voir ce nom.

CERISE SUSSEX. — Synonyme de cerise *de Montmorency*. Voir ce nom.

CERISE SWEET MONTMORENCY. — Voir cerise *de Montmorency*, au paragraphe OBSERVATIONS.

T

Cerise de TARASCON PRÉCOCE. — Voir *Guigne Précoce de Tarascon.*

Cerisiers : TARDIF,	Synonymes de *Griottier de la Toussaint.* Voir ce nom.
— TARDIF A GRAPPES,	

---

126. Cerise TARDIVE D'AVIGNON.

Description de l'arbre. — *Bois :* faible. — *Rameaux :* assez nombreux, érigés, de grosseur et longueur moyennes, non géniculés, d'un brun verdâtre presque entièrement lavé de gris. — *Lenticelles :* clair-semées, très-petites, arrondies ou linéaires. — *Coussinets :* aplatis. — *Yeux :* petits, coniques-pointus, écartés du bois, aux écailles disjointes. — *Feuilles :* nombreuses, grandes ou moyennes, vert-pré en dessus, vert blanchâtre en dessous, ovales-allongées, sensiblement acuminées, planes ou ondulées, à bords profondément crénelés et dentés. — *Pétiole :* gros et court, rigide, chargé de glandes arrondies assez saillantes et dont le nombre s'élève parfois jusqu'à neuf. — *Fleurs :* tardives et s'épanouissant simultanément.

Fertilité. — Ordinaire.

Culture. — Sur Merisier il fait de beaux plein-vent à branches érigées; sur Mahaleb, des buissons, espaliers et basses-tiges de forme très-régulière.

Description du fruit. — *Comment attaché :* par trois, le plus généralement. — *Grosseur :* moyenne. — *Forme :* globuleuse comprimée à la base et mamelonnée au sommet, à sillon peu marqué. — *Pédoncule :* très-long, grêle, vert-pré, planté dans un bassin assez large mais peu profond. — *Point pistillaire :* saillant. — *Peau :* se détachant aisément de la chair, très-mince et d'un rouge sombre. — *Chair :* sanguinolente, tendre ou mi-tendre. — *Eau :* abondante, rougeâtre ou rosée, acidule, sucrée, possédant un arrière-goût légèrement entaché d'amertume. — *Noyau :* petit, arrondi, ayant les joues bombées et l'arête dorsale modérément accusée.

Cerise Tardive d'Avignon.

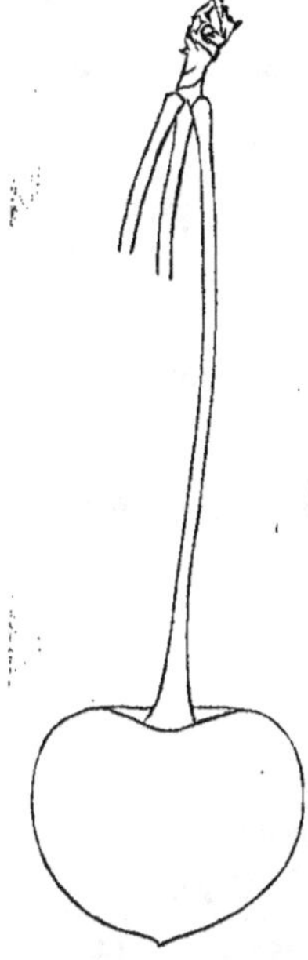

MATURITÉ. — Commencement de juillet.

QUALITÉ. — Première, et particulièrement en raison de l'époque tardive de la maturité.

Historique. — Cultivée depuis un assez long temps dans les environs d'Avignon (Vaucluse), cette variété nous fut offerte en 1872 par le pomologue Paul de Mortillet, son parrain, qui l'a décrite et figurée en 1866. Mais n'ayant pu, dit-il, découvrir sa véritable origine, ni l'assimiler à l'une des nombreuses cerises de ses vergers, il l'appela Tardive d'Avignon pour préciser de quel lieu on la lui avait envoyée, fautivement étiquetée guigne Hâtive (voir *les Meilleurs fruits,* t. II, pp. 153-155). Ainsi donc, rien n'est plus incertain que la provenance de ce fruit; aussi quelque jour, comme déjà tant d'autres l'ont fait, tombera-t-il probablement au rang des synonymes quand on aura pu, l'étudiant à loisir, retrouver son nom primitif.

Observations. — M. de Mortillet ayant cru sa Tardive d'Avignon fort semblable à certaine cerise *Duchesse de Palluau* caractérisée par le pomologue anglais Robert Hogg (1866, *the Fruit manual*, p. 80), a donné cette dernière pour synonyme à la première. Il nous faut alors rappeler que la cerise Duchesse de Palluau, de Robert Hogg, est radicalement fausse. Et l'on peut s'en convaincre par l'article que nous avons, plus haut (pp. 261-262), consacré au cerisier de ce nom, dont l'obtenteur même, le docteur Bretonneau, nous offrit des greffes en 1844.

CERISES : TARDIVE DE MONS,
— TARDIVE DU MANS,
} Synonymes de *Bigarreau de Fer*. Voir ce nom.

CERISE DE TARTARIE NOIRE. — Voir *Bigarreau Noir de Tartarie.*

CERISE THOMPSON'S DUKE. — Synonyme de cerise *Royale hâtive.* Voir ce nom.

CERISE TILGNER NOIRE. — Voir *Bigarreau Noir Tilgner.*

CERISE DE TOSCANE. — Voir *Griotte de Toscane.*

CERISIERS : TOUJOURS FLEURI,
— DE LA TOUSSAINT, } Synonymes de *Griottier de la Toussaint.* Voir ce nom.

CERISE TRANSPARENTE (GROSSE-). — Synonyme de cerise *Rouge pâle (Grosse).* Voir ce nom.

CERISE TREMPÉE PRÉCOCE. — Synonyme de *Bigarreau Baumann.* Voir ce nom.

CERISE TRÈS-FERTILE. — Synonyme de cerise *à Trochet.* Voir ce nom.

CERISIER A TRÈS-PETIT FRUIT NOIR. — Synonyme de *Griottier à Ratafia (Petit-).* Voir ce nom.

---

127. CERISE A TROCHET.

Synonymes. — 1. CERISE TRÈS-FERTILE (Duhamel, *Traité des arbres fruitiers,* 1768, t. I, pp. 175-176). — 2. CERISE COMMUNE A TROCHET [de quelques pépiniéristes] (Thompson, *Transactions of the horticultural Society of London,* 2e série, 1831, t. I, p. 285). — 3. CERISIER DE PIED (Poiteau, *Pomologie française,* 1846, t. II, no 13). — 4. CERISE AIGRE COMMUNE (André Leroy, *Catalogue descriptif d'arbres fruitiers et d'ornement,* 1849, p. 7, no 1). — 5. GRIOTTE CLAIRE (Congrès pomologique, *Pomologie de la France,* 1863, t. VII, no 21). — 6. GRIOTTIER MILLE CERISES (*Id. ibid.*). — 7. GRIOTTE DE MONTMORENCY (*Id. ibid.*). — 8. GRIOTTE A TROCHET (*Id. ibid.*). — 9. CERISE MONTMORENCY HATIVE DE SAINT-LAUD (des pépinières d'Angers, depuis fort longtemps).

Description de l'arbre. — *Bois :* faible. — *Rameaux :* nombreux, étalés et arqués, longs, grêles, flexueux; brun clair à l'insolation et de couleur jaune verdâtre à l'ombre, ils sont en outre amplement lavés de gris cendré. — *Lenticelles :* assez rares, petites, linéaires et saillantes. — *Coussinets :* modérément accusés. — *Yeux* : petits, ovoïdes-aigus, brunâtres, écartés du bois. — *Feuilles :* peu nombreuses, de grandeur moyenne, vert-brun en dessus, vert blanchâtre en dessous, coriaces, ovales, courtement acuminées, finement dentées et parfois munies, à leur base, d'une ou deux petites glandes arrondies. — *Pétiole :* de grosseur et de longueur moyennes, violâtre, non glanduleux. — *Fleurs :* assez tardives et s'épanouissant successivement.

FERTILITÉ. — Extrême.

CULTURE. — Sur toute espèce de sujet, et sous n'importe quelle forme, il croît admirablement, se ramifie beaucoup et devient très-buissonneux.

Description du fruit. — *Comment attaché :* par trois, le plus ordinairement. — *Grosseur :* moyenne. — *Forme :* globuleuse comprimée au pôle pédonculaire, à sillon généralement peu prononcé. — *Pédoncule :* de force moyenne, court et planté dans une étroite mais assez profonde cavité. — *Point pistillaire* : petit, grisâtre, presque saillant. — *Peau :* transparente, d'un rouge clair sur le côté de l'ombre, d'un rouge vif sur celui frappé par le soleil. — *Chair :* tendre et gris blanchâtre. — *Eau :* très-abondante, incolore, sucrée, fortement acidulée. — *Noyau :* moyen, arrondi, aux joues renflées, à l'arête dorsale faiblement développée.

Cerise à Trochet.

MATURITÉ. — Vers la mi-juin.

QUALITÉ. — Première pour les amateurs de fruits aigres.

Historique. — Le cerisier ici décrit se rencontre abondamment aux environs d'Angers, surtout dans les enclos des cultivateurs et maraîchers de la campagne du faubourg Saint-Laud, où il en existe de très-âgés. En serait-il originaire ? Rien n'autorise pareil dire. Toutefois cette ancienneté de localisation le fit appeler, en nos contrées, cerisier *Montmorency hâtif de Saint-Laud ;* nom convenable, l'arbre et son fruit appartenant bien au groupe des Montmorency. Duhamel déjà le connaissait en 1768, sous les noms cerisier Très-Fertile, cerisier à Trochet ; mais s'il l'a parfaitement caractérisé, malheureusement il ne s'est pas préoccupé de sa provenance. Et de même ont fait les divers pomologues qui depuis lors s'en sont occupé. Le croire antérieur au XVIIIe siècle, me semble difficile, personne ne l'ayant cité avant Duhamel, qui d'ailleurs laissait à peu près entendre qu'il en parlait comme d'une nouveauté :

« Ses fruits — disait-il — sont si abondants que les branches longuettes et menues, se courbent et quelquefois succombent sous le poids ; ce qui rendroit le port de cet arbre peu agréable dans la saison de son fruit, si un cerisier dont les branches ressemblent à autant de guirlandes de cerises, POUVOIT DÉPLAIRE A LA VUE...... L'eau n'en est pas désagréable, mais un peu plus de douceur ajouteroit beaucoup à son mérite, et RENDROIT ENCORE PLUS DIGNE D'ÊTRE MULTIPLIÉ, CE CERISIER, déjà fort estimable par sa grande fécondité. » (*Traité des arbres fruitiers*, 1768, t. I, p. 175.)

CERISE DE TROPRICHTZ. — Voir *Guigne de Troprichtz.*

CERISE TROS KERS. — Synonyme de *Griotte de la Toussaint.* Voir ce nom.

CERISE TURCA. — Voir *Bigarreau Turca.*

CERISE TURQUE. — Synonyme de *Griottier Nain précoce.* Voir ce nom.

U

CERISE UNGARIC DURE. — Synonyme de *Bigarreau Commun.* Voir ce nom.

V

CERISE DE VAUX. — Synonyme de cerise *Royale*. Voir ce nom.

CERISE VIER AUF EIN PFUND. — Syn. de *Bigar. à Feuilles de Tabac*. V. ce nom.

CERISE DE VILAINE. — Syn. de c. *de Montmorency à Courte Queue*. V. ce nom.

CERISES : DE VILLENNES,
— DE VILLINES,
} Synonymes de cerise *Rouge pâle (Grosse-)*. Voir ce nom.

CERISE VIRGINIAN MAY. — Synonyme de cerise *de Montmorency*. Voir ce nom.

CERISE DE VOLGER. — Synonyme de cerise *Hâtive*. Voir ce nom.

CERISIER DES VOSGES. — Synonyme de cerisier *Mahaleb*. Voir ce nom.

W

CERISE WACHS. — Synonyme de *Guigne Blanche (Grosse-)*. Voir ce nom.

CERISE DE WAGNELÉE (GROSSE-). — Syn. de c. *Reine-Hortense*. V. ce nom.

CERISE DE WALPURGIS. — Synonyme de *Bigarreau de Walpurgis*. Voir ce nom.

CERISE WEEPING. — Synonyme de *Griotte de la Toussaint*. Voir ce nom.

CERISE WELZER. — Synonyme de cerise *Cerise-Guigne*. Voir ce nom.

CERISIER WILLOW-LEAVED MAY DUKE. — Synonyme de *Griottier à Feuilles de Saule*. Voir ce nom.

Y

CERISE YELLOW RAMONDE. — Synonyme de cerise *de Montmorency à Courte Queue*. Voir ce nom.

Z

CERISE ZÉELANDAISE. — Synonyme de cerise *de Montmorency à Courte Queue*. Voir ce nom.

ERRATA.

Page 6, ligne 10, au lieu de : Tome Ier, *lisez* : tome IIe.

— 228, — 14, au lieu de : Voir Bigarreau d'Espagne, *lisez* : Voir Bigarreau Noir d'Espagne.

— 304, — 19, au lieu de : Cerise Griotte Khery-Duk tardive, *lisez* : Cerise Griotte Royale Khery-Duk tardive.

FIN DU TOME CINQUIÈME ET DE L'HISTOIRE DU CERISIER.

BIBLIOTHÈQUE NATIONALE R.F. IMPRIMÉS

Angers, imprimerie P. Lachèse, Belleuvre et Dolbeau.

www.ingramcontent.com/pod-product-compliance
Lightning Source LLC
Chambersburg PA
CBHW061002220326
41599CB00023B/3802

* 9 7 8 2 0 1 2 6 4 9 4 9 1 *